TRAITÉ ÉLÉMENTAIRE

DE

CHIMIE ORGANIQUE

II

AUTRES OUVRAGES DE M. BERTHELOT

OUVRAGES ÉPUISÉS

Chimie organique fondée sur la synthèse, 1860, 2 forts volumes in-8, chez Mallet-Bachelier.

Leçons sur les principes sucrés, professées devant la Société chimique de Paris en 1862, in-8, chez Hachette.

Leçon sur l'isomérie, professée devant la Société chimique de Paris en 1863, in-8, chez Hachette.

LEÇONS PROFESSÉES AU COLLÈGE DE FRANCE

Leçons sur les méthodes générales de synthèse en chimie organique, professées au Collège de France en 1864, in-8, chez Gauthier-Villars.

Leçons sur la thermochimie, professées au Collège de France en 1865, publiées dans la *Revue des cours scientifiques*, chez Germer Baillière.

Même sujet, en 1880. — *Revue des cours scientifiques*.

Leçons sur la synthèse organique et la thermochimie, professées au Collège de France en 1882-1883, publiées dans la *Revue scientifique*, chez Germer Baillière.

OUVRAGES GÉNÉRAUX

La synthèse chimique, 6e édition, 1886, in-8, chez Germer Baillière.

Essai de mécanique chimique, 1879, 2 forts volumes in-8, chez Dunod.

La force de la poudre et des matières explosives, 3e édition, 1883, 2 volumes in-8, chez Gauthier-Villars.

Vérification de l'aréomètre de Baumé, en commun avec MM. Coulier et d'Alméida, 1873, brochure in-8, chez Gauthier-Villars.

Les origines de l'alchimie, 1885, in-8, chez Steinheil.

Science et philosophie, 1886, in-8, chez Calmann-Lévy.

AUTRE OUVRAGE DE M. JUNGFLEISCH

Manipulations de chimie, guide pour les travaux pratiques de chimie, 1886, 1 volume in-8 de 1240 pages avec 372 figures, chez J.-B. Baillière fils

5802. — BOURLOTON. — Imprimeries réunies, A, rue Mignon, 2, Paris.

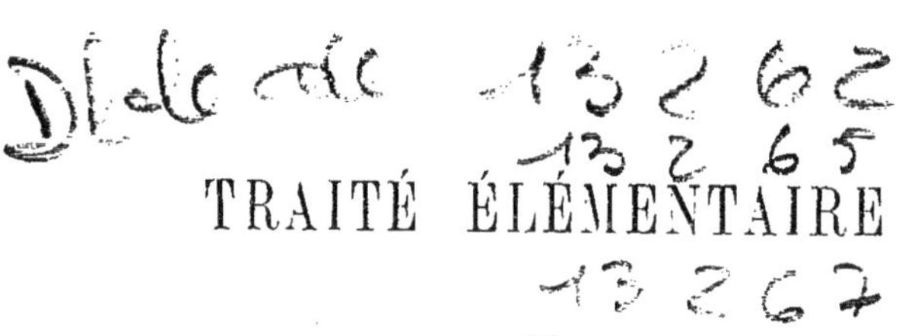

TRAITÉ ÉLÉMENTAIRE

DE

CHIMIE ORGANIQUE

PAR MM.

M. BERTHELOT ET E. JUNGFLEISCH

Membre de l'Institut,
Professeur au Collège de France.

Membre de l'Académie de Médecine,
Professeur à l'École de Pharmacie.

TROISIÈME ÉDITION

AVEC DE NOMBREUSES FIGURES

Revue et considérablement augmentée

TOME SECOND

PARIS

Vve CH. DUNOD, ÉDITEUR

LIBRAIRE DES CORPS DES PONTS ET CHAUSSÉES, DES MINES
ET DES TÉLÉGRAPHES

Quai des Augustins, 49

1886

TABLE ANALYTIQUE DES MATIÈRES

CONTENUES DANS LE SECOND VOLUME

FIN DE LA TABLE ANALYTIQUE.

ERRATA

TOME I

Page 213, ligne 8. — *Au lieu de* le camphène inactif, le térébène, *lisez* le camphène inactif ou térébène.

Page 260, ligne 6. — *Au lieu de* ACTION DES ALCALIS NAISSANTS, *lisez* ACTION DES ACIDES NAISSANTS.

TOME II

Page 35, ligne 5. — *Au lieu de* 2. Acide paraphtalique, *lisez* 2. Aldéhyde paraphtalique.

Page 109, ligne 28. — *Au lieu de* Valérone, *lisez* Valérolactone.

Page 332, ligne 32. — *Au lieu de* dans le blanc d'œuf, *lisez* dans le jaune d'œuf.

TRAITÉ ÉLÉMENTAIRE

DE

CHIMIE ORGANIQUE

LIVRE IV

ALDÉHYDES

CHAPITRE PREMIER

GÉNÉRALITÉS ET ALDÉHYDES PROPREMENT DITS

GÉNÉRALITÉS

§ 1er. — **Historique.**

1. L'aldéhyde ordinaire est un corps très volatil, entrevu par Dœbereiner en 1821, étudié et définitivement fixé dans la science en 1835, par Liebig, qui a établi ses relations avec l'alcool ordinaire. Ce savant le rattacha par ses fonctions et ses caractères généraux à l'essence d'amandes amères (aldéhyde benzylique), composé dont il venait, en commun avec Woehler (1832), de constater la nature et les transformations principales. L'histoire des aldéhydes se développa dès lors parallèlement à celle des alcools eux-mêmes : à côté de chaque alcool vint se ranger un aldéhyde correspondant. Plusieurs essences oxygénées furent également rattachées à cette fonction : telles sont l'essence de cannelle ou aldéhyde cinnamique (MM. Dumas et Péligot), l'essence de reine des prés ou aldéhyde salicylique (Piria), l'essence de cumin ou aldéhyde cuminique (MM. Cahours et Gerhardt), etc.

2. La découverte des alcools polyatomiques entraîna, par une conséquence nécessaire, celle des aldéhydes polyatomiques et des aldéhydes à fonction mixte (t. I, p. 352).

3. Les alcools primaires ne sont pas les seuls qui donnent naissance à des aldéhydes ; l'oxydation des alcools secondaires, par exemple, produit des aldéhydes, dits aussi secondaires : le type en est l'acétone, composé étudié d'abord par Liebig et Dumas, mieux caractérisé par M. Chancel, et dont les relations avec l'alcool isopropylique ont été principalement établies par M. Friedel. La synthèse des acétones au moyen des chlorures acides est due à MM. Pébal et Freund.

4. Le camphre, substance connue de toute antiquité, a été caractérisé comme un aldéhyde, en 1859, par M. Berthelot, qui en a fait depuis le type d'une nouvelle classe, celle des *camphres* ou *carbonyles*, dérivés d'alcools et de carbures incomplets, et jouant à ce titre un double rôle dans les réactions.

5. Ce n'est pas tout, les phénols eux-mêmes donnent naissance à des corps congénères des aldéhydes, mais qui n'ont été formés méthodiquement jusqu'ici qu'avec les phénols polyatomiques. Ce sont les *quinons*. Le prototype, ou quinon de la benzine, a été découvert par Woskresensky en 1838 et étudié surtout par Laurent ; mais ce sont MM. Graebe et Liebermann qui en ont fait les premiers le type d'une fonction spéciale, et qui ont été conduits ainsi à la synthèse de l'alizarine (1869). M. Berthelot a rapproché les quinons des aldéhydes, en les comprenant dans une même définition.

§ 2. — Définition et classification.

1. Les *aldéhydes* sont des corps formés de carbone, d'hydrogène et d'oxygène, qui dérivent des alcools par élimination d'hydrogène, et régénèrent les alcools par fixation inverse d'hydrogène.

Alcool ordinaire : $C^4H^6O^2 - H^2 = C^4H^4O^2$: aldéhyde ordinaire;
Aldéhyde ordinaire : $C^4H^4O^2 + H^2 = C^4H^6O^2$: alcool ordinaire.

Cette double propriété constitue la définition la plus générale de la fonction des aldéhydes.

On peut représenter ces corps par une formule générale, déduite de leur définition, telle que :

$$C^4H^4O^2(—) \text{ ou } C^4H^4[O^2(—)].$$

En notation atomique, on formule les aldéhydes en introduisant dans un carbure le groupe monoatomique *formyle*, *€ΘH* :

Aldéhyde ordinaire.................. *€H³-€ΘH.*

2. Les aldéhydes se partagent en plusieurs classes correspondant à celles des alcools générateurs, savoir :

1re classe : les *aldéhydes proprement dits*, dérivés des alcools primaires ou alcools proprement dits (t. I, p. 224) ;

2e classe : les *aldéhydes secondaires*, dérivés des alcools secondaires (t. I, p. 231) ;

3e classe : les *camphres*, dérivés des alcools incomplets ;

4e classe : les *aldéhydes à fonction mixte*, dérivés des alcools polyatomiques, et possédant une ou plusieurs fonctions autres que celle d'aldéhyde (t. I, p. 352) ;

5e classe : les *quinons*, dérivés des phénols (t. I, p. 235 et 533), ainsi que leurs analogues, les quinons à fonction mixte.

§ 3. — 1re classe : Aldéhydes proprement dits.

1. *Formations.* — Les aldéhydes ont pour type l'aldéhyde ordinaire et l'aldéhyde benzylique (essence d'amandes amères). On peut les obtenir :

1° En déshydrogénant les alcools primaires (Dœbereiner) :

$$\underset{\text{Alcool.}}{C^4H^6O^2} + O^2 = \underset{\text{Aldéhyde.}}{C^4H^4O^2} + H^2O^2 ;$$

$$\underset{\text{Glycol.}}{C^4H^6O^4} + 2\,O^2 = \underset{\text{Glyoxal.}}{C^4H^2O^4} + 2\,H^2O^2 ;$$

2° En oxydant les carbures primaires correspondants (M. Berthelot), par addition pure et simple d'oxygène (t. I, p. 81) :

$$C^4H^4 + O^2 = C^4H^4O^2 ;$$

3° En oxydant, par voie indirecte, les carbures plus hydrogénés :

$$C^{14}H^8 + 2\,O^2 = C^{14}H^6O^2 + H^2O^2 ;$$

4° En désoxydant partiellement les acides (Piria ; M. Limpricht Kolbe) :

$$\underset{\text{Ac. acétique.}}{C^4H^4O^4} - O^2 = \underset{\text{Aldéhyde.}}{C^4H^4O^2} ;$$

$$\underset{\text{Ac. phtalique.}}{C^{16}H^6O^8} - 2\,O^2 = \underset{\text{Ald. phtalique.}}{C^{16}H^6O^4} .$$

2. *Réactions*. — Réciproquement, les aldéhydes proprement dits régénèrent les acides, par oxydation directe ou indirecte :

$$C^4H^4O^2 + O^2 = C^4H^4O^4,$$
$$C^{16}H^6O^4 + 2\,O^2 = C^{16}H^6O^8,$$

propriété qui les caractérise spécialement, et qui les différencie notamment des aldéhydes secondaires.

La réaction s'effectue souvent avec énergie ; elle fait des aldéhydes de véritables agents réducteurs ; elle leur permet de réduire le réactif cupropotassique et plus facilement encore le nitrate d'argent ammoniacal.

3. Les aldéhydes proprement dits tirent d'ailleurs leurs caractères les plus généraux de leur nature de corps incomplets, se complétant par l'hydrogène, engendrant aisément des polymères avec dégagement de chaleur, s'unissant directement à des composés variés, produisant, en un mot, de nombreuses réactions d'addition.

Les *polymères* se forment en partant des aldéhydes eux-mêmes, que l'on soumet à l'action de la chaleur ou de réactifs très variés : acide chlorydrique, chlorure de zinc, carbonates alcalins, etc., lesquels déterminent probablement la polymérisation en formant des composés intermédiaires (voy. *Carbures polymères*, t I, p. 48). Ils présentent plus de stabilité que leur générateur, conformément à ce principe que les corps sont d'autant plus stables qu'ils ont perdu une dose de chaleur, c'est-à-dire d'énergie, plus considérable (M. Berthelot).

4. Plusieurs molécules d'un aldéhyde peuvent encore s'unir avec élimination des éléments de l'eau, en produisant des aldéhydes dérivés d'alcools appartenant à une série moins riche en hydrogène :

$$\underset{\text{Aldéhyde ord.}}{2\,C^4H^4O^2} = \underset{\text{Ald. crotonique.}}{C^8H^6O^2} + H^2O^2.$$

5. Les aldéhydes se combinent généralement aux *acides* et aux *alcools* avec séparation de 2 équivalents d'eau, et dans la proportion de 2 équivalents d'acide ou d'alcool pour 1 équivalent d'aldéhyde monoatomique :

Aldéhyde dichlorhydrique....	$C^4H^4O^2 + 2\,HCl - H^2O^2 = C^4H^2(HCl)^2$,
— diacétique........	$C^4H^4O^2 + 2\,C^4H^4O^4 - H^2O^2 = C^4H^2(C^4H^4O^4)^2$,
— diéthylique........	$C^4H^4O^2 + 2\,C^4H^6O^2 - H^2O^2 = C^4H^2(C^4H^6O^2)^2$.

Des combinaisons analogues prennent naissance avec les phénols et même avec certains carbures aromatiques.

6. Les aldéhydes s'unissent aux *bisulfites alcalins* pour former des combinaisons, que les alcalis ou les acides détruisent en mettant les aldéhydes en liberté (Redtenbacher).

7. L'*ammoniaque* forme à froid avec les aldéhydes des combinaisons peu stables, que les alcalis et les acides dédoublent immédiatement. A chaud, la combinaison se fait avec élimination d'eau; elle engendre des bases particulières, les *aldines* :

$$2\,C^8H^8O^2 + AzH^3 = C^{16}H^{17}AzO^2 + H^2O^2.$$

Ald. butyrique. Dibutyraldine.

Les alcalis primaires et secondaires s'unissent de même aux aldéhydes dès la température ordinaire, avec élimination d'eau, ce que ne paraissent pas faire les alcalis tertiaires.

L'oxyammoniaque se combine également aux aldéhydes avec élimination d'eau, en produisant des bases que l'on désigne sous les noms génériques d'*aldoximes* quand elles dérivent des aldéhydes primaires, et d'*acétoximes* quand elles proviennent d'aldéhydes secondaires ou acétones (M. Meyer) :

$$C^{14}H^6O^2 + AzH^3O^2 = C^{14}H^7AzO^2 + H^2O^2.$$

Ald. benzoïque. Oxyammoniaque. Benzaldoxime.

La *phénylhydrazine* se combine directement aux aldéhydes dissous ou mis en suspension dans l'eau (M. E. Fischer) :

$$C^{12}H^8Az^2 + C^{14}H^6O^2 = C^{26}H^{12}Az^2 + H^2O^2.$$

Phénylhydrazine. Ald. benzoïque.

La formation de ces composés, qui sont d'ordinaire peu solubles et se séparent rapidement, est assez nette pour permettre de caractériser les aldéhydes dans des mélanges complexes; toutefois les aldéhydes secondaires se conduisent à cet égard de la même manière que les aldéhydes proprement dits.

8. Enfin les aldéhydes s'unissent directement à l'*acide cyanhydrique* pour former des nitriles dérivés d'un acide-alcool (MM. Maxwel Simpson et Gautier) :

$$C^4H^4O^2 + C^2AzH = C^6H^5AzO^2.$$

Aldéhyde. Nitrile lactique.

9. La classe des aldéhydes proprement dits se partage en divers ordres, suivant l'atomicité des alcools générateurs : aldéhydes monoatomiques, diatomiques, etc.

I. — 1er ORDRE : ALDÉHYDES MONOATOMIQUES PROPREMENT DITS.

Aux alcools monoatomiques primaires répondent les aldéhydes à 2 équivalents d'oxygène, tels que les suivants :

1re FAMILLE : $C^{2n}H^{2n}O^2$.

Aldéhyde méthylique ou méthylal	$C^2H^2O^2$,
— éthylique ou éthylal	$C^4H^4O^2$,
— propylique ou propylal	$C^6H^6O^2$,
— butylique ou butylal	$C^8H^8O^2$,
— valérique ou valéral	$C^{10}H^{10}O^2$,
— caproïque ou capronal	$C^{12}H^{12}O^2$,
— œnanthylique ou œnanthylal	$C^{14}H^{14}O^2$,
— caprylique ou caprylal	$C^{16}H^{16}O^2$,
— caprique	$C^{20}H^{20}O^2$,
— rutique	$C^{22}H^{22}O^2$,
— laurique	$C^{24}H^{24}O^2$,
— myristique	$C^{28}H^{28}O^2$,
— éthalique	$C^{32}H^{32}O^2$.
....	

A plusieurs alcools primaires isomères correspondent, en nombre égal, des aldéhydes isomères entre eux.

Entre les propriétés physiques de ces corps : points d'ébullition, densités, états, etc., il existe une progression analogue à celle qui caractérise les alcools (t. I, p. 229).

Ils se combinent pour la plupart avec les bisulfites alcalins, en formant des composés cristallisés.

Ils s'oxydent directement et se changent en acide à 4 équivalents d'oxygène :

$$C^4H^4O^2 + O^2 = C^4H^4O^4.$$

Réciproquement, on les obtient par la réduction desdits acides, réduction qui s'opère, soit en distillant le mélange d'un sel de ces acides et d'un formiate (Piria ; M. Limpricht) :

$$C^4H^3CaO^4 + C^2HCaO^4 = C^4H^4O^2 + C^2O^4, 2\,CaO ;$$

soit en changeant l'acide en chlorure, puis en cyanure, enfin en hydrure, c'est-à-dire en aldéhyde (Kolbe) :

$$C^4H^4O^4 ; \quad C^4H^3O^2Cl ; \quad C^4H^3O^2Cy ; \quad C^4H^4O^2.$$

2e FAMILLE : $C^{2n}H^{2n-2}O^2$.

Aldéhyde allylique ou acroléine	$C^6H^4O^2$,
Aldéhyde crotonique	$C^8H^6O^2$,
Méthyléthylacroléine	$C^{12}H^{10}O^2$.
....	

3e FAMILLE : $C^{2n}H^{2n-4}O^2$.

4e FAMILLE : $C^{2n}H^{2n-6}O^2$.

5e FAMILLE : $C^{2n}H^{2n-8}O^2$.

Aldéhyde benzylique ou benzylal (essence d'amandes amères).	$C^{14}H^6O^2$,
Aldéhydes toluiques (4 isomères)	$C^{16}H^8O^2$,
Aldéhyde hydrocinnamique	$C^{18}H^{10}O^2$,
Aldéhydes cuminiques (4 isomères)	$C^{20}H^{12}O^2$.
....	

De même que les carbures de la série benzénique reproduisent les propriétés des carbures forméniques, les *aldéhydes aromatiques* ci-dessus reproduisent les propriétés des aldéhydes de la première famille, $C^{2n}H^{2n}O^2$.

6e FAMILLE : $C^{2n}H^{2n-10}O^4$.

Aldéhyde cinnamique (essence de cannelle)...... $C^{18}H^8O^2$.

Cet aldéhyde est très analogue aux précédents.

7e FAMILLE : $C^{2n}H^{2n-12}O^2$.

8e FAMILLE : $C^{2n}H^{2n-14}O^2$.

Aldéhyde naphtoïque .... $C^{22}H^8O^2$.

9e FAMILLE : $C^{2n}H^{2n-16}O^2$.

Aldéhyde diphénylacétique .... $C^{28}H^{12}O^2$.

II. — 2e ORDRE : ALDÉHYDES DIATOMIQUES PROPREMENT DITS.

1. A tout alcool diatomique, répondent directement 2 aldéhydes :

1° L'un possède 2 fois la fonction aldéhyde ; tel est le *glyoxal* $C^4H^2O^4$, dérivé du glycol,

$$\underset{\text{Glycol.}}{C^4H^6O^4} - 2\,H^2 = \underset{\text{Glyoxal.}}{C^4H^2O^4},$$

c'est-à-dire :

$$C^4H^2[O^2(-)]\,[O^2(-)].$$

C'est un aldéhyde diatomique proprement dit.

2° L'autre joue à la fois le rôle d'aldéhyde monoatomique et d'alcool monoatomique; tel est l'*aldéhyde glycollique*, $C^4H^4O^4$, dérivé du glycol,

$$C^4H^6O^4 - H^2 = C^4H^4O^4,$$

c'est-à-dire :

$$C^4H^2(H^2O^2)[O^2(-)].$$

Ce second dérivé est donc un corps à fonction mixte. Nous nous en occuperons plus loin dans le chapitre consacré aux aldéhydes de ce genre.

2. L'histoire des aldéhydes diatomiques proprement dits est encore peu avancée. On peut cependant citer les suivants :

Aldéhyde oxalique ou glyoxal..........	$C^4H^2O^4$ ou $C^4H^2[O^2(-)]$ $[O^2(-)]$,
Aldéhyde succinique...................	$C^8H^6O^4$ ou $C^8H^6[O^2(-)]$ $[O^2(-)]$,
Aldéhydes phtalique et téréphtalique...	$C^{16}H^6O^4$ ou $C^{16}H^6[O^2(-)]$ $[O^2(-)]$.

3. Il doit exister aussi des aldéhydes triatomiques, tétratomiques, etc., dérivés des alcools triatomiques, tétratomiques, etc.; ces aldéhydes remplissent : les uns, une fonction simple reproduite 3 fois, 4 fois et même davantage; les autres, des fonctions multiples, comme il résulte de la théorie générale (t. I, p. 352).

Résumons l'histoire des principaux aldéhydes proprement dits.

ALDÉHYDES MONOATOMIQUES PROPREMENT DITS

§ 1. — Aldéhyde ordinaire.

$C^4H^4O^2$ ou $C^4H^4(O^2)$.................... $CH^3\text{-}COH$.

1. L'aldéhyde ordinaire, appelé aussi *éthylal*, *hydrure d'acétyle*, *aldéhyde acétique*, *acétaldéhyde*, a été découvert en 1821 par Dœbereiner; il a été surtout étudié par Liebig, qui en a fixé la composition.

2. *Formation.* — Ce corps se forme :

1° Aux dépens de l'*éthylène* pur, chauffé brusquement vers 120° dans un ballon scellé, avec une solution très concentrée d'acide chromique (M. Berthelot) :

$$C^4H^4 + O^2 = C^4H^4O^2;$$

Cette réaction dégage 65,9 Calories.

2° Aux dépens de l'*alcool*, toutes les fois que l'oxydation est suffisamment ménagée et opérée dans une liqueur neutre ou acide (Dœbereiner) :

$$C^4H^6O^2 + O^2 = C^4H^4O^2 + H^2O^2.$$

Cette réaction dégage 55 Calories.

La déshydrogénation à laquelle l'aldéhyde doit son nom (*alcool deshydrogenatum*), peut être réalisée, soit par les réactifs oxydants habituellement employés, soit encore, et directement, par l'oxygène libre sous l'influence des corps poreux. C'est ainsi que l'alcool exposé à l'air, au contact du noir de platine ou de certains corps poreux, s'oxyde et fournit de l'aldéhyde. Le platine métallique détermine aussi la même réaction : il se produit des quantités d'aldéhyde notables dans l'expérience de la *lampe sans flamme* de Davy (t. I, p. 258).

Certaines liqueurs fermentées, le vin, le vinaigre, le cidre, etc., renferment très souvent un peu d'aldéhyde ordinaire, formé par l'oxydation de l'alcool que ces liqueurs contiennent. Il s'accumule en quantités assez considérables dans les produits les plus volatils que l'on sépare lors de la rectification des alcools de diverses provenances (t. I, p. 248).

L'alcool décomposé par son passage à travers un tube chauffé au rouge sombre, fournit aussi de l'aldéhyde :

$$C^4H^6O^2 = C^4H^4O^2 + H^2.$$

3° Aux dépens des *éthers de l'alcool* ordinaire, oxydés dans des liqueurs acides ; et, d'une manière générale, aux dépens des combinaisons de l'alcool, de l'*éthylamine*, C^4H^7Az, par exemple (M. Carstanjen) :

$$C^4H^7Az + O^2 = C^4H^4O^2 + AzH^3;$$

4° Aux dépens du *glycol*, $C^4H^6O^4$, déshydraté par le chlorure de zinc (Wurtz) :

$$C^4H^6O^4 - H^2O^2 = C^4H^4O^2;$$

5° Aux dépens de l'*acide acétique*, désoxydé par divers procédés de réduction indirecte (t. II, p. 3):

$$C^4H^4O^4 + H^2 = C^4H^4O^2 + H^2O^2.$$

Par exemple dans la distillation sèche d'un mélange à équivalents égaux de formiate et d'acétate de chaux (M. Limpricht), réaction dont le principe est dû à Piria :

$$C^2HCaO^4 + C^4H^3CaO^4 = C^4H^4O^2 + C^2O^4, 2\,CaO.$$

6° Par la distillation sèche ou par l'oxydation de l'*acide lactique* (MM. Engelhardt et Staedeler) :

$$C^6H^6O^6 + O^2 = C^4H^4O^2 + C^2O^4 + H^2O^2.$$

L'électrolyse du lactate de soude donne également de l'aldéhyde (M. Bunsen).

7° Par la distillation sèche du sucre de canne (M. Woelckel).

8° Par l'oxydation d'un assez grand nombre de substances complexes : l'albumine, la caséine, la fibrine, etc. (M. Gückelberger).

3. *Préparation.* — On prépare l'aldéhyde en oxydant l'alcool au moyen du bichromate de potasse et de l'acide sulfurique étendu, suivant une méthode due à Staedeler.

Une grande cornue tubulée C (fig. 72) contient le bichromate con-

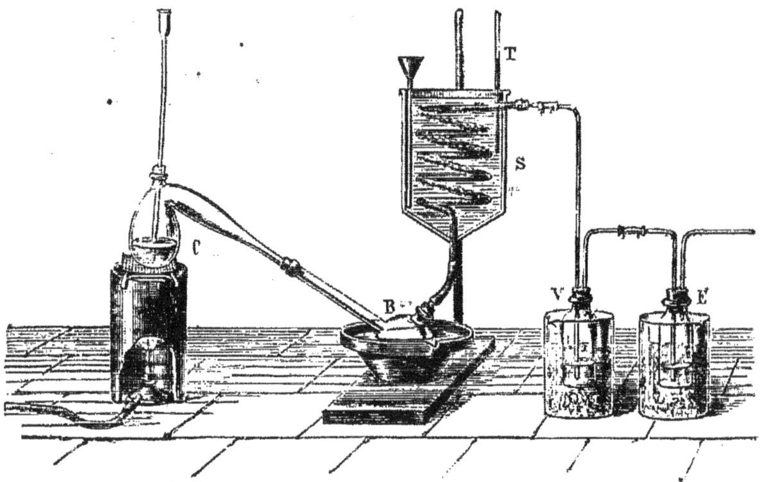

FIG. 72. — Préparation de l'aldéhyde.

cassé (15 parties); un tube effilé s'engage dans la tubulure de la cornue; un entonnoir surmonte ce tube. On fait écouler régulièrement dans cet entonnoir un mélange, préparé à l'avance, de 15 parties d'alcool, 60 parties d'eau, et 20 parties d'acide sulfurique. Le col de la cornue est adapté à un récipient tubulé B, surmonté d'un serpentin S. Le récipient et le serpentin sont entourés d'eau chauffée à 40° ou 50°. Latéralement et par sa partie supérieure, le serpentin communique avec un vase V plongé dans un mélange réfrigérant. Ce premier vase est suivi d'un second E, contenant de l'éther sec saturé d'ammoniaque; un tube ouvert termine l'appareil. Voici la destination des diverses parties d'un appareil aussi compliqué :

1° La réaction est très vive et donne lieu à un volume considérable de gaz et de vapeurs : de là la nécessité d'une grande cornue pour éviter le débordement. Il faut d'ailleurs ajouter le mélange alcoolique goutte à goutte, ou tout au moins très lentement, de manière que la réaction ne s'effectue pas simultanément sur une quantité trop forte de matière. Pour éviter plus aisément ce dernier accident, qui pourrait rendre l'opération dangereuse, il est bon de chauffer la cornue dès l'origine, afin que le mélange ne puisse s'y accumuler sans réagir pendant quelque temps, pour réagir ensuite tout à coup.

2° L'aldéhyde formé se dégage aussitôt, mélangé avec des vapeurs d'eau, d'alcool, d'acide acétique, d'éther acétique et d'acétal (aldéhyde dialcoolique). Tous ces corps se rendent dans le récipient B, où les moins volatils se condensent, tandis que l'aldéhyde conserve l'état de vapeur. L'aldéhyde passe donc dans le serpentin maintenu à 40°: là achèvent de se condenser l'alcool (qui bout à 78°), l'éther acétique (74°), l'eau (100°), l'acétal (104°), etc.

C'est seulement au delà que le vase vide et bien refroidi V condense l'aldéhyde, dont les dernières traces sont arrêtées en E par l'éther ammoniacal, au fond duquel se dépose peu à peu un composé cristallisé, l'*aldéhydate d'ammoniaque*, $C^4H^4O^2,AzH^3$.

A la fin de l'opération, on mélange le liquide condensé dans le premier vase V avec l'éther ammoniacal du second E, de façon à précipiter tout l'aldéhyde sous forme d'aldéhydate d'ammoniaque.

Quand on opère en grand, la solubilité de l'ammoniaque dans l'éther sec et pur étant très faible, il est nécessaire de faire passer un courant de gaz ammoniac sec dans l'éther pendant toute l'opération.

Pour simplifier l'appareil, on peut recueillir dans un récipient très bien refroidi tout le produit qui distille pendant la réaction, soumettre ensuite le mélange à la distillation fractionnée, dissoudre dans l'éther sec les portions les plus volatiles, refroidir la liqueur à 0° et la saturer d'ammoniaque gazeuse.

3° L'aldéhydate d'ammoniaque obtenu, on le sépare de la liqueur éthérée, on le lave avec un peu d'éther anhydre, on le sèche entre des papiers; enfin on le décompose avec précaution dans une cornue, au moyen de l'acide sulfurique étendu qui forme du sulfate d'ammoniaque. On condense l'aldéhyde régénéré dans un vase entouré d'un mélange réfrigérant. On termine en rectifiant le produit sur du chlorure de calcium.

L'industrie prépare plus facilement l'aldéhyde en soumettant à une distillation pratiquée en hiver, avec un appareil à colonne, les liquides les plus volatils séparés dans la rectification de l'alcool (t. I, p. 248).

4. *Propriétés.* — L'aldéhyde est un liquide incolore et très mobile, d'une odeur suffocante et caractéristique. Il est miscible avec l'eau, l'alcool et l'éther. Sa densité à 0° est 0,801 ; à 16°, 0,788. Il bout à 21°. Sa chaleur de combustion, sous pression constante, est 275,5 Calories, à l'état gazeux.

5. *Réactions.* — En général, l'aldéhyde se comporte comme une molécule incomplète, très prompte à s'unir à d'autres corps, à s'oxyder, à se réduire, et dès lors à servir d'intermédiaire dans les métamorphoses synthétiques. Le caractère incomplet de l'aldéhyde est d'ailleurs une conséquence de son origine, c'est-à-dire de sa formation par élimination de l'hydrogène aux dépens de l'alcool.

Ce caractère explique les réactions par addition, effectuées sous l'influence de l'hydrogène ou de l'oxygène :

$$C^4H^4[O^2(-)] \text{ fixe } H^2 \text{ ou } O^2,$$

réactions effectuées avec dégagement de chaleur.

Il explique aussi les combinaisons de l'aldéhyde avec les acides et les alcools, pourvu que l'on y ajoute l'aptitude du corps résultant à perdre les éléments de l'eau, en formant une combinaison ultérieure.

6. *Chaleur.* — 1° Une température soutenue de 160° décompose l'aldéhyde. Une petite quantité se change en alcool et en acide acétique :

$$2\,C^4H^4O^2 + H^2O^2 = C^4H^6O^2 + C^4H^4O^4;$$

cela avec le concours de l'eau engendrée par une réaction dominante, qui transforme la plus grande partie de l'aldéhyde en eau et produits de nature résineuse (M. Berthelot) :

$$n\,C^4H^4O^2 = (C^4H^2)^n + n\,H^2O^2.$$

2° Maintenu vers le rouge sombre pendant quelque temps, l'aldéhyde se dédouble en *formène* et oxyde de carbone (M. Berthelot) :

$$C^4H^4O^2 = C^2H^4 + C^2O^2.$$

3° La chaleur rouge décompose l'aldéhyde, avec production d'*acétylène* et d'eau :

$$C^4H^4O^2 = C^4H^2 + H^2O^2,$$

et formation de divers autres produits.

7. *Hydrogène.* — L'aldéhyde, mis en contact avec l'eau acidulée et l'amalgame de sodium, fixe l'hydrogène et se change en *alcool* (Wurtz) :

$$C^4H^4O^2 + H^2 = C^4H^6O^2.$$

Cette réaction dégage 14 Calories.

Traité par l'acide iodhydrique à 280°, il se transforme en *hydrure d'éthylène* (M. Berthelot) :

$$C^4H^4O^2 + 2\,H^2 = C^4H^6 + H^2O^2.$$

8. *Oxygène.* — A la température rouge, l'oxygène brûle l'aldéhyde, avec production d'eau et d'acide carbonique.

A froid, ce même oxygène le change en acide acétique, comme il a été dit (t. II, p. 4). Cette réaction dégage + 59,2 Calories.

L'acide azotique dilué oxyde l'aldéhyde en donnant surtout du *glyoxal*, $C^4H^2O^4$, mais avec formation intermédiaire de *paraldéhyde* (M. Liubawin) :

$$C^4H^4O^2 + 2\,O^2 = C^4H^2O^4 + H^2O^2.$$

Les hydrates alcalins oxydent à chaud l'aldéhyde, avec dégagement d'hydrogène et formation d'acétate alcalin. L'expérience s'effectue facilement en faisant passer la vapeur d'aldéhyde dans un tube chauffé, contenant de la chaux sodée (MM. Dumas et Stas) :

$$C^4H^4O^2 + NaHO^2 = C^4H^3NaO^4 + H^2.$$

Voici quelques phénomènes intéressants, dus à l'oxydabilité de l'aldéhyde.

Quand on met l'aldéhyde en contact avec l'oxyde d'argent, il s'oxyde en réduisant celui-ci, et laisse un dépôt d'argent métallique. L'expérience réussit bien en présence d'un hydrate alcalin : on ajoute l'aldéhyde à un mélange de soude (3 gr.), d'eau (30 gr.), d'ammoniaque (30 gr.) et d'azotate d'argent (3 gr.), et on laisse réagir à froid. Cette réduction a été utilisée pour produire l'argenture du verre dans les arts, soit avec l'aldéhyde ordinaire, soit avec divers autres corps de la même famille. Toutefois, avec l'aldéhyde ordinaire, le dépôt d'argent est presque toujours accompagné d'une matière résineuse, qui donne des taches et trouble le miroir.

Quand on met le tartrate cupropotassique en contact avec l'aldéhyde, le bioxyde de cuivre est réduit à l'état de protoxyde, comme il le serait par les glucoses ; cette réaction ne doit pas être oubliée dans les recherches analytiques.

9. *Chlore.* — L'action du chlore sur l'aldéhyde, en raison de son importance, fera l'objet d'un paragraphe spécial.

10. *Métaux et alcalis.* — L'aldéhyde dissout le potassium, avec formation d'un composé cristallisé, $C^4H^3KO^2$. Mais, si l'on chauffe ce composé, ou si on met l'aldéhyde en contact avec la potasse, la masse se colore bientôt. Maintient-on l'action de la chaleur, la liqueur brunit de plus en plus; il se produit une matière résineuse, polymérique, engendrée avec déshydratation.

Nous avons indiqué plus haut la formation de l'*aldéhydate d'ammoniaque* ou *aldéhyde-ammoniaque*, $C^4H^4O^2,AzH^3$: cette belle substance est cristallisée en rhomboèdres; elle se conserve assez bien quand elle est sèche.

Avec l'oxyammoniaque, l'aldéhyde donne par simple mélange l'*acétaldoxime*, $C^4H^5AzO^2$ (M. V. Meyer) :

$$C^4H^4O^2 + AzH^3O^2 = C^4H^5AzO^2 + H^2O^2.$$

11. *Acides.* — Les acides se combinent avec l'aldéhyde; ils donnent naissance à trois groupes de composés bien distincts.

1er *groupe :* L'aldéhyde et l'acide sont unis à équivalents égaux, avec séparation des éléments de l'eau, en formant un composé stable, qui ne se scinde pas sous la simple influence des agents d'hydratation.

Tel est l'*acide cinnamique*, $C^{18}H^8O^4$, formé par la réaction du chlorure benzoïque, $C^{14}H^5ClO^2$, sur l'aldéhyde (M. Bertagnini) :

$$C^4H^4O^2 + C^{14}H^5ClO^2 = C^{18}H^8O^4 + HCl,$$

c'est-à-dire,

$$C^4H^4O^2 + C^{14}H^6O^4 = C^{18}H^8O^4 + H^2O^2.$$

En vertu de la même réaction, l'hydrogène sulfuré produit directement l'*aldéhyde sulfuré*, $C^4H^4S^2$, substance cristalline qui se sublime à 45° (M. Weidenbusch) :

$$C^4H^4O^2 + H^2S^2 = C^4H^4S^2 + H^2O^2.$$

2e *groupe :* L'aldéhyde et l'acide sont encore unis à équivalents égaux, mais sans séparation d'eau, de telle sorte que le composé résultant renferme la totalité des éléments de l'acide et de l'aldéhyde.

Tel est l'*acide lactique*, $C^6H^6O^6$, formé par l'union indirecte de l'acide formique, $C^2H^2O^4$, avec l'aldéhyde.

$$C^2H^2O^4 + C^4H^4O^2 = C^6H^6O^6.$$

Pour l'obtenir, on combine directement l'aldéhyde et l'acide cyanhydrique (MM. Maxwell Simpson et Gautier); ce qui fournit la *lactamine*, $C^6H^7AzO^4$:

$$C^4H^4O^2 + C^2HAz + H^2O^2 = C^6H^7AzO^4;$$

puis on transforme la lactamine en *acide lactique*, $C^6H^6O^6$, par l'acide nitreux, qui sépare les éléments de l'ammoniaque :

$$C^6H^7AzO^4 + AzHO^4 = C^6H^6O^6 + Az^2 + H^2O^2.$$

D'ailleurs, quand on fait agir simultanément sur l'aldéhyde de l'acide cyanhydrique, de l'acide chlorhydrique et de l'eau, il se forme de l'acide lactique (M. Wislicenus) :

$$C^4H^4O^2 + C^2AzH + HCl + 2\,H^2O^2 = C^6H^6O^6 + AzH^4Cl.$$

3e *groupe* : Les autres composés se forment par la combinaison directe de 2 équivalents d'acide et de 1 équivalent d'aldéhyde, avec élimination d'eau (MM. Limpricht et Wecke ; M. Geuther) :

Aldéhyde diacétique..... $2\,C^4H^4O^4 + C^4H^4O^2 - H^2O^2 = C^{12}H^{10}O^8.$

On opère mieux les réactions de ce genre avec les acides anhydres ; ou bien encore, par double décomposition entre un sel d'argent et l'aldéhyde dichlorhydrique. Les composés qui dérivent des oxacides reproduisent très aisément l'acide et l'aldéhyde générateurs, tandis que les dérivés chlorhydriques sont très stables.

C'est au moyen du perchlorure de phosphore que l'on obtient l'*aldéhyde dichlorhydrique* normal, correspondant à l'aldéhyde diacétique (Wurtz) :

$$2\,HCl + C^4H^4O^4 = C^4H^4Cl^2 + H^2O^2.$$

Ce corps, appelé quelquefois *chlorure d'éthylidène*, est identique (M. Beilstein) avec l'éther chlorhydrique chloré (t. I, p. 114).

Au contraire, l'acide chlorhydrique et l'aldéhyde forment, par réaction directe, un composé tout différent.

12. *Bisulfites alcalins.* — Les bisulfites se combinent avec l'aldéhyde à équivalents égaux. En agitant une solution concentrée de bisulfite de soude avec l'aldéhyde, on obtient immédiatement des cristaux qui ont pour formule (Redtenbacher) :

$$C^4H^4O^2 + S^2O^4, NaO, HO + HO.$$

Le composé ammoniacal correspondant, $C^4H^4O^2 + S^2O^4, AzH^4O, HO$, se forme quand on fait passer du gaz sulfureux dans une solution alcoolique d'aldéhydate d'ammoniaque.

13. *Alcools.* — L'aldéhyde dissous dans l'alcool absolu ne tarde pas à s'y combiner avec dégagement de chaleur, en formant l'*aldéhyde dialcoolique* (1), autrement dit *acétal*, $C^{12}H^{14}O^4$ (Dœbereiner; MM. Wurtz et Frapolli) :

$$2C^4H^6O^2 + C^4H^4O^2 = C^{12}H^{14}O^4 + H^2O^2.$$

Les rapports qui précèdent sont les mêmes que ceux qui président à la formation de l'aldéhyde diacétique.

L'acétal est liquide ; sa densité à 22° est 0,821. Il bout à 104°. Il se forme dans la plupart des oxydations de l'alcool, lorsque ces oxydations ont lieu au sein de liqueurs acides. L'acide acétique le change à 200° en aldéhyde et en éther acétique (Wurtz).

L'action du chlore sur l'alcool étendu produisant d'abord de l'aldéhyde, donne naissance, entre autres corps, à des acétals chlorés (*huile chloralcoolique*). Ce sont :

L'*acétal monochloré*, $C^{12}H^{13}ClO^4$, liquide éthéré, bouillant à 157°, insoluble dans l'eau ;

L'*acétal bichloré*, $C^{12}H^{12}Cl^2O^4$, liquide neutre, bouillant à 183° ;

L'*acétal trichloré*, $C^{12}H^{11}Cl^3O^4$, bouillant à 205°, etc.

14. *Aldéhydes.* — L'aldéhyde se combine aisément avec les autres aldéhydes, sous l'influence de la chaleur et avec le concours d'un peu d'acide chlorhydrique. On obtient par là des composés nouveaux, qui jouissent également des fonctions d'aldéhyde. Telle est la synthèse de l'*aldéhyde cinnamique*, $C^{18}H^8O^2$ (M. Chiozza) :

$$C^{14}H^6O^2 + C^4H^4O^2 = C^{18}H^8O^2 + H^2O^2.$$

L'aldéhyde, enfin, chauffé à 100° avec diverses solutions salines concentrées, se combine à lui-même, c'est-à-dire se condense avec élimination d'eau, en engendrant l'*aldéhyde crotonique*, $C^8H^6O^2$ (M. Kékulé) :

$$C^4H^4O^2 + C^4H^4O^2 = C^8H^6O^2 + H^2O^2.$$

Lorsqu'on abandonne l'aldéhyde au contact de l'acide chlorhydrique en solution aqueuse froide et concentrée, il se combine aussi à lui-même, mais sans élimination d'eau, pour donner l'*aldol*, $C^8H^8O^4$, ou *aldéhyde oxybutyrique* β (Wurtz), composé qui n'est autre

(1) $CH^3-CH=(OC^2H^5)^2$.

chose qu'un aldéhyde-alcool dérivé d'un *glycol butylique*, ou plus exactement d'un *glycol diéthylique*, dérivé lui-même du diéthyle. Cet aldéhyde-alcool correspond à l'un des acides oxybutyriques :

$C^8H^6(H^2O^2)(H^2O^2)$,	$C^8H^6(O^2)(H^2O^2)$,	$C^8H^6(O^4)(H^2O^2)$.
Glycol butylique.	Aldol.	Acide oxybutyrique.

Dans cette action, il se forme en même temps (Wurtz) un éther chlorhydrique de l'aldol, $C^8H^8(O^2)(HCl)$, c'est-à-dire un aldéhyde-éther.

Ces faits montrent avec quelle facilité l'aldéhyde se combine à lui-même de diverses manières, pour former des dérivés butyliques, ou plutôt diéthyliques.

15. *Polymères.* — La condensation de l'aldéhyde s'effectue encore sous l'influence de l'eau et de traces de réactifs assez divers, en donnant des dérivés différents des précédents; l'aldéhyde se transforme ainsi en plusieurs autres produits de polymérisation, parmi lesquels nous citerons le *paraldéhyde* et le *métaldéhyde*, qui tous deux semblent répondre à la formule $(C^4H^4O^2)^3$, mais donnent dans leurs réactions des dérivés de l'aldéhyde. Ce dernier fait les différencie nettement des combinaisons précédentes.

Le *paraldéhyde*, appelé aussi *élaldéhyde*, se prépare en mettant l'aldéhyde en contact avec du chlorure de zinc, ou en le saturant de gaz sulfureux. C'est un liquide incolore, bouillant à 124°, de densité 0,998 à 15°; il se solidifie par le froid et fond ensuite vers 10°. Sa vapeur se dissocie en régénérant de l'aldéhyde : la transformation est complète quand on le distille sur l'acide sulfurique. Oxydé par l'acide azotique dilué, il donne surtout du *glyoxal*, $C^4H^2O^4$. Le paraldéhyde est employé en thérapeutique.

Le *métaldéhyde* se dépose en cristaux quand on maintient pendant deux heures, à la température d'un mélange réfrigérant, de l'aldéhyde dans lequel on a dirigé quelques bulles de gaz chlorhydrique ou de gaz sulfureux. Il cristallise en prismes à base carrée, se sublimant à 112°-115°, sans fusion préalable. Il se détruit en vase clos au-dessus de 120°, en régénérant de l'aldéhyde (Liebig).

I. — Action du chlore sur l'aldéhyde.

1. *Dérivés de substitution.* — Le chlore, en agissant sur l'aldéhyde produit successivement les substitutions suivantes :

$$C^4H^3ClO^2,$$
$$C^4H^2Cl^2O^2,$$
$$C^4HCl^3O^2,$$
$$C^4Cl^4O^2.$$

Il se forme ainsi deux séries de dérivés isomériques.

1° Les uns, composant une première série, sont facilement transformables par l'eau en acide chlorhydrique et en acide acétique ou acides acétiques chlorés renfermant 1 équivalent de chlore de moins qu'eux. Ce sont de vraies combinaisons de l'acide acétique ou des acides acétiques chlorés avec l'acide chlorhydrique, autrement dit des *chlorures acides :*

$$C^4H^4O^4 + HCl - H^2O^2 = C^4H^3ClO^2 = C^4H^2O^2(HCl),$$
$$C^4H^3ClO^4 + HCl - H^2O^2 = C^4H^2Cl^2O^2 = C^4HClO^2(HCl).$$

2° Les autres, composant la seconde série, ne sont pas décomposés par l'eau ; mais les agents oxydants les changent en acides acétiques chlorés, suivant le même mode qui change l'aldéhyde en acide acétique :

$$C^4H^3ClO^2 + O^2 = C^4H^3ClO^4,$$
$$C^4HCl^3O^2 + O^2 = C^4HCl^3O^4.$$

Ce sont donc les véritables *aldéhydes chlorés*, correspondants aux divers acides acétiques chlorés ; ils peuvent dériver de ces derniers par perte d'oxygène :

$$C^4H^3ClO^4 - O^2 = C^4H^3ClO^2,$$
$$C^4HCl^3O^4 - O^2 = C^4HCl^3O^2.$$

Au contraire, le chlorure acétique et les corps analogues de la première série ne sont pas oxydables de la même manière.

Dans cette seconde série, le terme le plus connu est le *chloral*, $C^4HCl^3O^2$.

2. *Réactions secondaires.* — Tels sont les produits immédiats du chlore agissant sur l'aldéhyde ; mais ces composés se trouvent accompagnés, ou même remplacés dans le mélange, par d'autres corps formés en vertu des réactions secondaires. Tout d'abord, le chlorure acétique se combine à l'aldéhyde pour former un composé, $C^4H^4O^2,C^4H^3ClO^2$, qui est un liquide bouillant à 124° (Wurtz).

En outre, l'aldéhyde, sous l'influence de l'acide chlorhydrique, se combine à lui-même, avec élimination d'eau, pour engendrer, ainsi qu'il a été dit plus haut, l'*aldéhyde crotonique*, $C^8H^6O^2$. Ce n'est pas tout : le chlore continuant à intervenir, sa réaction donne lieu aux dérivés chlorés de l'aldéhyde crotonique, et notamment à l'*aldéhyde crotonique monochloré*, $C^8H^5ClO^2$. Enfin ce dernier corps s'unit directement au chlore pour former le *chloral butylique*, $C^8H^5Cl^3O^2$, ou *aldéhyde butylique trichloré.* C'est ce dernier composé qui prédomine quand on fait passer un courant de chlore sec dans l'aldéhyde liquide (MM. Kraemer et Pinner).

Nous allons parler maintenant, avec quelques détails, des dérivés chlorés proprement dits de l'aldéhyde. Le chlorure acétique et ses dérivés chlorés, c'est-à-dire les composés du premier groupe, seront étudiés à propos de l'acide acétique auquel ils se rattachent plus directement.

II. — Aldéhyde monochloré et aldéhyde bichloré.

1. *Aldéhyde monochloré*, $C^4H^3ClO^2$ (1). — Ce composé, isomère du chlorure acétique, s'obtient en faisant agir l'acide hypochloreux sur l'éthylène monochloré (MM. Saytzeff et Glinski) :

$$C^4H^3Cl + ClHO^2 = C^4H^3ClO^2 + HCl.$$

On l'obtient plus facilement par l'action de certains acides, et en particulier l'acide oxalique, sur l'acétal monochloré (t. II, p. 16); les molécules alcooliques de l'acétal monochloré sont éthérifiées (M. Natterer).

C'est un corps liquide, très instable, bouillant à 85°,5.

Il s'oxyde à l'air en donnant l'acide monochloracétique. Il se polymérise très rapidement. Il forme avec l'eau un hydrate cristallisé, $C^4H^3ClO^2 + H^2O^2$, fusible vers 45°.

2. *Aldéhyde bichloré*, $C^4H^2Cl^2O^2$ (2). — L'aldéhyde bichloré proprement dit, isomère du chlorure acétique monochloré, s'obtient en traitant par l'acide sulfurique le *dichloracétal*, $C^{12}H^{12}Cl^2O^4$ (M. Paterno):

$$C^{12}H^{12}Cl^2O^4 + 2\,S^2H^2O^8 = C^4H^2Cl^2O^2 + 2\,(C^4H^4, S^2H^2O^8) + H^2O^2.$$

C'est un liquide mobile, plus dense que l'eau, soluble dans celle-ci et bouillant à 90°.

Il est moins oxydable que l'aldéhyde monochloré; cependant l'acide nitrique dilué le transforme en acide dichloracétique.

Au contact prolongé de l'acide sulfurique, il se change en un polymère cristallisé, le *paradichloraldéhyde*, $(C^4H^2Cl^2O^2)^n$, fusible à 129°, sublimable vers 210° en se dissociant.

III. — Aldéhyde trichloré ou chloral.

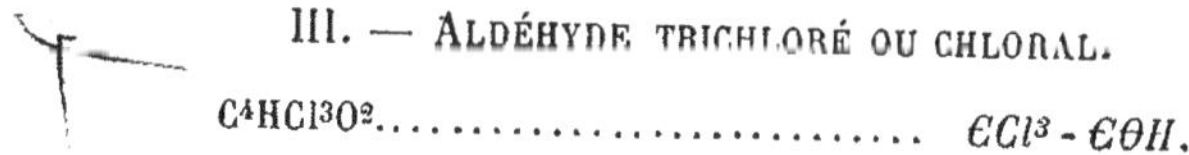

$C^4HCl^3O^2$ .... $\mathit{CCl^3 - COH}$.

1. Le chloral est l'aldéhyde trichloré proprement dit, l'aldéhyde correspondant à l'acide trichloracétique. Il a été découvert par Liebig

(1) $\mathit{CH^2Cl - COH}$.
(2) $\mathit{CHCl^2 - COH}$.

en 1832, mais il est surtout connu par les travaux de Dumas et de Stœdeler, ainsi que par ceux plus récents de M. Liebreich, de Personne et de M. Pinner.

2. *Formation.* — 1° Il se forme dans l'action du chlore sur l'aldéhyde ordinaire, quand on absorbe l'acide chlorydrique produit dans la substitution, de façon à empêcher cet acide de transformer l'aldéhyde en aldéhyde crotonique (M. Pinner).

2° Il se forme également dans l'action du chlore sur l'alcool. Celui-ci perd d'abord de l'hydrogène et se transforme en aldéhyde,

$$C^4H^6O^2 + 2\,Cl = C^4H^4O^2 + 2\,HCl,$$

sur lequel le chlore agit ensuite par substitution :

$$C^4H^4O^2 + 3\,Cl^2 = C^4HCl^3O^2 + 3\,HCl.$$

3° Il prend naissance dans l'action de l'acide sulfurique sur le trichloracétal (M. Paterno), dont les molécules alcooliques sont éthérifiées (p. 16) :

$$C^{12}H^{11}Cl^3O^4 + 2\,S^2H^2O^8 = C^4HCl^3O^2 + 2\,(C^4H^4,S^2H^2O^8) + H^2O^2.$$

4° Le chloral résulte encore de la distillation de l'éther tétrachloré sur l'acide sulfurique (MM. Wurtz et Vogt) :

$$C^8H^6Cl^4O^2 = C^4HCl^3O^2 + C^4H^5Cl.$$

5° Il se produit enfin du chloral dans l'action du chlore sur les hydrates de carbone : amidon, glucose, sucre, etc.

3. *Préparation.* — On prépare le chloral en faisant arriver un courant rapide de chlore sec dans l'alcool absolu, ou tout au moins à 96 centièmes, soigneusement refroidi. Quand l'absorption du chlore commence à se ralentir, on élève peu à peu la température, sans cesser le courant gazeux; on finit par chauffer dans un bain-marie bouillant le vase qui contient la substance. Lorsqu'on opère en grand, le courant de gaz doit être maintenu pendant fort longtemps, soit pendant 2 semaines, sans aucune interruption, pour 75 kilogrammes d'alcool; la chaleur dégagée rend alors tout chauffage inutile, la température s'élevant jusque vers 74°. Le produit brut, dont la densité a atteint 1,4 environ, est agité avec son volume d'acide sulfurique concentré, qui dissout ou décompose la plupart des matières autres que le chloral, et provoque un dégagement abondant d'acide chlorhydrique. On chauffe ensuite le produit mélangé avec l'acide sulfurique concen-

tré, aussi longtemps qu'il se forme du gaz chlorhydrique, puis on distille, en recueillant tout ce qui passe avant 100° (thermomètre dans la vapeur). On rectifie ensuite le produit après l'avoir additionnée de craie en poudre, qui neutralise l'acide chlorhydrique. Pour éliminer toute trace d'acide libre, on répète une seconde fois le dernier traitement.

On peut encore opérer autrement la purification : on laisse le produit brut de l'action du chlore sur l'alcool, en contact avec de l'acide sulfurique concentré, jusqu'à ce que le chloral soit complètement transformé en un polymère solide, le *chloral insoluble*. On sépare ce dernier, et on le soumet à la distillation après l'avoir lavé à l'eau et séché. Vers 180°, il se détruit en régénérant le chloral. On termine la purification par distillation sur le carbonate de chaux.

L'opération marche plus rapidement et donne un meilleur rendement quand on additionne l'alcool d'un peu de perchlorure de fer (M. Page). Quoi que l'on fasse, le rendement est loin d'être considérable, parce qu'il se forme, comme on l'a vu plus haut, des proportions énormes d'acide chlorhydrique, qui transforme en éther chlorhydrique une grande partie de l'alcool employé. Cet éther, se dégageant sous forme de gaz avec l'acide libre, oblige à refroidir exactement les vapeurs qui sortent de l'appareil, afin d'éviter l'entraînement du chloral. De plus, il se produit, en même temps que le chloral, des dérivés chlorés de l'*acétal* (t. II, p. 16), d'autres aldéhydes chlorés, des chlorures acides, du chlorure d'éthylène chloré, etc.

4. *Propriétés*. — Le chloral est liquide ; il bout à 98°. Sa densité à 0° est 1,542. Son odeur est irritante et provoque le larmoiement. Il est soluble dans l'eau, l'alcool et l'éther. Ses solutions ne précipitent pas les sels d'argent.

5. *Hydrate de chloral*. — Le chloral se combine directement à l'eau (Dumas), avec dégagement de chaleur ($+11^{Cal},8$), pour former un hydrate, $C^4HCl^3O^2 + H^2O^2$, cristallisé, fusible à 57°, bouillant à 97°,5, de densité 1,901, fort soluble dans l'eau. Quand on mélange l'hydrate de chloral fondu avec un tiers de son volume de chloroforme, il cristallise lentement en beaux prismes rhomboïdaux.

Ce composé est fréquemment employé comme anesthésique (M. Liebroich) et comme antiseptique (M. Jacobsen). A la suite de son ingestion, on trouve dans les urines un acide particulier, l'*acide urochloralique*, $C^{16}H^{11}Cl^3O^{14}$.

6. *Alcoolates de chloral*. — Le chloral se combine de même aux divers alcools pour former des alcoolates, pour la plupart cristallisés : *éthylate de chloral*, $C^4HCl^3O^2 + C^4H^6O^2$; *amylate de chloral*, $C^4HCl^3O^2 + C^{10}H^{12}O^2$; etc. (Personne).

7. *Réactions.* — Sous l'influence des acides, même en très faible proportion, le chloral se transforme lentement en un polymère solide, insoluble dans l'eau, le *chloral insoluble* ou *métachloral* $(C^4H^3ClO^2)^n$, avec dégagement de (8,9×n) Calories. C'est une poudre blanche qui possède la plupart des réactions du chloral ; elle se dédouble vers 180° en régénérant celui-ci (Regnault).

8. L'hydrogène naissant, dans une liqueur acide (zinc et acide chlorhydrique), change le chloral en aldéhyde (Personne).

9. L'acide azotique oxyde le chloral et le transforme en *acide trichloracétique*, $C^4HCl^3O^4$ (Kolbe) :

$$C^4HCl^3O^2 + O^2 = C^4HCl^3O^4.$$

Le chloral réduit l'azotate d'argent ammoniacal.

10. L'une des réactions les plus remarquables du chloral est celle qu'il éprouve sous l'influence des hydrates alcalins, lesquels le changent en formiate et chloroforme (Liebig) :

$$C^4HCl^3O^2 + KHO^2 = C^2HKO^4 + C^2HCl^3.$$

C'est à une production de chloroforme par les alcalis du sang que l'on attribue la propriété anesthésique du chloral.

On peut rapprocher cette réaction et la formation de l'acide acétique trichloré au moyen du chloral, de la transformation de l'alcool en chloroforme sous l'influence du chlorure de chaux (t. I, p. 101).

L'action des hydrates alcalins sur le chloral est d'ailleurs assez nette pour pouvoir servir au *dosage* volumétrique de ce composé : on opère sur un poids connu de chloral qu'on traite par un volume déterminé d'une solution alcaline titrée ; un dosage alcalimétrique fait connaître le poids d'alcali neutralisé dans la réaction et par suite celui du chloral.

11. Comme l'aldéhyde, dont il dérive, le chloral donne, avec l'ammoniaque, un composé cristallisé, $C^4HCl^3O^2 + AzH^3$.

12. Il forme, avec l'acide sulfhydrique, plusieurs combinaisons, entre autres le *sulfhydrate de chloral*, $C^4HCl^3O^2 + H^2S^2$, composé cristallisé, fusible à 127°, en s'altérant (Byasson).

13. Le chloral se combine directement à l'acide cyanhydrique, en donnant le *cyanhydrate de chloral*, $C^4HCl^3O^2,C^2AzH$, composé cristallisé, bouillant vers 220°. Ce corps n'est autre chose que le *nitrile trichlorolactique :* sous l'influence de l'acide chlorhydrique, il fixe les éléments de l'eau et régénère l'*acide trichlorolactique* (MM. Pinner et Bischoff) :

$$C^4HCl^3O^2, C^2AzH + HCl + 2\,H^2O^2 = C^6H^3Cl^3O^6 + AzH^4Cl.$$

14. L'acide sulfurique fumant, employé en excès, transforme à chaud le chloral en un composé cristallisé connu sous le nom de *chloralide*, $C^{10}H^2Cl^6O^6$ (Staedeler). Ce dernier n'est autre chose qu'une combinaison de chloral et d'acide trichlorolactique (M. Wallach) :

$$C^6H^3Cl^3O^6 + C^4HCl^3O^2 = C^{10}H^2Cl^6O^6 + H^2O^2.$$

15. Le chloral est isomère avec le *chlorure de dichloracétyle*, $C^4Cl^2O^2(HCl)$.

16. *Bromal.* — Au chloral correspond, comme dérivé bromé, le *bromal*, $C^4HBr^3O^2$, ou *aldéhyde tribromé*, qui s'obtient en faisant agir le brome sur l'alcool. C'est un liquide bouillant à 173°, de densité 3,34. Il forme avec l'eau un *hydrate de bromal*, $C^4HBr^3O^2 + H^2O^2$, cristallisé, fusible à 53°,5. Les réactions du bromal sont semblables à celles du chloral.

17. *Aldéhyde perchloré.* — On ne connaît qu'un seul dérivé perchloré de l'aldéhyde, $C^4Cl^4O^2$. C'est un chlorure acide, le *chlorure acétique trichloré*, et non, à proprement parler, un aldéhyde substitué.

§ 5. — **Aldéhydes homologues de l'aldéhyde ordinaire.**

1. Par l'oxydation des alcools normaux, on obtient les homologues de l'aldéhyde ordinaire signalés plus haut (t. II, p. 6).

Dans les cas où plusieurs alcools primaires répondent à une même formule, comme il arrive pour les alcools butyliques par exemple, chacun des deux alcools engendre un aldéhyde spécial, primaire comme l'alcool générateur.

L'histoire de ces corps est calquée sur celle de l'aldéhyde ordinaire.

2. *Aldéhyde méthylique*, $C^2H^2O^2$. — L'oxydation de l'alcool méthylique fournit un composé volatil, qui a été signalé comme étant l'*aldéhyde méthylique* proprement dit (M. W. Hofmann). Toutefois ce corps (1) ne jouit pas de propriétés physiques bien définies. Il n'exis-

(1) *H-ЄΘH.*

terait qu'à l'état de vapeur ou de dissolution; mais une fois condensé et isolé, il présente les caractères d'un polymère.

Ce dernier, le *paraldéhyde méthylique* ou *trioxyméthylène* $(C^2H^2O^2)^3$, s'isole aisément à cause de son insolubilité. On a vu plus haut qu'il se forme dans l'électrolyse des solutions acidulées de glycol, de glycérine, de mannite et de glucose. Il est cristallisé, fusible à 152°, sublimable dès 100°. L'hydrogène sulfuré le change en *paraldéhyde sulfométhylique* ou *trisulfométhylène*, $(C^2H^2S^2)^3$, composé qui se produit également dans l'action de l'hydrogène naissant sur le sulfure de carbone (M. A. Girard).

3. *Aldéhyde propylique* (1) : $C^6H^6O^2$. — Liquide bouillant à 49°; densité : 0,807 à 21°.

4. *Aldéhydes butyliques :* $C^8H^8O^2$. — L'*aldéhyde butylique normal* (2) correspond à l'alcool normal. C'est un liquide bouillant à 75° et ayant pour densité 0,911 à 0°.

Son dérivé trichloré, le *butylchloral*, $C^8H^5Cl^3O^2$, est l'un des produits de l'action du chlore sur l'aldéhyde humide (t. II, p. 18); c'est un liquide bouillant à 164°, de densité 1,396 à 20°. Il forme un hydrate cristallisable.

L'*aldéhyde isobutylique* (3) correspond à l'alcool isobutylique (t. I, p. 327). Il bout à 61°; sa densité à 0° est 0,823.

5. *Aldéhydes amyliques :* $C^{10}H^{10}O^2$. — On en connaît trois. Le plus intéressant est l'*aldéhyde isoamylique* ou *aldéhyde valérique* (4), qui résulte de l'oxydation de l'alcool isoamylique; c'est un liquide doué d'une odeur de fruit; il bout à 92°,5; sa densité à 12°,5 est 0,768.

6. *Aldéhyde œnanthylique* (5) : $C^{14}H^{14}O^2$. — Liquide bouillant à 154°; de densité 0,827 à 17°; s'obtient dans la décomposition de l'huile de ricin par la chaleur.

§ 6. — Aldéhyde allylique.

$C^6H^4O^2$ ou $C^6H^2(O^2)$ .... $CH^2 = CH - COH$.

1. L'aldéhyde allylique, plus généralement désigné sous les noms d'*acroléine* et d'*aldéhyde acrylique*, a été découvert par Brandes et étudié d'abord par Redtenbacher.

(1) $C^2H^5 - COH$.
(2) $CH^3 - CH^2 - CH^2 - COH$.
(3) $(CH^3)^2 = CH - COH$.
(4) $(CH^3)^2 = CH - CH^2 - COH$
(5) $CH^3 - (CH^2)^5 - COH$

2. *Formations.* — Il se forme :

1° Par oxydation de l'*alcool allylique* (MM. Cahours et Hofmann) :

$$C^6H^6O^2 + O^2 = C^6H^4O^2 + H^2O^2;$$

2° Par détonation d'un mélange d'allylène et d'oxygène en proportions convenables (M. von Meyer) :

$$C^6H^4 + O^2 = C^6H^4O^2.$$

3° Par déshydradation de la *glycérine* :

$$C^6H^8O^6 = C^6H^4O^2 + 2\,H^2O^2.$$

Cette dernière réaction se réalise notamment dans la décomposition par la chaleur de la glycérine et des corps gras (Brandes).

3. *Préparation.* — On l'obtient le plus régulièrement en distillant 1 partie de glycérine avec 2 parties de bisulfate de potassium. Le produit est rectifié sur de l'oxyde de plomb et du chlorure de calcium (MM. Hübner et Geuther).

4. *Propriétés.* — L'acroléine est un liquide limpide, très réfringent, miscible avec l'alcool et l'éther, soluble dans l'eau, doué d'une odeur des plus irritantes. Elle bout à 52°,5.

5. *Réactions.* — Elle s'oxyde directement à l'air, en formant de l'*acide acrylique*, $C^6H^4O^4$.

Elle se combine à l'ammoniaque, mais non aux bisulfites alcalins. L'hydrogène la transforme en *alcool allylique*, $C^6H^6O^2$. Elle se polymérise rapidement.

§ 7. — Aldéhyde crotonique.

$C^8H^6O^2$ ou $C^8H^6(O^2)$............. $CH^3-CH=CH-COH.$

1. L'aldéhyde correspondant à l'*acide crotonique* (α), $C^8H^6O^4$, se forme dans l'action de certains réactifs sur l'aldéhyde ordinaire (t. II, p. 16). Il a été découvert par M. Kékulé.

Il prend également naissance dans la décomposition de l'aldol par la chaleur (Wurtz) :

$$C^8H^8O^4 = C^8H^6O^2 + H^2O^2.$$

2. *Préparation.* — On l'obtient en chauffant en vases clos à 100°, pendant plusieurs jours, l'aldéhyde ordinaire additionné d'un peu de chlorure de zinc et de quelques gouttes d'eau.

3. *Propriétés.* — C'est un liquide incolore, bouillant à 105°,

soluble dans l'eau, s'oxydant directement à l'air en formant de l'acide crotonique.

§ 8. — Aldéhyde benzylique.

$C^{14}H^{6}O^{2}$ ou $C^{14}H^{6}(O^{2})$ .... $C^{6}H^{5}\text{-}COH$.

1. L'essence d'amandes amères a été découverte, en 1803, par Martrès; elle est constituée, pour la plus grande partie, par de l'aldéhyde benzylique, autrement dit *aldéhyde benzoïque*, *benzylal*, *hydrure de benzoïle*. Elle a été étudiée d'abord par Liebig et Woehler, qui en ont défini les réactions fondamentales; mais c'est à Robiquet et Boutron que l'on doit la connaissance du mécanisme de sa formation. Elle a été produite synthétiquement par Piria.

Elle existe toute formée dans les feuilles du *Prunus padus* et de l'*Amygdalus persica*.

2. *Formation.* — L'aldéhyde benzylique se forme :

1° En oxydant l'*alcool benzylique* par l'acide nitrique dilué, par l'acide chromique, ou même par l'oxygène libre et les corps poreux (M. Cannizzaro) :

$$C^{14}H^{8}O^{2} + O^{2} = C^{14}H^{6}O^{2} + H^{2}O^{2};$$

2° Par l'oxydation indirecte du *toluène* :

$$C^{14}H^{8} - H^{2} + O^{2} = C^{14}H^{6}O^{2}.$$

Cette dernière oxydation se réalise elle-même par divers procédés :

Soit en préparant à chaud un *toluène bichloré*, $C^{14}H^{6}Cl^{2}$, que l'on fait ensuite réagir sur l'oxyde de mercure (Gerhardt) :

$$C^{14}H^{6}Cl^{2} + 2\,HgO = C^{14}H^{6}O^{2} + 2\,HgCl,$$

ou sur la potasse en solution alcoolique (M. Cahours) :

$$C^{14}H^{6}Cl^{2} + 2\,KHO^{2} = C^{14}H^{6}O^{2} + 2\,KCl + H^{2}O^{2};$$

Soit en préparant à chaud un *toluène monochloré*, l'éther benzylchlorhydrique, $C^{14}H^{7}Cl$, que l'on oxyde par l'acide azotique dilué ou par un azotate (MM. Lauth et Grimaux) :

$$C^{14}H^{7}Cl + O^{2} = C^{14}H^{6}O^{2} + HCl;$$

Soit encore en combinant le toluène à l'acide chlorochromique, ce qui donne le composé $C^{14}H^{8},4\,CrO^{2}Cl$, puis en traitant ce dernier par l'eau (M. Étard).

3° Par la réduction de l'*acide benzoïque* :

$$C^{14}H^{6}O^{4} - O^{2} = C^{14}H^{6}O^{2},$$

réduction qui s'effectue, entre autres procédés, par la distillation sèche d'un mélange de formiate et de benzoate (Piria); ou par l'action de l'amalgame de sodium sur une solution aqueuse d'acide benzoïque (Kolbe); ou bien encore en dirigeant les vapeurs d'acide benzoïque sur du zinc en poussière chauffé (M. Baeyer).

4° Par l'oxydation des composés cinnamiques, tels que l'aldéhyde (M. Mülder) et l'acide cinnamique, la styrone, la styracine, etc. :

$$\underset{\text{Ald. cinnamique.}}{C^{18}H^{8}O^{2}} + H^{2}O^{2} + O^{2} = \underset{\text{Ald. benzylique.}}{C^{14}H^{6}O^{2}} + \underset{\text{Ac. acétique.}}{C^{4}H^{4}O^{4}}.$$

Cette réaction est réciproque de celle qui donne naissance à l'aldéhyde cinnamique au moyen de l'aldéhyde ordinaire (t. II, p. 16).

5° L'oxydation du *stilbène*, $C^{28}H^{12}$ (Laurent), et celle des *corps albuminoïdes* produisent aussi l'aldéhyde benzoïque.

3. *Préparation.* — Jusqu'à ces derniers temps, on a préparé ce corps exclusivement par le dédoublement de l'*amygdaline*, $C^{40}H^{27}AzO^{22}$, glucoside contenu dans les amandes amères; ce dédoublement est opéré sous l'influence de l'*émulsine* ou *synaptase*, ferment azoté soluble, qui existe dans les amandes douces et les amandes amères (t. I, p. 460).

Sous l'influence de ce ferment, l'amygdaline est tranformée en acide cyanhydrique, en essence d'amandes amères et en glucose. Aussi, quand on mélange l'amygdaline et la synaptase en présence de l'eau, à une température de 30° environ, l'odeur se développe aussitôt et bientôt des gouttelettes huileuses d'essence se séparent de la liqueur aqueuse. Voici la réaction :

$$C^{40}H^{24}AzO^{22} + 2\,H^{2}O^{2} = C^{14}H^{6}O^{2} + 2\,C^{12}H^{12}O^{12} + C^{2}AzH.$$

C'est sur cette réaction qu'est fondée l'une des préparations industrielles de l'essence. On presse les amandes concassées, pour en retirer l'huile grasse ; puis on laisse le tourteau pulvérisé en contact pendant vingt-quatre heures avec de l'eau et l'on distille, soit dans un alambic ordinaire (fig. 73), soit, et mieux encore, au moyen d'un courant de vapeur d'eau, qui arrive au centre de la masse : l'essence est entraînée par la vapeur.

Cette essence est plus lourde que l'eau; elle contient de l'acide cyanhydrique qui lui communique ses propriétés vénéneuses, tandis que l'aldéhyde benzylique pur n'est pas vénéneux à faible dose. On la débarrasse de l'acide cyanhydrique en la rectifiant sur un peu d'oxyde de mercure.

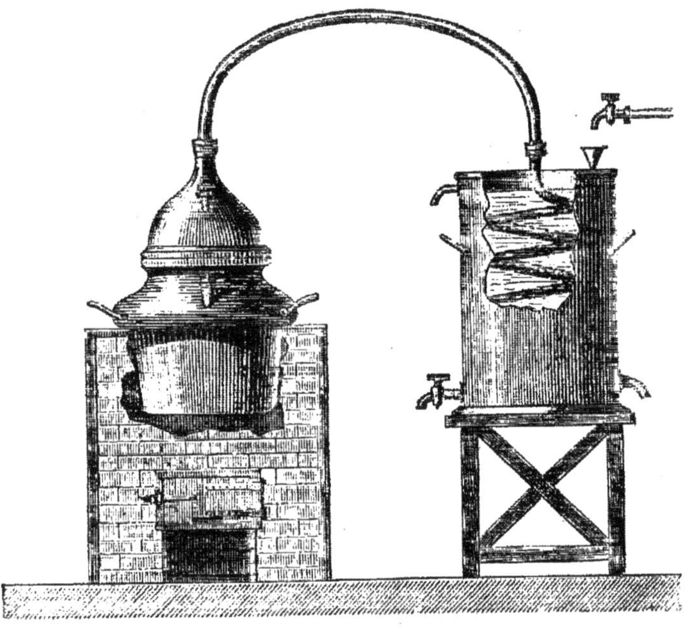

Fig. 73. — Alambic.

Dans les laboratoires, pour la purifier, on l'agite avec 3 à 4 volumes d'une solution concentrée de bisulfite de soude (D=1,231): il se forme un composé cristallisé (M. Bertagnini),

$$C^{14}H^6O^2 + S^2HNaO^6 + HO,$$

que l'on recueille après quelques heures et que l'on essore à la trompe. On le lave avec de petites quantités d'alcool, on le dissout dans l'eau bouillante et on le décompose par la soude. L'aldéhyde se sépare; on le décante, on le dessèche sur du chlorure de calcium, et on le rectifie.

Actuellement l'industrie prépare au moyen du toluène des quantités considérables d'essence d'amandes amères artificielle. Une méthode usitée à cet effet consiste à transformer à chaud par le chlore, le toluène en *éther benzylchlorhydrique*, $C^{14}H^7Cl$ (t. I, p. 169). Celui-ci est chauffé pendant un certain temps avec un lait de chaux ; l'éther est saponifié et il se fait de l'alcool benzylique :

$$C^{14}H^7Cl + CaO, HO = C^{14}H^8O^2 + CaCl.$$

Enfin l'alcool benzylique est oxydé avec précaution par l'acide azotique dilué.

Un autre procédé également usité consiste à maintenir en ébullition, pendant quelques heures, un mélange de 1 partie d'éther benzylchlorhydrique avec 1 partie 1/2 de nitrate de plomb et 10 parties d'eau. Il se fait du chlorure de plomb et de l'éther benzylnitrique, qui se détruit en donnant de l'aldéhyde benzoïque. On sépare ce dernier par distillation (MM. Lauth et Grimaux).

L'essence d'amandes amères artificielle, obtenue au moyen des dérivés chlorés du toluène, renferme en petite quantité des toluènes chlorés, isomères ou voisins de l'éther benzylchlorhydrique ; ces composés étant très stables, n'ont pas été atteints par les réactions précédentes.

4. *Propriétés.* — L'aldéhyde benzylique est un liquide incolore, très réfringent, d'une odeur agréable et d'une saveur mordicante. Sa densité à 0° est 1,063 ; à 15°, 1,050. Il bout à 179°, 5. Il se dissout dans 300 parties d'eau froide ; il se mêle à l'alcool et à l'éther.

5. *Action de la chaleur.* — Le benzylal, dirigé à travers un tube chauffé au rouge sombre, se dédouble en *benzine* et oxyde de carbone (MM. Barreswil et Boudault) :

$$C^{14}H^6O^2 = C^{12}H^6 + C^2O^2.$$

6. *Hydrogène.* — Traité par l'acide iodhydrique, à 280° (M. Berthelot), avec ménagement, le benzylal fournit d'abord du *toluène :*

$$C^{14}H^6O^2 + 2\ H^2 = C^{14}H^8 + H^2O^2.$$

En présence d'un grand excès du réactif, on obtient l'*hydrure d'heptylène :*

$$C^{14}H^6O^2 + 6\ H^2 = C^{14}H^{16} + H^2O^2.$$

L'amalgame de sodium, en présence de l'eau, transforme à froid le benzylal en *alcool benzylique*, $C^{14}H^8O^2$ (M. Friedel) :

$$C^{14}H^6O^2 + H^2 = C^{14}H^8O^2.$$

Enfin le benzylal, chauffé avec une solution alcoolique de potasse, se change en *alcool benzylique* et *acide benzoïque* (M. Cannizzaro):

$$2 C^{14}H^6O^2 + KO,HO = C^{14}H^8O^2 + C^{14}H^5KO^4.$$

7. *Oxygène.* — Le benzylal absorbe lentement l'oxygène de l'air en fournissant de l'*acide benzoïque:*

$$C^{14}H^6O^2 + O^2 = C^{14}H^6O^4.$$

On observe, en effet, très fréquemment, la production de cristaux d'acide benzoïque dans les flacons d'essence d'amandes amères imparfaitement bouchés.

Les agents oxydants les plus divers produisent rapidement la même réaction. C'est ainsi, par exemple, qu'on obtient l'acide benzoïque en chauffant le benzylal, dans un tube fermé par un bout, avec de l'hydrate de potasse fondu :

$$C^{14}H^6O^2 + KO, HO = C^{14}H^5KO^6 + H^2.$$

L'aldéhyde benzylique ne réduit pas le réactif cupropotassique, ce qui le distingue, avec les autres aldéhydes aromatiques, des aldéhydes de la série grasse.

8. *Chlore.* — Le chlore forme par substitution du *chlorure benzoïque*, $C^{14}H^5O^2Cl$ (Liebig et Woehler), dérivé chlorhydrique de l'acide benzoïque :

$$C^{14}H^6O^4 + HCl = C^{14}H^4O^2(HCl) + H^2O^2.$$

Il existe un isomère, dérivé également par substitution directe dans l'aldéhyde benzoïque, et se conduisant comme un véritable aldéhyde chloré, conformément à ce qui a été dit en parlant de l'aldéhyde ordinaire (t. II, p. 18). On a décrit aussi quelques produits de substitution plus avancée.

Le brome donne de même du *bromure benzoïque*, $C^{14}H^5O^2Br$ (Liebig et Woehler).

9. *Métaux et alcalis.* — Les métaux alcalins attaquent le benzylal; mais l'hydrogène dégagé demeure fixé sur l'aldéhyde, de façon à le changer en alcool benzylique et divers autres composés mal connus.

L'action de la potasse alcoolique a été signalée plus haut; elle forme de l'alcool benzylique et du benzoate de potasse.

L'ammoniaque aqueuse produit l'*hydrobenzamide* (1), $C^{42}H^{18}Az^2$, substance cristallisée (Laurent) :

$$3 C^{14}H^6O^2 + 2 AzH^3 = C^{42}H^{18}Az^2 + 3 H^2O^2.$$

(1) $(C^6H^5 - CH)^3Az^2$.

L'ammoniaque alcoolique la transforme en *amarine*, $C^{42}H^{18}Az^2$, substance cristallisée (1), isomère de l'hydrobenzamide (Laurent).

10. *Acide nitrique.* — L'acide nitrique, mélangé d'acide sulfurique, transforme à froid l'aldéhyde benzoïque en trois dérivés nitrés (2) isomériques, $C^{14}H^5(AzO^4)O^2$ (Bertagnini).

L'un, l'*aldéhyde benzoïque orthonitré*, cristallise difficilement en aiguilles jaunes, fusibles à 46°; il se forme encore par l'oxydation de l'*éther orthonitrocinnamique*.

Le deuxième, l'*aldéhyde benzoïque métanitré*, se forme le plus abondamment dans l'action directe de l'acide. Il fond à 58°.

Le troisième, l'*aldéhyde benzoïque paranitré*, fond à 106°.

11. *Acides organiques.* — Les acides organiques se combinent avec le benzylal, en formant trois groupes de composés :

1° Les uns sont obtenus à équivalents égaux, sans séparation d'eau; tel est l'*acide benzylaloformique*, $C^{14}H^6O^2,C^2H^2O^4$ (M. Winckler).

2° D'autres se forment aussi à équivalents égaux, mais avec séparation d'eau; tel est l'*acide cinnamique*, $C^{18}H^8O^4$, que l'on produit en faisant agir le *chlorure acétique* sur le benzylal (M. Bertagnini) :

$$C^{14}H^6O^2 + C^4H^3O^2Cl = C^{18}H^8O^4 + HCl;$$

$$C^{14}H^6O^2 + C^4H^4O^4 - H^2O^2 = C^{18}H^8O^4.$$

3° Enfin les derniers sont engendrés dans la proportion de 2 équivalents d'acide pour 1 équivalent d'aldéhyde, une molécule d'eau étant éliminée. Tel est, entre autres, le *benzylal diacétique*, $C^{14}H^6O^2,2\,C^4H^3O^3$, formé par la réaction de l'acétate d'argent sur le *benzylal dichlorhydrique*, $C^{14}H^6Cl^2$ (M. Guthrie).

Ce dernier corps, identique avec l'un des dérivés bichlorés du toluène, peut se préparer au moyen du perchlorure de phosphore et de l'aldéhyde benzylique (M. Cahours) :

$$C^{14}H^6O^2 + 2\,HCl - H^2O^2 = C^{14}H^6Cl^2.$$

12. *Aldéhydes.* — Enfin les aldéhydes s'unissent avec le benzylal.

(1) $\left.\begin{matrix} C^6H^5 - C - AzH \\ C^6H^5 - \overset{\|}{C} - AzH \end{matrix}\right> CH - C^6H^5.$

(2) *Ortho* : $(AzO^2)_{(2)} - C^6H^4 - COH_{(1)}$,
Méta : $(AzO^2)_{(3)} - C^6H^4 - COH_{(1)}$,
Para : $(AzO^2)_{(4)} - C^6H^4 - COH_{(1)}$.

Par exemple, l'*aldéhyde ordinaire*, uni avec le benzylal sous l'influence de l'acide chlorhydrique, forme l'*aldéhyde cinnamique* (M. Chiozza) :

$$C^{14}H^6O^2 + C^4H^4O^2 = C^{18}H^8O^2 + H^2O^2.$$

Au même titre, 2 molécules de benzylal peuvent se combiner entre elles. Ainsi prend naissance, au contact du cyanure de potassium, mais sans séparation d'eau, la *benzoïne*, $C^{28}H^{12}O^4$ (Liebig et Woehler).

§ 9. — Aldéhyde cuminique.

$C^{20}H^{12}O^2$ ou $C^{20}H^{12}(O^2)$.......... $C^3H^7{}_{(1)}-C^6H^4-COH_{(4)}$.

1. L'aldéhyde cuminique ordinaire a été découvert par MM. Gerhardt et Cahours ; on le nomme souvent *cuminal*. Il dérive du cymène ordinaire et présente les propriétés d'un paradérivé. L'essence de la graine de cumin (*Cuminum cyminum*) en est constituée pour la plus grande partie. Il existe aussi dans les semences de *Cicuta virosa*.

2. *Préparation.* — On prépare cet aldéhyde en distillant l'essence de cumin; on rejette le cymène, $C^{20}H^{14}$, qui accompagne l'aldéhyde dans l'essence et passe avant 190°; ce qui distille ensuite est agité avec une solution concentrée de bisulfite de soude. Le composé cristallisé qui se forme est isolé, lavé à l'alcool, puis décomposé par la soude. On obtient ainsi le cuminal.

3. *Propriétés.* — C'est un liquide incolore, doué d'une odeur particulière assez désagréable. Sa densité à 0° est 0,983. Il bout à 237°.

4. *Réactions.* — L'hydrogène naissant le change en *alcool cyménique*, $C^{20}H^{14}O^2$.

L'oxygène de l'air, les agents oxydants, l'hydrate de potasse le transforment en *acide cuminique*, $C^{20}H^{12}O^4$.

5. *Isomères.* — Le cuminal est isomère avec l'*anéthol*, principe cristallisable des essences d'anis, de fenouil, d'estragon, etc. (t. I, p. 552) ; mais la fonction de ce dernier est toute différente.

Les isomères du cymène ordinaire fournissent, quand on traite par l'eau les composés qu'ils donnent avec l'acide chlorochromique, des aldéhydes isomères du cuminal (M. Étard).

§ 10. — Aldéhyde cinnamique.

$C^{18}H^8O^2$.................. $C^6H^5-CH=CH-COH$.

1. L'aldéhyde cinnamique a été découvert par MM. Dumas et Péligot.

On a signalé à la page précédente la synthèse de cet aldéhyde, au moyen des aldéhydes éthylique et benzylique.

2. *Préparation.* — L'aldéhyde cinnamique est contenu dans les essences de cannelle et de cassia, où il se trouve mélangé à un hydrocarbure. On l'extrait et on le purifie au moyen du bisulfite de potasse, dont la combinaison avec l'aldéhyde cinnamique cristallise mieux que le composé sodique correspondant (M. Bertagnini) : on agite l'essence avec une solution de ce sel ($D = 1,25$), et l'on traite le produit cristallisé comme il a été dit pour l'aldéhyde benzoïque (t. II, p. 28).

3. *Propriétés.* — C'est une huile incolore, plus dense que l'eau, volatile sans décomposition.

4. *Réactions.* — La chaleur rouge décompose l'aldéhyde cinnamique en *styrolène* et oxyde de carbone (M. Mülder) :

$$C^{18}H^{8}O^{2} = C^{16}H^{8} + C^{2}O^{2}.$$

L'hydrogène naissant engendre l'*alcool cinnamylique*, $C^{18}H^{10}O^{2}$.

L'oxygène libre ou naissant produit l'*acide cinnamique*, $C^{18}H^{8}O^{4}$.

L'aldéhyde cinnamique se combine à l'acide nitrique concentré pour former un composé, $C^{18}H^{8}O^{2},AzHO^{6}$, que l'eau détruit (MM. Dumas et Péligot).

ALDÉHYDES DIATOMIQUES PROPREMENT DITS

§ 11. — Glyoxal.

$C^{4}H^{2}O^{4}$ ou $C^{4}H^{2}[O^{2}(-)][(O^{2}(-)]$........ $COH - COH$.

1. Le glyoxal ou *aldéhyde oxalique* a été découvert par M. Debus. Il prend naissance dans la déshydrogénation du glycol. Quand on traite le glycol par les agents d'oxydation, il se forme un peu de glyoxal et surtout les acides *glycollique*, $C^{4}H^{4}O^{6}$, *glyoxylique*, $C^{4}H^{2}O^{6}$, et *oxalique*, $C^{4}H^{2}O^{8}$.

Le glyoxal se forme également dans l'oxydation de l'alcool et de l'aldéhyde ordinaires.

2. *Préparation.* — Le glyoxal se prépare en oxydant l'alcool ordinaire par l'acide azotique (M. Debus). On dispose dans un vase cylindrique étroit, 550 centimètres cubes d'alcool à 80 centièmes sur 430 centimètres cubes d'acide azotique ($D = 1,38$), en profitant de la différence de densité qui existe entre les deux liquides pour éviter de les mélanger. On laisse réagir lentement jusqu'à ce qu'il cesse de se dégager de bulles gazeuses. On neutralise par la chaux le produit de

la réaction, et l'on précipite par l'alcool la solution évaporée : on sépare ainsi les acides glyoxylique, glycollique et oxalique, à l'état de sels de chaux. On évapore la liqueur et on la traite par le bisulfite de soude, qui donne avec le glyoxal un composé cristallisé, $C^4H^2O^4,S^2HNaO^6$. Par double décomposition avec le chlorure de baryum, ce dernier composé est transformé en sel de baryte, lequel est peu soluble et se précipite; la baryte étant ensuite séparée exactement par l'acide sulfurique, il se dégage du gaz sulfureux, puis la liqueur filtrée et évaporée donne le glyoxal.

On l'obtient aussi en oxydant de la même manière l'aldéhyde du commerce (M. Liubawin), ou mieux encore le paraldéhyde (M. de Forcrand).

3. *Propriétés.* — Le glyoxal constitue une masse amorphe, solide et déliquescente, soluble dans l'eau, l'alcool et l'éther.

On a vu qu'il se combine aux bisulfites alcalins. Il s'unit à l'ammoniaque et à l'oxyammoniaque, avec élimination d'eau, pour former des alcalis. Il se combine également avec la phénylhydrazine.

Les agents d'oxydation le transforment en acides glyoxylique et oxalique. Il réduit le nitrate d'argent ammoniacal.

Pendant les traitements de sa préparation, le glyoxal se transforme partiellement en son isomère le *glycollide* (voy. ce mot), et par suite en *acide glycollique*, $C^4H^4O^6$. Sa transformation en glycollide dégage 1,9 Calories : puis l'hydratation du glycollide dégage 1,1 Calorie; tous ces phénomènes s'accomplissent donc avec des dégagements de chaleur successifs (M. de Forcrand).

§ 12. — Aldéhyde succinique.

$C^8H^6O^4$ ou $C^8H^6[O^2(-)][O^2(-)]$ .... $C^2H^4=(COH)^2$.

1. L'aldéhyde succinique, découvert par M. Saytzeff, est un homologue du glyoxal : il joue par rapport au glycol butylique et à l'acide succinique le même rôle que le glyoxal par rapport au glycol ordinaire et à l'acide oxalique.

2. C'est un liquide incolore, bouillant à 202°. On l'obtient par l'action de l'hydrogène naissant sur le *chlorure succinique*, $C^8H^4O^4Cl^2$.

§ 13. — Aldéhydes phtaliques.

$C^{16}H^6O^4$ ou $C^{16}H^6[O^2(-)][O^2(-)]$ .... $C^8H^6O^2$.

1. *Aldéhyde orthophtalique.* — Ce composé (1) a été obtenu par

(1) $C^6H^4=(COH)^2_{(1.2)}$.

MM. Kolbe et Wischin, en hydrogénant le *chlorure orthophtalique*, $C^{16}H^{4}O^{4}Cl^{2}$.

C'est une substance incolore, cristallisée, fusible à 65°, distillant avec la vapeur d'eau.

2. *Acide paraphtalique.* — A *l'acide téréphtalique* ou *paraphtalique*, isomère de l'acide phtalique, correspond un aldéhyde paraphtalique (1) ou *aldéhyde téréphtalique*, isomère du précédent. C'est un corps cristallisé, fusible à 115°.

(1) $C^6H^4 = (COH)^2_{1.4}$.

CHAPITRE II

ALDÉHYDES SECONDAIRES

§ 1er. — Aldéhydes secondaires en général.

1. L'acétone ordinaire, type des aldéhydes secondaires, avait été observé à la fin du siècle dernier; mais sa connaissance est due surtout à Dumas, à Liebig et à Kane. En 1845, M. Chancel a rapproché l'acétone des aldéhydes et généralisé la réaction qui lui donne naissance. Un peu plus tard, M. Williamson a fait connaître les acétones mixtes. Enfin M. Friedel a établi les relations qui existent entre les acétones et les alcools secondaires; aussi ces derniers sont-ils appelés, en général, *acétones* ou *kétones*.

2. *Formations.* — On les obtient :

1° En oxydant les alcools secondaires (M. Friedel), tels que l'alcool isopropylique (t. I, p. 327) :

$$C^6H^8O^2 + O^2 = C^6H^6O^2 + H^2O^2;$$

c'est-à-dire,

$$C^4H^4O^2(C^2H^4) + O^2 = C^4H^4O^2(C^2H^2[—]) + H^2O^2;$$

2° En oxydant les carbures correspondants, tels que le propylène :

$$C^6H^6 + O^2 = C^6H^6O^2;$$

ce qui fournit un mélange d'aldéhyde propylique primaire et d'aldéhyde propylique secondaire (acétone), l'oxydation portant à la fois sur les deux carbures distincts qui concourent à engendrer le propylène (M. Berthelot) :

Aldéhyde normal....... $C^4H^4(C^2H^2) + O^2 = C^4H^4(C^2H^2O^2)$,
Acétone................ $C^4H^4(C^2H^2) + O^2 = C^4H^4O^2(C^2H^2)$.

3° Les acétones se forment encore dans la distillation sèche des sels alcalins, formés par les acides monobasiques :

Acétone............ $2\,C^4H^3CaO^4 = C^6H^6O^2 + C^2O^4, 2\,CaO$,
Benzone............ $2\,C^{14}H^5CaO^4 = C^{26}H^{10}O^2 + C^2O^4, 2\,CaO$.

Ils sont alors accompagnés de divers homologues.

Observons que le produit dominant de cette réaction peut être aussi dérivé de 2 molécules de carbure, contenant chacune C^2 en moins que l'acide du sel générateur, et associées à 1 molécule d'acide carbonique (t. I, p. 107) :

$$C^2O^4,H^2O^2 + 2\,C^2H^4 - 2\,H^2O^2 = C^6H^6O^2,$$
$$C^2O^4,H^2O^2 + 2\,C^{12}H^6 - 2\,H^2O^2 = C^{26}H^{10}O^2.$$

4° Ils prennent également naissance dans la décomposition des alcoolates calciques par la chaleur (M. Destrem). C'est ainsi que le *butylalcoolate de chaux*, $C^8H^9CaO^2$, donne du *butyrone*, $C^{14}H^{14}O^2$:

$$2\,C^8H^9CaO^2 = C^{14}H^{14}O^2 + 2\,CaO + C^2H^4.$$

Cette réaction s'interprète comme la précédente.

5° On peut enfin obtenir synthétiquement les acétones, en faisant agir les chlorures acides sur certains radicaux organo-métalliques (MM. Pebal et Freund) :

$C^4H^3ClO^2$	+	C^2H^3Zn	=	$C^6H^6O^2$	+	ZnCl.
Chlorure acétique.		Zinc-méthyle.		Acétone.		

3. *Acétones mixtes.* — 1° Distille-t-on un mélange de deux sels à équivalents égaux, on obtient un *acétone mixte* ou *kétone mixte*, lequel dérive de deux carbures distincts et est encore un aldéhyde secondaire (M. Williamson). Ainsi se forme l'*acétobenzone*, $C^{16}H^8O^2$:

$$C^{14}H^5CaO^4 + C^4H^3CaO^4 = C^{16}H^8O^2 + C^2O^4,2\,CaO,$$

c'est-à-dire,

$$C^2O^4,H^2O^2 + C^{12}H^6 + C^2H^4 - 2\,H^2O^2 = C^{16}H^8O^2.$$

Si l'on effectue cette réaction avec un mélange dans lequel l'un des deux sels est un formiate, on obtient un corps qui dérive, non plus de deux carbures, mais d'un carbure et de l'hydrogène :

$$C^4H^3CaO^4 + C^2HCaO^4 = C^4H^4O^2 + C^2O^4,2\,CaO,$$

c'est-à-dire,

$$C^2O^4,H^2O^2 + C^2H^4 + H^2 - 2\,H^2O^2 = C^4H^4O^2.$$

Le produit est alors un aldéhyde monoatomique proprement dit. Nous avons vu, en effet, que cette réaction, due à Piria, est générale pour la production des composés de ce genre.

2° Les acétones mixtes prennent également naissance dans l'oxydation de divers alcools secondaires, dont le carbure secondaire générateur est formé lui-même de deux molécules hydrocarburées dissemblables. C'est ainsi que l'*alcool hexylique secondaire*, $C^{12}H^{14}O^2$, dérivé de l'*hydrure d'éthylbutylène*, $C^4H^4(C^8H^{10})$, engendre par oxydation un acétone mixte de formule $C^{12}H^{12}O^2$, que l'oxydation dédouble en acide acétique, $C^4H^4O^4$, et acide butyrique, $C^8H^8O^4$.

3° Ils se forment aussi dans l'oxydation de certains carbures secondaires, mais ils semblent produits ainsi par l'intermédiaire de la réaction précédente.

4° Un autre mode de production, qui s'applique spécialement aux acétones mixtes aromatiques, consiste à faire agir le chlorure d'aluminium sur le mélange d'un carbure avec un chlorure acide (MM. Friedel et Crafts). La *benzine* et le *chlorure toluique* donnent ainsi le *toluobenzone* ou *phényltolylkétone*, $C^{28}H^{12}O^2$:

$$C^{12}H^6 + C^{16}H^7O^2Cl = C^{28}H^{12}O^2 + HCl.$$

Les carbures peuvent donner la même réaction avec les acides eux-mêmes, en présence de l'anhydride phosphorique (MM. Kollarits et Merz) :

$$C^{12}H^6 + C^{16}H^8O^4 = C^{28}H^{12}O^2 + H^2O^2.$$

4. *Réactions.* — 1° Les aldéhydes des alcools secondaires, traités par l'hydrogène naissant, reproduisent lesdits alcools (M. Friedel) :

$$C^6H^6O^2 + H^2 = C^6H^8O^2.$$

Mais il se forme en général et simultanément un produit intermédiaire fort stable, dérivé de 2 molécules d'aldéhyde :

Pinacone.................... $2C^6H^6O^2 + H^2 = C^{12}H^{14}O^2$.

2° L'oxydation des aldéhydes secondaires n'engendre pas l'acide à 4 équivalents d'oxygène correspondant, c'est-à-dire qui renfermerait le même nombre d'équivalents de carbone ; à la place de ce dernier, on obtient simultanément deux acides correspondant aux deux carbures générateurs de l'acétone : chacun de ces acides renferme le même nombre d'équivalents de carbone que l'un des deux carbures. Ainsi l'acétone ordinaire, dérivé, comme il vient d'être dit, de $C^2H^4(C^2H^2)$, engendre, d'une part, l'acide formique, $C^2H^2O^4$, correspondant à une molécule de formène, et d'autre part, l'acide acétique, $C^4H^4O^4$, correspondant à une molécule d'éthylène :

$$C^4H^4O^2(C^2H^2) + O^6 = C^4H^4O^4 + C^2H^2O^4.$$

Cette propriété importante établit une différence caractéristique entre les aldéhydes proprement dits et les aldéhydes secondaires. Elle s'explique d'ailleurs facilement en s'appuyant sur les considérations relatives au mode respectif de génération des alcools primaires et des alcools secondaires (t. I, p. 231).

Toutefois, la réaction d'oxydation peut se compliquer davantage encore lorsque les carbures générateurs des acétones sont susceptibles de se scinder de diverses manières.

Les acétones ne réduisent pas le nitrate d'argent ammoniacal.

3° Les acétones s'unissent aux acides, avec séparation de 2 équivalents d'eau, et dans la proportion de 2 équivalents d'acide pour 1 équivalent d'aldéhyde, précisément comme les aldéhydes normaux :

$$C^6H^6O^2 + 2\,HCl - H^2O^2 = C^6H^6Cl^2.$$

Avec l'acide nitrique monohydraté, les acétones se détruisent en donnant le dérivé dinitré correspondant à l'un des deux carbures saturés auxquels ils se rattachent par leur origine (M. Chancel) :

$C^{10}H^{10}O^2$ ou $(C^2O^4,H^2O^2 + 2\,C^4H^6 - 2\,H^2O^2)$ donne $C^4H^4(AzO^4)^2$;
Propione. Dinitréthane.

$C^{14}H^{14}O^2$ ou $(C^2O^4,H^2O^2 + 2\,C^6H^8 - 2\,H^2O^2)$ donne $C^6H^6(AzO^4)^2$.
Butyrone. Dinitropropane.

Les acétones s'unissent aux bisulfites alcalins, à la manière des aldéhydes proprement dits.

Ils se combinent à l'ammoniaque, comme les aldéhydes primaires, mais moins facilement. Avec l'oxyammoniaque, ils donnent des bases oxygénées particulières, les *acétoximes*. Ils s'unissent directement aux hydrazines, et particulièrement à la phénylhydrazine, en formant des composés huileux, volatils sans décomposition, dédoublables par les acides en leurs générateurs.

5. *Formules*. — Les formules développées par lesquelles les acétones seront représentés plus loin, expriment surtout leur nature d'aldéhydes secondaires et de corps incomplets.

En notation atomique, on représente les acétones comme des combinaisons de l'oxyde de carbone CO, avec deux radicaux d'alcools, identiques dans les acétones proprement dits, différents dans les acétones mixtes :

Acétone ordinaire........................ $CH^3 - CO - CH^3$;
Acétophénone.......................... $CH^3 - CO - C^6H^5$.

6. *Classification.* — La classe des aldéhydes secondaires se partage en divers ordres, suivant l'atomicité des alcools générateurs. On distingue en outre les acétones proprement dits des acétones mixtes. Les aldéhydes secondaires monoatomiques sont isomères avec les aldéhydes proprement dits auxquels ils répondent terme pour terme.

ALDÉHYDES SECONDAIRES MONOATOMIQUES PROPREMENT DITS

§ 2. — **Acétone.**

$C^6H^6O^2$ ou $C^4H^4O^2[C^2H^2(-)]$ .... $CH^3-CO-CH^3$.

1. L'acétone ou *diméthylkétone* a été remarqué dès 1754 par Courtenvaux, et considéré comme un éther (*éther pyroacétique*) : il fut distingué de ce groupe de corps par Chenevix. Dumas a fixé sa composition ; mais sa fonction aldéhydique n'est bien connue que depuis les travaux de M. Chancel et ceux de M. Friedel. Sa synthèse a été faite par MM. Pebal et Freund.

2. *Formation.* — L'acétone se forme :

1° En oxydant le *propylène*, C^6H^6 (M. Berthelot) :

$$C^6H^6 + O^2 = C^6H^6O^2;$$

ce qui dégage 83,3 Calories ;

2° En oxydant l'*alcool isopropylique* (M. Friedel) :

$$C^6H^6(H^2O^2) + O^2 = C^6H^6(O^2) + H^2O^2;$$

ce qui dégage 67 Calories ;

3° En distillant l'*acétate de chaux* (Chenevix) :

$$2\,C^4H^3CaO^4 = C^6H^6O^2 + C^2O^4,2\,CaO;$$

4° En faisant réagir le *chlorure acétique*, $C^4H^3O^2Cl$, sur le *zincméthyle*, C^2H^3Zn (MM. Pebal et Freund) :

$$C^2H^3Zn + C^4H^3O^2Cl = C^6H^6O^2 + ZnCl,$$

c'est-à-dire par la réaction du formène naissant, C^2H^4, sur l'acide acétique naissant, $C^4H^4O^4$:

$$C^2H^4 + C^4H^4O^4 - H^2O^2 = C^6H^6O^2.$$

L'acide acétique lui-même pouvant être obtenu au moyen du kalium-méthyle et de l'acide carbonique :

$$C^2H^3K + C^2O^4 = C^4H^3KO^4,$$

on voit que l'acétone peut être dérivé en définitive de 2 molécules de formène, associées à 1 molécule d'acide carbonique (t. I, p. 107).

5° En absorbant l'*allylène* dans l'acide sulfurique, et distillant le produit avec de l'eau (M. Schrohe) :

$$C^6H^4 + H^2O^2 = C^6H^6O^2,$$

c'est-à-dire en fixant les éléments de l'eau sur l'allylène.

FIG. 74. — Préparation de l'acétone.

6° Dans la destruction par la chaleur d'un très grand nombre de substances organiques : sucre, cellulose du bois, acides tartrique, citrique, lactique, etc.

7° Dans l'oxydation de l'*acide citrique* (M. Péan de Saint-Gilles).

3. *Préparation.* — On prépare l'acétone en distillant l'acétate de baryte sec. La décomposition de l'acétate de chaux s'effectuant à une température plus élevée que celle de l'acétate de baryte, donne un rendement plus faible. On opère dans une cornue de grès, ou mieux encore dans un vase de fer (fig. 74), tel que ceux employés pour le transport du mercure. On condense, en refroidissant soigneusement, les produits volatils qui se dégagent. On rectifie au bain-marie le liquide condensé; on le fait digérer ensuite avec de la chaux vive concassée, puis on le redistille sur un peu de bichromate de potasse et d'acide sulfurique. On rectifie une dernière fois sur du chlorure de calcium.

Pour avoir l'acétone tout à fait pur, il est nécessaire de le combiner au bisulfite de soude, et de décomposer ensuite par un alcali le composé cristallisé ainsi obtenu.

4. *Propriétés.* — L'acétone est un liquide éthéré, qui bout à 56°,3. Sa densité à 0° est 0,814. Sa chaleur spécifique est la moitié de celle de l'eau. Il est miscible avec l'eau, l'alcool, l'éther.

5. *Action de l'hydrogène.* — L'amalgame de sodium et l'eau changent l'acétone en *alcool isopropylique* (M. Friedel) :

$$C^6H^6O^2 + H^2 = C^6H^8O^2.$$

L'acide iodhydrique, à 280°, le transforme en *hydrure de propylène* (M. Berthelot) :

$$C^6H^6O^2 + 2\,H^2 = C^6H^8 + H^2O^2.$$

6. *Oxygène.* — L'acétone, soumis aux influences oxydantes, résiste notablement; un agent suffisamment énergique le change en acides acétique et carbonique :

$$C^6H^6O^2 + 4\,O^2 = C^4H^4O^4 + C^2O^4 + H^2O^2.$$

Telle est la réaction exercée par un mélange de bichromate de potasse et d'acide sulfurique.

Mais l'acide carbonique ainsi formé provient lui-même de la combustion de l'acide formique, premier terme de la réaction :

$$C^6H^6O^2 + 3\,O^2 = C^4H^4O^4 + C^2H^2O^4.$$

Si, en effet, on oxyde l'acétone par des actions ménagées, au moyen de l'oxygène électrolytique, par exemple, on obtient les acides acétique et formique.

De même avec la chaux sodée, vers 300°, on obtient de l'acétate et du formiate.

7. *Chlore.* — Le chlore agit par substitution, en formant les *acétones chlorés*, liquides irritants et corrosifs.

L'*acétone monochloré*, $C^6H^5ClO^2$ (1), bout à 119°, et a pour densité 1,162 à 16° (M. Riche).

(1) CH^3-CO-CH^2Cl.

Le produit principal de l'action du chlore sur l'acétone sec est un *acétone bichloré*, $C^6H^4Cl^2O^2$, que l'on désigne souvent sous le nom d'*acétone bichloré asymétrique* (1). C'est un liquide bouillant à 120°, de densité 1,236 à 21°. Chauffé à 200° avec un grand excès d'eau, il est changé en acide lactique (Linnemann) :

$$C^6H^4Cl^2O^2 + 2\,H^2O^2 = C^6H^6O^6 + 2\,HCl;$$

ce qui revient à fixer, par voie indirecte, 4 équivalents d'oxygène sur le résidu forménique, inclus dans l'acétone :

$$C^4H^4O^2(C^2H^2[-]) + O^4 = C^4H^4O^2(C^2H^2O^4).$$

Un isomère, que l'on nomme souvent *acétone bichloré symétrique* (2), mais dont l'identité avec un produit de substitution chlorée de l'acétone n'est pas établie, s'obtient en oxydant la *dichlorhydrine glycérique* (MM. Glütz et Fischer); il est cristallisé, fond à 43° et bout à 172°,5.

L'*acétone trichloré*, $C^6H^3Cl^3O^2$, bout à 171°. L'*acétone perchloré*, $C^6Cl^6O^2$, bout à 204° et a pour densité 1,75 à 10°.

Par distillation avec le chlorure de chaux, l'acétone fournit du chloroforme.

8. *Brome et iode.* — Le brome et l'iode donnent également des dérivés bromés et iodés.

L'iode exerce cependant sur l'acétone une réaction particulière. Si à une solution aqueuse d'acétone, on ajoute de l'iode dissous dans l'eau chargée d'iodure de potassium, puis de la soude jusqu'à décoloration, il se sépare en abondance de l'iodoforme en cristaux jaunes. Cette réaction n'est pas spécifique de l'acétone, mais elle est d'une grande sensibilité.

9. *Acides.* — Les acides s'unissent à l'acétone, comme à l'aldéhyde ordinaire. Avec le perchlorure de phosphore (Kane; M. Friedel), on obtient l'*acétone dichlorhydrique*, $C^6H^6Cl^2$, liquide bouillant à 70° :

$$C^6H^6O^2 + 2\,HCl - H^2O^2 = C^6H^6Cl^2;$$

et l'*acétone monochlorhydrique*, C^6H^5Cl, qui bout à 30° :

$$C^6H^6O^2 + HCl - H^2O^2 = C^6H^5Cl.$$

(1) *CH^3-CO-CHCl^2*.
(2) *CH^2Cl-CO-CH^2Cl*.

Ce dernier, traité par la potasse alcoolique, se change en *allylène*, C^6H^4.

En traitant l'acétone par un mélange d'acides cyanhydrique et chlorhydrique, on fixe sur lui les éléments de l'acide formique et on le transforme en *acide oxybutyrique*, $C^8H^8O^6$ (Staedeler):

$$C^6H^6O^2 + C^2AzH + HCl + 2\,H^2O^2 = C^8O^8O^6 + AzH^4Cl.$$

10. *Ammoniaque.* — L'ammoniaque s'unit à l'acétone dès la température ordinaire, mais plus rapidement à 100°. On obtient ainsi la *diacétonamine*, $C^{12}H^{13}AzO^2$, la *triacétonamine*, $C^{18}H^{17}AzO^2$, etc. :

$$2\,C^6H^6O^2 + AzH^3 = C^{12}H^{13}AzO^2 + H^2O^2,$$
$$3\,C^6H^6O^2 + AzH^3 = C^{18}H^{17}AzO^2 + 2\,H^2O^2.$$

Les ammoniaques composées se conduisent de même.

L'oxyammoniaque donne une base oxygénée, l'*acétoxime*, $C^6H^7AzO^2$ (M. V. Meyer) :

$$C^6H^6O^2 + AzH^3O^2 = C^6H^7AzO^2 + H^2O^2.$$

La phénylhydrazine, $C^{12}H^8Az^2$, forme directement un composé huileux, l'*acétone-phénylhydrazine*, $C^{18}H^{12}Az^2$ (M. E. Fischer) :

$$C^{12}H^8Az^2 + C^6H^6O^2 = C^{18}H^{12}Az^2 + H^2O^2.$$

11. *Bisulfites alcalins.* — L'acétone se combine aux bisulfites alcalins, comme les aldéhydes normaux.

12. *Déshydratation.* — Les agents déshydratants changent l'acétone en divers produits, formés par la réunion de plusieurs molécules.

Par exemple, avec l'acide sulfurique concentré, on obtient le *mésitylène*, $C^{18}H^{12}$, ou *triallylène*, qui bout à 163° (Kane).

Avec la chaux caustique, par un contact de quelques semaines, il se forme l'*oxyde mésitylique*, $C^{12}H^{10}O^2$, bouillant vers 130°, doué d'une odeur poivrée, et le *phorone*, $C^{18}H^{14}O^2$, bouillant vers 205° (Kane).

§ 3. — Butyrone.

$C^{14}H^{14}O^2$ ou $C^8H^8O^2(C^6H^6[—])$..... $C^3H^7\text{-}CO\text{-}C^3H^7$.

1. Le butyrone ou *dipropylkétone* a été découvert par M. Chancel. Il se prépare en distillant le butyrate de chaux. Il bout à 144°.

2. En même temps se forment, en moindre quantité (M. Chancel, M. Friedel) :

Le butyral...........	$C^8H^8O^2$	bouillant à	95°,
Le méthylbutyral......	$C^{10}H^{10}O^2$	..	111°,
L'éthylbutyral.........	$C^{12}H^{12}O^2$	--	128°.
Etc., etc.			

3. La distillation de l'isobutyrate de chaux donne un isomère, l'*isobutyrone* ou *diisopropylkétone* (1), liquide bouillant à 125°, et de densité 0,825 à 17°.

§ 4. — Acétones divers dérivés des acides gras.

Citons encore quelques acétones proprement dits, qui s'obtiennent dans la distillation sèche des sels de chaux, formés par les homologues de l'acide acétique.

Propione ou *diéthylkétone*, $C^{10}H^{10}O^2$ (2) : liquide bouillant à 101°, de densité 0,815 à 17°,5.

Valérone, $C^{18}H^{18}O^2$: liquide bouillant à 181°, de densité 0,833 à 20°.

Caprone, $C^{22}H^{22}O^2$: lamelles cristallines, fusibles à 15° ; bout à 226°.

Ænanthone, $C^{26}H^{26}O^2$: grandes lamelles fusibles à 30° ; bout à 264°.

Caprylone, $C^{30}H^{30}O^2$: aiguilles fusibles à 40° ; bout à 78°.

Palmitone, $C^{62}H^{62}O^2$: lamelles fusibles à 84°.

Stéarone, $C^{70}H^{70}O^2$: lamelles fusibles à 88°.

Etc., etc.

§ 5. — Benzone.

$$C^{26}H^{10}O^2 \text{ ou } C^{14}H^6O^2(C^{12}H^4[-])\ldots.C^6H^5\text{-}CO\text{-}C^6H^5.$$

1. *Formations.* — Le benzone ou *benzophénone* a été obtenu d'abord par M. Péligot et étudié principalement par M. Chancel. Il s'obtient :

1° En distillant le benzoate de chaux.

2° Par l'oxydation du *diphénylméthane*, $C^{26}H^{12}$ (M. Zincke) :

$$C^2(C^{12}H^6)(C^{12}H^6) + 2\,O^2 = C^{14}H^6O^2(C^{12}H^4[-]) + H^2O^2.$$

(1) $(CH^3)^2{=}CH\text{-}CO\text{-}CH{=}(CH^3)^2$.

(2) $C^2H^5\text{-}CO\text{-}C^2H^5$.

3° Par l'action de l'*oxychlorure de carbone*, $C^2O^2Cl^2$, sur la benzine en présence du chlorure d'aluminium (M. Friedel) :

$$2C^{12}H^6 + C^2O^2Cl^2 = C^{26}H^{10}O^2 + 2HCl.$$

4° Par l'action du *mercure-phényle*, $C^{12}H^5Hg$, sur le *chlorure benzoïque*, $C^{14}H^5O^2Cl$ (M. Otto) :

$$C^{12}H^5Hg + C^{14}H^5O^2Cl = C^{26}H^{10}O^2 + HgCl.$$

5° En chauffant à 180° un mélange d'acide benzoïque et de benzine en présence de l'anhydride phosphorique (MM. Kollarits et Merz) :

$$C^{14}H^6O^4 + C^{12}H^6 = C^{26}H^{10}O^2 + H^2O^2.$$

2. *Préparation.* — On le prépare en distillant le benzoate de chaux sec. On rectifie le produit : entre 300° et 360° passe le benzone, qui ne tarde pas à cristalliser. On le purifie par recristallisation dans l'alcool.

3. *Propriétés.* — Le benzone se présente sous la forme de beaux prismes rhomboïdaux incolores. Il fond à 48° et bout à 305°.

4. *Réactions.* — Traité avec ménagement par l'hydrogène naissant (amalgame de sodium), il fournit un alcool secondaire, le *benzhydrol*, $C^{26}H^{12}O^2$ (Linnemann).

Une hydrogénation plus avancée le change en *diphénylméthane*, $C^{26}H^{12}$ (M. Graebe).

La chaux sodée, à 260°, le dédouble en *benzine* et *acide benzoïque* :

$$C^{26}H^{10}O^2 + NaO,HO = C^{14}H^5NaO^4 + C^{12}H^6.$$

ALDÉHYDES SECONDAIRES MONOATOMIQUES MIXTES

§ 6. — Acétobutyrone.

$C^{10}H^{10}O^2$ ou $C^4H^4O^2(C^6H^6[-])$........, $CH^3\text{-}CO\text{-}C^3H^7$.

1. Les acétones mixtes engendrés par les produits de la distillation de deux sels à acides monobasiques, mélangés à équivalents égaux, ne sont connus qu'en petit nombre. Nous en citerons cependant quelques exemples.

L'acétobutyrone ou *méthylpropylkétone* s'obtient avec l'acétate et le butyrate de chaux (M. Friedel).

Il se produit également par oxydation de l'alcool secondaire qui lui correspond, le *méthylpropylcarbinol*, $C^{10}H^{12}O^2$ (Wurtz).

2. *Propriétés.* — C'est un liquide bouillant à 100°, de densité 0,813 à 13°, peu soluble dans l'eau.

Par oxydation il donne l'acide acétique et l'acide propionique.

3. *Isomères.* — Par distillation d'un mélange d'acétate et d'isobutyrate de chaux, on obtient son isomère, l'*acéto-isobutyrone* ou *méthylisopropylkétone* (1), liquide bouillant à 95°.

Ces deux acétones mixtes sont en outre isomères avec le *propione*, acétone proprement dit, qui résulte de la décomposition du propionate de chaux.

§ 7. — **Acétocaprone.**

$C^{22}H^{22}O^2$ ou $C^4H^4O^2(C^{18}H^{18}[-])$....... $CH^3\text{-}CO\text{-}C^9H^{19}$.

1. Cet acétone mixte, que l'on nomme aussi *méthylnonylkétone*, constitue pour la plus grande partie l'essence de *Ruta graveolens* (MM. Gorup-Bezanez et Grimm).

Il se forme dans la distillation d'un mélange d'acétate et de caprate de chaux (MM. Gorup-Bezanez et Grimm).

2. *Propriétés.* — C'est un liquide à odeur désagréable, bouillant à 224°, de densité 0,829 à 17°, cristallisable par le froid et fondant ensuite à + 15°.

3. *Réactions.* — Par oxydation il donne de l'*acide acétique*, $C^4H^4O^4$, et de l'*acide pélargonique*, $C^{18}H^{18}O^4$ (M. Giesecke).

L'hydrogène naissant le change en un alcool secondaire, de formule $C^{22}H^{24}O^2$.

§ 8. — **Acétophénone.**

$C^{16}H^8O^2$ ou $C^4H^4O^2(C^{12}H^4[-])$.......... $C^6H^5\text{-}CO\text{-}CH^3$.

1. L'acétophénone, appelé aussi *méthylbenzoïle* ou *méthylphénylkétone*, a été étudié principalement par M. Friedel.

2. *Formation.* — Il se forme :

1° En distillant un mélange d'*acétate* et de *benzoate* de chaux (M. Friedel) :

$$C^4H^3CaO^4 + C^{14}H^5CaO^4 = C^{16}H^8O^2 + C^2O^4, 2\,CaO.$$

2° Dans l'action du *zinc-méthyle*, C^2H^3Zn, sur le *chlorure benzoïque*, $C^{14}H^5O^2Cl$ (M. Popow) :

$$C^2H^3Zn + C^{14}H^5O^2Cl = C^{16}H^8O^2 + ZnCl.$$

(1) $CH^3\text{-}CO\text{-}CH{=}(CH^3)^2$.

3° Dans l'action de la benzine sur le chlorure acétique, en présence du chlorure d'aluminium (M. Friedel) :

$$C^{12}H^6 + C^4H^3O^2Cl = C^4H^4O^2(C^{12}H^4) + HCl.$$

4° Dans l'action de l'eau à 180° sur le *styrolène bromé*, $C^{16}H^7Br$ (MM. Friedel et Balsohn) :

$$C^{16}H^7Br + H^2O^2 = C^{16}H^8O^2 + HBr.$$

5° En oxydant l'*éthylbenzine*, $C^{12}H^4(C^4H^6)$, par l'acide chromique, ce qui donne en même temps de l'acide benzoïque (MM. Friedel et Balsohn) :

$$C^{12}H^4(C^4H^6) + 2\,O^2 = C^{16}H^8O^2 + H^2O^2.$$

6° En faisant bouillir avec l'eau l'*acide hydratropique bibromé*, $C^{18}H^8Br^2O^4$ (MM. Fittig et Wurster) :

$$C^{18}H^8Br^2O^4 + H^2O^2 = C^{16}H^8O^2 + C^2O^4 + 2\,HBr.$$

3. *Préparation.* — On l'obtient par la distillation d'un mélange, à molécules égales et bien intime, d'acétate et de benzoate de chaux desséchés. On rectifie le produit condensé ; on recueille à part les portions qui bouillent entre 195° et 205°, et on les refroidit au voisinage de 0°, afin de faire cristalliser l'acétophénone. Celui-ci reste le plus souvent en surfusion ; il suffit de refroidir très fortement une partie du produit pour avoir les premiers cristaux, qui déterminent ensuite la cristallisation.

L'action du chlorure acétique sur la benzine en présence du chlorure d'aluminium donne un rendement meilleur. On emploie un grand excès de benzine et on ajoute 3 parties de chlorure d'aluminium anhydre au mélange contenant 2 parties de chlorure acide. La réaction commence à froid ; on la termine en chauffant. Quand le dégagement de gaz chlorhydrique est arrêté, on verse peu à peu le tout dans l'eau froide, on décante la liqueur benzénique qui surnage et on la distille. On sépare ce qui passe entre 190° et 205° et on le purifie par cristallisation (M. Burcker).

4. *Propriétés.* — L'acétophénone constitue de grandes lames cristallines, fusibles à 20°,5, en un liquide de densité 1,032 au voisinage du point de fusion, et bouillant à 202°. Son odeur rappelle vaguement celle des amandes amères.

Oxydé, l'acétophénone donne de l'acide benzoïque et du gaz carbonique (M. Popoff) :

$$C^{16}H^{8}O^{2} + 4\,O^{2} = C^{14}H^{6}O^{4} + C^{2}O^{4} + H^{2}O^{2}.$$

L'hydrogène naissant le transforme en *alcool phényléthylique secondaire*, $C^{16}H^{10}O^{2}$, ou *méthylphénylcarbinol* (MM. Engler et Emmerling).

Le chlore, le brome et l'iode réagissent énergiquement sur l'acétophénone, en donnant des dérivés substitués.

L'acétophénone s'unit à l'acide cyanhydrique pour former un nitrile $C^{16}H^{8}O^{2}(C^{2}AzH)$ ou $C^{18}H^{9}AzO^{2}$, qui par fixation d'eau produit l'*acide atrolactique*, $C^{18}H^{10}O^{6}$, dérivé et isomère de l'acide tropique (M. Tiemann) :

$$C^{18}H^{9}AzO^{2} + 2\,H^{2}O^{2} = C^{18}H^{10}O^{6} + AzH^{3}.$$

Cet acétone mixte est doué de propriétés hypnotiques, qui le font employer en médecine sous le nom d'*hypnone*.

5. Les exemples précédents permettent de concevoir l'existence d'un très grand nombre d'acétones mixtes, engendrés soit au moyen des sels alcalino-terreux, soit par la déshydrogénation des alcools secondaires, soit par l'oxydation des carbures complexes, etc., etc. A mesure que les poids moléculaires de ces composés s'élèvent, les isoméries se multiplient rapidement.

ALDÉHYDES SECONDAIRES DIATOMIQUES

§ 9. — Oxanthracène.

$C^{28}H^{8}O^{4}$ .... $C^{6}H^{4} < {}^{CO}_{CO} > C^{6}H^{4}$.

1. L'oxanthracène a été découvert par Laurent, qui l'a appelé *anthracénuse*. Il a été étudié surtout par MM. Græbe et Liebermann, qui l'ont d'abord considéré comme un quinon, et l'ont désigné sous le nom d'*anthraquinon;* cette dernière dénomination lui est donnée le plus souvent aujourd'hui, mais elle ne correspond pas à la véritable fonction chimique du composé.

2. *Formation.* — 1° L'oxanthracène se forme dans toutes les oxydations de l'anthracène ou de ses dérivés, et particulièrement dans l'action sur ce carbure de l'acide nitrique (Anderson), ou de l'acide chromique (MM. Graebe et Liebermann), ainsi que dans celle du chlore et du brome en présence de l'eau (M. Claus) :

$$C^{28}H^{10} + 3\,O^{2} = C^{28}H^{8}O^{4} + H^{2}O^{2}.$$

2° Il prend encore naissance dans l'action du chlorure d'aluminium anhydre sur un mélange de *chlorure phthalique*, $C^{16}H^4O^4Cl^2$, et de *benzine* (MM. Friedel et Crafts) :

$$C^{16}H^4O^4Cl^2 + C^{12}H^6 = C^{28}H^8O^4 + 2\,HCl.$$

Ainsi qu'on l'a vu plus haut par de nombreux exemples, les réactions de ce genre sont appliquées d'une manière générale à la formation des acétones. Le même résultat peut d'ailleurs être obtenu en chauffant avec du zinc en poussière le mélange de chlorure phtalique et de benzine (M. Piccard).

3° Le *phényltolylacétone* liquide, $C^{28}H^{12}O^2$, dirigé en vapeur sur l'oxyde de plomb chauffé, se change en oxanthracène (MM. Behr et van Dorp) :

$$C^{28}H^{12}O^2 + 3\,O^2 = C^{28}H^8O^4 + 2\,H^2O^2.$$

4° L'acide *orthobenzoïlbenzoïque*, $C^{28}H^{10}O^6$, acide-acétone qui résulte de l'oxydation du benzyltoluène, se transforme en oxanthracène, quand on le déshydrate par l'action de l'anhydride phosphorique (MM. Behr et van Dorp) :

$$C^{28}H^{10}O^6 = H^2O^2 + C^{28}H^8O^4.$$

5° L'oxanthracène se forme en petite quantité, en même temps que le benzone, dans la distillation du benzoate de chaux (t. II, p. 46); ce qui correspond à une déshydratation de l'acide benzoïque (MM. Kékulé et Franchimont) :

$$2\,C^{14}H^6O^4 = C^{28}H^8O^4 + 2\,H^2O^2.$$

3. *Préparation.* — 1° On le prépare en traitant une solution acétique de 1 partie d'anthracène par 2 parties de bichromate de potasse pulvérisé. On termine la réaction, qui a commencé à froid, en chauffant au voisinage de l'ébullition. Quand l'acide chromique cesse de se réduire, on précipite par l'eau, on lave le produit et on le purifie par sublimation (MM. Graebe et Liebermann).

2° On peut encore mélanger 1 partie d'anthracène avec 5 parties d'alcool, porter à l'ébullition et ajouter du brome peu à peu, d'abord jusqu'à dissolution complète du carbure, puis en petit excès. Après refroidissement, on lave l'oxanthracène déposé, d'abord à l'alcool froid, puis à la soude diluée; enfin on le sèche et on le sublime.

3° L'industrie fabrique l'anthraquinon destiné à la production de l'alizarine artificielle, en traitant l'anthracène par un mélange de bichromate de potasse et d'acide sulfurique; ce dernier est employé en grand excès et sert de dissolvant en même temps que de réactif. On précipite la dissolution par l'eau et on lave le produit.

4. *Propriétés.* — L'oxanthracène constitue des aiguilles jaune d'or, de densité 1,42 environ, fusibles à 273°, insolubles dans l'eau, peu solubles dans l'alcool et l'éther, solubles dans la benzine bouillante, insolubles dans la potasse.

5. *Réactions.* — L'oxanthracène est un corps fort stable.

Les actions de réduction peu énergiques le transforment en *oxanthranol*, $C^{28}H^{10}O^4$, composé que l'on appelé aussi *anthrahydroquinon*, et qui est réputé un acétone-alcool secondaire, $C^{28}H^8(O^2)(H^2O^2)$. Il se forme ensuite de l'*hydrure d'anthracène*, $C^{28}H^{12}$ (MM. Graebe et Liebermann).

L'acide iodhydrique, à 150°, change l'oxanthracène en anthracène,

L'oxanthracène forme de nombreux dérivés de substitution avec le chlore, le brome et l'acide nitrique. Le brome, en particulier, engendre surtout avec lui, à 100°, un *oxanthracène bibromé*, $C^{28}H^6Br^2O^4$, qui cristallise en aiguilles jaunes, fusibles à 236°.

L'acide sulfurique concentré se combine à chaud à l'oxanthracène pour donner 3 dérivés sulfoconjugués, l'*acide oxanthracène-monosulfurique* ou *anthraquinonmonosulfurique*, $C^{28}H^8O^4,S^2O^6$, et 2 *acides oxanthracène-bisulfuriques* ou *anthroquinonbisulfuriques*, $C^{28}H^8O^4,2S^2O^6$. Les derniers s'obtiennent avec l'acide sulfurique fumant, très fortement chargé d'anhydride (45 à 50 pour 100). Ces trois acides, ou plutôt leurs sels sodiques, sont utilisés dans la fabrication de l'alizarine artificielle.

CHAPITRE III

CAMPHRES

§ 1er. — Camphres en général.

1. La classe des camphres a été instituée en 1874 par M. Berthelot sous le nom de *carbonyles*. Ces composés sont caractérisés par les réactions suivantes, dont les trois premières leur sont communes avec les aldéhydes proprement dits.

1° Les camphres peuvent fixer de l'hydrogène et se changer en alcools :

$$\text{Camphre ordinaire, } C^{20}H^{16}O^2 + H^2 = C^{20}H^{16}(H^2O^2), \text{ Alcool campholique.}$$

2° Les camphres peuvent être formés, directement ou indirectement, par la substitution de l'oxygène à l'hydrogène, à équivalents égaux, O^2 à H^2, dans des carbures incomplets. Le propylène, $C^6H^4(H^2)(—)$, engendre ainsi l'oxyde d'allylène, $C^6H^4O^2(—)$.

3° Les camphres peuvent aussi être obtenus par addition directe de l'oxygène à des carbures plus incomplets encore que les précédents :

$$C^6H^4 + O^2 = C^6H^4O^2, \text{ Oxyde d'allylène;}$$
$$C^{20}H^{16} + O^2 = C^{20}H^{16}O^2, \text{ Camphre ordinaire.}$$

4° Les camphres se préparent par la distillation sèche des acides bibasiques, avec élimination d'eau et d'acide carbonique :

$$\underset{\text{Ac. succinique.}}{C^8H^6O^8} = \underset{\text{Oxyde d'allylène.}}{C^6H^4O^2} + C^2O^4 + H^2O^2.$$

Il est possible que cette réaction donne naissance, suivant les cas, à deux séries de corps distincts : les uns seraient les camphres vrais, susceptibles de former par oxydation des acides de même richesse en carbone; les autres se rapprocheraient davantage des acétones et se dédoubleraient de même par oxydation.

5° Les camphres fixent l'oxygène sous l'influence des alcalis ou des métaux alcalins, pour donner naissance aux acides monobasiques correspondants (de Montgolfier). Ainsi, le camphre ordinaire, $C^{20}H^{16}O^2$, se transforme à chaud, sous l'influence du sodium et de l'oxygène, en camphate de soude, $C^{20}H^{15}NaO^4$.

6° Par fixation des éléments de l'eau, les camphres se changent en acides monobasiques (Delalande) :

$$C^{20}H^{16}O^2(-) + H^2O^2 = C^{20}H^{18}O^4, \text{ Acide campholique.}$$

7° Par fixation de 6 équivalents d'oxygène, les camphres sont changés en acides bibasiques :

$$C^{20}H^{16}O^2(-) + O^6 = C^{20}H^{16}(O^4)(O^4), \text{ Acide camphorique.}$$

Ces deux dernières réactions sont propres aux camphres et les distinguent nettement des autres aldéhydes.

2. Les camphres sont des corps doublement incomplets : incomplets une première fois par leur fonction aldéhyde, puis une seconde fois par le carbure dont ils dérivent et qui n'a pas été saturé lors de la première addition le transformant en aldéhyde. C'est par là qu'on peut expliquer, d'une part, la métamorphose d'un camphre en alcool et acide monobasique; d'autre part, sa transformation en hydrate acide et acide bibasique.

3. Les principaux camphres connus sont :

L'oxyde d'allylène.................... ..	$C^6H^4O^2$,
L'oxyde de crotonylène................	$C^8H^6O^2$,
La subérone...	$C^{14}H^{12}O^2$,
Le camphre ordinaire...........	$C^{20}H^{16}O^2$,
Le diphénylènekétone (?)..............	$C^{26}H^8O^2$.

Les composés précédents peuvent être regardés comme les types de séries homologues et d'une multitude d'autres composés doués des mêmes réactions caractéristiques.

§ 2. — Oxyde d'allylène.

$C^6H^4O^2$ ou $(C^2H^2,C^2H^2)C^2O^2$..... .... C^3H^4O.

1. L'oxyde d'allylène a été découvert par M. Berthelot. Il se forme en oxydant brusquement l'allylène par l'acide chromique pur :

$$C^6H^4 + O^2 = C^6H^4O^2.$$

2. C'est un liquide neutre, mobile, à odeur camphrée, bouillant vers 63°, résistant aux alcalis jusque vers 300°.

§ 3. — Camphre.

$C^{20}H^{16}O^2$ ou $C^{20}H^{16}(-)[O^2(-)]$.......... $C^{10}H^{16}O$.

1. Le camphre est connu en Asie depuis une antiquité reculée. Il a été importé en Europe au cinquième siècle. Son étude chimique, commencée par Th. de Saussure, a été continuée par Liebig, par Dumas et par Pelouze. Ce dernier l'a obtenu artificiellement, en 1840, en oxydant le camphre de Bornéo ; mais la fonction aldéhydique du camphre et sa transformation en bornéol ou alcool campholique, n'ont été établies que beaucoup plus tard, en 1859, par M. Berthelot, qui a également réalisé la synthèse du camphre par l'oxydation du camphène.

2. *Formations.* — 1° Le camphre ordinaire peut être formé en oxydant le camphre de Bornéo ou *alcool campholique* (Pelouze) :

$$C^{20}H^{18}O^2 + O^2 = C^{20}H^{16}O^2 + H^2O^2,$$

ou le *camphène* (M. Berthelot) :

$$C^{20}H^{16} + O^2 = C^{20}H^{16}O^2.$$

Cette dernière réaction constitue la synthèse du camphre ; elle s'effectue, soit en mettant le camphène au contact de la mousse de platine et de l'oxygène libre, soit en l'oxydant par l'acide chromique. Dans ce dernier cas, on réussit mieux en chauffant pendant un certain temps un mélange de camphène, de bichromate de potasse et d'acide sulfurique (M. Riban).

2° On l'obtient encore en distillant un mélange de camphate et de formiate de chaux (de Mongolfier) :

$$C^{20}H^{15}CaO^4 + C^2HCaO^4 = C^{20}H^{16}O^2 + C^2O^4,2\,CaO.$$

3. *Préparation.* — On extrait le camphre du *Laurus camphora*, arbre de la Chine, du Japon et des îles de la Sonde, en distillant grossièrement le bois de cet arbre avec de l'eau : on chauffe ce bois préalablement divisé, dans des chaudières de tôle recouvertes d'un récipient d'argile : ce dernier est garni intérieurement de paille de riz, sur laquelle le camphre se condense et cristallise.

Les cristaux grisâtres et impurs ainsi obtenus sont séparés de la paille et expédiés en Europe où on les soumet au *raffinage.*

Pour purifier le camphre, on l'additionne d'une petite quantité de chaux (3 à 5 pour 100) et aussi quelquefois de limaille de fer, puis on le sublime. A cet effet, on le chauffe d'abord rapidement vers 120°, dans des matras aplatis (fig. 75) plongés jusqu'au col dans un bain de sable; après avoir ainsi chassé toute l'humidité, on découvre la partie supérieure des matras, on ferme leurs cols par un bouchon de papier, et l'on élève peu à peu la température du fond jusque vers 210° : le camphre distille et se condense sur la paroi de verre refroidie par l'air. Il produit ainsi des pains, qui prennent extérieurement la forme de la partie supérieure des matras.

4. *Propriétés.* — Le camphre se présente en masses cristallines, translucides, dérivées d'un prisme hexagonal régulier, douées d'une odeur propre et d'une saveur brûlante. A 0°, sa densité est égale à celle

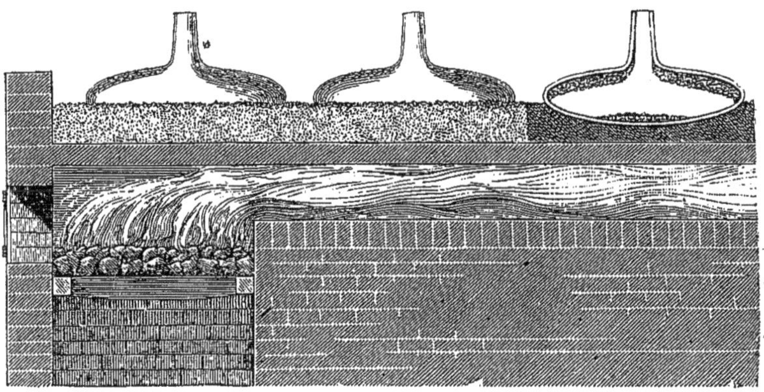

Fig. 75. — Raffinage du camphre.

de l'eau; mais elle diminue plus rapidement que cette dernière, à mesure que la température s'élève (D = 0,992 à 10°). Il fond à 172° et bout à 204°. Il se sublime abondamment dès la température ordinaire.

C'est un corps peu soluble dans l'eau, à laquelle il communique pourtant son odeur. Jeté en petits fragments à la surface de ce liquide, le camphre prend un mouvement giratoire. Il se dissout aisément dans l'alcool, l'éther, le chloroforme, le sulfure de carbone, l'acide acétique, les huiles grasses et volatiles. Il est dextrogyre, mais son pouvoir rotatoire varie beaucoup avec la nature du dissolvant, ainsi qu'avec la concentration des dissolutions; en solution dans l'alcool absolu à p grammes pour 100, on a : $\alpha_D = 54°,58 - 0,1614\,p + 0,000369\,p$ (M. Landolt).

Le camphre, mélangé en certaine proportion avec le coton-poudre, forme une masse homogène, plastique à chaud, dure à froid, assez élastique, usitée aujourd'hui dans l'industrie sous le nom de *celluloïde*.

5. *Isomères.* — Il existe plusieurs camphres isomères, disctincts par leur pouvoir rotatoire : tels sont les camphres obtenus par l'oxydation de l'alcool campholique lévogyre contenu dans la garance et par l'oxydation de l'alcool campholique de succin ; le camphre inactif, extrait des essences de labiées; etc.

L'essence de matricaire (*Matricaria parthenium*) contient aussi un camphre, qui diffère du camphre ordinaire uniquement par son action sur la lumière polarisée : son pouvoir rotatoire est égal à celui du camphre ordinaire, mais de signe contraire (M. Chautard). C'est le *camphre gauche*. Ses réactions sont identiques à celles du *camphre droit* ordinaire; toutefois il engendre une série de dérivés qui diffèrent de ceux du camphre droit par le sens opposé de leur pouvoir rotatoire.

Vers 300°, le camphre droit et le camphre gauche se transforment en isomères optiquement inactifs (M. Jungfleisch).

6. *Hydrogène.* — Le camphre fixe l'hydrogène naissant et se change en *alcool campholique*, $C^{20}H^{18}O^2$ (M. Berthelot) :

$$C^{20}H^{16}O^2 + H^2 = C^{20}H^{18}O^2.$$

C'est ainsi que le camphre chauffé vers 180° avec une solution alcoolique de potasse se transforme en *alcool campholique* et *acide camphique :*

$$\underset{\text{Camphre.}}{2\,C^{20}H^{16}O^2} + H^2O^2 = \underset{\text{Alc. campholique.}}{C^{20}H^{18}O^2} + \underset{\text{Ac. camphique.}}{C^{20}H^{16}O^4}.$$

La même réaction a lieu lorsqu'on traite le camphre par le sodium : il se forme alors du *camphre sodé*, $C^{20}H^{15}NaO^2$; tandis que l'hydrogène, qui devrait se dégager, se fixe à mesure sur une autre portion du camphre, qu'il transforme en alcool correspondant (M. Baubigny).

L'acide iodhydrique, à 280°, change le camphre dans les carbures suivants, formés successivement par des réactions régulières (M. Berthelot) :

Hydrure de camphène..............	$C^{20}H^{18}$;
Hydrure de terpilène................	$C^{20}H^{20}$;
Hydrure de décylène................	$C^{20}H^{24}$.

7. *Oxygène.* — Le camphre s'oxyde difficilement. Cependant l'action prolongée de l'acide nitrique le transforme en *acide camphorique*, $C^{20}H^{16}O^8$ (Kosegarten) :

$$C^{20}H^{16}O^2 + 3\,O^2 = C^{20}H^{16}O^8.$$

Par ébullition avec un mélange de chromate de potasse et d'acide sulfurique, l'oxydation est poussée plus loin et on obtient du gaz carbonique, de l'acide acétique, de l'*acide camphoronique* $C^{18}H^{12}O^{10}$, de l'*acide hydroxycamphoronique*, $C^{18}H^{14}O^{12}$, etc. (M. Kachler).

Le camphre sodé, $C^{20}H^{15}NaO^2$, se transforme à l'air en acides camphique et camphorique (de Montgolfier).

8. *Chlore*. — Directement le chlore n'agit guère sur le camphre pur, même à chaud.

Le perchlorure de phosphore le transforme en divers composés cristallisés, tels que $C^{20}H^{15}Cl$ et $C^{20}H^{16}Cl^2$ (Gerhardt).

En agissant simultanément, le chlore et le perchlorure de phosphore donnent des dérivés de substitution, principalement le *camphre tétrachloré*, $C^{20}H^{12}Cl^4O^2$, et le *camphre sexchloré*, $C^{20}H^{10}Cl^6O^2$ (M. Claus).

Un *camphre monochloré*, $C^{20}H^{15}ClO^2$, se forme dans l'action de l'acide hypochloreux sur le camphre ; il est cristallisé, fusible à 95°. La potassse alcoolique le transforme en *oxycamphre*, $C^{20}H^{16}O^4$, composé cristallisé et fusible à 137° (M. Wheeler) :

$$C^{20}H^{15}ClO^2 + KHO^2 = C^{20}H^{16}O^4 + KCl.$$

En agissant sur un mélange d'alcool absolu et de camphre, le chlore donne des produits de substitution du camphre; le produit dominant est un *camphre bichloré*, $C^{20}H^{14}Cl^2O^2$, cristallisable en gros prismes rhomboïdaux droits, de densité 4,2, fusible à 96°. Sa formation est précédée de celle d'un *camphre monochloré*, isomère du précédent, cristallisé, fusible à 83°, bouillant à 244°, plus stable que son isomère. Le mélange renferme encore un *camphre trichloré*, $C^{20}H^{13}Cl^3O^2$, constituant de fines aiguilles fusibles à 54° (M. Cazeneuve).

9. *Brome*. — A froid, le brome s'unit au camphre pour former un bromure peu stable et cristallisé, $C^{20}H^{16}O^2Br^2$ (Laurent).

Lorsqu'on fait agir le brome à haute température sur le camphre, il se produit des dérivés de substitution.

Le *camphre monobromé*, $C^{20}H^{15}BrO^2$ (M. Perkin), est un corps cristallisé en belles aiguilles incolores, fusibles à 76° en un liquide bouillant à 274°. Il s'obtient en laissant réagir pendant quelques heures un mélange de 30 parties de camphre, 32 parties de brome et 18 parties de chloroforme, puis distillant pour détruire le bromure de camphre qui s'est formé ; on purifie le produit cristallin en le lavant à l'alcool et le faisant cristalliser dans l'éther (M. Keller).

Il se forme en même temps deux *camphres bibromés*, $C^{20}H^{14}Br^2O^2$, cristallisés (de Mongolfier ; M. Kachler). Etc.

10. *Cyanogène.* — Quand on dirige un courant de cyanogène sec dans une solution toluénique de camphre sodé, il se forme du *camphre cyané*, $C^{20}H^{15}(C^2Az^2)O^2$, lequel constitue de gros prismes clinorhombiques, fondant à 127° :

$$C^{20}H^{15}NaO^2 + 2\,C^2Az = C^{20}H^{15}(C^2Az)O^2 + C^2AzNa;$$

ce corps est transformé par ébullition avec les alcalis, en *acide oxycamphocarbonique*, $C^{22}H^{18}O^8$, dont il constitue le nitrile (M. Haller) :

$$C^{20}H^{15}(C^2Az)O^2 + KHO^2 + 2\,H^2O^2 = AzH^3 + C^{22}H^{17}KO^8.$$

11. *Métaux.* — Sous l'influence du sodium, le camphre donne, comme il a été dit, du *camphre sodé*, tandis que l'hydrogène déplacé s'unit à une autre molécule de camphre sodé pour produire du *bornéol sodé* :

$$\underset{\text{Camphre.}}{2\,C^{20}H^{16}O^2} + 2\,Na = \underset{\text{Bornéol sodé.}}{C^{20}H^{17}NaO^2} + \underset{\text{Camphre sodé.}}{C^{20}H^{15}NaO^2}.$$

Cette réaction est utilisée (t. I, p. 341) pour la préparation du bornéol (M. Baubigny).

Par distillation sur le zinc en poussière, le camphre est changé en benzine et homologues de la benzine (Schrœtter).

12. *Alcalis.* — L'action de la potasse alcoolique a été signalée plus haut (t. II, p. 56).

La chaux sodée agit seulement vers 300°; elle forme l'*acide campholique* par addition directe :

$$C^{20}H^{16}O^2 + NaO,HO = C^{20}H^{17}NaO^4.$$

L'oxyammoniaque donne avec le camphre le *camphoroxime*, $C^{20}H^{17}Az^2O^2$. Il suffit de mélanger le camphre à un excès de chlorhydrate d'oxyammoniaque, pour que la combinaison se sépare en longues aiguilles, fusibles à 115° (M. Nægeli) :

$$C^{20}H^{16}O^2 + AzH^3O^2 = C^{20}H^{17}AzO^2 + H^2O^2.$$

13. *Acides.* — Le camphre s'unit aisément aux acides; mais les composés résultants sont peu stables et destructibles par l'eau.

Le perchlorure de phosphore le change en un composé dichlorhydrique $C^{20}H^{16}Cl^2$.

Le camphre sodé fixe le gaz carbonique vers 100° et engendre l'*acide camphocarbonique*, $C^{22}H^{16}O^6$ (M. Baubigny) :

$$C^{20}H^{16}O^2 + C^2O^4 = C^{22}H^{16}O^6.$$

Cet acide est cristallisé, fusible à 119°. La chaleur le résout en camphre et gaz carbonique.

Avec l'acide phosphorique anhydre ou le chlorure de zinc, on obtient par déshydratation du camphre, le *cymène*, $C^{20}H^{14}$, mêlé de quelques autres carbures (Dumas et Gerhardt). La même transformation du camphre en cymène se réalise plus aisément par l'action du sulfure de phosphore (t. I, p. 177).

§ 4. — Diphénylènekétone.

$C^{26}H^8O^2$ ou $(C^{12}H^4,C^{12}O^4)C^2O^2$.............. $C^{13}H^8O$.

Ce corps a été découvert par MM. Fittig et Ostermayer. Il a été étudié surtout par M. Barbier. Il forme de gros prismes rhomboïdaux, jaunes, fusibles à 84°, distillables à 337°.

CHAPITRE IV

ALDÉHYDES A FONCTION MIXTE

§ Ier. — **Aldéhydes à fonction mixte en général.**

Nous n'avons pas à revenir ici sur l'origine et la génération de ces composés. On peut les obtenir en partant des alcools polyatomiques, ou plus directement des alcool à fonction mixtes.

Nous parlerons seulement des aldéhydes-alcools et des aldéhydes-phénols, ainsi que des aldéhydes-éthers qui en dérivent. Il sera question dans les livres suivants des aldéhydes à fonction mixte possédant, en même temps que la fonction aldéhyde, quelque autre fonction non encore étudiée jusqu'ici.

ALDÉHYDES-ALCOOLS

§ 2. — **Aldéhyde-alcool oxybutyrique.**

$C^8H^8O^4$ ou $C^8H^6(H^2O^2)(O^2)$............ *CH^3-$CH(OH)$-CH^2-COH.*

1. Cet aldéhyde-alcool a été découvert par Wurtz et décrit par lui sous le nom d'*aldol*.

Il se produit par condensation de l'aldéhyde ordinaire, sous l'influence de l'acide chlorhydrique, de la potasse, du chlorure de zinc, de sels alcalins, etc.; il dérive du *glycol butylénique*, $C^8H^6(H^2O^2)(H^2O^2)$.

2. *Préparation.* — On le prépare en laissant réagir à froid pendant quelques jours un mélange à parties égales d'aldéhyde, d'eau et d'acide chlorhydrique, neutralisant par la soude, épuisant par l'éther, et distillant dans le vide le produit dissous par ce véhicule.

Si le contact des réactifs est prolongé trop longtemps, l'aldol se combine à lui-même, avec élimination d'eau, pour former un dérivé cristallisé, le *dialdane*, $C^{16}H^{14}O^6$.

3. *Propriétés.* — Masse sirupeuse, épaisse, incolore, de densité 1,1094 à 16°, bouillant vers 100°, miscible à l'eau et à l'alcool. Distillé dans le vide, l'aldol se condense à l'état fluide; mais il ne tarde pas à s'épaissir spontanément, puis à se changer en *paraldol* $(C^8H^8O^4)^2$, corps cristallisé, fusible à 85°.

La chaleur dédouble l'aldol dès 135° en *aldéhyde crotonique*, $C^8H^6O^2$, et eau :

$$C^8H^8O^4 = C^8H^6O^2 + H^2O^2.$$

L'hydrogène dégagé par l'amalgame de sodium le change en *glycol butylénique*, $C^8H^{10}O^4$:

$$\underset{\text{Aldol.}}{C^8H^6(H^2O^2)(O^2)} + H^2 = \underset{\text{Glycol butylenique.}}{C^8H^6(H^2O^2)(H^2O^2)}.$$

Oxydé par l'oxyde d'argent, il donne l'*acide oxybutyrique* β, qui est un acide-alcool :

$$\underset{\text{Aldol.}}{C^8H^6(H^2O^2)(O^2)} + O^2 = \underset{\text{Acide oxybutyrique.}}{C^8H^6(H^2O^2)(O^4)}.$$

§ 3. — Aldéhyde-alcool pyromucique.

$C^{10}H^4O^4$ ou $C^{10}H^2(H^2O^2)(O^2)$......... $C^5H^4O^2$.

1. L'aldéhyde pyromucique, appelé aussi *furfural* ou *furfurol*, dérive d'un alcool diatomique, le *glycol pyromucique*, $C^{10}H^6O^4$ ou $C^{10}H^2(H^2O^2)(H^2O^2)$:

$$C^{10}H^2(H^2O^2)(H^2O^2) - H^2 = C^{10}H^2(H^2O^2)(O^2).$$

Il a été découvert par Dœbereiner.

2. *Préparation.* — Il se prépare en distillant dans un alambic de cuivre 1 partie de son avec 1 partie d'acide sulfurique et 2 parties d'eau, jusqu'à dégagement d'acide sulfureux. On redistille avec du sel marin le produit obtenu. Il passe avec l'eau un liquide peu soluble, qu'on sépare, qu'on dessèche et qu'on rectifie.

3. *Propriétés.* — Le furfurol est un liquide incolore, d'une densité de 1,164 à 13°, bouillant à 161°, doué d'une odeur d'amande et de cannelle; soluble à 13° dans 11 parties d'eau.

Conservé, il brunit bientôt sous l'influence de l'air et se change en une matière noire. Bouilli avec l'oxyde d'argent, ou même plus simplement avec l'eau, il se change en *acide pyromucique*, $C^{10}H^4O^6$ (M. Schultz) :

$$C^{10}H^4O^4 + O^2 = C^{10}H^4O^6.$$

Il se combine aux bisulfites alcalins.

L'hydrogène dégagé par l'amalgame de sodium et l'eau le transforme en *glycol pyromucique*.

L'oxyde d'argent le change en *acide pyromucique*, $C^{10}H^4O^6$.

L'ammoniaque s'unit au furfurol avec élimination d'eau pour former le *furfuramide*, $(C^{10}H^4O^2)^3Az^2$, composé cristallisé, neutre, que les alcalis détruisent en donnant une base isomère, la *furfurine*.

Le composé formé par la phénylhydrazine et l'aldéhyde pyromucique est fort insoluble dans l'eau ; il permet de précipiter cet aldéhyde dans des solutions très étendues.

ALDÉHYDES-PHÉNOLS

§ 4. — Aldéhydes oxybenzoïques.

$C^{14}H^6O^4$ ou $C^{14}H^4(\underline{H^2O^2})[O^2(-)]$ .... $OH\text{-}C^6H^5\text{-}COH$.

I. — Aldéhyde salicylique.

1. L'aldéhyde salicylique, appelé aussi *acide salicyleux*, *salicylal*, *hydrure de salicyle* ou *aldéhyde orthoxybenzoïque* (1), a été découvert en 1835 par Pagenstecher, dans l'essence de reine des prés (*Spirea ulmaria*), et reproduit artificiellement trois ans après par Piria en oxydant la salicine. Il constitue la plus grande partie de l'essence de reine des prés et existe dans l'essence de *Crepis fœtida*. Les larves de certaines chrysomèles (*Chrysomela populi*) en fournissent par distillation avec l'eau.

L'aldéhyde salicylique est un aldéhyde-phénol dérivé par oxydation d'un alcool-phénol, l'*alcool salicylique*, $C^{14}H^4(\underline{H^2O^2})(H^2O^2)$, ou *saligénine* (t. I, p. 569). Il est isomère avec l'acide benzoïque.

2. *Formation.* — Cet aldéhyde se forme :

1° Par l'oxydation de l'alcool salicylique (Piria) :

$$C^{14}H^8O^4 + O^2 = C^{14}H^6O^4 + H^2O^2;$$

cet alcool peut d'ailleurs être libre, ou combiné dans un éther, tel que la *salicine* ou la *populine* (t. I, p. 454 et 458).

2° En réduisant l'*acide salicylique*, $C^{14}H^6O^6$:

$$C^{14}H^6O^6 - O^2 = C^{14}H^6O^4,$$

(1) $OH_{(1)}\text{-}C^6H^5\text{-}COH_{(2)}$.

par exemple, dans la distillation d'un salicylate et d'un formiate mélangés.

3° Il se forme en même temps que son isomère, l'*aldéhyde paraoxybenzoïque*, dans l'action du chloroforme sur le phénol en présence des alcalis (Reimer) :

$$C^{12}H^{6}O^{2} + 3\,NaHO^{2} + C^{2}HCl^{3} = C^{14}H^{6}O^{4} + 3\,NaCl + 2\,H^{2}O^{2}.$$

Cette réaction est très générale : elle permet de préparer les aldéhydes qui dérivent des phénols par fixation de l'oxyde de carbone.

3. *Préparation.* — On le prépare en faisant agir 1 partie de salicine, 1 partie de bichromate de potasse et 8 parties d'eau, délayées ensemble, sur 1 partie 1/2 d'acide sulfurique et 4 parties d'eau mélangées d'avance. On distille et l'on sépare le produit oléagineux de l'eau surnageante. On le rectifie de nouveau (Piria).

On l'obtient encore plus facilement en introduisant peu à peu 3 parties de chloroforme dans un mélange de phénol (2 parties), de soude caustique (4 parties) et d'eau (6 ou 7 parties), mélange chauffé vers 50°. On ajoute ensuite de l'eau, de manière à avoir une liqueur brun clair, qu'on maintient à 60° pendant une demi-heure. Il se forme simultanément de l'aldéhyde salicylique et de l'aldéhyde paraoxybenzoïque. On distille : l'aldéhyde paraoxybenzoïque reste dans la cornue, tandis que l'aldéhyde salicylique passe avec de l'eau et du phénol. On purifie l'aldéhyde salicylique au moyen du bisulfite de soude (Reimer).

4. *Propriétés.* — L'aldéhyde salicylique est un liquide neutre, d'une odeur aromatique, très réfringent; sa densité est 1,173 à 13°. Il cristallise à — 20° et bout à 196°. Il est un peu soluble dans l'eau, miscible avec l'alcool et l'éther. Sa solution se colore en jaune par la potasse, en violet intense par le perchlorure de fer.

5. *Réactions.* — L'hydrogène naissant (amalgame de sodium et eau) change l'aldéhyde salicylique en *alcool salicylique* ou saligénine, $C^{14}H^{8}O^{4}$:

$$C^{14}H^{6}O^{4} + H^{2} = C^{14}H^{8}O^{4}.$$

L'oxygène, et mieux les agents oxydants, le transforment en *acide salicylique*, $C^{14}H^{6}O^{6}$:

$$C^{14}H^{6}O^{4} + O^{2} = C^{14}H^{6}O^{6}.$$

6. Cet aldéhyde-phénol joue le rôle d'un acide faible, à la façon du phénol; il forme des combinaisons avec les alcalis et les oxydes mé-

talliques, et même il décompose les carbonates avec effervescence. Son action sur la soude en solution dégage 8,01 Calories.

Cependant ses dérivés alcalins s'altèrent rapidement, en fournissant des composés humiques.

Les bisulfites alcalins forment avec le salicylal des combinaisons cristallisées.

7. L'aldéhyde salicylique s'unit aux acides (M. Perkin), en formant divers composés : les uns résultent de la fonction aldéhyde, et les autres sont de véritables dérivés de la fonction phénol.

Aux premiers se rapporte le *salicylal acétique* ou *acide coumarique*, $C^{18}H^{8}O^{6}$:

$$C^{14}H^{6}O^{4} + C^{4}H^{4}O^{4} - H^{2}O^{2} = C^{18}H^{8}O^{6},$$

duquel dérive, par élimination d'eau, $H^{2}O^{2}$, la *coumarine*, $C^{18}H^{6}O^{4}$, principe aromatique de divers végétaux.

II. — Aldéhyde métaoxybenzoïque.

L'aldéhyde métaoxybenzoïque (1) s'obtient par la réduction de l'acide métaoxybenzoïque au moyen de l'amalgame de sodium (M. Sandmann). Il est cristallisé et peu stable. Il bout à 240°.

III. — Aldéhyde paraoxybenzoïque.

1. *Préparation.* — Ce troisième isomère (2) a été découvert par M. Bücking.

Il se forme en même temps que l'aldéhyde salicylique dans l'action du chloroforme sur le phénol en présence des alcalis. On l'extrait du résidu de la distillation. On l'enlève à la liqueur aqueuse qui le tient en suspension, en agitant cette liqueur avec l'éther (Reimer).

On peut l'obtenir encore en partant de l'aldéhyde anisique, qui est son éther méthylique; on chauffe celui-ci vers 200° avec de l'acide chlorhydrique (M. Bücking) :

$$C^{14}H^{4}(\underline{C^{2}H^{4}O^{2}})[O^{2}(-)] + HCl = C^{14}H^{4}(\underline{H^{2}O^{2}})[O^{2}(-)] + C^{2}H^{3}Cl.$$

2. *Propriétés.* — C'est un corps cristallisé en fines aiguilles, fusible à 116° et sublimable sans altération.

En s'unissant à la soude diluée, il dégage 9,1 Calories.

(1) $OH_{(1)}-C^{6}H^{5}-COH_{(3)}$.
(2) $OH_{(1)}-C^{6}H^{5}-COH_{(4)}$.

Hydrogéné en solution aqueuse concentrée, par l'amalgame de sodium, il donne l'*alcool-phénol paraoxybenzoïque* (t. I, p. 571).

Par oxydation, l'aldéhyde paraoxybenzoïque donne l'*acide paraoxybenzoïque*, $C^{14}H^6O^6$ ou $C^{14}H^4(\underline{H^2O^2})(O^4)$, isomère de l'acide salicylique.

3. *Éther méthylique.* — L'aldéhyde paraoxybenzoïque peut, par sa fonction phénolique, former des éthers. Éthérifié par l'alcool méthylique, il donne un aldéhyde-éther de phénol, l'*aldéhyde méthylparaoxybenzoïque*, $C^{14}H^4(\underline{C^2H^4O^2})O^2[—])$. Ce dernier composé est plus souvent nommé *anisal* ou *aldéhyde anisique* (1). Il a été découvert par M. Cahours. Il dérive par oxydation de l'*alcool méthylparaoxybenzoïque* ou *alcool anisique* (voy. t. I, p. 571).

Alcool-phénol (alcool paraoxybenzylique)..........	$C^{14}H^4(H^2O^2)(\underline{H^2O^2})$,
Alcool-éther (alcool anisique)......................	$C^{14}H^4(H^2O^2)(\underline{C^2H^4O^2})$,
Aldéhyde-éther (aldéhyde anisique)...............	$C^{14}H^4(O^2[—])(\underline{C^2H^4O^2})$,
Aldéhyde-phénol (aldéhyde paraoxybenzoïque).....	$C^{14}H^4(O^2[—])(\underline{H^2O^2})$.

On le prépare en faisant bouillir avec l'acide nitrique étendu les essences d'anis, de fenouil et d'estragon, lesquelles renferment l'*anéthol* (t. I, p. 552).

L'anisal est une huile incolore, de densité 1,123 à 18°, bouillant à 248°.

L'hydrogène naissant le change en *alcool anisique*, $C^{16}H^{10}O^4$:

$$C^{16}H^8O^4 + H^2 = C^{16}H^{10}O^4;$$

les agents oxydants, en *acide anisique*, $C^{16}H^8O^6$:

$$C^{16}H^8O^4 + O^2 = C^{16}H^8O^6.$$

§ 5. — **Aldéhyde protocatéchique.**

$C^{14}H^6O^6$ ou $C^{14}H^2(\underline{H^2O^2})(\underline{H^2O^2})[O^2(—)]$ .... $(\Theta H)^2_{(3\cdot4)} = C^6H^3\text{-}C\Theta H_{(1)}$.

1. L'aldéhyde protocatéchique ou *aldéhyde dioxybenzylique* est un aldéhyde-diphénol. Il a été découvert par MM. Fittig et Remsen.

L'*alcool protocatéchique*, $C^{14}H^8O^6$ ou $C^{14}H^2(H^2O^2)$ $(\underline{H^2O^2})(\underline{H^2O^2})$, composé qui est à la fois alcool monoatomique et phénol diatomique, lui correspond directement.

2. *Préparation.* — On l'obtient de diverses manières :

(1) $CH^3\Theta_{(1)}\text{-}C^6H^5\text{-}C\Theta H_{(4)}$.

1° En faisant agir le chloroforme sur une solution alcaline de *pyrocatéchine*, $C^{12}H^{6}O^{4}$ (MM. Reimer et Tiemann) :

$$C^{12}H^{6}O^{4} + C^{2}HCl^{3} + 3\,KHO^{2} = C^{14}H^{6}O^{6} + 3\,KCl + 2\,H^{2}O^{2}.$$

Cette réaction est identique à celle au moyen de laquelle on transforme le phénol en aldéhyde salicylique et aldéhyde paraoxybenzoïque (t. II, p. 63).

2° En chauffant à 200°, avec de l'acide chlorhydrique dilué, l'*aldéhyde pypéronylique*, $C^{16}H^{6}O^{6}$ (t. II, p. 68). Ce corps donne ainsi de l'aldéhyde protocatéchique (MM. Fittig et Remsen).

3° En faisant agir l'eau à 100° sur le *dichloropipéronal*, $C^{16}H^{4}Cl^{2}O^{6}$ (MM. Fittig et Remsen) :

$$C^{16}H^{4}Cl^{2}O^{6} + 2\,H^{2}O^{2} = C^{14}H^{6}O^{6} + C^{2}O^{4} + 2\,HCl.$$

4° En chauffant à 200° l'*aldéhyde vanillique*, qui est son éther méthylique, avec l'acide chlorhydrique étendu (M. Tiemann) :

$$\underbrace{C^{14}H^{2}(\underline{H^{2}O^{2}})(\underline{C^{2}H^{4}O^{2}})[O^{2}(-)]}_{\text{Aldéhyde vanillique.}} + HCl = \underbrace{C^{14}H^{2}(\underline{H^{2}O^{2}})(\underline{H^{2}O^{2}})[O^{2}(-)]}_{\text{Aldéhyde protocatéchique.}} + C^{2}H^{3}Cl.$$

3. *Propriétés.* — L'aldéhyde protocatéchique constitue des cristaux aplatis et brillants, fusibles à 150° en s'altérant, facilement solubles dans l'eau.

Les oxydants transforment l'aldéhyde protocatéchique en *acide protocatéchique*, $C^{14}H^{2}(\underline{H^{2}O^{2}})(\underline{H^{2}O^{2}})(O^{4})$.

I. — Aldéhyde méthylprotocatéchique.

$$C^{16}H^{8}O^{6} \text{ ou } C^{14}H^{2}(\underline{H^{2}O^{2}})(\underline{C^{2}H^{4}O^{2}})[O^{2}(-)]\ldots \quad \begin{matrix} CH^{3}O_{(3)} \\ OH_{(4)} \end{matrix} > C^{6}H^{3}\text{-}COH_{(1)}.$$

1. L'aldéhyde méthylprotocatéchique ou *aldéhyde vanillique* est plus souvent désigné sous le nom de *vanilline ;* il dérive de l'*alcool protocatéchique* (t. I, p. 577), dont il représente à la fois l'éther méthylique et l'aldéhyde :

Alcool protocatéchique	$C^{14}H^{2}(\underline{H^{2}O^{2}})\ (\underline{H^{2}O^{2}})\ (H^{2}O^{2})$;
Aldéhyde méthylprotocatéchique ...	$C^{14}H^{2}(\underline{H^{2}O^{2}})\ (\underline{C^{2}H^{2}O^{2}})(O^{2})$.

Ce corps constitue le principe odorant des fruits desséchés de la vanille ; il est depuis longtemps connu sous le nom de *givre de vanille*. Sa composition a été établie par M. Carles ; mais sa fonction et sa génération ne sont connues que depuis les travaux de M. Tiemann. Il existe dans certains benjoins et dans différents végétaux.

2. *Formation*. — On l'obtient :

1° En oxydant l'*alcool vanillique* (t. I, p. 577) :

$$C^{14}H^2(\underline{H^2O^2})(\underline{C^2H^4O^2})(H^2O^2) + O^2 = C^{14}H^2(\underline{H^2O^2})(\underline{C^2H^4O^2})[O^2(-)] + H^2O^2;$$

2° En traitant le *gaïacol* ou *méthylpyrocatéchine*, $C^{12}H^8O^4$ (t. I, p. 555), en solution alcaline, par le chloroforme (MM. Reimer et Tiemann) :

$$C^{12}H^2(\underline{H^2O^2})(\underline{C^2H^4O^2}) + C^2HCl^3 + 3\,KHO^2 = C^{14}H^2(\underline{H^2O^2})(\underline{C^2H^4O^2})[O^2(-)] + 3\,KCl + 2\,H^2O^2;$$

3° En oxydant la *coniférine*, $C^{32}H^{22}O^{16}$ (t. I, p. 457), ou son dérivé, l'*alcool coniférylique*, $C^{20}H^{12}O^6$ (t. I, p. 578), par le bichromate de potasse et l'acide sulfurique (MM. Tiemann et Haarmann) ;

4° En distillant du *vanillate de chaux* mélangé de formiate de chaux (M. Tiemann) ;

5° En oxydant l'*eugénol*, $C^{20}H^{12}O^4$ (t. I, p. 572) par le permanganate de potasse (M. Erlenmeyer) ;

6° En soumettant à l'oxydation ménagée l'*avénéine*, $C^{28}H^{20}O^{16}$, glucoside existant dans le péricarpe de l'avoine (M. Sérullas).

3. *Préparation*. — 1° La vanilline peut s'extraire des gousses de vanille. On épuise celles-ci par l'éther, on concentre par distillation la solution éthérée et, après refroidissement, on l'agite avec du bisulfite de soude ; on décante l'éther et l'on décompose le bisulfite par de l'acide sulfurique dilué, ce qui met en liberté l'aldéhyde. Agitant de nouveau avec de l'éther, celui-ci abandonne la vanilline par évaporation (M. Tiemann).

2° On l'a préparée d'abord en assez grande quantité au moyen de la coniférine. On mélangeait lentement une dissolution de 10 parties de coniférine dans l'eau chaude, avec une liqueur formée de bichromate de potasse (10 parties), d'acide sulfurique (15 parties) et d'eau (80 parties). Après avoir fait bouillir pendant trois heures dans un appareil muni d'un réfrigérant à reflux, on séparait la vanilline, soit en agitant avec l'éther le produit de la réaction, soit en soumettant le mélange à un courant de vapeur d'eau, qui entraînait l'aldéhyde vanillique (MM. Tiemann et Haarmann).

3° L'oxydation de l'eugénol ne donne que fort peu de vanilline, mais la réaction se produit plus facilement lorsqu'on opère sur son éther éthylique (M. Wassermann), ou sur son éther acétique (M. de

Laire). C'est ce dernier composé que l'on traite à peu près exclusivement aujourd'hui pour fabriquer la vanilline.

On ajoute peu à peu 3 parties de permanganate de potasse dissous dans l'eau à 2 parties d'acétyleugénol, en chauffant doucement. La réaction terminée, on sépare l'oxyde de manganèse par filtration, on sature exactement par la soude la liqueur acide, on évapore, on acidule la solution refroidie, puis on enlève par l'éther la vanilline qu'elle renferme (M. de Laire).

4. *Propriétés.* — La vanilline cristallise en aiguilles incolores, groupées en étoiles, fusibles à 81°, et sublimables à une température plus élevée; vers 285°, elle distille en s'altérant. Elle possède l'odeur caractéristique de la vanille et la communique aux substances avec lesquelles on la mélange, même en fort petite quantité. Elle est peu soluble dans l'eau froide, plus soluble dans l'eau chaude et surtout dans l'alcool, l'éther et le sulfure de carbone.

5. *Réactions.* — La vanilline, soumise à l'action de l'hydrogène naissant, donne de l'*alcool vanillique* (t. I, p. 577).

Exposée à l'air, elle s'oxyde lentement, en donnant de l'*acide vanillique*, $C^{16}H^8O^8$:

$$C^{14}H^2(\underline{H^2O^2})(\underline{C^2H^4O^2})[O^2(-)] + O^2 = C^{14}H^2(\underline{H^2O^2})(\underline{C^2H^4O^2})(O^4).$$

La potasse fondante l'oxyde et la détruit en formant de l'*acide protocatéchique*, $C^{14}H^2(\underline{H^2O^2})(\underline{H^2O^2})(O^4)$.

L'acide chlorhydrique, à 180°, la dédouble en donnant de l'éther méthylchlorhydrique et de l'*aldéhyde protocatéchique* :

$$\underbrace{C^{14}H^2(\underline{H^2O^2})(\underline{C^2H^4O^2})(O^2)}_{\text{Vanilline.}} + HCl = \underbrace{C^{14}H^2(\underline{H^2O^2})(\underline{H^2O^2})(O^2)}_{\text{Ald. protocatéchique.}} + C^2H^3Cl.$$

La combinaison potassée de la vanilline, chauffée avec de l'éther méthyliodhydrique, fournit la *méthylvanilline* ou *aldéhyde diméthylprotocatéchique*, corps cristallisé, fusible à 42° (M. Tiemann) :

$$\underbrace{C^{14}H^2(\underline{KHO^2})(\underline{C^2H^4O^2})[O^2(-)]}_{\text{Vanilline.}} + C^2H^3I = \underbrace{C^{14}H^2(\underline{C^2H^4O^2})(\underline{C^2H^4O^2})[O^2(-)]}_{\text{Ald. diméthylprotocatéchique.}} + KI.$$

II. — ALDÉHYDE PIPÉRONYLIQUE.

$$C^{16}H^6O^6 \text{ ou } C^{14}H^2(\underline{\underline{C^2H^4O^4}})(O^2) \ldots\ldots\ldots\ldots \quad CH^2{<}{}^{O}_{O}{>}C^6H^3\text{-}COH.$$

1. L'aldéhyde pipéronylique ou *pipéronal* a été découvert par MM. Fittig et Mielch. Il semble être l'*aldéhyde méthylène-protocatéchique*, et résulter de l'éthérification des deux fonctions phénoliques

de l'aldéhyde protocatéchique par un alcool diatomique dérivé du formène, $C^2(H^2O^2)^2$ ou $C^2H^4O^4$ (MM. Fittig et Remsen).

2. *Préparation.* — On l'obtient en oxydant le *pipérate de potasse*, $C^{24}H^9KO^8$, par le permanganate de potasse :

$$\underset{\text{Ac. pipérique.}}{C^{24}H^{10}O^8} + 8\,O^2 = \underset{\text{Pipéronal.}}{C^{16}H^6O^6} + 2\,C^2O^4 + \underset{\text{Ac. oxalique.}}{C^4H^2O^8} + H^2O^2.$$

3. *Propriétés.* — Il cristallise dans l'eau en longs prismes incolores, peu solubles dans l'eau froide, très solubles dans l'alcool et dans l'éther, fusibles à 37° en un liquide bouillant à 263°. Son odeur rappelle celle de la coumarine : un mélange de pipéronal et de vanilline existe dans les fleurs d'héliotrope; le même mélange est utilisé en parfumerie sous le nom d'*héliotropine.*

Le pipéronal se combine au bisulfite de soude. Par oxydation, il se transforme en *acide pipéronylique*, $C^{16}H^6O^8$ ou $C^{14}H^2\underline{(C^2H^4O^4)}(O^4)$.

§ 6. — Trioxanthracènes.

$C^{28}H^8O^6$ ou $C^{28}H^6(O^2)(O^2)(\underline{H^2O^2})$....... $\mathcal{C}^6H^4 = (\mathcal{C}\theta)^2 = \mathcal{C}^6H^3 - \theta H.$

1. Ces corps, appelés aussi, mais à tort, *oxyanthraquinons*, sont au nombre de deux. Ils constituent à la fois des acétones diatomiques et des phénols monoatomiques.

2. Le premier, souvent nommé *métaoxyanthraquinon*, a été découvert par MM. Glaser et Caro, et étudié surtout par MM. Graebe et Liebermann.

On l'obtient par l'action des alcalis sur l'*oxanthracène monobromé α*, $C^{28}H^7BrO^4$ (MM. Graebe et Liebermann) :

$$C^{28}H^7BrO^4 + KHO^2 = C^{28}H^8O^6 + KBr;$$

Ou bien encore en faisant agir avec précaution le même réactif sur l'*acide oxanthracène-monosulfurique*, $C^{28}H^8O^4,S^2O^6$:

$$C^{28}H^8O^4,S^2O^6 + 2\,KHO^2 = C^{28}H^8O^6 + S^2O^4,2\,KO + H^2O^2.$$

Du trioxanthracène, formé par cette réaction, se trouve dans l'alizarine artificielle (voyez plus loin).

Il se produit également, en même temps que son isomère, quand on chauffe un mélange d'*anhydride phtalique* et de *phénol* avec l'acide sulfurique concentré (MM. Baeyer et Caro) :

$$C^{16}H^4O^6 + C^{12}H^6O^2 = C^{28}H^8O^6 + H^2O^2.$$

Enfin l'*alizarine*, $C^{28}H^{8}O^{8}$, soumise à l'action réductrice d'une solution alcaline de protochlorure d'étain, fournit le métaoxyanthraquinon (MM. Liebermann et Fischer) :

$$C^{28}H^{8}O^{8} + H^{2} = C^{28}H^{8}O^{6} + H^{2}O^{2}.$$

Le métaoxyanthraquinon cristallise en aiguilles jaunâtres, fusibles à 270°, sublimables, solubles dans les alcalis en donnant une liqueur brun rouge.

3. Le second trioxanthracène, appelé aussi *orthoxyanthraquinon* ou *érythroxyanthraquinon*, se produit avec le précédent dans l'action de l'acide sulfurique sur un mélange d'anhydride phtalique et de phénol.

Il se produit seul quand on traite l'*oxanthracène monobromé* β par la potasse fondante (M Pechmann).

Il constitue des aiguilles d'un jaune orangé, fusibles à 190°.

§ 7. — Alizarine, ou tétraoxanthracène.

$C^{28}H^{8}O^{8}$ ou $C^{28}H^{4}(O^{2})(O^{2})(\underline{H^{2}O^{2}})(\underline{H^{2}O^{2}})$..... $C^{6}H^{4}=(CO)^{2}=C^{6}H^{2}=(OH)^{2}_{(1\cdot 2)}$.

1. *Historique.* — L'alizarine ou *dioxyanthraquinon* est à la fois un acétone diatomique et un phénol diatomique. C'est le principe colorant de la garance. Elle a été découverte par Robiquet et Colin en 1826 ; elle n'est bien connue cependant que depuis 1868, par les travaux de MM. Graebe et Liebermann.

2. *Formation.* — L'alizarine peut être obtenue, en partant de l'oxanthracène, au moyen des réactions qui servent d'une manière générale à engendrer les fonctions phénoliques. Elle dérive donc de l'anthracène par l'intermédiaire de l'oxanthracène.

Elle prend ainsi naissance :

1° En traitant par la potasse en fusion l'*oxanthracène bibromé*, $C^{28}H^{6}Br^{2}O^{4}$, obtenu dans l'action directe du brome sur l'anthraquinon (MM. Graebe et Liebermann) :

$$C^{28}H^{6}Br^{2}O^{4} + 2\,KHO^{2} = C^{28}H^{8}O^{8} + 2\,KBr.$$

L'*oxanthracène dinitré* α et l'alcali qu'il fournit par réduction, sont transformés de même en alizarine par la potasse en fusion.

2° En transformant l'oxanthracène en acide *oxanthracène-monosulfurique*, $C^{28}H^{8}O^{4},S^{2}O^{6}$, par l'action de l'acide sulfurique concentré, et décomposant ensuite un sel de cet acide sulfoconjugué par deux ou trois fois son poids d'hydrate alcalin en fusion (MM. Graebe et Liebermann; M. Perkin). Il se forme d'abord, comme il a été dit plus haut, de l'oxyanthraquinon ; mais, sous l'influence prolongée du réactif en excès, l'oxydation se trouve poussée au delà de ce terme, et l'alizarine est le produit final :

$$C^{28}H^{8}O^{4},S^{2}O^{6} + 4\,NaHO^{2} = C^{28}H^{6}Na^{2}O^{8} + S^{2}O^{4},2\,NaO + 2\,H^{2}O^{2} + H^{2}.$$

L'alizarine demeure combinée à l'excès d'alcali, avec lequel elle forme un beau composé violet (*alizarate alcalin*), $C^{28}H^{6}Na^{2}O^{8}$, qu'on détruit par un acide.

3° L'alizarine prend encore naissance par la décomposition d'un glucoside renfermé dans la racine de garance, l'*acide rubérythrique*. Cette décomposition peut être provoquée par certains ferments, ou par les acides, en mettant en liberté l'alizarine.

3. *Préparation*. — On peut préparer l'alizarine avec la racine de garance. Pour cela, on épuise par l'eau froide la garance coupée en morceaux. On écrase le résidu et on le fait bouillir avec 3 parties d'alun et 18 à 20 parties d'eau. On passe à travers une toile et l'on répète le traitement par les mêmes quantités d'eau et d'alun. On abandonne à elles-mêmes les liqueurs filtrées. Au bout de quelques jours, l'alizarine se dépose sous la forme d'un précipité brun-rouge. On épuise ce précipité par l'acide chlorhydrique étendu et bouillant, et on le dissout dans l'alcool chaud. Par l'évaporation, il se sépare de l'alizarine encore mêlée avec une autre matière colorante, la *purpurine*. On extrait celle-ci par une solution bouillante d'alun, et l'on dissout le résidu dans l'éther. L'alizarine cristallise dans ce dernier liquide.

On peut encore traiter la poudre de garance épuisée à l'eau par l'acide sulfurique, mélangé d'un peu plus de son poids d'eau et chauffé vers 100°; on lave ensuite. Le résidu constitue le produit appelé *garancine* par les teinturiers. La garancine sublimée avec précaution donne de l'alizarine.

L'industrie fabrique aujourd'hui synthétiquement, en suivant une méthode indiquée d'abord par M. Graebe et Liebermann, mais légèrement modifiée, les quantités considérables d'alizarine employées en teinture.

On oxyde l'*oxanthracène-monosulfate de soude* par 3 fois son poids de soude caustique. On facilite l'oxydation en ajoutant un autre réactif oxydant, soit 14 parties de chlorate de potasse pour 100 parties de sel de soude (M. Koch). On opère dans de grandes chaudières en tôle, munies d'agitateurs et chauffées vers 170°. La réaction dure deux jours. On reprend par l'eau, qui dissout l'alizarate de potasse, puis on précipite l'alizarine par l'acide sulfurique et on la lave à l'eau.

Les alizarines commerciales, destinées à teindre en nuances diverses, contiennent en quantités variables, suivant les conditions de fabrication, des isomères de l'alizarine, ainsi que des *pentaoxanthracènes* (voyez plus loin).

4. *Propriétés.* — L'alizarine cristallisée par évaporation lente de sa solution éthérée, renferme de l'eau de cristallisation. Elle forme alors des paillettes jaunes, semblables à l'or mussif, perdant leur eau de cristallisation à 100°. La plupart de ses autres dissolvants la fournissent anhydre, en fins cristaux prismatiques. Son point de fusion est 289°, mais elle se sublime déjà notablement à 110°, en formant de longues aiguilles brillantes, jaunes avec reflets rouges.

Elle est peu soluble dans l'eau froide, plus soluble dans l'eau bouillante, et surtout dans l'alcool, l'éther, le sulfure de carbone, l'acide acétique, la glycérine. Par exemple, 100 parties d'eau dissolvent 0,034 d'alizarine à 100° ; 0,82 parties à 200°; 3,16 parties à 250°. A 12°, 1 partie d'alizarine se dissout dans 212 parties d'alcool et dans 160 parties d'éther.

L'alizarine dégage 5,79 Calories en se dissolvant dans les alcalis dilués ; elle s'unit à un seul équivalent de potasse en présence de l'eau, à la façon des phénols diatomiques de la série ortho.

5. *Réactions.* — L'alizarine est fort stable, comme l'indique son mode de préparation. Nous avons vu qu'elle se combine aux alcalis ; les combinaisons ainsi formées se dissolvent dans l'eau, en produisant des liqueurs colorées en pourpre foncé.

L'alizarine s'unit aussi aux oxydes terreux et métalliques ; mais les produits obtenus sont insolubles dans l'eau et dans l'alcool.

Les carbonates alcalins la dissolvent, ainsi que les solutions chaudes d'alun ammoniacal. Ces dissolutions sont précipitées par les solutions salines concentrées.

L'acide sulfurique concentré la dissout, en formant une liqueur rouge de sang, de laquelle elle se précipite inaltérée par une addition d'eau.

6. On a vu que les réducteurs peu énergiques la changent en *trioxanthracène* (t. II, p. 70).

Chauffée avec du zinc en poussière, elle se trouve transformée en *anthracène*, $C^{28}H^{10}$ (MM. Graebe et Liebermann).

Oxydée par l'acide arsénique, elle fournit de la *purpurine*, $C^{28}H^{8}O^{10}$.

L'acide nitrique, en l'oxydant plus profondément, la change en acides *phtalique* et *oxalique*.

Enfin un grand excès de potasse fondante la détruit en donnant de l'*acide benzoïque*, $C^{14}H^{6}O^{4}$, et de l'*acide protocatéchique*, $C^{14}H^{6}O^{8}$.

7. *Nitroalizarines.* — Dans certaines conditions, par exemple lorsqu'on ajoute peu à peu 3 pour 100 d'acide nitrique (D=1,38) à une solution de 4 parties d'alizarine dans 20 parties d'acide acétique cristallisable, ou bien encore lorsqu'on fait agir les vapeurs nitreuses sur l'alizarine en présence de l'eau, etc., cette substance est transformée en trois *nitroalizarines* isomères, $C^{28}H^{7}(AzO^{4})O^{8}$. Le mélange de ces corps forme des paillettes orangées, à reflets verts, presque insolubles dans l'eau, fusibles vers 230° ; il est employé en teinture sous le nom d'*orange d'alizarine* (M. Strobel). Une étoffe teinte en rouge d'alizarine prend la belle couleur de l'orange d'alizarine quand on l'expose à l'action des vapeurs nitreuses.

On prépare encore une matière tinctoriale orangée, différente de la précédente, en ajoutant de l'acide nitrique à une solution sulfurique d'alizarine.

Chauffé à 135° avec un mélange d'acide sulfurique et de glycérine, l'orange d'alizarine donne une matière tinctoriale bleue, le *bleu d'alizarine* ou *bleu d'anthracène* (M. Prud'homme) ; cette dernière substance, à laquelle on attribue la formule $C^{34}H^{9}AzO^{8}$ (M. Graebe), est changée par l'hydrogène naissant en une matière incolore, laquelle régénère le bleu sous l'influence de l'air. Cette double réaction permet de reproduire, avec le bleu d'alizarine, des phénomènes analogues à ceux de la *cuve d'indigo*.

Les nitroalizarines chauffées avec de la soude et un réducteur, tel que le protochlorure d'étain, donnent le *brun d'alizarine*.

8. *Isomères.* — On ne connaît pas moins de neuf isomères de l'alizarine.

L'*acide anthraflavique* et l'*acide isoanthraflavique* prennent naissance, en même temps que des *pentaoxanthracènes*, dans l'action de la soude fondante sur les deux isomères α et β de l'*acide oxanthracène-disulfurique*, $C^{28}H^{8}O^{4},2S^{2}O^{6}$ (MM. Schünck et Rœmer) :

$$C^{28}H^{8}O^{4},2\,S^{2}O^{6} + 4\,NaHO^{2} = C^{28}H^{8}O^{8} + 2\,(S^{2}O^{4},2\,NaO) + 2\,H^{2}O^{2}.$$

Ils abondent dans les produits commerciaux désignés sous les noms d'*alizarine à nuance jaune* et d'*alizarine pour rouge*, ceux-ci étant préparés avec du sel de soude contenant une forte proportion de cet acide disulfurique. L'*alizarine à nuance bleue* ou *alizarine pour violet*, qui est riche en alizarine, provient du traitement de l'*acide oxanthracène-monosulfurique*.

Les autres isomères, que nous devons nous borner à nommer, sont l'*isoalizarine*, la *purpuroxanthine*, l'*acide frangulique*, la *quiniza-*

rine, la *chrysazine*, le *métabenzodioxyanthraquinon* et l'*anthrarufine*.

§ 8. — Purpurine ou pentaoxanthracène.

$$C^{28}H^{8}O^{10} \text{ ou } C^{28}H^{2}(O^{2})(O^{2})(\underline{H^{2}O^{2}})^{3} \ldots\ldots\ldots \quad C^{6}H^{4}=(CO)^{2}=C^{6}H\equiv(OH)^{3}{}_{(1.2.4)}.$$

1. La purpurine accompagne l'alizarine dans la garance où elle a été découverte par Robiquet et Colin. C'est un acétone diatomique en même temps qu'un phénol triatomique.

2. *Synthèse.* — Sa synthèse a été faite par M. de Lalande, au moyen de l'*oxanthracène tribromé*, $C^{28}H^{5}Br^{3}O^{4}$. Ce composé, fondu avec de l'hydrate de potasse, donne la purpurine, par une réaction identique à celles rapportées plus haut pour l'alizarine :

$$C^{28}H^{5}Br^{3}O^{4} + 3\,KHO^{2} = C^{28}H^{8}O^{10} + 3\,KBr.$$

La purpurine existe dans l'alizarine artificielle. Elle se forme dans la fabrication de cette dernière, par une oxydation plus avancée.

3. *Propriétés.* — La purpurine cristallise en prismes jaune rougeâtre, sublimables avec décomposition vers 253°, peu solubles dans l'eau, solubles dans les alcalis en donnant une liqueur pourpre.

4. *Isomères.* — On connaît trois isomères de la purpurine, tous trois acétones-phénols comme elle : la *flavopurpurine*, l'*anthrapurpurine* et l'*oxychrysazine*.

Les deux premiers, la flavopurpurine et l'anthrapurpurine, sont maintenant utilisés par la teinture; ils abondent, en effet, dans le produit commercial connu sous le nom d'*alizarine à nuance jaune*. On les obtient industriellement au moyen de deux isomères α et β de l'*acide oxanthracène-disulfurique*, traités par la soude fondante en grand excès :

$$C^{28}H^{8}O^{4},2\,S^{2}O^{6} + 6\,NaHO^{2} = C^{28}H^{6}Na^{2}O^{10} + 2\,(S^{2}O^{4},2\,NaO) + 3\,H^{2}O^{2} + H^{2}.$$

Ils se forment ainsi en même temps que les acides anthraflavique et isoanthraflavique.

CHAPITRE V

QUINONS

§ 1er. — Historique.

Le quinon, composé qui sert de type à cette classe de corps, a été isolé par Woskresensky en 1838. Quelques mois plus tard, Wœhler le transforma en hydroquinon ; mais la composition véritable de cette substance ne fut établie qu'en 1840 par Laurent. La généralisation du mot *quinon*, et son application à un groupe de composés présentant avec certains phénols les mêmes relations que le quinon avec l'hydroquinon, ont été faites par M. Graebe en 1868 à propos du naphtoquinon. Ce nom a même été appliqué pendant quelque temps à de nombreux produits de l'oxydation de carbures pyrogénés ; mais il a été reconnu depuis que la plupart de ces composés, tels que l'oxanthracène, sont des acétones résultant de l'oxydation de certains alcools secondaires, et non des quinons résultant spécialement de l'oxydation des phénols.

M. Graebe a envisagé les quinons comme formés par la substitution de l'oxygène à l'hydrogène à atomes égaux, c'est-à-dire à volumes gazeux égaux, dans la chaîne centrale des carbures aromatiques. Nous préférons les considérer, jusqu'à nouvel ordre, comme les aldéhydes des phénols polyatomiques.

§ 2. — Des quinons en général.

1. *Définition.* — Les quinons, disons-nous, peuvent être regardés comme des aldéhydes des phénols. Ils dérivent de ces derniers par une élimination d'hydrogène.

Hydroquinon......... $C^{12}H^{6}O^{4} - H^{2} = C^{12}H^{4}O^{4}$, Quinon ;
Hydronaphtoquinon... $C^{20}H^{8}O^{4} - H^{2} = C^{20}H^{6}O^{4}$, Naphtoquinon.

Inversement, les quinons régénèrent les phénols correspondants par hydrogénation ; réciprocité qui sert de base à notre définition des aldéhydes.

Ces deux réactions réciproques, jointes aux propriétés spéciales des dérivés aromatiques, définissent les quinons.

2. *Formation.* — On obtient les quinons de diverses manières :

1° Par l'oxydation des phénols, avec élimination d'hydrogène, ainsi qu'il vient d'être dit :

$$\underset{\text{Hydroquinon.}}{C^{12}H^{6}O^{4}} + O^{2} + \underset{\text{Quinon.}}{C^{12}H^{4}O^{4}} + H^{2}O^{2}.$$

Cette réaction ne s'effectue facilement que sur un nombre limité de phénols, mais l'action des agents chlorurants sur les phénols fournit aisément des quinons chlorés, précisément comme la réaction du chlore sur l'alcool engendre les aldéhydes chlorés.

2° Par la substitution de O^4 à son volume d'hydrogène, H^2, dans les carbures très incomplets :

$$\underset{\text{Naphtaline.}}{C^{20}H^{8}} - H^{2} + O^{4} = \underset{\text{Naphtoquinon.}}{C^{20}H^{6}O^{4}}.$$

Cette réaction, qui fait des quinons les produits de l'oxydation directe des carbures incomplets, se réalise généralement en ajoutant de l'acide chromique à une solution d'hydrocarbure dans l'acide acétique cristallisable.

Elle se réalise encore en traitant les carbures incomplets par l'acide chlorochromique, $Cr^{2}O^{4}Cl^{2}$. Il se forme d'abord des combinaisons particulières :

$$C^{12}H^{6} + 2\,Cr^{2}O^{4}Cl^{2} = C^{12}H^{4},2\,Cr^{2}O^{4}Cl + 2\,HCl.$$

Celles-ci traitées par l'eau donnent des quinons (M. Étard) :

$$C^{12}H^{4},2\,Cr^{2}O^{4}Cl + H^{2}O^{2} = C^{12}H^{4}O^{4} + 2\,Cr^{2}O^{3} + 2\,HCl.$$

On sait que cette dernière méthode s'applique également à la production des aldéhydes aromatiques (t. II, p. 26).

3° Par l'oxydation de certains dérivés des carbures aromatiques et notamment des dérivés amidés ou sulfuriques.

4° Par l'oxydation des alcalis organiques, dérivés des carbures incomplets. C'est ainsi que l'*aniline*, $C^{12}H^{4}(AzH^{3})$, donne par oxydation du quinon ordinaire.

3. *Réactions.* — La transformation des quinons en phénols polyatomiques s'effectue sous l'influence de la plupart des réducteurs, parfois même sous celle des moins énergiques.

4. Les quinons fournissent des dérivés de substitution chlorés et bromés, beaucoup plus facilement que les phénols correspondants.

A leur tour les quinons chlorés et bromés perdent aisément, sous l'influence des hydrates alcalins, les éléments des hydracides; ils les échangent contre une molécule d'eau et acquièrent ainsi la fonction phénol, qui s'ajoute à la fonction quinon :

$$\underset{\text{Bromothymoquinon.}}{C^{20}H^{11}BrO^4} + KHO^2 = \underset{\text{Oxythymoquinon.}}{C^{20}H^{10}O^4(\underline{H^2O^2})} + KBr.$$

Les mêmes réactions peuvent être effectuées différemment; par exemple, en chauffant avec les alcalis hydratés les dérivés sulfoconjugués des quinons.

5. Les quinons se combinent généralement aux phénols, à équivalents égaux, pour former les *quinhydrons:*

$$\underset{\text{Quinon.}}{C^{12}H^4O^4} + \underset{\text{Hydroquinon.}}{C^{12}H^6O^4} = \underset{\text{Quinhydron.}}{C^{24}H^{10}O^8}.$$

Tandis que les phénols sont incolores, les quinons et les quinhydrons sont toujours colorés.

6. *Notation.* — Dans la notation atomique on formule d'ordinaire les quinons conformément à l'interprétation de M. Graebe (p. 75) :

Quinon .... $C^6H^4 < \overset{O}{\underset{O}{|}}$;

Toluquinon................ $CH^3 - C^6H^3 < \overset{O}{\underset{O}{|}}$; etc.

7. *Quinons proprement dits.* — Parmi les quinons les mieux connus, nous citerons les suivants :

Quinon .... $C^{12}H^4O^4$,
Toluquinon.............................. $C^{14}H^6O^4$,
Thymoquinon........................... $C^{20}H^{12}O^4$,
Naphtoquinon.......................... $C^{20}H^6O^4$,

8. *Quinons à fonction mixte.* — La facilité avec laquelle les quinons chlorés acquièrent la fonction phénolique, par substitution de H^2O^2 à HCl, substitué lui-même à H^2, a permis de préparer un certain nombre de quinons à fonction mixte, des quinons-phénols en particulier, parmi lesquels nous citerons les corps suivants :

Oxythymoquinon................ $C^{20}H^{12}O^6$ ou $C^{20}H^{10}O^4(H^2O^2)$,
Dioxythymoquinon............. $C^{20}H^{12}O^8$ ou $C^{20}H^8O^4(H^2O^2)^2$,
Oxynaphtoquinon............... $C^{20}H^6O^6$ ou $C^{20}H^4O^4(H^2O^2)$,
Dioxynaphtoquinon............. $C^{20}H^6O^8$ ou $C^{20}H^2O^4(H^2O^2)^2$,
Trioxynaphtoquinon .... $C^{20}H^6O^{10}$ ou $C^{20}O^4(H^2O^2)^3$, etc.

On conçoit qu'il doive exister des quinons à fonction mixte, possédant d'autres fonctions chimiques que celle de phénols; mais l'histoire de ces corps est à peine entrevue.

QUINONS PROPREMENT DITS

§ 3. — Quinon.

$C^{12}H^4O^4$ .... $C^6H^4 < \begin{matrix} O_{(1)} \\ | \\ O_{(4)} \end{matrix}$.

1. Le quinon, découvert par Woskresensky et analysé par Laurent, a été étudié principalement par Wœhler et par M. Graebe.

2. *Formation.* — Le quinon se forme :

1° Par l'oxydation de la *benzine* au moyen de l'acide chlorochromique (M. Etard), ainsi qu'il a été dit plus haut (t. II, p. 76) :

$$C^{12}H^6 + 3\,O^2 = C^{12}H^4O^4 + H^2O^2;$$

2° Par l'oxydation de l'*hydroquinon*, $C^{12}H^6O^4$:

$$C^{12}H^6O^4 + O^2 = C^{12}H^4O^4 + H^2O^2;$$

3° Par l'oxydation d'un certain nombre de paradérivés disubstitués de la benzine : la *paraphénylène-diamine*, la *benzidine*, l'*acide paraphénolsulfurique*, le *paramidophénol*, l'*acide parabenzino-disulfurique*, l'*acide sulfanilique*, etc. :

$$C^{12}H^4(S^2H^2O^8) + O^4 = C^{12}H^4O^4 + S^2H^2O^8.$$

Les isomères des séries ortho et méta ne donnent pas de quinon.

4° Par l'oxydation de l'*aniline* (M. Hofmann) :

$$C^{12}H^7Az + O^4 = C^{12}H^4O^4 + AzH^3;$$

5° Par l'oxydation de composés plus complexes, tels que l'*acide quinique* (Woskresensky), l'*arbutine* (Stenhouse), la *quercite* (M. Prunier), le tanin du café et les extraits d'un grand nombre de plantes (*Ligustrum vulgare*, *Hedera helix*, *Quercus ilex*, *Q. robur*, *Ulmus campestris*, *Fraxinus excelsior*, etc.). Certains de ces corps, tels que l'arbutine et le tanin du café, peuvent être regardés comme des dérivés de l'hydroquinon.

3. *Préparation.* — 1° On obtient le quinon en traitant 1 partie d'acide quinique par 8 parties de bioxyde de manganèse, 2 parties d'acide sulfurique et 1 partie d'eau. On chauffe doucement dans une grande cornue; le mélange se boursoufle et le quinon passe avec d'autres corps; on condense soigneusement les vapeurs qui se produisent. On obtient du quinon qui cristallise dans une solution aqueuse. On sépare les cristaux, on les essore et on les sèche en vase clos, leur tension de vapeur étant considérable dès la température ordinaire.

2° On oxyde l'aniline, comme pour la préparation de l'hydroquinon (t. I, p. 550), mais en employant une plus grande quantité du corps oxydant. On traite 1 partie d'aniline dissoute dans 8 parties d'acide sulfurique et 30 parties d'eau, par 3 parties 1/2 de bichromate de potasse en poudre fine, ajouté peu à peu, en évitant toute élévation de température. Après plusieurs heures de contact, on chauffe vers 35° pendant quelques instants. La liqueur refroidie, agitée avec de l'éther, cède à celui-ci le quinon, qu'on obtient cristallisé par évaporation du véhicule (M. Nietzki). On purifie le produit par cristallisation dans le pétrole léger.

3° Si l'on agite une solution d'hydroquinon avec une solution froide de bichromate de potasse et d'acide sulfurique, il se forme du quinon en quantité presque équivalente. On le sépare au moyen de l'éther.

4. *Propriétés.* — Le quinon forme de longues aiguilles jaunes d'or, se sublimant dès la température ordinaire, de densité 1,31, fusibles à 116° et possédant une odeur forte, qui rappelle celle de l'iode. Il est peu soluble dans l'eau froide; mais soluble dans l'eau chaude, au sein de laquelle il fond au-dessous de 100°; il se dissout bien dans l'alcool et l'éther.

5. *Hydrogène.* — Les réducteurs le transforment en *hydroquinon*, $C^{12}H^6O^4$:

$$C^{12}H^4O^4 + H^2 = C^{12}H^6O^4.$$

L'acide sulfureux en solution dans l'eau, le protochlorure d'étain, le sulfate de protoxyde de fer, déterminent cette réaction. Lorsqu'on emploie ces réactifs en quantité insuffisante, on obtient une combinaison de quinon et d'hydroquinon, le *quinhydron*, appelé aussi *hydroquinon vert* (Wœhler) :

$$C^{24}H^{10}O^8 = C^{12}H^4O^4, C^{12}H^6O^4.$$

Ce composé constitue des aiguilles d'un beau vert, à éclat métallique. Il cristallise quand on mélange des solutions de quinon et d'hydroquinon, ce qui dégage 17,25 Calories, ou bien encore lorsqu'on oxyde incomplètement l'hydroquinon; par exemple, il se précipite dès qu'on ajoute un peu de perchlorure de fer à une solution d'hydroquinon.

6. *Oxygène*. — Les oxydants, par exemple l'acide azotique, détruisent le quinon, en donnant de l'acide picrique et de l'acide oxalique.

7. *Chlore et brome*. — Le chlore et le brome agissent énergiquement sur le quinon pour former des dérivés de substitution, surtout le *quinon trichloré*, $C^{12}HCl^3O^4$, ou *tribromé*, $C^{12}HBr^3O^4$.

Un mélange d'acide chlorhydrique et de chlorate de potasse, ou l'eau régale, donnent le *quinon tétrachloré* ou *chloranile*, $C^{12}Cl^4O^4$. Le chloranile prend naissance par l'action du chlore sur un très grand nombre de composés dérivés de la benzine, tels que le phénol, l'aniline, l'acide salicylique, l'isatine, etc. Il se détruit sous l'influence de l'eau et des alcalis, en donnant des cristaux rouges d'*acide chloranilique*, $C^{12}H^2Cl^2O^8$; la réaction est assez analogue avec celle des chlorures acides :

$$\underset{\text{Chloranile.}}{C^{12}Cl^4} + H^2O^2 = \underset{\text{Ac. chloranilique.}}{C^{12}H^2Cl^2O^8} + 2\,HCl.$$

Mais le produit qui se forme ainsi semble être plutôt un quinon-phénol qu'un acide, car il peut encore fixer H^2 pour donner un hydroquinon.

Les dérivés chlorés et bromés du quinon engendrent, par hydrogénation, des hydroquinons substitués.

8. *Dérivé nitré*. — L'acide chlorochromique se combine avec la *nitrobenzine*, $C^{12}H^5(AzO^4)$, comme avec la benzine, en donnant une combinaison que l'eau décompose ; il se forme finalement ainsi du *nitroquinon*, $C^{12}H^3(AzO^4)O^4$ (M. Etard).

9. *Ammoniaque*. — L'ammoniaque et les alcalis organiques donnent, avec le quinon, des dérivés amidés.

10. *Phénols*. — L'hydroquinon n'est pas le seul phénol qui se combine directement au quinon; d'autres, notamment le phénol ordinaire et le pyrogallol, forment avec lui des composés plus ou moins analogues au quinhydron.

§ 4. — Toluquinon.

$$C^{14}H^6O^4 \ldots\ldots\ldots\ldots\ldots\ldots \quad \mathrm{C}H^3_{(1)}-\mathrm{C}^6H^3 < \begin{matrix} O_{(2)} \\ | \\ O_{(5)} \end{matrix}.$$

1. Le toluquinon se prépare en oxydant l'*orthotoluidine*, $C^{14}H^9Az$, soit par un mélange de bichromate de potasse et d'acide sulfurique, en suivant une méthode identique à celle qui donne le quinon au moyen de l'aniline (M. Nietzki), soit par ébullition avec le perchlorure de fer (M. Ladenburg).

On l'obtient encore en oxydant le toluène par l'intermédiaire de l'acide chlorochromique (M. Etard).

2. *Propriétés.* — Il constitue des lamelles jaunes d'or, très volatiles, fusibles à 69°. L'hydrogène naissant le change en *hydrotoluquinon*, $C^{14}H^8O^4$, homologue supérieur de l'hydroquinon, cristallisant en lamelles fusibles à 124°.

§ 5. — Thymoquinon.

$C^{20}H^{12}O^4$...................... $C^3H^7-(C^6H^2-CH^3)<\begin{smallmatrix}\theta\\|\\\theta\end{smallmatrix}$.

1. Le thymoquinon, ou *thymoïle*, a été découvert par Lallemand.

2. *Préparation.* — On le prépare en distillant un mélange d'un excès d'acide sulfurique concentré et de thymol, préalablement additionné de bioxyde de manganèse ou de chromate de potasse. Le thymoquinon distille sous la forme d'un liquide huileux, cristallisant par le refroidissement. On le purifie par cristallisation dans l'alcool éthéré.

3. *Propriétés.* — Le thymoquinon constitue des tables prismatiques, jaunes, fusibles à 45°,5, bouillant vers 200°.

4. *Réactions.* — Les agents réducteurs le convertissent en un phénol, le *thymohydroquinon* ou *thymoïlol*, $C^{20}H^{14}O^4$, lequel constitue de beaux cristaux incolores, fusibles à 139° (Lallemand) :

$$C^{20}H^{12}O^4 + H^2 = C^{20}H^{14}O^4.$$

5. Le thymoquinon et le thymohydroquinon se combinent pour former le *thymoquinhydron*, $C^{20}H^{12}O^4,C^{20}H^{14}O^4$, ou *thyméide*, corps formant des solutions rouge de sang et des cristaux violets à reflets métalliques (Lallemand).

6. Le brome transforme le thymoquinon en dérivés de substitution. Le *thymoquinon monobromé*, $C^{20}H^{11}BrO^4$, composé cristallisable en longues aiguilles jaunes, donne, lorsqu'on le traite par une solution aqueuse de potasse, un quinon-phénol : l'*oxythymoquinon*, $C^{20}H^{12}O^6$:

$$C^{20}H^{11}BrO^4 + KHO^2 = C^{20}H^{10}O^4\underline{(H^2O^2)} + KBr.$$

§ 6. — Naphtoquinon.

$C^{20}H^6O^4$........................... $C^{10}H^6<\begin{smallmatrix}\theta\\|\\\theta\end{smallmatrix}$.

1. Il existe deux naphtoquinons isomères ; on les distingue par les lettres α et β.

2. *Naphtoquinon* α. — Il a été découvert par M. Th. Hermann. On l'obtient en mélangeant une solution chaude de naphtaline dans

l'acide acétique, avec une autre d'acide chromique dans le même liquide. La réaction terminée, on ajoute de l'eau, qui précipite le naphtoquinon. On purifie celui-ci en l'entraînant par un courant de vapeur d'eau et en séparant la naphtaline par des cristallisations dans l'alcool.

On l'obtient encore au moyen de la *diamidonaphtaline* ou *naphtylène-diamine*, $C^{20}H^{10}Az^2$. Ce corps oxydé par l'acide chromique donne également du naphtoquinon.

L'oxydation de l'*amidonaphtol* α, $C^{20}H^9AzO^2$, le fournit également.

3. Le naphtoquinon α cristallise en grandes tables rhomboïdales, jaunes, fusibles à 125°, sublimables avant 100°; son odeur rappelle celle du quinon. Il se dissout un peu dans l'alcool et dans l'éther, en donnant une liqueur jaune d'or à fluorescence verte.

4. L'hydrogène naissant le transforme en *naphtohydroquinon* α, $C^{20}H^4(H^2O^2)^2$, phénol diatomique, cristallisé en longues aiguilles fusibles à 176° (M. Groves).

Comme tous les quinons, il produit facilement des dérivés de substitution.

5. *Naphtoquinon* β. — Ce composé a été découvert par MM. Stenhouse et Groves.

Il se prépare en oxydant par l'acide chromique l'*amidonaphtol* β, alcali-phénol obtenu par réduction du nitronaphtol β.

6. Il constitue des lamelles rouges, inodores, non volatilisables avec la vapeur d'eau, se décomposant dès 120°. Par oxydation prolongée, au moyen de l'acide nitrique, il donne de l'acide phtalique.

L'acide sulfureux le réduit et forme le *naphtohydroquinon* β, $C^{20}H^8O^4$ ou $C^{20}H^4\underline{(H^2O^2)}^2$, phénol diatomique, cristallisé en grandes lamelles incolores, caustique (M. Liebermann).

QUINONS A FONCTION MIXTE

§ 7. — Oxythymoquinon et dioxythymoquinon.

1. *Oxythymoquinon* (1) : $C^{20}H^{12}O^6$ ou $C^{20}H^{10}O^4\,(\underline{H^2O^2})$. — L'oxythymoquinon (Lallemand; M. Carstanjen) est un quinon-phénol; il s'obtient quand on traite par la potasse le *thymoquinon monobromé* (voy. à la page précédente) :

$$C^{20}H^{11}BrO^4 + KHO^2 = C^{20}H^{12}O^6 + KBr.$$

(1) $OH - C^{10}H^{11} < {\theta \atop \theta}$.

C'est un composé formant de beaux cristaux rhomboédriques, d'un rouge écarlate, fusibles à 170°.

2. *Dioxythymoquinon* (1) : $C^{20}H^{12}O^{8}$ ou $C^{20}H^{8}O(\underline{H^{2}O^{2}})(\underline{H^{2}O^{2}})$. — Le dioxythymoquinon dérive de même du *thymoquinon bibromé* (M. Carstanjen) :

$$C^{20}H^{10}Br^{2}O^{4} + 2\,KHO^{2} = C^{20}H^{12}O^{8} + 2\,KBr.$$

C'est un quinon-diphénol ; il forme des cristaux d'un rouge clair, fusibles à 220°.

(1) $(OH)^{2} = C^{10}H^{10} < {O \atop O}$.

LIVRE V

ACIDES

CHAPITRE PREMIER

ACIDES EN GÉNÉRAL

§ 1er. — **Historique.**

1. La nature acide de certains principes organiques a été reconnue depuis un temps très reculé. Ce nom même d'*acide* est tiré des propriétés du vinaigre.

Vers la fin du dix-huitième siècle, Scheele isola et caractérisa les acides tartrique, oxalique, malique, citrique, lactique, urique, formique, gallique, benzoïque, etc. A la même époque, Bergmann prépara artificiellement l'acide oxalique, par l'oxydation d'un certain nombre de substances organiques au moyen de l'acide azotique. Plus tard, Berthollet, en établissant la composition de l'acide cyanhydrique, et surtout M. Chevreul, en faisant connaître les acides gras, ont montré que, contrairement aux idées admises jusqu'alors, l'oxygène ne prédomine pas nécessairement dans les acides organiques et qu'il peut même en être absent. Depuis cette époque, on a découvert un grand nombre d'acides organiques, tant naturels qu'artificiels.

2. Graham ayant établi, en 1835, sur l'acide phosphorique pris comme exemple, qu'il existe des *acides polybasiques*, Liebig étendit ces idées, deux ans après, aux acides organiques.

3. En 1853, Gerhardt prépara méthodiquement les *acides anhydres*, au moyen des chlorures acides découverts dès 1848 par M. Cahours.

4. La connaissance des alcools polyatomiques apporta un nouveau développement à l'histoire des acides en indiquant, par une déduction presque immédiate, l'existence des *acides à fonction mixte*. En 1859, Wurtz démontra dans l'acide lactique le premier exemple d'un acide de ce genre. Cet ordre de faits a été développé surtout par M. Kékulé, auquel on doit aussi l'étude première des *acides incomplets*.

5. On connaissait déjà auparavant les *acides conjugués*, formés par l'association d'un acide tel que l'acide sulfurique, avec certains composés organiques : *acide éthylsulfurique*, d'après Dabit; *acide benzinosulfurique*, d'après Mitscherlich, etc.

6. Enfin, M. Berthelot a nettement caractérisé dans ces derniers temps les *acides forts* par rapport aux *acides faibles*, d'après le degré inégal de la décomposition que les sels neutres de ces acides éprouvent sous l'influence de l'eau.

§ 2. — Définition et classification.

1. Les acides organiques sont des corps qui s'unissent aux bases pour former des *sels*. Les sels des acides organiques jouissent des mêmes propriétés générales que les sels des acides minéraux. C'est-à-dire que :

1° Un acide est décomposé par la plupart des métaux, avec dégagement d'hydrogène :

$$C^4H^4O^4 + Zn = C^4H^3ZnO^4 + H;$$

2° Le métal d'un sel est déplacé par un autre métal, conformément à l'échelle électro-chimique :

$$C^4H^3PbO^4 + Zn = C^4H^3ZnO^4 + Pb;$$

3° Un acide réagit sur un oxyde, anhydre ou hydraté, en formant un sel :

$$C^4H^4O^4 + PbO = C^4H^3PbO^4 + HO,$$
$$C^4H^4O^4 + KO, HO = C^4H^3KO^4 + H^2O^2;$$

4° La réaction d'un acide dissous sur une base dissoute dans l'eau est instantanée.

Lorsque l'acide possède une fonction simple, cette réaction donne naissance à des sels neutres, suivant les rapports équivalents et d'une manière sensiblement complète, quelles que soient les proportions d'eau mises en présence.

Quand la fonction est complexe, les sels neutres résultants éprouvent de la part de l'eau une décomposition partielle et variable avec les quantités d'eau. La même décomposition s'observe pour les sels acides.

5° Un acide peut être déplacé *immédiatement* par un autre acide dans un sel.

Le déplacement est déterminé par la grandeur relative des quantités de chaleur développées dans la formation des sels. Il a lieu dans tous les cas, même au sein des dissolutions (acétate de soude et acides chlorhydrique ou sulfurique). Le déplacement est total, s'il ne se forme que des sels neutres et stables en présence de l'eau. Il est, au contraire, partiel et il y a partage, s'il se forme des sels neutres et acides, décomposables partiellement par l'eau (*lois de M. Berthelot*).

Dans ce dernier cas, le partage conduit à une élimination totale, lorsque l'un des acides peut être séparé par volatilité ou insolubilité, conformément aux anciennes lois de Berthollet, lesquelles ne sont applicables et vraies que dans cette condition de partage.

Insolubilité.......... $C^{14}H^5KO^4 + C^4H^4O^4 = C^{14}H^6O^4 + C^4H^3KO^4$;
Volatilité............ $C^4H^3KO^4 + C^4H^2O^8 = C^4H^4O^4 + C^4HKO^8$.

Une base peut être déplacée immédiatement par une autre base dans un sel, en vertu des mêmes principes généraux :

Insolubilité........ $C^4H^3PbO^4 + KO, HO = C^4H^3KO^4 + PbO, HO$;
Volatilité.......... $C^4H^4O^4, AzH^3 + KO, HO = AzH^3 + C^4H^3KO^4 + H^2O^2$.

6° Les mêmes lois président aux *doubles décompositions immédiates* entre sels; soit l'acétate de plomb et l'oxalate de potasse :

$$2\,C^4H^3PbO^4 + C^4K^2O^8 = 2\,C^4H^3KO^4 + C^4Pb^2O^8.$$

7° Les sels organiques dissous conduisent l'électricité et sont décomposés par le courant voltaïque, à la façon des sels minéraux; le métal se porte au pôle négatif, tandis qu'au pôle positif se réunissent l'oxygène et les éléments de l'acide anhydre. Ces derniers donnent lieu en général à diverses réactions secondaires.

Les sels et acides organiques sont donc comparables aux sels et acides minéraux par leur fonction générale; mais la présence du carbone et de l'hydrogène parmi leurs éléments donne lieu à des transformations toutes spéciales, servant de base à leur classification.

2. En effet, nous partagerons les acides organiques en deux grands groupes ou *classes*, selon qu'ils remplissent purement et simplement la fonction d'acide (*acides à fonction simple*), ou bien qu'ils jouent en même temps que le rôle d'acide celui d'alcool, ou d'aldéhyde, ou d'éther, etc. (*acides à fonction complexe*).

Rappelons ici que les phénols chlorés et nitrés, certains nitriles (acide cyanhydrique) et corps azotés, enfin les composés sulfurés, peuvent jouer le rôle d'acides : ils sont en dehors de la classification suivante.

§ 3. — 1re classe : Acides à fonction simple.

La première classe, celle des *acides à fonction simple*, se divise en ordres, suivant la proportion d'oxygène, laquelle est toujours multiple de 4 dans cette classe :

1er ordre : *acides monobasiques*........... $C^{2n}H^{2p}O^4$,
2e ordre : *acides bibasiques*.............. $C^{2n}H^{2p}O^8$.
3e ordre : *acides tribasiques*............. $C^{2n}H^{2p}O^{12}$, etc.

§ 4. — 1re classe, 1er ordre : Acides monobasiques à fonction simple, renfermant 4 équivalents d'oxygène.

1. A chaque alcool primaire répond un acide :

$$C^{2p}H^{2n+2}O^2 + 2\,O^2 = C^{2p}H^{2n}O^4 + H^2O^2.$$

2. *Combinaisons.* — Ces acides forment par leur union avec les autres corps :

1° Une série de *sels monobasiques :*

Acétates................................. $C^4H^3MO^4$;

2° Un *éther*, formé à équivalents égaux et occupant le même volume gazeux que l'alcool et l'acide générateurs, pris séparément :

Éther acétique..................... $C^4H^4(C^4H^4O^4)$;

3° Un *chlorure acide* principal, $C^4H^2O^2(HCl)$, occupant le même volume gazeux que l'acide organique générateur (Gerhardt);

4° Un *anhydride*, dans lequel le carbone est deux fois aussi condensé, sous forme gazeuse, que dans l'acide lui-même (Gerhardt) :

$$2\,C^4H^4O^4 - H^2H^2 = C^8H^6O^6.$$

5° Des *anhydrides mixtes*, formés par combinaison avec d'autres acides, une molécule d'eau étant éliminée (Gerhardt) :

Anhydride acéto-butyrique......... $C^4H^2O^2(C^8H^8O^4)$.

Le chlorure acide correspondant à chacun d'eux pourrait être aussi regardé comme un anhydride mixte particulier :

Chlorure acétique................ $C^4H^2O^2(HCl)$.
Anhydride acétique.............. $C^4H^2O^2(C^4H^4O^4)$.

6° Un *amide*, formé par combinaison avec l'ammoniaque et les bases dérivées de l'ammoniaque, une molécule d'eau étant éliminée (Dumas) :

Acétamide...................... $C^4H^2O^2(AzH^3)$.

3. *Décompositions.* — Par décomposition, les acides donnent :

1° Un *carbure d'hydrogène*, engendré par séparation d'acide carbonique (Mitscherlich ; Persoz) :

Acide acétique, $C^4H^4O^4 - C^2O^4 = C^2H^4$, Formène.

2° Un *acétone*, engendré aux dépens de deux molécules d'acide, par séparation d'eau et d'acide carbonique (t. II, p. 36) :

Acide acétique, $2\,C^4H^4O^4 - H^2O^2 - C^2O^4 = C^6H^6O^2$, Acétone.

Il existe aussi des *acétones mixtes*, dérivés de deux acides distincts (M. Williamson).

4. *Formules.* — Nous représenterons les acides monobasiques et leurs sels par trois formules différentes, suivant l'ordre des analogies qu'il sera utile d'exprimer :

1° Pour exprimer les sels, on pourra écrire, comme en chimie minérale :

Acide acétique................... $C^4H^3O^3,HO$ ou $C^4H^4O^4$,
Acétate.......................... $C^4H^3O^3,KO$ ou $C^4H^3KO^4$.

2° Pour marquer la génération d'un acide au moyen d'un carbure ou d'un alcool, on écrira la substitution de l'hydrogène H^2 ou de l'eau (H^2O^2) par l'oxygène O^4, à volumes gazeux égaux :

Hydrure d'éthylène.......................... $C^4H^4(H^2)$,
Alcool...................................... $C^4H^4(H^2O^2)$,
Acide acétique.............................. $C^4H^4(O^4)$.

3° Pour exprimer les composés formés par l'union réciproque de deux acides, avec séparation d'eau, on écrira la substitution de l'un des acides aux éléments de l'eau dans le second :

Acide acétique	$C^4H^2O^2(H^2O^2)$,
Chlorure acétique	$C^4H^2O^2(HCl)$,
Anhydride acéto-propionique	$C^4H^2O^2(C^6H^6O^4)$.

En *notation atomique*, l'existence d'une fonction acide dans un composé se traduit dans la formule par la présence du groupe monoatomique *carboxyle* ou *formyle* ($\mathit{CO^2H}$). L'atome d'hydrogène de ce groupe est dit *hydrogène basique;* il se trouve remplacé par l'atome d'un métal monovalent, ou par une seule valence d'un métal plurivalent, dans la formule d'un sel, par un groupe alcoolique monovalent dans la formule d'un éther à alcool monoatomique, etc.

Acide acétique	$\mathit{CH^3 - CO^2H}$;
Acétate de sodium	$\mathit{CH^3 - CO^2Na}$;
Acétate d'éthyle	$\mathit{CH^3 - CO^2(C^2H^5)}$; etc.

5. *Classification*. — Le premier ordre des acides monobasiques se partage en familles, suivant le rapport entre le carbone et l'hydrogène, et de la même manière que les alcools générateurs.

Nous allons passer en revue les principales familles d'acides monobasiques simples à 4 équivalents d'oxygène. Ces acides offrent des cas d'isomérie correspondants à ceux des alcools primaires dont ils dérivent.

I. — 1re FAMILLE : $C^{2n}H^{2n}O^4$ (ACIDES GRAS).

Acide formique	$C^2H^2O^4$,
Acide acétique	$C^4H^4O^4$,
Acide propionique	$C^6H^6O^4$,
Acide butyrique et 1 isomère	$C^8H^8O^4$,
Acide valérique et 4 isomères	$C^{10}H^{10}O^4$,
Acide caproïque ou hexylique et 6 isomères	$C^{12}H^{12}O^4$,
Acide œnanthylique ou heptylique et 6 isomères	$C^{14}H^{14}O^4$,
Acide caprylique ou octylique et 3 isomères	$C^{16}H^{16}O^4$,
Acide pélargonique ou nonylique et 2 isomères	$C^{18}H^{18}O^4$,
Acide caprique ou décylique	$C^{20}H^{20}O^4$,
Acide undécylique et 1 isomère	$C^{22}H^{22}O^4$,
Acide laurique et 2 isomères	$C^{24}H^{24}O^4$,
Acide coccinique	$C^{26}H^{26}O^4$,
Acide myristique	$C^{28}H^{28}O^4$,
Acide isocétique et 2 isomères	$C^{30}H^{30}O^4$,
Acide margarique ou palmitique et 1 isomère	$C^{32}H^{32}O^4$,

Acide heptadécylique	$C^{34}H^{34}O^4$,
Acide stéarique et 1 isomère	$C^{36}H^{36}O^4$,
Acide arachique	$C^{40}H^{40}O^4$,
Acide cérotique	$C^{54}H^{54}O^4$,
Acide mélissique	$C^{60}H^{60}O^4$, etc.

1. La plupart des acides précédents existent dans la nature, soit à l'état libre (acide formique), soit à l'état d'éthers ou de composés glycériques (corps gras neutres).

2. *Formation.* — On forme ces acides :

1° En oxydant directement les *alcools* correspondants :

$$C^4H^6O^2 + 2\,O^2 = C^4H^4O^4 + H^2O^2.$$

ou les *aldéhydes* correspondants (Dœbereiner; Liebig et Wœhler) :

$$C^4H^4O^2 + O^2 = C^4H^4O^4;$$

2° En oxydant en présence de l'eau les *carbures acétyléniques*, $C^{2n}H^{2n-2}$ (M. Berthelot) :

$$C^4H^2 + O^2 + H^2O^2 = C^4H^4O^4;$$

ou par l'intermédiaire d'un composé chloré (même auteur) :

$$C^4H^2 + Cl^2 = C^4H^2Cl^2,$$
$$C^4H^2Cl^2 + 3\,(KO, HO) = C^4H^3KO^4 + 2\,KCl + H^2O^2.$$

3° En oxydant les *carbures éthyléniques*, $C^{2n}H^{2n}$, lesquels forment d'abord des aldéhydes, puis des acides, sous l'influence de l'acide chromique, par exemple (M. Berthelot) :

$$C^4H^4 + O^2 = C^4H^4O^2,$$
$$C^4H^4O^2 + O^2 = C^4H^4O^4.$$

4° En oxydant les *carbures forméniques*, directement, par l'acide chromique ou le permanganate de potasse (même auteur) :

$$C^{12}H^{14} + 3\,O^2 = C^{12}H^{12}O^4 + H^2O^2;$$

ou indirectement, en passant par un composé chloré (Dumas)

$$C^2HCl^3 + 4\,(KO, HO) = C^2HKO^4 + 3\,KCl + 2\,H^2O^2.$$

5° En réduisant les *acides bibasiques* par l'acide iodhydrique (M. Berthelot) :

$$C^8H^6O^8 + 3\,H^2 = C^8H^8O^4 + 2\,H^2O^2.$$

6° Par fixation d'hydrogène sur les acides monobasiques non saturés d'hydrogène (Linnemann) :

$$C^6H^4O^4 + H^2 = C^6H^6O^4.$$

7° En réduisant les acides-alcools qui renferment O^2 en plus (M. Lautemann) :

$$C^6H^6O^6 + H^2 = C^6H^6O^4 + H^2O^2.$$

8° En hydratant, sous l'influence de l'acide chlorhydrique, les carbures forméniques nitrés (M. V. Meyer) :

$$C^4H^5(AzO^4) + H^2O^2 = C^4H^4O^4 + AzH^3O^2.$$

Ces huit réactions procèdent au moyen de corps qui renferment le même nombre d'équivalents de carbone que les acides formés. Les deux réactions suivantes prennent leur origine des corps moins riches en carbone ; c'est-à-dire qu'elles ont un caractère synthétique.

9° En fixant les éléments de l'*acide carbonique* sur un *carbure d'hydrogène* au moyen d'un dérivé potassé (M. Wanklyn) :

$$C^2H^3K + C^2O^4 = C^4H^3KO^4;$$

ou bien par l'intermédiaire du chlorure d'aluminium (M. Friedel); ou bien encore en faisant agir le sodium sur un dérivé chloré, en présence de l'acide carbonique (M. Kékulé).

10° En fixant les éléments de l'*oxyde de carbone* sur un *alcool :*

$$C^4H^6O^2 + C^2O^2 = C^6H^6O^4;$$

ce qui s'effectue, soit au moyen d'un alcoolate alcalin et de l'oxyde de carbone (M. Berthelot) :

$$C^4H^5NaO^2 + C^2O^2 = C^6H^5NaO^4;$$

soit en remplaçant l'oxyde de carbone par un nitrile équivalent, l'acide cyanhydrique, et en fixant ensuite les éléments de l'eau sur le produit obtenu (Dumas, Malaguti et Le Blanc) :

$$C^4H^6O^2 + C^2HAz - H^2O^2 = C^6H^5Az;$$
$$C^6H^5Az + 2\,H^2O^2 = C^6H^6O^4 + AzH^3.$$

11° Signalons enfin la formation simultanée des *acides gras homologues*, $C^{2n}H^{2n}O^4$, par analyse, soit dans l'oxydation des acides gras à formule plus élevée (Laurent), soit dans quelques autres réactions.

3. *Décompositions.* — Réciproquement, les acides $C^{2n}H^{2n}O^4$ régénèrent :

1° Les *carbures* $C^{2n}H^{2n+2}$, sous l'influence hydrogénante de l'acide iodhydrique à 280° (M. Berthelot) :

$$C^4H^4O^4 + 3H^2 = C^4H^6 + 2H^2O^2.$$

2° Les *alcools* $C^{2n}H^{2n+2}O^2$, lorsqu'on réduit par l'amalgame de sodium les acides anhydres (Linnemann);

3° Les *aldéhydes* $C^{2n}H^{2n}O^2$, lorsqu'on distille un sel des mêmes acides avec un formiate (Piria ; M. Limpricht) :

$$C^4H^3CaO^4 + C^2HCaO^4 = C^4H^4O^2 + C^2O^4, 2CaO.$$

4° Les *carbures forméniques* $C^{2n}H^{2n+2}$, lorsqu'on distille un sel desdits acides avec un hydrate alcalin (Mitscherlich; Persoz) :

$$C^4H^3KO^4 + KHO^2 = C^2H^4 + C^2O^4, 2KO.$$

La plupart de ces réactions et transformations se retrouvent dans l'histoire des autres familles d'acides monobasiques, $C^{2n}H^{2m}O^4$.

4. *Propriétés physiques.* — Les relations physiques qui existent entre les alcools homologues compris dans chaque groupe se retrouvent dans les acides qui en dérivent. Il importe de nous y arrêter un instant.

Les acides les plus simples par leur formule sont liquides et se rapprochent de la nature de l'eau, avec laquelle ils se mêlent en toute proportion (acide formique, acide acétique, etc.). Mais, à mesure que l'équivalent augmente, la solubilité des acides dans l'eau diminue : l'acide butyrique ne se mélange déjà plus avec l'eau en toutes proportions; l'acide valérique est peu soluble dans l'eau; l'acide caprique, presque insoluble.

L'alcool est un meilleur dissolvant que l'eau pour les acides gras; cependant les derniers termes de la série, à partir de l'acide palmitique, y sont de moins en moins solubles; leur solution, saturée à chaud, se prend en masse par le refroidissement. Pour l'éther, on observe la même graduation : les premiers termes y sont très solubles, jusqu'à l'acide caprique; les suivants se séparent en partie par le refroidissement; enfin, les derniers, tel que l'acide mélissique, y sont peu solubles, même à chaud.

La fluidité varie d'une façon analogue : l'acide formique est presque aussi fluide que l'eau, tandis que l'acide butyrique est déjà oléagineux. Les acides à équivalent élevé sont solides : ce sont les acides gras proprement dits.

La fusibilité va d'abord en croissant, à mesure que l'équivalent s'élève, de l'acide acétique aux acides butyrique et valérique. Puis elle diminue, les acides gras à équivalent élevé étant solides à la température ordinaire, et d'autant moins fusibles que leur équivalent est plus élevé.

Il est certaines propriétés physiques dont les variations sont plus régulières. Tel est le point d'ébullition. Il augmente avec l'équivalent, et cela de telle sorte qu'on observe une augmentation de 15 à 20 degrés pour deux acides qui diffèrent par C^2H^2 (M. H. Kopp). Ainsi l'acide formique, $C^2H^2O^4$, bout à 104°; l'acide acétique, $C^4H^4O^4$, à 118°; l'acide propionique, $C^6H^6O^4$, à 141°; l'acide butyrique normal, $C^8H^8O^4$, à 163°; l'acide valérique normal, $C^{10}H^{10}O^4$, à 185°; etc.

Les acides les plus simples distillent facilement et sans altération; mais les acides à équivalent élevé, tels que l'acide palmitique, qui distille vers 400° sous la pression atmosphérique, commencent à s'altérer, dès que l'on opère sur quelques grammes ou davantage; ces altérations se prononcent de plus en plus pour les acides qui suivent. Dans le vide, on peut distiller la plupart des acides gras sans altération.

Ajoutons enfin que les acides gras à équivalent peu élevé, jusqu'à l'acide caprique, se volatilisent en proportion sensible avec la vapeur d'eau, parce que leur tension de vapeur est notable à 100°. Mais cette tension diminue rapidement avec l'équivalent, et déjà pour l'acide caprique elle est très faible. Aussi les acides gras proprement dits ne distillent pas à 100° avec la vapeur d'eau ; mais ils peuvent distiller avec cette vapeur surchauffée. Ces caractères ont souvent été employés dans l'analyse pour séparer les acides gras volatils des autres acides.

II. — 2e FAMILLE : $C^{2n}H^{2n-2}O^4$ (ACIDES NON SATURÉS).

Acide acrylique	$C^6H^4O^4$,
— crotonique	$C^8H^6O^4$,
— angélique	$C^{10}H^8O^4$,
— pyrotérébique	$C^{12}H^{10}O^4$,
— campholique	$C^{20}H^{18}O^4$,
— hypogéique	$C^{32}H^{30}O^4$,
— oléique	$C^{36}H^{34}O^4$,
— érucique	$C^{44}H^{42}O^4$, etc.

Ces acides, pour quelques-uns desquels on connaît plusieurs isomères, fixent H^2 et se changent en acides de la 1re famille, lorsqu'ils sont traités par l'hydrogène naissant.

III. — 3e famille : $C^{2n}H^{2n-4}O^4$.

Acide	propargylique	$C^6H^2O^4$,
—	tétrolique	$C^8H^4O^4$,
—	sorbique	$C^{12}H^8O^4$,
—	camphique	$C^{20}H^{16}O^4$,
—	linoléique	$C^{32}H^{28}O^4$, etc.

IV. — 4e famille : $C^{2n}H^{2n-6}O^4$.

V. — 5e famille : $C^{2n}H^{2n-8}O^4$ (acides aromatiques).

Acide	benzoïque	$C^{14}H^6O^4$,
—	toluique et isomères	$C^{16}H^8O^4$,
—	mésitylénique et isomères	$C^{18}H^{10}O^4$,
—	cuminique et isomères	$C^{20}H^{12}O^4$,
—	homocuminique	$C^{22}H^{14}O^4$, etc.

1. Les acides aromatiques prennent naissance :

1° Dans l'oxydation des *homologues de la benzine* :

$$C^{14}H^8 + 3\,O^2 = C^{14}H^6O^4 + H^2O^2.$$

2° Par la fixation du gaz carbonique, C^2O^4, sur les *carbures aromatiques*, sous l'influence du chlorure d'aluminium anhydre (MM. Friedel et Crafts) :

$$C^{12}H^6 + C^2O^4 = C^{14}H^6O^4.$$

3° Par la distillation d'un mélange de formiate avec le sel de l'*acide sulfoconjugé d'un carbure aromatique* (M. V. Meyer) :

$$C^{12}H^5KS^2O^6 + C^2HKO^4 = C^{14}H^5KO^4 + S^2HKO^6.$$

Cette réaction consiste essentiellement, comme la précédente, en une fixation de C^2O^4. Il en est encore de même des suivantes.

4° En chauffant le sel de soude de l'acide sulfoconjugué d'un carbure aromatique, avec un cyanure alcalin, ce qui donne un *nitrile*, lequel, par hydratation, fournit un acide aromatique et de l'ammoniaque (M. Merz) :

$$C^{12}H^5KS^2O^6 + C^2AzK = C^{14}H^5Az + S^2K^2O^6 ;$$
$$C^{14}H^5Az + 2\,H^2O^2 = C^{14}H^6O^4 + AzH^3.$$

Le même nitrile peut d'ailleurs être obtenu par d'autres voies, en partant du carbure aromatique.

5° Par l'action de l'amalgame de sodium sur un mélange de *carbure aromatique bromé* et d'*éther chloroxycarbonique*, ce qui fournit l'éther de l'acide aromatique, et par suite cet acide lui-même :

$$C^{12}H^5Br + C^4H^4(C^2HClO^4) + Na^2 = C^4H^4(C^{14}H^6O^4) + NaCl + NaBr.$$

2. Les propriétés des acides aromatiques sont fort analogues à celles des acides gras.

VI. — 6ᵉ FAMILLE : $C^{2n}H^{2n-10}O^4$.

Acide cinnamique	$C^{18}H^8O^4$,
Acides pimarique, pinique, sylvique	$C^{40}H^{30}O^4$, etc.

§ 5. — 1ʳᵉ classe, 2ᵉ ordre : Acides bibasiques à fonction simple, renfermant 8 équivalents d'oxygène.

1. A tout alcool diatomique normal,

$$C^{2n}H^{2p+2}O^4 \text{ ou } C^{2n}H^{2p-2}(H^2O^2)(H^2O^2),$$

répond un acide bibasique simple,

$$C^{2n}H^{2p-2}O^8 \text{ ou } C^{2n}H^{2p-2}(O^4)(O^4).$$

Au glycol ordinaire, par exemple,

$$C^4H^2(H^2O^2)(H^2O^2),$$

répond un acide bibasique simple, l'acide oxalique,

$$C^4H^2(O^4)(O^4).$$

2. *Dérivés.* — Les acides bibasiques forment :

1° Deux séries de *sels normaux :* les uns, *neutres*, contiennent deux équivalents de métal; les autres, *acides*, ne contiennent qu'un seul équivalent de métal :

Acide succinique	$C^8H^6O^8$,
Succinates neutres	$C^8H^4M^2O^8$,
Succinates acides	$C^8H^5MO^8$;
Acide oxalique	$C^4H^2O^8$.
Oxalates neutres	$C^4M^2O^8$,
Oxalates acides	C^4HMO^8.

2° Deux séries d'*éthers :* les uns, *neutres*, résultent de l'union de l'acide bibasique avec deux équivalents d'un même alcool ou de deux alcools différents ; les autres, *acides monobasiques* en même temps qu'éthers monoatomiques, résultent de l'union de l'acide bibasique avec un seul équivalent d'alcool :

Éther succinique	$\left.\begin{matrix}C^4H^4\\C^4H^4\end{matrix}\right\}(C^8H^6O^8)$,
Acide éthylsuccinique	$C^4H^4(C^8H^6O^8)$;
Éther oxalique	$\left.\begin{matrix}C^4H^4\\C^4H^4\end{matrix}\right\}(C^4H^2H^8)$;
Acide éthyloxalique	$C^4H^4(C^4H^2O^8)$.

Les éthers neutres occupent la moitié du volume gazeux occupé par l'alcool générateur.

3° Deux séries d'*amides :* les uns *neutres*, les autres *acides monobasiques* (voy. *Amides*).

4° Un *anhydride*, renfermant autant de carbone que l'acide générateur :

Anhydride succinique .... $C^8H^4O^6$.

5° Deux dérivés pyrogénés, savoir : un *acide monobasique :*

$$C^6H^4O^8 - C^2O^4 = C^4H^4O^4 ;$$

puis un *carbure :*

$$C^6H^4O^8 - 2\,C^2O^4 = C^2H^4,$$

tous deux engendrés par perte régulière d'acide carbonique. Etc., etc.

3. *Réactions.* — En général, les acides bibasiques reproduisent toutes les réactions des acides monobasiques, ces réactions étant prises 1 à 1 et 2 à 2. Soit le symbole

$$A + B - C,$$

exprimant l'une de ces réactions ;

$$A' + B' - C',$$

en représentant une autre : l'algorithme

$$(A + B - C) + (A' + B' - C')$$

exprimera en général toutes les réactions d'un acide bibasique.

4. *Formules.* — On peut écrire la formule d'un acide bibasique de

diverses manières, correspondantes aux notations des acides monobasiques, telles que :

Acide succinique...............	$C^8H^4O^6, 2HO$	ou $C^8H^6O^8$,
Succinate acide de potasse.......	$C^8H^4O^6, KO, HO$	ou $C^8H^5KO^8$,
Succinate neutre de potasse......	$C^8H^4O^6, 2KO$	ou $C^8H^4K^2O^8$;

formules analogues à celles des sels ou acides minéraux, et très propres à représenter les réactions salines;

Ou bien encore nous écrivons le même acide :

$$C^8H^6O^8 = C^8H^6(O^4)(O^4),$$

en tant que dérivé de

Alcool diatomique....................	$C^8H^6(H^2O^2)(H^2O^2)$,

et de

Carbure...........................	$C^8H^6(H^2)(H^2)$.

En *notation atomique*, les acides bibasiques sont caractérisés par la présence de deux groupes *carboxyles* CO^2H :

Acide succinique..................	$CO^2H - CH^2 - CH^2 - CO^2H$.

5. *Classification.* — On partage l'ordre des acides bibasiques en familles, suivant le rapport entre l'hydrogène et le carbone.

I. — 1re FAMILLE : $C^{2n}H^{2n-2}O^8$ (SÉRIE OXALIQUE).

Acide oxalique................................	$C^4H^2O^8$,
— malonique................................	$C^6H^4O^8$,
— succinique................................	$C^8H^6O^8$,
— pyrotartrique................................	$C^{10}H^8O^8$,
— adipique................................	$C^{12}H^{10}O^8$,
— pimélique................................	$C^{14}H^{12}O^8$,
— subérique................................	$C^{16}H^{14}O^8$,
— anchoïque................................	$C^{18}H^{16}O^8$,
— sébacique................................	$C^{20}H^{18}O^8$, etc.

Plusieurs isomères correspondent à chacune des formules précédentes, à partir de la troisième, et peut-être même de la deuxième.

1. *Formation.* — On forme ces acides :

1° En oxydant convenablement les *alcools diatomiques* (Wurtz):

$$C^4H^2(H^2O^2)(H^2O^2) + 4O^2 = C^4H^2(O^4)(O^4) + 2H^2O^2;$$

2° Ou les *aldéhydes diatomiques :*

$$C^4H^2(O^2)(O^2) + 2\,O^2 = C^4H^2(O^4)(O^4);$$

3° Ou bien encore les *alcools* et les *aldéhydes monoatomiques :*

$$C^4H^6O^2 + 5\,O^2 = C^4H^2O^8 + 2\,H^2O^2;$$
$$C^4H^4O^2 + 4\,O^2 = C^4H^2O^8 + H^2O^2.$$

4° En oxydant directement les *carbures acétyléniques* (M. Berthelot) :

$$C^4H^2 + 4\,O^2 = C^4H^2O^8;$$

5° Ou les *carbures éthyléniques* (même auteur) :

$$C^4H^4 + 5\,O^2 = C^4H^2O^8 + H^2O^2;$$

6° Ou les *carbures forméniques*, indirectement :

$$C^4H^6 + 6\,O^2 = C^4H^2O^8 + 2\,H^2O^2.$$

Cette dernière oxydation a lieu, entre autres moyens, par l'intermédiaire d'un dérivé chloré (M. Berthelot) :

$$C^4Cl^6 + 8\,(KO, HO) = C^4K^2O^8 + 6\,KCl + 4\,H^2O^2.$$

7° En oxydant les *acides monobasiques :*

$$C^8H^8O^4 + 3\,O^2 = C^8H^6O^8 + H^2O^2,$$

par voie directe ou indirecte.

Toutes les réactions précédentes forment les acides bibasiques, au moyen de corps contenant le même nombre d'équivalents de carbone. Les suivants procèdent à partir de corps moins carburés.

8° On peut fixer, par voie indirecte, les éléments de l'*acide carbonique* sur un *carbure d'hydrogène :*

$$C^4H^6 + 2\,C^2O^4 = C^8H^6O^8,$$

ou sur un *acide monobasique :*

$$C^6H^6O^4 + C^2O^4 = C^8H^6O^8.$$

9° Les éléments de l'*oxyde de carbone* sur un *alcool diatomique*,

$$C^4H^6O^4 + 2\,C^2O^2 = C^8H^6O^8,$$

par l'intermédiaire d'un *nitrile* (M. Maxwell Simpson) :

$$C^4H^6O^4 + 2\,C^2AzH - 2\,H^2O^2 = C^8H^4Az^2,$$

lequel est transformable ensuite en acide par l'action de la potasse ou de l'acide chlorhydrique concentré :

$$C^8H^4Az^2 + 4\,H^2O^2 = C^8H^6O^8 + 2\,AzH^3.$$

10° Signalons encore la formation, simultanée et par analyse, des acides $C^{2n}H^{2n-2}O^8$, dans l'oxydation des acides gras, $C^{2n}H^{2n}O^4$, à formule plus élevée (Laurent), ainsi que dans diverses autres réactions.

2. *Décompositions.* — Réciproquement, ces acides régénèrent :

1° Les acides monobasiques, $C^{2n}H^{2n}O^4$, lorsqu'on les chauffe avec une quantité modérée d'acide iodhydrique à 280° (M. Berthelot) ;

2° Les carbures forméniques, $C^{2n}H^{2n+2}$, sous l'influence d'un grand excès du même réactif (même auteur).

3. *Propriétés.* — Les acides bibasiques de la série oxalique sont tous cristallisés, plus solubles dans l'eau que les acides monobasiques qui renferment le même nombre d'équivalents de carbone. Au contraire, ils sont moins solubles dans l'éther et dans l'alcool, bien que solubles à un certain degré dans ces deux dissolvants. Ils ne peuvent pas être distillés sans éprouver une décomposition partielle.

II. — 2e FAMILLE : $C^{2n}H^{2n-4}O^8$.

Acides fumarique et maléique..........................	$C^8H^4O^8$,
— citraconique, itaconique, mésaconique, etc......	$C^{10}H^6O^8$,
Acide pyrocinchonique et isomères.....................	$C^{12}H^8O^8$,
— camphorique et isomères.........................	$C^{20}H^{16}O^8$, etc.

III. — 3e FAMILLE : $C^{2n}H^{2n-6}O^8$.

Acide acétylénodicarbonique...........................	$C^8H^2O^8$,
— aconique..	$C^{10}H^4O^8$,
— muconique...	$C^{12}H^6O^8$.

IV. — 4e FAMILLE : $C^{2n}H^{2n-8}O^8$.

V. — 5e FAMILLE : $C^{2n}H^{2n-10}O^{n}$ (SÉRIE AROMATIQUE).

Acides phtalique, isophtalique et téréphtalique.......	$C^{16}H^{6}O^{8}$,
Acide uvitique et isomères..........................	$C^{18}H^{8}O^{8}$,
— cumidique et isomères.......................	$C^{20}H^{10}H^{8}$, etc

§ 6. — 1re classe, 3e ordre : Acides tribasiques à fonction simple, renfermant 12 équivalents d'oxygène.

1. A tout alcool triatomique normal,

$$C^{2n}H^{2p+2}O^{6} \text{ ou } C^{2n}H^{2p-4}(H^2O^2)(H^2O^2)(H^2O^2),$$

il doit répondre un acide tribasique à fonction simple,

$$C^{2n}H^{2p-4}O^{12} \text{ ou } C^{2n}H^{2p-4}(O^4)(O^4)(O^4).$$

2. *Dérivés.* — Un acide tribasique forme : 1° trois séries de sels normaux, *sels neutres tribasiques*, *sels monoacides bibasiques*, *sels biacides monobasiques :*

Acide carballylique......	$C^{12}H^{5}O^{9},3HO$	ou $C^{12}H^{8}O^{12}$,
Sels....................	$C^{12}H^{5}O^{9},3MO$	ou $C^{12}H^{5}M^{3}O^{12}$,
	$C^{12}H^{5}O^{9},2MO,HO$	ou $C^{12}H^{6}M^{2}O^{12}$,
	$C^{12}H^{5}O^{9},MO,2HO$	ou $C^{12}H^{7}MO^{12}$.

2° Il forme aussi *trois séries d'éthers*, de *chlorures acides*, d'*amides*, etc.

3° Il peut perdre, soit 1 molécule d'acide carbonique, en formant un *acide bibasique :*

$$C^{2n}H^{2p}O^{12} - C^2O^4 = C^{2n-2}H^{2p}O^{8};$$

soit 2 molécules d'acide carbonique, en formant un *acide monobasique :*

$$C^{2n}H^{2p}O^{12} - 2\,C^2O^4 = C^{2n-4}H^{2p}O^{4};$$

soit 3 molécules d'acide carbonique, en formant un *carbure :*

$$C^{2n}H^{2p}O^{12} - 3\,C^2O^4 = C^{2n-6}H^{2p}.$$

En général, un acide tribasique reproduit 1, 2 et 3 fois toutes les réactions d'un acide monobasique, prises 1 à 1, 2 à 2, 3 à 3; ce qui s'exprime par l'algorithme suivant :

$$(A + B - C) + (A' + B' - C') + (A'' + B'' - C'').$$

3. *Formation.* — La formation de ces acides peut être réalisée, en principe, par es mêmes méthodes que celle des acides monobasiques et bibasiques; mais le nombre des acides de cette famille, étudiés avec quelques détails, est encore assez limité. Nous les rangerons dans deux sections seulement :

SÉRIE GRASSE :

Acide éthényltricarbonique.................. $C^{10}H^{6}O^{12}$,
— tricarballylique...................... $C^{12}H^{8}O^{12}$,
— aconitique............................ $C^{12}H^{6}O^{12}$.

SÉRIE AROMATIQUE :

Acide trimésique, acide hémimellique, acide trimellique...... $C^{18}H^{6}O^{12}$.

§ 7. — 1re classe, 4e, 5e et 6e ordres : Acides polybasiques à fonction simple, renfermant 16, 20 et 24 équivalents d'oxygène.

Il existe encore des acides de basicités plus élevées. Leurs propriétés, leurs réactions et leurs formations se prévoient facilement, d'après ce qui a été dit plus haut sur les acides bibasiques et tribasiques.

Nous n'y insisterons pas et nous nous bornerons à indiquer les plus importants.

ACIDES TÉTRABASIQUES.

Acide pyromellique, acide prehnitique, acide mellophanique.. $C^{20}H^{6}O^{16}$,
Acide hydropyromellique et acide hydroprehnitique......... $C^{20}H^{10}O^{16}$.

ACIDE PENTABASIQUE.

Acide benzino-pentacarbonique........................... $C^{22}H^{6}O^{20}$.

ACIDES HEXABASIQUES.

Acide mellique.. $C^{24}H^{6}O^{24}$,
Acide hydromellique..................................... $C^{24}H^{12}O^{24}$.

§ 8. — 2° classe : Acides à fonction complexe.

1. L'existence des acides à fonction complexe est une conséquence de la théorie des alcools polyatomiques. En effet, un tel alcool peut éprouver plusieurs fois les réactions d'un alcool monoatomique, ou plusieurs réactions simultanées (t. I, p. 352).

S'il éprouve une seule fois la réaction qui donne naissance à un acide, le corps résultant possède la fonction acide. Mais ce corps reste encore pourvu d'une ou plusieurs fonctions alcooliques; il demeure donc apte à éprouver : soit la même réaction une seconde fois, à la façon d'un alcool ordinaire; soit toute autre réaction capable d'engendrer une nouvelle fonction, laquelle coexistera avec la fonction acide dans le dérivé.

2. *Classification.* — La classe des acides à fonction complexe se subdivise en ordres, d'après le caractère de la fonction auxiliaire réunie à la fonction acide. Nous distinguerons donc :

1er ordre : Acides-alcools.
2e — : Acides-phénols.
3e — : Acides-éthers.
4e — : Acides-aldéhydes.

Nous laisserons ici de côté les acides qui renferment de l'azote au ombre de leurs éléments, leur histoire étant renvoyée aux livres suivants.

3. *Acides-alcools.* — Soit, par exemple, le glycol, alcool diatomique:

$$C^4H^2(H^2O^2)(H^2O^2);$$

la substitution de l'oxygène O^4 à un volume égal de vapeur d'eau dans ce corps engendre un acide monobasique, l'acide glycollique :

$$C^4H^2(H^2O^2)(O^4) \text{ ou } C^4H^4O^6.$$

Cet acide joue en même temps le rôle d'alcool monoatomique. C'est donc un acide-alcool.

De même la glycérine, alcool triatomique :

$$C^6H^2(H^2O^2)(H^2O^2)(H^2O^2),$$

engendre l'acide glycérique :

$$C^6H^2(H^2O^2)(H^2O^2)(O^4) \text{ ou } C^6H^6O^8,$$

acide monobasique et alcool diatomique.

La mannite, alcool hexatomique :

$$C^{12}H^{2}(H^{2}O^{2})^{6},$$

engendre l'acide mannitique,

$$C^{12}H^{2}(H^{2}O^{2})^{5}(O^{4}) \text{ ou } C^{12}H^{12}O^{14},$$

acide monobasique et alcool pentatomique.

En répétant deux fois la même réaction sur la mannite, on obtient l'acide saccharique :

$$C^{12}H^{2}(H^{2}O^{2})^{4}(O^{4})(O^{4}) \text{ ou } C^{12}H^{10}O^{16},$$

acide bibasique et alcool tétratomique.

4. *Acides-phénols.* — On conçoit de même l'existence des acides-phénols, dérivés des alcools-phénols.

Tel est l'acide salicylique :

$$C^{14}H^{4}(\underline{H^{2}O^{2}})(O^{4}),$$

dérivé par oxydation d'un phénol-alcool, la saligénine ou alcool salicylique :

$$C^{14}H^{4}(\underline{H^{2}O^{2}})(H^{2}O^{2}).$$

5. *Acides-aldéhydes.* — Il existe aussi des acides-aldéhydes, formés par 2 réactions distinctes, en partant des alcools polyatomiques :

Tel est l'acide glyoxylique,

$$C^{4}H^{2}(O^{4})(O^{2}[-]),$$

dérivé du glycol :

$$C^{4}H^{2}(H^{2}O^{2})(H^{2}O^{2}).$$

6. *Acides-éthers.* — Il existe également des acides-éthers engendrés par divers ordres de réactions.

1° Ils peuvent être formés aux dépens d'un acide-alcool, par l'union de celui-ci avec un acide ou avec un alcool, cette union étant effectuée, dans les deux cas, par la fonction alcool de l'acide-alcool. Un exemple de la première réaction est l'acide acétolactique, résultant de la combinaison de l'acide acétique avec un acide-alcool, l'acide lactique, $C^{6}H^{6}O^{6}$ ou $C^{6}H^{4}(H^{2}O^{2})(O^{4})$:

$$C^{4}H^{4}O^{4} + C^{6}H^{4}(H^{2}O^{2})(O^{4}) = C^{6}H^{4}(C^{4}H^{4}O^{4})(O^{4}) + H^{2}O^{2}.$$

Un exemple de la seconde réaction est l'acide éthylglycollique, résultant de la combinaison de l'alcool ordinaire avec un acide-alcool, l'acide glycollique, $C^4H^4O^6$ ou $C^4H^2(H^2O^2)(O^4)$:

$$C^4H^6O^2 + C^4H^2(H^2O^2)(O^4) = C^4H^2(C^4H^6O^2)(O^4) + H^2O^2.$$

Le premier est, en même temps qu'un acide, un éther composé ordinaire, et le second un éther mixte.

2° Les acides polybasiques, en se saturant partiellement par combinaison avec les alcools qu'ils éthérifient, donnent encore des acides-éthers. Nous avons étudié aux éthers (t. I, liv. III, chap. III et suivants) les composés de ce genre.

3° Les acides-éthers peuvent être également engendrés par les *acides-phénols*, dérivés eux-mêmes, comme nous l'avons dit, des alcools-phénols, lorsque ces acides-phénols sont éthérifiés en vertu de leur fonction phénolique.

7. *Acides-alcalis*.—Il existe enfin des acides-alcalis : tel est la glycollamine ou acide glycollamique :

$$C^4H^2(AzH^3)(O^4), \text{ dérivé de } C^4H^2(H^2O^2)(H^2O^2) ;$$

etc., etc.

8. Ajoutons que dans les dérivés des alcools d'atomicité élevée, plusieurs des fonctions précédentes peuvent s'accumuler avec la fonction acide dans une même molécule (t. I, p. 353).

9. Les ordres des acides à fonction mixte seront distribués d'abord en sections, d'après les basicités ; les sections se subdiviseront en groupes, suivant le nombre des fonctions auxiliaires ; enfin les groupes seront partagés en familles, d'après le rapport entre le carbone et l'hydrogène. On observera qu'il peut exister plusieurs acides isomères de même fonction, leur isomérie répondant à celle des alcools polyatomiques générateurs.

§ 9. — **2e classe, 1er ordre, 1re section : Acides-alcools monobasiques.**

1er GROUPE : ACIDES-ALCOOLS MONOBASIQUES ET MONOALCOOLIQUES.

I. — 1re FAMILLE : $C^{2n}H^{2n}O^6$ ou $C^{2n}H^{2n-2}(H^2O^2)(O^4)$.

Acide carbonique (sels de l')	$C^2H^2O^6$,
Acide glycollique ou oxyacétique	$C^4H^4O^6$,
Acides lactiques et acide hydracrylique	$C^6H^6O^6$,
Acides oxybutyriques	$C^8H^8O^6$,
Acides oxyvalériques	$C^{10}H^{10}O^6$,
Acides oxycaproïques	$C^{12}H^{12}O^6$, etc.

1. Ces acides dérivent des alcools diatomiques.

2. *Formation.* — On les obtient :

1° Par l'oxydation régulière des alcools diatomiques, $C^{2n}H^{2n+2}O^4$, et des aldéhydes-alcools correspondants, $C^{2n}H^{2n}O^4$ (Wurtz);

2° En oxydant avec ménagement par l'acide nitrique les alcools monoatomiques, $C^{2n}H^{2n-2}O^2$;

3° En traitant les acides monobasiques, $C^{2n}H^{2n}O^4$, par le chlore, ce qui fournit par substitution un acide chloré, lequel est à la fois un acide et un dérivé chlorhydrique :

$$C^{2n}H^{2n-1}ClO^4 \text{ ou } C^{2n}H^{2n-2}(HCl)(O^4).$$

Attaqué par les alcalis, ce corps échange les éléments de l'acide chlorhydrique contre les éléments de l'eau, ce qui fournit un acide-alcool (R. Hofmann):

$$C^{2n}H^{2n-2}(H^2O^2)(O^4).$$

Les réactions précédentes forment les acides $C^{2n}H^{2n}O^6$, à l'aide des corps qui contiennent le même nombre d'équivalents de carbone. La réaction suivante les forme au moyen de corps moins carburés.

4° On obtient les acides de cette famille en faisant réagir sur les aldéhydes l'acide formique naissant :

$$C^4H^4O^2 + C^2H^2O^4 = C^6H^6O^6;$$

on y parvient, suivant un artifice déjà signalé plusieurs fois, en unissant aux aldéhydes l'acide cyanhydrique, C^2AzH (MM. Maxwell Simpson et Gauthier) :

$$C^4H^4O^2 + C^2AzH + H^2O^2 = C^6H^7AzO^4,$$

puis en faisant agir l'acide nitreux sur le corps résultant, de façon à éliminer l'azote :

$$C^6H^7AzO^4 + AzO^4H = C^6H^6O^6 + H^2O^2 + Az^2.$$

Cette réaction s'applique également aux aldéhydes proprement dits et aux aldéhydes secondaires.

5° En combinant l'oxyde de carbone avec les alcools diatomiques :

$$C^4H^6O^4 + C^2O^2 = C^6H^6O^6,$$

ce qui s'effectue également par l'intermédiaire de l'acide cyanhydrique (M. Wislicenus).

3. *Corps isomères.* — Les méthodes de formation des acides-alcools indiquées ci-dessus permettent de prévoir pour la plupart d'entre eux la production d'un certain nombre d'isomères.

C'est ainsi que l'oxydation régulière de certains glycols butyléniques (t. I, p. 410) peut engendrer trois acides oxybutyriques. Ces derniers peuvent d'ailleurs dériver soit du propylglycol, soit de l'aldéhyde propylique, soit de l'acétone, associés à l'oxyde de carbone ou à l'acide formique : ce qui explique leur isomérie sous une forme équivalente.

C'est ainsi encore que les acides gras fournissent souvent plusieurs dérivés chlorés isomériques, suivant celui des carbures générateurs multiples au sein duquel a lieu la substitution, et que ces dérivés chlorés peuvent donner naissance à autant d'acides-alcools isomériques, en échangeant les éléments de l'acide chlorhydrique contre ceux de l'eau.

Sans entrer davantage dans les détails, bornons-nous à étudier les réactions générales des *acides-alcools* proprement dits.

4. *Dérivés.* — Ces réactions peuvent être prévues, en surperposant une réaction d'acide et une réaction d'alcool.

Traçons ce tableau intéressant et qui comporte de nombreuses applications dans l'étude des principes naturels.

Les acides-alcools monobasiques et monoalcooliques peuvent former les dérivés suivants :

I. *Sels.* — 1° Une série de sels normaux, monobasiques, préparés à la manière ordinaire, tels que les *oxyacétates normaux :*

$$C^4HM(H^2O^2)(O^4) \text{ ou } C^4H^3MO^6;$$

2° Une série de sels bibasiques, préparés en traitant les premiers sels par les agents propres à fournir des alcoolates alcalins (sodium, alcalis anhydres, etc.); tels sont les *oxyacétates bibasiques :*

$$C^4HM(HMO^2)(O^4) \text{ ou } C^4H^2M^2O^6.$$

Ces derniers corps sont décomposés progressivement par l'addition d'une grande quantité d'eau, comme les alcoolates alcalins.

II. *Éthers.* — 1° Une série d'éthers neutres, composés monoalcooliques normaux, tels que l'*éther oxyacétique :*

$$C^4H^4(H^2O^2) + C^4H^2(H^2O^2)(O^4) = C^4H^4[C^4H^2(H^2O^2)(O^4)] + H^2O^2.$$

Ce corps est neutre et régénère l'alcool par l'action de la potasse. Il est en même temps alcool monoatomique.

2° Une série d'éthers-acides monobasiques, produits par la substitution de l'alcool aux éléments de l'eau dans l'acide-alcool, conformément aux principes qui président à la formation des éthers mixtes (t. I, p. 308); tel est l'*acide éthyloxyacétique* (Heintz) :

$$C^4H^6O^2 + C^4H^2(H^2O^2)(O^4) = C^4H^2(C^4H^6O^2)(O^4) + H^2O^2.$$

Ce corps est isomère avec le précédent, dont il se distingue parce qu'il est acide et parce que la potasse n'en régénère pas l'alcool. Mais l'alcool reparaît sous forme d'éther iodhydrique, lorsqu'on réduit le composé à l'état d'acide acétique par l'acide iodhydrique.

3° Une série d'éthers neutres dialcooliques, qui sont les éthers neutres des acides précédents; tel est l'*éther éthyloxyacétique* (Heintz) :

$$2\,C^4H^6O^2 + C^4H^2(H^2O^2)(O^4) = C^4H^4[C^4H^2(C^4H^6O^2)(O^4)] + 2\,H^2O^2.$$

La potasse le décompose, en reproduisant la moitié seulement de l'alcool générateur; tandis que l'acide iodhydrique régénère 2 équivalents d'éther iodhydrique, en même temps qu'il change l'acide oxyacétique en acide acétique.

III. *Combinaisons avec les acides.* — Il existe :

1° Une série d'anhydrides doubles, formés par les réactions normales des acides simples et dans lesquels, par conséquent, la fonction d'alcool subsiste. Tel est l'*anhydride benzoïque et oxyacétique*, dérivé de $C^{14}H^6O^4$ et $C^4H^2(H^2O^2)(O^4)$:

$$C^{14}H^4O^2[C^4H^2(H^2O^2)(O^4)].$$

Les alcalis les détruisent immédiatement, en reproduisant les deux acides générateurs.

2° Une série d'acides éthérés, formés, au contraire, en vertu de la fonction alcoolique, à la façon des éthers composés. Ces corps jouent le rôle d'acides monobasiques, isomériques avec les précédents. Tel est l'acide benzoxyacétique, ou *acide benzoglycollique* (Strecker), dérivé, comme le précédent, des acides benzoïque et oxyacétique :

$$C^4H^2(C^{14}H^6O^4)(O^4).$$

Les alcalis ne les décomposent que lentement, en reproduisant les deux acides générateurs. Aussi forment-ils des sels; ce que ne font pas les anhydrides doubles.

3° Une série d'anhydrides complexes, dérivés de deux réactions superposées. Tel est l'*anhydride benzoïque et benzoxyacétique :*

$$C^{14}H^4O^2[C^4H^2(C^{14}H^6O^4)(O^4)].$$

4° Une série d'éthers normaux, dérivés de l'union d'un alcool avec l'acide éthéré ; tel est l'*éther benzoxyacétique* :

$$C^4H^4[C^4H^2(C^{14}H^6O^4)(O^4)].$$

IV. *Dérivés par déshydratation simple.* — La facilité avec laquelle les acides-alcools donnent des dérivés de déshydratation est remarquable.

Il doit exister plusieurs séries de corps de cette espèce, les uns dérivant d'une seule molécule acide, les autres de plusieurs.

Dans le premier groupe, nous citerons :

1° Un anhydride, formé par la perte de l'eau alcoolique et jouant le rôle d'acide monobasique. Tel est l'*anhydride hydracrylique*, identique avec l'*acide acrylique*, $C^6H^4O^4$:

$$C^6H^4(H^2O^2)(O^4) = C^6H^4O^4 + H^2O^2.$$

2° Toute une série d'anhydrides, désignés sous le nom générique de *lactones*, lesquels se forment, par perte des éléments de l'eau, dès qu'on cherche à mettre en liberté un certain nombre des acides-alcools répondant aux formules précédentes, ces acides-alcools n'étant dès lors connus qu'à l'état de sels. Tel est le *valérolactone*, $C^{10}H^8O^4$, qui correspond à l'un des acides oxyvalériques (M. Fittig) :

$$C^{10}H^8(H^2O^2)(O^4) = C^{10}H^8O^4 + H^2O^2.$$

L'anhydride carbonique serait, en s'en tenant à cette définition, le plus anciennement connu des composés de ce genre.

Cependant M. Fittig, qui a surtout étudié les lactones, désigne exclusivement sous ce nom les corps ainsi dérivés d'un acide-alcool, quand, en notation atomique, les groupes ΘH et $C\Theta^2H$, qui entrent en combinaison, sont séparés par 2 groupes CH^2 :

Acide oxyvalérique γ.......... $CH^3\text{-}CH(\Theta H)\text{-}CH^2\text{-}CH^2\text{-}C\Theta^2H;$

Valérone................ ..... $CH^3\text{-}CH\text{-}CH^2\text{-}CH^2\text{-}C\Theta.$ (with Θ linking CH and $C\Theta$)

V. *Dérivés complexes par déshydratation.* — En se combinant à lui-même, un acide-alcool peut donner naissance par élimination d'eau à de nombreux dérivés complexes, savoir :

1° Un éther formé par l'union de deux molécules de l'acide-alcool, l'une combinée par sa fonction alcool, et l'autre par sa fonction acide. Tel est l'*éther lactyllactique*, $C^{12}H^{10}O^{10}$, qu'on a appelé aussi *acide dilactique* (Pelouze) :

$$C^6H^4(H^2O^2)(O^4) + C^6H^4(H^2O^2)(O^4) = C^6H^4[C^6H^4(H^2O^2)(O^4)](O^4) + H^2O^2.$$

Ce corps est un éther, et il régénère par les alcalis deux molécules lactiques. C'est en même temps un alcool monoatomique et un acide monobasique.

2° Un anhydride formé par la combinaison de deux molécules d'acide-alcool, intervenant toutes les deux par leur fonction acide, et comparable à l'anhydride acétique :

$$C^6H^6O^6 + C^6H^6O^6 = C^6H^4O^4(C^6H^6O^6) + H^2O^2;$$

le produit étant à la fois un anhydride et un alcool diatomique.

3° Un éther comparable à l'éther ordinaire, engendré par l'union de deux molécules d'acide-alcool, intervenant toutes deux en vertu de leur fonction alcool :

$$C^6H^4(H^2O^2)(O^4) + C^6H^4(H^2O^2)(O^4) = C^6H^4[C^6H^6O^2(O^4)](O^4) + H^2O^2.$$

Le composé ainsi engendré est à la fois un éther mixte et un acide bibasique.

4° Tous les produits obtenus dans les réactions précédentes restent doués de fonctions alcooliques et acides ; ils peuvent dès lors donner lieu à des combinaisons nouvelles se superposant aux précédentes ; de telle manière que le nombre des molécules d'acide-alcool, susceptibles de se combiner entre elles avec élimination d'eau, est illimité.

5° Il est d'autres produits qui sont au contraire saturés. C'est ainsi que deux molécules d'acide-alcool peuvent s'unir ensemble par la totalité de leurs fonctions, la fonction acide de la première éthérifiant la fonction alcool de l'autre, et inversement ; 2 molécules d'eau se trouvent alors éliminées, et le produit n'est plus ni acide ni alcool. Tel est le cas du *lactide*, $C^{12}H^8O^8$, corps cristallisé engendré par l'action de la chaleur sur l'acide lactique :

$$2\,C^6H^6O^6 = C^{12}H^8O^8 + 2\,H^2O^2.$$

VI. *Dérivés pyrogénés.* — La chaleur, en agissant sur les acides-alcools, donne d'abord naissance aux dérivés de déshydratation dont il vient d'être parlé. Elle produit aussi des corps neutres, formés par perte de carbone, tels que l'*éther de glycol*, $C^4H^2(H^2O^2)$, et l'*aldéhyde*, $C^4H^4O^2$:

$$C^6H^4(H^2O^2)(O^4) - C^2O^2 - H^2O^2 = C^4H^2(H^2O^2) ;$$
$$C^6H^4(H^2O^2)(O^4) - C^2H^2O^4 = C^4H^4O^2.$$

Ces corps sont des dérivés respectifs des acides lactiques isomères, lesquels peuvent être formés inversement, l'un avec l'éther du glycol, l'autre avec l'aldéhyde et l'acide formique, etc.

VII. *Dérivés azotés.* — Il doit exister :

1° Deux amides neutres et normaux, formés par l'élimination des éléments de l'eau aux dépens de la fonction acide :

Amide lactique normal... $C^6H^6O^6,AzH^3 - H^2O^2 = C^6H^7AzO^4$ ou $C^6H^5Az(H^2O^2)O^2$.
Nitrile lactique normal... $C^6H^6O^6,AzH^3 - 2\,H^2O^2 = C^6H^5AzO^2$ ou $C^6H^3Az(H^2O^2)$.

Ces deux amides sont en même temps alcools monoatomiques.

2° Un alcali isomère de l'amide proprement dit et formé par la substitution de l'ammoniaque à l'eau alcoolique :

Acide lactamique ou lactamine.... $C^6H^4(H^2O^2)(O^4) + AzH^3 - H^2O^2 = C^6H^4(AzH^3)(O^4)$.

Ce corps joue, à cause de son origine, le rôle d'un acide monobasique; il joue aussi le rôle d'un alcali, à cause de la substitution ammoniacale : il réunit donc en lui deux fonctions en apparence contraires.

Les modes de formation et les réactions des acides-alcools monobasiques et monoalcooliques, qui composent les autres familles, étant très voisins des précédents, nous nous bornerons à dresser le tableau des plus importants parmi ces composés.

II. — 2e FAMILLE : $C^{2n}H^{2n-2}O^6$, ou $C^{2n}H^{2n-4}(H^2O^2)(O^4)$.

III. — 4e FAMILLE : $C^{2n}H^{2n-6}O^6$, ou $C^{2n}H^{2n-8}(H^2O^2)(O^4)$.

Acide pyromucique et acide pyroméconique (?)....... $C^{10}H^4O^6$.

IV. — 5e FAMILLE : $C^{2n}H^{2n-8}O^6$, ou $C^{2n}H^{2n-10}(H^2O^2)(O^4)$ (SÉRIE AROMATIQUE).

Acide phénylglycollique et acides oxyméthylbenzoïques... $C^{16}H^8O^6$.
Acide tropique, acides phényl-lactiques et isomères...... $C^{18}H^{10}O^6$,
Acide oxypropylbenzoïque et isomères.................. $C^{20}H^{12}O^6$, etc.

V. — 6e FAMILLE : $C^{2n}H^{2n-10}O^6$, ou $C^{2n}H^{2n-12}(H^2O^2)(O^4)$.

Acide phényloxycrotonique............................ $C^{20}H^{10}O^6$.

VI. — 9e FAMILLE : $C^{2n}H^{2n-16}O^6$ ou $C^{2n}H^{2n-18}(H^2O^2)(O^4)$.

Acide diphénylglycollique et isomères.................. $C^{28}H^{12}O^6$.

2e GROUPE : ACIDES-ALCOOLS MONOBASIQUES ET DIALCOOLIQUES.

Ces acides dérivent des alcools triatomiques. Leur formation et leurs réactions étant analogues à celles des acides du 2e groupe, nous n'y insisterons pas.

I. — 1re FAMILLE : $C^{2n}H^{2n}O^8$ ou $C^{2n}H^{2n-4}(H^2O^2)(H^2O^2)(O^4)$.

Acide glycérique.............. $C^6H^6O^8$.

3e GROUPE : ACIDES-ALCOOLS MONOBASIQUES ET TRIALCOOLIQUES.

Les acides de ce groupe dérivent des alcools tétratomiques.

I. — 1re FAMILLE : $C^{2n}H^{2n}O^{10}$ ou $C^{2n}H^{2n-6}(H^2O^2)^3(O^4)$.

Acide érythroglucique........ $C^8H^8O^{10}$.

4e GROUPE : ACIDES-ALCOOLS MONOBASIQUES ET TÉTRALCOOLIQUES.

Ces acides dérivent des alcools pentatomiques.

I. — 1re FAMILLE : $C^{2n}H^{2n}O^{12}$ ou $C^{2n}H^{2n-8}(H^2O^2)^4(O^4)$.

Acides sacchariniques........... $C^{12}H^{12}O^{12}$.

5e GROUPE : ACIDES-ALCOOLS MONOBASIQUES ET PENTALCOOLIQUES.

Ces acides dérivent des alcools hexatomiques.

I. — 1re FAMILLE : $C^{2n}H^{2n}O^{14}$ ou $C^{2n}H^{2n-10}(H^2O^2)^5(O^4)$.

Acide gluconique, acide mannitique, acide lactonique, et isomères... $C^{12}H^{12}O^{14}$.

§ 10. — **2e classe, 1er ordre, 2e section : Acides-alcools bibasiques.**

1er GROUPE : ACIDES-ALCOOLS BIBASIQUES ET MONOALCOOLIQUES.

Ces acides dérivent des alcools triatomiques.

I. — 1re FAMILLE : $C^{2n}H^{2n-2}O^{10}$ ou $C^{2n}H^{2n-4}(H^2O^2)(O^4)(O)^4$.

Acide tartronique......................	$C^6H^4O^{10}$,
— malique et isomères..............	$C^8H^6O^{10}$,
— oxypyrotartrique et isomères......	$C^{10}H^8O^{10}$,
— adipimalique et isomères.........	$C^{12}H^{10}O^{10}$,
— diatérébique et isomères..........	$C^{14}H^{12}O^{10}$,
— subérimalique....................	$C^{16}H^{14}O^{10}$.

II. — 2e FAMILLE : $C^{2n}H^{2n-4}O^{10}$ ou $C^{2n}H^{2n-6}(H^2O^2)(O^4)(O^4)$.

Acide oxymaléique......................	$C^8H^4O^{10}$,
Acides oxyitaconique et isomères....	$C^{10}H^6O^{10}$.

2e GROUPE : ACIDES-ALCOOLS BIBASIQUES ET DIALCOOLIQUES.

Ces acides dérivent des alcools tétratomiques.

I. — 1re FAMILLE : $C^{2n}H^{2n-2}O^{12}$, ou $C^{2n}H^{2n-6}(H^2O^2)(H^2O^2)(O^4)(O^4)$.

Acide mésoxalique	$C^6H^4O^{12}$,
Acides tartriques	$C^8H^6O^{12}$,
Acide itatartrique et acide citratartrique	$C^{10}H^8O^{12}$,
— dioxyadipique et isomères	$C^{12}H^{10}O^{12}$.

II. — 2e FAMILLE : $C^{2n}H^{2n-4}O^{12}$, ou $C^{2n}H^{2n-8}(H^2O^2)(H^2O^2)(O^4)(O^4)$.

Acide dioxymaléique .... $C^8H^4O^{12}$.

3e GROUPE : ACIDES-ALCOOLS BIBASIQUES ET TRIALCOOLIQUES.

Ces acides dérivent des alcools pentatomiques.

FAMILLE : $C^{2n}H^{2n-2}O^{14}$, ou $C^{2n}H^{2n-8}(H^2O^2)^3(O^4)^2$.

Acide aposorbique	$C^{10}H^8O^{14}$,
— saccharonique et isomères	$C^{12}H^{10}O^{14}$.

4e GROUPE : ACIDES-ALCOOLS BIBASIQUES ET TÉTRALCOOLIQUES.

Ces acides dérivent des alcools hexatomiques.

FAMILLE : $C^{2n}H^{2n-2}O^{16}$, ou $C^{2n}H^{2n-10}(H^2O^2)^4(O^4)^2$.

Acide dioxytartrique	$C^8H^6O^{16}$.
— saccharique, acide mucique et isomères	$C^{12}H^{10}O^{16}$.

§ 11. — 2e classe, 1er ordre, 3e section : **Acides-alcools tribasiques.**

1er GROUPE : ACIDES-ALCOOLS TRIBASIQUES ET MONOALCOOLIQUES.

Ces acides dérivent des alcools tétratomiques.

FAMILLES DIVERSES : $C^{2n}H^{2p}O^{14}$.

Acide citrique	$C^{12}H^8O^{14}$.
— méconique (?)	$C^{14}H^4O^{14}$.

2e GROUPE : ACIDES-ALCOOLS TRIBASIQUES ET DIALCOOLIQUES.

Acide désoxalique .... $C^{10}H^6O^{16}$.

§ 12. — 2e classe, 2e ordre : **Acides-phénols.**

Les acides-phénols dérivent par oxydation des alcools-phénols, comme les acides-alcools dérivent des alcools polyatomiques.

Ils se forment :

1° Par l'oxydation des alcools-phénols (Piria) :

$$\underbrace{C^{14}H^{4}(H^{2}O^{2})(H^{2}O^{2})}_{\text{Alcool saligénique.}} + O^{4} = \underbrace{C^{14}H^{4}(H^{2}O^{2})(O^{4})}_{\text{Ac. salicylique.}} + H^{2}O^{2}.$$

2° Par l'oxydation des aldéhydes-phénols :

$$\underbrace{C^{14}H^{4}(H^{2}O^{2})(O^{2})}_{\text{Aldéhyde salicylique.}} + O^{2} = \underbrace{C^{14}H^{4}(H^{2}O^{2})(O^{4})}_{\text{Ac. salicylique.}}.$$

3° Par la fixation des éléments du gaz carbonique sur les phénols, avec intermédiaire des phénols sodés (MM. Kolbe et Lautemann) :

$$C^{14}H^{8}O^{2} + C^{2}O^{4} = C^{16}H^{8}O^{6}.$$

4° Par l'oxydation des acides monobasiques de la série aromatique :

$$\underset{\text{Ac. benzoïque.}}{C^{14}H^{6}O^{4}} + O^{2} = \underset{\text{Ac. oxybenzoïque.}}{C^{14}H^{6}O^{6}}.$$

Cette oxydation peut s'effectuer, notamment, par l'action des alcalis hydratés sur les dérivés chlorés des acides monobasiques.

Les réactions des acides-phénols, sur lesquelles nous ne nous arrêterons pas ici, peuvent d'ailleurs être prévues, étant donnée la fonction multiple de ces composés.

Nous nous bornerons à dresser le tableau des acides-phénols les plus importants.

§ 13. — 2e classe, 2e ordre, 1re section : Acides-phénols monobasiques.

1er GROUPE : ACIDES-PHÉNOLS MONOBASIQUES ET MONOPHÉNOLIQUES.

1re FAMILLE : $C^{2n}H^{2n-8}O^{6}$.

Acides oxybenzoïques (ortho, méta, para)........................ $C^{14}H^{6}O^{6}$,
— oxytoluiques (8 isomères) et acides oxyphénylacétiques........... $C^{16}H^{8}O^{6}$,
— oxymésityléniques, hydrocoumariques, phlorétiniques et isomères. $C^{18}H^{10}O^{6}$,
— oxycuminiques et isomères........................ $C^{20}H^{12}O^{6}$,
Acide thymotique et acide carvacrotique........................ $C^{22}H^{14}O^{6}$.

2e FAMILLE : $C^{2n}H^{2n-10}O^{6}$.

Acides coumariques (ortho et para)........ $C^{18}H^{8}O^{6}$.

4e FAMILLE : $C^{2n}H^{2n-14}O^{6}$.

Acide oxynaphtoïque.................... $C^{22}H^{8}O^{6}$.

2e GROUPE : ACIDES-PHÉNOLS MONOBASIQUES ET DIPHÉNOLIQUES.

1re FAMILLE : $C^{2n}H^{2n-8}O^{8}$.

Acides dioxybenzoïques (7 isomères)............................ $C^{14}H^{6}O^{8}$,
Acide orsellique et acides homodioxybenzoïques...................... $C^{16}H^{8}O^{8}$,
— éverninique, acide ombellique et acide hydrocaféique........ $C^{18}H^{10}O^{8}$.

2e FAMILLE : $C^{2n}H^{2n-10}O^{8}$.

Acide caféique, acide ombelliféronique, acide oxycoumarique... $C^{18}H^{8}O^{8}$,
— homocaféique et isomères.............................. $C^{20}H^{10}O^{8}$,
— santoninique et isomères.............................. $C^{30}H^{20}O^{8}$.

3e GROUPE : ACIDES-PHÉNOLS MONOBASIQUES ET TRIPHÉNOLIQUES.

FAMILLE : $C^{2n}H^{2n-8}O^{10}$.

Acide gallique, acide pyrogallocarbonique et isomères...... $C^{14}H^{6}O^{10}$.

§ 14. — **2e classe, 2e ordre, 2e section : Acides-phénols bibasiques.**

1er GROUPE : ACIDES-PHÉNOLS BIBASIQUES ET MONOPHÉNOLIQUES.

FAMILLE : $C^{2n}H^{2n-10}O^{10}$.

Acides phénol-dicarboniques (5 isomères)......... $C^{16}H^{6}O^{10}$,
— oxyuvitiques et isomères.................. $C^{18}H^{8}O^{10}$.

§ 15. — **2e classe, 2e ordre, 3e section : Acides-phénols tribasiques.**

1er GROUPE : ACIDES-PHÉNOLS TRIBASIQUES ET MONOPHÉNOLIQUES.

FAMILLE : $C^{2n}H^{2n-12}O^{14}$.

Acide phénol-tricarbonique................ $C^{18}H^{6}O^{14}$.

Parmi les dérivés d'alcools-phénols d'atomicités élevées, il existe des corps cumulant les trois fonctions : acide, alcool et phénol.

§ 16. — **2e classe, 3e ordre : Acides-éthers.**

Les acides-éthers résultant de l'éthérification des acides-alcools et des acides-phénols, fonctionnent comme alcools ou comme phénols. Nous parlerons de chacun d'eux à propos des acides à fonction mixte dont ils dérivent.

Nous remarquerons seulement que parmi les dérivés des alcools et des alcools-phénols d'atomicités élevées, on doit rencontrer des composés accumulant les fonctions d'alcool, de phénol, d'acide et d'éther.

§ 17. — 2e classe, 4e ordre : Acides-aldéhydes.

Les acides-aldéhydes sont les produits de déshydrogénation des acides-alcools, qu'ils régénèrent par fixation d'hydrogène.

Cet ordre comprend trois sections, savoir :

1° Les *acides-aldéhydes proprement dits;*
2° Les *acides-acétones proprement dits;*
3° Les *acides-aldéhydes* et *acides-acétones à fonction complexe.*

§ 18. — 2e classe, 4e ordre, 1re section : Acides-aldéhydes proprement dits.

Nous citerons les plus importants :

ACIDES MONOBASIQUES-ALDÉHYDES MONOATOMIQUES.

Acide glyoxylique	$C^4H^2O^6$,
— pyruvique	$C^6H^4O^6$,
— camphocarbonique	$C^{22}H^{16}O^6$,
Acides benzoylbenzoïques	$C^{28}H^{10}O^6$,
— toluylbenzoïques	$C^{30}H^{12}O^6$.

Ces acides fixent de l'hydrogène en reproduisant les acides-alcools :

$$C^4H^2(O^2[-])(O^4) + H^2 = C^4H^2(H^2O^2)(O^4).$$

Ils fixent de l'oxygène en produisant les acides bibasiques :

$$C^4H^2(O^2[-])(O^4) + O^2 = C^4H^2(O^4)(O^4).$$

§ 19. — 2e classe, 4e ordre, 2e section : Acides-acétones proprement dits.

Ces acides sont appelés encore *acides-kétones*. Nous citerons :

Acide carbacétoxylique	$C^6H^4O^8$,
— acétylacétique	$C^8H^6O^6$,
Acides acétylpropioniques et isomères	$C^{10}H^8O^6$,
— acétylbutyriques et isomères	$C^{12}H^{10}O^6$,
Acide acétylacrylique	$C^{10}H^6O^6$,
— propylacrylique	$C^{12}H^{10}O^6$.

§ 20. — 2e classe, 4e ordre, 3e section : Acides-aldéhydes et acides-acétones à fonction complexe.

On citera :

ACIDES MONOBASIQUES-ALDÉHYDES MONOATOMIQUES-PHÉNOL MONOATOMIQUES.

Acides aldéhydoxybenzoïques.......... $C^{16}H^{6}O^{8}$.

ACIDE MONOBASIQUE-ALDÉHYDE MONOATOMIQUE-PHÉNOL DIATOMIQUE.

Acide noropianique.................. $C^{16}H^{6}O^{10}$.

ACIDE MONOBASIQUE-ALDÉHYDE MONOATOMIQUE-PHÉNOL MONOATOMIQUE-ÉTHER MONOATOMIQUE.

Acide aldéhydométhylprotocatéchique.. $C^{18}H^{8}O^{10}$.

ACIDE MONOBASIQUE-ALDÉHYDE MONOATOMIQUE-ÉTHER DIATOMIQUE DE PHÉNOL.

Acide opianique...................... $C^{20}H^{10}O^{10}$.

CHAPITRE II

ACIDES GRAS

1re FAMILLE DES ACIDES MONOBASIQUES A FONCTION SIMPLE

§ 1er. — Généralités.

Les acides de cette famille répondent à la formule générale $C^{2n}H^{2n}O^4$; nous en avons exposé plus haut la caractéristique et la classification (t. II, p. 90). Donnons maintenant l'histoire résumée des principaux d'entre eux.

§ 2. — Acide formique.

$C^2H^2O^4$.......................... *H-CO^2H.*

1. *Historique.* — Samuel Fischer isola le premier, par distillation, l'acide des fourmis; mais celui-ci ne fut distingué de l'acide acétique que plus tard, en 1761, par Margraf, et sa composition ne fut établie qu'en 1834 par Liebig. Ses relations avec l'alcool méthylique ont été reconnues par MM. Dumas et Péligot. La synthèse de l'acide formique a été faite en 1856 par M. Berthelot, au moyen de l'oxyde de carbone.

2. *Formation.* — L'acide formique est le plus simple de tous les acides organiques. On le forme synthétiquement :

1° Par l'union de l'*oxyde de carbone* avec les éléments de l'*eau* (M. Berthelot) :

$$C^2O^2 + H^2O^2 = C^2H^2O^4,$$

c'est-à-dire en faisant absorber l'oxyde de carbone par une solution alcaline (t. I, p. 12) :

$$C^2O^2 + KHO^2 = C^2HKO^4.$$

On peut varier la forme de cette expérience et faire passer un courant d'oxyde de carbone sur de la chaux sodée, chauffée vers 200°.

La réaction n'a pas lieu directement entre l'oxyde de carbone et l'eau, parce qu'elle serait accompagnée d'une absorption de chaleur (— 1,4 Calorie à la température ordinaire); mais elle s'effectue sous l'influence d'un alcali, à cause de l'énergie supplémentaire (+ 13,4 Calories en solution étendue), fournie par la combinaison de l'acide avec la base.

2° L'*acide carbonique*, en présence du potassium et de la vapeur d'eau, est réduit peu à peu, avec production de formiate de potasse (MM. Kolbe et Schmitt) :

$$C^2O^4 + H^2O^2 + 2\,K = C^2HKO^4 + KHO^2.$$

L'acide carbonique subit la même transformation quand on ajoute de l'amalgame de sodium à une solution concentrée de carbonate d'ammoniaque (M. Maly) :

$$C^2O^6(AzH^4)^2 + 2\,Na = C^2HNaO^4 + 2\,AzH^3 + NaHO^2;$$

ou bien encore quand on électrolyse de l'eau traversée par un courant de gaz carbonique (M. Royer).

3° Par l'oxydation indirecte du *formène*, C^2H^4 (Dumas) :

$$C^2H^4 + 3\,O^2 = C^2H^2O^4 + H^2O^2;$$

ce carbure peut être changé d'abord en formène trichloré ou tribromé, puis traité par la potasse alcoolique (t. I, p. 104) :

$$C^2H^4 + 3\,Cl^2 = C^2HCl^3 + 3\,HCl;$$
$$C^2HCl^3 + 4\,(KO,HO) = C^2HO^3,KO + 3\,KCl + 2\,H^2O^2.$$

4° Par l'oxydation régulière de l'*alcool méthylique*, $C^2H^4O^2$ (MM. Dumas et Péligot) :

$$C^2H^4O^2 + 2\,O^2 = C^2H^2O^4 + H^2O^2.$$

5° En oxydant brusquement l'*acétylène* (t. I, p. 62) par l'acide chromique concentré, ou par le permanganate de potasse neutre (M. Berthelot) :

$$C^4H^2 + 4\,O^2 = C^2H^2O^4 + C^2O^4.$$

6° En traitant l'*acide cyanhydrique* par l'acide chlorhydrique concentré (Pelouze) :

$$C^2AzH + 2\,H^2O^2 + HCl = C^2H^2O^4 + AzH^3,HCl.$$

7° En traitant le *chloral*, $C^4HCl^3O^2$, ou le *bromal*, $C^4HBr^3O^2$, par les hydrates alcalins en solution aqueuse (Dumas) :

$$C^4HCl^3O^2 + KHO^2 = C^2HKO^4 + C^2HCl^3.$$

8° En général, l'acide formique représente l'un des produits ultimes de l'oxydation des matières organiques dans les liqueurs acides.

3. *États naturels.* — L'acide formique est assez répandu dans la nature. On sait que les fourmis laissent une trace rouge sur le papier bleu de tournesol; cette trace est due à l'acide formique qu'elles sécrètent, surtout lorsqu'on les excite. Les chenilles processionnaires et d'autres insectes irritent la peau par la piqûre de leurs poils; or ceux-ci laissent exsuder par leur pointe le même acide; l'ortie brûlante lui doit aussi ses propriétés irritantes.

Le corps humain lui-même contient de l'acide formique, dont on a pu constater la présence dans le sang, la sueur et divers liquides.

Cet acide existe également dans les aiguilles de sapin, et dans la sève de *Sempervivum tectorum*. Enfin, on le rencontre dans l'eau minérale de Prinzhofen.

4. *Préparation.* — 1° A l'origine, pour préparer l'acide formique, on versait sur les fourmis de l'eau bouillante et on distillait : le produit était saturé par un alcali, de façon à obtenir un sel que l'on purifiait ensuite par cristallisation.

2° Un procédé plus simple et longtemps suivi consiste à oxyder de l'amidon (10 parties), ou du sucre, par l'action d'un mélange de peroxyde de manganèse (37 parties) et d'acide sulfurique (30 parties) étendu de son volume d'eau : la matière organique s'oxyde avec un grand boursouflement. On distille; parmi les produits formés se trouve en abondance de l'acide formique. En saturant la liqueur par du carbonate de plomb, on obtient, par évaporation et refroidissement, du formiate de plomb, que l'on purifie par cristallisation (Dœbereiner).

3° Mais de tous les procédés, le plus simple et le plus régulier, celui qui est aujourd'hui généralement adopté, est dû à M. Berthelot. Il est fondé sur la réaction que l'acide oxalique éprouve en présence de la glycérine. En effet, cet acide se dédouble simplement en acide carbonique et acide formique :

$$C^4H^2O^8 = C^2O^4 + C^2H^2O^4.$$

On introduit dans une cornue de 3 litres 1 kilogramme de glycérine sirupeuse, 1 kilogramme d'acide oxalique cristallisé, et 100 à 200 grammes d'eau ; on chauffe pendant quelques heures, tant que l'acide carbonique se dégage avec effervescence, mais sans que la température dépasse 100°. On ajoute ensuite dans la cornue 1 litre d'eau, mélangé avec 5 à 600 grammes d'acide oxalique; on distille doucement jusqu'à ce qu'on ait recueilli 1 litre 1/4 environ de liqueur : on ajoute alors une nouvelle dose d'eau et d'acide oxalique, et l'on continue ainsi la distillation, en remplacant périodiquement dans la cornue l'acide oxalique et l'eau disparus.

On peut préparer un acide plus concentré (50 ou 60 pour 100), en traitant la glycérine par l'acide oxalique cristallisé, $C^4H^2O^8 + 4HO$, ajouté par petites portions, mais sans autre addition d'eau. L'opération doit alors être conduite avec plus de lenteur.

Pour préparer l'acide formique monohydraté, on sature à chaud l'acide étendu par le carbonate de plomb. On filtre la liqueur bouillante : le formiate de plomb se dépose par le refroidissement, parce qu'il est peu soluble à froid. Après l'avoir soigneusement desséché à l'étuve, on en retire l'acide en le décomposant par le gaz sulfhydrique sec (Liebig). On opère au moyen d'un vase chauffé au bain d'huile à 120°, et mis en communication avec un récipient bien refroidi :

$$C^2HPbO^4 + HS = PbS + C^2H^2O^4.$$

5. *Propriétés.* — L'acide formique monohydraté est un liquide incolore, très limpide, fumant à l'air, caustique et doué d'une odeur spéciale. Sa densité est égale à 1,226 à 15°. Il bout à 101°; il cristallise vers 0° et fond à 8°,6 : mais une trace d'eau lui enlève la propriété de cristalliser. Il se mêle à l'eau en toute proportion. Il attaque fortement la peau.

C'est un acide énergique, qui sature parfaitement les bases et décompose les carbonates avec effervescence.

Sa chaleur de formation à partir des éléments est égale à 93 Calories.

6. *Chaleur.* — Maintenu à 260°, dans un tube scellé, l'acide formique se dédouble peu à peu en oxyde de carbone et en eau :

$$C^2H^2O^4 = C^2O^2 + H^2O^2.$$

Vers la fin, la réaction change de nature et l'on obtient de l'acide carbonique et de l'hydrogène. Cette réaction a lieu avec dégagement de chaleur (M. Berthelot). Elle est immédiate dès 250°, en présence de la mousse de platine :

$$C^2H^2O^4 - C^2O^4 + H^2.$$

La décomposition en eau et oxyde de carbone s'opère au-dessous de 100°, sous l'influence de l'acide sulfurique : c'est le meilleur moyen que l'on puisse employer pour obtenir de l'oxyde de carbone pur. Cette propriété explique l'action de l'acide sulfurique sur l'acide oxalique, attendu que l'acide oxalique se décompose d'abord en acides carbonique et formique.

7. *Réactions.* — Les corps oxydants convertissent l'acide formique en eau et en acide carbonique :

$$C^2H^2O^4 + O^2 = C^2O^4 + H^2O^2.$$

De même, l'acide formique pur, chauffé avec les oxydes d'argent ou de mercure, se détruit en réduisant ces oxydes à l'état métallique (H. Rose) :

$$2\,(C^2HO^3,AgO) = C^2O^4 + Ag^2 + C^2H^2O^4.$$

L'azotate d'argent est réduit rapidement à chaud par l'acide formique et les formiates; la réaction est très sensible avec les formiates en liqueur neutre, mais elle est retardée par l'ammoniaque.

Le chlore change l'acide formique en acides carbonique et chlorhydrique :

$$C^2H^2O^4 + Cl^2 = C^2O^4 + 2\,HCl.$$

Les alcalis caustiques, à la température de leur fusion, transforment partiellement l'acide formique en acide oxalique et en hydrogène (M. Péligot) :

$$2\,C^2H^2O^4 = C^4H^2O^8 + H^2;$$

mais si l'action est plus profonde, l'acide oxalique lui-même se transforme en acide carbonique et hydrogène.

Les formiates ramènent le bichlorure de mercure à l'état de protochlorure.

8. *Dérivés.* — L'acide formique donne naissance aux dérivés suivants .

1° *Sels neutres :*

$$C^2HMO^4;$$

et *sels acides :*

$$C^2HMO^4,C^2H^2O^4;$$

ainsi que divers sels basiques, formés surtout par l'oxyde de plomb.

2° *Éthers :*

Éther éthylformique........... $C^4H^4(C^2H^2O^4)$.

Nous avons signalé plus haut les principaux éthers formiques (t. I, p. 302, 324, 331, etc.).

3° *Amides :*

Amide formique (formamide)... $C^2H^2O^4,\ AzH^3 - H^2O^2 = C^2H^3AzO^2$;
Nitrile (acide cyanhydrique).... $C^2H^2O^4,\ AzH^3 - 2\,H^2O^2 = C^2AzH$.

4° Le chlorure formique, C^2HO^2Cl, est inconnu; mais le trichlorure, C^2HCl^3, préparé par voie indirecte, n'est autre que le formène trichloré (t. I, p. 100).

5° L'anhydride formique, $(C^2HO^3)^2$ ou $C^4H^2O^6$, est inconnu, ainsi que les composés qui devraient être obtenus, d'après la théorie, par l'union d'un autre acide avec l'acide formique. Dans les réactions où ces composés devraient se produire, on obtient en général de l'oxyde de carbone, sans doute parce qu'on dépasse le but.

6° On ne connaît pas l'acide formique chloré, C^2HClO^4, à l'état de liberté; mais l'*oxychlorure de carbone*, $C^2Cl^2O^2$, répond à la formule d'un oxychlorure formique chloré. Ce même oxychlorure de carbone, traité par les alcools, fournit des éthers formiques chlorés, $C^4H^4(C^2HClO^4)$.

9. *Formiates.* — Les formiates neutres contiennent un équivalent de base; ils sont solubles dans l'eau et insolubles dans l'alcool absolu; ils cristallisent facilement. Ils sont en général moins solubles que les acétates. Chauffés avec l'acide sulfurique concentré, ils donnent, à 100° et même au-dessous, un dégagement d'oxyde de carbone pur. Ils réduisent les sels d'argent et de mercure par l'ébullition, après les avoir d'abord précipités; cette réaction est très sensible, pourvu qu'on l'exécute dans une liqueur neutre. La solution concentrée des formiates précipite l'acétate de plomb.

On prépare les formiates en saturant l'acide par les carbonates.

L'union de l'acide formique étendu avec les bases dissoutes dégage des quantités de chaleur fort voisines de celles qui répondent à la formation des azotates correspondants, quoique généralement un peu plus faibles. Par exemple, vers 15°, avec la potasse et la soude, + 13,4 Calories; avec l'ammoniaque, + 11,9 Calories; avec la chaux, la baryte et la strontiane, + 13,5 Calories ; avec le protoxyde de manganèse, + 10,7 Calories; avec l'oxyde de zinc, + 9,1 Calories; avec les oxydes de cuivre et de plomb, + 6,6 Calories; etc. (M. Berthelot).

Le *formiate de soude*, $C^2HO^3,NaO + H^2O^2$, est très soluble et déliquescent.

Le *formiate d'ammoniaque*, $C^2H^2O^4,AzH^3$, est très déliquescent. Il se décompose à 200° en donnant de l'eau et du *formamide*, $C^2H^3AzO^2$, puis de l'acide cyanhydrique, C^2AzH :

$$C^2H^2O^4,AzH^3 = C^2H^3AzO^2 + H^2O^2;$$
$$C^2H^2O^4,AzH^3 = C^2AzH + 2\,H^2O^2.$$

Le *formiate de baryte*, C^2HO^3,BaO, cristallise en prismes rhomboïdaux, solubles dans l'eau, insolubles dans l'alcool. On a vu que la distillation sèche de ce sel produit du formène (t. I, p. 91) :

$$4\ C^2HBaO^4 = C^2H^4 + C^2O^4 + 2(C^2O^4, 2\,BaO).$$

Le *formiate de strontiane*, $C^2HO^3,SrO + H^2O^2$, forme de beaux prismes à base carrée, portant des facettes hémiédriques.

Le *formiate de zinc*, $C^2HO^3,ZnO + H^2O^2$, s'obtient en dissolvant du zinc, de l'oxyde de zinc ou du carbonate de zinc dans l'acide formique. Il est peu soluble dans l'eau froide, tandis que le *formiate de cadmium*, avec lequel il est isomorphe, est très soluble.

Le *formiate de cuivre*, $C^2HO^3,CuO + 2\,H^2O^2$, forme de gros cristaux rhomboïdaux obliques, d'un bleu clair, efflorescents; il est assez soluble dans l'eau froide, et un peu soluble dans l'alcool.

Le *formiate de plomb*, C^2HO^3,PbO, se présente sous la forme de belles aiguilles brillantes, rhombiques. Assez soluble à chaud, il exige environ 80 parties d'eau froide pour se dissoudre; il est moins soluble que l'acétate de plomb, car ce sel est précipité par l'acide formique, et la liqueur se prend en une masse feutrée, formée par une multitude de petites aiguilles. Bouilli avec l'oxyde de plomb, la solution du formiate neutre se charge de sels basiques et dépose un *formiate tribasique*, $C^2HO^3,3\,PbO$.

§ 3. — Acide acétique.

$C^4H^4O^4$ .... $CH^3\text{-}CO^2H$.

1. *Historique.* — L'acide acétique est de tous les acides organiques le plus important, non seulement par ses applications pratiques, mais encore parce qu'on peut le prendre comme type dans l'étude des acides à 4 équivalents d'oxygène.

Le vinaigre est connu depuis les temps les plus reculés. Au quinzième siècle, Basile Valentin prépara le *vinaigre radical* par distillation du verdet; Stahl obtint le premier de l'acide acétique concentré, en décomposant un acétate par l'acide sulfurique (1702); enfin Lauraguais isola l'acide cristallisé. Lavoisier montra que l'acide acétique dérive de l'alcool par oxydation. Fourcroy et Vauquelin reconnurent que l'acide observé par Glauber en 1648 dans la distillation du bois, est de l'acide acétique. Les principaux faits relatifs à la composition et à la nature de l'acide acétique sont dus à Berzelius (1814).

2. *Formation.* — Il se forme :

1° Par l'oxydation régulière de l'*alcool* (t. I, p. 258) :

$$C^4H^6O^2 + O^4 = C^4H^4O^4 + H^2O^2;$$

2° Par celle de l'*aldéhyde* (t. II, p. 9):

$$C^4H^4O^2 + O^2 = C^4H^4O^4;$$

3° Par l'oxydation régulière de l'*acétylène* (t. I, p. 61) :

$$C^4H^2 + O^2 + H^2O^2 = C^4H^4O^4.$$

4° On l'obtient aussi au moyen du *formène potassé* et de l'*acide carbonique* (M. Wanklyn) :

$$C^2H^3K + C^2O^4 = C^4H^3KO^4;$$

5° Ou bien par l'*acétonitrile* (t. I, p. 323), en fixant sur lui les éléments de l'eau (Dumas, Malaguti et Le Blanc) :

$$C^2H^2(C^2AzH) + 2\,H^2O^2 = C^4H^4O^4 + AzH^3;$$

6° Par l'action de l'*oxyde de carbone* sur l'*alcool méthylique sodé*, à 160° (M. Frœlich) :

$$C^2H^3NaO^2 + C^2O^2 = C^4H^3NaO^4.$$

7° Enfin, il prend naissance dans la réaction de l'hydrate de potasse en fusion sur les acides malique, tartrique, citrique, etc.;

8° Dans la réaction de l'acide nitrique sur les corps gras;

9° Dans la distillation sèche du sucre, de la gomme, du bois, etc.

10° Dans un très grand nombre de fermentations, telles que celles des tartrates, des citrates, de la glycérine, de la fibrine, etc.

11° Il existe en petite quantité dans beaucoup de liquides végétaux, soit à l'état de liberté, soit à l'état de sels. Son éther neutre glycérique fait partie de l'huile de semences d'*Evonymus europæus;* son éther octylique constitue les essences d'*Heracleum giganteum* et d'*H. spondylium;* son éther sycocérylique existe dans la résine de *Ficus rubiginosa ;* etc.

L'acide acétique se rencontre encore dans un très grand nombre de liquides de l'organisme animal, et notamment dans le sang.

3. *Préparation.* — 1° En pratique, on s'appuie sur l'*oxydation de l'alcool* pour changer en vinaigre le vin ou une liqueur alcoolique analogue (t. I, p. 258) : l'oxydation de l'alcool de vin s'effectue aux dépens de l'air, sous l'influence d'un ferment spécial, le *Mycoderma aceti* (fig. 76), qu'on appelle vulgairement *fleur* ou *mère de vinaigre.* On opère de diverses manières.

On place dans des tonneaux, portant deux ouvertures par lesquelles l'air peut circuler, la moitié de leur volume environ de vin ou de liqueur alcoolique contenant au plus 10 pour 100 d'alcool, et un peu de vinaigre. Ces tonneaux, ensemencés de mycoderme par le vinaigre ajouté, sont placés dans des celliers dont la température est maintenue entre 25° et 30°. Le mycoderme se développe et détermine l'oxydation de l'alcool; après quelques jours, on peut soutirer une portion de vinaigre qu'on remplace par du vin; on renouvelle dès lors cette opération chaque jour (*procédé d'Orléans*).

Cette méthode peut être rendue plus rapide en opérant dans des vases plats, munis de tubes et disposés de telle sorte qu'on puisse enlever partiellement le produit et le remplacer par du vin, sans

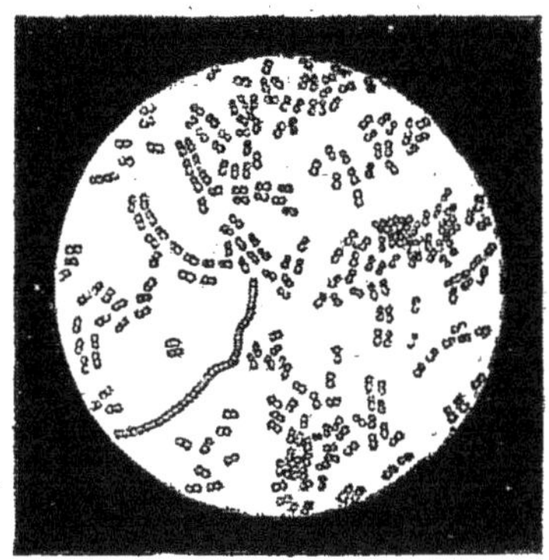

Fig. 76. — *Mycoderma aceti.*

agiter la liqueur et sans rompre le voile de mycoderme qui la recouvre : le végétal, ne fonctionnant qu'au contact de l'air, agit seulement à la surface; il cesse de produire l'acétification lorsqu'on le fait plonger dans le liquide (*procédé Pasteur*).

Une fabrication rapide et fort usitée est basée sur le principe suivant : on augmente la surface de contact de la solution alcoolique avec l'air en présence du ferment, en faisant couler lentement le liquide sur des copeaux de hêtre ensemencés de *Mycoderma aceti;* ces copeaux sont placés dans des tonneaux (fig. 77), que traverse un courant d'air et que l'on maintient à une température voisine de 30° (*procédé Schützenbach* ou *procédé allemand*).

Une autre méthode, souvent pratiquée aujourd'hui, est celle dite des *tonneaux roulants* (M. Michaelis). La liqueur à acétifier garnit, à moins de la moitié, des tonneaux complètement remplis de copeaux, et disposés parallèlement sur un chantier. Les fonds de ces tonneaux étant percés d'une ouverture centrale, destinée au renouvellement de l'air, il suffit de faire rouler chaque appareil sur le chantier plusieurs fois par jour, pour renouveler sur les copeaux les surfaces du liquide exposé au contact de l'air.

Fig. 77. — Fabrication du vinaigre (procédé Schützenbach).

Le mycoderme agit sur l'alcool, soit à la façon du noir de platine, c'est-à-dire en accumulant à sa surface l'oxygène, qui, dans cet état de condensation, est doué d'une activité plus énergique; soit à la façon de l'essence de térébenthine (t. I, p. 209), c'est-à-dire en produisant une matière organique particulière, qui jouirait de la propriété de fixer l'oxygène de l'air pour le céder ensuite à l'alcool.

2° Dans le midi de la France, on abandonne à l'air des plaques de cuivre recouvertes de marc de raisin; elles se transforment en acétate de cuivre. Par distillation, ce sel peut donner de l'acide acétique fort ou *vinaigre radical* des pharmacies; cette substance renferme un peu d'acétone et quelques autres produits empyreumatiques.

3° Mais le seul procédé qui rivalise avec l'oxydation de l'alcool est la *distillation du bois* (Mollerat). En effet, lorsqu'on distille du bois dans des vases clos *a* (fig. 78), il se condense dans le réfrigérant *ddd*, de l'eau chargée de matières goudronneuses, d'acide acétique, d'esprit de bois, d'éthers divers, d'acétone, etc., tandis que des gaz combustibles s'échappent en *c*.

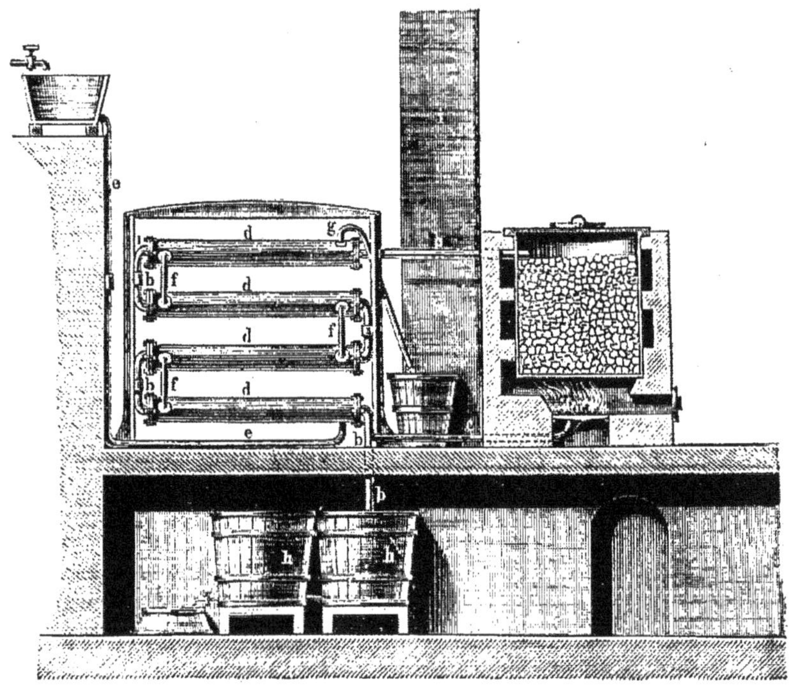

Fig. 78. — Distillation du bois.

Industriellement, on opère dans de vastes cornues cylindiques en tôle que l'on remplit de bois. On les introduit dans des fours (fig. 79) et on les porte au rouge. Au moyen d'une canalisation convenablement disposée, on dirige les produits qui distillent, dans des serpentins très développés et exactement refroidis. Les gaz, dépouillés aussi exactement que possible de vapeurs condensables, sont utilisés en les faisant brûler au-dessous des cornues. Les cornues enlevées des fours contiennent du charbon de bois comme résidu.

Le plus souvent, on rectifie les liquides condensés et séparés des goudrons, dans un appareil chauffé à la vapeur par un double fond

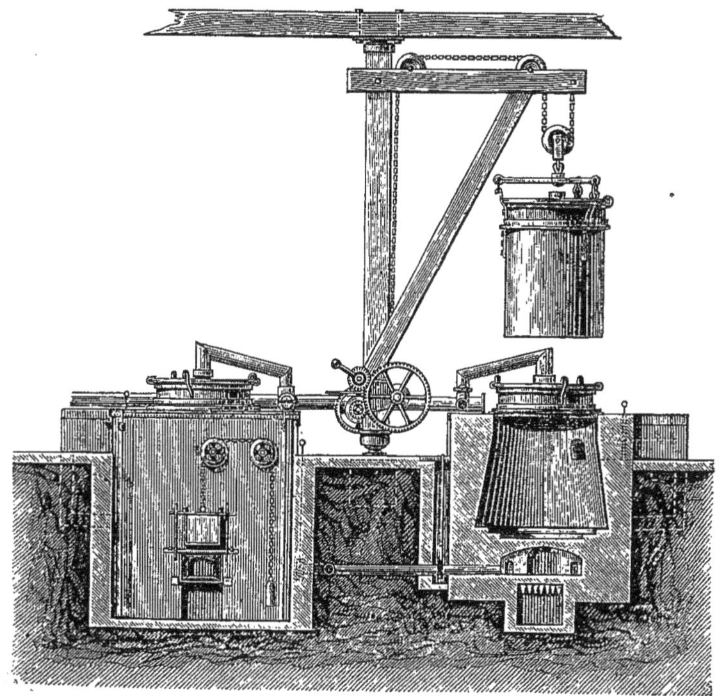

Fig. 79. — Disposition des cornues pour la fabrication de l'acide pyroligneux.

(fig. 80), en mettant de côté les portions les plus volatiles (esprit de

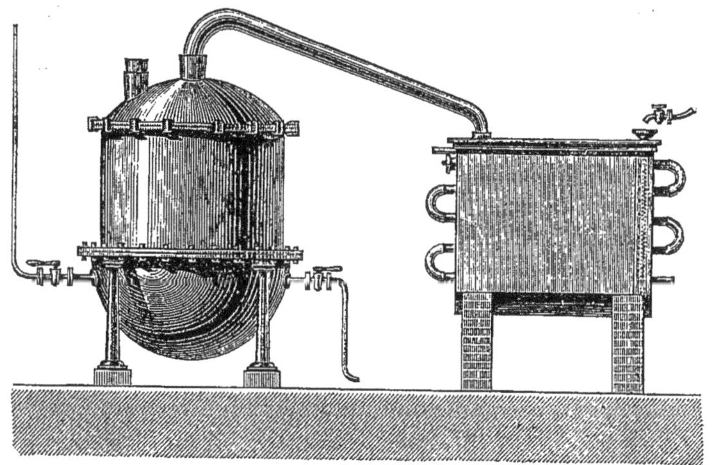

Fig. 80. — Appareil pour la distillation de l'acide pyroligneux brut.

bois, acétone, éthers, etc.). Après les composés précédents, il distille un liquide encore fort coloré, qui est l'*acide pyroligneux*. Il sert en cet état pour certaines industries. Ce produit contient, avec l'acide acétique, une petite proportion des homologues immédiatement supérieurs de cet acide (M. Barré).

Dans tous les cas, en saturant les liqueurs acides par la litharge, la chaux ou le carbonate de soude et évaporant, on le transforme en acétates plus ou moins impurs, suivant que le produit n'a pas été ou a été distillé (*pyrolignites de plomb*, *de chaux* et *de soude*), lesquels sont l'objet de nombreuses applications dans les arts.

Le pyrolignite de chaux, traité dans des cylindres de fonte par l'acide chlorhydrique et distillé, donne l'acide acétique ordinaire du commerce (*acide acétique mauvais goût*), produit encore souillé de substances pyrogénées.

Pour avoir de l'acide acétique plus pur, on se sert du pyrolignite de soude. Celui-ci s'obtient : soit en saturant l'acide pyroligneux par du carbonate de soude; soit en mélangeant des solutions de quantités équivalentes de pyrolignite de chaux et de sulfate de soude, séparant le sulfate de chaux par filtration et évaporant l'acétate de soude. On chauffe ce sel encore noirâtre; d'abord il fond dans son eau de cristallisation, puis, l'eau s'évaporant, il redevient solide. En augmentant la température, on lui fait éprouver la fusion ignée. On le maintient ainsi dans des vases plats, pendant un certain temps, à une température inférieure au rouge sombre : la plupart des matières étrangères se décomposent, deviennent insolubles dans l'eau, tandis que le sel reste sans altération. Cette opération (*frittage*) est assez délicate, la température devant être maintenue entre des limites assez étroites ; il faut éviter, en effet, la décomposition de l'acétate par la chaleur. On reprend par l'eau, on filtre et, par cristallisation, on obtient un sel presque pur. Pour l'avoir tout à fait pur, il faut le soumettre à de nouvelles cristallisations. Enfin, l'acétate de soude, décomposé par un acide minéral, acide sulfurique ou acide chlorhydrique, donne l'*acide acétique purifié*.

Pour obtenir l'*acide acétique monohydraté*, autrement dit l'*acide acétique cristallisable*, on traite l'acétate de soude desséché et même fondu, par l'acide sulfurique monohydraté :

$$2\,C^4H^3NaO^4 + S^2H^2O^8 = 2\,C^4H^4O^4 + S^2Na^2O^8.$$

On chauffe lentement, pour éviter toute réaction secondaire, et on reçoit l'acide acétique, qui distille, dans un récipient refroidi où il cristallise.

On peut encore le préparer en distillant le biacétate de potasse. Sous l'influence de la chaleur, entre 200° et 300°, ce sel se décompose en donnant de l'acide acétique cristallisable et de l'acétate neutre de potasse. Ce dernier, traité par l'acide acétique aqueux et évaporé à 120°, régénère du biacétate. L'acétate de potasse peut ainsi servir, presque indéfiniment, comme agent de séparation de l'eau et de l'acide acétique (Melsens).

4. *Propriétés.* — L'acide acétique est un liquide incolore, transparent, soluble en toute proportion dans l'eau, l'alcool et l'éther.

L'acide acétique bout à 118°. Sa densité est de 1,0554 à 15°.

Il se prend par le refroidissement en une masse cristalline, lamelleuse, qui fond à + 17°.

Sa chaleur de fusion est égale à — 2,5 Calories; sa chaleur de volatilisation, à — 7,25 Calories, pour 1 équivalent ou 60 grammes (M. Berthelot).

En ajoutant de l'eau avec précaution à l'acide acétique, on observe que le mélange diminue de volume, comme cela se produit pour l'alcool (t. I, p. 251); le maximum de densité est 1,0748; il a lieu quand on mêle 2 équivalents d'eau avec 1 équivalent d'acide, soit pour l'acide à 78 ou 79 pour 100. L'acide pur et l'acide à 44 pour 100 ont à peu près la même densité.

5. *Action de la chaleur.* — L'acide acétique résiste à la chaleur jusque vers la température du rouge sombre. Au delà, il donne naissance au *formène* et à l'acide carbonique :

$$C^4H^4O^4 = C^2H^4 + C^2O^4;$$

à l'*acétone :*

$$2\,C^4H^4O^4 = C^6H^6O^2 + C^2O^4 + H^2O^2;$$

puis aux produits dérivés du formène, tels que l'acétylène, la benzine, la naphtaline, etc.

Le formène se prépare plus régulièrement lorsqu'on opère par distillation en présence d'un excès d'alcali. Quant à l'acétone, c'est en chauffant simplement les acétates alcalino-terreux qu'on le prépare. Lorsqu'on distille très lentement un acétate alcalin mêlé de chaux sodée, on n'obtient guère que du formène. Mais, si l'on opère brusquement et en surchauffant le mélange, une portion sensible du formène se condense à l'état naissant pour former de l'éthylène, C^4H^4, du propylène surtout, C^6H^6, du butylène, C^8H^8, de l'amylène, $C^{10}H^{10}$ (t. I, p. 92 et 96), etc.

6. *Hydrogène.* — L'acide acétique, chauffé avec l'acide iodhydrique vers 280°, se change en *hydrure d'éthylène* (M. Berthelot) :

$$C^4H^4O^4 + 3\,H^2 = C^4H^6 + 2\,H^2O^2.$$

L'acétate de chaux, distillé avec un formiate, produit l'*aldéhyde*, $C^4H^4O^2$ (t. II, p. 6), en vertu d'une action réductrice (M. Limpricht) indiquée d'une manière générale par Piria :

$$C^4H^3CaO^4 + C^2HCaO^4 = C^4H^4O^2 + C^2O^4, Ca^2O^2.$$

Enfin l'anhydride acétique, sous l'influence hydrogénante de l'amalgame de sodium, donne de l'*alcool*, $C^4H^6O^2$ (Linnemann) :

$$C^4H^2O^2(C^4H^4O^4) + 4\,H^2 = 2\,C^4H^6O^2 + H^2O^2.$$

Les trois composés $C^4H^4O^2$, $C^4H^6O^2$, C^4H^6, peuvent donc être obtenus par la transformation régulière de l'acide acétique, $C^4H^4O^4$.

7. *Oxygène*. — L'acide acétique résiste assez bien aux agents oxydants. Cependant cet acide, ou plutôt un acétate alcalin, traité par le permanganate de potasse à 100°, s'oxyde lentement avec formation d'*acide oxalique* (M. Berthelot) :

$$C^4H^4O^4 + 3\,O^2 = C^4H^2O^8 + H^2O^2.$$

On peut changer l'acide acétique en *acide oxyacétique* ou *glycollique*, $C^4H^4O^6$, par voie indirecte, en formant d'abord l'acide chloracétique, $C^4H^3ClO^4$, que l'on décompose ensuite par les alcalis (R. Hofmann) :

$$C^4H^3ClO^4 + H^2O^2 = C^4H^4O^6 + HCl.$$

8. *Électrolyse*. — L'électrolyse d'un acétate alcalin donne lieu à les produits remarquables. Le métal se rend au pôle négatif, où il décompose l'eau avec dégagement d'hydrogène ; tandis que l'acide anhydre et l'oxygène se rendent au pôle positif :

$$C^4H^3MO^4 = \underbrace{M}_{\text{Pôle }-} + \underbrace{C^4H^3O^3 + O}_{\text{Pôle }+};$$

là ils réagissent l'un sur l'autre, avec formation d'acide carbonique et d'*hydrure d'éthylène* (Kolbe) :

$$(C^4H^3O^3)^2 + O^2 = (C^2O^4)^2 + (C^2H^3)^2;$$
$$(C^2H^3)^2 = C^4H^6.$$

Finalement, la réaction observée est la suivante (t. I, p. 112) :

$$2\,C^4H^4O^4 = \underbrace{2\,H}_{\text{Pôle }-} + \underbrace{2\,C^2O^4 + C^4H^6}_{\text{Pôle }+}.$$

9. *Dérivés.* —

1° Sels neutres	$C^4H^3MO^4$,
Sels acides	$C^4H^3KO^4, C^4H^4O^4$,
Sels basiques	$C^4H^3PbO^4 + nPbO$;
2° Éthers	$C^4H^4(C^4H^4O^4)$;
3° Amide	$C^4H^4O^4, AzH^3 - H^2O^2 = C^4H^5AzO^2$,
Nitrile	$C^4H^4O^4, AzH^3 - 2\,H^2O^2 = C^4H^3Az$;
4° Anhydride	$(C^4H^3O^3)^2 = C^4H^2O^2(C^4H^4O^4) = C^8H^6O^6$;
5° Dérivés acides ou ac. doubles.	$C^4H^4O^4 + \text{Acide} - H^2O^2$,
Chlorure acide	$C^4H^2O^2(HCl) = C^4H^3O^2Cl$,
Acide sulfacétique	$C^4H^2O^2(H^2S^2) = C^4H^4S^2O^2$,
Acétide benzoïque	$C^4H^2O^2(C^{14}H^6O^4) = C^{18}H^8O^6$,
Acétide hypochloreux	$C^4H^2O^2(HClO^2) = C^4H^3ClO^4$;
6° Acides substitués	$C^4H^3ClO^4$; $C^4H^2Cl^2O^4$; $C^4HCl^3O^4$.

10. *Acétates.* — L'acide acétique est monobasique; les acétates neutres ont pour formule $C^4H^3MO^4$ ou $C^4H^3O^3,MO$.

L'union de l'acide acétique avec les bases, en dissolution étendue, dégage à peu près les mêmes quantités de chaleur que l'acide formique (t. II, p. 123).

Les acétates sont en général solubles dans l'eau, à l'exception de ceux d'argent et de protoxyde de mercure.

L'*acétate d'ammoniaque*, $C^4H^3(AzH^4)O^4$, est un sel blanc et déliquescent, dont la solution est connue sous le nom d'*esprit de Mindérérus*. Il dégage de l'ammoniaque par évaporation. Chauffé fortement, il se change en *acétamide*, qui distille vers 220° et cristallise dans le récipient.

L'*acétate de potasse*, $C^4H^3KO^4$, se rencontre dans la sève de plusieurs plantes. Chauffé, il fond bien au-dessous du rouge en une huile limpide, et se prend par le refroidissement en une masse cristalline, lamelleuse, extrêmement déliquescente. Cette apparence lamelleuse lui avait fait donner le nom de *terre foliée de tartre* par les anciens chimistes, qui l'obtenaient en saturant l'acide acétique avec du tartre calciné.

Ce sel se dissout dans la moitié de son poids d'eau vers 0°; dans un huitième à l'ébullition. La liqueur saturée bout à 169°. L'acétate de potasse se dissout dans 3 parties d'alcool absolu froid. Sa solution alcoolique soumise à l'action d'un courant de gaz carbonique abandonne des cristaux de carbonate, tandis qu'il se forme de l'éther acétique.

L'acétate de potasse forme avec l'acide acétique un *biacétate* : $C^4H^3KO^4,C^4H^4O^4$, lequel se décompose un peu au-dessus de 200°, en acide et sel neutre (t. II, p. 131).

L'*acétate de soude*, $C^4H^3NaO^4 + 3H^2O^2$, s'obtient en gros prismes rhomboïdaux obliques, par le refroidissement de sa dissolution aqueuse saturée à chaud. Il est efflorescent; sa saveur est amère et piquante. Il fond à 58° dans son eau de cristallisation, et forme, après dessiccation et fusion ignée, une masse cristalline, lamelleuse, qui est la *terre foliée minérale* des anciens chimistes.

Il se dissout dans 4 parties d'eau à 6°. La solution saturée à chaud bout à 124° et renferme 1/3 de son poids de sel. Elle produit très nettement les phénomènes de sursaturation. L'acétate de soude est préparé en grand dans la fabrication de l'acide acétique (t. II, p. 130).

Avec un excès d'acide acétique, il donne divers acétates acides, tels que $C^4H^3NaO^4, C^4H^4O^4$ et $(C^4H^3NaO^4)^2, C^4H^4O^4$.

L'*acétate de chaux*, $C^4H^3CaO^4 + HO$, se dissout à 15° dans 5 parties d'eau et dans 25 parties d'alcool ordinaire.

L'*acétate de baryte*, $C^4H^3BaO^4 + HO$, perd aisément son eau de cristallisation. Il cristallise dans le système irrégulier, sous l'aspect de lamelles feuilletées. L'eau bouillante en dissout son propre poids. A 0°, il cristallise avec 3 HO.

L'*acétate d'alumine* s'obtient en traitant les acétates de plomb ou de chaux par le sulfate d'alumine, à équivalents égaux. Ce sel est un mordant très usité dans la fabrication des toiles peintes. La solution perd de l'acide acétique par ébullition.

L'*acétate de zinc*, $C^4H^3ZnO^4 + 3HO$, cristallise en lamelles rhomboïdales; il est très soluble dans l'eau. Il est employé en médecine.

L'*acétate neutre de cuivre*, $C^4H^3CuO^4 + HO$, est appelé aussi *verdet* ou *cristaux de Vénus*. Il s'obtient en dissolvant dans l'acide acétique le vert-de-gris ou acétate basique de cuivre. Il cristallise en prismes rhomboïdaux obliques, volumineux, d'un vert bleuâtre. Il se dissout dans 5 parties d'eau bouillante et dans 13 parties d'alcool bouillant. Sa solution aqueuse et étendue se décompose quand on la maintient en ébullition : il se dégage de l'acide acétique, et il se précipite un acétate de cuivre tribasique.

L'*acétate de cuivre basique*, $C^4H^3CuO^4 + CuO + 3H^2O^2$, ou plutôt un mélange d'acétates de cuivre bi, sesqui et tribasiques, mélange connu sous les noms de *vert-de-gris* ou de *verdet de Montpellier*, se prépare en oxydant à l'air des plaques de cuivre mouillées de vinaigre, ou abandonnées au milieu de marc de raisin qui s'acétifie. Au contact de l'eau, ce corps se décompose en acétate neutre et acétates plus basiques. Il renferme souvent du carbonate de cuivre. Il forme des aiguilles bleues à éclat soyeux.

Le *vert de Schweinfurt* est un sel double, formé d'acétate et d'arsénite de cuivre : $C^4H^3CuO^4, AsCuO^4$ (Ehrmann). Il se prépare en dissolvant 4 parties d'acide arsénieux dans 50 parties d'eau bouillante, et ajoutant 5 parties de verdet pulvérisé, délayé dans de l'eau tiède. En mêlant les liqueurs, il se forme un précipité vert jaunâtre d'arsénite de cuivre; on fait bouillir quelque temps, en ajoutant une petite quantité d'acide acétique, et le précipité devient peu à peu cristallin, en prenant une belle teinte verte caractéristique. Ce vert est employé dans la fabrication des papiers peints; il est très vénéneux.

L'*acétate neutre de plomb*, $C^4H^3PbO^4 + 3HO$, est appelé aussi *sel de Saturne* ou *sucre de Saturne*. Il se prépare en exposant à l'air un mélange d'acide acétique et de plomb, ou plus ordinairement en saturant l'acide acétique par la litharge. Il cristallise en prismes rhomboïdaux obliques. Sa saveur, d'abord sucrée, devient bientôt astringente et métallique. Il est efflorescent, soluble dans 2 parties d'eau froide et dans 8 parties d'alcool ordinaire. Il est usité en pharmacie et en teinture; il sert à préparer la céruse ainsi que le chromate de plomb. L'ammoniaque en quantité ménagée ne précipite pas l'acétate de plomb neutre : il se forme un acétate plus basique et soluble. Mais, si l'on verse l'ammoniaque en excès dans la liqueur, on a un précipité, qui est l'*acétate de plomb sexbasique*.

L'*acétate tribasique de plomb*, $C^4H^3PbO^4 + 2PbO + HO$, est employé pour précipiter les dissolutions gommeuses, albumineuses et extractives. On l'obtient en mettant en contact, pendant un certain temps, 7 parties de massicot avec 6 parties d'acétate neutre en dissolution.

L'*extrait de Saturne* est un mélange d'acétates basiques de plomb, parmi lesquels figure l'acétate tribasique. Il se prépare en faisant digérer 1 partie de litharge dans 8 parties d'eau contenant 3 parties d'acétate neutre de plomb. L'acide carbonique précipite du carbonate de plomb dans la dissolution; en même temps, il fait passer les acétates basiques à l'état d'acétates neutres. Cette même dissolution est employée en médecine comme topique.

L'*acétate d'argent*, $C^4H^3AgO^4$, s'obtient en dissolvant le carbonate d'argent dans l'acide acétique, ou en précipitant à froid et en liqueurs concentrées l'azotate d'argent par l'acétate de soude. Très peu soluble dans l'eau froide, ce sel est beaucoup plus soluble à chaud.

11. *Caractères analytiques.* — L'acide acétique possède une odeur propre, assez caractéristique. Les acétates, traités à chaud par l'alcool et l'acide sulfurique, donnent de l'éther acétique dont l'odeur de pommes est facile à reconnaître; ils sont presque tous solubles dans l'eau. Les acétates alcalins, même en solution diluée, se colorent en rouge de sang par le perchlorure de fer; desséchés, puis chauffés au rouge, dans un tube à essais, avec un poids égal d'anhydride arsénieux, ils dégagent des vapeurs possédant l'odeur forte et désagréable du *cacodyle* ou *arséniure de méthyle*.

I. — Combinaisons avec les acides.

1. L'acide acétique est susceptible de se combiner aux autres acides ou à lui-même, avec élimination des éléments de l'eau ; il donne ainsi naissance à quelques-uns de ces corps que l'on a appelés *acides anhydres*, mais auxquels convient mieux le nom d'*anhydrides*. Les *anhydrides proprement dits* sont engendrés par 2 molécules d'un même acide ; les *anhydrides mixtes* résultent de l'union de 2 molécules acides différentes.

Nous allons faire connaître les plus importants.

2. *Anhydride acétique :* $C^8H^6O^6$ ou $C^4H^2O^2(C^4H^4O^4)$. — Ce corps (1), appelé aussi *acide acétique anhydre* ou *oxyde d'acétyle*, a été découvert par Gerhardt en 1853. Il résulte de l'union de 2 molécules d'acide acétique avec élimination d'une molécule d'eau :

$$C^4H^4O^4 + C^4H^4O^4 = C^4H^2O^2(C^4H^4O^4) + H^2O^2.$$

Il se prépare en faisant agir le chlorure acétique sur l'acétate de soude sec :

$$C^4H^3O^2Cl + C^4H^3NaO^4 = C^4H^2O^2(C^4H^4O^4) + NaCl.$$

On peut encore attaquer un acétate par le perchlorure de phosphore ou mieux par l'oxychlorure de phosphore, employés en proportion convenable (13 parties d'acétate de soude pour 5 parties d'oxychlorure). Cette réaction rentre dans la précédente, les chlorures de phosphore changeant d'abord une moitié de l'acétate en chlorure acide, qui réagit ensuite sur l'autre moitié (voy. à la page suivante).

L'anhydride acétique est un liquide qui bout à 138°. Sa densité est 1,097 à 0°. Versé dans l'eau, il tombe au fond sans s'y dissoudre d'abord. Mais il s'hydrate bientôt et disparaît, en se transformant en acide acétique ordinaire. La réaction est immédiate sous l'influence de la chaleur. Cette transformation, rapportée aux corps liquides mais séparés du dissolvant, dégage + 6,95 calories pour 1 équivalent ou 60 grammes d'acide acétique (M. Berthelot).

La vapeur de l'anhydride acétique renferme, sous le même volume, deux fois autant de carbone que l'acide acétique monohydraté : raison qui a décidé les chimistes à doubler sa formule : $(C^4H^3O^3)^2 = C^8H^6O^6$.

(1) $CH^3-CO-O-CO-CH^3$.

L'anhydride acétique, dissous dans l'éther, attaque le bioxyde de baryum, en formant un *anhydride suroxygéné*, $(C^4H^3O^4)^2$, liquide très oxydant et explosif (M. Brodie).

Sous l'influence de l'acide chlorhydrique, l'anhydride acétique donne du chlorure acétique et de l'acide acétique :

$$C^4H^2O^2(C^4H^4O^4) + HCl = C^4H^2O^2, HCl + C^4H^4O^4.$$

Le chlore le décompose, en formant du chlorure acétique et de l'acide monochloracétique (M. Gal) :

$$C^4H^2O^2(C^4H^4O^4) + 2\,Cl = C^4H^2O^2(HCl) + C^4H^3ClO^4.$$

Le brome donne une réaction semblable.

L'anhydride acétique, comme tous les composés du même genre, est un réactif précieux. Il se prête tout spécialement à la préparation des éthers ; on a vu qu'il fournit ces derniers par son action directe sur les alcools.

3. *Chlorure acétique :* $C^4H^3O^2Cl$ ou $C^4H^2O^2(HCl)$. — Le chlorure acétique ou *chlorure d'acétyle* (1) a été découvert et étudié par Gerhardt. Il résulte de l'union de l'acide acétique avec l'acide chlorhydrique :

$$C^4H^4O^4 + HCl = C^4H^2O^2(HCl) + H^2O^2.$$

Il se forme dans l'action du chlore gazeux sur la vapeur d'aldéhyde (Wurtz).

On peut le préparer en faisant agir le perchlorure de phosphore sur l'acide acétique ou sur l'acétate de soude :

$$PCl^5 + C^4H^3NaO^4 = C^4H^3O^2Cl + PCl^3O^2 + NaCl.$$

Mais cette réaction étant extrêmement violente, on remplace avantageusement le perchlorure de phosphore par le protochlorure :

$$PCl^3 + 3\,C^4H^4O^4 - PO^3, 3\,HO + 3\,C^4H^3O^2Cl.$$

On mélange peu à peu le protochlorure de phosphore (6 parties) à de l'acide acétique cristallisable (9 parties), bien privé d'eau et place dans un appareil distillatoire dont la cornue est entourée d'eau froide ; on distille ensuite au bain-marie.

(1) $\mathcal{C}H^3 - \mathcal{C}\Theta Cl$.

Il est encore préférable de faire agir l'oxychlorure de phosphore sur un acétate alcalin bien sec (Gerhardt) :

$$PCl^3O^2 + 3\ C^4H^3NaO^4 = PNa^3O^8 + 3\ C^4H^3O^2Cl.$$

On fait tomber goutte à goutte, au moyen d'une ampoule à robinet, l'oxychlorure (24 parties) sur l'acétate de soude (41 parties), fondu et pulvérisé. Quand la réaction qui est vive est un peu calmée, on distille aussitôt, puis on rectifie le produit en recueillant à part ce qui passe entre 50° et 55°.

Le chlorure acétique est un liquide incolore, très mobile, fumant à l'air. Il bout à 51°. Sa densité à 0° est 1,130.

L'eau le décompose immédiatement avec production d'*acide acétique* et d'acide chlorhydrique :

$$C^4H^2O^2(HCl) + H^2O^2 = C^4H^4O^4 + HCl;$$

Cette réaction dégage + 5,5 Calories.

Avec l'alcool, il fournit aussitôt de l'éther acétique et de l'acide chlorhydrique :

$$C^4H^2O^2(HCl) + C^4H^6O^2 = C^4H^4(C^4H^4O^4) + HCl;$$

Avec un acétate, il produit l'*anhydride acétique* (voy. à la page précédente);

Avec l'ammoniaque, il engendre l'*acétamide* :

$$C^4H^3O^2Cl + AzH^3 = C^4H^5AzO^2 + HCl;$$

Avec le zinc-méthyle, il fournit l'*acétone* (MM. Pebal et Freund):

$$C^4H^3O^2Cl + C^2H^3Zn = C^6H^6O^2 + ZnCl.$$

Bref, c'est une source d'acide acétique libre ou naissant, et il constitue, comme tous les chlorures acides dont il est le type, un réactif fort usité.

Le chlorure acétique est isomère de l'*aldéhyde monochloré*, avec lequel il prend naissance dans un certain nombre de circonstances (t. II, p. 18).

4. Par l'action du chlore, le chlorure acétique se transforme en produits de substitution, le chlorure acétique monochloré, le chlorure acétique bichloré et le chlorure acétique trichloré. Les mêmes composés, qui sont isomères avec les aldéhydes chlorés (t. II, p. 18), se

forment aussi, en même temps que ces derniers, dans l'action du chlore sur l'aldéhyde.

Le *chlorure acétique monochloré*, $C^4H^2Cl^2O^2$ ou $C^4H^2ClO^2Cl$, est isomère avec l'aldéhyde bichloré. Il s'obtient par l'action du perchlorure de phosphore sur *l'acide acétique chloré*, $C^4H^3ClO^4$:

$$C^4H^3ClO^4 + PCl^5 = C^4H^2Cl^2O^2 + PCl^3O^2 + HCl.$$

C'est un liquide incolore, d'une odeur irritante, fumant à l'air, bouillant à 106°. Ses réactions sont calquées sur celles du chlorure acétique, en donnant cependant, non pas des dérivés acétiques, mais des dérivés monochloracétiques.

Le *chlorure acétique bichloré*, $C^4HCl^3O^2$ ou $C^4HCl^2O^2Cl$, isomère de l'aldéhyde trichloré, est un liquide analogue au précédent; il bout à 112°. Il s'obtient en faisant agir une solution éthérée d'oxychlorure de phosphore sur un dichloracétate alcalin (M. Anthoine). Il fournit des dérivés dichloracétiques.

Le *chlorure acétique trichloré*, $C^4Cl^4O^2$ ou $C^4Cl^3O^2Cl$, s'obtient par le même procédé que le précédent, mais en employant un trichloracétate (M. Anthoine). Il se forme aussi dans les dédoublements de divers éthers chlorés (Malagutti). C'est un liquide fumant, bouillant à 118° et de densité 1,603 à 18°.

5. *Acide thiacétique* : $C^4H^4S^2O^2$ ou $C^4H^2O^2(S^2H^2)$. — Ce composé (1) est appelé aussi *acide acétique sulfuré*. Il dérive des acides acétique et sulfhydrique (M. Kékulé) :

$$C^4H^4O^4 + H^2S^2 - H^2O^2 = C^4H^4S^2O^2.$$

On l'obtient au moyen de l'acide acétique et du sulfure de phosphore. Il bout à 94°. Il forme des sels : $C^4H^3MS^2O^2$.

6. *Acétide hypochloreux* : $C^4H^3ClO^4$ ou $C^4H^2O^2(ClHO^2)$. — Cet anhydride, que l'on désigne aussi sous le nom d'*acétate de chlore* (2), s'obtient par la réaction de l'anhydride hypochloreux sur l'anhydride acétique à basse température (M. Schützenberger) :

$$(C^4H^3O^3)^2 + (ClO)^2 = 2\,C^4H^2O^2(ClHO^2) = 2\,(C^4H^3O^3, ClO).$$

C'est un corps liquide qui détone spontanément à 100°. Il s'unit directement avec l'éthylène, l'acétylène, etc.

(1) *CH^3-COSH.*
(2) *CH^3-COOCl.*

7. *Acide acétosulfurique* : $C^4H^4S^2O^{10}$ ou $C^4H^2O^2(S^2H^2O^8)$. — On obtient cet anhydride en traitant l'acide acétique par l'anhydride sulfurique (M. Melsens). Il se conduit comme un acide bibasique. Il cristallise, fond à 62°, et se décompose vers 200°.

8. Les anhydrides mixtes formés par l'acide acétique et les autres acides organiques non étudiés jusqu'ici seront examinés en même temps que ces derniers.

II. — Dérivés chlorés de l'acide acétique.

1. *Action du chlore sur l'acide acétique.* — En faisant passer rapidement un courant de chlore dans l'acide acétique étendu d'eau et exposé au soleil, on obtient une série de composés qui dérivent de l'acide acétique par substitution du chlore à l'hydrogène : l'*acide monochloracétique*, $C^4H^3ClO^4$, l'*acide dichloracétique*, $C^4H^2Cl^2O^4$, et l'*acide trichloracétique*, $C^4HCl^3O^4$.

Ces acides chlorés prennent également naissance dans l'action de l'eau sur les chlorures acides chlorés (t. II, p. 138 et 139) :

$$C^4Cl^3O^2Cl + H^2O^2 = HCl + C^4HCl^3O^4.$$

Inversement, par l'action des chlorures de phosphore, les acides acétiques chlorés régénèrent les chlorures acides chlorés (t. II, p. 139).

2. *Acide acétique monochloré*, $C^4H^3ClO^4$. — Ce corps, découvert par Le Blanc, s'obtient par l'action du chlore sur l'acide acétique concentré (D = 1,065), additionné d'un peu d'iode, ou par l'action du chlore sur l'acide anhydre (t. II, p. 137).

C'est un corps cristallisé en prismes rhomboïdaux, fusible à 62°, bouillant à 187°, déliquescent et très corrosif. C'est un acide monobasique comme l'acide acétique.

Traité par la potasse à 120°, il donne du *glycollate de potasse* (R. Hofmann) :

$$C^4H^3ClO^4 + 2\,KHO^2 = KCl + C^4H^3KO^6 + H^2O^2.$$

Chauffé avec l'ammoniaque, il donne un acide-alcali, la *glycollamine*, $C^4H^2(O^4)(AzH^3)$ (M. Cahours) :

$$C^4H^3ClO^4 + 2\,AzH^3 = AzH^4Cl + C^4H^2(O^4)(AzH^3).$$

Il forme des sels bien cristallisés.

3. *Acide acétique bichloré*, $C^4H^2Cl^2O^4$. — Cet acide a été isolé, pour

la première fois, par M. Hugo Müller. On l'obtient par l'action du chlore sur l'acide acétique en présence de l'iode.

On le prépare plus facilement en ajoutant goutte à goutte une solution concentrée d'hydrate de chloral à du cyanure de potassium placé sous une couche d'alcool absolu. Il se forme, par une réaction assez complexe, de l'*éther dichloracétique*, $C^4H^4(C^4H^2Cl^2O^4)$, qu'on précipite par l'eau et qu'on transforme, sous l'action de l'acide chlorhydrique concentré et chaud, en éther chlorhydrique et acide dichloracétique (M. Wallach).

C'est un liquide bouillant à 191°, cristallisable au-dessous de 0°. Sa densité est 1,521 à 15°.

Par l'action de la potasse, il donne de l'*acide oxyglycollique* ou *glyoxylique*, $C^4H^2O^6$.

4. *Acide acétique trichloré*, $C^4HCl^3O^4$. — Cet acide a été découvert par Dumas.

On le prépare facilement en oxydant le chloral par l'acide azotique. A cet effet, on mélange l'hydrate de chloral avec trois fois son poids d'acide azotique fumant, et on expose le mélange au soleil; après quelques jours, on distille et on recueille ce qui passe au-dessus de 190°.

L'acide acétique trichloré forme des cristaux déliquescents, fusibles à 52°; il bout vers 200°.

Au contact de l'amalgame de sodium et de l'eau, il régénère l'acide acétique.

L'acide trichloracétique, en présence des alcalis, semblerait devoir donner naissance à un composé plus oxydé que l'acide oxyglycollique, c'est-à-dire à 1 équivalent d'acide oxalique et à 3 équivalents d'acide chlorhydrique; en fait, il se dédouble en deux produits différents, savoir l'acide carbonique et le *chloroforme* :

$$C^4HCl^3O^4 + 2(KO, HO) = C^2HCl^3 + C^2O^4, 2\,KO + H^2O^2.$$

5. Les *acides acétiques bromés* et *iodés* ont des propriétés analogues à celles des acides chlorés.

§ 4. — **Acide propionique.**

$C^6H^6O^4$ .... $C^2H^5 - CO^2H$.

1. Cet acide a été découvert par Gottlieb, parmi les produits de l'action des alcalis caustiques sur les hydrates de carbone.

Il accompagne l'acide acétique dans l'acide pyroligneux brut (M. Barré).

Il a été obtenu par deux méthodes synthétiques, qui le dérivent toutes deux de l'alcool et de l'oxyde de carbone :

$$C^4H^6O^2 + C^2O^2 = C^6H^6O^4;$$

Savoir :

1° En faisant réagir l'*oxyde de carbone* sur l'*alcoolate de baryte* (M. Berthelot) :

$$C^4H^5BaO^2 + C^2O^2 = C^6H^5BaO^4,$$

suivant une réaction générale.

2° Au moyen du *nitrile propionique*, C^6H^5Az, composé que l'on obtient par l'action d'un cyanure alcalin sur un éthylsulfate :

$$C^4H^4,S^2HNaO^8 + KC^2Az = C^6H^5Az + S^2NaKO^8.$$

Ce nitrile, chauffé avec l'eau, en présence d'un alcali ou d'un acide, s'hydrate en donnant de l'acide propionique (MM. Frankland et Kolbe) :

$$C^6H^5Az + 2\,H^2O^2 = C^6H^6O^4 + AzH^3.$$

Cette réaction synthétique revient en définitive à faire agir sur l'alcool le nitrile de l'acide formique, c'est-à-dire l'acide cyanhydrique, dérivé lui-même de l'oxyde de carbone. Nous avons fait ressortir ailleurs son importance et montré qu'elle est susceptible de généralisation (t. I, p. 288).

3° Il prend encore naissance dans l'hydrogénation de l'acide acrylique (Linnemann) :

$$C^6H^4O^4 + H^2 = C^6H^6O^4,$$

ainsi que dans la réduction de l'*acide lactique*, $C^6H^6O^6$ (M. Lautemann), et de l'*acide pyruvique*, $C^6H^4O^6$ (M. Wislicenus) :

$$C^6H^6O^6 + \;H^2 = C^6H^6O^4 + H^2O^2;$$
$$C^6H^4O^6 + 2\,H^2 = C^6H^6O^4 + H^2O^2.$$

4° Enfin il se rencontre dans les produits de diverses fermentations de la glycérine.

2. *Préparation*. — On le prépare en faisant bouillir pendant quelques heures le nitrile propionique, soit avec la potasse, soit avec l'acide chlorhydrique concentré.

3. *Propriétés*. — L'acide propionique est un liquide huileux, doué d'une odeur de choux aigres. Sa densité à 0° est 1,016. Il bout à 141°. Il cristallise à — 21°. Il se mêle avec l'eau en toutes proportions; mais

sa solution concentrée est précipitée par une addition de chlorure de calcium.

4. Son histoire chimique est calquée sur celle de l'acide acétique. Rappelons seulement que son dérivé monobromé, $C^6H^5BrO^4$, traité par l'oxyde d'argent, se change en *acide lactique*, $C^6H^6O^6$ (Wurtz).

§ 5. — **Acides butyriques.**

$C^8H^8O^4$.................................. $C^3H^7\text{-}CO^2H$.

On connaît deux acides butyriques isomères : l'*acide butyrique normal* et l'*acide isobutyrique*. Le premier, l'acide butyrique normal, est le plus important.

I. — Acide butyrique normal.

1. L'acide butyrique normal (1) a été découvert par M. Chevreul, dans le beurre où il existe à l'état d'éther glycérique. Il se rencontre dans beaucoup de végétaux et constitue, à l'état presque pur, le liquide irritant projeté par certains insectes (*Carabus niger* et *C. auratus*). Il fait partie des sécrétions et des déjections humaines; enfin il se produit dans diverses fermentations. Sous forme d'éther butyrique de l'alcool ordinaire ou de l'alcool octylique, il constitue l'essence d'*Heracleum giganteum* ou celle de *Pastinaca sativa*.

2. *Formation.* — 1° C'est le produit d'oxydation de l'*alcool butylique normal*, $C^8H^{10}O^2$:

$$C^8H^{10}O^2 + 2\,O^2 = C^8H^8O^4 + H^2O^2.$$

2° Il se forme aussi par la réduction qu'éprouve l'*acide succinique* sous l'influence de l'acide iodhydrique :

$$C^8H^6O^8 + 3\,H^2 = C^8H^8O^4 + 2\,H^2O^2.$$

3° Il résulte également de l'action de l'eau sur le *nitrile butyrique*, C^8H^7Az, c'est-à-dire sur le dérivé cyanhydrique de l'alcool propylique normal :

$$C^8H^7Az + 2\,H^2O^2 = C^8H^8O^4,AzH^3.$$

4° L'acide butyrique prend naissance dans la fermentation de diverses matières sucrées, sous l'influence d'un microbe de très petites

(1) $CH^3\text{-}CH^2\text{-}CH^2\text{-}CO^2H$.

dimensions, le *Bacillus amylobacter* (fig. 81). Cet être vivant a la propriété de transformer directement la glucose en acide butyrique, avec dégagement d'hydrogène (M. Van Tieghem) :

$$C^{12}H^{12}O^{12} = C^8H^8O^4 + 2\,C^2O^4 + 2\,H^2;$$

mais il change, avec beaucoup plus de facilité encore, l'acide lactique du lactate de chaux en acide butyrique (M. Pasteur) :

$$2\,C^6H^6O^6 = C^8H^8O^4 + 2\,H^2 + 2\,C^2O^4.$$

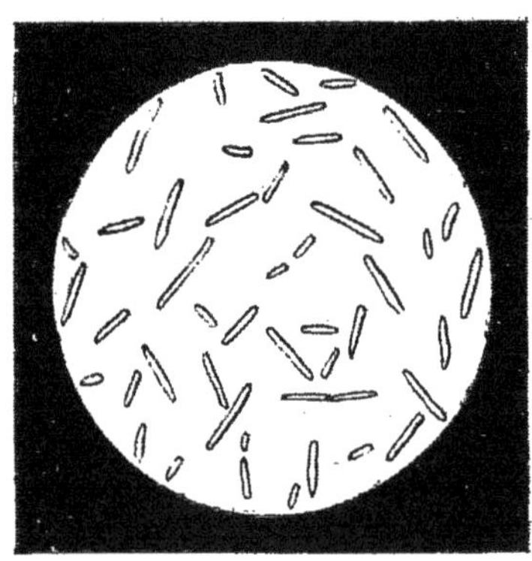

Fig. 81. — *Bacillus amylobacter.*

La glucose pouvant elle-même être changée en acide lactique par fermentation :

$$C^{12}H^{12}O^{12} = 2\,C^6H^6O^6,$$

la métamorphose subséquente de l'acide lactique en acide butyrique constitue une seconde méthode, indirecte mais plus facile à réaliser que la première, pour transformer en acide butyrique la glucose, ainsi que les sucres qui engendrent la glucose.

3. *Préparation.* — On prépare l'acide butyrique par la fermentation de certains sucres. On prend 100 parties d'eau, 10 parties de sucre de canne ou de glucose, 1 partie de fromage mou. On délaye le tout; on y incorpore 10 parties de craie en poudre, et on maintient la masse à une température comprise entre 30° et 40°, en agitant de temps en temps. Au bout de quelques jours, la liqueur se prend en une masse blanche et confuse de lactate de chaux, $C^6H^5CaO^6 + 5\,HO$, sel peu soluble. Puis elle se liquéfie de nouveau, avec dégagement d'hydrogène et

d'acide carbonique, par suite de la transformation ultérieure du lactate de chaux en butyrate (Pelouze et Gélis).

Les deux réactions indiquées ci-dessus sont accompagnées de quelques autres qui engendrent en petites quantités les acides acétique, caproïque, etc.

Pour obtenir l'acide butyrique, on évapore la liqueur; le butyrate de chaux, sel moins soluble à chaud qu'à froid, finit par se précipiter; à mesure qu'il se dépose, on l'enlève avec une écumoire. En le traitant ensuite par l'acide chlorhydrique concentré, on obtient une solution de chlorure de calcium, dans laquelle l'acide butyrique est peu soluble. Aussi vient-il surnager la liqueur, sous la forme d'une couche huileuse, que l'on décante; l'acide acétique produit en même temps demeure dissous. On soumet cette couche huileuse à la distillation fractionnée, de façon à isoler le produit qui passe vers 163°.

4. *Propriétés.* — L'acide butyrique normal est un liquide huileux, incolore, doué d'une odeur désagréable et fétide. Sa densité vers 0° est 0,988. Il est soluble dans l'eau, l'alcool et l'éther; il bout à 163°.

L'acide iodhydrique à 280° le change en *hydrure de butylène*, C^8H^{10} (M. Berthelot).

Traité par l'acide nitrique ou par le permanganate de potasse, il se transforme en *acide succinique*, $C^8H^6O^8$ (Dessaignes).

5. *Sels.* — Le *butyrate de baryte*, $C^8H^7BaO^4$, se dissout dans le tiers de son poids d'eau vers 10°, et dans 400 fois son poids d'alcool absolu.

Le *butyrate de chaux*, $C^8H^7CaO^8 + HO$, est soluble dans 6 parties d'eau à 15°, mais moins soluble à l'ébullition; il se précipite dans sa solution bouillante. Distillé, il fournit le *butyrone*, $C^{14}H^{14}O^2$ (M. Chancel), et divers acétones homologues.

II. — Acide isobutyrique.

1. Cet isomère (1) a été découvert par M. Erlenmeyer; il dérive du *nitrile isobutyrique*, C^8H^7Az, c'est-à-dire du dérivé cyanhydrique obtenu au moyen de l'alcool isopropylique.

Il existe dans les fruits du caroubier. Il se forme en petite quantité dans l'oxydation de l'alcool butylique tertiaire.

2. C'est un liquide incolore, bouillant à 155°; sa densité à 0° est 0,970.

3. On le prépare en oxydant l'alcool isobutylique par un mélange

(1) $(CH^3)^2 = CH - CO^2H$.

de bichromate de potasse et d'acide sulfurique, ce qui donne surtout l'*éther isobutylisobutyrique*, que l'on saponifie.

Par oxydation, il donne de l'*acétone* et du gaz carbonique (M. Popow):

$$C^8H^8O^4 + 2\,O^2 = C^6H^6O^2 + C^2O^4 + H^2O^2.$$

L'isobutyrate de chaux, conservé en solution pendant quelques mois, se transforme en butyrate normal (M. Erlenmeyer).

§ 6. — Acides valérianiques.

$C^{10}H^{10}O^4$.................................. $C^4H^9\text{-}CO^2H$.

1. *Isomères.* — On connaît au moins 4 acides valérianiques ou *acides valériques* isomères : l'*acide valérianique normal*, l'*acide valérianique de la valériane*, l'*acide triméthylacétique* ou *pivalique* et l'*acide méthyléthylacétique* (1). Le premier dérive de l'alcool amylique normal, le deuxième de l'alcool amylique de fermentation, le troisième se produit par l'action de l'eau sur le nitrile valérianique obtenu au moyen de l'alcool butylique tertiaire, et enfin le quatrième résulte de l'action de l'hydrogène naissant sur l'*acide méthyléthylacétique bromé*.

Le plus important est l'acide valérianique de la valériane. C'est le seul dont nous nous occuperons ici.

2. *Acide valérianique ordinaire.* — L'acide valérianique ordinaire ou *acide isopropylacétique*, est appelé aussi *acide delphinique*, *acide phocénique* et *acide isovalérique;* il a été découvert en 1817 par M. Chevreul, dans l'huile de marsouin. Peutz et Grote ont extrait un peu plus tard, de la valériane, un acide qui fut reconnu, par Ettling et Trommsdorff, comme identique avec le composé isolé par M. Chevreul. MM. Dumas et Stas l'obtinrent, en 1840, par l'oxydation de l'alcool amylique.

3. Cet acide existe dans la racine d'*Angelica officinalis*, dans l'*Athamanta oreoselinum* et le *Viburnum opulus*. Il se forme dans la décomposition de plusieurs substances organiques, et notamment dans diverses fermentations des substances albuminoïdes.

(1) 1° Acide valérianique normal : $CH^3\text{-}CH^2\text{-}CH^2\text{-}CH^2\text{-}CO^2H$;
2° Acide valérianique de la valériane : $(CH^3)^2{=}CH\text{-}CH^2\text{-}CO^2H$;
3° Acide triméthylacétique : $(CH^3)^3{\equiv}C\text{-}CO^2H$;
4° Acide méthyléthylacétique : $\begin{matrix}CH^3\\C^2H^5\end{matrix}{>}CH\text{-}CO^2H$.

L'acide valérianique ordinaire est le produit de l'oxydation de l'alcool amylique de fermentation :

$$C^{10}H^{12}O^2 + O^4 = C^{10}H^{10}O^4 + H^2O^2.$$

Cette oxydation peut être effectuée par les agents d'oxydation tels que l'acide chromique, le permanganate de potasse, etc. Elle peut être également réalisée par l'action de la chaux sodée vers 300° (M. Cahours).

L'alcool amylique de fermentation, étant un mélange d'alcool amylique droit et d'alcool amylique inactif (t. I, p. 329), engendre par oxydation deux acides valérianiques, l'un doué du pouvoir rotatoire à droite, l'autre inactif. Les deux sont mélangés dans l'acide valérianique obtenu comme il vient d'être dit, lequel contient aussi un peu d'acide méthyléthylacétique.

L'acide valérianique se forme encore, en chauffant avec de la potasse, le *nitrile valérianique*, qni est le dérivé cyanhydrique de l'alcool isobutylique :

$$C^{10}H^9Az + H^2O^2 + KHO^2 = C^{10}H^9KO^4 + AzH^3.$$

4. *Préparation.* — 1° On peut le préparer en oxydant l'alcool amylique de fermentation. On mélange 1 partie d'alcool amylique avec 3 parties d'acide sulfurique et 1 partie d'eau; on ajoute une bouillie faite avec 25 parties de bichromate de potasse et 45 parties d'eau. On chauffe à l'ébullition dans un appareil à reflux. On obtient ainsi un mélange d'*aldéhyde valérianique*, $C^{10}H^{10}O^2$, d'acide valérianique, $C^{10}H^{10}O^4$, et d'*éther amylvalérianique*, $C^{10}H^{10}(C^{10}H^{10}O^4)$. On traite le tout par une solution alcaline, qui s'empare immédiatement de l'acide libre et laisse insolubles l'alcool amylique non altéré, l'aldéhyde et l'éther. On renouvelle sur ce résidu l'oxydation par le bichromate de potasse et l'acide sulfurique, afin d'augmenter le rendement. Après plusieurs traitements consécutifs, on réunit les solutions alcalines et on décompose par un acide le valérianate qu'elles renferment. L'acide valérianique ainsi obtenu est purifié par distillation. Il contient en général de l'acide butyrique.

2° Cet acide peut aussi être extrait de l'huile de marsouin : on saponifie cette huile par la chaux et on traite par l'eau. Le valérate se dissout, à l'exclusion des savons de chaux formés par les autres acides gras fixes; on concentre les eaux-mères, puis on y ajoute de l'acide chlorhydrique. L'acide se sépare en couche huileuse; on le décante. On le distille ensuite, en ne recueillant que ce qui passe vers 175° (M. Berthelot).

3° La racine de valériane donne aussi de l'acide valérianique. Cette racine contient simultanément de l'acide valérianique et de l'aldéhyde valérianique. Ce dernier, par oxydation, peut donner lui-même de l'acide valérianique. On opère donc de la manière suivante : on traite 1 kilogramme de racine par 100 grammes d'acide sulfurique, 60 grammes de bichromate de potasse et 5 litres d'eau. On mélange le tout et on distille (M. Lefort).

On peut aussi se contenter de distiller la racine de valériane avec de l'eau aiguisée d'acide sulfurique (M. Rabourdin). L'acide ainsi obtenu a une odeur plus aromatique que l'acide dérivé de l'alcool amylique, parce qu'il est mélangé d'aldéhyde valérianique.

5. *Propriétés.* — L'acide valérianique ordinaire est un liquide huileux, incolore, volatil, doué d'une odeur caractéristique, très désagréable et persistante. Il est moins dense que l'eau ($D=0,948$ à 0°); il bout à 176°. Peu soluble dans l'eau, il est miscible avec l'alcool et l'éther.

6. *Sels.* — Les valérianates ont une odeur particulière, aromatique et fétide, une saveur douce avec un arrière-goût sucré. Presque tous les acides en séparent l'acide valérianique. Les plus importants sont les valérianates d'ammoniaque, de zinc, de quinine et d'atropine, lesquels sont employés en médecine.

Le *valérianate d'ammoniaque*, $C^{10}H^{9}(AzH^{4})O^{4}$, s'obtient en saturant l'acide valérianique par du gaz ammoniac sec. C'est un sel déliquescent, perdant facilement de l'acide valérianique lorsqu'on le chauffe, très soluble dans l'eau et l'alcool. Il est le plus souvent mélangé d'un valérianate acide, de formule $C^{10}H^{9}(AzH^{4})O^{4}+2C^{10}H^{10}O^{4}$, également cristallisé.

Le *valérianate de zinc*, $C^{10}H^{9}ZnO^{4}$, se prépare en saturant l'acide libre par le carbonate de zinc. Il cristallise en lamelles nacrées. Il est soluble dans 90 parties d'eau froide, un peu plus soluble dans le même liquide chaud. Il perd de l'acide par l'ébullition avec l'eau.

§ 7. — **Acides caproïques ou hexyliques.**

$C^{12}H^{12}O^{4}$ .... $C^{6}H^{12}O^{2}$.

1. Le plus connu est l'*acide caproïque normal*. Il a été découvert en 1818 par M. Chevreul, dans le beurre. Il existe aussi dans l'huile de coco, dans les fleurs du *Satyrium hircinum* et les fruits du *Gingko biloba*. On peut l'obtenir par l'oxydation de l'alcool caproïque ou hexylique normal, ou par la décomposition du nitrile caproïque, autrement dit du dérivé cyanhydrique de l'alcool amylique normal.

Il est huileux et doué d'une odeur désagréable. Il bout à 205° ; sa densité à 0° est 0,945.

2. Il existe 6 acides isomères correspondant à la formule précédente, les isoméries se multipliant dans la série des acides gras à mesure que les molécules deviennent plus complexes.

§ 8. — Acide œnanthylique ou heptylique normal.

$C^{14}H^{14}O^{4}$.................................... $C^{7}H^{14}O^{2}$.

1. L'*acide œnanthylique normal* a été isolé par Laurent en 1837 dans les produits d'oxydation de certains corps gras. Il se forme particulièrement dans l'oxydation de l'huile de ricin, ou de l'*aldéhyde heptylique*, $C^{14}H^{14}O^{2}$, qui prend naissance dans la distillation de cette huile.

2. Il est cristallisé, fond à 10° et bout à 224°.

3. On connaît 6 acides isomères.

§ 9. — Acide caprylique ou octylique.

$C^{16}H^{16}O^{4}$.................................... $C^{8}H^{16}O^{2}$.

L'acide caprylique normal existe dans le beurre, l'huile de coco et certaines graines (Lerch). Il correspond à l'alcool caprylique normal. Il est cristallisable et fusible à + 17° ; il bout à 236°.

On connaît 4 acides octyliques isomères.

§ 10. — Acide pélargonique ou nonylique.

$C^{18}H^{18}O^{4}$.................................... $C^{9}H^{18}O^{2}$.

Ce corps a été découvert par Plœss dans l'essence de *Pelargonium roseum*. Il se forme par l'oxydation de l'acide oléique.

Il fond à + 12°,5 et bout à 254°.

§ 11. — Acide caprique ou décylique.

$C^{20}H^{20}O^{4}$.................................... $C^{10}H^{20}O^{2}$.

Cet acide, qui a été appelé aussi *acide rutique*, existe dans le beurre à l'état d'éther glycérique (M. Chevreul). Il se trouve à l'état d'éther amylique dans certaines eaux-de-vie (M. Rowney).

Il fond à 30° et bout à 270°.

§ 12. — Acide laurique ou duodécylique.

$C^{24}H^{24}O^4$ .... *$C^{12}H^{24}O^2$.*

Cet acide est nommé aussi *acide laurostéarique*. Son éther glycérique existe dans les corps gras des baies de laurier, des fèves pichurim et des fruits du *Cylicodaphne sebifera;* on rencontre également cet éther dans l'huile de coco, dont il constitue une grande partie.

L'acide laurique fond à 44°.

§ 13. — Acide myristique ou tétradécylique.

$C^{28}H^{28}O^4$ .... *$C^{14}H^{28}O^2$.*

Ce corps a été découvert par Playfair dans le beurre de muscade. Il fond à 54°.

§ 14. — Acide palmitique ou hexadécylique.

$C^{32}H^{32}O^4$ .... *$C^{16}H^{32}O^2$.*

1. Cet acide a été découvert en 1820 par M. Chevreul, qui l'avait désigné sous le nom d'*acide margarique*, lequel est attribué le plus souvent aujourd'hui, mais à tort, à l'homologue immédiatement supérieur.

Ce corps constitue en grande partie, soit libre, soit à l'état d'éther glycérique, l'huile de palme (M. Fremy). C'est en raison de cette dernière circonstance qu'on lui a donné le nom d'*acide palmitique*. On l'a rencontré dans un très grand nombre de corps gras et d'éthers d'origine végétale ou animale : le blanc de baleine, la cire d'abeilles; les graisses d'homme, de jaguar, d'oie, de bœuf, de porc, de mouton; l'huile de dauphin, de morue; la cire du Japon, la cire de *Myrica sebifera;* la graisse de *Stillingia sebifera*, etc. Il s'y trouve le plus souvent mélangé à d'autres acides gras.

2. *Formation.* — L'acide palmitique se forme dans la décomposition par la chaleur de l'oléate de potasse mélangé d'un excès d'alcali (M. Warrentrapp) :

$$C^{36}H^{34}O^4 + 2\,KHO^2 = C^{32}H^{31}KO^4 + C^4H^3KO^4 + H^2.$$

3. *Préparation.* — On le prépare en saponifiant la graisse humaine ou l'huile de palme par un alcali. Le savon étant décomposé par un acide, on exprime l'acide gras solide, lequel est un mélange, et on le

fait cristalliser dans l'alcool jusqu'à ce que le point de fusion du produit soit fixé à 62°.

4. *Propriétés.* — L'acide palmitique est un corps solide, cristallisé en paillettes nacrées, fusible à 62°. Il est plus léger que l'eau et insoluble dans ce liquide. Il est soluble dans l'alcool et l'éther bouillants. Il ne peut être distillé sous la pression habituelle sans s'altérer sensiblement; mais il distille dans le vide et dans un courant de vapeur d'eau surchauffée.

5. *Usages.* — Les palmitates alcalins se dissolvent dans l'alcool sans s'altérer; dissous dans une grande quantité d'eau, ils se dédoublent en alcali libre et sels acides. Ces derniers se séparent en lamelles chatoyantes et nacrées : d'où le nom d'*acide margarique* choisi par M. Chevreul.

Les palmitates alcalins entrent dans la constitution des savons, pour une proportion variable avec la nature des corps gras employés à la préparation de ces derniers (t. II, p. 152).

L'acide palmitique mélangé à l'acide stéarique forme la matière combustible des bougies dites stéariques (t. II, p. 154).

§ 15. — Acide heptadécylique.

$C^{34}H^{34}O^{4}$ .... $C^{17}H^{34}O^{2}$.

Un acide gras présentant la composition ci-dessus, et que l'on appelle généralement, mais par erreur, *acide margarique*, a été préparé au moyen de son nitrile, $C^{34}H^{33}Az$, c'est-à-dire du dérivé cyanhydrique de l'alcool éthalique (M. Köhler).

C'est un corps analogue au précédent et fusible à 60°.

§ 16. — Acide stéarique.

$C^{36}H^{36}O^{4}$ .... $C^{18}H^{36}O^{2}$.

1. L'acide stéarique a été découvert par M. Chevreul en 1811. C'est le plus répandu des acides gras solides. Il représente, en effet, l'une des parties constituantes de la plupart des corps gras végétaux et animaux, lesquels le contiennent d'habitude à l'état d'éther glycérique; cependant il existe à l'état libre dans la coque du Levant.

2. *Préparation.* — L'acide stéarique mélangé d'acide palmitique forme l'*acide stéarique* du commerce, appelé souvent, mais improprement, *stéarine*. Ce mélange, dont nous indiquons plus loin la préparation, peut servir à obtenir l'acide stéarique à peu près pur : il suffit

de le faire cristalliser un grand nombre de fois dans l'alcool, jusqu'à ce que son point de fusion se soit fixé à 70°. Mais ce procédé ne permet guère de parvenir à un acide entièrement exempt d'acide palmitique.

Pour obtenir l'acide stéarique tout à fait pur, il faut le retirer du *bistéarate de potasse*. On prépare ce sel au moyen de l'acide stéarique et d'un poids de potasse égal à la moitié de la quantité nécessaire pour former un sel neutre. On fait alors cristalliser ce sel dix ou douze fois dans l'alcool bouillant, jusqu'à ce que le point de fusion de l'acide qu'on peut en retirer soit devenu égal à 70°; puis on décompose le bistéarate, bien débarrassé d'alcool, par l'acide sulfurique étendu.

3. *Propriétés*. — L'acide stéarique se présente sous la forme de cristaux brillants et nacrés, excessivement minces. Il fond à 70°. Il donne des vapeurs vers 360°, mais en se décomposant. On peut cependant le distiller dans le vide ou dans la vapeur d'eau surchauffée. Ce corps est complètement insoluble dans l'eau, très soluble dans l'alcool bouillant, dont il se sépare presque entièrement par le refroidissement. Il est soluble dans 8 parties d'éther froid et dans 10 parties d'alcool absolu froid.

4. *Stéarates*. — On connaît deux stéarates de potasse, le *stéarate neutre* et le *bistéarate*. Le premier se prépare en traitant l'acide stéarique par le quart de son poids de potasse solide, avec addition d'un peu d'eau ; on obtient des grumeaux que l'on exprime. On fait ensuite cristalliser plusieurs fois la matière dans l'alcool bouillant; par le refroidissement, il se sépare des lamelles brillantes de *stéarate de potasse*, $C^{36}H^{35}KO^{4}$.

Ce sel, dissous dans 50 à 100 fois son poids d'eau, se décompose lentement à la manière du palmitate, et donne un dépôt de petites paillettes brillantes et nacrées, qui sont formées de *bistéarate de potasse*, $C^{36}H^{35}KO^{4}, C^{36}H^{36}O^{4}$.

Les stéarates terreux et métalliques sont tous insolubles; ils peuvent être préparés par double décomposition en partant du stéarate neutre de potasse.

5. *Savons*. — Les savons sont des mélanges de sels formés par un oxyde métallique ou par l'ammoniaque unis avec les divers acides qui entrent dans la constitution des corps gras naturels. Ces acides sont principalement les acides solides de formule $C^{2n}H^{2n}O^{4}$, parmi lesquels dominent les acides palmitique et stéarique, et un acide liquide, moins riche en hydrogène, l'*acide oléique*, $C^{36}H^{34}O^{4}$. Les savons à base de potasse, de soude et d'ammoniaque, sont solubles dans l'eau; les autres sont insolubles. Les savons de potasse sont très mous; ceux de soude et d'ammoniaque sont solides. Les seuls em-

ployés dans les usages domestiques sont les savons de potasse et de soude ; en médecine, on se sert de quelques autres et notamment du savon de plomb, ou *emplâtre simple*.

L'industrie fabrique les savons de soude, qui sont les plus importants, en faisant agir la soude caustique sur les corps gras. On opère dans de vastes chaudières coniques A, dont la partie inférieure, qui est en contact avec le foyer, est en tôle, la partie supérieure étant en tôle ou en bois. Ces chaudières sont chauffées à feu nu (fig. 82), ou mieux par un serpentin de vapeur placé vers le fond; leur bord supérieur est voisin d'un plancher C C' où se tiennent les ouvriers. On commence par chauffer de la lessive de soude faible (10° Baumé) jusqu'à l'ébullition, on y introduit peu à peu l'huile ou la graisse à saponifier, et l'on agite afin de produire une masse liée; après quelques heures d'ébullition, on ajoute de la lessive plus concentrée (18° ou 20°), et on obtient peu à peu un mélange homogène. Cette première opération, l'*empâtage*, étant achevée, il est nécessaire, avant de finir la saponificaiont du corps gras, de séparer l'eau introduite sous forme de lessive. Pour cela, profitant de l'insolubilité du savon dans l'eau chargée de sel marin, on ajoute à la masse en ébullition des lessives salées : le savon se sépare alors (*relargage*), et l'on peut laisser écouler les lessives qui entraînent la glycérine formée dans la saponification.

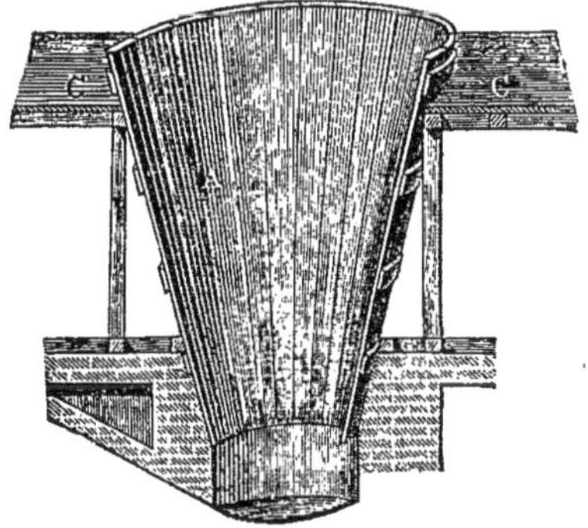

FIG. 82. — Chaudière à savon.

Enfin on termine par la *cuite* du savon, en portant celui-ci à l'ébullition avec des lessives alcalines salées, que l'on remplace à plusieurs reprises. Le savon achevé, on laisse reposer, et la matière qui se sépare est coulée dans des moules de dimensions variables ou *mises*; ces moules, dont les parois sont simplement maintenues par des vis, se démontent ensuite, ce qui permet d'enlever facilement le pain de savon solidifié (fig. 83).

Les marbrures bleuâtres de certains savons sont dues à la présence d'une trace de sulfure de fer; elles ne se montrent spontanément que dans les savons ne contenant pas plus de 30 pour 100 d'eau, et peuvent dès lors renseigner à ce point de vue; toutefois on imite les marbrures de diverses manières dans des savons plus fortement chargés d'eau.

Dans beaucoup de cas, on supprime la précipitation par le chlorure de sodium : le savon contient alors un excès d'alcali caustique et la glycérine. Tel est le cas du *savon amygdalin* ou *médicinal*, qui s'obtient en laissant en contact prolongé à froid le corps gras avec la lessive de soude caustique ; tel est aussi celui des savons de toilette ; tel est encore celui du *savon mou de potasse*, que l'industrie fabrique en évaporant convenablement le produit obtenu en saponifiant à l'ébullition un corps gras par la lessive de potasse.

En combinant directement l'acide oléique, résidu de la fabrication des bougies stéariques (voy. ci-dessous), avec de la soude caustique et moulant dans des mises, on fabrique le *savon d'acide oléique*, lequel est un savon dur comme les autres savons de soude.

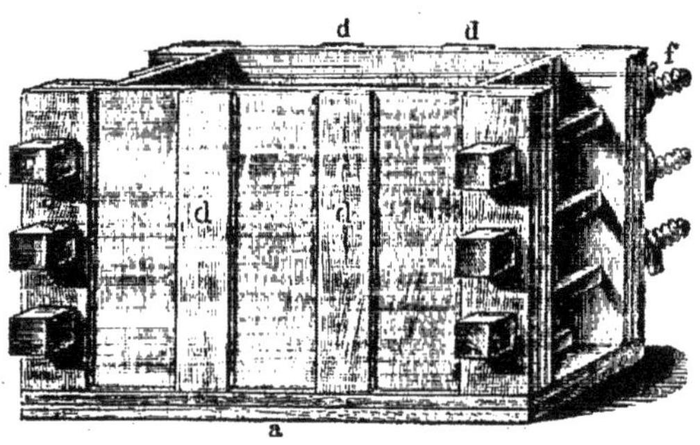

Fig. 83. — Mise à savon.

En évaporant une solution alcoolique de savon, ou même en fondant du savon sec avec de la glycérine, on obtient les *savons transparents*.

Le *savon de plomb*, ou *emplâtre simple*, s'obtient en saponifiant à l'ébullition 1 partie d'huile d'olives et 1 partie d'axonge par 1 partie de litharge, en présence de 2 parties d'eau.

Le savon de cuivre n'étant pas mouillé par l'eau, il suffit d'en imprégner une étoffe pour rendre celle-ci imperméable ; à cet effet, on trempe l'étoffe successivement dans des solutions d'un savon soluble et d'un sel de cuivre.

6. *Acide stéarique industriel.* — L'acide stéarique mélangé d'acide palmitique sert à la fabrication des *bougies stéariques*. L'emploi de ces acides est beaucoup plus avantageux pour l'éclairage que celui des corps gras neutres eux-mêmes, d'abord parce que le produit est plus dur et moins fusible, et aussi parce qu'il ne contient pas de glycérine, laquelle donne en brûlant imparfaitement de l'acroléine (t. II, p. 25), matière dont l'odeur est fort désagréable.

Nous avons déjà indiqué, à propos de la glycérine (t. I, p. 362), comment on dédouble les corps gras neutres en glycérine et en acides gras. Ces derniers sont, le plus souvent, obtenus mélangés d'une certaine proportion de savon calcaire; on les traite par un peu d'acide sulfurique, qui s'empare de la chaux et met les acides gras en liberté.

Une autre méthode consiste à traiter à chaud les corps gras par quelques centièmes d'acide sulfurique concentré : sous l'influence de ce réactif, à une température élevée, une réaction complexe s'effectue et les acides gras sont mis en liberté. Dans ces circonstances, la glycérine est détruite. On introduit les corps gras et 3 à 4 centièmes d'acide sulfurique concentré, dans une chaudière de tôle doublée de plomb B (fig. 84), et chauffée à la partie inférieure par un double fond CC, dans lequel circule de la vapeur. Un agitateur IKLA met la graisse et l'acide en contact intime. Une chambre GFG′ surmonte l'appareil : elle récolte l'acide sulfureux et surtout les vapeurs odorantes qui se dégagent, et les dirige en G vers un foyer. On porte la température vers 120°, pendant une demi-heure, puis on ajoute de l'acide sulfurique faible (30° Baumé), et l'on fait bouillir pendant cinq ou six heures. Enfin, on lave le produit à l'eau.

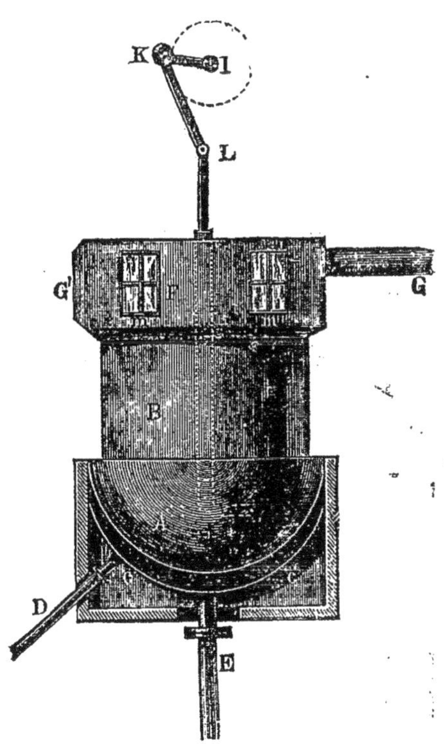

Fig. 84. — Appareil pour la saponification sulfurique.

Actuellement, on exécute successivement les deux opérations précédentes : on commence d'abord la saponification dans un autoclave au moyen de l'eau additionnée d'une très faible proportion de chaux, sous une pression de 8 ou 9 atmosphères, ce qui permet de recueillir presque toute la glycérine, puis on la parfait en traitant le produit par l'acide sulfurique.

Certains corps gras, et notamment l'huile de palme, peuvent être saponifiés par l'action de la vapeur d'eau surchauffée : à cet effet, de la vapeur d'eau arrivant en F (fig. 85), après avoir été préalablement dépouillée de l'eau liquide qu'elle entraîne, par son passage dans une caisse D, est dirigée au travers d'un tube CB $C^{XI}B^{XI}G$, recourbé plusieurs fois sur lui-même et placé en AAA, au-dessus d'un foyer (*surchauffeur*). La vapeur ayant été portée dans ce tube à une température de beaucoup supérieure à celle qui correspond à la pression dans la chaudière qui la fournit, on la fait passer dans les corps gras. La saponification s'effectue ; la glycérine et les acides gras distillent simultanément, entraînés par la vapeur. La glycérine reste en solution dans l'eau condensée, tandis que les acides gras se séparent.

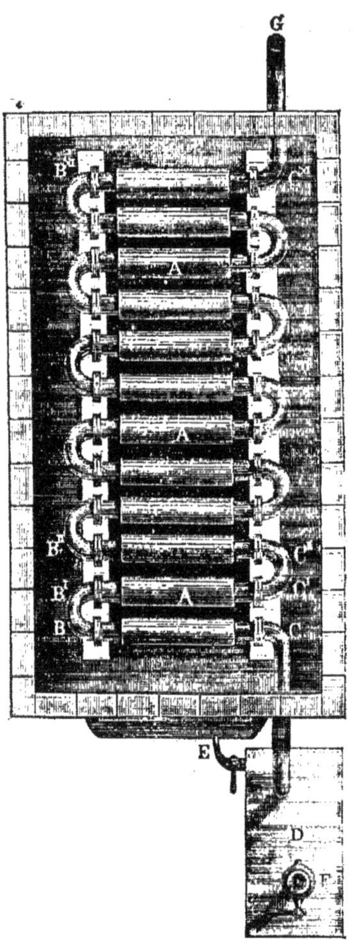

Fig. 85. — Appareil pour surchauffer la vapeur d'eau.

Les acides gras obtenus par les méthodes autres que la dernière, sont le plus souvent colorés; on les obtient blancs en les plaçant dans un alambic chauffé vers 300° et traversé par un courant de vapeur surchauffée. Les acides gras distillent avec l'eau. On condense toutes les vapeurs dans des tubes imparfaitement refroidis: les acides condensés conservent l'état liquide, et s'écoulent dès lors facilement.

Le produit est, avons-nous dit, un mélange d'acides solides, les acides stéarique et palmitique, et d'un acide liquide, l'acide oléique. Ce mélange fond entre 40° et 44° ; il est nécessaire, pour diminuer sa fusibilité, qui le rendrait impropre à la fabrication des bougies, d'en séparer l'acide oléique. Pour cela, on le coule dans des moules rectangulaires et on soumet les pains obtenus à une pression énergique, d'abord à froid, au moyen de presses hydrauliques ordinaires (fig. 86), puis à chaud. Pour cette seconde expression, on fait usage de

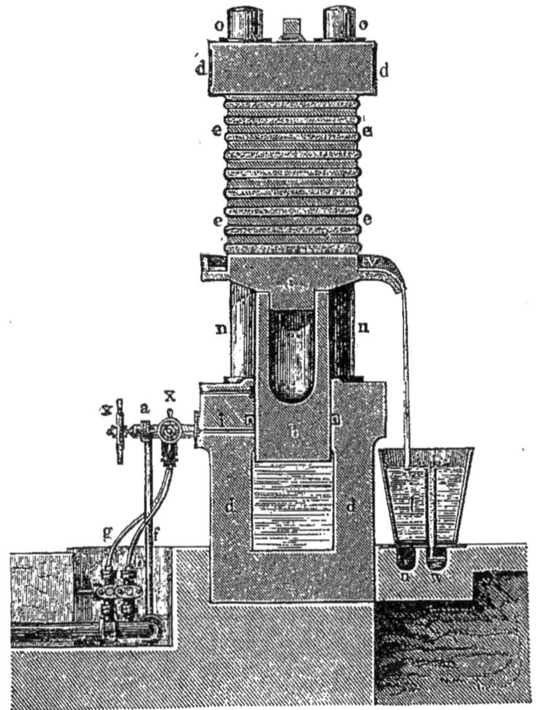

FIG. 86. — Expression à froid des acides gras.

presses hydrauliques horizontales (fig. 87) ; les pains à exprimer y sont séparés les uns des autres par des boîtes métalliques plates, dans lesquelles de la vapeur arrive de V par une série de tubes flexibles HHH. Le liquide exprimé est de l'acide oléique impur; le tourteau blanc et solide, fusible de 54° à 58°, est propre à être transformé en bougies; pour cela, on le fond et on coule la matière liquéfiée dans des moules presque cylindriques, suivant l'axe desquels des mèches de coton tressées ont été tendues.

§ 17. — **Acide cérotique.**

$C^{54}H^{54}O^{4}$.................................. $C^{27}H^{54}O^{2}$.

1. L'acide cérotique existe libre dans la cire d'abeilles, dont il constitue la partie soluble dans l'alcool. On l'a nommé d'abord *cérine*,

puis il a été reconnu identique à un acide extrait par M. Brodie de différentes cires. Il existe, en effet, à l'état d'éther dans la *cire de Chine*, dans la *cire de Carnauba*, et enfin dans la cire des capsules de pavot.

2. L'acide cérotique prend naissance, avec divers autres acides, quand on oxyde la paraffine par l'acide azotique.

C'est le produit normal de l'oxydation de *l'alcool cérylique*,

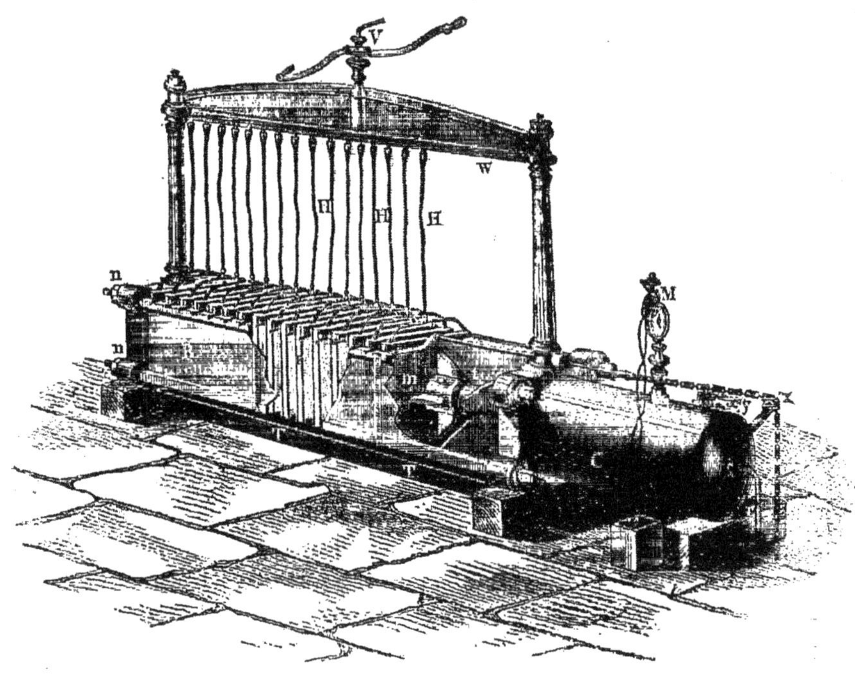

Fig. 87. — Expression à chaud des acides gras.

$C^{54}H^{54}(H^2O^2)$, composé qui existe dans la cire de Chine, à l'état d'*éther cérylcérotique*, $C^{54}H^{54}(C^{54}H^{54}O^4)$.

3. *Préparation.* — On obtient l'acide cérotique en traitant la cire d'abeilles par l'alcool bouillant : tandis que l'éther palmitique de l'alcool myricique ou *myricine*, qui l'accompagne dans la cire, reste insoluble, l'acide cérotique se dissout ; il se dépose ensuite par le refroidissement de la liqueur filtrée. On le purifie par des cristallisations répétées dans l'éther.

4. *Propriétés.* — L'acide cérotique est cristallisé et fond à 78°.

§ 18. — **Acide mélissique.**

$C^{60}H^{60}O^{4}$ .... $C^{30}H^{60}O^{2}$.

Cet acide est analogue au précédent. Il a été obtenu par M. Brodie en oxydant l'*alcool mélissique* (t. I, p. 334). Il fond à 90°.

CHAPITRE III

ACIDES INCOMPLETS MONOBASIQUES A FONCTION SIMPLE

§ 1er. — Généralités.

Dans le chapitre précédent, nous avons fait l'histoire des acides monobasiques à fonction simple, répondant à la formule $C^{2n}H^{2n}O^4$, et constituant la 1re famille du 1er ordre de ces acides. Nous allons maintenant résumer les principaux faits relatifs aux acides composant les autres familles du même ordre, lesquels renferment des proportions d'hydrogène plus faibles que les précédents (t. II, p. 94).

2e FAMILLE. — ACIDES $C^{2n}H^{2n-2}O^4$.

§ 2. — Acide acrylique.

$C^6H^4O^4$............................ $CH^2{=}CH{-}CO^2H$.

1. *Préparation.* — L'acide acrylique s'obtient en oxydant l'*acroléine* (t. II, p. 25) par l'oxyde d'argent. On fait cristalliser dans l'eau l'acrylate d'argent formé, et on le décompose par l'hydrogène sulfuré (Redtenbacher).

Il prend encore naissance dans la déshydratation de l'*acide hydracrylique*, $C^6H^6O^6$, ou de ses sels, sous l'action de la chaleur (M. Beilstein).

2. *Propriétés.* — C'est un liquide incolore, à odeur forte, bouillant à 140°, cristallisable par le froid, fusible à + 8°.

L'acide acrylique, traité par l'amalgame de sodium et l'eau, fixe H^2 et se change en *acide propionique*, $C^6H^6O^4$.

§ 3. — Acides crotoniques.

$C^8H^6O^4$.. $C^4H^6O^2$.

1. On a décrit tout d'abord sous le nom d'acide crotonique un li-

quide, obtenu en saponifiant l'huile de *Croton tiglium;* mais le produit ainsi préparé est un mélange complexe d'acides divers.

On connaît actuellement trois acides isomères répondant à la formule précédente.

2. L'un d'eux est l'*acide crotonique* α, cristallisé et fusible à 72°. Il se forme notamment par oxydation de l'*aldéhyde crotonique*, $C^8H^6O^2$, dérivé lui-même de l'aldéhyde ordinaire (t. II, p. 25).

3. Le deuxième, l'*acide crotonique* β, est liquide et résulte de l'hydrogénation de son dérivé monochloré, lequel prend naissance dans l'action du perchlorure de phosphore sur l'éther acétylacétique (M. Geuther).

4. Le troisième, l'*acide métacrylique*, se produit quand on décompose par l'eau, à chaud, l'acide isobutyrique monobromé, $C^8H^7BrO^4$. Il est cristallisé et fusible à 16°.

§ 4. — Acide angélique.

$C^{10}H^8O^4$ .... $C^5H^8O^2$.

1. Cet acide est contenu à l'état de liberté (Büchner) dans la racine d'angélique (*Angelica archangelica*), et sous forme d'éther butylique et d'éther amylique (M. Demarçay) dans l'essence de camomille romaine (*Anthemis nobilis*).

2. *Propriétés.* — Il cristallise en longues aiguilles, fusibles à 45°; il bout à 185°.

La potasse fondante le change en *acide acétique* et *acide propionique* (M. Chiozza) :

$$C^{10}H^8O^4 + 2\,KHO^2 = C^4H^3KO^4 + C^6H^5KO^4 + H^2.$$

3. *Isomères.* — Chauffé pendant deux heures à 300°, ou soumis à une ébullition prolongée, l'acide angélique se change en son isomère, l'*acide méthylcrotonique* (M. Demarçay). Ce dernier acide semble identique avec l'*acide tiglique*, qui existe à l'état d'éther glycérique dans l'huile de croton.

Il est cristallisé en tables biobliques, fusibles à 64°; il bout à 198°.

On connaît encore 5 autres isomères.

§ 5. — Acide oléique.

$C^{36}H^{34}O^4$ .... $C^{18}H^{34}O^2$.

1. L'acide oléique a été découvert par M. Chevreul. Il accompagne les acides gras, $C^{2n}H^{2n}O^4$, dans les corps gras.

2. *Préparation.* — On l'obtient en grande quantité dans la fabrication industrielle de l'acide stéarique. En effet, dans cette circonstance, on profite de l'état liquide de l'acide oléique pour le séparer par expression des acides gras solides, obtenus en même temps que lui par la saponification des corps gras (t. II, p. 156). Pour le purifier, on l'expose d'abord à une température voisine de 0°, afin de déterminer la cristallisation de la plus grande partie des acides stéarique et palmitique qu'il renferme, mais non sa propre solidification ; on le transforme ensuite en oléate alcalin ; puis, par double décomposition avec le chlorure de baryum, en oléate de baryte ; on purifie ce dernier sel par des cristallisations répétées dans l'alcool, et on le décompose par une solution tiède d'acide tartrique. Il est nécessaire pendant cette dernière opération de soustraire l'acide oléique régénéré à l'action oxydante de l'air, en opérant dans une atmosphère d'acide carbonique ou d'hydrogène (Gottlieb).

On peut encore changer l'acide oléique, resté liquide à 0°, en oléate de plomb, en le chauffant à 100° avec un excès d'oxyde de plomb, puis agiter le produit avec de l'éther bien exempt d'alcool ; ce liquide dissout l'oléate de plomb, mais non les sels à acides gras du même métal. On ajoute de l'acide chlorhydrique à la liqueur éthérée limpide, on sépare le chlorure de plomb, et on distille l'éther.

3. *Propriétés.* — L'acide oléique est solidifiable au-dessous de zéro, et fond ensuite à + 14°. Il absorbe très facilement l'oxygène de l'air.

Sous l'influence de l'acide nitreux, il se transforme rapidement en un acide isomérique, solide, l'*acide élaïdique*, lequel fond à 44° (Boudet).

Agité avec l'acide sulfurique, l'acide oléique s'oxyde aux dépens de ce dernier en formant de l'*acide oxyoléique*, $C^{36}H^{34}O^{6}$. Oxydé par l'hydrate de potasse en fusion, il se change en acide palmitique et acide acétique (t. II, p. 150).

Sous l'influence hydrogénante de l'acide iodhydrique à 200°, l'acide oléique, de même que son isomère l'acide élaïdique, fixe H^{2} et se change en *acide stéarique*, $C^{36}H^{36}O^{4}$ (M. Goldschmiedt).

Les oléates alcalins sont solubles ; les autres sont insolubles. L'oléate de potasse est mou ; l'oléate de soude est solide.

Les oléates solubles entrent pour une forte proportion dans la constitution des savons (t. II, p. 152). La plus grande partie de l'acide oléique produit dans la fabrication des bougies est converti en savon de soude, par simple mélange de l'acide oléique brut avec la lessive de soude caustique.

3e FAMILLE. — ACIDES $C^{2n}H^{2n-4}O^4$.

§ 6. — Acide sorbique.

$C^{12}H^8O^4$ .... $C^6H^8O^2$.

1. *Origine.* — L'acide sorbique a été découvert par M. W. Hoffmann. Il se produit par transformation de son isomère l'*acide parasorbique* (M. Merck), lequel est contenu dans les baies vertes du *Sorbus aucuparia*. Quand on distille le suc de ces baies, après l'avoir incomplètement saturé par la chaux, l'eau entraîne l'acide parasorbique, liquide incolore, peu soluble dans l'eau, et bouillant à 221°. Sous l'influence de la potasse ou de l'acide chlorhydrique à 100°, l'acide parasorbique se transforme en acide sorbique.

2. *Propriétés.* — Ce dernier est un corps cristallisé en longues aiguilles blanches, fusible à 134° en un liquide qui distille vers 225°, en s'altérant un peu.

3. Il fixe directement le brome pour former un bromure $C^{12}H^8O^4Br^2$; il fixe également l'hydrogène pour donner l'*acide hydrosorbique*, $C^{12}H^{10}O^4$. Cette double propriété est une conséquence du caractère incomplet de l'acide sorbique.

§ 7. — Acide camphique.

$C^{20}H^{16}O^4$ .... $C^{10}H^{16}O^2$.

1. L'acide camphique a été découvert par M. Berthelot et étudié par de Montgolfier.

C'est le produit direct de l'oxydation du *bornéol*, $C^{20}H^{18}O^2$, ou du *camphre*, $C^{20}H^{16}O^2$:

$$C^{20}H^{18}O^2 + 2\,O^2 = C^{20}H^{16}O^4 + H^2O^2;$$
$$C^{20}H^{16}O^2 + O^2 = C^{20}H^{16}O^4.$$

La dernière oxydation s'effectue directement lorsque, le camphre étant dissous dans le xylène, on dirige un courant d'air dans le liquide, en même temps qu'on y projette des fragments de sodium. Elle donne lieu à la formation du camphate de soude.

2. *Préparation.* — On prépare l'acide camphique en faisant agir la potasse alcoolique sur le camphre (t. I, p. 341). On évapore la liqueur et on obtient ainsi du camphate de potasse, mélangé de potasse : on neutralise exactement par l'acide sulfurique étendu, et on reprend le produit desséché par de l'alcool, qui ne dissout que le camphate de

potasse. On ajoute de l'eau, on fait bouillir pour chasser l'alcool. L'acide sulfurique précipite alors l'acide libre.

3. *Propriétés.* — L'acide camphique est solide, résineux, insoluble dans l'eau froide, soluble dans l'eau bouillante.

Son pouvoir rotatoire, mesuré en solution alcoolique (de Montgolfier) est $\alpha_D = +15°,8$ à la température de 21°.

§ 8. — Acide linoléique.

$C^{32}H^{28}O^4$.................................. $C^{16}H^{28}O^2$.

L'acide linoléique s'extrait de l'huile de lin, en suivant la même marche que pour obtenir l'acide oléique (t. II, p. 162). Il est liquide, d'une densité égale à 0,921 à 14°. Il est très oxydable au contact de l'air. Les huiles siccatives lui doivent une partie de leurs propriétés.

5e FAMILLE. — ACIDES AROMATIQUES : $C^{2n}H^{2n-8}O^4$.

§ 9. — Acide benzoïque.

$C^{14}H^6O^4$.................................. $C^6H^5\text{-}CO^2H$.

1. En 1608, Blaise de Vigenère parlait des *fleurs de benjoin*, qui ne sont autre chose que l'acide benzoïque. Lémery étudia le premier, et caractérisa comme un acide, ce corps dont la composition n'a été fixée que par Liebig et Vœhler en 1832. Les relations de l'acide benzoïque avec la benzine ont été établies simultanément, en 1833, par Mitscherlich et par M. Péligot.

L'acide benzoïque est le plus important des *acides aromatiques*.

2. *Formation.* — Il se forme dans de très nombreuses circonstances :

1° Par l'oxydation de l'*alcool benzylique*, $C^{14}H^8O^2$ (t. I, p. 344), et de l'*essence d'amandes amères*, $C^{14}H^6O^2$ (t. II, p. 30);

2° Par l'oxydation du *toluène*, $C^{14}H^8$ (t. I, p. 168), et par celle d'un assez grand nombre de composés aromatiques, le styrolène, l'acide cinnamique, le cumène, etc.;

3° Par l'action du sodium sur la *benzine monobromée*, en présence de l'acide carbonique (M. Kékulé) :

$$C^{12}H^5Br + C^2O^4 + 2\,Na = NaBr + C^{14}H^5NaO^4;$$

4° Par l'action de l'amalgame de sodium sur un mélange de *benzine monobromée* et d'*éther chloroxycarbonique*, $C^4H^4(C^2HO^4Cl)$; cette action donnant naissance à l'éther benzoïque et, par suite, à l'acide benzoïque lui-même (Wurtz) :

$$C^{12}H^5Br + C^4H^4(C^2HO^4Cl) + 2\,Na = NaBr + NaCl + C^4H^4(C^{14}H^6O^4);$$

5° En dirigeant un courant d'acide carbonique sec dans de la *benzine* chauffée et additionnée de chlorure d'aluminium anhydre (MM. Friedel et Crafts) :

$$C^{12}H^6 + C^2O^4 = C^{14}H^6O^4.$$

6° En chauffant avec de l'eau, en vase clos, du *chlorure de benzyle bichloré*, $C^{12}H^4(C^2HCl^2)Cl$:

$$C^{14}H^5Cl^3 + 2\,H^2O^2 = C^{14}H^6O^4 + 3\,HCl;$$

7° Par la décomposition partielle de l'*acide phtalique*, $C^{16}H^6O^8$, sous l'action de la chaleur et en présence des bases terreuses (MM. Depouilly frères) :

$$C^{16}H^6O^8 - C^2O^4 = C^{14}H^6O^4;$$

8° Par le dédoublement régulier de l'*acide hippurique*, $C^{18}H^9AzO^6$, lequel se décompose en glycollamine et acide benzoïque, en fixant les éléments de l'eau ; l'acide hippurique n'est, en effet, autre chose que l'*acide glycollamibenzoïque* (Dessaignes) :

$$C^{18}H^9AzO^6 + H^2O^2 = C^{14}H^6O^4 + C^4H^5AzO^4;$$

9° Par la décomposition d'un très grand nombre de composés organiques plus complexes, tels que l'acide quinique, la populine, les matières albuminoïdes, etc.

3. *États naturels.* — L'acide benzoïque existe tout formé dans le benjoin, le sang-dragon, le storax, le baume du Pérou, le baume de Tolu, la résine acaroïde, le gaïac, le castoréum, etc.

4. *Préparation.* — L'acide benzoïque s'extrait ordinairement du benjoin ou de l'urine des herbivores. Industriellement, on l'obtient encore dans l'oxydation du toluène et au moyen de l'acide phtalique.

1° L'acide benzoïque peut s'extraire du benjoin par plusieurs méthodes : la plus simple de toutes consiste à placer du benjoin concassé dans un camion de terre vernissée (fig. 88), à recouvrir le vase d'une feuille de papier à filtrer, collée sur les bords, et à surmonter le tout d'un cône en carton, fixé par des bandes de papier, collées sur les bords et sur le camion. On chauffe très doucement le vase : l'acide benzoïque, dépouillé grossièrement des matières empyreumatiques, qui sont en partie arrêtées par le papier, vient cristalliser sur les parois du cône. Cette méthode donne de l'acide benzoïque impur : ce qu'indique l'odeur agréable qui s'en exhale et qui ne lui appartient pas en propre ; d'ailleurs, en opérant ainsi, on en perd une grande proportion.

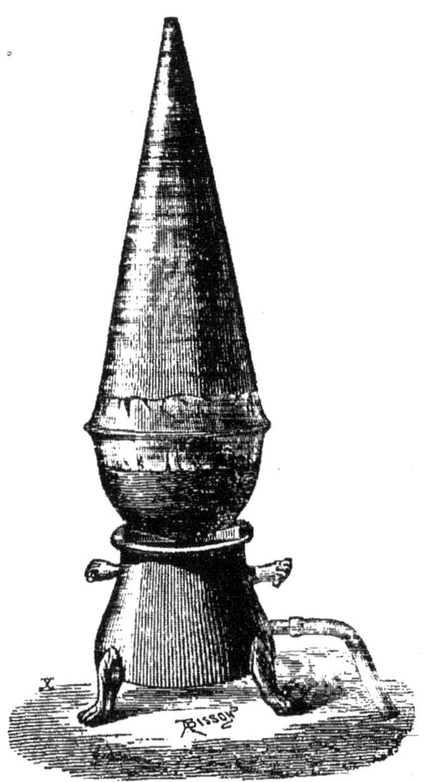

FIG. 88. — Préparation de l'acide benzoïque par sublimation.

2° Voici une deuxième méthode, qui le fournit en quantité bien plus considérable : on fait une pâte liquide de benjoin et de carbonate de soude dissous, et l'on chauffe pendant plusieurs heures, en ayant soin d'agiter la masse. On reprend par l'eau, pour dissoudre le benzoate de soude formé, et l'on traite la liqueur par l'acide sulfurique. L'acide benzoïque se précipite, mêlé avec des résines : on le fait recristalliser dans l'alcool (Scheele). On peut remplacer le carbonate de soude par un lait de chaux.

3° Quand on veut obtenir en grand l'acide benzoïque, on le retire de préférence de l'urine des herbivores. Cette urine contient, en effet, comme il a été dit ci-dessus, un acide particulier, l'acide hippurique, qui, en se décomposant sous l'influence des ferments développés dans l'urine, donne l'acide benzoïque.

4° L'industrie prépare encore des quantités importantes d'acide benzoïque par l'oxydation du toluène; ou plus exactement, elle obtient cet acide comme produit secondaire, dans la préparation du *nitroluène* et des *nitrobenzines* commerciales. Mais l'acide ainsi préparé renferme souvent des acides nitrobenzoïques, qu'il n'est pas facile d'en séparer. Celui que donne l'action du permanganate de potasse sur le toluène est au contraire très pur.

5° Enfin, on a fabriqué l'acide benzoïque, en chauffant pendant quelques heures entre 330° et 350°, un mélange à équivalents égaux de phtalate de chaux et d'hydrate de chaux : il se forme du benzoate de chaux et du carbonate de chaux (MM. Depouilly frères) :

$$C^{16}H^4Ca^2O^8 + CaO, HO = C^{14}H^5CaO^4 + C^2O^4, 2\,CaO.$$

5. *Propriétés.* — L'acide benzoïque cristallise en aiguilles soyeuses, ou en lamelles brillantes. Il fond à 121° et bout à 249°. Il se sublime avant d'entrer en ébullition. Peu soluble dans l'eau froide (200 parties à 19°), il est très soluble dans l'alcool et dans l'éther. Il distille avec la vapeur d'eau.

Introduit dans l'économie, l'acide benzoïque se transforme en acide hippurique, que l'on retrouve dans les urines.

6. *Chaleur.* — Les benzoates alcalins, chauffés avec un alcali, se dédoublent en carbonate et en benzine (Mitscherlich; M. Péligot) :

$$C^{14}H^5KO^4 + KO, HO = C^2O^4, 2\,KO + C^{12}H^6;$$

de même que les acétates se dédoublent en carbonate et formène.

7. *Hydrogène.* — L'amalgame de sodium et l'eau transforment partiellement l'acide benzoïque en *aldéhyde benzoïque*, $C^{14}H^6O^2$.

L'acide iodhydrique en quantité ménagée forme à 280° du *toluène*, $C^{14}H^8$; employé en grand excès, il produit de l'*hydrure d'heptylène*, $C^{14}H^{16}$ (M. Berthelot).

8. *Oxygène.* — Traité par le bioxyde de manganèse et l'acide sulfurique, l'acide benzoïque se détruit en donnant du gaz carbonique, de l'acide formique et de l'acide phtalique.

Par voie d'oxydation indirecte, c'est-à-dire par l'intermédiaire des dérivés chlorés, on obtient les trois *acides oxybenzoïques*, $C^{14}H^6O^6$, dont l'isomérie correspond à celle des dérivés bisubstitués de la benzine.

9. *Dérivés.* — Les dérivés de l'acide benzoïque sont fort analogues à ceux de l'acide acétique : il existe, en effet, un *acide benzoïque anhydre*, $C^{14}H^{4}O^{2}(C^{14}H^{6}O^{4})$, cristallisé, fusible à 42°, bouillant à 360°; un *chlorure benzoïque*, $C^{14}H^{5}ClO^{2}$ ou $C^{14}H^{4}O^{2}(HCl)$, liquide, bouillant à 198°; un *benzamide*, $C^{14}H^{7}AzO^{2}$, un *nitrile benzoïque*, $C^{14}H^{5}Az$, des *éthers benzoïques*, etc.

L'acide nitrique fournit trois *acides nitrobenzoïques* isomères, $C^{14}H^{4}(AzO^{4})O^{4}$, ainsi que 5 *acides binitrobenzoïques*, $C^{14}H^{4}(AzO^{4})^{2}O^{4}$; ces derniers s'obtiennent par l'action combinée de l'acide nitrique fumant et de l'acide sulfurique; enfin un *acide trinitrobenzoïque*, $C^{14}H^{3}(AzO^{4})^{3}O^{4}$, prend naissance par l'action prolongée de l'acide nitrique sur le trinitrotoluène.

Le chlore produit plusieurs *acides benzoïques chlorés*; etc.

Bref, les dérivés benzoïques répondent terme pour terme aux dérivés acétiques; à cela près qu'ils forment plusieurs séries isomériques, conformément à la théorie déjà développée pour la benzine. Mais nous ne pouvons entrer dans ces détails.

10. *Sels.* — Les *benzoates* sont des sels parfaitement définis, qui cristallisent facilement; la plupart sont solubles dans l'eau. Leur chaleur de formation, au moyen de l'acide benzoïque dissous, est à peu près la même que celle des acétates (M. Berthelot).

Le *benzoate de potasse*, $C^{14}H^{5}KO^{4} + 3\,H^{2}O^{2}$, cristallise de sa solution alcoolique en aiguilles brillantes. Il est très soluble dans l'eau. Il se combine à l'acide benzoïque en excès pour former un *benzoate acide*, $C^{14}H^{5}KO^{4},C^{14}H^{6}O^{4}$.

Le *benzoate de soude*, $C^{14}H^{5}NaO^{4} + H^{2}O^{2}$, forme des aiguilles efflorescentes.

Le *benzoate de chaux*, $C^{14}H^{5}CaO^{4} + 3\,HO$, cristallise en aiguilles légères, efflorescentes, solubles dans 20 parties d'eau froide, plus solubles dans l'eau bouillante.

Le *benzoate de peroxyde de fer* constitue des aiguilles jaunes, insolubles dans l'eau. Son insolubilité est parfois utilisée pour caractériser les sels ferriques.

Le *benzoate d'argent*, $C^{14}H^{5}AgO^{4}$, est peu soluble dans l'eau froide. Il se dépose du même liquide chaud, en lames brillantes.

§ 10. — **Acides toluiques.**

$C^{16}H^{8}O^{4}$ .... $CH^{3}\text{-}C^{6}H^{4}\text{-}CO^{2}H$.

1. On connaît trois acides toluiques isomères, que l'on peut rap-

porter aux trois *toluènes monochlorés* isomères, qui se forment dans l'action du chlore sur le toluène (t. I, p. 170).

2. *Préparation.* — Voici comment on obtient les trois acides toluiques :

1° Chacun des toluènes monochlorés, traité par le cyanure de potassium, donne un dérivé cyané correspondant :

$$C^{14}H^7Cl + KC^2Az = C^{14}H^7(C^2Az) + KCl;$$

celui-ci n'est autre chose que le nitrile d'un des trois acides toluiques; traité par l'acide chlorhydrique concentré, il donne cet acide toluique lui-même (M. Weith) :

$$C^{14}H^7(C^2Az) + HCl + 2H^2O^2 = C^{16}H^8O^4 + AzH^4Cl.$$

2° Les acides toluiques s'obtiennent encore à l'état d'éthers, en faisant agir l'éther chloroxycarbonique sur les trois toluènes chlorés, bromés ou iodés, en présence de l'amalgame de sodium (Wurtz) :

$$C^{14}H^7Br + C^4H^4, C^2HO^4Cl + Na^2 = NaCl + NaBr + C^4H^4, C^{16}H^8O^4.$$

3° Enfin ils dérivent par oxydation des trois *diméthylbenzines* isomères ou *xylènes* (M. Fittig) :

$$C^{16}H^{10} + 3O^2 = C^{16}H^8O^4 + H^2O^2.$$

3. *Action de l'oxygène.* — Les trois acides toluiques forment, par oxydation, trois acides isomères, de formule $C^{16}H^8O^6$: l'*acide phtalique*, l'*acide isophtalique* et l'*acide téréphtalique.*

Indiquons maintenant les propriétés et les réactions fondamentales des trois acides toluiques (1).

4. *Acide orthotoluique.* — Ce corps a été découvert par MM. Fittig et Bieber.

Il cristallise en longues aiguilles minces, fusibles à 102°.

Oxydé en liqueur alcaline par le permanganate de potasse, il donne de l'acide phtalique ordinaire ou orthophtalique.

5. *Acide métatoluique.* — Cet acide, appelé aussi *acide isotoluique*, a été obtenu d'abord par M. Ahrens, en oxydant le *métaxylène* du goudron de houille.

(1) Ortho : $CH^3_{(1)} - C^6H^5 - CO^2H_{(2)}$;
Méta : $CH^3_{(1)} - C^6H^5 - CO^2H_{(3)}$;
Para : $CH^3_{(1)} - C^6H^5 - CO^2H_{(4)}$.

Il forme des aiguilles incolores, plus solubles dans l'eau que les cristaux de ses deux isomères, fusibles à 106°.

Oxydé, il donne de l'acide isophtalique ou métaphtalique.

6. *Acide paratoluique*. — Ce composé a été découvert par Noad dans les produits de l'oxydation du cymène du camphre. Il se forme en même temps que l'isomère précédent, quand on oxyde le xylène du goudron de houille, celui-ci étant un mélange de deux isomères, le *métaxylène* et le *paraxylène*.

Il se prépare en traitant à l'ébullition le cymène du camphre par l'acide azotique étendu; il se dépose par refroidissement du mélange. Il forme de fines aiguilles fusibles à 178°; il bout à 274°.

Par oxydation, il fournit de l'acide téraphtalique ou paraphtalique.

7. *Acide phénylacétique*. — Par la substitution du chlore dans le toluène, on obtient un quatrième isomère, distinct des trois toluènes chlorés dont il a été question plus haut : c'est le *chlorure de benzyle* (t. I, p. 170) ou éther benzylchlorhydrique, qui dérive d'une substitution forménique et non d'une substitution benzénique comme les précédents. Cet éther, traité successivement par le cyanure de potassium et par l'acide chlorhydrique, se transforme d'abord en un nitrile, puis en un acide, conformément aux réactions citées ci-dessus. On obtient par là un quatrième isomère de la formule $C^{16}H^{8}O^{4}$; c'est l'acide phénylacétique ou *alphatoluique*, découvert par M. Cannizzaro (1).

Cet isomère cristallise en larges lamelles brillantes, fusibles à 76°,5. Il distille sans s'altérer à 261°. Sa densité à 4° est 1,228.

Oxydé par l'acide chromique, il donne de l'acide benzoïque et de l'acide carbonique.

§ 11. — Acide cuminique.

$C^{20}H^{12}O^{4}$ .... $(CH^3)^2=CH-C^6H^4-CO^2H$.

L'acide cuminique, découvert par MM. Gerhardt et Cahours, se forme par l'oxydation de l'aldéhyde cuminique.

Il cristallise en tables incolores, fusibles à 115°, sublimables sans altération, insolubles dans l'eau froide.

Par oxydation, il donne l'acide téréphtalique.

Il existe plusieurs isomères de cet acide.

(1) $C^6H^5-CH^2-CO^2H$.

6e FAMILLE. — ACIDES : $C^{2n}H^{2n-10}O^4$.

§ 12. — Acide cinnamique.

$C^{18}H^8O^4$........................ C^6H^5-CH=CH-CO^2H.

1. Cet acide, entrevu dès 1780 par Trommsdorff, n'a été reconnu comme distinct qu'après les travaux de MM. Dumas et Péligot en 1834. Il peut être formé par l'oxydation de son aldéhyde (essence de cannelle), ou par la réaction du chlorure acétique sur l'aldéhyde benzoïque (t. II, p. 31).

Il préexiste dans le styrax liquide, dans les baumes de Tolu et du Pérou. La *styracine* du styrax est l'éther cinnamique de l'alcool cinnamylique, $C^{18}H^8(C^{18}H^8O^4)$.

2. *Préparation.* — On prépare l'acide cinnamique en faisant bouillir le styrax liquide avec une solution alcaline : on précipite la liqueur aqueuse par un acide et on fait recristalliser le produit dans l'eau pure.

On l'obtient dans l'industrie en soumettant à une ébullition prolongée un mélange de 3 parties d'aldéhyde benzoïque, de 10 parties d'anhydride acétique et de 3 parties d'acétate de soude fondu (M. Perkin).

3. *Propriétés.* — L'acide cinnamique cristallise dans le système du prisme rhomboïdal oblique. Il fond à 133° et bout vers 300°.

4. Les agents oxydants, par leur action ménagée sur l'acide cinnamique, développent de l'aldéhyde benzoïque, puis de l'acide benzoïque.

Distillé avec la chaux, l'acide cinnamique produit du styrolène, $C^{16}H^8$ (Simon) :

$$C^{18}H^8O^4 = C^{16}H^8 + C^2O^4.$$

5. Il est l'isomère de l'*acide atropique* et de l'*acide isatropique*.

CHAPITRE IV

ACIDES POLYBASIQUES A FONCTION SIMPLE

§ 1er. — 1re classe, 2e ordre : Acides bibasiques à fonction simple.

La théorie de ces acides a été exposée plus haut (t. II, p. 96). Nous allons résumer l'histoire des plus importants.

1re FAMILLE. — ACIDES : $C^{2n}H^{2n-2}O^8$.

§ 2. — Acide oxalique.

$C^4H^2O^8$ ou $C^4H^2(O^4)(O^4)$ .... $CO^2H\text{-}CO^2H$.

1. L'acide oxalique est le plus simple parmi les acides bibasiques : il dérive du glycol ordinaire, par oxydation. Observé dès 1773 par Savary, il a été isolé régulièrement par Scheele en 1784. Le même savant a montré son identité avec *l'acide saccharin*, obtenu en 1776 par Bergmann, dans l'oxydation du sucre par l'acide azotique. Sa composition a été établie par Dulong. M. Berthelot a effectué sa synthèse totale par le carbone et par l'acétylène.

2. *Formation par synthèse.* — Cet acide se forme par synthèse :

1° En traitant le *carbone* (charbon de bois purifié par le chlore au rouge) par l'acide chromique (M. Berthelot) :

$$2C^2 + 3O^2 + H^2O^2 = C^4H^2O^8.$$

2° En traitant l'*acétylène*, C^4H^2, par le permanganate de potasse (t. I, p. 11) :

$$C^4H^2 + 4O^2 = C^4H^2O^8;$$

ou bien l'*éthylène*, C^4H^4, par le même agent (t. I, p. 81) :

$$C^4H^4 + 5O^2 = C^4H^2O^8 + H^2O^2.$$

3° En oxydant l'*hydrure d'éthylène*, C^4H^6, par voie indirecte :

$$C^4H^6 + 6\,O^2 = C^4H^2O^8 + 2\,H^2O^2;$$

c'est-à-dire en formant un dérivé chloré, C^4Cl^6, que l'on traite par la potasse alcoolique à 100° (M. Berthelot), ou par la potasse aqueuse vers 200° (M. Geuther) :

$$C^4Cl^6 + 8\,(KO, HO) = C^4O^6, 2\,KO + 6\,KCl + 4\,H^2O^2.$$

4° En oxydant le *glycol*, $C^4H^6O^4$ (Wurtz), dont il est le dérivé régulier (t. I, p. 403) :

$$C^4H^2(H^2O^2)\,(H^2O^2) + 2\,O^4 = C^4H^2(O^4)\,(O^4) + 2\,H^2O^2;$$

ou le *glyoxal*, $C^4H^2O^4$ (M. Debus) :

$$C^4H^2(O^2)\,(O^2) + O^4 = C^4H^2(O^4)\,(O^4);$$

ou bien l'*alcool ordinaire*, $C^4H^6O^2$, en le traitant par l'acide nitrique :

$$C^4H^6O^2 + 5\,O^2 = C^4H^2O^8 + 2\,H^2O^2;$$

ou bien encore l'*acide acétique*, $C^4H^4O^4$, en l'attaquant par le permanganate de potasse (M. Berthelot) :

$$C^4H^4O^4 + 3\,O^2 = C^4H^2O^8 + H^2O^2.$$

5° En traitant le *cyanogène*, C^4Az^2, par l'eau (Wœhler), ou mieux par l'acide chlorhydrique et l'eau :

$$C^4Az^2 + 4\,H^2O^2 + 2\,HCl = C^4H^2O^8 + 2\,(AzH^3, HCl).$$

Le cyanogène est, en effet, le *nitrile oxalique.*

6° En faisant réagir avec ménagement le sodium sur l'acide carbonique (M. Drechsel) :

$$2\,C^2O^4 + Na^2 = C^4Na^2O^8.$$

Toutefois l'acide oxalique ainsi formé n'est pas le produit initial de la réaction ; il paraît dériver de quelque matière plus complexe.

7° En traitant l'acide formique par l'hydrate de potasse en fusion (M. Péligot) :

$$2\,C^2H^2O^4 = C^4H^2O^8 + H^2.$$

3. *Formation par analyse.* — L'acide oxalique se produit en général par analyse, toutes les fois que l'on oxyde une matière organique par l'acide nitrique, ou par le permanganate de potasse employé en présence d'un excès d'alcali. Il se produit aussi lorsque l'on chauffe modérément un composé organique suffisamment oxygéné avec l'hydrate de potasse (Vauquelin; Gay-Lussac).

L'oxygène agissant, par l'intermédiaire de l'essence de térébenthine (t. I, p. 209), sur certains corps, tels que l'acide malique, les change également en acide oxalique (M. Berthelot).

4. *États naturels.* — Cet acide se rencontre fréquemment dans le règne végétal : ainsi les feuilles et les tiges de la surelle et de la grande oseille contiennent de l'oxalate acide de potasse; les chénopodées, les amarantes contiennent de l'oxalate de soude; les racines de rhubarbe, de curcuma, de gentiane, de valériane et de patience, les écorces de cannelle, de quinquina, de frêne et de chêne, le bois de campêche et une foule d'autres produits végétaux renferment de l'acide oxalique ou des oxalates. L'oxalate acide de potasse se rencontre dans divers champignons (*Boletus ignarius*), ainsi que les oxalates de fer et de magnésie. Certains lichens sont constitués presque entièrement par de l'oxalate de chaux. Le même sel forme les calculs vésicaux, dits *calculs muraux*. Enfin, un minéral, la *humboldtine*, n'est autre chose que de l'oxalate de fer.

5. *Préparation.* — Pour obtenir pratiquement l'acide oxalique, on emploie trois procédés :

1° Le premier, et le plus ancien, consiste à le retirer directement de certains végétaux qui le contiennent à l'état salin, par exemple des plantes du genre *Rumex* et du genre *Oxalis*. On exprime ces plantes, on clarifie le suc obtenu et on le précipite par le chlorure de calcium avec addition de chaux éteinte, ou bien par l'acétate de plomb; on décompose ensuite l'oxalate de chaux ou celui de plomb, par une quantité convenable d'acide sulfurique dilué.

2° Le procédé qui a été le plus usité jusqu'à ces derniers temps est basé sur l'oxydation des sucres ou de l'amidon par l'acide nitrique.

A cet effet, on prend 800 grammes d'acide nitrique, de densité 1,23, pour attaquer 100 grammes de sucre ou d'amidon. On chauffe modérément dans une cornue; l'attaque, une fois commencée, se continue d'elle-même. On évapore ensuite la solution au bain-marie jusqu'à 1/6 de son volume, et on fait cristalliser. Après avoir décanté la liqueur pour isoler l'acide oxalique formé, on l'évapore de nouveau au bain-marie pour chasser l'acide nitrique restant; on reprend par l'eau le résidu et on le fait recristalliser. On a ainsi une nouvelle quantité d'acide oxalique; on obtient en tout 60 grammes environ d'acide oxalique.

3° En grand, on prépare aujourd'hui l'acide oxalique au moyen d'une réaction indiquée d'abord par Vauquelin et par Gay-Lussac : l'oxydation de la cellulose par les hydrates alcalins. Comme source de cellulose, on emploie la sciure de bois.

On mélange 1 partie de sciure de bois avec une solution alcaline, contenant 1 partie de potasse et 2 parties de soude: on règle la quantité d'eau de manière à former une pâte semi-solide. On introduit celle-ci dans un cylindre en tôle, chauffé vers 200°, et muni intérieurement d'un agitateur qui force le mélange à traverser peu à peu toute la longueur de l'appareil. Une réaction complexe s'effectue avec dégagement d'hydrogène et d'hydrocarbures. A la sortie du cylindre, on obtient une masse poreuse et colorée, formée surtout d'oxalates alcalins. On la reprend par l'eau froide, qui laisse comme résidu de l'oxalate de soude, sel peu soluble. Ce dernier est transformé d'abord en sel de chaux, par ébullition avec un lait de chaux, ensuite en acide oxalique par traitement avec l'acide sulfurique dilué. L'hydrate de soude employé seul ne donne que de faibles rendements.

L'acide préparé soit par l'acide nitrique, soit par les alcalis, est suffisamment pur pour les besoins ordinaires; il retient cependant, en général, une petite quantité de matières étrangères, principalement des sels alcalins, matières dont il est indispensable de le débarrasser quand on veut l'employer dans l'analyse. Le procédé de purification le plus simple consiste à en dissoudre 1 partie dans 8 parties d'eau chaude, et à laisser cristalliser par refroidissement; le dépôt cristallin retient presque toutes les matières étrangères; on évapore l'eau mère au quart de son volume et les cristaux qu'elle fournit sont ensuite purifiés complètement par 2 ou 3 cristallisations successives (M. Maumené).

On peut encore le sublimer avec précaution dans une grande cornue. Une partie se décompose en produits gazeux, à la faveur desquelles le reste se volatilise. Il ne reste plus qu'à faire recristalliser le produit sublimé, afin de le débarrasser du peu d'acide formique qu'il contient.

6. *Propriétés.* — C'est un corps solide, cristallisant bien, surtout dans de l'eau aiguisée d'acide nitrique. Il forme des prismes rhomboïdaux obliques, contenant 4 équivalents d'eau de cristallisation, $C^4H^2O^8 + 4\,HO$, non efflorescents; quand il a été séché à 100°, sa formule est $C^4H^2O^8$. On l'obtient également sans eau, en le faisant cristalliser dans l'acide sulfurique (M. Villiers).

Sa densité à 4° est 1,64; à 0°, il se dissout dans 27 parties d'eau; à 20°, dans 10 parties; à 98°, il fond dans son eau de cristallisation. Il est soluble dans l'alcool.

L'acide oxalique est formé depuis les éléments avec dégagement de + 197 Calories ; depuis l'acétylène, + 258 Calories ; depuis l'acide acétique, + 150 Calories (M. Berthelot).

L'acide oxalique décompose les carbonates. Il est vénéneux à faible dose.

Il précipite les sels calcaires en solution très étendue et même le sulfate de chaux, en formant un sel insoluble dans l'acide acétique, mais soluble dans l'acide chlorhydrique : ce sont là des propriétés spécifiques.

7. *Action de la chaleur.* — Sous l'influence de la chaleur, l'acide oxalique commence à se décomposer un peu au-dessus de 100°. Vers 188°, la décomposition s'effectue, à une température à peu près fixe, avec production d'eau, d'acide carbonique, d'oxyde de carbone et d'acide formique : une partie de l'acide se sublime sans altération.

Chauffé avec l'acide sulfurique, il produit de l'acide carbonique, de l'oxyde de carbone et de la vapeur d'eau (Dœbereiner) :

$$C^4H^2O^8 = C^2O^4 + C^2O^2 + H^2O^2.$$

Chauffé doucement avec la glycérine, il se dédouble en acide carbonique et acide formique (M. Berthelot) :

$$C^4H^2O^8 = C^2O^4 + C^2H^2O^4.$$

8. *Hydrogène.* — Soumis à l'action de l'hydrogène naissant, l'acide oxalique engendre l'*acide glyoxylique*, $C^4H^2O^6$ (MM. Schulze et Church), lequel est un acide-aldéhyde :

$$C^4H^2(O^4)(O^4) + H^2 = C^4H^2(O^2)(O^4) + H^2O^2;$$

puis l'acide-alcool correspondant, l'*acide glycollique*, $C^4H^4O^6$:

$$C^4H^2(O^2)(O^4) + H^2 = C^4H^2(H^2O^2)(O^4).$$

9. *Oxygène.* — Il s'oxyde sous l'influence prolongée des oxydants (acide nitrique, hydrates alcalins en fusion), et passe à l'état d'acide carbonique :

$$C^4H^2O^8 + O^2 = 2\,C^2O^4 + H^2O^2.$$

Cette oxydation dégage + 60 Calories.

La même réaction s'effectue à froid et presque instantanément, sous l'influence du permanganate de potasse, en présence d'un grand excès d'acide sulfurique ; elle est employée pour doser le permanganate de potasse. Le bioxyde de manganèse et d'autres oxydants, agissant dans un milieu acide, transforment également l'acide oxalique en acide carbonique. L'acide oxalique décompose aussi les sels d'or en s'oxydant, et ramène l'or à l'état métallique.

10. *Dérivés.* — L'acide oxalique est bibasique et donne par conséquent naissance :

1° A deux séries d'oxalates :

Oxalates neutres......... $C^4O^6,2MO$ et $C^4O^6,MO,M'O$,
Oxalates acides........... C^4O^6,MO,HO.

2° A deux séries d'éthers correspondants (t. I, p. 305);

3° A deux séries d'amides (voy. ce mot), les uns neutres,

Amide..................... $C^4H^2O^8 + 2\,AzH^3 - 2\,H^2O^2 = C^4H^4Az^2O^4$,
Nitrile oxalique (cyanogène). $C^4H^2O^8 + 2\,AzH^3 - 4\,H^2O^2 = C^4Az^2$;

Les autres acides,

Acide oxamique................. $C^4H^2O^8, AzH^3 - H^2O^2 = C^4H^3AzO^6$.

11. *Sels.* — Les oxalates alcalins et quelques oxalates doubles sont seuls solubles dans l'eau.

La formation des oxalates alcalins, depuis l'acide et la base dissous, dégage des quantités de chaleur intermédiaires entre celle des sulfates et celle des azotates, soit ($+ 14,3 \times 2$) Calories pour l'oxalate de soude. Aussi l'acide oxalique est-il un acide fort qui déplace l'acide acétique, même dans l'état dissous (M. Berthelot).

L'*oxalate neutre d'ammoniaque*, $C^4H^2O^8,2\,AzH^3 + H^2O^2$, cristallise en longs prismes rhomboïdaux droits; il se dissout dans 19 parties d'eau à 20°, et dans 2 parties à 100°.

L'*oxalate neutre de potasse*, $C^4K^2O^8 + H^2O^2$, s'obtient en saturant le bioxalate par le carbonate de potasse. Il cristallise en prismes rhomboïdaux obliques, solubles dans 2,2 parties d'eau à 10°.

L'*oxalate acide de potasse*, $C^4HKO^8 + H^2O^2$, ou *bioxalate de potasse*, est très peu soluble (1 partie dans 40 parties d'eau froide), si bien qu'une solution concentrée d'oxalate neutre de potasse, traitée par un acide, donne un précipité.

Il existe un sel encore plus acide, ou plutôt une combinaison d'oxalate acide et d'acide oxalique, c'est le *quadroxalate de potasse*, $C^4HKO^8,C^4H^2O^8 + 4\,H^2O^2$.

Le *sel d'oseille* du commerce est un mélange de bioxalate et de quadroxalate.

L'*oxalate neutre de soude*, $C^4Na^2O^8$, ne se dissout que dans 31,1 parties d'eau à 15°. L'*oxalate acide de soude*, $C^4HNaO^8 + H^2O^2$ est moins soluble encore.

L'*oxalate de chaux*, $C^4Ca^2O^8 + H^2O^2$, forme une poudre cristalline d'une grande insolubilité dans l'eau. Ses cristaux octaédriques existent dans beaucoup de tissus végétaux; il constitue certains calculs vésicaux. Sa production est très souvent utilisée en analyse. On a vu qu'il permet d'isoler l'acide oxalique.

Les autres *oxalates alcalino-terreux* sont insolubles dans l'eau.

On ne connait pas d'oxalates acides des métaux proprement dits.

L'*oxalate d'argent*, $C^4Ag^2O^8$, s'obtient par double décomposition. Ce sel sec, chauffé à 100°, se décompose lentement. A 120°, il détone brusquement, en formant de l'acide carbonique et de l'argent :

$$C^4Ag^2O^8 = 2\,C^2O^4 + Ag^2.$$

Cette réaction est explosive, parce qu'elle dégage beaucoup de chaleur : + 37,5 Calories.

L'*oxalate de mercure* est également explosif.

§ 3. — Acide malonique.

$C^6H^4O^8$ ou $C^6H^4(O^4)(O^4)$ .... $CO^2H\text{-}CH^2\text{-}CO^2H.$

1. L'acide malonique a été découvert par Dessaignes. Il se rattache au *glycol propylénique*, $C^6H^4(H^2O^2)(H^2O^2)$, comme l'acide oxalique au glycol ordinaire. Il existe dans la betterave.

2. *Formation.* — Il se forme :

1° Dans l'oxydation du *propylène*, C^6H^6, et dans celle de l'*allylène*, C^6H^4, par l'acide chromique pur (M. Berthelot) :

$$C^6H^6 + O^{10} = C^6H^4O^8 + H^2O^2;$$

$$C^6H^4 + O^8 = C^6H^4O^8;$$

2° En chauffant l'*acide cyanacétique* ou son éther, soit avec la potasse, soit avec l'acide chlorhydrique concentré (M. H. Müller) :

$$C^4H^3(C^2Az)O^4 + 2\,KHO^2 = AzH^3 + C^6H^2K^2O^8;$$

3° En oxydant l'*acide malique* libre par le bichromate de potasse (Dessaignes) :

$$C^8H^6O^{10} + 2\,O^2 = C^6H^4O^8 + C^2O^4 + H^2O^2;$$

4° En oxydant l'*acide sarcolactique*, $C^6H^6O^6$, de la chair musculaire (M. Dossios) :

$$C^6H^4(H^2O^2)(O^4) + 2\,O^2 = C^6H^4(O^4)(O^4) + H^2O^2;$$

5° En décomposant par la potasse l'*acide barbiturique* ou *diamide malonylcarbonique*, $C^8H^4Az^2O^6$ (M. Beilstein) :

$$C^8H^4Az^2O^6 + 3\,H^2O^2 = C^6H^4O^8 + C^2O^4 + 2\,AzH^3.$$

3. *Préparation.* — L'acide malonique se prépare au moyen de l'acide cyanacétique. On dissout 100 parties d'acide monochloracétique dans 200 parties d'eau et on neutralise exactement par du carbonate de potasse. On ajoute 75 parties de cyanure de potassium bien pur. Une vive réaction se déclare : elle produit de l'acide cyanacétique; on la termine au bain-marie. On ajoute à la liqueur 2 fois son volume d'acide chlorhydrique concentré, on sature le mélange de gaz chlorhydrique ; après avoir séparé le chlorure de potassium et le chlorhydrate d'ammoniaque qui ont cristallisé, on évapore la liqueur à siccité, au bain-marie, et on épuise le résidu par l'éther. Par évaporation de la solution éthérée, on obtient l'acide malonique cristallisé. On le purifie par de nouvelles cristallisations dans l'eau.

4. *Propriétés.* — L'acide malonique cristallise en prismes tricliniques, fusibles à 140°. Il est très soluble dans l'eau. Il se décompose dès 150°, avec formation d'acide acétique et d'acide carbonique :

$$C^6H^4O^8 = C^4H^4O^4 + C^2O^4.$$

Une de ses propriétés les plus remarquables est la facilité avec laquelle il s'unit à beaucoup d'autres corps, principalement aux aldéhydes, de l'eau étant éliminée; ces combinaisons se produisent aussi bien lorsqu'il est à l'état d'éther qu'à l'état de liberté. Avec l'aldéhyde benzoïque, par exemple, il se forme directement l'éther de l'*acide benzylalmalonique*, $C^{14}H^4[(C^4H^4)^2C^6H^4O^8]$, quand on chauffe une solution acétique d'aldéhyde benzoïque et d'éther malonique :

$$(C^4H^4)^2C^6H^4O^8 + C^{14}H^6O^2 = C^{14}H^4[(C^4H^4)^2C^6H^4O^8] + H^2O^2.$$

Les malonates alcalins sont solubles; les autres malonates sont en général peu solubles.

§ 4. — **Acide succinique.**

$$C^8H^6O^8 \text{ ou } C^8H^6(O^4)(O^4) \ldots\ldots\ldots \quad CO^2H\text{-}CH^2\text{-}CH^2\text{-}CO^2H.$$

1. Agricola, au seizième siècle, a décrit sous le nom de *sel de*

succin l'acide succinique extrait du succin par distillation sèche. La nature acide de ce corps a été reconnue par Lémery, et sa composition établie par Berzelius. Sa synthèse est due à M. Maxwell Simpson.

2. *Formation.* — L'acide succinique se forme :

1° En traitant par la potasse le dérivé dicyanhydrique du glycol, $C^4H^2(C^2AzH)(C^2AzH)$, c'est-à-dire le *nitrile succinique* (M. Maxwell Simpson) :

$$C^4H^2(C^2HAz)(C^2HAz) + 4\,H^2O^2 = C^8H^6O^8 + 2\,AzH^3;$$

2° En chauffant à 130° l'*acide bromacétique*, $C^4H^3BrO^4$, avec de l'argent en poudre (M. Steiner) :

$$2\,C^4H^3BrO^4 + 2\,Ag = 2\,AgBr + C^8H^6O^8;$$

3° En oxydant l'*acide butyrique*, $C^8H^8O^4$ (Dessaignes) :

$$C^8H^8O^4 + 3\,O^2 = C^8H^6O^8 + H^2O^2;$$

4° En fixant de l'hydrogène sur l'*acide fumarique*, $C^8H^4O^8$, ou sur son isomère l'*acide maléique* (M. Kékulé) :

$$C^8H^4O^8 + H^2 = C^8H^6O^8;$$

5° En réduisant l'*acide malique* par l'acide iodhydrique :

$$C^8H^6O^{10} + H^2 = C^8H^6O^8 + H^2O^2;$$

ou bien encore l'*acide tartrique* (M. Schmitt) :

$$C^8H^6O^{12} + 2\,H^2 = C^8H^6O^8 + 2\,H^2O^2;$$

6° Par l'oxydation des corps gras complexes, au moyen de l'acide nitrique (Laurent) ;

7° Dans la fermentation du *malate de chaux* (Dessaignes), dans une fermentation particulière du *tartrate d'ammoniaque* (M. Kœnig), et aussi, en petite quantité, dans la fermentation alcoolique du *sucre* (M. Schmidt; M. Pasteur);

8° Dans la distillation du succin;

9° Il a été rencontré dans la térébenthine, l'absinthe, la laitue vireuse, le pavot, le verjus, etc.; dans le liquide des hydrocèles et divers autres liquides animaux; dans certains lignites, etc.

3. *Préparation.* — On peut préparer l'acide succinique par la distillation sèche du succin; il cristallise dans le récipient. On le com-

prime entre des doubles de papier buvard, on le fait bouillir avec un peu d'acide nitrique pour détruire les matières étrangères, puis recristalliser.

Une autre méthode consiste à mélanger 1 partie de malate de chaux brut avec 3 parties d'eau et un peu de fromage pourri, et à maintenir le tout en fermentation pendant quelques jours entre 30° et 40°. On reprend le produit par l'eau aiguisée d'acide sulfurique en excès, on fait bouillir et on filtre : la liqueur concentrée donne des cristaux d'acide succinique.

Mais il est préférable de dissoudre dans l'eau 2 kilogrammes d'acide tartrique, de neutraliser par l'ammoniaque, et d'étendre le mélange en formant 40 litres de liqueur, en ajoutant 20 grammes de phosphate de chaux, 10 grammes de sulfate de magnésie et quelques grammes de chlorure de calcium. On abandonne à l'air une prise d'essai de ce mélange, préalablement diluée de 5 fois son volume d'eau, et, lorsqu'elle est entrée en fermentation, on l'ajoute à toute la masse, que l'on maintient entre 25° et 30°, dans un vase bouché mais muni d'un tube à dégagement. En deux mois la fermentation est achevée. On évapore, on clarifie la liqueur à l'albumine, puis on fait bouillir en ajoutant du lait de chaux jusqu'à réaction alcaline persistante et expulsion complète de l'ammoniaque. Après filtration et évaporation, il cristallise du succinate de chaux, que l'on décompose par l'acide sulfurique (M. Kœnig).

4. *Propriétés.* — L'acide succinique forme des prismes rhomboïdaux, incolores, inaltérables à l'air. Sa densité est 1,552. Il fond à 180°. Il bout vers 235° et se décompose alors en eau et *anhydride succinique*, $C^8H^4O^6$. Il se dissout dans 8 parties d'eau à 15°. Il est fort soluble dans l'alcool et assez soluble dans l'éther.

5. *Hydrogène.* — L'acide succinique, traité par l'acide iodhydrique à 280°, se change en *acide butyrique*, $C^8H^8O^4$:

$$C^8H^6O^8 + 3\,H^2 = C^8H^8O^4 + 2\,H^2O^2.$$

Un excès de réactif le transforme en *hydrure de butylène* (M. Berthelot) :

$$C^8H^6O^8 + 6\,H^2 = C^8H^{10} + 4\,H^2O^2.$$

6. *Oxygène.* — L'acide succinique résiste bien aux agents oxydants. Cependant, par l'intermédiaire de l'acide succinique bromé et de l'oxyde d'argent, on obtient l'*acide malique*, $C^8H^6O^{10}$ (M. Kékulé); avec l'acide bibromé, il se forme de l'*acide tartrique*, $C^8H^6O^{12}$ (MM. Perkin et Duppa).

L'électrolyse du succinate de soude, en présence d'un excès d'alcali (M. Kolbe), fournit de l'*éthylène* (t. I, p. 76) :

$$C^8H^6O^8 = \underbrace{H^2}_{\text{Pôle} -} + \underbrace{[2\,C^2O^4 + C^4H^4]}_{\text{Pôle} +} + 2\,H^2O^2.$$

Sa solution additionnée d'azotate d'urane et exposée au soleil dégage du gaz carbonique, tandis que de l'*acide propionique*, $C^6H^6O^4$, prend naissance (M. Seecamp).

Le brome le transforme à chaud en dérivés bromés.

7. *Sels.* — Le *succinate neutre de potasse*, $C^8H^4K^2O^8 + 2\,H^2O^2$, et le *succinate neutre d'ammoniaque*, $C^8H^6O^8(AzH^3)^2$, sont de beaux sels, nettement cristallisés, fort solubles. Les *succinates de chaux* et *de baryte* sont assez solubles dans l'eau, mais l'alcool les précipite.

Le *succinate de peroxyde de fer* est un sel brun jaunâtre, insoluble, qui se précipite par la réaction d'un succinate neutre sur le perchlorure de fer neutre. Le moindre excès d'acide le redissout. Il a été parfois employé en analyse, soit pour caractériser l'acide succinique ou les sels de fer, soit pour séparer le fer du manganèse.

Les *succinates de plomb et d'argent* sont insolubles dans les liqueurs neutres.

8. *Dérivés.* —

Acide anhydre..................	$C^8H^4O^6$,
Chlorure acide.................	$C^8H^4Cl^2O^4$,
Sels neutres...................	$C^8H^4M^2O^8$,
Sels acides....................	$C^8H^5MO^8$,
Éther neutre...................	$\left.\begin{matrix}C^4H^4\\C^4H^4\end{matrix}\right\}(C^8H^6O^8)$,
Éther acide....................	$C^4H^4(C^8H^6O^8)$,
Amides.........................	$C^8H^6O^8,\ 2\,AzH^3 - 2\,H^2O^2$,
	$C^8H^6O^8,\ 2\,AzH^3 - 4\,H^2O^2$,
	$C^8H^6O^8,\ AzH^3 - H^2O^2$,
Acides chlorés et bromés.......	$C^8H^5BrO^8$, $C^8H^4Br^2O^8$, etc.

9. *Isomère.* — On connaît un isomère de l'acide succinique, c'est l'*acide isosuccinique* (1), préparé en premier lieu par M. Hugo Müller, mais distingué de son isomère par M. Wichelhaus. On l'obtient en traitant par la potasse l'*acide cyanopropionique* (α) :

$$\underset{\text{Ac. cyanopropionique.}}{C^6H^5(C^2Az)O^4} + 2\,KHO^2 = AzH^3 + \underset{\text{Isosuccinate.}}{C^8H^4K^2O^8}.$$

(1) $CH^3\text{-}CH{=}(CO^2H)^2$.

L'acide cyanopropionique (α) est l'un des deux isomères que l'on obtient en chauffant avec du cyanure de potassium, les deux acides chloropropioniques connus. Dans les mêmes conditions, l'*acide cyanopropionique* β donne l'acide succinique ordinaire.

L'acide isosuccinique est en cristaux incolores, fusibles à 130°. La chaleur le décompose vers 150°, en acide propionique et acide carbonique :

$$C^8H^6O^8 = C^6H^6O^4 + C^2O^4.$$

Son sel ferrique est soluble, ce qui le distingue nettement de l'acide succinique. De plus, l'acide nitrique fumant, qui n'agit pas à froid sur l'acide succinique, détruit l'acide isosuccinique en dégageant de l'acide carbonique.

§ 5. — Acide pyrotartrique.

$C^{10}H^8O^8$ ou $C^{10}H^8(O^4)(O^4)$..... $CH^3\text{-}CH(CO^2H)\text{-}CH^2\text{-}CO^2H.$

1. Cet acide a été découvert par Guyton de Morveau.

2. *Formation.* — 1° Il a été formé synthétiquement au moyen du dérivé dicyanhydrique du propylglycol, c'est-à-dire du *nitrile pyrotartrique* (M. Maxwel Simpson) :

$$C^6H^4(C^2AzH)(C^2AzH) + 4\,H^2O^2 = C^{10}H^8O^8 + 2\,AzH^3.$$

2° On le produit aussi en traitant par l'hydrogène naissant les acides *itaconique*, *citraconique* et *mésaconique*, acides isomères, représentés par la formule $C^{10}H^6O^8$, tous bibasiques et cristallisables ; ce sont des dérivés pyrogénés de l'acide citrique. Leur métamorphose en acide pyrotartrique répond à l'équation suivante (M. Kékulé) :

$$C^{10}H^6O^8 + H^2 = C^{10}H^8O^8.$$

3° La gomme-gutte, traitée par la potasse en fusion, donne de l'acide pyrotartrique.

3. *Préparation.* — L'acide pyrotartrique se prépare en distillant très lentement l'acide tartrique, mêlé avec son poids de pierre ponce :

$$2\,C^8H^6O^{12} = C^{10}H^8O^8 + 3\,C^2O^4 + 2\,H^2O^2.$$

On reprend le produit brut par l'eau bouillante, on filtre et l'on fait cristalliser.

4. *Propriétés.* — Cet acide forme des prismes rhomboïdaux, fusibles à 112°. Il est très soluble dans l'eau.

5. *Isomères.* — Parmi les 3 isomères connus de l'acide pyrotartrique, le plus intéressant est l'*acide glutarique* ou *acide propylène-dicarbonique normal*, qui s'obtient quand on traite par l'acide chlorhydrique son *nitrile*, le *dicyanure de propylène normal* (M. Reboul). Il se forme dans l'oxydation de l'acide sébacique et de divers acides des graisses (M. Carette).

§ 6. — Autres acides homologues de l'acide oxalique.

Nous nous bornerons à indiquer rapidement quelques autres homologues de l'acide oxalique.

1. L'*acide adipique*, $C^{12}H^{10}O^8$, se forme dans l'oxydation des acides gras par l'acide azotique (Laurent), et dans celle de l'acide sébacique (voyez plus loin). Il est soluble dans l'eau, cristallisable et fusible à 148°.

On connaît 11 isomères de l'acide adipique.

2. L'*acide pimélique*, $C^{14}H^{12}O^8$, prend naissance dans l'oxydation de l'acide oléique par l'acide azotique (Laurent).

Il se forme aussi dans l'action de la potasse fondante sur l'acide camphorique (MM. Hlasiwetz et Grabowski).

Il constitue des cristaux tricliniques, fusibles à 114°, très solubles dans l'eau.

3. L'*acide subérique*, $C^{16}H^{14}O^8$, se prépare en oxydant le liège par l'acide azotique bouillant (Brugnatelli). Il se forme aussi dans l'oxydation de divers corps gras. Il constitue de longues aiguilles, peu solubles dans l'eau, fusibles à 140°.

4. L'*acide azélaïque*, $C^{18}H^{16}O^8$, ou *acide lépargylique*, se forme dans l'oxydation de l'huile de ricin, de l'huile de coco et de la cire de Chine; il constitue de grandes aiguilles aplaties, fusibles à 106°. Il distille vers 360°.

5. L'*acide sébacique*, $C^{20}H^{18}O^8$, a été découvert par Thénard dans les produits de la distillation de l'acide oléique.

Il se prépare aujourd'hui en traitant l'huile de ricin par la potasse fondante (M. Bouis), opération que l'on réalise dans la préparation de l'alcool caprylique (t. I, p. 332). La masse restée dans l'alambic est sursaturée par l'acide sulfurique étendu, ce qui sépare l'acide sébacique brut. On fait recristalliser ce dernier dans l'eau bouillante.

Il se présente en aiguilles ou en lamelles blanches, grasses, feutrées. Il fond à 127° et se sublime en partie inaltéré.

2e FAMILLE. — ACIDES $C^{2n}H^{2n-4}O^8$.

§ 7. — **Acide fumarique.**

$C^8H^4O^8$ ou $C^8H^4(O^4)(O^4)$............ $CO^2H\text{-}CH{=}CH\text{-}CO^2H$.

1. L'acide fumarique a été découvert par Pfaf. Il est isomère de l'acide maléique.

2. *Formation.* — L'acide fumarique prend naissance dans la distillation sèche de l'acide malique (Lassaigne) :

$$C^8H^4O^{10} = C^8H^4O^8 + H^2O^2.$$

Il se forme dans l'action de l'eau régale sur les matières albuminoïdes (M. Mühlhäuser).

On peut aussi l'extraire de la fumeterre (*Fumaria officinalis*), du lichen d'Islande, ou de certains champignons.

3. *Préparation.* — Pour le préparer, on chauffe l'acide malique à 150° dans un bain d'huile, jusqu'à ce qu'il ne donne plus de vapeurs : il reste dans la cornue de l'acide fumarique, tandis qu'il distille de l'eau, de l'*acide maléique*, isomère de l'acide fumarique, et de l'*anhydride maléique*, $C^8H^2O^6$.

On l'obtient encore facilement en chauffant à 200° pendant 24 heures, en vase clos, une solution sirupeuse d'acide malique. L'acide fumarique cristallise par le refroidissement. En concentrant l'eau mère et en la traitant de même une seconde fois, on transforme à peu près intégralement l'acide malique en acide fumarique (M. Jungfleisch).

Pour purifier l'acide fumarique, on le fait recristalliser dans l'eau bouillante.

4. *Propriétés.* — Il se présente sous la forme de petits prismes ou d'écailles, qui exigent 200 parties d'eau froide pour se dissoudre.

Chauffé vers 200°, il se sublime sans fondre, mais en s'altérant ; il se décompose vers 250° en eau et *acide maléique anhydre*, $C^8H^2O^6$, qui distille.

L'électrolyse du fumarate de potasse fournit de l'acétylène (M. Kékulé) :

$$C^8H^2K^2O^8 = K^2 + [2\,C^2O^4 + C^4H^2].$$

Chauffé vers 150°, en présence d'un grand excès d'eau, il s'y combine pour former de l'*acide malique inactif*. La transformation inverse de l'acide malique en acide fumarique s'effectuant simultanément, il s'établit, entre les deux acides, un équilibre variable avec la température et la proportion d'eau en présence (M. Jungfleisch).

5. L'acide fumarique est un *composé incomplet*, apte à fixer H^2, HBr, Br^2, etc. Traité par l'hydrogène naissant (amalgame de sodium), il se transforme en *acide succinique*, $C^8H^6O^8$ (M. Kékulé) :

$$C^8H^4O^8 + H^2 = C^8H^6O^8.$$

Traité par le brome, il fournit un *acide succinique bibromé*, $C^8H^4Br^2O^8$.

Enfin l'acide fumarique fixe directement l'acide bromhydrique, en fournissant l'*acide succinique monobromé*, $C^8H^5BrO^8$ (M. Kékulé).

§ 8. — Acide maléique.

$C^8H^4O^8$.................................... $C^4H^4O^4$.

1. L'acide maléique, isomère de l'acide fumarique, a été découvert par Lassaigne.

Le dérivé cyanhydrique de l'*acide acrylique*, $C^6H^3(C^2Az)O^4$, que l'on obtient avec l'*acide bromacrylique* et le cyanure de potassium, est le *nitrile maléique;* chauffé avec l'eau et l'acide chlorhydrique, il donne l'acide maléique lui-même (M. Tanatar) :

$$C^6H^3(C^2Az)O^4 + 2\,H^2O^2 = C^8H^4O^8 + AzH^3.$$

2. *Préparation.*— Il se prépare en concentrant la liqueur aqueuse, obtenue dans la distillation sèche de l'acide malique (voy. ci-dessus).

3. *Propriétés.* — L'acide maléique cristallise en prismes rhomboïdaux obliques, très solubles dans l'eau et dans l'alcool. Il fond à 130° et bout vers 160°, en se décomposant en eau et *anhydride maléique*, $C^8H^2O^6$.

4. *Réactions.* — L'acide maléique maintenu longtemps en fusion se change en acide fumarique (Dessaignes). La même transformation s'effectue plus nettement, quand on le chauffe en vase clos, à 200°, avec de l'eau (M. Jungfleisch); il se produit en même temps de l'acide malique inactif.

Comme son isomère l'acide fumarique, l'acide maléique fixe H^2 ou Br^2 (M. Kékulé) : il donne ainsi, soit de l'acide succinique, soit un *acide succinique bibromé*, isomère de celui que fournit l'acide fumarique dans les mêmes conditions.

5. *Anhydride maléique :* $C^8H^2O^6$. — Ce corps prend naissance

dans l'action de la chaleur sur les acides maléique et fumarique, et même sur l'acide malique, $C^8H^6O^{10}$:

$$C^8H^4O^8 = C^8H^2O^6 + H^2O^2;$$
$$C^8H^6O^{10} = C^8H^2O^6 + 2\,H^2O^2.$$

C'est une masse cristalline, incolore, fusible à 57°, bouillant à 196°. Il se combine facilement avec l'eau pour former de l'acide maléique, et avec le brome pour produire l'*anhydride dibromosuccinique*, $C^8H^2Br^2O^6$.

§ 9. — **Acides itaconique, citraconique et mésaconique.**

$C^{10}H^6O^8$ .... $C^5H^6O^4$.

1. Ces trois acides isomères résultent de l'action de la chaleur sur l'acide citrique.

2. *Acide itaconique.* — Cet acide a été découvert par Baup; il se forme en même temps que l'*anhydride citraconique*, $C^{10}H^4O^6$, quand on distille l'acide citrique, $C^{12}H^8O^{14}$. Il se forme également quand on chauffe à 140°, en vase clos, une solution aqueuse de son isomère, l'acide citraconique.

Il constitue des octaèdres rhomboïdaux droits, fusibles à 161°, assez solubles dans l'eau.

L'hydrogène naissant le transforme, ainsi que ses deux isomères, en *acide pyrotartrique* (M. Kékulé) :

$$C^{10}H^6O^8 + H^2 = C^{10}H^8O^8.$$

3. *Acide citraconique.* — L'acide citraconique ou *acide pyrocitrique* a été découvert par Lassaigne. On l'obtient facilement en traitant par l'eau son *anhydride*, $C^{10}H^4O^6$, liquide jaune, bouillant à 213°, lequel est obtenu lui-même en distillant l'acide citrique.

Il forme des prismes volumineux, fusibles à 80°. La chaleur le dédouble en eau et *anhydride citraconique*.

4. *Acide mésaconique.* — Ce corps a été découvert par Gottlieb. Il s'obtient quand on chauffe à l'ébullition l'acide citraconique avec l'un des acides nitrique, chlorhydrique ou iodhydrique, ou avec de l'eau à 200°.

Il cristallise en prismes minces et brillants, fusibles à 202°. Il se sublime sans s'altérer, mais se transforme, vers 250°, en eau et *anhydride citraconique*.

§ 10. — Acide camphorique.

$C^{20}H^{16}O^8$ ou $C^{20}H^{10}(O^4)(O^4)$................ $C^8H^{14}=(CO^2H)^2$.

1. L'acide camphorique a été découvert en 1785, par Kosegarten. Sa composition a été établie par Malaguti.

2. *Préparation.* — Il se prépare en chauffant 150 grammes de camphre ordinaire avec 2 litres d'acide azotique de densité 1,27 (mélange de 2 volumes d'acide ordinaire pour 1 volume d'eau), dans un ballon au col duquel on a adapté, avec du plâtre, un long tube vertical de diamètre presque égal. On chauffe doucement pendant 40 ou 50 heures, tant qu'il se dégage des vapeurs rutilantes en quantité sensible. On distille ensuite l'acide azotique, on dissout le résidu dans le carbonate de soude, on filtre et on décompose le sel de soude par l'acide chlorhydrique. On purifie l'acide camphorique précipité, par des cristallisations dans l'eau.

3. *Propriétés.* — L'acide camphorique, dérivé du camphre ordinaire, est constitué par des prismes rhomboïdaux, fusibles à 178°, peu solubles dans l'eau froide, mais assez solubles dans l'alcool et dans l'éther.

4. *Réactions.* — A une haute température, il se sublime en se décomposant et en donnant l'*anhydride camphorique*, $C^{20}H^{14}O^6$ (Bouillon-Lagrange), composé cristallisé en belles aiguilles, fusible à 217°.

L'acide camphorique, chauffé avec l'acide iodhydrique à 280°, fournit de l'oxyde de carbone, de l'acide carbonique et de l'*hydrure d'octylène*, $C^{16}H^{18}$ (M. Berthelot) :

$$C^{20}H^{16}O^8 + 2\,H^2 = C^2O^4 + C^2O^2 + C^{16}H^{18} + H^2O^2.$$

Oxydé par ébullition avec l'acide azotique concentré, il se change en *acide camphoronique*, $C^{18}H^{12}O^{10}$ (M. Kachler).

Distillé avec l'acide phosphorique sirupeux, il développe un carbure $C^{16}H^{14}$, qui bout vers 120° (Walter) :

$$C^{20}H^{16}O^8 = C^2O^4 + C^2O^2 + H^2O^2 + C^{16}H^{14}.$$

L'acide camphorique forme des *camphorates neutres*, $C^{20}H^{14}M^2O^8$, et des *camphorates acides*, $C^{20}H^{15}MO^8$. Les camphorates alcalins et terreux sont solubles, sauf celui de baryte; les autres sont généralement insolubles.

Le camphorate de chaux distillé se change en *phorone*, $C^{18}H^{14}O^2$ (Laurent), dérivé condensé de l'acétone (t. II, p. 44) :

$$C^{20}H^{14}Ca^2O^8 = C^2O^4, 2\,CaO + C^{18}H^{14}O^2.$$

5. *Isomères de l'acide camphorique.* — L'acide camphorique, préparé, comme il vient d'être dit, au moyen du camphre droit (t. II, p. 55), est doué du pouvoir rotatoire à droite : $\alpha_D = +48°$; c'est l'*acide camphorique droit*. Avec le camphre de matricaire (*Matricaria parthenium*), on obtient de même l'*acide camphorique gauche*, semblable à l'acide droit, doué d'un pouvoir rotatoire égal, mais de signe contraire (M. Chautard).

Quand on mélange à poids égaux l'acide camphorique droit et l'acide camphorique gauche, en solutions concentrées, ils se combinent avec dégagement de chaleur et forment l'*acide racémocamphorique* ou *paracamphorique*, composé optiquement inactif, par compensation des actions égales et contraires qu'exercent ses composants sur la lumière polarisée (M. Chautard).

Inversement l'acide paracamphorique, soumis à des cristallisations opérées à diverses températures, peut être dédoublé en acide camphorique droit et acide camphorique gauche (M. Jungfleisch).

6. Les acides camphoriques droit et gauche, chauffés en vase clos avec l'eau, perdent leurs pouvoirs rotatoires. Il se produit dans les deux cas, deux acides optiquement inactifs : l'un est identique à l'acide paracamphorique, c'est-à-dire inactif par compensation et dédoublable en deux acides actifs ; l'autre est inactif, mais non dédoublable. L'acide *camphorique inactif* proprement dit prédomine quand on chauffe vers 180° ; l'acide paracamphorique est plus abondant vers 280°. Dans les deux cas, les acides droit et gauche disparaissent peu à peu, mais complètement, et un équilibre s'établit entre les deux acides inactifs (M. Jungfleisch).

L'*acide camphorique inactif* est plus soluble que les autres. Il cristallise en aiguilles fusibles à 113°.

5e FAMILLE. — ACIDES $C^{2n}H^{2n-10}O^8$.

§ 11. — **Acides phtaliques.**

$C^{16}H^6O^8$ ou $C^{16}H^6(O^4)(O^4)$.................... $\mathcal{C}^8H^4=(\mathcal{C}\Theta^2H)^2$.

1. On connaît trois acides phtaliques isomères : l'*acide phtalique* proprement dit ou *orthophtalique*, l'*acide isophtalique* ou *métaphtalique*, et l'*acide téréphtalique* ou *paraphtalique*. Ces trois isomères ont été pris comme types de classification des corps isomères dérivant de la benzine par deux réactions : on désigne, en effet, les différents isomères par les préfixes ortho, méta, para, suivant que les réactions et les dérivations de ces isomères les rattachent aux acides orthophtalique, métaphtalique ou paraphtalique.

2. *Acide orthophtalique.* — L'acide orthophtalique (1) a été découvert par Laurent. Il prend naissance dans l'oxydation de la benzine (Carius) ou de l'alizarine (M. Schunck), et surtout dans celle de la naphtaline et de ses dérivés chlorés. Il résulte régulièrement de l'oxydation de l'*orthoxylène*, $C^{16}H^{10}$.

On le prépare en traitant la naphtaline par un mélange de bichromate de potasse et d'acide chlorhydrique. Le carbure se transforme en *tétrachlorure de naphtaline* (α), $C^{20}H^{8}Cl^{4}$, et en *tétrachlorure de naphtaline chlorée*, $C^{20}H^{7}Cl,Cl^{4}$. Le mélange de ces deux corps, oxydé par l'acide nitrique à la température du bain-marie, donne l'acide phtalique correspondant au premier d'entre eux, et le *naphtoquinon chloré*, $C^{20}H^{4}Cl^{2}O^{4}$, répondant au second. On sépare l'acide par l'eau bouillante (MM. Depouilly frères).

Il cristallise fort bien en cristaux rhombiques; il est peu soluble dans l'eau froide, très soluble dans l'eau chaude. Après cristallisation, il fond à 213°.

L'hydrogène naissant dégagé par l'amalgame de sodium, le change en *acide hydrophtalique*, $C^{16}H^{8}O^{8}$.

3. *Orthophtalates.* — L'acide phtalique forme des sels bibasiques, solubles pour la plupart. Cependant il est précipité par le nitrate d'argent et par l'acétate de plomb.

Le phtalate de chaux, chauffé vers 330° avec son poids de chaux, se dédouble en acide carbonique et *acide benzoïque* (MM. Depouilly frères) :

$$C^{16}H^{6}O^{8} = C^{14}H^{6}O^{4} + C^{2}O^{4}.$$

Cette réaction est utilisée pour la fabrication de l'acide benzoïque (t. II, p. 167).

En présence d'un excès d'alcali, et à plus haute température, la décomposition du même sel donne de la *benzine* (M. Marignac) :

$$C^{16}H^{6}O^{8} = C^{12}H^{6} + 2\,C^{2}O^{4}.$$

4. *Anhydride orthophtalique.* — L'acide phtalique perd de l'eau vers 230°, et donne des vapeurs d'anhydride phtalique, $C^{16}H^{4}O^{6}$ (Laurent), qui se condensent en de longues et magnifiques aiguilles.

(1) $C^{6}H^{4} = (CO^{2}H)^{2}{}_{(1.\,2)}$.

L'anhydride phtalique a été appelé aussi *phtalide* et *acide pyroalizarique*. Ses cristaux fondent à 128°, en un liquide bouillant à 276°. Il se combine avec les phénols mono et polyatomiques (M. Baeyer), pour former des *phtaléines*, composés isomères des éthers phtaliques des phénols. Les phtaléines sont fort employées aujourd'hui pour la préparation de certaines matières colorantes qui en dérivent. Nous avons parlé antérieurement des phtaléines du phénol, de la résorcine et du pyrogallol (t. I, p. 542, 557 et 565).

5. *Acide métaphtalique.* — Cet acide (1) a été découvert par MM. Fittig et Velguth. On l'obtient en oxydant l'*isoxylène* ou *métaxylène*, $C^{16}H^{10}$. Il cristallise en longues aiguilles fusibles à 300°. Il est peu soluble dans l'eau, même à chaud. Il se sublime sans s'altérer et sans former d'anhydride, ce qui le distingue nettement de l'acide phtalique ordinaire.

6. *Acide téréphtalique.* — Cet isomère (2) a été découvert par Cailliot. Il constitue une poudre blanche, insoluble dans tous les dissolvants neutres ou acides. Il s'obtient en oxydant par l'acide nitrique l'essence de térébenthine, le cymène ou le paraxylène, $C^{18}H^{10}$:

$$C^{18}H^{10} + 8\,O^2 = C^{16}H^6O^8 + 2\,H^2O^2 + C^2O^4.$$

Il se sublime sans fusion préalable et sans formation d'anhydride.

§ 12. — 1re classe 3e ordre : Acides tribasiques.

La théorie de ces acides a été développée plus haut (t. II, p. 101). Nous allons exposer l'histoire des plus importants.

§ 13. — Acide tricarballylique.

$$C^{12}H^8O^{12} \text{ ou } C^{12}H^8(O^4)^3 \ldots\ldots\ldots\ldots \quad \mathit{C}O^2H\text{-}\mathit{C}H{=}(\mathit{C}H^2\text{-}\mathit{C}O^2H)^2.$$

1. Cet acide a été découvert par M. Maxwell Simpson. On l'appelle aussi *acide carballylique*. Il existe dans les betteraves non parvenues à maturité.

2. *Préparation.* — 1° Il s'obtient synthétiquement par l'action de la potasse sur le dérivé tricyanhydrique de la glycérine, lequel n'est autre chose que le *nitrile carballylique*, $C^6H^2(C^2AzH)^3$ (M. Maxwell Simpson) :

$$C^6H^2(C^2AzH)^3 + 3\,KHO^2 + 3\,H^2O^2 = C^{12}H^5K^3O^{12} + 3\,AzH^3.$$

(1) $\mathit{C}^6H^4{=}(\mathit{C}O^2H)^2_{(1.\,3)}$.
(2) $\mathit{C}^6H^4{=}(\mathit{C}O^2H)^2_{(1.\,4)}$.

Le nitrile carballylique lui-même se prépare en chauffant la *tribromhydrine* (t. I, p. 380) avec du cyanure de potassium :

$$C^6H^2(HBr)^3 + 3\,KC^2Az = C^6H^2(C^2AzH)^3 + 3\,KBr.$$

2° L'acide carballylique se forme dans l'action de l'hydrogène naissant, produit par l'amalgame de sodium et l'eau, sur *l'acide aconitique*, $C^{12}H^6O^{12}$ (Dessaignes) :

$$C^{12}H^6O^{12} + H^2 = C^{12}H^8O^{12}.$$

3. *Propriétés*. — Il cristallise en prismes rhomboïdaux, incolores, fusibles à 166°, solubles dans l'eau et dans l'alcool, mais non dans l'éther.

§ 14. — Acide aconitique.

$$C^{12}H^6O^{12} \ldots\ldots\ldots\ldots\ldots \quad CO^2H\text{-}CH^2\text{-}C{<}^{CO^2H}_{CH\text{-}CO^2H}$$

1. L'acide aconitique ou *acide équisétique* a été découvert par Peschier, en 1820. Il existe dans l'aconit (*Aconitum napellus*), dans certaines prêles (*Equisetum fluviatile*), dans le pied d'alouette des champs (*Delphinium consolida*), dans la betterave, etc.

Il est isomère avec les acides maléique et fumarique.

2. *Formations*, — Il résulte de la déshydratation de l'acide citrique par la chaleur (Dahlstroem) :

$$C^{12}H^8O^{14} = C^{12}H^6O^{12} + H^2O^2.$$

L'acide aconitique doit pouvoir être dérivé par déshydrogénation de l'acide carballylique (voy. ci-dessus) ; il engendre, en effet, ce dernier par hydrogénation.

3. *Préparation*. — On peut retirer l'acide aconitique de l'aconit (*Aconitum napellus*), en recueillant l'aconitate de chaux qui se dépose peu à peu dans l'extrait aqueux de cette plante. On dissout ce sel dans l'acide nitrique faible, on précipite la liqueur par l'acétate de plomb et l'on décompose le précipité par l'hydrogène sulfuré.

Il est préférable de chauffer l'acide citrique, par petites portions (100 gr.), jusqu'à ce qu'il commence à produire des vapeurs se condensant en un liquide huileux, de chauffer pendant quelques heures le résidu avec de l'eau, d'évaporer à sec et d'épuiser le produit par l'éther. Ce dissolvant évaporé fournit l'acide aconitique cristallisé.

4. *Propriétés*. — Cet acide se présente sous l'aspect de paillettes, ou de croûtes mamelonnées. Il se dissout dans 3 parties d'eau à 15°. Il est insoluble dans l'alcool et dans l'éther.

Il fond à 186° en se décomposant; il donne ainsi de l'acide carbonique et de l'*acide itaconique*, $C^{10}H^6O^8$ (t. II, p. 187) :

$$C^{12}H^6O^{12} = C^{10}H^6O^8 + C^2O^4.$$

§ 15. — 1re classe, 6e ordre : Acides hexabasiques.

La théorie de ces acides a été indiquée plus haut (t. II, p. 102). Nous ne parlerons que du plus important d'entre eux.

§ 16. — Acide mellique.

$C^{24}H^6O^{24}$ ou $C^{24}H^6(O^4)^6$...................... $\mathcal{C}^6(\mathcal{C}\Theta^2H)^6$.

1. L'acide mellique a été découvert par Klaproth en 1799, dans la *mellite*, minéral que l'on rencontre dans certains lignites et qui n'est autre chose que du mellate d'alumine. L'acide n'est bien connu que depuis les recherches récentes de M. Baeyer.

2. *Formation.* — Il se forme synthétiquement, par l'oxydation du charbon (M. Schulze), et par celle de l'*hexaméthylbenzine*, $C^{24}H^{18}$, au moyen du permanganate de potasse alcalin (MM. Friedel et Crafts).

On l'a obtenu encore en électrolysant l'eau avec des électrodes de charbon (MM. Bartoli et Papasogli).

3. *Préparation.* — On le prépare en faisant digérer pendant 12 heures la mellite pulvérisée, dans de l'ammoniaque concentrée; après avoir porté à l'ébullition et filtré bouillant, on évapore le liquide à siccité et on chauffe le résidu pendant quelques heures à 130°, ce qui rend insolubles les matières colorantes. Reprenant par l'eau et faisant cristalliser, on a du mellate d'ammoniaque. Ce dernier est transformé en sel de plomb, lequel est enfin décomposé par l'acide sulfhydrique (MM. Claus et Pope).

4. *Propriétés.* — L'acide mellique est blanc; il cristallise en fines aiguilles, inaltérables à l'air, fusibles, solubles dans l'eau et l'alcool.

5. *Réactions.* — Cet acide est fort stable et résiste à l'action de la plupart des réactifs.

La chaleur le dédouble en acide carbonique, eau et *anhydride pyromellique*, $C^{20}H^2O^{12}$ (Erdmann) :

$$C^{24}H^6O^{24} = 2\,C^2O^4 + 2\,H^2O^2 + C^{20}H^2O^{12}.$$

Cet anhydride, chauffé avec de l'eau, fixe $2\,H^2O^2$ et donne l'*acide pyromellique*, $C^{20}H^6O^{16}$.

L'acide mellique, traité par l'amalgame de sodium et l'eau, fixe l'hydrogène naissant et se transforme en *acide hydromellique*, $C^{24}H^{12}O^{24}$ (M. Baeyer) :

$$C^{24}H^6O^{24} + 3\,H^2 = C^{24}H^{12}O^{24}.$$

Chauffé avec un excès de chaux, l'acide mellique se dédouble en acide carbonique et benzine (M. Baeyer) :

$$C^{24}H^6O^{24} = C^{12}H^6 + 6\,C^2O^4.$$

La même décomposition peut être plus ménagée, et dans ce cas on obtient, par élimination de quantités croissantes d'acide carbonique, toute une série d'*acides benzinocarboniques*, intermédiaires entre l'acide mellique et la benzine (M. Baeyer) :

Acide mellique...............	$C^{24}H^6O^{24}$,
— benzinopentacarbonique..	$C^{22}H^6O^{20} = C^{24}H^6O^{24} - C^2O^4$,
— pyromellique..........	$C^{20}H^6O^{16} = C^{24}H^6O^{24} - 2\,C^2O^4$,
— trimésique............	$C^{18}H^6O^{12} = C^{24}H^6O^{24} - 3\,C^2O^4$,
— phtalique..............	$C^{16}H^6O^8 = C^{24}H^6O^{24} - 4\,C^2O^4$,
— benzoïque.............	$C^{14}H^6O^4 = C^{24}H^6O^{24} - 5\,C^2O^4$,
Benzine.....................	$C^{12}H^6 = C^{24}H^6O^{24} - 6\,C^2O^4$.

6. *Sels*. — Le *mellate d'ammoniaque*, $C^{24}H^6O^{24}(AzH^3)^6 + 9\,H^2O^2$, forme de magnifiques prismes rhomboïdaux. Les sels de chaux et de baryte sont insolubles.

CHAPITRE V

ACIDES-ALCOOLS

La théorie et la classification des acides-alcools a été développée antérieurement (t. II, p. 103).

1er GROUPE : ACIDES MONOBASIQUES MONOALCOOLIQUES.

1re *famille.* — *Acides-alcools :* $C^{2n}H^{2n-2}(H^2O^2)(O^4)$.

§ 1er. — **Acide glycollique.**

$C^4H^4O^6$ ou $C^4H^2(H^2O^2)(O^4)$..... $(H\theta)\text{-}\mathcal{C}H^2\text{-}(\mathcal{C}\theta^2H)$.

1. L'acide glycollique a été découvert, en 1851, par MM. Socoloff et Strecker. Il existe dans le verjus.

2. *Formation.* — Il se forme :

1° En traitant le *perchlorure d'acétylène* par la potasse alcoolique à 100° (M. Berthelot) :

$$C^4H^2Cl^4 + 5\,(KO, HO) = C^4H^3KO^6 + 4\,KCl + H^2O^2$$

2° En oxydant le *glycol* (Wurtz) :

$$C^4H^2(H^2O^2)(H^2O^2) + O^4 = C^4H^2(H^2O^2)(O^4) + H^2O^2,$$

ou l'*alcool ordinaire* (M. Debus), par l'acide nitrique.

Le *glyoxal*, $C^4H^2O^4$, et l'*acide glyoxylique*, $C^4H^2O^6$, par ébullition de leurs solutions en présence des alcalis, se changent en acide glycollique :

$$C^4H^2O^4 + H^2O^2 = C^4H^4O^6;$$
$$2\,C^4H^2O^6 + H^2O^2 = C^4H^4O^6 + C^4H^2O^8.$$

3° En oxydant l'*acide acétique*, $C^4H^4O^4$, par l'intermède d'un dérivé monochloré (R. Hofmann) :

$$C^4H^4O^4 + Cl^2 = C^4H^3ClO^4 + HCl;$$
$$C^4H^3ClO^4 + KHO^2 = C^4H^4O^6 + KCl,$$

4° En réduisant l'*acide oxalique*, $C^4H^2O^8$, par l'hydrogène naissant (M. Schulze) :

$$C^4H^2O^8 + 2H^2 = C^4H^4O^6 + H^2O^2$$

5° En décomposant la *glycollamine*, $C^4H^5AzO^4$, par l'acide nitreux (MM. Socoloff et Strecker) :

$$C^4H^5AzO^4 + AzO^4H = C^4H^4O^6 + H^2O^2 + Az^2.$$

6° En décomposant l'*acide tartronique*, $C^6H^4O^{10}$, à 180° (Dessaignes) :

$$C^6H^4O^{10} = C^4H^4O^6 + C^2O^4.$$

3. *Préparation*. — On le prépare souvent au moyen de l'alcool. On place dans des vases de petites dimensions et entourés d'eau un mélange de 4 parties d'acide azotique (D = 1,33) et de 5 parties d'alcool à 90 centièmes. On l'abandonne pendant quelques jours à une température de 15° à 20°, jusqu'à cessation de dégagement gazeux. On évapore ensuite rapidement au bain-marie, par portions de 20 à 30 grammes, jusqu'à consistance sirupeuse. On reprend par l'eau, on neutralise par la craie, on ajoute un excès de chaux, on fait bouillir quelque temps, ce qui détruit le glyoxal et l'acide glyoxylique, on filtre et on concentre; par refroidissement, il se dépose des cristaux de glycollate de chaux. Ce sel, décomposé par son équivalent d'acide oxalique ou sulfurique, fournit l'acide libre.

Il vaut mieux faire bouillir pendant deux à trois jours 500 grammes d'acide monochloracétique, dissous dans 4 litres d'eau et additionnés de 560 grammes de marbre finement pulvérisé. Le dégagement de gaz carbonique étant terminé, on décante le liquide chaud, on épuise le résidu par l'eau bouillante. Les liqueurs réunies laissent déposer le glycollate de chaux cristallisé. On traite ce dernier comme il a été dit plus haut (M. Hœlzer).

4. *Propriétés*. — L'acide glycollique cristallise en prismes incolores, fusibles à 78°. La vapeur d'eau, à 100°, l'entraîne notablement. Il est déliquescent, miscible à l'eau, soluble dans l'alcool et dans l'éther.

5. *Réactions.* — L'acide glycollique, chauffé vers 260°, se change en un anhydride, le *glycollide*, $C^4H^2O^4$, composé pulvérulent et insoluble dans l'eau froide (Heintz).

Traité par l'acide iodhydrique à 100°, il se change en *acide acétique :*

$$C^4H^4O^6 + H^2 = C^4H^4O^4 + H^2O^2.$$

Les oxydants le transforment en *acide oxalique :*

$$C^4H^4O^6 + 2\,O^2 = C^4H^2O^8 + H^2O^2.$$

6. *Dérivés.* — La théorie de ses dérivés a été exposée plus haut (t. II, p. 107). Le plus remarquable est la *glycollamine*, $C^4H^2(AzH^3)(O^4)$, acide-alcali qui résulte de la substitution de l'ammoniaque à l'eau alcoolique et qui existe dans les tissus animaux (voy. aux alcalis).

7. *Sels.* — Les glycollates sont solubles. Le *glycollate de chaux*, $C^4H^3CaO^6 + 3\,HO$, est soluble dans l'eau, précipitable par l'alcool ; il se dépose en belles aiguilles soyeuses, groupées autour d'un point commun.

§ 2. — **Acides oxypropioniques.**

On connaît deux acides-alcools répondant à la formule $C^6H^6O^6$. Le premier est l'*acide lactique* proprement dit ; il se présente sous plusieurs états, différents au point de vue de l'action exercée sur la lumière polarisée ; le second est l'*acide hydracrylique*. Nous nous occuperons successivement de chacun d'eux.

I. — Acide lactique.

$$C^6H^6O^6 \text{ ou } C^6H^4(H^2O^2)(O^4) \ldots\ldots \quad \mathit{CH^3\text{-}CH}<^{\mathit{OH}}_{\mathit{CO^2H}}$$

1. *Historique.* — L'acide lactique ordinaire est appelé aussi *acide lactique de fermentation* ou *acide éthylidène-lactique ;* il a été découvert par Scheele en 1780. Sa composition a été établie par Mitscherlich et par Liebig. Etudié surtout par Wurtz et par M. Wislicenus, sa synthèse a été réalisée d'abord par Strecker, puis par M. Wislicenus.

Il se rencontre dans l'opium.

2. *Formation.* — Il se forme :

1° Par l'oxydation du *glycol isopropylénique* (Wurtz), dérivé du bromure de propylène (t. I, p. 410) :

$$C^6H^4(H^2O^2)(H^2O^2) + 2\,O^2 = C^6H^4(H^2O^2)(O^4) + H^2O^2 ;$$

2° Par l'oxydation indirecte de l'*acide propionique*, $C^6H^6O^4$, c'est-à-dire en traitant par la potasse l'*acide propionique chloré* (α) (Wurtz):

$$C^6H^5ClO^4 + H^2O^2 = C^6H^6O^6 + HCl;$$

3° Par l'hydrogénation d'un acide-aldéhyde, l'*acide pyruvique*, $C^6H^4O^6$ (M. Wislicenus) :

$$C^6H^4(O^2)(O^4) + H^2 = C^6H^4(H^2O^2)(O^4);$$

4° Au moyen d'un dérivé cyanhydrique de l'aldéhyde (t. II, p. 15), la *lactamine* (MM. Gautier et Simpson) :

$$C^4H^4O^2 + C^2HAz + H^2O^2 = C^6H^7AzO^4,$$
$$C^6H^7AzO^4 + AzO^3, HO = C^6H^6O^6 + H^2O^2 + Az^2;$$

5° Dans la fermentation lactique des glucoses et des matières susceptibles de fournir des glucoses (t. I, p. 444). C'est ainsi que l'acide lactique existe dans le lait aigri : il y a pris naissance par la fermentation lactique du sucre de lait;

6° Dans l'action des alcalis sur le sucre de canne et sur la glucose.

3. *Préparation.* — L'acide lactique se prépare au moyen du lactate de chaux. On obtient ce dernier en mélangeant 10 parties de sucre ou de glucose, 100 parties d'eau, 1 partie de fromage blanc et 10 parties de craie en poudre. On abandonne le tout à une température de 30° à 35°, en agitant souvent (MM. Boutron et Fremy). Sous l'influence d'un ferment organisé particulier de très petite dimension (fig. 89), la glucose se transforme en acide lactique (M. Pasteur) :

$$C^{12}H^{12}O^{12} = 2\,C^6H^6O^6,$$

et ce dernier dégage l'acide carbonique du carbonate de chaux pour se transformer en lactate. Le carbonate de chaux sert ainsi à neutraliser l'acide aussitôt après sa formation : si la liqueur devenait notablement acide, la fermentation lactique ferait place à la fermentation visqueuse (t. I, p. 446). Au bout d'une semaine, le lactate de chaux cristallisant peu à peu, la liqueur se prend en une masse blanche, opaque. Sans plus attendre, on exprime cette masse aussi fortement que possible et on la fait cristalliser dans l'eau bouillante. On exprime de nouveau; on fait cristalliser encore. Pour retirer l'acide lactique du lactate de chaux ainsi obtenu, on dissout le sel dans l'eau bouillante, et on le décompose par la quantité théorique d'acide sulfurique dilué. On filtre, on concentre en consistance de sirop et l'on reprend par l'éther, qui dissout l'acide sirupeux. En distillant l'éther au bain-marie, on obtient l'acide lactique.

Pour l'obtenir plus pur, on peut le saturer ensuite par le carbonate de zinc à l'ébullition, filtrer et laisser cristalliser. Le lactate de zinc est ensuite décomposé par l'hydrogène sulfuré.

4. *Propriétés.* — L'acide lactique est un sirop incolore, très acide, d'une saveur franche. Il est miscible à l'eau, soluble dans l'éther. Sa densité à 20° est 1,243.

5. *Chaleur.* — Chauffé, il commence à perdre de l'eau dès 100° et même au-dessous. En le maintenant quelque temps vers 130°, il se change peu à peu en un premier produit de déshydratation, l'*acide*

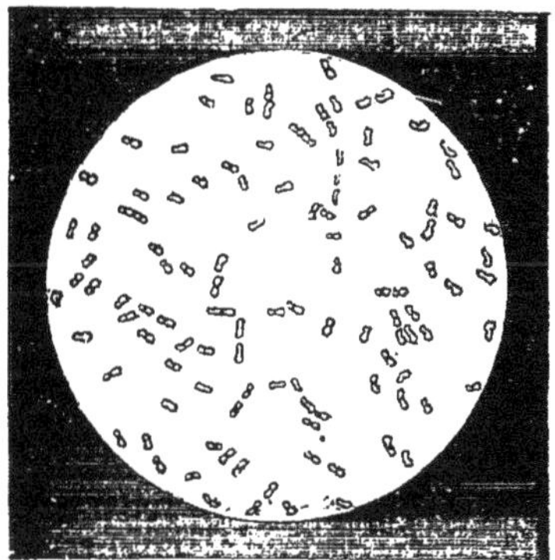

Fig. 89. — Ferment lactique.

dilactique, $(C^6H^5O^5)^2$; ce composé, que l'on appelle aussi *acide lactyllactique*, est l'éther lactique de l'acide lactique envisagé lui-même comme alcool :

$$C^6H^4(C^6H^6O^6)(O^4).$$

Vers 250° distille un anhydride cristallisé, le *lactide* $(C^6H^4O^4)^2$, (t. II, p. 109), ainsi qu'un peu d'acide carbonique, d'oxyde de carbone et d'*aldéhyde*.

Chauffé en présence d'un excès de chaux, il donne de l'acétone et une assez forte proportion d'alcool (M. Hanriot) :

$$C^6H^6O^6 = C^4H^6O^2 + C^2O^4.$$

6. *Hydrogène.* — L'acide lactique, traité par l'acide iodhydrique à 100°, se change en *acide propionique*, $C^6H^6O^4$ (M. Lautemann) :

$$C^6H^6O^6 + H^2 = C^6H^6O^4 + H^2O^2 ;$$

lequel, sous l'influence d'un acide iodhydrique très concentré et à 280°, devient à son tour de l'*hydrure de propylène*, C^6H^8 (M. Berthelot).

7. *Oxygène.* — Les agents oxydants changent l'acide lactique, d'abord dans l'acide-aldéhyde correspondant, qui est l'*acide pyruvique*, $C^6H^4(O^2)(O^4)$, puis en acides acétique, formique et oxalique.

8. *Chlore et iode.* — Distillé avec un mélange d'acide chlorhydrique et de bioxyde de manganèse, l'acide lactique fournit du *chloral* (Staedeler) :

$$C^6H^6O^6 + 4Cl^2 = C^2O^4 + C^4HCl^3O^2 + 5HCl.$$

Traité par l'iode et les alcalis, l'acide lactique ordinaire fournit de l'iodoforme.

9. *Dérivés.* — L'acide lactique est un *acide-alcool*. La théorie de ses dérivés a été exposée plus haut (t. II, p. 107).

Nous indiquerons les propriétés des plus importants parmi ces dérivés.

L'*acide dilactique* ou *éther lactyllactique*, $C^6H^4(C^6H^6O^6)(O^4)$, constitue une masse amorphe, que l'eau bouillante transforme en acide lactique (Pelouze). On a vu plus haut qu'il résulte de l'action ménagée de la chaleur sur l'acide lactique.

Le *lactide*, $(C^6H^4O^4)^2$, s'obtient par simple distillation de l'acide lactique (Pelouze). Il cristallise en tables rhomboïdales, fond à 125° et bout à 255°. Il se combine lentement à l'eau.

Le *chlorure lactique* ou *chlorure de lactyle*, $C^6H^4Cl^2O^2$, est le produit de l'action des chlorures de phosphore sur l'acide lactique. C'est un liquide peu stable : on ne peut le distiller sans décomposition. Ce corps est à la fois un chlorure acide et un éther chlorhydrique. Il a été reconnu identique avec un des *chlorures propioniques chlorés*.

L'*acide éthyllactique*, $C^6H^4(C^4H^6O^2)(O^4)$, se produit par l'action des alcalis sur son éther, $C^4H^4[C^6H^4(C^4H^6O^2)(O^4)]$. Il constitue un liquide incolore, qui bout à 196° en se décomposant (Wurtz). C'est un acide monobasique en même temps qu'un éther mixte. Comme acide, il peut former avec l'alcool ordinaire un éther dont il vient d'être question; cet éther est un liquide bouillant à 156°, de densité 0,920 à 0° (Wurtz).

Des composés du même genre ont été obtenus avec les autres alcools.

Comme alcool, l'acide lactique peut encore se combiner aux acides pour former des éthers composés, possédant en même temps une fonction acide.

Tel est l'*acide acétolactique* (M. Wislicenus), $C^6H^4(C^4H^4O^4)(O^4)$; tel est encore l'*acide benzolactique*, $C^6H^4(C^{14}H^6O^4)(O^4)$; tel est enfin l'*acide nitrolactique* (M. Henry), $C^6H^4(AzHO^6)(O^4)$, qui est le produit de l'acide nitrique fumant sur l'acide lactique.

10. *Lactates.* — Les lactates proprement dits sont monobasiques; tous sont solubles dans l'eau. On les prépare : soit au moyen de l'acide lactique et des carbonates; soit par double décomposition, au moyen du lactate de chaux et des sulfates solubles.

Le *lactate de chaux*, $C^6H^5CaO^6 + 5HO$, cristallise en très petites aiguilles blanches, groupées en mamelons. Il est soluble dans 9,5 parties d'eau froide, très soluble dans l'eau chaude, insoluble dans l'alcool froid.

Le *lactate de zinc*, $C^6H^5ZnO^6 + 3HO$, se dissout dans 58 parties d'eau froide et dans 6 parties d'eau bouillante; il est insoluble dans l'alcool. Il cristallise en aiguilles ou lamelles brillantes.

Le *lactate de cuivre*, $C^6H^5CuO^6 + 2HO$, forme de beaux prismes rhomboïdaux obliques, bleus, efflorescents.

Le *lactate de fer*, $C^6H^5FeO^6 + 3HO$, se prépare par double décomposition, en traitant le lactate de chaux par le sulfate de protoxyde de fer. On filtre et l'on précipite le lactate de fer par l'alcool. Il est soluble dans 48 parties d'eau froide et dans 12 parties d'eau bouillante. Le lactate de fer est employé en pharmacie (Gélis).

11. *Action sur la lumière polarisée.* — L'acide lactique ordinaire n'agit pas sur la lumière polarisée, mais il n'est inactif que par compensation et résulte de l'union à molécules égales d'un acide lactique droit et d'un acide lactique gauche. Si, en effet, on vient à cultiver le *Penicillium glaucum* dans une solution de lactate d'ammoniaque, l'acide lactique qui subsiste après quelques semaines est dextrogyre, l'isomère lévogyre ayant été détruit en plus forte proportion (M. Lewkowitsch).

L'acide lactique donne donc lieu à des phénomènes d'isomérie optique, à la façon de l'acide tartrique ou de l'acide camphorique.

12. *Acide sarcolactique.* — Berzelius a découvert, en 1807, l'acide lactique dans le liquide qui imprègne les tissus musculaires. Plus tard, Liebig montra que cet acide lactique diffère de l'acide lactique de fermentation et le nomma *acide sarcolactique*. On a appelé aussi ce corps *acide paralactique*. Il se distingue de ses isomères par l'action qu'il exerce sur la lumière polarisée : $\alpha_j = + 3°,5$. De plus, son sel de zinc cristallise avec 2 équivalents d'eau seulement et se dissout abondamment dans l'alcool. L'acide sarcolactique doit être identique au produit dextrogyre cité plus haut.

Par son union avec l'acide lactique gauche, il constituerait l'acide lactique de fermentation.

Le liquide de la viande renferme, en même temps que l'acide sarcolactique, un acide isomère, optiquement inactif, produisant des sels incristallisables. Ce corps n'a été qu'entrevu. Peut-être est-il l'*acide lactique inactif* non dédoublable?

L'acide sarcolactique se retire de l'extrait de viande. On délaye 1 partie d'extrait dans 4 parties d'eau tiède, mélangée de 8 parties d'alcool à 90 centièmes; après quelque temps, on filtre et on épuise le résidu par le même mélange liquide. Les solutions étant évaporées, on reprend par l'alcool fort, on distille le véhicule, on acidule par l'acide sulfurique et on épuise le mélange par l'éther. En distillant ce dernier, on obtient l'acide sarcolactique brut, que l'on transforme en sel de zinc. Le sarcolactate de zinc décomposé par l'hydrogène sulfuré fournit l'acide sarcolactique.

L'acide sarcolactique a des propriétés très voisines de celles de l'acide lactique ordinaire.

Sous l'influence d'une température de 130°, il se change en un *acide lactyllactique* lévogyre. Au-dessus de 150°, il donne le *lactide* ordinaire, optiquement inactif, qui par hydratation reproduit l'acide lactique ordinaire (Strecker).

Les sarcolactates sont, en général, lévogyres et plus solubles que les lactates.

Le *sarcolactate de chaux*, $C^6H^5CaO^6 + 4HO$, est cependant moins soluble dans l'eau que le lactate. Il est soluble dans l'alcool chaud.

Le *sarcolactate de zinc*, $C^6H^5ZnO^6 + 2HO$, est très soluble dans l'eau froide; il forme des prismes courts et brillants.

II. — Acide hydracrylique.

$C^6H^6O^6$ ou $C^6H^4(H^2O^2)(O^4)$............ $OH\text{-}CH^2\text{-}CH^2\text{-}COH^2$.

1. Cet isomère de l'acide lactique a été découvert par M. Beilstein. Il se confond avec l'*acide éthylène-lactique*, que l'on a, jusqu'en ces derniers temps, considéré comme un 3e isomère (M. Erlenmeyer, M. Kaysser).

Il accompagne l'acide sarcolactique dans le liquide musculaire.

2. *Formation*. — Il se forme :

1° Par l'oxydation du *glycol propylénique normal*, $C^6H^8O^4$ (M. Géromont), qui est un alcool biprimaire (t. I, p. 410) :

$$C^6H^4(H^2O^2)(H^2O^2) + 2O^2 = C^6H^4(H^2O^2)(O^4) + H^2O^2;$$

tandis que l'acide lactique ordinaire dérive du *glycol isopropylénique*, qui est un alcool primaire et secondaire.

2° Quand on traite par l'oxyde d'argent l'*acide iodopropionique* β, $C^6H^4(HI)(O^4)$, éther-acide dérivé du glycol propylénique normal (M. Beilstein) :

$$C^6H^5IO^4 + 2\,AgO = C^6H^5AgO^6 + AgI.$$

3° Par l'action de la potasse sur le *nitrile hydracrylique*, lequel n'est autre chose que le dérivé monocyanhydrique du glycol ordinaire (M. Wislicenus) :

$$\underset{\text{Nitrile hydracrylique.}}{C^4H^2(H^2O^2)(C^2AzH)} + KHO^2 + H^2O^2 = \underset{\text{Hydracrylate.}}{C^6H^5KO^6} + AzH^3.$$

Le dérivé cyanhydrique s'obtient lui-même par l'action du cyanure de potassium sur la monochlorhydrine du glycol ordinaire.

4° Par l'hydratation de l'*acide acrylique*, $C^6H^4O^4$, quand on chauffe celui-ci au-dessus de 100° avec de la lessive de soude en excès (Linnemann) :

$$C^6H^4O^4 + H^2O^2 = C^6H^6O^6.$$

3. *Propriétés.* — C'est un liquide sirupeux. La chaleur ne le transforme pas en anhydride proprement dit; mais, dès 100°, elle le dédouble en eau et *acide acrylique*, $C^6H^4O^4$:

$$C^6H^6O^6 = H^2O^2 + C^6H^4O^4.$$

L'acide iodhydrique le change à chaud en *acide iodopropionique* β. Traité par l'iode et la potasse, il ne donne pas d'iodoforme.

4. *Sels.* — L'*hydracrylate de chaux*, $C^6H^5CaO^6 + 2HO$, cristallise en prismes ; il est très soluble dans l'eau froide et insoluble dans l'alcool.

L'*hydracrylate de zinc*, $C^6H^5ZnO^6 + 4HO$, forme des cristaux du système irrégulier. Il se combine à l'hydracrylate de chaux en un composé caractéristique, peu soluble dans l'eau bouillante, insoluble dans l'alcool.

§ 3. — Acides oxybutyriques.

$C^8H^8O^6$ ou $C^8H^6(H^2O^2)(O^4)$.............. $\theta H\text{-}\mathcal{C}^3H^6\text{-}\mathcal{C}\theta^2H$.

1. On connaît trois acides oxybutyriques, l'*acide oxybutyrique normal*, l'*acide oxybutyrique* α et l'*acide oxybutyrique* β. Leurs modes de formation sont analogues à ceux indiqués pour les acides lactiques.

2. L'*acide oxybutyrique normal* (1), appelé aussi *acide oxybutyrique* γ, se produit par l'hydratation de son *nitrile*, $C^6H^4(C^2AzH)(H^2O^2)$, lequel résulte de la réaction du cyanure de potassium sur la monobromhydrine du glycol propylénique normal, $C^6H^4(HBr)(H^2O^2)$ (M. Frühling) :

$$C^6H^4(C^2AzH)(H^2O^2) + 2\,H^2O^2 = C^8H^6(H^2O^2)(O^4) + AzH^3.$$

C'est un liquide qui, dès 100°, se dédouble en eau et en anhydride, $C^8H^6O^4$. Ce dernier constitue un liquide miscible à l'eau, dont le carbonate de potasse le sépare.

3. L'*acide oxybutyrique* α (2) se forme dans l'action des alcalis hydratés sur l'*acide butyrique chloré* α. Son nitrile, qui le fournit par hydratation, se produit par l'union directe de l'acide cyanhydrique avec l'aldéhyde propionique.

Cet acide oxybutyrique est cristallin, déliquescent, fusible à 43°, sublimable dès 70°. Il bout à 255°.

4. L'*acide oxybutyrique* β (3) existe dans les urines diabétiques (M. Külz). Son nitrile, qui le fournit par hydratation, est le dérivé monocyanhydrique du glycol isopropylénique. L'acide oxybutyrique β est un sirop épais, qui distille avec l'eau.

5. Un quatrième isomère, l'*acide oxyisobutyrique* (4), appelé encore *acide acétonique*, *acide butyllactique* et *acide diméthyloxalique*, a été découvert par Staedeler en faisant agir l'acide chlorhydrique sur un mélange d'acétone et d'acide cyanhydrique :

$$C^6H^6O^2 + C^2AzH + HCl + 2\,H^2O^2 = C^8H^8O^6 + AzH^4Cl.$$

Il est cristallisé, fusible à 79° et sublimable dès 50°.

§ 4. — Acides oxyvalérianiques.

$$C^{10}H^{10}O^6 \text{ ou } C^{10}H^8(H^2O^2)(O^4) \ldots\ldots\ldots\ldots\ OH\text{-}C^4H^8\text{-}CO^2H.$$

1. Parmi les sept acides-alcools répondant à la formule précédente, nous n'en citerons qu'un seul, l'*acide oxyvalérianique* γ (5).

Cet acide résulte de l'action de l'eau bouillante sur l'*acide bromo-*

(1) $OH\text{-}CH^2\text{-}CH^2\text{-}CH^2\text{-}CO^2H$.
(2) $CH^3\text{-}CH^2\text{-}CH(OH)\text{-}CO^2H$.
(3) $CH^3\text{-}CH(OH)\text{-}CH^2\text{-}CO^2H$.
(4) $(CH^3)^2{=}C(OH)\text{-}CO^2H$.
(5) $CH^3\text{-}CH(OH)\text{-}CH^2\text{-}CH^2\text{-}CO^2H$.

valérianique γ, $C^{10}H^{9}BrO^{4}$, lequel s'obtient par fixation de l'acide bromhydrique sur l'*acide allylacétique*, $C^{10}H^{8}O^{4}$ (M. Messerschmidt) :

$$C^{10}H^{8}O^{4} + HBr = C^{10}H^{9}BrO^{4};$$
$$C^{10}H^{9}BrO^{4} + H^{2}O^{2} = C^{10}H^{10}O^{6} + HBr.$$

Il est extrêmement instable ; une très courte ébullition de sa solution, additionnée d'un acide minéral, suffit pour le transformer en anhydride, $C^{10}H^{8}O^{2}$.

2. Cet anhydride, appelé d'ordinaire *valérolactone* (1), est un liquide bouillant à 207°, miscible à l'eau, dont il se sépare par addition de carbonate de potasse. Sous l'action des liqueurs alcalines chaudes, il forme les sels de l'*acide oxyvalérianique* γ.

§ 5. — Acides oxycaproïques.

$C^{12}H^{12}O^{6}$ ou $C^{12}H^{10}(H^{2}O^{2})(O^{4})$........... $\mathit{\Theta H}\text{-}\mathit{C^{5}H^{10}}\text{-}\mathit{C\Theta^{2}H}$.

1. On a décrit 12 acides-alcools pouvant être représentés par les formules précédentes. Deux d'entre eux sont remarquables par la facilité avec laquelle ils donnent des anhydrides (*lactones*) : on les nomme *acide oxycaproïque* γ et *acide oxyisocaproïque*.

2. Le premier, l'*acide oxycaproïque* γ, dérive de l'*acide bromocaproïque*, $C^{12}H^{11}BrO^{4}$. Il perd de l'eau avec une telle facilité qu'il ne peut être isolé.

Son anhydride, $C^{12}H^{10}O^{4}$, appelé *caprolactone* (2), se produit toutes les fois qu'on cherche à mettre l'acide en liberté ; c'est un liquide bouillant à 220°, très soluble dans l'eau froide, moins soluble à chaud, donnant avec les alcalis des *oxycaproates* γ.

3. Le second, l'*acide oxyisocaproïque*, se produit par l'oxydation de l'*acide isobutylacétique*, $C^{12}H^{12}O^{4}$. Il est cristallisable, mais se déshydrate, même à froid, en donnant un anhydride, $C^{12}H^{10}O^{4}$, l'*isocaprolactone* (3).

Celui-ci est liquide, plus dense que l'eau, plus soluble dans l'eau froide que dans l'eau chaude ; il bout à 207° ; les alcalis le changent en oxyisocaproates.

(1) $CH^{3}\text{-}\overbrace{CH\text{-}CH^{2}\text{-}CH^{2}\text{-}C}^{\Theta}\Theta.$

(2) $CH^{3}\text{-}CH^{2}\text{-}\overbrace{CH\text{-}CH^{2}\text{-}CH^{2}\text{-}C}^{\Theta}\Theta.$

(3) $(CH^{3})^{2}{=}C < {C^{2}H^{4} \atop \Theta} > C\Theta.$

5e *famille.* — *Acides :* $C^{2n}H^{2n-10}(H^2O^2)(O^4)$.

§ 6. — Acide phénylglycollique.

$C^{16}H^8O^6$ ou $C^{16}H^6(H^2O^2)(O^4)$........ *C^6H^5-$CH(OH)$-CO^2H.*

1. Cet acide, appelé aussi *acide formobenzoïlique* et *acide benzylaloformique*, a été découvert par Winckler.

2. *Formations.* — Il se produit :

1° En traitant à chaud par l'acide chlorhydrique un mélange d'*aldéhyde benzoïque*, $C^{14}H^6O^2$, et d'*acide cyanhydrique*, C^2AzH (M. Winckler) :

$$C^{14}H^6O^2 + C^2AzH + HCl + H^2O^2 = C^{16}H^8O^6 + AzH^4Cl.$$

L'acide cyanhydrique et l'aldéhyde benzoïque étant des produits constants du dédoublemeut de l'*amygdaline* par les acides (t. I, p. 461), l'acide phénylglycollique se produit aussi quand on fait bouillir ce glucoside avec l'acide chlorhydrique (Woehler).

2° En décomposant l'*acide phénylchloracétique*, $C^{16}H^7ClO^4$, par un alcali (M. Spiegel) :

$$C^{16}H^7ClO^4 + KHO^2 = C^{16}H^8O^6 + KCl.$$

3. *Préparation.* — On fait bouillir ensemble, pendant 30 ou 40 heures, 100 grammes d'aldéhyde benzoïque, 3 litres 1/2 d'eau, 200 grammes d'acide chlorhydrique et une quantité d'acide cyanhydrique triple ou quadruple de celle qui serait nécessaire d'après la théorie. On évapore à siccité et on épuise le résidu par l'éther, qui dissout l'acide phénylglycollique.

4. *Propriétés.* — Il constitue de grandes tables rhomboïdales, fusibles à 118°, solubles dans l'eau, l'alcool et l'éther. Neutralisé par la potasse diluée, il dégage 13 Calories ; il se conduit donc à cet égard comme un acide franc.

La chaleur et les oxydants le détruisent en donnant de l'aldéhyde benzoïque.

L'acide iodhydrique le réduit à chaud en formant de l'*acide phénylacétique*, $C^{16}H^8O^4$.

Oxydé par le permanganate de potasse, il donne un acide-aldéhyde, l'*acide phénylglyoxylique*, $C^{16}H^6(O^2)(O^4)$ (MM. Meyer et Baur).

5. *Isoméries optiques.* — L'acide obtenu au moyen de l'amygdaline est lévogyre. L'acide artificiel est inactif par compensation, c'est-à-dire formé par l'union de deux acides doués de pouvoirs rotatoires égaux, mais de signe contraire; il devient, en effet, dextrogyre, quand on cultive dans sa dissolution certains cryptogames, le *Penicillium glaucum*, par exemple (M. Lewkowitsch).

§ 7. — **Acide tropique.**

$C^{18}H^{10}O^{6}$ ou $C^{18}H^{8}(H^{2}O^{2})(O^{4})$........ $C^{6}H^{5}\text{-}CH < {CH^{2}\text{-}OH \atop CO^{2}H}$

1. On connaît 5 *acides phényllactiques* ou *phényloxypropioniques.* Le plus intéressant est l'acide tropique, ou *acide phényl-hydracrylique*, qui a été découvert par M. W. Lossen. C'est un produit de dédoublement de l'*atropine* et de l'*hyoscyamine.*

2. *Préparation.* — On l'obtient en chauffant en vase clos, à 130°, pendant quelques heures, l'*atropine*, $C^{34}H^{23}AzO^{6}$, avec l'acide chlorhydrique fumant. Il se forme simultanément, par fixation d'eau, de l'acide tropique et un alcali cristallisé, la *tropine*, $C^{16}H^{15}AzO^{2}$:

$$\underset{\text{Atropine.}}{C^{34}H^{23}AzO^{6}} + H^{2}O^{2} = \underset{\text{Ac. tropique.}}{C^{18}H^{10}O^{6}} + \underset{\text{Tropine.}}{C^{16}H^{15}AzO^{2}}.$$

3. *Propriétés.* — L'acide tropique constitue de fins cristaux prismatiques, fusibles à 118°, incolores, solubles dans l'eau, l'alcool et l'éther. Il forme des sels cristallisables.

Sous l'influence prolongée de l'acide chlorhydrique, ou de l'hydrate de baryte, cet acide perd de l'eau, $H^{2}O^{2}$, et se transforme en deux isomères de l'acide cinnamique, l'*acide atropique* et l'*acide isatropique*, $C^{18}H^{8}O^{4}$ (M. W. Lossen).

Inversement, l'acide atropique peut être changé par hydratation en acide tropique. A cet effet, on traite l'acide atropique par l'acide hypochloreux. Il forme ainsi l'*acide chlorotropique*, $C^{18}H^{9}ClO^{6}$:

$$\underset{\text{Ac. atropique.}}{C^{18}H^{8}O^{4}} + ClO, HO = \underset{\text{Ac. chlorotropique.}}{C^{18}H^{9}ClO^{6}};$$

ce dernier, traité par l'amalgame de sodium en présence de l'eau, donne l'acide tropique (M. Ladenburg) :

$$\underset{\text{Ac. chlorotropique.}}{C^{18}H^{9}ClO^{6}} + H^{2} = \underset{\text{Ac. tropique.}}{C^{18}H^{10}O^{6}} + HCl.$$

Enfin, l'acide atropique lui-même, $C^{18}H^8O^4$, résulte de la fixation des éléments de l'oxyde de carbone sur l'*acétophénone*, $C^{16}H^8O^2$ (MM. Ladenburg et Rügheimer) :

$$C^{16}H^8O^2 + C^2O^2 = C^{18}H^8O^4.$$

Pour le produire synthétiquement, on peut traiter l'acétophénone par l'acide cyanhydrique naissant, que dégagent le cyanure de potassium et l'acide chlorhydrique dilué. Il se forme ainsi un dérivé cyanhydrique, $C^{16}H^8O^2,C^2AzH$, qui est le *nitrile atrolactique*. Ce dernier s'hydrate à froid sous l'influence de l'acide chlorhydrique fumant et fournit l'*acide atrolactique*, $C^{18}H^{10}O^6$ (M. Spiegel) :

$$\underset{\text{Nitrile atrolactique.}}{C^{16}H^8O^2, C^2AzH} + HCl + 2\,H^2O^2 = \underset{\text{Ac. atrolactique.}}{C^{18}H^{10}O^6} + AzH^4Cl\,;$$

enfin, si l'on chauffe le tout avec l'acide chlorhydrique dilué, l'acide atrolactique se dédouble en eau et acide atropique (MM. Ladenburg et Rügheimer) :

$$\underset{\text{Ac. atrolactique.}}{C^{18}H^{10}O^6} = \underset{\text{Ac. atropique.}}{C^{18}H^8O^4} + H^2O^2.$$

2e GROUPE : ACIDES MONOBASIQUES ET DIALCOOLIQUES.

1re *famille*. — *Acides :* $C^{2n}H^{2n-4}(H^2O^2)(H^2O^2)(O^4)$.

§ 8. — Acide glycérique.

$C^6H^6O^8$ ou $C^6H^2(H^2O^2)(H^2O^2)(O^4)$..... $OH\text{-}CH^2\text{-}CH(OH)\text{-}CO^2H$.

1. Cet acide a été obtenu simultanément par MM. Debus et Socoloff.

2. Il se produit par l'oxydation ménagée de la glycérine.

3. C'est un liquide sirupeux, incolore, que la chaleur transforme en divers anhydrides, puis décompose entièrement, en donnant de l'*acide pyruvique*, $C^6H^4O^6$, par déshydratation.

Il est optiquement inactif par compensation : détruit partiellement par le *Penicillium glaucum*, il laisse un résidu lévogyre (M. Lewkowitsch).

3e GROUPE : ACIDES MONOBASIQUES ET TRIALCOOLIQUES.

1re *famille.* — *Acides :* $C^{2n}H^{2n-6}(H^2O^2)(H^2O^2)(H^2O^2)(O^4)$.

§ 9. — **Acide érythroglucique.**

$C^8H^8O^{10}$ ou $C^8H^2(H^2O^2)(H^2O^2)(H^2O^2)(O^4)$......... $C^4H^8O^5$.

1. Cet acide a été obtenu par M. de Luynes en oxydant directement l'érythrite, sous l'influence du noir de platine (t. I, p. 414). Il se forme également en traitant le même alcool par l'acide nitrique.

2. Il cristallise en longues aiguilles, mais reste le plus souvent sous forme sirupeuse.

4e GROUPE : ACIDES MONOBASIQUES ET TÉTRALCOOLIQUES.

2e *famille.* — *Acides :* $C^{2n}H^{2n-8}(H^2O^2)(H^2O^2)(H^2O^2)(H^2O^2)(O^4)$.

§ 10. — **Acide glucosaccharinique et isomères.**

$C^{12}H^{12}O^{12}$ ou $C^{12}H^4(H^2O^2)^4(O^4)$.... $CH^2(OH)\text{-}CH(OH)\text{-}CH(OH)\text{-}C(CH^3)(OH)\text{-}CO^2H$.

1. *Acide glucosaccharinique.* — Cet acide prend naissance dans l'action de l'hydrate de chaux sur la glucose ou la lévulose (M. Péligot). Toutefois il est fort instable et se déshydrate, lentement à froid, rapidement à chaud, en donnant un anhydride, la *saccharine*, $C^{12}H^{10}O^{10}$. Cette transformation s'effectue notamment quand on évapore sa solution aqueuse.

Les saccharinates s'obtiennent en faisant bouillir les solutions d'anhydride avec certains carbonates. Leurs solutions aqueuses sont lévogyres.

2. L'*anhydride saccharinique*, plus généralement désigné sous les noms de *saccharine* ou de *glucosaccharine*, s'obtient en abandonnant à elle-même une solution de 1 kilogramme de sucre interverti dans 9 litres d'eau, additionnée de 100 grammes de chaux hydratée pulvérulente ; après quinze jours, on ajoute encore 400 grammes de chaux éteinte, puis on laisse en contact pendant deux mois, en agitant de temps en temps ; on filtre, on précipite la plus grande partie de la chaux par l'acide carbonique ; puis le reste, exactement, par l'acide oxalique, on filtre de nouveau et on évapore en consistance sirupeuse. La saccharine cristallise peu à peu. On la purifie par de nouvelles cristallisations, en traitant les liqueurs par le noir animal.

Elle constitue des prismes rhomboïdaux volumineux, fusibles à 160°. Elle est dextrogyre : $\alpha_D = +93°,8$. Au contact de l'eau, elle se transforme partiellement en acide glucosaccharinique.

Par son mode de formation en partant de l'acide saccharinique, la saccharine se rapproche des *lactones* (t. II, p. 100).

3. *Isomères.* — En agissant sur la maltose, l'hydrate de chaux donne un isomère de la saccharine, la *maltosaccharine* ou *isosaccharine*, qui dérive d'un isomère de l'acide précédent, l'*acide isosaccharinique* ou *acide maltosaccharinique* (M. Cuisinier). Dans les mêmes conditions, le sucre de lait donne de l'isosaccharine ainsi qu'un troisième anhydride isomère, la *métasaccharine*, laquelle correspond à un *acide métasaccharinique* (M. Kiliani).

Les diverses matières sucrées semblent devoir engendrer dans les mêmes conditions un grand nombre d'isomères de l'acide glucosaccharinique et de la saccharine.

5e GROUPE : ACIDES MONOBASIQUES ET PENTALCOOLIQUES.

1re *famille.* — *Acides :* $C^{2n}H^{2n-10}(H^2O^2)^5(O^4)$.

§ 11. — Acide mannitique et isomères.

$C^{12}H^{12}O^{14}$ ou $C^{12}H^2(H^2O^2)^5(O^4)$ .... $C^6H^{12}O^7$.

1. Trois acides de ce groupe répondent à la formule précédente : l'*acide mannitique*, l'*acide gluconique* et l'*acide lactonique*. Ils se forment en oxydant les diverses glucoses ou leurs dérivés.

2. *Acide mannitique.* — L'acide mannitique s'obtient par l'oxydation directe de la mannite, sous l'influence du noir de platine (Gorup-Besanez) :

$$C^{12}H^2(H^2O^2)^6 + 2O^2 = C^{12}H^2(H^2O^2)^5(O^4) + H^2O^2.$$

Il est incristallisable, soluble en toutes proportions dans l'eau et dans l'alcool, insoluble dans l'éther. Il se décompose dès 80°. Les mannitates sont amorphes.

3. L'*acide gluconique* et l'*acide lactonique* se préparent de même, le premier, par l'oxydation de la glucose ou de ses dérivés, et le second, par l'oxydation de la galactose, de l'arabinose ou de leurs composés.

Ils semblent résulter de la transformation de la fonction aldéhydique des glucoses en fonction acide.

2e SECTION, 1er GROUPE : ACIDES BIBASIQUES ET MONOALCOOLIQUES.

1re *famille.* — *Acides :* $C^{2n}H^{2n-4}(H^2O^2)(O^4)(O^4)$

§ 12. — Acide tartronique.

$C^6H^4O^{10}$ ou $C^6H^2(H^2O^2)(O^4)(O^4)$........ $OH-CH=(CO^2H)^2$.

1. L'acide tartronique, ou *acide oxymalonique*, a été découvert par Dessaignes.

2. *Formation.* — Il se produit :

1° Dans la décomposition spontanée de l'*acide nitrotartrique*, $C^8H^2(AzHO^6)(AzHO^6)(O^4)(O^4)$, en solution aqueuse.

2° Dans l'oxydation de la *glycérine*, $C^6H^8O^6$ (M. Sadtler) :

$$C^6H^2(H^2O^2)^3 + 4\,O^2 = C^6H^2(H^2O^2)(O^4)(O^4) + 2\,H^2O^2.$$

et par suite dans celle de l'*acide glycérique*, $C^6H^2(H^2O^2)(H^2O^2)(O^4)$.

3° Dans l'oxydation de la *glucose* par le réactif cupropotassique (M. Claus).

4° Dans la décomposition par les alcalis de l'*éther trichlorolactique*, $C^4H^4,C^6H^3Cl^3O^6$ (M. Pinner) :

$$C^4H^4,C^6H^3Cl^3O^6 + 5\,NaHO^2 = C^6H^2Na^2O^{10} + 3\,NaCl + C^4H^6O^2 + 2\,H^2O^2.$$

3. *Préparation.* — L'éther trichlorolactique s'obtenant facilement au moyen du chloral (t. II, p. 22), c'est lui que l'on emploie le plus avantageusement pour préparer l'acide tartronique. On dissout un peu moins de 5 molécules de soude caustique dans 10 fois leur poids d'eau, on chauffe vers 60° ou 70°, puis on y introduit peu à peu 1 molécule d'éther trichlorolactique et on maintient en digestion pendant quelque temps. On acidule ensuite par l'acide acétique et on ajoute du chlorure de baryum à la liqueur encore chaude. Après refroidissement, on lave le tartronate de baryte précipité et on le décompose par une quantité exactement équivalente d'acide sulfurique, on filtre et on évapore.

4. *Propriétés.* — L'acide tartronique cristallise en prismes incolores, contenant 1 équivalent d'eau de cristallisation. Il est très soluble dans l'eau et dans l'alcool, peu soluble dans l'éther. Desséché, il commence à se sublimer entre 110° et 120°; il fond à 186° en s'altérant.

La chaleur le décompose, en effet, à partir de cette température, en donnant de l'acide carbonique et de l'*acide glycollique*, $C^4H^4O^6$:

$$C^6H^4O^{10} = C^4H^4O^6 + C^2O^4.$$

§ 13. — **Acides maliques.**

$C^8H^6O^{10}$ ou $C^8H^4(H^2O^2)(O^4)(O^4)$ .... $CO^2H\text{-}CH^2\text{-}CH(OH)\text{-}CO^2H$.

1. L'acide malique a été découvert par Scheele en 1785. Sa composition a été établie par Liebig. M. Pasteur a étudié ses propriétés optiques et cristallographiques.

2. *Formation*. — Ce corps se forme :

1° En oxydant l'*acide succinique*, $C^8H^6O^8$, par l'intermédiaire de l'*acide succinique bromé*, $C^8H^5BrO^8$, que l'on traite par l'oxyde d'argent ou la potasse (M. Kékulé) :

$$C^8H^5BrO^8 + AgO + HO = C^8H^6O^{10} + AgBr.$$

2° Par combinaison directe de l'eau avec l'acide fumarique (M. Jungfleisch) :

$$C^8H^4O^8 + H^2O^2 = C^8H^6O^{10}.$$

C'est à cette réaction que se rattache la transformation de l'*acétylène* en acide malique. Si, en effet, on chauffe une solution alcoolique de cyanure de potassium et de bromure d'acétylène, $C^4H^2Br^2$, il se forme du *nitrile fumarique*, $C^4H^2(C^2Az)^2$, lequel, décomposé par la potasse aqueuse, donne, non pas l'acide fumarique, mais l'acide malique (M. Sabanejeff) :

$$C^4H^2(C^2Az)^2 + 5\,H^2O^2 = C^8H^6O^{10} + 2\,AzH^3.$$

3° En réduisant avec ménagement l'*acide tartrique*, $C^8H^6O^{12}$, par l'acide iodhydrique (Dessaignes) :

$$C^8H^6O^{12} + H^2 = C^8H^6O^{10} + H^2O^2;$$

4° En traitant l'*acide aspartique*, $C^8H^7AzO^8$, par l'acide nitreux (Piria) :

$$C^8H^7AzO^8 + AzO^3,HO = C^8H^6O^{10} + Az^2 + H^2O^2.$$

3. *Variétés optiques*. — Les deux premières formations, qui sont synthétiques, ne fournissent directement que des acides maliques opti-

quement inactifs. Les autres peuvent fournir des acides optiquement actifs. Il existe, en effet, quatre acides maliques différents, ou plutôt quatre variétés optiques de l'acide malique : deux de ces acides sont *actifs* sur la lumière polarisée, l'un étant dextrogyre et l'autre lévogyre; le troisième et le quatrième sont *inactifs*, mais, parmi ces derniers, un seul a été étudié avec quelque détail. L'acide malique gauche est le plus intéressant, à cause de sa présence dans un très grand nombre de produits naturels. Nous nous en occuperons en premier lieu.

4. *Acide malique ordinaire.* — Ce corps est appelé aussi *acide malique gauche*. Il se rencontre dans la plupart des fruits acides; mais il s'y trouve associé le plus souvent à l'acide citrique et à l'acide tartrique.

5. *Préparation.* — Pour préparer l'acide malique en quantité notable, on opère avec le suc de certains fruits qui le contiennent naturellement presque pur de tout autre acide végétal, par exemple avec le suc des baies du sorbier des oiseaux (*Sorbus aucuparia*), de l'épine-vinette (*Berberis vulgaris*) ou du sumac des corroyeurs (*Rhus coriaria*).

On fait bouillir le suc, pour coaguler l'albumine; puis on le précipite par l'acétate de plomb. Le sel plombique, abandonné à lui-même, se convertit en aiguilles brillantes, disposées en masses sphéroïdales rayonnées. On le lave légèrement; on le délaye dans l'eau bouillante et on le traite par l'hydrogène sulfuré; après filtration pour éliminer le sulfure de plomb, on évapore au bain-marie.

On peut encore précipiter à l'ébullition le jus de sorbier par un lait de chaux, employé en quantité à peine suffisante pour le neutraliser, puis traiter à chaud le précipité par son poids d'acide nitrique étendu de 10 parties d'eau, lequel forme du malate acide de chaux. Ce dernier sel cristallise par refroidissement. On le purifie par une nouvelle cristallisation et on le transforme, comme il a été dit plus haut, en malate de plomb, que l'on délaye dans l'eau et que l'on décompose par l'hydrogène sulfuré.

Quand on veut obtenir l'acide malique parfaitement pur, on commence par décomposer le malate de plomb par l'acide sulfhydrique, puis on forme une nouvelle combinaison, le malate acide d'ammoniaque. A cet effet, on fait bouillir la liqueur pour chasser l'excès d'hydrogène sulfuré, on la divise en deux parties égales, on sature l'une d'elles exactement par l'ammoniaque, on y ajoute l'autre portion, et par évaporation suivie de refroidissement on obtient le *malate acide d'ammoniaque;* ce sel se purifie facilement, parce qu'il cristallise très bien. On le transforme de nouveau en malate de plomb, que l'on décompose enfin derechef par l'acide sulfhydrique.

6. *Propriétés.* — L'acide malique ordinaire cristallise dans ses solutions aqueuses très concentrées. Ses cristaux fondent vers 100°. Il est déliquescent. Sa solution aqueuse est lévogyre quand elle est diluée, et dextrogyre lorsqu'elle est concentrée; ses solutions salines donnent lieu à des phénomènes analogues.

7. *Chaleur.* — Chauffé à 175°, l'acide malique se change en deux acides isomères (t. II, p. 185), les *acides maléique* et *fumarique*, $C^8H^4O^8$ (Pelouze) :

$$C^8H^6O^{10} = C^8H^4O^8 + H^2O^2.$$

A une température plus haute, l'acide maléique et l'acide fumarique se changent tous deux en *anhydride maléique*, $C^8H^2O^6$, lequel se sublime en petits cristaux blancs, caractéristiques; il ne reste pas de résidu sensible, au moins lorsqu'on opère sur de faibles quantités d'acide malique.

8. *Hydrogène.* — L'hydrogène naissant, c'est-à-dire l'acide iodhydrique vers 130°, change l'acide malique en *acide succinique*, $C^8H^6O^8$ (M. Schmitt) :

$$C^8H^6O^{10} + H^2 = C^8H^6O^8 + H^2O^2.$$

9. *Oxygène.* — Cet élément exerce sur l'acide malique diverses réactions intéressantes. Par l'influence ménagée du bichromate de potasse et de l'acide sulfurique, on obtient l'*acide malonique*, $C^6H^4O^8$ (Dessaignes) :

$$C^8H^6O^{10} + O^4 = C^6H^4O^8 + C^2O^4 + H^2O^2.$$

Avec l'acide nitrique, on forme l'*acide oxalique*, $C^4H^2O^8$.

Avec la potasse en fusion, on obtient l'*acide oxalique* et l'*acide acétique* (Rieckher) :

$$C^8H^6O^{10} + H^2O^2 = C^4H^4O^4 + C^4H^2O^8 + H^2.$$

10. *Sels.* — Les *malates* sont neutres, $C^8H^4M^2O^{10}$, ou acides, $C^8H^5MO^{10}$: ils sont pour la plupart solubles. Nous avons indiqué plus haut la préparation des bimalates d'ammoniaque et de chaux, ainsi que celle du malate de plomb.

Les solutions d'acide malique ne troublent l'eau de chaux, ni à froid, ni à l'ébullition. Elles ne précipitent ni l'azotate de plomb, ni l'azotate d'argent; mais elles forment avec l'acétate de plomb un précipité lourd et floconneux, qui se change peu à peu en cristaux soyeux.

11. *Acide malique droit.* — Cet acide a été obtenu en même temps que l'acide gauche, par M. Bremer, en faisant agir l'acide iodhydrique

sur l'acide racémique, c'est-à-dire sur la combinaison des acides tartriques droit et gauche. Il a été jusqu'ici fort peu étudié.

12. *Acide malique inactif.* — Le corps qui porte ce nom a été découvert par M. Pasteur, en traitant par l'acide azoteux *l'acide aspartique inactif.*

On l'obtient facilement en chauffant vers 150°, en vase clos, l'acide fumarique (t. II, p. 212), en présence d'un grand excès d'eau (M. Jungfleisch); ou bien en chauffant le même acide pendant longtemps à 100° avec de la potasse (M. Lloyd).

Moins soluble que l'acide malique ordinaire, l'acide inactif cristallise plus facilement. Il fond à 133° et se décompose à une température un peu plus élevée, en produisant les mêmes composés que l'acide actif.

Il devrait être appelé *acide racémomalique* ou *acide paramalique;* c'est, en effet, une combinaison d'acide malique droit et d'acide malique gauche, combinaison optiquement inactive par compensation et dédoublable en ses composants. *L'acide inactif proprement dit* est encore à peu près inconnu.

13. *Isomère.* — L'action de l'oxyde d'argent sur *l'acide isosuccinique monobromé* (t. II, p. 182) engendre un acide isomère des précédents, *l'acide isomalique.*

Celui-ci est cristallisé et fusible vers 140°. Il se dédouble à 160° en gaz carbonique et acide lactique ordinaire.

2e SECTION, 2e GROUPE : ACIDES BIBASIQUES ET BIALCOOLIQUES.

§ 14. — Acides tartriques.

$C^8H^6O^{12}$ ou $C^8H^2(H^2O^2)(H^2O^2)(O^4)(O^4)$... $CO^2H\text{-}CH(OH)\text{-}CH(OH)\text{-}CO^2H.$

1. *Historique.* — Le bitartrate de potasse, ou *tartre des vins*, a été observé de toute antiquité, depuis l'époque où l'on a commencé à conserver le vin. Il a servi à Scheele, en 1769, à préparer l'acide tartrique. La composition de cet acide a été établie par Berzelius, en 1815. Le même chimiste reconnut, en 1830, l'isomérie de l'acide tartrique avec l'acide racémique, composé isolé en 1822 par Kestner de Thann. Mais les relations qui existent entre les deux corps sont demeurées obscures jusqu'aux travaux de M. Pasteur (1848). Ce savant a dédoublé l'acide racémique en acide tartrique droit et acide tartrique gauche; il a montré l'existence de quatre acides tartriques, distincts par le mode de symétrie de leurs cristaux et par l'action que leurs dissolutions exercent sur la lumière polarisée. Ce sont les acides *tartrique droit, tartrique gauche, racémique* et *tartrique inactif.*

Exposons les réactions fondamentales communes aux divers acides tartriques, avant de retracer leur histoire individuelle.

2. *Formation.* — On forme l'acide tartrique par synthèse :

1° En oxydant l'*acide succinique*, $C^8H^6O^8$, par l'intermédiaire de son dérivé bibromé, $C^8H^4Br^2O^8$ (MM. Perkin et Duppa) :

$$C^8H^4Br^2O^8 + 2\,AgO + H^2O^2 = C^8H^6O^{12} + 2\,AgBr.$$

2° Au moyen du *glyoxal*, $C^4H^2O^4$, préalablement changé en dérivé dicyanhydrique (Strecker) ; c'est-à-dire conformément à la réaction qui forme l'acide lactique à partir de l'aldéhyde, en passant par la lactamine (t. II, p. 15 et 198) :

$$C^4H^2O^4 + 2\,C^2AzH + 2\,H^2O^2 = C^8H^8Az^2O^8\,;$$
$$C^8H^8Az^2O^8 + 2\,H^2O^2 = C^8H^6O^{12} + 2\,AzH^3.$$

3° Par l'action de la chaleur sur l'*acide désoxalique*, $C^{10}H^6O^{16}$, lequel se produit dans l'action de l'amalgame de sodium sur l'éther oxalique (M. Lœwig) :

$$C^{10}H^6O^{16} = C^8H^6O^{12} + C^2O^4.$$

4° En oxydant l'*acide fumarique*, $C^8H^4O^8$, par le permanganate de potasse (MM. Kékulé et Anschütz) :

$$C^8H^4O^8 + H^2O^2 + O^2 = C^8H^6O^{12}.$$

Les produits des synthèses précédentes sont tous constitués par de l'acide tartrique inactif, mélangé de très petites quantités d'acide racémique (M. Jungfleisch).

5° Ajoutons encore, ce qui conduit également à une synthèse, qu'en oxydant l'*acide malique*, $C^8H^6O^{10}$, par l'intermédiaire d'un dérivé monobromé, $C^8H^5BrO^{10}$, on produit de l'acide tartrique (M. Kékulé) :

$$C^8H^5BrO^{10} + CaO,HO = C^8H^6O^{12} + CaBr.$$

6° On obtient l'acide tartrique par analyse, en oxydant par l'acide nitrique étendu divers corps sucrés et hydrates de carbone (Liebig). Ces composés donnent ainsi, suivant les cas, les divers acides tartriques : le sucre de lait, la gomme, le sucre de canne, l'amidon et la glucose donnent de l'acide droit. La glycérine et l'acide lactique fournissent aussi de l'acide tartrique dans ces conditions d'oxydation.

3. *Chaleur.* — Soumis à l'action de la chaleur, l'acide tartrique

fond vers 170° et se transforme d'abord en un acide isomérique, l'*acide métatartrique*, puis en *acide tartralique*, $C^{16}H^{10}O^{22}$ ou $C^8H^4O^{10}(C^8H^6O^{12})$ par perte d'eau ; à une plus haute température, il se change en une masse spongieuse, boursouflée, d'abord soluble, mais qui devient peu à peu insoluble ; c'est l'*acide tartrique anhydre*, $C^8H^4O^{10}$ (M. Fremy) :

$$C^8H^6O^{12} - H^2O^2 = C^8H^4O^{10}.$$

A une température plus élevée encore, l'acide tartrique anhydre perd de l'acide carbonique et on obtient deux acides pyrogénés, l'*acide pyruvique*, $C^6H^4O^6$ (Berzelius) :

$$C^8H^4O^{10} = C^6H^4O^6 + C^2O^4,$$

et l'*acide pyrotartrique*, $C^{10}H^8O^8$ (Guyton de Morveau) :

$$2\,C^6H^4O^6 = C^{10}H^8O^8 + C^2O^4.$$

Leur formation est accompagnée par la destruction profonde d'une partie de l'acide, avec dépôt de charbon.

4. *Hydrogène.* — A 120°, l'acide iodhydrique change successivement l'acide tartrique en *acide malique*, $C^8H^6O^{10}$ (Dessaignes), et en *acide succinique*, $C^8H^6O^8$ (M. Schmitt), par élimination d'oxygène.

Une réduction plus complète fournit d'abord l'*acide butyrique* $C^8H^8O^4$, puis l'*hydrure de butylène*, C^8H^{10} (M. Berthelot).

5. *Oxygène.* — Les agents oxydants changent l'acide tartrique en *acide tartronique*, $C^6H^4O^{10}$ (Dessaignes), puis en acide oxalique, $C^4H^2O^8$. On observe ce fait soit avec l'acide nitrique, soit avec le permanganate de potasse alcalin.

La potasse en fusion produit à la fois l'*acide acétique* et l'*acide oxalique* (Gay-Lussac).

Le bioxyde de manganèse ou le bichromate de potasse, additionnés d'acide sulfurique, développent de l'*acide formique*, $C^2H^2O^4$.

L'acide tartrique en solution alcaline réduit les sels d'argent. Cette action réductrice est utilisée aujourd'hui pour l'argenture des glaces.

Les tartrates réduisent également les sels d'or et de platine.

6. *Acides.* — L'acide tartrique, traité par les chlorures acides, fournit des acides doubles, engendrés en vertu de ses fonctions alcooliques, c'est-à-dire par substitution de l'acide du chlorure aux éléments de l'eau.

Des corps du même genre peuvent être produits directement : on citera l'*acide dinitrotartrique*, $C^8H^2(AzHO^6)(AzHO^6)(O^4)(O^4)$, obtenu par Dessaignes en faisant agir l'acide nitrique fumant sur l'acide tartrique.

7. *Isomères*. — Il existe, comme il a été dit, quatre acides tartriques isomères, possédant des réactions presque identiques, mais distincts par leurs formes cristallines et par leur manière d'agir sur la lumière polarisée. Ce sont, d'après M. Pasteur :

1° L'*acide tartrique droit*, dont la solution fait tourner à droite le plan de polarisation de la lumière. Cet acide et ses sels cristallisent sous des formes hémiédriques.

2° L'*acide tartrique gauche*, qui fait tourner le plan de polarisation de la lumière, de la même quantité que l'acide droit, mais en sens contraire. Cette exacte opposition se retrouve dans tous les sels et dérivés de l'acide gauche, comparé à l'acide droit. L'acide gauche et ses sels sont hémièdres en sens contraire des précédents, les formes cristallines elles-mêmes étant identiques ; c'est-à-dire que les deux corps et leurs sels, pris deux à deux, sont symétriques, tels que le sont un corps et son image vue dans un miroir (fig. 90 et fig. 91). La

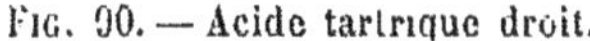

Fig. 90. — Acide tartrique droit.

Fig. 91. — Acide tartrique gauche.

solubilité et les autres propriétés physiques sont identiques, ou tout au moins peu différentes.

3° L'*acide tartrique inactif*, composé *inactif par nature*, dépourvu d'action sur la lumière polarisée, non dédoublable en acides actifs. Il engendre des composés et des sels différents des composés et des sels correspondants de l'acide tartrique droit ou de l'acide tartrique gauche.

4° L'*acide racémique* ou *acide paratartrique*, composé *inactif par compensation*, résulte de la combinaison des deux premiers. Cet acide et les sels qu'il produit sont distincts par leur forme, leur solubilité, leur eau de cristallisation, etc.

Certaines transformations de ces acides les uns dans les autres ont été entrevues d'abord par Dessaignes ; les conditions dans lesquelles elles s'effectuent ont été déterminées et étudiées d'une manière méthodique par M. Jungfleisch.

Nous examinerons en premier lieu le plus répandu dans la nature, l'acide tartrique droit.

I. — Acide tartrique droit.

1. *Synthèse.* — Cette synthèse est fort importante à cause des problèmes qu'elle soulève : aussi croyons-nous utile de l'exposer avec quelque détail.

On a vu plus haut (t. II, p. 216) que les diverses synthèses de l'acide tartrique donnent naissance surtout à de l'acide inactif non dédoublable, mélangé d'une très faible proportion d'acide racémique, autrement dit à des produits dépourvus d'action directe sur la lumière polarisée. Cela s'observe, par exemple, lorsqu'on traite l'acide succinique bibromé par l'oxyde d'argent et l'eau. En considérant même le peu d'acide racémique ainsi formé comme suffisamment caractérisé, et par suite comme dédoublable en acide droit et acide gauche, la belle expérience de MM. Perkin et Duppa n'avait d'ailleurs pas résolu la question de savoir si les substances optiquement actives, fort répandues dans les êtres vivants, peuvent être produites de toutes pièces par voie de synthèse; on avait fait remarquer, en effet, que l'acide succinique employé dans cette expérience, ayant une origine naturelle, devait différer de l'acide de synthèse par quelque propriété non encore reconnue, et l'opinion contraire à la possibilité de la synthèse des substances optiquement actives était restée prédominante.

C'est pourquoi, malgré les difficultés résultant d'une succession de plusieurs synthèses consécutives, il était nécessaire de produire de l'acide tartrique avec de l'acide succinique préparé lui-même par synthèse complète, en partant de l'éthylène (t. II, p. 180), et de constater si un tel acide donne un acide inactif, susceptible d'être transformé régulièrement en acide tartrique droit et acide tartrique gauche. C'est seulement ainsi que la démonstration pouvait être complète.

La connaissance de méthodes régulières de transformation de l'acide inactif, non dédoublable, en acide racémique dédoublable, a permis de réaliser l'expérience : de l'acide inactif préparé par synthèse complète, avec de l'acide succinique provenant de l'éthylène, en passant par le nitrile succinique (t. I, p. 406), a été changé en acide racémique par l'action d'une température de 175°, en présence de l'eau (t. II, p. 220), puis l'acide racémique obtenu a été dédoublé en acides tartriques droit et gauche, par le procédé de M. Pasteur (t. II, p. 225). Il a été prouvé ainsi que les corps doués du pouvoir rotatoire peuvent être préparés en dehors de la vie, et par conséquent indépendamment de tout phénomène physiologique.

Cette démonstration et la production par synthèse totale des deux acides tartriques droit et gauche, sont dues à M. Jungfleisch.

2. *États naturels.* — L'acide tartrique droit existe à l'état libre ou salin, dans la plupart des fruits acides, et notamment dans le jus du raisin. Après la fermentation alcoolique, la solubilité du bitartrate de potasse ayant diminué, par suite de l'introduction de l'alcool dans la liqueur, ce sel se précipite en partie, mêlé avec un peu de tartrate de chaux et de matière colorante : c'est le *tartre brut* des vins. La précipitation est lente et se continue durant plusieurs mois, parce que la liqueur échauffée pendant la fermentation se refroidit peu à peu dans les tonneaux : ce qui diminue la solubilité du bitartrate de potasse.

3. *Préparation.* — On peut retirer l'acide tartrique du tartre purifié, c'est-à-dire de la *crème de tartre* ou *tartrate acide de potasse*.. A cet effet, on délaye ce corps dans 10 à 12 fois son poids d'eau bouillante ; on sature avec de la craie, que l'on ajoute jusqu'à ce qu'il ne se fasse plus d'effervescence ; la moitié de l'acide tartrique se trouve alors précipitée à l'état de *tartrate neutre de chaux* insoluble :

$$2\,C^8H^5KO^{12} + C^2O^4, Ca^2O^2 = C^2O^4 + C^8H^4K^2O^{12} + C^8H^4Ca^2O^{12} + H^2O^2.$$

La liqueur qui contient l'autre moitié de l'acide à l'état de *tartrate neutre de potasse*, est ensuite décomposée à son tour par le chlorure de calcium, pour donner une nouvelle quantité de tartrate de chaux :

$$C^8H^4K^2O^{12} + 2\,CaCl = 2\,KCl + C^8H^4Ca^2O^{12}.$$

On réunit les deux précipités de tartrate de chaux, on les lave à l'eau, puis on les décompose à chaud par l'acide sulfurique étendu de 2 à 3 fois son poids d'eau :

$$C^8H^4Ca^2O^{12} + S^2O^6, H^2O^2 = S^2O^6, Ca^2O^2 + C^8H^6O^{12}.$$

On sépare le sulfate de chaux, on évapore la liqueur et on fait cristalliser dans un endroit un peu chaud. Si l'on veut avoir de beaux cristaux, on emploie un léger excès d'acide sulfurique.

Tel est le procédé classique de Sheele, perfectionné par Lowitz.

La purification du tartre étant une opération coûteuse, on n'opère plus ainsi dans l'industrie. On y fait usage, comme matière première, des tartres bruts et même des lies de vin desséchées, lesquelles peuvent contenir, à l'état de bitartrate de potasse et aussi de tartrate de chaux, près du tiers de leur poids d'acide pur. On traite le tartre ou les lies par l'acide chlorhydrique dilué : les matières colorantes et d'autres substances restent insolubles, tandis que la liqueur filtrée contient l'acide tartrique et les chlorures de potassium et de calcium. On ajoute à cette liqueur de la chaux ou du carbonate de chaux, qui précipite tout l'acide tartrique à l'état de tartrate de chaux (Kestner). Ce dernier, lavé et décomposé par l'acide sulfurique, donne du sulfate de chaux, que l'on sépare, et une solution d'acide tartrique, que l'on évapore. Pour éviter les altérations par la chaleur, on effectue la concentration à basse température, en se servant d'appareils en plomb, sphériques et très épais, dans lesquels on fait le vide (M. Mulaton).

4. *Propriétés.* — L'acide tartrique droit est un corps transparent, cristallisant en prismes rhomboïdaux obliques et hémièdres (fig. 90, t. II, p. 218).

Sa saveur est acide et assez agréable. Il s'en dissout 132,2 parties dans 100 parties d'eau à 15°, et 343 parties à 100°. Il est soluble dans 2 fois son poids d'alcool, et peu soluble dans l'éther.

La solution d'acide tartrique forme, avec les sels de potasse en solution concentrée, un précipité caractéristique, blanc, cristallin, de bitartrate de potasse. Elle précipite l'eau de chaux; mais le précipité se redissout dans un excès d'acide. Elle ne précipite pas les chlorures de calcium ou de baryum, tandis que les tartrates neutres les précipitent; le précipité est soluble dans les lessives alcalines. Elle précipite l'acétate de plomb. L'acide tartrique empêche la précipitation de l'alumine, de l'oxyde ferrique et de l'oxyde cuivrique par la potasse, même bouillante.

L'acide tartrique dissous est doué d'un pouvoir rotatoire dirigé vers la droite; la valeur de ce pouvoir change considérablement avec la concentration de la solution; de plus, elle se modifie suivant des lois différentes pour les diverses parties du spectre (Biot). La formule empirique suivante donne la valeur du pouvoir rotatoire de l'acide tartrique pour la raie D, quelle que soit la dilution (M. Landolt) :

$$\alpha_D = +15°,06 - 0,131\ c.$$

Dans cette formule, c représente le nombre de grammes d'acide contenu dans 100 centimètres cubes de solution aqueuse.

5. *Sels.* — Signalons les *tartrates droits* suivants :

Tartrate neutre de potasse : $C^8H^4K^2O^{12} + HO$. — Ce sel forme des prismes rhomboïdaux droits. Il se dissout dans son poids d'eau à 19°. On le prépare en neutralisant par le carbonate de potasse une solution bouillante de bitartrate de potasse. Son pouvoir rotatoire est $\alpha_D = +28°,48$.

Les acides précipitent du tartrate acide dans sa dissolution.

Tartrate acide de potasse : $C^8H^5KO^{12}$. — Ce sel est appelé aussi *bitartrate de potasse, crème de tartre* ou *tartre purifié*. Il cristallise en prismes rhomboïdaux droits, durs et croquants. 100 parties d'eau dissolvent 0,32 parties de ce sel à 0°; 0,40 parties à 10°: 0,90 parties à 30°; 6,90 parties à 100°. Cette solubilité est réduite de moitié environ dans un mélange de 9 parties d'eau et de 1 partie d'alcool. Elle est nulle dans l'alcool absolu.

On extrait ce sel du tartre des vins. A cet effet, on fait bouillir le tartre avec de l'eau et un peu d'argile, qui fixe la matière colorante; par refroidissement, la liqueur passée au filtre-presse (fig. 64, t. I, p. 478) laisse déposer du tartrate acide de potasse. Cette purification exige l'emploi de volumes d'eau considérables, à cause de la faible solubilité du sel.

Le pouvoir rotatoire du bitartrate de potasse est $\alpha_D = +22°,61$.

Ce sel est fort employé en teinture et en impression. Il est utilisé aussi en pharmacie.

Tartrate de potasse et de soude : $C^8H^4KNaO^{12} + 8HO$. — Ce beau sel a été découvert en 1672 par Seignette, pharmacien à La Rochelle; aussi est-il désigné souvent sous le nom de *sel de Seignette*. On le prépare au moyen de la crème de tartre, que l'on neutralise par le carbonate de soude. Il cristallise en prismes rhomboïdaux droits, hémièdres. Ses cristaux, d'ordinaire très volumineux, prennent, par de nombreuses modifications perpendiculaires à la base du prisme, une apparence spéciale (*sel des tombeaux*).

Le tartrate de potasse et de soude est efflorescent à l'air sec. Il fond vers 75° dans son eau de cristallisation. Il est soluble dans 1 1/4 partie d'eau à 12°. On l'emploie en médecine comme purgatif.

Tartrate neutre de soude : $C^8H^4Na^2O^{12} + 4HO$. — On le prépare au moyen de l'acide tartrique et du carbonate de soude. Il est soluble dans 2 parties d'eau à 30°.

Tartrate acide de soude : $C^8H^5NaO^{12} + 2HO$. — Il se distingue par sa solubilité relativement faible, des sels correspondants de potasse et d'ammoniaque : il ne se dissout, en effet, que dans 9 parties d'eau froide.

Tartrate neutre d'ammoniaque : $C^8H^4(AzH^4)^2O^{12}$. — Ce tartrate est dimorphe : il forme des prismes rhomboïdaux obliques ou des prismes rhomboïdaux droits. Il s'effleurit à l'air, en perdant à la fois de l'eau et de l'ammoniaque.

Tartrate acide d'ammoniaque : $C^8H^5(AzH^4)O^{12}$. — On l'obtient en ajoutant au tartrate neutre un poids d'acide égal à celui qu'il renferme. Il est isomorphe avec la crème de tartre. Il est comme celle-ci peu soluble dans l'eau.

Tartrate de soude et d'ammoniaque : $C^8H^4Na(AzH^4)O^{12} + 8HO$; et *tartrate de potasse et d'ammoniaque :* $C^8H^4K(AzH^4)O^{12} + 8HO$. — Ces deux sels isomorphes constituent des prismes rhomboïdaux droits, hémiédriques (fig. 92, t. II, p. 225).

Tartrate neutre de chaux : $C^8H^4Ca^2O^{12} + 8HO$. — Ce sel existe dans beaucoup de végétaux. On le rencontre dans les tartres bruts et plus abondamment dans les lies : les lies des vins plâtrés en contiennent surtout une forte proportion. Il reste comme résidu insoluble (*sablons*) dans la fabrication de la crème de tartre. On le prépare en grand dans la fabrication de l'acide tartrique. Lorsqu'il est humide, il fermente facilement sous l'influence d'un microbe particulier, en donnant de l'*acide propionique*, accompagné d'autres produits.

Tartrate ferreux : $C^8H^4Fe^2O^{12} + 4HO$. — Il s'obtient en dissolvant à chaud du fer métallique dans une solution concentrée d'acide tartrique. Il se dépose à l'ébullition, sous la forme d'une poudre cristalline, bleuâtre, altérable à l'air.

6. *Émétiques.* — Le bitartrate de potasse, bouilli dans l'eau avec les oxydes métalliques RO^3 ou R^2O^3, qui renferment 3 équivalents d'oxygène, forme des composés particuliers, que l'on a désignés sous le nom d'*émétiques*, et considérés jusqu'en ces derniers temps comme des sels engendrés par deux métaux différents : $C^8H^4O^{10},KO,R^2O^3$.

En réalité les oxydes R^2O^3 n'y jouent pas le rôle de bases, mais bien celui d'acides (R^2O^3,HO), combinés à la molécule tartrique par l'une de ses fonctions alcooliques, avec production d'une fonction éthérée :

Bitartrate de potasse.....	$C^8HK\ (H^2O^2)\ (H^2O^2)(O^4)(O^4)$;
Émétique................	$C^8HK(R^2O^3, HO)\ (H^2O^2)\ (O^4)\ (O^4)$;

de telle manière qu'un émétique, conservant encore intactes une fonction acide en même temps qu'une fonction alcoolique, peut neutraliser encore un équivalent de base, ou bien, en perdant H^2O^2 sous l'action de la chaleur, produire des éthers particuliers, plus ou moins comparables aux lactones, et que l'eau ramènera ensuite à l'état d'émétiques; etc. D'ailleurs des oxydes d'une autre forme que R^2O^3,HO, par exemple (BoO^3,HO), (SnO^2,HO), (CuO,HO), etc., capables de jouer le rôle d'acides ou même d'alcools, engendrent des émétiques particuliers, dans lesquels la potasse peut en outre être remplacée par tout autre protoxyde :

Émétique stanno-sodique.. $C^8HNa(SnO^2, HO)\ (H^2O^2)\ (O^4)\ (O^4)$.

Les émétiques sont d'autant plus stables que les oxydes qui les éthérifient forment des hydrates moins stables.

Enfin, les combinaisons de ce genre ne sont pas spéciales à l'acide tartrique; tout acide-alcool est susceptible d'en fournir d'analogues (M. Jungfleisch).

7. Le plus remarquable des composés de ce genre, *l'émétique proprement dit*, appelé aussi *tartre stibié* ou *tartrate de potasse et d'antimoine* (1), est un *antimonio-tartrate acide de potasse*, $C^8HK(Sb^2O^3,HO)(H^2O^2)(O^4)(O^4)+HO$. Il est fort usité en médecine et doué de propriétés toxiques énergiques.

Il a été découvert par Adrien de Mynsicht vers 1631; mais sa première préparation régulière, au moyen de la crème de tartre et des fleurs argentines d'antimoine, est due à Glauber (1648).

Pour le préparer, on fait bouillir 10 parties de crème de tartre avec 125 parties d'eau et 7,5 parties d'oxyde d'antimoine, obtenu en décomposant le chlorure d'antimoine par l'eau additionnée de carbonate alcalin. On filtre bouillant. L'émétique cristallise par refroidissement. On peut remplacer l'oxyde d'antimoine par toute autre matière capable d'en fournir : l'oxychlorure, l'oxysulfure, etc.

L'émétique se présente en octaèdres à base rhombe, d'abord transparents, mais qui deviennent bientôt opaques par efflorescence. Son pouvoir rotatoire est considérable : $\alpha_j = +156°,2$. L'émétique se dissout dans 19 parties d'eau à 9°; dans 12 parties à 21°; dans 1,9 partie à 100°. Sa solution possède une saveur métallique et nauséabonde; l'alcool la précipite. Traitée par l'hydrogène sulfuré, elle se colore en rouge, sans précipiter d'abord, à moins qu'on n'ajoute un acide : après cette addition, elle précipite du sulfure d'antimoine orangé.

L'émétique d'ammoniaque et d'antimoine ou *antimonio-tartrate acide d'ammoniaque*, $C^8H(AzH^4)(Sb^2O^3,HO)(H^2O^2)(O^4)(O^4)+HO$, est isomorphe avec le précédent.

Le *ferro-tartrate acide de potasse*, appelé d'ordinaire *tartrate ferrico-potassique*, $C^8HK(Fe^2O^3,HO)(H^2O^2)(O^4)(O^4)$, constitue la base de certains médicaments employés depuis longtemps, tels que le *tartre chalybé*, décrit dès le dix-septième siècle par Angelus Sala, et les *boules de Nancy*. Il se prépare en traitant la crème de tartre par le peroxyde de fer hydraté, vers 50° ou 60°; on filtre, on évapore au bain-marie et on dessèche à l'étuve sur des lames de verre; on obtient des paillettes amorphes, brunes et transparentes.

Le *boro-tartrate acide de potasse*, plus connu sous les noms de *tartrate borico-potassique* ou de *crème de tartre soluble*, $C^8HK(BoO^3,HO)(H^2O^2)(O^4)(O^4)$, a été découvert en 1554 par Lassone. Il se prépare de même, au moyen de la crème de tartre et de l'acide borique.

Le *cupro-tartrate de potasse* ou *tartrate cupropotassique*, réactif

(1) $CO^2H\text{-}CH(OH)\text{-}CH(SbO^2)\text{-}CO^2K + 1/2\, H^2O$.

fort usité des corps réducteurs, présente également une constitution analogue.

Enfin, c'est en formant avec l'alumine, le sesquioxyde de fer, etc., des composés éthérés analogues aux émétiques que l'acide tartrique et les tartrates modifient les réactions de ces oxydes et empêchent leur précipitation par leurs réactifs ordinaires. Or ce fait est fréquemment utilisé en analyse (M. Jungfleisch).

II. — ACIDE TARTRIQUE GAUCHE.

1. L'acide tartrique gauche a été découvert par M. Pasteur.

Nous avons indiqué le mode de formation artificielle de cet acide : il se produit simultanément avec l'acide droit (t. II, p. 219).

2. *Préparation.* — On le prépare par le dédoublement de l'acide racémique. On transforme celui-ci en *sel double de soude et d'ammo-*

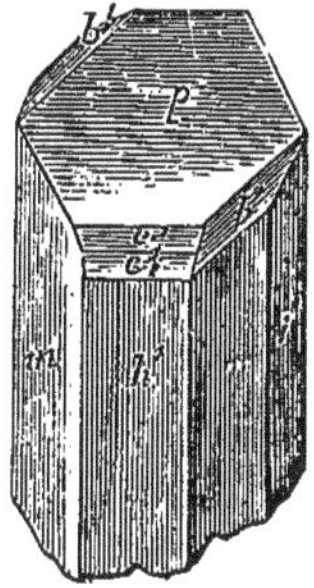

Fig. 92. — Tartrate droit de soude et d'ammoniaque.

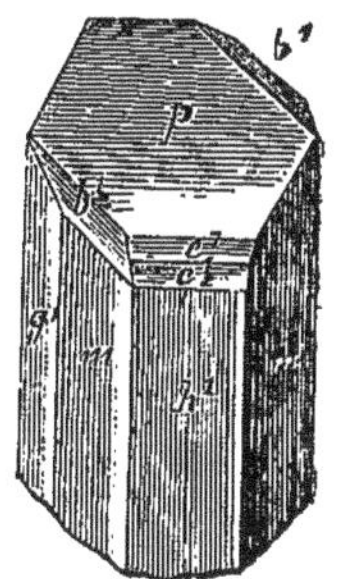

Fig. 93. — Tartrate gauche de soude et d'ammoniaque.

niaque, que l'on fait cristalliser. On obtient ainsi deux sortes de cristaux affectés de *dissymétrie moléculaire*. Lorsqu'on examine ces cristaux, en leur donnant la position indiquée par les figures 92 et 93, on observe que les uns (fig. 92) portent des facettes hémiédriques b^1, placées sur l'une des arêtes de la base, à droite des facettes e^1 et $e^{1/2}$, situées elles-mêmes en avant du prisme; tandis que les autres (fig. 93) portent les mêmes facettes b^1 disposées en sens contraire et symétriquement. On sépare mécaniquement les deux sortes de cristaux : les premiers, ceux dont les facettes hémiédriques b^1 sont tournées vers la droite, sont formés par du tartrate droit de soude et d'ammoniaque, les seconds par du tartrate gauche de soude et d'ammoniaque : on isole ensuite l'acide gauche du dernier sel, de la même manière que l'acide droit (M. Pasteur).

La séparation s'effectue à la faveur d'une légère différence de solubilité entre le tartrate droit et le tartrate gauche, le premier étant un peu moins soluble que le second (M. Jungfleisch).

3. *Propriétés.* — L'acide tartrique gauche et ses dérivés ressemblent, sous tous les rapports, à l'acide tartrique droit et à ses dérivés, sauf pour les pouvoirs rotatoires qui sont de signe contraire, mais égaux, et pour les formes cristallines qui sont affectées d'hémiédrie de sens opposé.

Les mots *droit* et *gauche* sont définis par le signe du pouvoir rotatoire, la direction des faces hémiédriques étant purement relative.

III. — Acide racémique.

1. Cet acide, appelé aussi *acide thannique* et *acide paratartrique*, a été découvert, en 1822, par Kestner. M. Pasteur a montré que c'est une combinaison à équivalents égaux d'acide tartrique droit et d'acide tartrique gauche.

2. *Formation.* — Il peut être, en effet, obtenu à l'état de cristaux, par le simple mélange des deux acides, pris en solutions concentrées (M. Pasteur). Cette réaction, rapportée aux trois corps solides, dégage $+4,43$ Calories (MM. Berthelot et Jungfleisch).

L'acide racémique a été observé d'abord, comme produit accidentel, dans certaines fabrications d'acide tartrique. Il y prend naissance par l'action de la chaleur sur l'acide tartrique (M. Jungfleisch).

Il se forme en petite quantité dans l'oxydation de l'acide succinique rapportée plus haut (t. II, p. 216).

On a observé encore la production de petites proportions de cet acide par l'ébullition prolongée des solutions d'acide tartrique droit (Dessaignes). Il se forme abondamment quand on chauffe à 175° les trois autres acides tartriques en présence de l'eau (M. Jungfleisch).

3. *Préparation.* — On le prépare en chauffant en vase clos à 175° l'acide tartrique ordinaire, additionné de 1 dixième de son poids d'eau. Après quarante-huit heures, on reprend par l'eau, et on fait cristalliser. L'acide racémique, peu soluble, se sépare en premier lieu; on le purifie par des cristallisations répétées (M. Jungfleisch).

4. *Propriétés.* — L'acide racémique cristallise avec deux équivalents d'eau, $C^8H^6O^{12}+H^2O^2$, ou plutôt avec 4 équivalents, car, étant donné son mode de formation au moyen de l'acide droit et de l'acide gauche, il convient de doubler sa formule, $2C^8H^6O^{12}+2H^2O^2$. Il forme des prismes volumineux, efflorescents, solubles dans 5,8 parties d'eau à 15°.

L'acide racémique est sans action sur la lumière polarisée; ou plus exactement, il est optiquement *neutre par compensation*, étant formé de quantités égales de deux corps doués de pouvoirs rotatoires égaux et contraires.

5. *Sels.* — Les *racémates* se préparent facilement : ils diffèrent des tartrates par leurs formes qui ne sont point hémiédriques, et par les quantités d'eau de cristallisation qu'ils renferment.

Quelques-uns d'entre eux, une fois dissous et amenés à cristallisation, se séparent en tartrate droit et tartrate gauche ou cristallisent sous forme de racémates non séparés, suivant les conditions dans lesquelles on opère. C'est ce qui arrive notamment pour le *racémate de soude et d'ammoniaque*, le *racémate de potasse et de soude*, et le *racémate de potasse et d'ammoniaque* (M. Scacchi). On a vu plus haut que la cristallisation de ces composés en cristaux séparés, droits et gauches, sert de point de départ à la préparation de l'acide gauche (M. Pasteur).

IV. — Acide tartrique inactif.

1. Cet acide a été découvert par M. Pasteur dans les produits de l'action de la chaleur sur le tartrate de cinchonine.

Il est, de beaucoup, le produit dominant de toutes les synthèses de l'acide tartrique (t. II, p. 216).

Il se forme aussi, mais en très petite quantité, quand on fait bouillir pendant longtemps les solutions chlorhydriques des acides tartrique ou racémique (Dessaignes).

On le rencontre dans les produits d'oxydation de la *sorbine* (Dessaignes), de l'érythrite et de la glycérine.

2. En fait, les diverses variétés de l'acide tartrique se transforment les unes dans les autres, quand on les chauffe avec de l'eau, qui retarde leur décomposition : l'acide tartrique droit et l'acide tartrique gauche disparaissent d'abord entièrement, en produisant les deux acides optiquement inactifs ; mais pour ces derniers la transformation est réciproque et donne lieu à des équilibres, variables avec les conditions de l'expérience, l'acide racémique étant d'autant plus abondant que la température a été plus élevée, du moins entre certaines limites (M. Jungfleisch).

3. *Préparation.* — D'après cela, pour préparer l'acide tartrique inactif, on opère comme pour produire l'acide racémique, mais en chauffant à une température plus basse, vers 160°. On sépare dans le produit l'acide racémique par cristallisation, puis on transforme l'eau mère en sel acide de potasse : le racémate et le tartrate droit acides de potasse étant peu solubles se déposent, tandis que le tartrate

inactif acide de potasse, sel très soluble, reste dans les eaux mères. On le purifie par cristallisation, puis on le transforme en sel de chaux, que l'on décompose finalement par l'acide sulfurique dilué (M. Jungfleisch).

4. *Propriétés.* — L'acide tartrique inactif, lorsqu'il est pur, cristallise plus nettement et plus facilement encore que ses isomères. Les sels qu'il produit sont aussi très bien cristallisés.

Il est inactif sur la lumière polarisée, comme l'acide racémique, mais il ne peut être dédoublé comme celui-ci en deux corps actifs.

2e SECTION, 4e GROUPE : ACIDES BIBASIQUES ET TÉTRALCOOLIQUES.

§ 15. — Acide saccharique.

$C^{12}H^{10}O^{16}$ ou $C^{12}H^{2}(H^{2}O^{2})^{4}(O^{4})^{2}$ .... $(\Theta H)^{4} \equiv \mathcal{C}^{4}H^{4} = (\mathcal{C}\Theta^{2}H)^{2}$.

1. L'acide saccharique, isomère de l'acide mucique, a été nommé autrefois *acide oxalhydrique*. Préparé d'abord par Scheele, sa véritable nature n'a été reconnue que plus tard par Guérin-Varry. Il se produit dans l'action de l'acide nitrique sur le sucre, la glucose, la lévulose, la mannite, l'amidon, etc. (t. I, p. 433).

2. *Préparation.* — On l'obtient en traitant 2 parties de sucre de canne par 7 parties d'acide nitrique de densité 1,27. Après la première attaque, on maintient au bain-marie vers 60°, jusqu'à brunissement. La masse étant ensuite refroidie, on enlève l'acide oxalique cristallisé. Après dilution, on partage la liqueur en deux parties ; on sature l'une par le carbonate de potasse, et on ajoute la deuxième. Après un long temps, il se dépose du saccharate acide de potasse, que l'on précipite par l'acétate de plomb, etc.

3. *Propriétés.* — L'acide saccharique est déliquescent, très soluble dans l'alcool et dans l'éther.

§ 16. — Acide mucique.

$C^{12}H^{10}O^{16}$ ou $C^{12}H^{2}(H^{2}O^{2})^{4}(O^{4})^{2}$....... $(\Theta H)^{4} \equiv \mathcal{C}^{4}H^{4} = (\mathcal{C}\Theta^{2}H)^{2}$.

1. L'acide mucique a été découvert par Scheele. Il est isomérique avec l'acide saccharique et il prend, comme lui, naissance dans l'action de l'acide nitrique sur des hydrates de carbone, mais appartenant à un autre groupe que ceux qui produisent l'acide saccharique (t. I, p. 433) : le sucre de lait, la dulcite, la mélitose, la gomme, etc.

2. *Préparation.* — On prépare l'*acide mucique* en traitant 1 partie de sucre de lait en poudre par 2 parties d'acide nitrique de densité 1,4. Dès que l'action commence, on enlève le feu. Après que l'attaque est terminée, on ajoute à la liqueur son volume d'eau, et on sépare l'acide mucique qui s'est séparé sous forme pulvérulente. On le change en sel ammoniacal, que l'on fait recristalliser, puis on précipite l'acide mucique par l'acide nitrique.

3. *Propriétés.*— L'acide mucique est une poudre cristalline, opaque, blanche, peu soluble dans l'eau froide, insoluble dans l'alcool. Il se transforme, sous l'influence d'une ébullition prolongée en présence de l'eau, en un *acide isomère*, plus soluble, l'*acide paramucique*.

4. *Chaleur.* — L'acide mucique distillé produit l'*acide pyromucique*, $C^{10}H^4O^6$ (Scheele), acide dont le furfurol est l'aldéhyde (t. II, p. 61) :

$$C^{12}H^{10}O^{16} = C^2O^4 + 3\,H^2O^2 + C^{10}H^4O^6.$$

5. *Oxygène.* — L'acide nitrique le change peu à peu en acide oxalique et *acide paratartrique*.

6. L'*éther mucique neutre*, $(C^4H^4)^2[C^{12}H^2(H^2O^2)^4(O^4)^2]$, est cristallisable (Malaguti). Traité par le chlorure acétique, cet éther fournit un dérivé tétracétique, $(C^4H^4)^2[C^{12}H^2(C^4H^4O^4)^4(O^4)^2]$.

3e SECTION, 1er GROUPE : ACIDES TRIBASIQUES ET MONOALCOOLIQUES.

§ 17. — Acide citrique.

$C^{12}H^8O^{14}$ ou $C^{12}H^6(H^2O^2)(O^4)^3$... *CO²H-CH(OH)-CH(CO²H)-CH²-CO²H.*

1. L'acide citrique a été découvert par Scheele en 1784, et étudié depuis par Berzelius et un grand nombre de chimistes. Sa synthèse a été faite par MM. Grimaux et Adam.

2. *États naturels.* — L'acide citrique existe dans la plupart des fruits acides, tels que les oranges, les citrons, les groseilles, les baies d'airelle, les tamarins, dans les fruits verts de la pomme de terre et d'autres solanées, etc. On le rencontre aussi dans les feuilles du *Cerasus acidus*, dans la racine de garance, dans le café, dans l'aspérule odorante, etc.

3. *Synthèse.* — Ce corps se rattache à l'acide carballylique, $C^{12}H^8O^{12}$, dont il dérive par substitution de H^2O^2 à H^2, substitution qui engendre une fonction alcoolique. Cette relation est établie par la transformation facile de l'acide citrique en acide aconitique d'une

part (t. II, p. 192), et par celle de l'acide aconitique en acide carballylique, d'autre part (t. II, p. 192).

L'acide carballylique lui-même est engendré par l'union de l'oxyde de carbone avec la glycérine :

$$C^6H^8O^6 + 3\,C^2O^2 = C^{12}H^8O^{12};$$

il se prépare, en effet, avec le *nitrile tricarballylique* (t. II, p. 191) :

$$C^6H^2(C^2AzH)^3 + 6\,H^2O^2 = C^6H^2(C^2H^2O^4)^3 + 3\,AzH^3,$$

lequel est un dérivé tricyanhydrique de la glycérine, que l'on obtient au moyen de la tribromhydrine (t. I, p. 192) et du cyanure de potassium.

En fait, la synthèse de l'acide citrique a été réalisée en prenant comme point de départ un autre éther de la glycérine, la *dichlorhydrine* (t. I, p. 376), et par des réactions équivalentes aux précédentes, mais effectuées dans un ordre différent. Exposons ces réactions.

La dichlorhydrine, $C^6H^2(HCl)(HCl)(H^2O^2)$ est un éther-alcool secondaire; en l'oxydant par un mélange de bichromate de potasse et d'acide sulfurique, MM. Glütz et Fischer l'ont changée en un éther-acétone, $C^6H^2(HCl)(HCl)(O^2)$, que l'on désigne parfois sous le nom inexact de *dichloracétone symétrique* (1). Ce dernier composé peut être transformé en un autre, l'*acide dichloroxyisobutyrique*, $C^8H^6Cl^2O^6$, qui est à la fois alcool monoatomique, éther dichlorhydrique et acide monobasique, $C^8H^2(H^2O^2)(HCl)(HCl)(O^4)$. On y est parvenu en suivant deux méthodes différentes, toutes deux comparables à celle qui permet de changer l'aldéhyde ordinaire en acide lactique (t. II, p. 14) :

1° En traitant la solution éthérée de l'éther-acétone par le cyanure de potassium, ce qui donne un liquide dans lequel on a admis l'existence de la *tétrachlordiacétone-cyanhydrine*,

$$2\,C^6H^4Cl^2O^2(-) + C^2AzH = C^6H^4Cl^2O^2[C^6H^4Cl^2O^2(C^2AzH)],$$

laquelle est décomposable par l'acide chlorhydrique en ammoniaque, dichloracétone et acide dichloroxyisobutyrique (MM. Glütz et Fischer) :

$$C^6H^4Cl^2O^2[C^6H^4Cl^2O^2(C^2AzH)] + HCl + 2H^2O^2 = AzH^4Cl + C^6H^4Cl^2O^2 + C^8H^6Cl^2O^6;$$

(1) $CH^2Cl-CO-CH^2Cl$.

2° Par un procédé équivalent mais plus simple, employé ensuite par MM. Grimaux et Adam, en combinant directement l'éther-acétone à l'acide cyanhydrique libre :

$$C^6H^2(HCl)(HCl)(O^2) + C^2AzH = C^8H^5Cl^2AzO^2,$$

et décomposant par l'acide chlorhydrique le nitrile ainsi formé :

$$C^8H^5Cl^2AzO^2 + HCl + 2H^2O^2 = C^8H^6Cl^2O^6 + AzH^4Cl.$$

Chauffé avec le cyanure de potassium, d'après la méthode de M. Maxwel Simpson, l'acide dichloroxyisobutyrique se change en dérivé dicyanhydrique correspondant, c'est-à-dire en un nitrile dérivé du sel diammoniacal de l'acide citrique :

$$C^8H^2(H^2O^2)(HCl)(HCl)(O^4) + 2C^2AzK = C^8H^2(H^2O^2)(C^2AzH)(C^2AzH)(O^4) + 2KCl.$$

Enfin le nitrile, traité par l'acide chlorhydrique et l'eau, donne l'acide citrique lui-même (MM. Grimaux et Adam) :

$$C^8H^2(H^2O^2)(C^2AzH)(C^2AzH)(O^4) + 2HCl + 4H^2O^2 = C^{12}H^6(H^2O^2)(O^4)(O^4)(O^4) + 2AzH^4Cl.$$

4. *Préparation*. — Pour préparer l'acide citrique, on sature, au moyen de la craie, le jus de citron préalablement clarifié par une légère fermentation; on ajoute la craie successivement, afin de ne pas en mettre un trop grand excès et de laisser à la liqueur une légère réaction acide, ce qui permet d'éviter qu'elle ne prenne une coloration marquée.

Le citrate de chaux, soluble dans l'eau froide, est alors en dissolution. On porte à l'ébullition pendant quelque temps : le citrate de chaux se précipite d'abord, étant insoluble à chaud; puis, sous l'influence de l'ébullition prolongée, il perd la propriété de se redissoudre par le refroidissement. On le lave alors à l'eau bouillante, et on le décompose à froid par un léger excès d'acide sulfurique étendu. La liqueur, séparée du sulfate de chaux, est enfin concentrée à cristallisation, soit en opérant à l'air libre, soit, et mieux encore, en l'évaporant sous basse pression dans des appareils en plomb, identiques à ceux usités pour l'acide tartrique (t. II, p. 221).

On l'a fabriqué aussi avec le suc des groseilles à maquereau, récoltées avant leur maturité (Tilloy).

5. *Propriétés*. — L'acide citrique se présente en gros cristaux orthorhombiques, contenant 2 équivalents d'eau de cristallisation ($C^{12}H^8O^{14} + 2HO$), qu'ils perdent à 100°. Cristallisé à chaud, on l'ob-

tient en cristaux anhydres. Il est très soluble dans l'eau : 1,33 partie se dissout dans 1 partie d'eau à 15°; 2 parties dans 1 partie d'eau à 100°. Il est sans action sur la lumière polarisée.

L'acide citrique, en s'unissant aux bases alcalines en dissolution étendue, dégage avec le 1er équivalent de soude 12,6 Calories, avec le 2e équivalent 12,8 Calories, avec le 3e équivalent 13,2 Calories, c'est-à-dire qu'il se comporte comme un acide reproduisant 3 fois la fonction d'acide monobasique (MM. Berthelot et Longuinine).

L'acide citrique est fort employé en teinture; il sert en pharmacie, notamment à l'état de citrate acide de magnésie.

6. *Chaleur*. — Soumis à l'action de la chaleur, l'acide citrique fond à 100°, dans son eau de cristallisation. Desséché, il fond seulement à 150°. Porté au-dessus de cette température, vers 175°, il perd d'abord de l'eau et se change en *acide aconitique* (Dahlstroem) :

$$C^{12}H^{8}O^{14} - H^{2}O^{2} = C^{12}H^{6}O^{12}.$$

Ce nouveau corps est un acide à fonction simple, tribasique comme son générateur (t. II, p. 192). Il perd de l'acide carbonique, par une action ultérieure de la chaleur, et se transforme en deux acides bibasiques isomères, l'*acide citraconique* et l'*acide itaconique*, $C^{10}H^{6}O^{8}$, qui passent dans le récipient, le premier à l'état d'*anhydride citraconique*, $C^{10}H^{4}O^{6}$, le second à l'état d'acide cristallisé :

$$C^{12}H^{6}O^{12} = C^{10}H^{6}O^{8} + C^{2}O^{4}.$$

7. *Réactions diverses*. — La potasse fondante transforme l'acide citrique en *acide acétique* et *acide oxalique* (Gay-Lussac).

Avec l'acide sulfurique concentré, et à une douce chaleur, l'acide citrique dégage de l'oxyde de carbone et de l'*acétone* (Robiquet). L'acétone se produit encore lorsqu'on l'oxyde par un mélange de permanganate de potassse et d'acide sulfurique (Péan de Saint-Gilles).

L'acide citrique réduit le chlorure d'or.

Il ne précipite pas le chlorure de calcium. Ce dernier est précipité par les citrates. Le citrate de chaux ainsi formé est insoluble dans les alcalis, mais soluble dans le chlorhydrate d'ammoniaque.

La solution d'acide citrique ne précipite pas l'eau de chaux à froid, mais elle la précipite à l'ébullition.

8. *Sels*. — Les *citrates* alcalins, même acides, sont solubles; les autres citrates simples sont en général insolubles, mais ils se dissolvent dans un excès d'acide.

La plupart des citrates doubles sont solubles.

Le *citrate neutre* et le *citrate bibasique de potasse*, ainsi que le *citrate bibasique d'ammoniaque* sont cristallisés.

Le *citrate de chaux* est moins soluble à chaud qu'à froid ; il se précipite à l'état amorphe par ébullition de sa solution, et il se redissout par refroidissement. Par une ébullition prolongée, il se change en un sel cristallin, qui contient 4 équivalents d'eau et qui est insoluble dans l'eau, même à froid : $C^{12}H^5Ca^3O^{14} + 4\,HO$. Ce sel est soluble à froid dans les acides et dans la potasse.

Le *citrate acide de magnésie* est usité en pharmacie. On l'obtient cristallisé et contenant 2 équivalents de métal, en dissolvant à chaud 42 parties de carbonate de magnésie dans 100 parties d'acide citrique.

Le *citrate ferreux*, $C^{12}H^6Fe^2O^{14} + 3\,HO$, est un sel blanc, dense et cristallin, qui se forme quand on dissout du fer dans une solution chaude d'acide citrique.

Le *citrate neutre d'argent* est insoluble dans l'eau et se décompose par ébullition avec ce liquide.

L'acide citrique peut former des composés analogues aux émétiques. Comme l'acide tartrique et par le même mécanisme, il empêche la précipitation des sesquioxydes de fer, d'aluminium, etc., par les alcalis. On utilise cette propriété en analyse chimique. On emploie d'ailleurs en médecine le *citrate de fer*, en écailles brillantes, obtenues en dissolvant à 60° de l'hydrate ferrique dans l'acide citrique et évaporant à l'étuve sur des assiettes, ainsi que le *citrate de fer ammoniacal*, lequel est préparé d'une manière analogue.

§ 18. — **Acide méconique.**

$C^{14}H^4O^{14}$ ou $C^{14}H^2(H^2O^2)(O^4)^3$.................. *$C^7H^4O^7$*.

1. Cet acide a été découvert par Sertuerner dans l'opium, où on le trouve combiné à divers alcaloïdes. Sa composition a été établie par Liebig. Son étude est encore incomplète. Des travaux récents tendent à faire considérer l'acide méconique comme bibasique et monoalcoolique, sans autre renseignement sur le rôle de l'oxygène restant. D'autre part, en s'unissant à la soude diluée, il dégage 14,4 Calories avec le premier équivalent d'alcali, 13,6 Calories avec le deuxième, 8,71 Calories avec le troisième, et 0,7 Calories avec le quatrième ; ce n'est donc pas un acide tribasique franc.

2. *Préparation.* — Une solution aqueuse d'opium, neutralisée par du marbre en poudre, puis additionnée de chlorure de calcium, laisse précipiter du méconate de chaux. On lave celui-ci et on le décompose par l'acide chlorhydrique étendu; l'acide méconique cristallise. On le change en sel ammoniacal pour le purifier.

3. *Propriétés.* — L'acide méconique se présente en paillettes ou en prismes, renfermant 3 H^2O^2 de cristallisation, qu'il perd à 100°. Il est peu soluble dans l'éther et très soluble dans l'alcool.

4. *Chaleur.* — A 200°, il se décompose en acide carbonique et *acide coménique*, $C^{12}H^4O^{10}$:

$$C^{14}H^4O^{14} = C^2O^4 + C^{12}H^4O^{10};$$

puis, vers 260°, en *acide pyroméconique*, $C^{10}H^4O^6$, par destruction de l'acide coménique lui-même (Robiquet) :

$$C^{12}H^4O^{10} = C^2O^4 + C^{10}H^4O^6.$$

La solution aqueuse d'acide méconique perd déjà de l'acide carbonique à l'ébullition, en donnant de l'acide coménique.

5. Les *méconates* se colorent en rouge de sang par le perchlorure de fer; mais cette coloration n'est pas, comme celle des sulfocyanates, détruite par le chlorure d'or.

CHAPITRE VI

ACIDES-PHÉNOLS

La théorie et la classification des acides-phénols ont été développées antérieurement (t, II, p. 131).

1er GROUPE : ACIDES MONOBASIQUES ET MONOPHÉNOLIQUES.

§ 1er. — Acides oxybenzoïques.

I. — ACIDE SALICYLIQUE.

$C^{14}H^{6}O^{6}$ ou $C^{14}H^{4}(\underline{H^{2}O^{2}})(O^{4})$........ $\theta H_{(1)}\text{-}C^{6}H^{4}\text{-}C\theta^{2}H_{(2)}$.

1. L'acide salicylique est le plus important des trois *acides oxybenzoïques* isomères. On le nomme aussi *acide orthoxybenzoïque*, ses réactions le rattachant à la série orthophtalique (t. II, p. 190).

Il a été découvert par Piria et étudié par Gerhardt et par M. Cahours. Sa synthèse a été faite par MM. Kolbe et Lautemann.

2. *Formation.* — Il se forme :

1° En oxydant l'*alcool salicylique*, c'est-à-dire la *saligénine*, $C^{14}H^{8}O^{4}$ (Gerhardt), ou le glucoside saligénique, c'est-à-dire la *salicine*, ou bien encore l'*aldéhyde salicylique*, $C^{14}H^{6}O^{4}$:

$$C^{14}H^{4}(\underline{H^{2}O^{2}})(H^{2}O^{2}) + 2\,O^{2} = C^{14}H^{4}(\underline{H^{2}O^{2}})(O^{4}) + H^{2}O^{2};$$
$$C^{14}H^{4}(\underline{H^{2}O^{2}})\ (O^{2})\ +\ O^{2} = C^{14}H^{4}(\underline{H^{2}O^{2}})(O^{4}).$$

2° En fixant l'acide carbonique sur le *phénol*, par l'intermède des phénols sodés (MM. Kolbe et Lautemann) :

$$C^{12}H^{6}O^{2} + C^{2}O^{4} = C^{14}H^{6}O^{6}.$$

3° En chauffant au-dessus de 100° un mélange de potasse alcoolique, de phénol et de perchlorure de carbone, $C^{2}Cl^{4}$, ce qui donne en même temps son isomère, l'acide paraoxybenzoïque (MM. Tiemann et Reimer) :

$$C^{12}H^{6}O^{2} + C^{2}Cl^{4} + 4\,KHO^{2} = C^{14}H^{6}O^{6} + 4\,KCl + 2\,H^{2}O^{2}.$$

On obtient l'acide salicylique au moyen de générateurs plus riches en carbone :

4° En oxydant le *toluène*, $C^{14}H^{8}$, par voie indirecte : par exemple, en traitant par la soude en fusion, l'un des acides sulfoconjugués formés par le toluène orthochloré, $C^{14}H^{7}Cl$ (MM. Vogt et Henninger).

5° En oxydant l'acide benzoïque par voie indirecte. Pour cela, on traite par l'acide nitreux un dérivé azoté de ce composé, l'*acide orthoamidobenzoïque*, $C^{14}H^{7}AzO^{4}$ (M. Gerland) :

$$C^{14}H^{7}AzO^{4} + AzHO^{4} = C^{14}H^{6}O^{6} + H^{2}O^{2} + 2\,Az.$$

On peut encore chauffer le benzoate de cuivre à 210°, circonstance dans laquelle une partie de l'acide benzoïque s'oxyde aux dépens de l'oxyde de cuivre (M. Ettling) :

$$C^{14}H^{6}O^{4} + O^{2} = C^{14}H^{6}O^{6}.$$

6° En saponifiant l'éther méthylsalicylique (essence de *Gaultheria procumbens*) par les alcalis (M. Cahours) :

$$C^{2}H^{2}(C^{14}H^{6}O^{6}) + H^{2}O^{2} = C^{2}H^{4}O^{2} + C^{14}H^{6}O^{6}.$$

7° En traitant par la potasse fondante un assez grand nombre de substances telles que l'*acide coumarique*, $C^{18}H^{8}O^{6}$, ou son anhydride, la *coumarine*, $C^{18}H^{6}O^{4}$ (Delalande), l'indigo, l'orthocrésylol, etc.

L'acide salicylique existe en petite quantité dans les fleurs de l'ulmaire (*Spiræa ulmaria*).

3. *Préparation.* — Jusqu'à ces dernières années, on préparait l'acide salicylique avec l'essence de *Gaultheria procumbens*, au moyen de la réaction de M. Cahours, et par le procédé suivant.

On fait bouillir l'essence avec de la potasse étendue d'eau, dans un vase muni d'un réfrigérant à reflux, jusqu'à décomposition complète, puis on sursature la liqueur par l'acide chlorhydrique ; l'acide salicylique se sépare. On le lave à l'eau froide et on le fait recristalliser de sa dissolution dans l'eau chaude.

Aujourd'hui on fabrique l'acide salicylique beaucoup plus économiquement par voie synthétique, c'est-à-dire au moyen du phénol et de l'acide carbonique.

A cet effet, on mélange un léger excès de phénol avec un équivalent de soude hydratée, en présence d'une certaine quantité d'eau, et on introduit le tout dans une cornue métallique, qu'on porte rapidement à 180°. L'eau et le phénol en excès distillent, et il reste dans la cornue du phénol monosodé. On fait alors, en maintenant la température, passer pendant longtemps un courant de gaz carbonique au travers de la masse. Bientôt du phénol commence à distiller. On chauffe peu à peu jusque vers 220° ou 258°, et l'opération est terminée quand il ne distille plus de phénol à cette dernière température, le courant d'acide carbonique continuant toujours à passer. Le résidu blanc grisâtre, que renferme alors la cornue, est du *salicylate de soude sodé*, $C^{14}H^3Na(NaHO^2)(O^4)$. On le dissout dans l'eau et on ajoute à la liqueur claire de l'acide chlorhydrique en excès, qui précipite l'acide salicylique sous forme de fins cristaux. On recueille ces derniers sur une toile, on les exprime et on purifie le produit en le distillant dans un courant de vapeur d'eau surchauffée, vers 170° (M. Kolbe).

Dans les circonstances qui viennent d'être décrites, le *phénol monosodé*, produit à froid par l'action de la soude sur le phénol, se transforme à chaud en phénol qui distille, et *phénol disodé*, $C^{12}H^4Na^2O^2$, qui reste dans la cornue :

$$2\,C^{12}H^5NaO^2 = C^{12}H^6O^2 + C^{12}H^4Na^2O^2;$$

le phénol disodé se combine directement à l'acide carbonique, pour former du salicylate de soude sodé (M. Kolbe) :

$$C^{12}H^4Na^2O^2 + C^2O^4 = C^{14}H^3Na(NaHO^2)(O^4).$$

Si l'on remplace la soude par la potasse, en opérant à la même température, on n'obtient presque pas d'acide salicylique, mais surtout son isomère, l'*acide paraoxybenzoïque*. Cela tient à une décomposition que subit le salicylate de potasse dès 220°, décomposition qui le change en *paraoxybenzoate de potasse potassé*, $C^{14}H^3K(KHO^2)(O^4)$, phénol et acide carbonique (M. Ost) :

$$\underset{\text{Salicylate de potasse.}}{2\,C^{14}H^5KO^6} = \underset{\substack{\text{Paraoxybenzoate}\\ \text{de potasse potassé.}}}{C^{14}H^4K^2O^6} + \underset{\text{Phénol.}}{C^{12}H^6O^2} + C^2O^4.$$

A une température plus basse, il se forme, avec le phénol potassé, de l'acide salicylique plus ou moins mélangé de son isomère.

4. *Propriétés.* — L'acide salicylique, précipité de ses sels ou cristallisé dans l'eau, est en fines aiguilles, fusibles à 155° et sublimables

en longues aiguilles aplaties, appartenant au système clinorhombique. Il est presque insoluble dans l'eau froide (1 partie dans 1087 parties d'eau à 15°); plus soluble à chaud (1 partie dans 15 à 20 parties à 100°); très soluble dans l'alcool, l'éther et le chloroforme.

En se neutralisant par la soude, l'acide salicylique dégage avec le premier équivalent de soude 12,8 Calories, c'est-à-dire à peu près autant que l'acide acétique; mais au contact d'un second équivalent, il ne dégage plus que 0,68 Calories; encore ce chiffre est-il d'autant plus faible que la liqueur est plus étendue. On verra qu'il n'en est pas ainsi avec les isomères méta et para (t. II, p. 242 et p. 240).

La solution aqueuse d'acide salicylique colore en violet les sels ferriques. Cette réaction est très sensible; elle distingue l'acide salicylique des deux autres acides oxybenzoïques.

L'acide salicylique libre est doué de propriétés antiseptiques qui le font employer actuellement dans de nombreuses circonstances. Il est aussi usité en thérapeutique.

5. *Chaleur.* — Chauffé lentement, il se sublime; mais, si l'on opère brusquement et dans des conditions de surchauffe, il se sépare en acide carbonique et phénol (M. Cahours) :

$$C^{14}H^6O^6 = C^2O^4 + C^{12}H^6O^2.$$

6. *Hydrogène.* — L'hydrogène naissant (action de l'amalgame de sodium ou bien distillation avec un formiate) engendre l'*aldéhyde salicylique*, $C^{14}H^6O^4$, puis l'*alcool saligénique*, $C^{14}H^8O^4$.

7. *Chlore, brome, iode.* — Le chlore, le brome et l'iode, agissant sur l'acide salicylique libre ou sur les salicylates, fournissent des acides substitués (M. Cahours; MM. Kolbe et Lautemann).

L'*acide salicylique monoiodé*, $C^{14}H^5IO^6$, traité par un carbonate alcalin, se transforme en *acide oxysalicylique*, $C^{14}H^6O^8$ (M. Lautemann) :

$$C^{14}H^5IO^6 + KHO^2 = C^{14}H^6O^8 + KI.$$

L'*acide salicylique biiodé*, $C^{14}H^4I^2O^6$, fournit de même l'*acide dioxysalicylique* ou *acide gallique*, $C^{14}H^6O^{10}$ (M. Lautemann) :

$$C^{14}H^4I^2O^6 + 2\,KHO^2 = 2\,KI + C^{14}H^6O^{10}.$$

8. *Dérivés acides.* — Les acides forment trois séries de dérivés en s'unissant avec l'acide salicylique :

1° Les uns sont des anhydrides mixtes, analogues à l'anhydride acétobenzoïque et au chlorure acétique; ils résultent simplement de la fonction acide. Tel est le *chlorure salicylique*, $C^{14}H^5ClO^4$ ou $C^{14}H^2O^2(\underline{H^2O^2})(HCl)$, obtenu au moyen du perchlorure de phosphore, sans distillation (M. Drion). En effet, ce composé reproduit l'acide salicylique par l'action de l'eau :

$$C^{14}H^5ClO^4 + H^2O^2 = C^{14}H^6O^6 + HCl.$$

2° D'autres sont des *acides-éthers*, dérivés de la fonction phénol. Tel est l'*acide métachlorobenzoïque* (M. Chiozza), $C^{14}H^5ClO^4$ ou $C^{14}H^4(\underline{HCl})(O^4)$, corps fort stable, isomérique avec le précédent.

L'*acide nitrosalicylique*, $C^{14}H^4(\underline{AzHO^6})(O^4)$, préparé d'abord au moyen de l'indigo et de l'acide nitrique (M. Chevreul), appartient au même groupe. Il se forme, en même temps qu'un isomère, dans l'action de l'acide nitrique sur l'acide salicylique.

3° Les autres enfin dérivent à la fois de la fonction acide et de la fonction phénol. Tel est le *chlorure de l'acide benzoïque chloré*, $C^{14}H^3ClO^2(HCl)$ ou $C^{14}H^2O^2(\underline{HCl})(HCl)$. Ce corps est à la fois un chlorure acide et un éther chlorhydrique de phénol. Il prend naissance lorsqu'on distille l'acide salicylique avec le perchlorure de phosphore (M. Chiozza) :

$$C^{14}H^6O^6 + 2\,HCl - 2\,H^2O^2 = C^{14}H^4Cl^2O^2 = C^{14}H^3ClO^2(HCl).$$

Ce chlorure est décomposé par l'eau en acide chlorhydrique et acide benzoïque chloré.

9. *Dérivés éthérés.* — Il existe trois séries de dérivés éthérés de l'acide salicylique :

1° Des *éthers monoalcooliques neutres*, formés par la saturation des propriétés acides et conformément aux méthodes ordinaires d'éthérification.

Tel est l'*éther méthylsalicylique*, $C^2H^2(C^{14}H^6O^6)$, dont il a été parlé antérieurement (t. I, p. 325).

2° Des *éthers-acides*, isomériques avec les précédents, formés par les mêmes méthodes que les éthers mixtes dérivés de deux alcools. Tel est l'*acide méthylsalicylique*, $C^{14}H^4(\underline{C^2H^4O^2})(O^4)$.

3° Des *éthers dialcooliques neutres*, formés par l'éthérification des acides éthérés : tel est l'*éther méthylsalicylique méthylé*, $C^2H^2[C^{14}H^4(\underline{C^2H^4O^2})(O^4)]$.

10. *Sels.* — Les bases forment avec l'acide salicylique deux ordres de composés : 1° des *salicylates neutres*, monobasiques, $C^{14}H^5MO^6$ ou $C^{14}H^3M(\underline{H^2O^2})(O^4)$; 2° des *salicylates basiques*, résultant de la réaction des alcalis libres, et répondant à la fois à la fonction acide et à la fonction phénol, $C^{14}H^4M^2O^6$ ou $C^{14}H^3M(\underline{MHO^2})(O^4)$.

Les salicylates ont été étudiés surtout par MM. Cahours et Piria.

Le *salicylate de soude*, $C^{14}H^5NaO^6$, constitue de fines aiguilles cristallines, solubles dans 10 parties d'eau froide.

II. — ACIDE PARAOXYBENZOÏQUE.

$$C^{14}H^6O^6 \text{ ou } C^{14}H^4(\underline{H^2O^2})(O^4) \ldots\ldots\ldots \quad OH_{(1)}\text{-}C^6H^4\text{-}CO^2H_{(4)}.$$

1. L'acide paraoxybenzoïque se rattache par ses réactions à l'acide téréphtalique (série para). Il a été découvert par M. Saytzeff.

2. *Formation.* — Il se forme au moyen du toluène, dans des circonstances analogues à celles où se produit l'acide salicylique, mais en opérant sur les paradérivés.

Il se forme encore dans l'action de la potasse fondante sur certains produits naturels, tels que le sang-dragon, le benjoin, l'aloès, la matière colorante du carthame, etc., ainsi que sur la tyrosine.

3. *Préparation.* — On le prépare au moyen de l'*acide anisique*, qui est son éther méthylique mixte, $C^{14}H^4(\underline{C^2H^4O^2})(O^4)$. On dissout 1 partie d'acide anisique et 4 parties d'hydrate de potasse dans le moins d'eau possible, puis on chauffe dans une capsule d'argent, jusqu'à ce que la masse cesse de se boursoufler. On reprend par l'eau, on ajoute un excès d'acide sulfurique et on agite la liqueur avec l'éther ordinaire, qui enlève l'acide paraoxybenzoïque (M. Barth).

On prépare plus facilement encore cet acide, au moyen de son isomère, l'acide salicylique; par exemple, en chauffant à 220° du salicylate de potasse jusqu'à ce qu'il ne distille plus de phénol (t. II, p. 237). On reprend le résidu par l'eau, on ajoute un excès d'acide sulfurique, et on enlève l'acide paraoxybenzoïque par agitation de la liqueur avec de l'éther. On le purifie par cristallisation dans l'eau. On le prive de l'acide salicylique qui le souille d'ordinaire, par des traitements au chloroforme dans lequel il est insoluble.

4. *Propriétés.* — L'acide paraoxybenzoïque cristallise en prismes rhomboïdaux obliques, contenant 2 équivalents d'eau. Il est beaucoup plus soluble dans l'eau froide que l'acide salicylique; il se dissout facilement dans l'alcool et dans l'éther. Il est, comme il a été dit, insoluble dans le chloroforme qui dissout l'acide salicylique. Desséché, il fond à 210° et se décompose immédiatement au-dessus, en phénol et acide carbonique.

Neutralisé par la soude diluée, il dégage 12,73 Calories avec le premier équivalent d'alcali, et 8,76 Calories avec le deuxième, c'est-à-dire autant qu'un acide monobasique franc avec le premier, et autant qu'un phénol avec le deuxième. On verra plus loin qu'il en est de même avec l'acide métaoxybenzoïque, tandis qu'avec l'acide orthoxybenzoïque la fonction phénolique ne donne lieu à aucune manifestation thermique importante. Ce fait rappelle les différences observées entre le phénol diatomique de la série ortho, la pyrocatéchine (t. I, p. 555), et ses isomères des séries méta et para (MM. Berthelot et Werner).

Sa solution aqueuse ne colore pas en violet le perchlorure de fer, ainsi que cela a lieu pour l'acide salicylique ; mais elle donne un précipité jaune avec ce réactif.

5. *Acide anisique :* $C^{16}H^8O^6$ ou $C^{14}H^4(\underline{C^2H^4O^2})(O^4)$. — Cet acide, appelé aussi *acide méthylparaoxybenzoïque*, est l'éther méthylique (éther mixte acide) de l'acide paraoxybenzoïque (1).

Il a été découvert par M. Cahours.

Il se forme en oxydant l'*alcool anisique*, $C^{16}H^{10}O^4$ (t. I, p. 572), ou l'*aldéhyde anisique*, $C^{16}H^8O^4$ (t. II, p. 65), ou bien encore l'*anéthol*, $C^{20}H^{12}O^2$ (t. I, p. 552).

Il se forme également quand on chauffe à 120°, avec de la potasse en excès, un mélange d'acide paraoxybenzoïque et d'éther méthyliodhydrique (M. Ladenburg).

On le prépare en oxydant par l'acide nitrique les essences d'anis, de fenouil ou d'estragon.

Il cristallise en longues aiguilles brillantes, clinorhombiques, peu solubles dans l'eau froide, très solubles dans l'alcool et dans l'éther. Il fond à 184° et bout à 275°.

Sa combinaison aux alcalis ne donne lieu à un dégagement de chaleur que pour le premier équivalent d'alcali ajouté (13 Calories pour la soude), ce qui montre que sa fonction phénolique est saturée.

L'acide iodhydrique le change à 100° en *éther méthyliodhydrique* et *acide paraoxybenzoïque* (M. Saytzeff) :

$$C^{14}H^4(\underline{C^2H^4O^2})(O^4) + HI = C^2H^3I + C^{14}H^4(\underline{H^2O^2})(O^4).$$

Distillé avec la baryte, l'acide anisique fournit de l'acide carbonique et de l'*éther méthylphénique* (t. I, p. 547) ou *anisol*, $C^{12}H^4(\underline{C^2H^4O^2})$ (M. Cahours) :

$$C^{14}H^4(\underline{C^2H^4O^2})(O^4) = C^2O^4 + C^{12}H^4(\underline{C^2H^4O^2}).$$

III. — Acide métaoxybenzoïque.

$C^{14}H^6O^6$ ou $C^{14}H^4(\underline{H^2O^2})(O^4)$ .... $\theta H_{(1)}-\mathcal{C}^6H^4-\mathcal{C}\theta^2H_{(3)}$.

1. Ce corps constitue un troisième isomère des acides oxyben-

(1) $\mathcal{C}H_3\theta_{(1)}-\mathcal{C}^6H^4-\mathcal{C}\theta^2H_{(4)}$.

zoïques; il est appelé aussi *acide oxybenzoïque* proprement dit; il se rattache à l'acide isophtalique par ses réactions. Il a été découvert par M. Gerland.

2. *Préparation.* — On l'obtient en partant des métadérivés du toluène, par des réactions analogues à celles qui produisent les deux acides précédents.

On le prépare principalement en traitant par la potasse en fusion l'*acide métasulfobenzoïque* (M. Barth).

3. *Propriétés.* — Il cristallise en tables rectangulaires, anhydres, fusibles à 200°, peu solubles dans l'eau froide.

Il est plus stable que ses isomères et il ne peut être dédoublé en phénol et acide carbonique que par une distillation opérée en présence de la chaux.

Dans la combinaison de l'acide métaoxybenzoïque avec la soude diluée, le premier équivalent d'alcali dégage 12,90 Calories, c'est-à-dire autant qu'un acide monobasique ordinaire, et le second 8,8 Calories, c'est-à-dire à peu près autant que le phénol s'unissant à un alcali.

Ces faits sont semblables à ceux fournis par l'acide paraoxybenzoïque (t. II, p. 241).

Les solutions de l'acide métaoxybenzoïque ne donnent avec le perchlorure de fer ni coloration ni précipitation.

§ 2. — Acides hydrocoumariques.

$C^{18}H^{10}O^{6}$ ou $C^{18}H^{8}\underline{(H^{2}O^{2})}(O^{4})$....... $OH-C^{6}H^{4}-CH^{2}-CH^{2}-CO^{2}H$.

1. Parmi les nombreux acides-phénols répondant à la formule $C^{18}H^{10}O^{6}$, nous citerons seulement les deux acides hydrocoumariques.

2. *Acide hydro-orthocoumarique.* — Ce composé, appelé aussi *acide mélilotique*, existe dans le *Melilotus officinalis* (Zwenger et Bodenbender).

Il prend naissance quand on fixe de l'hydrogène, par l'amalgame de sodium, sur l'*acide orthocoumarique*, $C^{18}H^{8}O^{6}$ (MM. Tiemann et Hertzfeld), ou sur son anhydride, la *coumarine*, $C^{18}H^{6}O^{4}$ (Zwenger).

Il cristallise en longues aiguilles, fusibles à 82°, solubles dans l'eau, surtout à chaud, très solubles dans l'alcool et dans l'éther.

Par distillation, il se dédouble en eau et *hydrocoumarine*, $C^{18}H^{8}O^{4}$ (Zwenger).

3. *Acide hydroparacoumarique.* — Cet acide a été obtenu par M. Hlasiwetz, en hydrogénant l'*acide paracoumarique* par l'amalgame de sodium.

On l'obtient aussi en décomposant la *tyrosine*, $C^{18}H^{11}AzO^6$, par le suc pancréatique (M. Baumann).

Il existe dans l'urine humaine normale, et a été rencontré dans les liquides de la péritonite (M. Baumann).

Il cristallise en petites aiguilles clinorhombiques, fusibles à 125°.

§ 3. — Acides coumariques.

$$C^{18}H^8O^6 \text{ ou } C^{18}H^6(\underline{H^2O^2})(O^4) \ldots \quad OH\text{-}C^6H^4\text{-}CH{=}CH\text{-}CO^2H.$$

1. On connaît deux *acides oxycinnamiques* ou coumariques, l'*acide orthocoumarique* et l'*acide paracoumarique*.

2. *Acide orthocoumarique*. — Cet acide a été découvert par Delalande. Il existe dans le mélilot et dans le faham.

Il se forme :

1° Synthétiquement, en faisant agir l'*anhydride acétique* sur l'*aldéhyde salicylique*, ce qui donne d'abord l'*acide acétylorthocoumarique*, $C^{18}H^6(\underline{C^4H^4O^4})(O^4)$, lequel est un acide-éther de phénol; puis cet acide, traité par les alcalis, se saponifie et produit l'acide orthocoumarique (MM. Tiemann et Herzfeld) :

$$C^{14}H^4(\underline{H^2O^2})(O^2) + C^4H^2O^2(C^4H^4O^4) = C^{18}H^6(\underline{C^4H^4O^4})(O^4) + C^4H^4O^4.$$

2° En hydratant sous l'influence d'une solution de potasse chaude, la *coumarine*, qui est l'anhydride de l'acide orthocoumarique (Delalande) :

$$C^{18}H^6O^4 + H^2O^2 = C^{18}H^8O^6.$$

C'est au moyen de cette dernière réaction qu'on le prépare.

3. L'acide coumarique forme des prismes brillants, fusibles à 207°, solubles dans l'eau chaude et l'alcool. Il ne peut être distillé sans altération. Les solutions de ses sels alcalins possèdent une belle fluorescence verte.

4. Soumis à l'hydrogénation, sous l'influence de l'amalgame de sodium (MM. Tiemann et Herzfeld), il se transforme en *acide orthohydrocoumarique* ou *mélilotique*, $C^{18}H^{10}O^6$ (t. II, p. 242).

La potasse fondante le dédouble en acide salicylique et acide acétique (Delalande; M. Chiozza) :

$$C^{18}H^8O^6 + 2\,KHO^2 = C^{14}H^5KO^6 + C^4H^3KO^4 + H^2.$$

5. *Anhydride orthocoumarique :* $C^{18}H^6O^4$. — Ce corps est plus connu sous le nom de *coumarine* (1). Il a été distingué par Guibourt de l'acide benzoïque, avec lequel on l'avait confondu d'abord. La coumarine a été étudiée par Delalande. Sa synthèse a été faite par M. Perkin en 1867.

La coumarine existe dans beaucoup de végétaux : dans la fève Tonka (*Coumarouna odorata*), l'aspérule odorante (*Asperula odorata*), l'*Anthoxanthum odoratum*, les feuilles de faham (*Angræcum fragrans*), le mélilot (*Melilotus officinalis*).

On forme la coumarine :

1° En faisant agir l'*anhydride acétique* sur l'*aldéhyde salicylique sodé ;* il se produit ainsi de l'*aldéhyde acétosalicylique*, $C^{14}H^4\underline{(C^4H^4O^4)}(O^2)$, lequel donne la coumarine par perte d'eau (M. Perkin) :

$$C^{14}H^4\underline{(NaHO^2)}(O^2) + C^4H^2O^2(C^4H^4O^4) = C^{14}H^4\underline{(C^4H^4O^4)}(O^2) + C^4H^3NaO^4;$$
$$C^{14}H^4\underline{(C^4H^4O^4)}(O^2) - H^2O^2 = C^{18}H^6O^4.$$

2° Par la déshydratation indirecte de l'acide coumarique : si, par exemple, on chauffe l'*acide acétylorthocoumarique*, $C^{18}H^6\underline{(C^4H^4O^4)}(O^4)$, au-dessus de son point de fusion, il se dédouble en acide acétique et coumarine (MM. Tiemann et Herzfeld) :

$$C^{18}H^6\underline{(C^4H^4O^4)}(O^4) = C^{18}H^6O^4 + C^4H^4O^4.$$

Cette dernière méthode est employée aujourd'hui pour préparer la coumarine qu'emploie la parfumerie, l'acide acétylorthocoumarique étant obtenu lui-même avec l'aldéhyde salicylique (t. II, p. 243).

On peut encore préparer la coumarine avec les fèves Tonka, en traitant celles-ci par l'alcool à 90° : l'extrait alcoolique, étant évaporé, laisse cristalliser la coumarine. On purifie celle-ci par des cristallisations répétées et des traitements au noir animal.

La coumarine cristallise sous des formes orthorhombiques. Les cristaux sont incolores, doués d'une odeur aromatique et agréable. Ils fondent à 67°, en un liquide qui bout à 291°. Elle est peu soluble dans l'eau froide, plus soluble dans l'eau bouillante.

Elle se dissout à froid dans les alcalis étendus, et peut être précipitée sans altération par l'addition d'un acide à la liqueur. Un alcali en solution concentrée et chaude la transforme, comme il a été dit, en acide orthocoumarique, par hydratation.

(1) $C^6H^4 < \begin{matrix} O - CO \\ CH = CH \end{matrix}$.

Sous l'influence de l'amalgame de sodium, elle fixe simultanément de l'eau et de l'hydrogène et donne l'*acide mélilotique*, $C^{18}H^{10}O^{6}$ (t. II, p. 242).

La coumarine peut d'ailleurs se combiner à l'acide mélilotique; c'est même sous la forme de cette combinaison qu'elle existe dans le mélilot.

6. *Coumarines diverses.* — D'après ce qui précède, on comprend facilement la génération d'un grand nombre d'homologues de la coumarine. En effet, si l'on fait agir sur l'aldéhyde salicylique sodé, non pas l'anhydride acétique, mais un anhydride quelconque, on engendrera, en général, des aldéhydes-éthers, analogues à l'aldéhyde acétosalicylique : la déshydratation ultérieure de ces aldéhydes fournira des homologues de la coumarine, si l'on a opéré sur un acide homologue de l'acide acétique. On a obtenu ainsi la *coumarine butyrique*, $C^{22}H^{10}O^{4}$, par exemple (M. Perkin) :

$$C^{14}H^{4}\underline{(NaHO^{2})}(O^{2}) + C^{8}H^{6}O^{2}(C^{8}H^{8}O^{4}) = C^{14}H^{4}\underline{(C^{8}H^{8}O^{4})}(O^{2}) + C^{8}H^{7}NaO^{4};$$
$$C^{14}H^{4}\underline{(C^{8}H^{8}O^{4})}(O^{2}) - H^{2}O^{2} = C^{22}H^{10}O^{4}.$$

7. *Acide paracoumarique.* — L'acide paracoumarique a été découvert par M. Hlasiwetz.

Il s'obtient en dissolvant à chaud l'aloès dans 2 fois son poids d'eau, ajoutant 4 pour 100 d'acide sulfurique et faisant bouillir quelques heures. Après séparation d'une résine, on agite le produit avec de l'éther, qui dissout l'acide paracoumarique et l'abandonne ensuite par évaporation.

L'acide paracoumarique forme de fines aiguilles brillantes, peu solubles dans l'eau froide, solubles dans l'eau bouillante, l'alcool et l'éther. Il fond à 206°.

La potasse fondante le dédouble, comme son isomère l'acide orthocoumarique, mais en donnant de l'*acide paraoxybenzoïque*, et non de l'acide salicylique.

L'hydrogène naissant le change en *acide hydroparacoumarique*, $C^{18}H^{10}O^{6}$ (t. II, p. 242).

Il colore le perchlorure de fer en brun.

2e GROUPE : ACIDES MONOBASIQUES ET DIPHÉNOLIQUES.

§ 4. — Acides dioxybenzoïques.

$$C^{14}H^{6}O^{8} \text{ ou } C^{14}H^{2}\underline{(H^{2}O^{2})}\,\underline{(H^{2}O^{2})}(O^{4})\ldots \quad (\Theta H)^{2}{=}\mathcal{C}^{6}H^{3}{-}\mathcal{C}\Theta^{2}H.$$

On connaît 6 acides possédant cette composition et ces fonctions mixtes. Tous prennent naissance par l'action de la potasse sur les dérivés disubstitués correspondants de l'acide benzoïque. Les plus importants sont l'*acide oxysalicylique* et l'*acide protocatéchique*.

I. — Acide oxysalicylique.

1. Cet acide (1), appelé aussi *acide gentisique* ou *acide paradioxybenzoïque*, a été découvert par Henry et Caventou.

2. *Formations.* — Il s'obtient synthétiquement quand on traite par la potasse fondante l'un des *acides monoiodosalicyliques* (M. Lautemann) :

$$C^{14}H^5IO^6 + KHO^2 = C^{14}H^6O^8 + KI.$$

Il se produit encore par l'action du même réactif sur le *gentisin*, principe cristallisé retiré de la *Gentiana lutea*.

3. *Propriétés.* — Il cristallise en aiguilles, fusibles à 197°. La chaleur le décompose en hydroquinon et acide carbonique :

$$C^{14}H^6O^8 = C^{12}H^6O^4 + C^2O^4.$$

Il colore en bleu les sels de fer.

II. — Acide protocatéchique.

1. L'acide protocatéchique (2) a été découvert par Strecker.

2. *Formations.* — Il se forme :

1° Dans l'oxydation de l'*aldéhyde protocatéchique*, $C^{14}H^6O^6$ (t. II, p. 66).

2° Dans l'action de la potasse sur les acides paraoxybenzoïques monobromés ou monoiodés (M. Barth) :

$$C^{14}H^5IO^6 + KHO^2 = C^{14}H^6O^8 + KI,$$

ainsi que sur les dérivés sulfoconjugués correspondants.

3° Dans l'action des hydrates alcalins en fusion sur l'*acide pipérique*, $C^{24}H^{10}O^8$, et sur l'*acide pipéronylique*, $C^{16}H^6O^8$, produit d'oxydation de l'acide pipérique.

Un très grand nombre de substances naturelles fournissent également l'acide protocatéchique lorsqu'on les fond avec les alcalis

(1) $(\Theta H)^2_{(2.5)} = C^6H^3-C\Theta^2H_{(1)}$.

(2) $(\Theta H)^2_{(3.4)} = C^6H^3-C\Theta^2H_{(1)}$.

hydratés ; par exemple : la résine de gaïac, le sang-dragon, le benjoin, l'opopanax, l'assa-fœtida, la myrrhe, le rouge de quinquina, l'eugénol, le cachou, etc.

3. *Préparation.* — On prépare l'acide protocatéchique en fondant avec la potasse, soit l'essence de girofle, c'est-à-dire l'*eugénol*, soit la *catéchine* (t. II, p. 254). On reprend le produit par l'eau, on acidule par l'acide sulfurique, et on enlève l'acide protocatéchique à la liqueur en agitant celle-ci avec de l'éther.

4. *Propriétés.* — L'acide protocatéchique cristallise en aiguilles clinorhombiques, incolores, contenant 2 équivalents d'eau de cristallisation. Il est soluble dans 45 parties d'eau froide. Il fond à 199° ; puis, si on le chauffe davantage, il donne de la *pyrocatéchine* et de l'acide carbonique :

$$C^{14}H^6O^8 = C^{12}H^6O^4 + C^2O^4.$$

Il colore les sels de fer en bleu verdâtre ; la teinte devient d'un bleu magnifique, puis passe au rouge, par des additions successives de soude.

L'acide protocatéchique engendre, en vertu de ses deux atomicités phénoliques, plusieurs éthers intéressants, dont nous allons parler maintenant.

5. *Acide méthylprotocatéchique :* $C^{16}H^8O^8$ ou $C^{14}H^2\underline{(H^2O^2)}\underline{(C^2H^4O^2)}(O^4)$. — Ce composé (1), nommé aussi *acide vanillique*, a été découvert et étudié par M. Tiemann.

Il se forme :

1° En oxydant par le permanganate de potasse, soit l'aldéhyde vanillique ou *vanilline* (t. II, p. 66), soit certains corps susceptibles d'engendrer cet aldéhyde, tels que la *coniférine*, l'*acétyleugénol*, etc.

Il se produit déjà quand on abandonne la vanilline au contact de l'oxygène de l'air.

2° Dans la destruction incomplète de l'acide diméthylprotocatéchique (voy. plus loin) ; par exemple, en chauffant ce dernier corps à 140° avec de l'acide chlorhydrique :

$$C^{14}H^2\underline{(C^2H^4O^2)}\,\underline{(C^2H^4O^2)}\,(O^4) + HCl = C^{14}H^2\underline{(H^2O^2)}\,\underline{(C^2H^4O^2)}\,(O^4) + C^2H^3Cl.$$

L'acide vanillique forme des aiguilles brillantes, fusibles à 212°, sublimables sans altération.

Par neutralisation avec la soude diluée, il donne lieu à des dégage-

(1) $\mathcal{C}H^3\Theta_{(3)}\text{-}\mathcal{C}^6H^3 < \begin{matrix}\Theta H_{(4)} \\ \mathcal{C}\Theta^2H_{(1)}\end{matrix}.$

ments de chaleur (12,64 Calories pour le premier équivalent d'alcali, et 9,74 Calories pour le second), qui correspondent à sa fonction acide et à sa fonction phénolique restées non saturées.

L'action prolongée de l'acide chlorhydrique concentré le dédouble en *éther méthylchlorhydrique* et *acide protocatéchique :*

$$C^{14}H^{2}(\underline{H^{2}O^{2}})(\underline{C^{2}H^{4}O^{2}})(O^{4}) + HCl = C^{14}H^{2}(\underline{H^{2}O^{2}})(\underline{H^{2}O^{2}})(O^{4}) + C^{2}H^{3}Cl.$$

La distillation sèche de son sel de chaux le décompose en *méthylpyrocatéchine* (t. I, p. 555) et acide carbonique :

$$C^{14}H^{2}(\underline{H^{2}O^{2}})(\underline{C^{2}H^{4}O^{2}})(O^{4}) = C^{12}H^{2}(\underline{H^{2}O^{2}})(\underline{C^{2}H^{4}O^{2}}) + C^{2}O^{4}.$$

Il existe un isomère de l'acide vanillique, résultant de l'éthérification de la seconde atomicité phénolique dans l'acide protocatéchique; c'est l'*acide isovanillique*. Il fond à 251°.

6. *Acide diméthylprotocatéchique :* $C^{14}H^{2}(C^{2}H^{4}O^{2})^{2}(O^{4})$. — Cet acide (1), éther diméthylique phénolique de l'acide protocatéchique, est vraisemblablement identique avec l'*acide vératrique*, trouvé par M. Merck dans la cévadille (*Veratrum sabadilla*).

Il s'obtient en chauffant l'acide protocatéchique avec de l'éther méthyliodhydrique, en présence de la potasse.

C'est un corps cristallisé en aiguilles prismatiques, sublimable sans décomposition. Il est très peu soluble dans l'eau froide, soluble dans l'alcool et insoluble dans l'éther.

Distillé avec la baryte, il donne la *diméthylpyrocatéchine* ou *vératrol* (t. I, p. 556) :

$$C^{18}H^{10}O^{8} = C^{12}H^{2}(\underline{C^{2}H^{4}O^{2}})^{2} + C^{2}O^{4}.$$

7. *Acide méthylèneprotocatéchique :* $C^{14}H^{2}(\underline{\underline{C^{2}H^{4}O^{4}}})(O^{4})$. — Cet acide, plus connu sous le nom d'*acide pipéronylique*, a été découvert par MM. Fittig et Mielck. Il correspond à l'*aldéhyde pipéronylique* (t. II, p. 68) et à l'*alcool pipéronylique* (t. I, p. 577).

Il se produit dans l'oxydation de ces composés, ainsi que dans celle de l'*acide pipérique*, $C^{24}H^{10}O^{8}$.

Il se forme également quand on chauffe l'*iodure de méthylène*, $C^{2}H^{2}I^{2}$, avec de l'*acide protocatéchique* et de la potasse (MM. Fittig et Remsen) :

$$C^{14}H^{2}(\underline{H^{2}O^{2}})(\underline{H^{2}O^{2}})(O^{4}) + C^{2}H^{2}I^{2} + 2\,KHO^{2} = C^{14}H^{2}(\underline{\underline{C^{2}H^{4}O^{4}}})(O^{4}) + 2\,KI + 2\,H^{2}O^{2}.$$

(1) $(\mathrm{CH^{3}O})^{2} = \mathrm{C^{6}H^{3}{-}CO^{2}H}$.

Il existe dans l'écorce de paracoto (MM. Hesse et Jobst).

Il cristallise dans l'alcool en aiguilles fusibles à 228°, sublimables, presque insolubles dans l'eau. C'est un corps très stable.

§ 5. — **Acide orsellique.**

$$C^{16}H^{8}O^{8} \text{ ou } C^{16}H^{4}(\underline{H^{2}O^{2}})(\underline{H^{2}O^{2}})(O^{4}) \ldots\ldots \quad (OH)^{2}{=}C^{6}H^{2}{<}{}^{CH^{3}}_{CO^{2}H}.$$

1. L'acide orsellique a été isolé par Stenhouse dans le dédoublement de certains principes des lichens tinctoriaux, qui le contiennent à l'état d'érythrine, de picroérythrine ou d'acide lécanorique.

2. *Formation.* — Il se forme :

1° Par saponification alcaline de l'*érythrine* et de la *picroérythrine*, qui sont l'*éther diorsellique* et l'*éther mono-orsellique de l'érythrite :*

$$\underset{\text{Érythrine.}}{C^{8}H^{2}(H^{2}O^{2})^{2}(C^{16}H^{8}O^{8})^{2}} + 2\,H^{2}O^{2} = \underset{\text{Érythrite.}}{C^{8}H^{2}(H^{2}O^{2})^{4}} + \underset{\text{Ac. orsellique.}}{2\,C^{16}H^{8}O^{8}}.$$

$$\underset{\text{Picroérythrine.}}{C^{8}H^{2}(H^{2}O^{2})^{3}(C^{16}H^{8}O^{8})} + H^{2}O^{2} = \underset{\text{Érythrite.}}{C^{8}H^{2}(H^{2}O^{2})^{4}} + \underset{\text{Ac. orsellique.}}{C^{16}H^{8}O^{8}}.$$

2° Par saponification de son propre dérivé éthéré, la *lécanorine*, appelée aussi *acide diorsellique* ou *acide lécanorique*, $C^{16}H^{6}O^{6}(C^{16}H^{8}O^{8})$ ou $C^{32}H^{14}O^{14}$:

$$C^{16}H^{6}O^{6}(C^{16}H^{8}O^{8}) + H^{2}O^{2} = 2\,C^{16}H^{8}O^{8}.$$

3. *Préparation.* — On prépare l'acide orsellique en chauffant l'érythrine avec de l'eau de baryte.

4. *Propriétés.* — Il forme des prismes incolores, contenant une molécule d'eau de cristallisation, solubles dans l'eau, l'alcool et l'éther, fusibles à 176°.

Il est décomposable en *orcine* et acide carbonique, par la chaleur, sous l'influence de l'eau et sous celle des alcalis :

$$C^{16}H^{8}O^{8} = C^{14}H^{8}O^{4} + C^{2}O^{4}.$$

3e GROUPE : ACIDES MONOBASIQUES ET TRIPHÉNOLIQUES.

§ 6. — **Acide gallique.**

$$C^{14}H^{6}O^{10} \text{ ou } C^{14}(\underline{H^{2}O^{2}})^{3}(O^{4}) \ldots\ldots\ldots\ldots \quad (OH)^{3}{\equiv}C^{6}H^{2}{-}CO^{2}H.$$

1. L'acide gallique a été découvert par Scheele et étudié surtout par Pelouze et par Strecker. Sa synthèse a été faite par M. Lautemann.

Il existe à l'état de liberté dans un assez grand nombre de produits végétaux : les graines de mango (*Mangifera indica*), les gousses de libidibi (*Cæsalpinia coriaria*), les cupules du chêne vélani (*Quercus ægylops*), les feuilles de sumac (*Rhus coriaria*), celles de busserolle (*Arctostaphylos uva ursi*), les fleurs d'arnica (*Arnica montana*), etc.

2. *Formation.* — Il se forme :

1° Dans l'action de la potasse sur *l'acide salicylique diiodé* (M. Lautemann), ou sur son isomère, *l'acide paraoxybenzoïque diiodé* (M. Barth) :

$$C^{14}H^4I^2O^6 + 2\,KHO^2 = C^{14}H^6O^{10} + 2\,KI;$$

2° Dans l'action de la potasse sur *l'acide protocatéchique monobromé*, $C^{14}H^5BrO^8$ (M. Barth), ou sur les dérivés éthérés de celui-ci, par exemple *l'acide diméthylprotocatéchique monobromé* (M. Matsmoto) :

$$C^{14}H^5BrO^8 + KHO^2 = C^{14}H^6O^{10} + KBr.$$

Ces premières formations réalisent la synthèse de l'acide gallique.

3° Dans l'hydratation du tanin de la noix de galle, lequel n'est autre chose qu'un *éther digallique*, $C^{14}(\underline{C^{14}H^6O^{10}})(\underline{H^2O^2})^2(O^4)$, d'après M. Hugo Schiff. Cette hydratation s'effectue sous l'influence des acides et des alcalis étendus; elle a lieu aussi sous l'action de certains ferments (*Penicillium glaucum* et *Aspergillus glaucus*) :

$$C^{14}(\underline{C^{14}H^6O^{10}})(\underline{H^2O^2})^2(O^4) + H^2O^2 = 2\,C^{14}H^6O^{10}.$$

Le dédoublement du tanin de la noix de galle engendre souvent, avec l'acide gallique, de la glucose (Strecker). Ce fait tient, semble-t-il, à la présence, dans ce tanin, de certains glucosides.

3. *Préparation.* — L'acide gallique se prépare par la décomposition du tanin de la noix de galle. A cet effet, on laisse fermenter, pendant un mois environ, des noix de galle concassées et maintenues humides. On exprime la masse, et le résidu est traité par l'eau bouillante. L'acide gallique cristallise par refroidissement de la liqueur filtrée.

On peut aussi faire bouillir l'extrait aqueux de noix de galle avec l'acide sulfurique étendu.

On purifie l'acide gallique en le dissolvant dans 8 parties d'eau bouillante ; on décolore la solution chaude par le noir animal et on fait cristalliser.

4. *Propriétés.* — L'acide gallique forme de longues aiguilles soyeuses, appartenant au système irrégulier et renfermant H^2O^2 de

cristallisation. Il est inodore, d'une saveur astringente, soluble dans 100 parties d'eau froide et dans 3 parties d'eau bouillante, très soluble dans l'alcool, moins soluble dans l'éther. Il devient anhydre à 100°, et il fond ensuite vers 220° en s'altérant.

Au point de vue de la chaleur qu'il dégage en s'unissant aux bases, l'acide gallique se conduit comme un acide monobasique et un phénol diatomique; il dégage 13,17 Calories avec le 1er équivalent de soude diluée, 7,25 Calories avec le 2e, 6,04 Calories avec le 3e, et 2,65 Calories seulement avec le 4e. On sait que la 3e fonction phénolique du pyrogallol, dont il dérive, ne se manifeste pas davantage dans les mêmes circonstances (M. Berthelot).

5. *Chaleur.* — Chauffé vers 220°, dans un courant d'acide carbonique, l'acide gallique se décompose en *pyrogallol* et *acide carbonique:*

$$C^{14}H^6O^{10} = C^{12}H^6O^6 + C^2O^4.$$

Chauffé brusquement vers 250°, l'acide gallique se résout en *acide métagallique*, $C^{24}H^8O^8$, eau et acide carbonique (Pelouze) :

$$2\,C^{14}H^6O^{10} = 2\,C^2O^4 + 2\,H^2O^2 + C^{24}H^8O^8.$$

L'acide métagallique appartient au groupe des acides ulmiques.

6. *Réactions.* — L'acide gallique est très oxydable: sa solution aqueuse absorbe peu à peu l'oxygène de l'air en noircissant et en dégageant de l'acide carbonique. En présence des alcalis, la réaction est très rapide (M. Chevreul).

L'acide gallique réduit les sels d'or et d'argent, ainsi que le réactif cupropotassique.

La solution d'acide gallique ne précipite ni les alcaloïdes, ni la gélatine, comme le fait le tanin. Elle précipite l'émétique. Elle produit un précipité bleu dans les sels de peroxyde de fer, mais n'agit pas sur les sels de protoxyde, purs de sesquioxyde.

Chauffé avec l'acide sulfurique concentré, l'acide gallique se change en *acide rufigallique*, $C^{28}H^8O^{16}$ (Robiquet), lequel corps n'est autre chose que l'*hexaoxyanthraquinon*.

L'acide gallique, étant un acide-phénol, peut s'éthérifier en se combinant à lui-même sous l'influence de certains réactifs : il engendre ainsi l'*acide digallique* et l'*acide ellagique*.

Tanin ou acide digallique.

$C^{28}H^{10}O^{18}$ ou $C^{14}(\underline{C^{14}H^6O^{10}})(\underline{H^2O^2})^2(O^4)$. $(\Theta H)^3{\equiv}\mathcal{C}^6H^2\text{-}\mathcal{C}\Theta^2\text{-}\mathcal{C}^6H^2(\Theta H)^2\text{-}\mathcal{C}\Theta^2H.$

1. A l'acide gallique se rattache le tanin de la noix de galle, ap-

pelé quelquefois *acide gallotannique*. Ce corps a été découvert par Lewis au dix-huitième siècle et étudié par Pelouze, puis par M. Hugo Schiff. Il est essentiellement constitué par de l'acide digallique ; mais, comme il a été dit plus haut, quand on l'extrait des matières naturelles, il est souvent mélangé avec des glucosides.

2. *Formations*. — L'acide digallique se forme :

1° Quand on chauffe à 120°, pendant quelques heures, l'acide gallique avec l'oxychlorure de phosphore (M. H. Schiff) :

$$4\,C^{14}H^{6}O^{10} + PCl^{3}O^{2} = 2\,C^{28}H^{10}O^{18} + PHO^{6} + 3\,HCl.$$

2° Quand on fait bouillir les solutions aqueuses d'acide gallique additionnées d'acide arsénique (M. H. Schiff).

L'acide digallique ainsi obtenu est formé aux dépens de 2 molécules d'acide gallique, l'une jouant dans la combinaison le rôle d'acide monobasique, l'autre le rôle de phénol. Il serait dès lors acide monobasique et phénol pentatomique :

$$C^{14}[\underline{C^{14}(\underline{H^{2}O^{2}})^{3}(O^{4})}](\underline{H^{2}O^{2}})^{2}(O^{4}).$$

L'anhydride acétique en excès le change, en effet, en un dérivé pentacétique :

$$C^{14}[\underline{C^{14}(\underline{C^{4}H^{4}O^{4}})^{3}(O^{4})}](\underline{C^{4}H^{4}O^{4}})^{2}(O^{4}).$$

3. *États naturels*. — Le tanin ordinaire se rencontre dans le sumac, dans l'écorce de chêne et surtout dans la noix de galle, excroissance de différents chênes, tels que le *Quercus infectoria ;* cette excroissance est développée sous l'influence de la piqûre d'un insecte, le *Cynips gallæ tinctoriæ*.

4. *Préparation*. — Pour préparer le tanin, on concasse la noix de galle et on l'introduit dans une allonge, bouchée à l'extrémité inférieure par une mèche de coton (fig. 94). On place l'allonge à demi remplie sur une carafe, et l'on y verse de l'éther du commerce, lequel contient un peu d'alcool et d'eau, ou mieux un mélange de 4 parties d'éther avec 1 partie d'alcool. On ferme l'appareil et on l'abandonne à lui-même. Le lendemain, on laisse écouler le liquide dans la carafe : il se partage bientôt en deux couches, parfois trois. La couche inférieure, d'un brun jaunâtre, est une solution aqueuse très concentrée de tanin, retenant un peu d'éther et d'alcool ; la couche supérieure est éthérée et presque exempte de tanin. Entre les deux, on observe parfois une couche d'eau saturée d'éther.

Dans tous les cas, on décante la couche inférieure à l'aide d'un entonnoir à robinet; on la lave avec de l'éther et on l'évapore rapidement, dans le vide ou sur une assiette placée dans une étuve (Pelouze).

L'industrie prépare aujourd'hui par cette méthode des quantités de tanin considérables. Elle fait usage d'appareils entièrement clos, qui évitent toute déperdition d'éther.

Elle produit également des tanins dits *à l'alcool* ou *à l'eau*, lesquels ne sont autre chose que des extraits alcooliques ou aqueux de noix de galle, c'est-à-dire du tanin beaucoup plus impur que celui qui constitue l'extrait éthéré dont il vient d'être parlé.

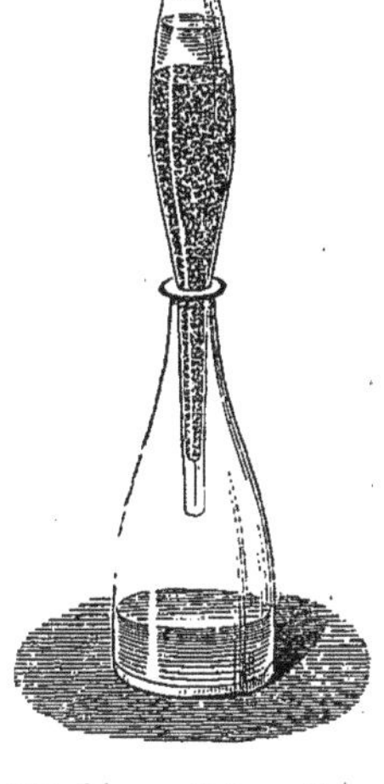

Fig. 94. — Préparation du tanin.

5. *Propriétés.* — Le tanin préparé à l'éther reste sous la forme d'une masse jaunâtre, amorphe, légère et boursouflée. Il est inodore, très astringent, très soluble dans l'eau, moins soluble dans l'alcool, insoluble dans l'éther.

Il est précipité de ses solutions aqueuses par le sel marin, l'acétate de potasse, les acides chlorhydrique, sulfurique, phosphorique concentrés.

6. *Chaleur.* — Le tanin fond vers 210°, puis il se décompose en dégageant de l'acide carbonique, du pyrogallol, et en laissant un résidu humoïde, contenant de l'*acide métagallique*, $C^{24}H^8O^8$.

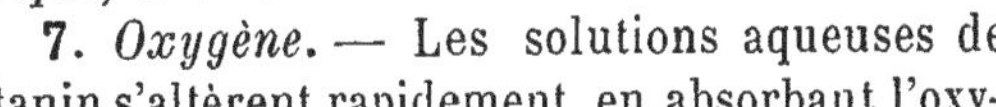

7. *Oxygène.* — Les solutions aqueuses de tanin s'altèrent rapidement, en absorbant l'oxygène de l'air et en se colorant, avec dégagement d'acide carbonique et formation d'acide gallique. Cette absorption est plus rapide encore sous l'influence des alcalis.

Le tanin est oxydé par l'iode en présence de l'eau; il réduit les sels d'or et d'argent, le tartrate cupropotassique, etc.

8. *Acides.* — Le tanin, bouilli avec les acides étendus, s'hydrate et se dédouble en donnant de l'acide gallique.

9. *Sels.* — La solution du tanin rougit le tournesol. Le tanin forme des sels avec la plupart des bases; ces sels sont incristallisables et s'altèrent promptement sous l'influence de l'air. A cet ordre de composés appartiennent les précipités formés par le tanin dans les solutions d'acétate de plomb, d'émétique, de sels d'alcaloïdes, de sulfate ferrique ou plutôt ferroso-ferrique,

Le dernier précipité est d'un noir bleuâtre; il constitue l'*encre ordinaire*.

10. Le tanin précipite aussi les solutions d'amidon, d'albumine, etc. Il coagule le sang; il forme avec la solution de gélatine un épais précipité floconneux, soluble à chaud dans un excès de gélatine. Un lambeau de peau fraîche, suspendu dans une solution de tanin, absorbe rapidement celui-ci, en formant une combinaison imputrescible : c'est sur la production de cette dernière qu'est basé le procédé suivi dans le *tannage des peaux*.

On a vu plus haut (t. II, p. 250) que, sous l'influence de certains ferments, le tanin subit la *fermentation gallique*.

11. *Acide ellagique :* $C^{28}H^{6}O^{16}+2H^{2}O^{2}$. — Ce composé, appelé aussi *acide bézoardique*, forme la plus grande partie des bézoards orientaux. Il a été découvert par Braconnot. Il se produit quand on traite l'acide gallique par certains agents d'éthérification, tels que le perchlorure de phosphore ou l'acide arsénique. Il préexiste dans la noix da galle, les racines de grenadier et de tormentille, l'écorce de pin et, plus abondamment, dans les gousses de libidibi (*Cæsalpinia coriaria*).

Il se présente en prismes fins, d'un jaune pâle, presque insolubles dans l'eau. Il est bibasique.

12. *Tanins divers.* — On a désigné d'une manière générale sous les noms de *tanins* ou *acides tanniques* des composés très répandus dans les végétaux, jouant le rôle d'acides faibles et caractérisés par deux propriétés : d'une part, ils précipitent les solutions de la gélatine et des matières albuminoïdes; d'autre part, ils communiquent aux solutions ferriques une coloration noirâtre. Ce sont des corps très altérables et très oxydables, surtout en présence des alcalis. Les substances ainsi groupées semblent être de natures très diverses, à en juger d'après leurs dédoublements.

Sans vouloir discuter ceux-ci plus en détail, nous croyons utile de signaler les plus importants parmi les corps désignés sous le nom de tanins :

L'*acide cachoutannique*, substance brune que l'eau froide enlève au cachou (extrait de l'*Acacia catechu*).

L'*acide catéchique* ou *catéchine*, principe cristallisable, peu soluble dans l'eau froide, contenu dans le cachou; il précipite les sels ferriques en noir verdâtre, mais n'agit pas sur la gélatine. Ce corps donne, par décomposition pyrogénée, de la *pyrocatéchine*.

L'*acide morintannique* ou *maclurine*, poudre jaune, cristallisée, qui constitue la matière colorante du bois jaune (*Morus tinctoria*). Ce corps précipite la gélatine; il précipite aussi les sels ferriques en vert. Sous l'influence de la chaleur, il donne de la pyrocatéchine. Oxydé par la potasse fondante, il produit de la phloroglucine et de l'acide protocatéchique.

L'*acide cafétannique* se retire du café sous la forme d'une masse jaunâtre, astringente, acidule, très soluble ; il ne précipite pas la gélatine, mais il colore en vert les sels ferriques. Il produit de la pyrocatéchine en se décomposant par la chaleur. La potasse fondante le transforme en acide protocatéchique. Le même réactif, en solution bouillante, le dédouble en glucose et *acide caféique*, $C^{18}H^{8}O^{8}$.

L'*acide quinotannique* est extrait des écorces de quinquina. C'est une masse amorphe, astringente, soluble dans l'eau et dans l'alcool. Ce corps précipite la gélatine en blanc et les sels de fer en vert. Il se dédouble en *rouge cinchonique*, $C^{24}H^{12}O^{10}$, et *glucose* :

$$C^{84}H^{48}O^{42} = 3\,C^{24}H^{12}O^{10} + C^{12}H^{12}O^{12}.$$

4e GROUPE : ACIDES MONOBASIQUES ET TÉTRAPHÉNOLIQUES.

§ 7. — Acide quinique.

$C^{14}H^{12}O^{12}$ .... $(\Theta H)^4 \equiv \mathrm{C}^6H^7 - \mathrm{C}\Theta^2H$.

1. L'acide quinique a été découvert en 1790 par Hoffmann.

Cet acide existe dans les écorces de quinquina, dans le café et dans le *Vaccinium myrtillus*. On le considère d'ordinaire comme un acide-phénol, mais sa nature est encore peu connue.

2. *Préparation.* — On le prépare au moyen de la décoction aqueuse et acide des écorces de quinquina. Après avoir précipité les alcaloïdes par la chaux, on filtre et on évapore la liqueur en consistance de sirop : le quinate de chaux se dépose lentement. On le lave à l'alcool et on le fait recristalliser. La solution du quinate de chaux est précipitée par l'acétate de plomb ; puis le quinate de plomb est lavé et décomposé par l'hydrogène sulfuré. Après évaporation de la liqueur, l'acide quinique cristallise.

3. *Propriétés.* — Il se présente en prismes rhomboïdaux obliques, contenant 2 équivalents d'eau de cristallisation. Il est soluble dans 2 1/2 parties d'eau froide, mais à peine soluble dans l'alcool absolu. Il est lévogyre. Il fond à 161°, en perdant son eau de cristallisation.

Au point de vue de la chaleur qu'il dégage dans sa neutralisation, l'acide quinique se conduit simplement comme un acide monobasique : il dégage 13,23 Calories avec le premier équivalent de soude, aucun mouvement thermique important ne se manifestant par l'addition d'une plus grande quantité d'alcali.

4. *Chaleur*. — Vers 200° ou 250°, il perd de l'eau et se change en un anhydride, $C^{14}H^{10}O^{10}$.

Distillé, il fournit de l'acide benzoïque, de l'aldéhyde salicylique, du phénol, de la benzine, et surtout de l'hydroquinon, etc. (Wœhler) :

$$C^{14}H^{12}O^{12} = C^{12}H^6O^4 + C^2O^2 + 3\,H^2O^2.$$

5. *Oxygène*. — Traité par un mélange d'acide sulfurique et de bioxyde de manganèse, l'acide quinique produit du *quinon*, $C^{12}H^4O^4$ (t. II, p. 78).

Le brome le change en *acide protocatéchique*, $C^{14}H^6O^8$ (M. Hesse) :

$$C^{14}H^{12}O^{12} + Br^2 = C^{14}H^6O^8 + 2\,HBr + 2\,H^2O^2.$$

La potasse fondante détermine le même dédoublement.

6. *Sels*. — Les quinates sont solubles et cristallisables. Distillés, ils produisent l'*hydroquinon* et son isomère, la *pyrocatéchine*, $C^{12}H^6O^4$:

$$C^{14}H^{12}O^{12} = C^{12}H^6O^4 + C^2O^4 + 2\,H^2O^2 + H^2.$$

CHAPITRE VII

ACIDES-ÉTHERS

§ 1er. — Acides-éthers en général.

En général, nous avons parlé des acides-éthers à propos des acides-alcools ou des acides-phénols dont ils dérivent. C'est pourquoi nous ne nous occuperons ici que de quelques-uns de ces corps, pour lesquels les générateurs ne sont pas connus et qui se trouvent classés par analogie.

§ 2. — Acide cantharique.

$C^{20}H^{12}O^{8}$.................................... *$C^{10}H^{12}O^{4}$.*

1. L'acide cantharique a été découvert et étudié par M. Piccard, qui l'a obtenu en chauffant à 100° pendant quelques heures, en vase clos, la cantharidine avec l'acide iodhydrique.

La cantharidine se change par là dans l'acide cantharique, son isomère. Le caractère théorique de cette transformation n'est pas encore bien éclairci.

L'acide cantharique forme des cristaux orthorhombiques, volumineux, fusibles à 278°. Il n'est pas vésicant.

Calciné avec la chaux, il se dédouble en donnant de l'acide carbonique et un carbure, le *cantharène*, $C^{16}H^{12}$:

$$C^{20}H^{12}O^{8} = C^{16}H^{12} + 2\,C^{2}O^{4}.$$

En distillant son sel de baryte, on obtient du cantharène et de l'*orthoxylène*, $C^{16}H^{10}$, tandis que le résidu contient de l'*acide butyrique*, $C^{8}H^{8}O^{4}$, et de l'*acide xylilique*, $C^{18}H^{10}O^{4}$.

2. *Cantharidine*. — La cantharidine, $C^{20}H^{12}O^{8}$, qui fournit ainsi l'acide cantharique, est un principe vésicant extrêmement actif; elle existe dans un certain nombre d'insectes qui lui doivent leurs propriétés épispastiques (*Cantharis vesicatoria, Meloe proscarabeus, Mylabris cichorii*, etc.). Elle a été découverte par Robiquet.

On la prépare en épuisant les cantharides pulvérisées (50 grammes) par la benzine bouillante (200 grammes); on distille la solution jusqu'à ce que le résidu occupe 8 centimètres cubes, puis on laisse reposer : la cantharidine cristallise. On sépare les cristaux, on les lave au sulfure de carbone, qui dissout l'huile verte dont ils sont souillés, mais non la cantharidine, et on fait recristalliser dans l'alcool bouillant, en présence du noir animal.

3. La cantharidine se présente en prismes rhombiques, ou en lamelles incolores et brillantes, neutres, inodores. Elle est insoluble dans l'eau, peu soluble dans l'alcool froid, soluble dans 34 parties d'éther froid, dans 70 parties d'essence de térébenthine bouillante, dans 20 parties d'huile d'olive à 12°, dans 40 parties d'acide acétique chaud. Elle fond à 218° et se sublime déjà un peu au-dessus de 120°; elle s'évapore rapidement à l'air, à la température ordinaire. C'est un toxique violent : sa poudre et ses vapeurs sont dangereuses à respirer, et même à laisser en contact avec la peau ou les muqueuses.

4. Chauffée avec la chaux sodée, la cantharidine produit du cantharène et de l'orthoxylène.

Ce dernier se forme plus abondamment quand on la traite par le sulfure de phosphore (M. Piccard).

5. L'action des alcalis en présence de l'eau est surtout remarquable : à l'ébullition, la cantharidine est changée en sel d'un acide bibasique particulier, l'*acide cantharidique*, $C^{20}H^{14}O^{10}$:

$$C^{20}H^{12}O^{8} + 2\,KHO^{2} = C^{20}H^{12}K^{2}O^{10} + H^{2}O^{2}.$$

Les cantharidates sont cristallisables et bien définis, mais lorsqu'on ajoute un acide à leurs dissolutions, de la cantharidine, et non de l'acide cantharidique, se sépare. Il semble exister entre la cantharidine et l'acide cantharidique, $C^{20}H^{12}(H^{2}O^{2})(O^{4})(O^{4})$, les mêmes relations qu'entre un lactone et l'acide-alcool correspondant (voy. t. II, p. 109).

§ 3. — **Acide pipérique.**

$$C^{24}H^{10}O^{8} \text{ ou } C^{22}H^{6}(\underline{C^{2}H^{4}O^{4}})(O^{4}) \ldots\ldots \quad ЄH^{2}Θ^{2}=Є^{6}H^{3}-Є^{5}H^{5}Θ^{2}.$$

1. L'acide pipérique est simultanément acide monobasique et éther méthylénique. Il dérive d'un acide-phénol monobasique et diphénolique, $C^{22}H^{6}(\underline{H^{2}O^{2}})(\underline{H^{2}O^{2}})(O^{4})$. Il a été découvert par MM. von Babo et Keller.

2. *Préparation*. — L'acide pipérique s'obtient en dédoublant par

la potasse alcoolique le *pipérin*, $C^{34}H^{19}AzO^6$, principe immédiat alcalin, qui existe dans les poivres. Il se forme par là de l'acide pipérique et un alcali, la *pipéridine*, $C^{10}H^{11}Az$:

$$C^{34}H^{19}AzO^6 + H^2O^2 = C^{24}H^{10}O^8 + C^{10}H^{11}Az.$$

3. *Propriétés.* — L'acide pipérique cristallise en longues aiguilles feutrées, fusibles à 217°, sublimables, mais non sans décomposition partielle. Il est presque insoluble dans l'eau froide.

4. *Réactions.* — L'hydrogène naissant le transforme en *acide hydropipérique*, $C^{24}H^{12}O^8$ (M. Foster).

L'acide pipérique, oxydé par le permanganate de potasse, fournit l'*aldéhyde pipéronylique*, $C^{16}H^6O^6$ (t. II, p. 68) ou *pipéronal* (MM. Fittig et Mielch).

La potasse fondante le transforme en acides protocatéchique, acétique, oxalique et carbonique (Strecker).

§ 4. — **Acide hémipinique.**

$$C^{20}H^{10}O^{12} \text{ ou } C^{16}H^2\underline{(C^2H^4O^2)^2}(O^4)^2 \ldots \quad (\mathit{CH^3O})^2{=}\mathit{C^6H^2}{=}(\mathit{CO^2H})^2.$$

1. L'acide hémipinique est à la fois acide bibasique et éther diméthylique de phénol. Il a été découvert par Wœhler.

2. *Formation.* — Il se forme quand on oxyde l'*acide opianique*, $C^{20}H^{10}O^{10}$, acide-aldéhyde correspondant (t. II, p. 269), par un mélange de bichromate de potasse et d'acide sulfurique (MM. Matthiessen et Foster) :

$$C^{20}H^{10}O^{10} + O^2 = C^{20}H^{10}O^{12}.$$

On l'obtient aussi en traitant l'acide opianique à l'ébullition par la potasse concentrée; il se forme alors en même temps de la *méconine*, $C^{20}H^{10}O^8$, alcool-éther à fonction mixte (MM. Matthiessen et Foster) :

$$2\,C^{20}H^{10}O^{10} = C^{20}H^{10}O^8 + C^{20}H^{10}O^{12}.$$

C'est là un dédoublement analogue à celui de l'aldéhyde benzylique en alcool benzylique et acide benzoïque, sous l'influence de la potasse alcoolique (t. II, p. 30).

L'acide hémipinique résulte aussi de l'oxydation de l'un des alcalis de l'opium, la *narcotine*, $C^{42}H^{23}AzO^{14}$ (M. Anderson).

3. *Propriétés.* — L'acide hémipinique constitue d'ordinaire des prismes rhomboïdaux obliques, contenant 4 équivalents d'eau et efflorescents. Desséché, il fond à 181°, puis forme un anhydride.

Chauffé avec la chaux sodée vers 240°, il donne de la *diméthylpyrocatéchine.*

CHAPITRE VIII

ACIDES-ALDÉHYDES

§ 1er. — Acides-aldéhydes en général.

Les acides-aldéhydes résultent de la déshydrogénation des acides-alcools. On a vu plus haut (t. II, p. 116) qu'ils se partagent en 3 sections : les *acides-aldéhydes proprement dits*, les *acides-acétones proprement dits*, et les *acides-aldéhydes* et *acides-acétones à fonction complexe*.

1re SECTION : ACIDES-ALDÉHYDES PROPREMENT DITS.

§ 2. — Acide glyoxylique.

$C^4H^2O^6$ ou $C^4H^2(O^2)(O^4)$.................... $\mathit{CθH\text{-}Cθ^2H}$.

1. Cet acide-aldéhyde a été découvert par M. Debus. C'est l'un des produits de l'oxydation régulière du glycol, de l'acide glycollique et du glyoxal :

$$C^4H^2(H^2O^2)(H^2O^2) + 3\,O^2 = C^4H^2(O^2)(O^4) + 2\,H^2O^2;$$
$$C^4H^2(H^2O^2)\ (O^4) + O^2 = C^4H^2(O^2)(O^4) + H^2O^2;$$
$$C^4H^2\ (O^2)\ (O^2) + O^2 = C^4H^2(O^2)(O^4).$$

2. *Préparation.* — On le prépare en oxydant l'*alcool ordinaire* par l'acide nitrique (M. Debus), ou bien encore en chauffant 1 partie d'*acide dibromacétique*, $C^4H^2Br^2O^4$, avec 10 parties d'eau, entre 135° et 140° pendant 24 heures (M. Grimaux).

3. *Propriétés.* — C'est un corps sirupeux, cristallisant difficilement, et retenant ainsi une molécule d'eau.

Il se transforme par hydrogénation en *acide glycollique*, $C^4H^4O^6$:

$$C^4H^2(O^2)(O^4) + H^2 = C^4H^2(H^2O^2)(O^4);$$

et par oxydation en *acide oxalique*, $C^4H^2O^8$:

$$C^4H^2(O^2)(O^4) + O^2 = C^4H^2(O^4)(O^4).$$

L'eau, en présence des bases, de la chaux hydratée notamment, le change à l'ébullition en acide glycollique et acide oxalique (M. Debus) :

$$2\,C^4H^2O^6 + H^2O^2 = C^4H^4O^6 + C^4H^2O^8.$$

Ses sels sont cristallisables. Ils réduisent à chaud l'azotate d'argent.

§ 3. — Acide pyruvique.

$C^6H^4O^6$ ou $C^6H^4(O^2)(O^4)$.................. $CH^3\text{-}CO\text{-}CO^2H.$

1. L'acide pyruvique a été découvert par Berzelius. Il constitue l'aldéhyde de l'acide lactique, $C^6H^4(H^2O^2)(O^4)$.

Il se produit dans de nombreuses réactions, mais principalement dans la distillation sèche de l'acide tartrique et de l'acide glycérique.

2. *Préparation.* — On le prépare en distillant avec précaution de l'acide tartrique mélangé de bisulfate de potasse, et fractionnant rapidement le produit (M. Erlenmeyer) :

$$C^8H^6O^{12} = C^6H^4O^6 + C^2O^4 + H^2O^2.$$

3. *Propriétés.* — C'est un corps liquide, bouillant à 165°; sa densité à 18° est 1,29. Il est miscible avec l'eau, l'alcool, l'éther.

L'hydrogène naissant le change en *acide lactique*, $C^6H^6O^6$.

Il fixe également Br^2 pour former un *acide lactique bibromé*, $C^6H^4Br^2O^6$.

L'acide pyruvique n'a pas été changé directement en *acide malonique*, $C^6H^4O^8$, ou $C^6H^4(O^4)(O^4)$ acide bibasique correspondant. Mais l'acide bromé qui en dérive, traité par l'oxyde d'argent, se change en *acide mésoxalique*, $C^6H^2O^{10}$, lequel est un dérivé malonique.

Il se combine directement à la phénylhydrazine en formant un composé cristallisé, fort insoluble et caractéristique.

§ 4. — Acide phénylglyoxylique.

$C^{16}H^6O^6$ ou $C^{16}H^6(O^2)(O^4)$............... $C^6H^5\text{-}CO\text{-}CO^2H.$

1. Cet acide-aldéhyde, appelé aussi *acide benzoylformique*, a été découvert par M. Claisen.

2. *Formations.* — Il se produit quand on abandonne au contact de l'acide chlorhydrique froid, son nitrile, $C^{14}H^5O^2(C^2Az)$, le *cyanure*

benzoïque, lequel résulte de la réaction du chlorure benzoïque sur le cyanure de potassium :

$$C^{14}H^5O^2(C^2Az) + H^2O^2 + HCl = C^{16}H^6O^6 + AzH^4Cl.$$

Il résulte encore de l'oxydation du *glycol styrolénique*, $C^{16}H^6(H^2O^2)(H^2O^2)$, ou de l'*acide phénylglycollique*, $C^{16}H^6(H^2O^2)(O^4)$ (MM. Zincke et Hunæus) :

$$C^{16}H^6(H^2O^2)(H^2O^2) + 3\,O^2 = C^{16}H^6(O^2)(O^4) + 2\,H^2O^2;$$
$$C^{16}H^6(H^2O^2)(O^4) + O^2 = C^{16}H^6(O^2)(O^4) + H^2O^2.$$

3. *Propriétés.* — L'acide phénylglyoxylique est cristallisé, fusible à 65°, très soluble dans l'eau, décomposable avant de bouillir.

L'amalgame de sodium le change en acide-alcool correspondant, l'*acide phénylglycollique*, $C^{16}H^6(H^2O^2)(O^4)$.

4. On obtient deux dérivés nitrés de cet acide quand on traite par l'acide chlorhydrique les dérivés cyanhydriques des acides nitrobenzoïques.

§ 5. — **Acide camphocarbonique.**

$C^{22}H^{16}O^6$ ou $C^{22}H^{16}(O^2)(O^4)$............. *ЄΘH-Є⁹H¹⁴-ЄΘ²H.*

1. Cet acide se produit dans l'action du gaz carbonique sur le camphre sodé (M. Baubigny) :

$$C^{20}H^{15}NaO^2 + C^2O^4 = C^{22}H^{15}NaO^6.$$

2. Il forme de beaux cristaux, fusibles à 119°. La chaleur le dédouble en camphre et acide carbonique.

2e SECTION : ACIDES-ACÉTONES PROPREMENT DITS.

§ 6. — **Acide diacétique.**

$C^8H^6O^6$ ou $C^8H^6(O^2)(O^4)$............. *ЄH³-ЄΘ-ЄH²-ЄΘ²H.*

1. L'éther de l'acide diacétique a été découvert par M. Geuther et étudié par MM. Frankland et Duppa, mais la connaissance de l'acide diacétique libre est due à M. Wislicenus et à MM. Conrad et Limpach. Cet acide donne naissance à une grande variété de dérivés intéressants.

L'acide diacétique étant le type de nombreux composés analogues, on croit devoir entrer dans quelques détails sur son histoire chimique.

2. *Préparation.* — L'acide diacétique, appelé aussi *acide acétylacétique, acide acétacétique* ou *acide acétonecarbonique*, s'obtient en abandonnant pendant 24 heures un mélange de 4,5 parties de son éther éthylique, 2,1 parties d'hydrate de potasse et 80 parties d'eau, en acidulant ensuite la liqueur à l'acide sulfurique, puis en l'agitant avec de l'éther qui dissout l'acide diacétique libre (M. Cérésole).

On l'a caractérisé à l'état de liberté dans les urines diabétiques.

3. *Propriétés.* — Il constitue un sirop épais, incolore, miscible à l'eau, très acide.

Au-dessous de 100°, il se décompose rapidement en acide carbonique et acétone (M. Cérésole) :

$$C^8H^6O^6 = C^2O^4 + C^6H^6O^2.$$

Ce dédoublement est caractéristique ; il explique la plupart des réactions de l'acide diacétique. Ses conséquences se manifestent à chaque pas dans l'étude des éthers diacétiques, qui ont été l'objet de travaux plus étendus que l'acide diacétique lui-même.

Éther éthyldiacétique.

$C^4H^4(C^8H^6O^6)$.................. $CH^3-CO-CH^2-CO^2(C^2H^5)$.

1. L'éther éthyldiacétique a été appelé d'abord *acide éthyldiacétique* parce qu'il forme avec les bases des combinaisons plus ou moins analogues aux sels.

2. *Préparation.* — On obtient l'éther éthyldiacétique en traitant 10 parties d'éther éthylacétique par 1 partie de sodium en menus fragments; il se forme simultanément de l'alcool sodé et de l'*éthyldiacétate de soude*, $C^{12}H^9NaO^6$:

$$2[C^4H^4(C^4H^4O^4)] + Na^2 = C^{12}H^9NaO^6 + C^4H^5NaO^2 + H^2.$$

On termine la dissolution du métal en chauffant au bain-marie pendant 2 ou 3 heures dans un ballon muni d'un réfrigérant à reflux. On ajoute au produit de la réaction 5,5 parties d'acide acétique à 50 pour 100, et, après refroidissement, 5 parties d'eau ; le mélange se sépare en deux couches. La moins dense, lavée avec un peu d'eau et privée d'éther acétique par distillation au bain-marie, est soumise ensuite à une rectification fractionnée : on recueille ce qui passe entre 175° et 185°.

L'acide diacétique possédant une fonction acétonique, son éther peut être purifié en passant par la combinaison qu'il forme avec le bisulfite de soude concentré.

3. *Propriétés.* — L'éther diacétique de l'alcool ordinaire est un liquide bouillant à 181°; sa densité est 1,026 à 20°.

4. *Chaleur.* — La chaleur décompose lentement, dès 180°, l'éther diacétique en *éther acétique* et *acide déshydracétique*, $C^{16}H^8O^8$ ou $(C^4H^2O^2)^4$:

$$4\,C^4H^4(C^8H^6O^6) = 4\,C^4H^4(C^4H^4O^4) + (C^4H^2O^2)^4.$$

Ce dernier acide est cristallisable; il dérive, en définitive, de l'acide acétique par déshydratation et condensation :

$$4\,(C^4H^4O^4 - H^2O^2) = C^{16}H^8O^8.$$

Au rouge sombre, on obtient en même temps les dérivés pyrogénés de l'acide acétique, spécialement l'*acétone* et l'acide carbonique :

$$C^{16}H^8O^8 + 2\,H^2O^2 = 2\,C^6H^6O^2 + 2\,C^2O^4.$$

Ces deux modes de dédoublement sont caractéristiques de l'éther éthyldiacétique; ils se retrouvent dans un très grand nombre de ses réactions, lesquelles engendrent ainsi l'alcool ou ses éthers, et l'acétone ou ses dérivés.

5. *Hydrogène.* — L'hydrogène naissant se fixe sur l'éther diacétique; il paraît le changer d'abord en un acide-alcool, $C^{12}H^{12}O^6$; mais cet acide se sépare aussitôt en alcool ordinaire et acide-alcool complémentaire, l'*acide oxybutyrique*, $C^8H^8O^6$:

$$C^4H^4(C^8H^6O^6) + H^2 + H^2O^2 = C^4H^6O^2 + C^8H^8O^6.$$

Dans certains cas, on obtient, au lieu de l'acide-alcool, l'acide plus simple de la série acrylique, qui en diffère par H^2O^2 : c'est-à-dire un *acide crotonique*, $C^8H^6O^4$, au lieu de l'acide oxybutyrique $C^8H^8O^6$.

6. *Oxygène.* — Les agents oxydants changent l'éther éthyldiacétique en acides acétique et oxalique.

Par voie indirecte, c'est-à-dire au moyen de l'iode et du sel sodique, l'éthyldiacétate de soude, on réussit à fixer O^2 sur l'acide diacétique contenu dans la molécule, ce qui le transforme en *acide succinique*, et à former un dérivé de ce dernier :

$$C^8H^6O^6 + O^2 = C^8H^6O^8.$$

7. *Chlore et brome.* — Le chlore forme des produits de substitution

tels que l'*éther diacétique bichloré*, $C^4H^4(C^8H^4Cl^2O^6)$, bouillant à 207°, décomposable par les alcalis en acétate et dichloracétate.

Le brome forme à la fois des produits d'addition répondant au caractère incomplet de l'acide-acétone, et des produits de substitution.

8. *Eau.* — A 150°, l'eau décompose l'éther diacétique en acétone, acide carbonique et alcool :

$$C^4H^4(C^8H^6O^6) + H^2O^2 = C^6H^6O^2 + C^2O^4 + C^4H^6O^2.$$

Les alcalis facilitent cette réaction caractéristique.

9. *Oxydes métalliques.* — Les alcalis étendus saponifient l'éther diacétique; cette réaction est utilisée pour la préparation de l'acide diacétique. En solutions concentrées, ils provoquent de plus la décomposition de ce dernier en acétone et acide carbonique.

L'éther diacétique forme des combinaisons en réagissant, soit sur les métaux tels que le sodium, $C^{12}H^9NaO^6$, soit sur les oxydes métalliques dissous dans la potasse ou dans l'ammoniaque. Mais ces composés sont peu stables, solubles dans les hydrocarbures et plus analogues aux composés organométalliques qu'aux sels proprement dits.

10. *Dérivés éthérés.* — Quand on traite le dérivé sodique de l'éther éthyldiacétique (éthyldiacétate de soude) par l'éther iodhydrique, on obtient le dérivé éthylé correspondant, appelé d'ordinaire *éther éthylique de l'acide éthyldiacétique,* ou *éther éthacétylacétique* (M. Geuther) :

$$C^{12}H^9NaO^6 + C^4H^5I = C^4H^4[C^8H^4(C^4H^6)O^6] + NaI.$$

C'est un liquide bouillant à 198°, peu soluble dans l'eau, décomposable à chaud par celle-ci, en donnant de l'alcool, de l'acide carbonique et de l'*éthylacétone*, $C^{10}H^{10}O^2$ ou $C^6H^4(C^4H^6)O^2$.

11. En remplaçant dans la réaction l'éther iodhydrique ordinaire par ses homologues, on peut obtenir de même toute une série d'éthers homologues de l'*éther éthylique éthyldiacétique* (MM. Frankland et Duppa) :

Éther éthylique	de l'acide	méthyldiacétique..	$C^4H^4[C^8H^4(C^2H^4)O^4]$;
—	—	éthyldiacétique....	$C^4H^4[C^8H^4(C^4H^6)O^4]$;
—	—	propyldiacétique ..	$C^4H^4[C^8H^4(C^6H^8)O^4]$;
—	—	butyldiacétique....	$C^4H^4[C^8H^4(C^8H^{10})O^4]$;

Ces éthers peuvent donner des dérivés de substitution et notamment un dérivé monobromé qui présente une propriété remarquable. Dès la température ordinaire, mais plus rapidement à 100°, ce dérivé bromé se détruit en donnant de l'éther bromhydrique et un acide-acétone (M. Demarçay; M. Pawlow) :

$$C^4H^4[C^8H^3Br(C^2H^4)O^4] = C^4H^4(HBr) + C^{10}H^6(O^2)(O^4).$$

De telle manière qu'à la série des éthers précédents correspond une série d'acides ainsi engendrés :

Acide tétrique....................	$C^{10}H^6(O^2)(O^4)$,
— pentique....................	$C^{12}H^8(O^2)(O^4)$,
— hexique....................	$C^{14}H^{10}(O^2)(O^4)$,
— heptique....................	$C^{16}H^{12}(O^2)(O^4)$, etc.

Ces acides peuvent d'ailleurs être considérés comme les dérivés acétylés de l'acide acrylique et de ses homologues :

Acide acrylique.....	$C^6H^4O^4$,	Acide tétrique....	$C^4H^2O^2(C^6H^4O^4)$;
Acide crotonique....	$C^8H^6O^4$,	Acide pentique...	$C^4H^2O^2(C^8H^6O^4)$; etc.

12. Mais il y a plus; les éthers diacétiques méthylés, éthylés, propylés, etc., traités eux-mêmes par le sodium et un éther iodhydrique, peuvent fournir une seconde fois les mêmes réactions et engendrer des éthers de l'acide diacétique dialkylé, tels que l'*éther éthylique diéthyldiacétique*, $C^4H^4[C^8H^2(C^4H^6)^2O^6]$, autrement dit *diéthacétylacétate d'éthyle*, ou ses analogues.

Ce n'est pas encore tout. Des réactions parallèles peuvent être effectuées avec les éthers chlorhydriques des acides-alcools, tels que l'acide chloracétique, $C^4H^2(HCl)O^4$: on obtient ainsi l'*acide acétylsuccinique*, et les dérivés du même ordre, dédoublables par les alcalis en acide acétique et un acide complémentaire, l'acide succinique, par exemple.

13. *Chlorures acides.* — Le perchlorure de phosphore dédouble l'éther diacétique en produisant de l'éther chlorhydrique et deux *acides crotoniques chlorés* isomères, $C^8H^5ClO^4$:

$$C^{12}H^{10}O^6 + PCl^5 = PCl^3O^2 + C^4H^5Cl + C^8H^5ClO^4.$$

Les chlorures organiques acides réagissent également sur l'éthyldiacétate de soude.

14. *Acide cyanhydrique.* — L'éther diacétique, en tant qu'acétone, fixe l'acide cyanhydrique et fournit un nitrile dont l'acide chlorhydrique sépare un *acide oxypyrotartrique* spécial, $C^{10}H^8O^{10}$. La chaleur change ce dernier en *acide citraconique*, $C^{10}H^6O^8$; la baryte, en *acide oxyisobutyrique*, $C^8H^8O^6$, etc. (M. Demarçay).

15. *Dérivés ammoniacaux.* — Le gaz ammoniac agit à 0° sur l'éther diacétique en donnant une combinaison $C^4H^4(C^8H^6O^6)AzH^3$, mais celle-ci perd immédiatement H^2O^2 en formant un dérivé ammoniacal de la fonction acétonique, $C^{12}H^{11}AzO^4$, l'*éther amidocrotonique* (M. Collie). En présence d'un excès d'ammoniaque, il se produit l'*amide diacétique*, $C^8H^9AzO^4$.

Avec l'oxyammoniaque, l'éther diacétique donne l'*éther isobutyrique nitrosé*, $C^4H^4[C^8H^7(AzO^2)O^4]$.

Les hydrazines, et en particulier la *phénylhydrazine*, $C^{12}H^8Az^2$, se combinent dès la température ordinaire à l'éther diacétique, avec élimination d'eau, ainsi que cela se produit pour la plupart des acétones, en formant, par exemple, un composé huileux, l'*éther éthylique de l'acide phénylhydrazinediacétique* (M. Knorr) :

$$C^{12}H^8Az^2 + C^4H^4(C^8H^6O^6) = C^4H^4[C^8H^4O^4(C^{12}H^8Az^2)] + H^2O^2.$$

16. Telles sont les réactions fondamentales de l'éther diacétique. On voit que ces réactions établissent une multitude de liens intéressants entre divers groupes de composés organiques, et donnent lieu à des synthèses d'acides fort multipliées. Le principe en est simple, si l'on remonte aux générateurs; mais les applications en sont multiples et compliquées. Cependant il nous a paru nécessaire d'en parler avec quelque détail, à cause de la généralité des applications.

Résumons-les par un algorithme simple, propre à montrer comment l'éther diacétique est le type d'un nombre indéfini de composés analogues.

En effet, sa formation peut être exprimée par l'union de trois molécules génératrices, l'une alcoolique E, les deux autres acides et identiques, A+A :

$$A + A + E - 2H^2O^2,$$

ou, par abréviation,

$$C^4H^4[C^4H^2O^2(C^4H^4O^4)].$$

Remplaçons, dans l'équation génératrice, l'alcool ordinaire par l'alcool méthylique, par l'alcool propylique, ou par un homologue, ou bien encore par un alcool d'une autre série, cet alcool pouvant être monoatomique ou polyatomique, à fonction simple ou à fonction mixte, etc., ce qui revient à opérer sur les éthers acétiques de ces divers alcools : nous obtiendrons, en vertu de la même réaction, tout un groupe d'éthers analogues à l'éther diacétique éthylique, éthers dont un certain nombre ont été préparés effectivement.

Ce n'est pas tout : on peut remplacer, d'autre part, dans l'équation génératrice, l'acide acétique A, par un acide homologue (propionique, butyrique, etc.), ou par un acide monobasique d'une autre série (benzoïque), ou par un acide bibasique (succinique), ou par un acide tribasique, ou bien encore par un acide à fonction mixte ; c'est-à-dire qu'on opère la même réaction, non plus sur un éther de l'acide acétique, mais sur l'éther d'un autre acide.

Le jeu de ces permutations est illimité et représente des réactions pour la plupart réalisables par expérience.

3e SECTION : ACIDES-ALDÉHYDES A FONCTION COMPLEXE.

§ 7. — **Acide-aldéhyde-éther : Acide opianique.**

$C^{20}H^{10}O^{10}$ ou $C^{16}H^2(\underline{C^2H^4O^2})^2(O^2)(O^4)$........... $\mathcal{C}^{10}H^{10}\Theta^5$.

1. Cet acide est un acide-aldéhyde, qui est en même temps éther diméthylique de phénol; il correspond à l'acide hémipinique (t. II, p. 259). Il correspond d'autre part à un acide-aldéhyde-diphénol, l'*acide noropianique*, $C^{16}H^2(\underline{H^2O^2})^2(O^2)(O^4)$, et constitue l'*acide diméthylnoropianique*. Il a été découvert par Liebig et Wœhler.

2. *Préparation.* — C'est l'un des produits de l'oxydation de la *narcotine*, $C^{44}H^{23}AzO^{14}$:

$$\underset{\text{Narcotine.}}{C^{44}H^{23}AzO^{14}} + O^2 = \underset{\text{Ac. opianique.}}{C^{20}H^{10}O^{10}} + \underset{\text{Cotarnine.}}{C^{24}H^{13}AzO^6}.$$

3. *Propriétés.* — L'acide opianique constitue de fines aiguilles incolores, fusibles à 145°.

4. *Réactions.* — L'hydrogène naissant le transforme en *méconine*, $C^{20}H^{10}O^8$ (MM. Matthiessen et Foster), principe cristallisé qui existe dans l'opium, et qui représente le lactone d'un acide-alcool-éther, l'*acide méconique*, $C^{20}H^{12}O^{10}$, générateur véritable de l'acide opianique :

$$C^{20}H^{10}O^{10} + H^2 = C^{20}H^{10}O^8 + H^2O^2.$$

Oxydé par un mélange de bichromate de potasse et d'acide sulfurique, l'acide opianique donne de l'*acide hémipinique*, $C^{16}H^2(\underline{C^2H^4O^2})^2(O^4)^2$ (t. II, p. 259).

La potasse caustique détermine un partage, en vertu duquel l'acide hémipinique et la méconine prennent naissance simultanément, réaction qui montre que nous avons affaire à un corps possédant la fonction d'aldéhyde primaire.

L'acide chlorhydrique dédouble l'acide opianique, avec régénération d'éther méthylchlorhydrique et d'*acide noropianique*, $C^{16}H^{6}O^{10}$ (Matthiessen) :

$$C^{20}H^{10}O^{10} + 2\,HCl = 2\,C^{2}H^{3}Cl + C^{16}H^{6}O^{10}.$$

Lorsque l'action est incomplète, il se produit un dérivé monométhylique de l'acide noropianique, $C^{16}H^{2}(\underline{H^{2}O^{2}})(\underline{C^{2}H^{4}O^{2}})(O^{2})(O^{4})$.

§ 8. — Acide-alcool-acétone : Acide santoninique et isomères.

$C^{30}H^{20}O^{8}$ .... $C^{15}H^{20}O^{8}$.

1. On connaît cinq acides isomères, correspondant à la formule précédente et résultant tous de la fixation des éléments de l'eau sur la *santonine*, principe cristallisé existant dans divers *Artemisia*.

La constitution de ce groupe de corps n'est pas encore précisée, mais les travaux de M. Cannizzaro ont établi récemment que les substances dont ils se composent dérivent à la fois d'une molécule naphtalique et d'une molécule propylique.

Nous parlerons seulement des deux plus importants.

2. *Acide santoninique.* — Ce corps a été découvert par M. Hesse. D'après M. Cannizzaro, il serait un acide-alcool-acétone, l'*acide dihydro-diméthyl-oxynaphtyl-lactique*, $C^{6}H^{2}[C^{20}H^{8}(C^{2}H^{4})^{2}(O^{2})](H^{2}O^{2})(O^{4})$.

On le prépare en traitant la *santonine*, $C^{30}H^{18}O^{6}$, par l'hydrate de soude; il se forme du santoninate de soude :

$$C^{30}H^{18}O^{6} + NaHO^{2} = C^{30}H^{19}NaO^{8}.$$

Ce sel, traité en liqueur aqueuse par l'acide chlorhydrique, donne un dépôt laiteux d'acide santoninique, qu'on enlève au moyen de l'éther.

3. L'acide santoninique forme des cristaux incolores, à peine solubles dans l'eau froide. Il est lévogyre : $\alpha = -70^{\circ},3$.

A 120°, il perd de l'eau et régénère la santonine :

$$C^{30}H^{20}O^{8} - H^{2}O^{2} = C^{30}H^{18}O^{6}.$$

Les *santoninates* s'obtiennent, comme le montre l'exemple précédent, par l'action des oxydes métalliques sur l'*anhydride santoninique* ou santonine. La santonine peut être considérée, en effet, comme une sorte de lactone (voy. t. II, p. 109) de l'acide santoninique.

Le *santoninate de soude*, $C^{30}H^{19}NaO^{8}$, forme de beaux prismes rhomboïdaux; il est employé en thérapeutique.

4. *Santonine*, $C^{30}H^{18}O^{6}$. — La santonine ou *anhydride santoninique* est le point de départ de toute cette série de composés. Elle se retire du *semen-contra* (bourgeons floraux de divers *Artemisia*).

Pour la préparer, on fait bouillir 30 litres d'eau avec 10 kilogrammes de semen-contra et 600 grammes de chaux éteinte, puis on passe à travers une toile. On fait bouillir de nouveau le résidu avec de l'eau, on réunit les liqueurs, on les réduit par évaporation à 10 ou 12 litres, puis on ajoute de l'acide chlorhydrique. Il se sépare une matière résineuse que l'on enlève. La santonine cristallise ensuite. Après quatre ou cinq jours, on lave le dépôt avec un litre d'eau chaude, et on le fait digérer avec 50 grammes d'ammoniaque liquide, qui dissout encore de la résine. On lave à l'eau froide le résidu, on le dissout dans 3 litres d'alcool bouillant, en présence d'une petite quantité de charbon animal, et on filtre. La santonine cristallise par refroidissement en prismes incolores. On la sèche à l'abri de la lumière.

5. Dans l'eau, la santonine cristallise en lamelles nacrées. Elle se colore très rapidement en jaune sous l'influence de la lumière. Elle est presque insipide. Elle fond à 170°, mais elle ne peut être distillée. Elle se dissout dans 300 parties d'eau froide. Elle est assez soluble dans l'alcool, l'éther, le chloroforme, le sulfure de carbone. Elle est lévogyre : $\alpha_D = -171°,37$.

La santonine est employée comme vermifuge.

Humectée avec la potasse et une petite quantité d'alcool, elle prend une coloration rouge violacé, fugitive. L'acide sulfurique forme avec elle une solution rouge. L'acide nitrique la dissout à chaud, et donne naissance à l'acide succinique.

Sa solution alcoolique, exposée à la lumière, produit l'éther d'un *acide photosantonique*, isomère avec l'acide santoninique (M. Sestini).

La santonine, chauffée avec du zinc en poudre, fournit du *santonol*, $C^{30}H^{18}O^{2}$, composé cristallisé, très fusible, de la famille des phénols (M. L. de Saint-Martin).

6. *Acide santonique*. — L'acide santonique est l'un des isomères de l'acide santoninique. Il a été découvert par M. Hvosleff et étudié par MM. Cannizzaro et Sestini.

Il se produit lorsqu'on fait bouillir la santonine, pendant douze heures, avec une solution saturée d'hydrate de baryte : on acidule ensuite par l'acide chlorhydrique et on extrait l'acide à l'aide de l'éther.

7. Il forme des prismes orthorhombiques, peu solubles dans l'eau froide, très solubles dans l'eau chaude, l'alcool et l'éther. Il fond à 171°.

Il est beaucoup plus stable que son isomère l'acide santoninique, et ne donne pas, comme celui-ci, de santonine par déshydratation.

Traité par l'acide acétique cristallisable à 180°, l'acide santonique fournit deux autres isomères de la santonine, le *santonide* et le *parasantonide* (MM. Cannizzaro et Valente). Inversement, par hydratation, ces derniers anhydrides forment deux nouveaux isomères des acides santoninique et santonique.

Enfin l'hydrogène naissant transforme l'acide santonique en *acide hydrosantonique*, $C^{30}H^{22}O^{8}$ (M. Cannizzaro), lequel, chauffé à 200°, se change en un cinquième isomère, l'*acide métasantoninique*.

8. *Acide santoneux.* — Par ébullition avec l'acide iodhydrique et le phosphore rouge, la santonine se change en acide santoneux, $C^{30}H^{20}O^{6}$, et, dans certaines circonstances, en un isomère de ce dernier, l'*acide isosantoneux* (MM. Cannizzaro et Carnelutti).

L'acide santoneux est cristallisé, fusible à 178° et monobasique; il possède une fonction alcoolique. Son isomère, l'acide isosantoneux, fond à 154°.

Sous l'influence de la chaleur, au-dessus de 350°, les deux acides santoneux se dédoublent en *acide propionique*, $C^{6}H^{6}O^{4}$, et *dihydrodiméthylnaphtol*, $C^{20}H^{4}(C^{2}H^{4})^{2}(H^{2}O^{2})$.

A la même température, mais en présence de l'hydrate de baryte, ils donnent du *diméthylnaphtol*, $C^{20}H^{2}(C^{2}H^{4})^{2}(H^{2}O^{2})$.

Distillés avec du zinc en poussière, ils fournissent du *propylène*, $C^{6}H^{6}$, et de la *diméthylnaphtaline*, $C^{20}H^{4}(C^{2}H^{4})^{2}$.

LIVRE VI

CHAPITRE UNIQUE

RADICAUX MÉTALLIQUES COMPOSÉS

§ 1er. — Leur origine et leur constitution.

1. *Définition.* — Il existe un grand nombre de composés artificiels, renfermant des métaux associés au carbone et à l'hydrogène : ce sont les *radicaux métalliques composés*, ainsi nommés parce que beaucoup d'entre eux jouent dans leurs réactions un rôle analogue à celui des métaux simples qui entrent dans leur constitution.

Tel est le stannéthyle, C^4H^5Sn, corps comparable à l'étain : il forme de même un oxyde salifiable, un sulfure, un chlorure, etc., tous dérivés assimilables aux composés formés par l'étain, aussi bien par leur formule que par leurs propriétés :

Sn^2	$(C^4H^5Sn)^2$,	
Sn^2O^2	$(C^4H^5Sn)^2O^2$	$(C^4H^5Sn)^2O^2, S^2O^6$,
Sn^2S^2	$(C^4H^5Sn)^2S^2$,	
Sn^2Cl^2	$(C^4H^5Sn)^2Cl^2$.	

2. *Historique.* — Le premier radical métallique composé qui ait été connu, a été isolé en 1842 par M. Bunsen : c'est le cacodyle, $(C^2H^3)^2As$, composé capable de s'unir directement au chlore, au brome, à l'oxygène, etc., à la façon d'un métal. En 1849, M. Frankland indiqua une méthode générale pour produire des composés analogues, et décrivit un certain nombre de ces derniers. M. Baeyer, en 1858, par ses recherches sur les dérivés du cacodyle, donna un caractère plus précis à la théorie. Mais c'est principalement M. Cahours qui, en 1861, dans un travail remarquable sur les dérivés organo-métalliques de l'étain, généralisa les faits observés précédemment et montra que les propriétés des radicaux métalliques composés résultent de la saturation successive des radicaux simples générateurs. M. Friedel a développé les mêmes idées depuis 1869, par l'étude des dérivés organiques du silicium. Enfin, M. Berthelot a découvert, en 1866, un groupe spécial de radicaux, qui résultent de la substitution directe des métaux dans l'acétylène et dans les carbures incomplets du même ordre : radicaux également susceptibles de former des oxydes, des chlorures, des iodures, etc.

3. *Origine.* — Tous les métaux peuvent concourir à former des radicaux métalliques composés, et il en est de même de l'arsenic, du phosphore, du silicium, et même du soufre ; en un mot, tous les corps simples jouent un rôle dans la génération de ce groupe de composés, à l'exception de l'oxygène. Aussi connaît-on une centaine de radicaux de cet ordre : ce sont pour la plupart de véritables métaux composés et qui se comportent comme tels, toutes les fois que l'on ne fait pas agir sur eux des influences capables de détruire le système et d'en séparer les éléments, comme la chaleur rouge, les oxydants très énergiques, etc. Ajoutons d'ailleurs que les effets produits par de telles influences établissent une différence complète entre les radicaux composés et les éléments véritables.

Examinons les lois théoriques de leur génération.

4. *Classification.* — Les radicaux métalliques composés appartiennent à deux groupes distincts, selon qu'ils dérivent d'un hydrure métallique, envisagé comme type fondamental :

Telluréthyle....... $\left.\begin{matrix} C^4H^4 \\ C^4H^4 \end{matrix}\right\} H^2Te^2$ ou $(C^4H^5)^2Te^2$, dérivé de H^2Te^2 ;

ou bien d'un carbure d'hydrogène, envisagé comme type fondamental :

Chlorure d'argentacétyle....... $(C^4HAg^2)Cl$, dérivé de $(C^4H^3)H$.

La théorie de ces derniers radicaux ayant été présentée dans le chapitre de l'acétylène (t. I, p. 65), nous n'y reviendrons pas.

5. Soit donc le premier groupe. En général, on peut admettre qu'à tout chlorure métallique correspond un hydrure, réel ou supposé, qui en diffère par la substitution de l'hydrogène au chlore. De cet hydrure dérivent les radicaux : il peut, en effet, se combiner avec les alcools, de l'eau étant éliminée, et engendrer ainsi les radicaux métalliques composés.

Considérons un hydrure renfermant 1, 2, 3, *n* équivalents d'hydrogène : on pourra lui associer 1, 2, 3, *n* équivalents d'un alcool, avec séparation de 1, 2, 3, *n* H^2O^2.

L'hydrogène telluré, H^2Te^2, engendre ainsi deux dérivés métalliques :

$$H^2Te^2 + C^4H^6O^2 - H^2O^2 = C^4H^6Te^2,$$
$$H^2Te^2 + 2\,C^4H^6O^2 - 2\,H^2O^2 = C^8H^{10}Te^2.$$

En d'autres termes, ces radicaux sont les *éthers des hydrures métalliques*.

6. *Formules.* — On peut exprimer la constitution de ces radicaux par des formules abrégées, soit en remplaçant l'eau dans les alcools par l'hydrure :

$$C^4H^4(H^2O^2) \ldots\ldots\ldots\ldots \quad C^4H^4(H^2Te^2),$$
$$\left.\begin{matrix} C^4H^4(H^2O^2) \\ C^4H^4(H^2O^2) \end{matrix}\right\} \ldots\ldots\ldots\ldots \quad \left.\begin{matrix} C^4H^4 \\ C^4H^4 \end{matrix}\right\} H^2Te^2;$$

soit en remplaçant l'hydrogène de l'hydrure par un nombre égal d'équivalents du radical fictif qui répond à l'alcool :

$$\left.\begin{matrix} H \\ H \end{matrix}\right\} Te^2 \qquad \left.\begin{matrix} C^4H^5 \\ H \end{matrix}\right\} Te^2 \qquad \left.\begin{matrix} C^4H^5 \\ C^4H^5 \end{matrix}\right\} Te^2.$$

En notation atomique, on représentera les composés organo-métalliques comme résultant de l'union d'un métal monovalent ou plurivalent avec un ou plusieurs de ces radicaux alcooliques :

Sodium-éthyle .... $\mathcal{C}^2H^5\text{-}Na;$
Zinc-éthyle .... $(\mathcal{C}^2H^5)^2 = Zn.$

7. *Radicaux-alcalis.* — Les éthers dérivés des hydrures d'antimoine, SbH^3, d'arsenic, AsH^3, et de phosphore, PH^3, c'est-à-dire les éthers dérivés des hydrures comparables à l'ammoniaque, méritent une attention particulière ; en effet, ils peuvent jouer à la fois le rôle de radical métallique, susceptible de se combiner avec l'oxygène, le chlore, etc. :

$$(C^4H^5)PCl^2, \qquad (C^4H^5)^3PO^2,$$

et le rôle d'alcali, susceptible de s'unir avec les hydracides :

$$(C^4H^5)^3P,\ HCl.$$

Nous reviendrons plus loin sur leurs propriétés alcalines (t. II, p. 294).

8. *Radicaux saturés et radicaux incomplets.* — Ce n'est pas la seule distinction que la théorie conduise à faire parmi les radicaux. On sait qu'un même métal peut former plusieurs chlorures inégalement saturés :

$$Sn^2Cl^2; \qquad Sn^2Cl^4.$$

De ces chlorures et des hydrures théoriques qui y correspondent, on peut dériver des radicaux métalliques corrélatifs, tels que :

$$Sn^2(C^4H^5)^2; \qquad Sn^2(C^4H^5)^4.$$

Dans la série des chlorures d'étain, le dernier seul est saturé. Le premier chlorure, au contraire, est un composé incomplet, qui peut gagner encore 2 équivalents de chlore, de brome, d'iode, et en principe 2 équivalents d'un élément quelconque, ou d'un groupement jouant le rôle d'un élément.

Il en est de même dans la série des radicaux métalliques composés. Le dernier radical stannique signalé ci-dessus est un corps saturé et qui ne peut plus être modifié par addition, quoiqu'il soit susceptible d'être modifié par substitution. L'autre radical, au contraire, est un corps incomplet, qui peut gagner, par addition, soit 1, soit 2 équivalents d'un élément quelconque, tel que le chlore, le brome, l'oxygène, etc., jusqu'à ce qu'il ait atteint le terme d'une saturation complète. De là une étrange variété de composés complexes, tels que les suivants, relatifs aux radicaux arséniés, qui comprennent tous les cas fondamentaux de la théorie (M. Baeyer) :

Chlorure d'arsenic saturé........	$AsCl^5$,	$AsCl^3$,	trichlorure ;
....		AsH^3,	hydrure ;
Chlorure de tétraméthylarsénium.	$As(C^2H^3)^4Cl$,		....
Chlorure de triméthylarsine......	$As(C^2H^3)^3Cl^2$,	$As(C^2H^3)^3$,	radical et alcali ;
Chlorhydrate de triméthylarsine..	$As(C^2H^3)^3HCl$,		....
Perchlorure d'arsénidiméthyle....	$As(C^2H^3)^2Cl^3$,	$As(C^2H^3)^2Cl$,	protochlorure ;
....		$As(C^2H^3)^2$,	radical ;
Perchlorure d'arsénimonométhyle.	$As(C^2H^3)Cl^4$,	$As(C^2H^3)Cl^2$,	protochlorure ;
....		$As(C^2H^3)$,	radical.

On voit comment les propriétés des radicaux composés, leur capacité de saturation spécialement, dépendent des propriétés des corps simples générateurs.

9. *Formation.* — Les radicaux peuvent être formés par deux méthodes générales, savoir :

1° La réaction du métal, pur ou allié au sodium, sur un éther iodhydrique, voire même sur un éther chlorhydrique (M. Frankland) :

$$2\,C^4H^5I + 2\,Sn^2 = (C^4H^5Sn)^2 + Sn^2I^2;$$

2° La réaction du métal sur un radical dérivé d'un autre métal (MM. Frankland et Duppa) :

$$(C^4H^5Hg)^2 + Zn^2 = (C^4H^5Zn)^2 + Hg^2;$$

ou bien la réaction du chlorure du métal sur un radical composé :

$$3\,C^4H^5Zn + AsCl^3 = (C^4H^5)^3As + 3\,ZnCl.$$

10. *Décompositions.* — Réciproquement, les radicaux, traités par l'iode ou par le chlore, reproduisent, soit immédiatement, soit après quelques transformations intermédiaires, les éthers générateurs :

$$(C^4H^5Zn)^2 + 2\,I^2 = 2\,C^4H^5I + 2\,ZnI.$$

Traités par les hydracides concentrés, ou même par l'eau, ils régénèrent souvent des carbures d'hydrogène :

$$(C^4H^5Zn)^2 + 2\,HCl = 2\,C^4H^6 + 2\,ZnCl.$$

Retraçons brièvement l'histoire de quelques radicaux, envisagés comme types de tous les autres.

§ 2. — **Zinc-éthyle.**

$(C^4H^5Zn)^2$ .... $(\mathcal{C}^2H^5)^2{=}Zn.$

1. Le zinc-éthyle a été obtenu par M. Frankland en 1849.

2. *Préparation.* — On prépare ce composé par la réaction du zinc sur l'éther iodhydrique : 400 grammes dudit éther et un excès de zinc en tournure bien desséchée sont introduits dans un ballon, séché lui-même avec soin et rempli d'acide carbonique sec ; on ajoute un peu de zinc-éthyle, dont la présence facilite singulièrement la réaction, ou à son défaut 30 grammes environ d'un alliage de zinc et de sodium, destiné à produire rapidement un peu de zinc-éthyle. Le ballon est mis en communication avec un réfrigérant de Liebig ascendant, et il est chauffé au bain-marie pendant six heures. Il se forme ainsi un composé qui cristallise par le refroidissement et qui n'est autre chose qu'une combinaison d'iodure de zinc et de zinc-éthyle, C^4H^5Zn,ZnI :

$$C^4H^5I + Zn^2 = C^4H^5Zn, ZnI.$$

On incline alors le réfrigérant en sens contraire et l'on chauffe à feu nu : la combinaison de zinc-éthyle et d'iodure de zinc se détruit :

$$2\,C^4H^5Zn, ZnI = (C^4H^5Zn)^2 + 2\,ZnI.$$

On recueille le zinc-éthyle qui distille dans une cornue tubulée, remplie à l'avance d'acide carbonique bien desséché ; on maintient un courant lent de ce gaz pendant toute la distillation. On rectifie ensuite le produit vers 115° ou 120°, toujours en évitant avec le plus grand soin l'accès de l'oxygène et l'humidité (MM. Rieth et Beilstein).

On peut encore utiliser l'action du couple zinc-cuivre sur l'éther iodhydrique. On mélange 9 parties de tournure de zinc mince et coupée en fragments avec 1 partie de cuivre métallique, que l'on a réduit de son oxyde par l'hydrogène en évitant d'élever la température plus qu'il n'est indispensable ; on chauffe les deux métaux en les agitant dans un ballon dont le bouchon est traversé par un tube capillaire, jusqu'à ce que le mélange ait pris l'apparence d'une masse grise et terne. Mise en contact à froid avec l'éther iodhydrique, cette masse le transforme assez rapidement en zinc-éthyle, qu'on isole par distillation (MM. Gladstone et Tribe).

On conserve le produit dans de petits ballons scellés et on le manie seulement dans une atmosphère d'acide carbonique ou d'hydrogène.

3. *Propriétés.* — Le zinc-éthyle est un liquide incolore, mobile, très réfringent, doué d'une odeur pénétrante ; il est spontanément inflammable au contact de l'air, avec production d'une flamme verdâtre et d'une épaisse fumée blanche. Sa densité à 18° est 1,182.

Il bout à 118°. Sa formule $(C^4H^5Zn)^2$ représente 4 volumes de vapeur, soit 2 volumes pour C^4H^5Zn.

Il se mêle à l'éther ordinaire et aux carbures d'hydrogène en toutes proportions; mais la plupart des autres liquides le décomposent.

4. *Réactions des corps simples.* — 1° L'action brusque de l'oxygène enflamme le zinc-éthyle. Mais l'action lente de ce gaz sur le zinc-éthyle dissous dans l'éther forme l'*oxyde de zinc-éthyle*, $C^4H^4ZnO^2$, composé blanc, amorphe, que l'eau transforme en alcool et hydrate de zinc (M. Frankland) :

$$C^4H^5ZnO^2 + H^2O^2 = C^4H^6O^2 + ZnO, HO.$$

2° Le soufre transforme de même le zinc-éthyle en un *sulfure* $C^4H^5ZnS^2$, précipité blanc, identique avec l'*éthylsulfure de zinc*, qui dérive du mercaptan.

3° Le chlore, le brome, l'iode, par une action lente et ménagée, engendrent les *éthers chlorhydrique, bromhydrique, iodhydrique* (M. Frankland) :

$$(C^4H^5Zn)^2 + 2\,Cl^2 = 2\,C^4H^5Cl + 2\,ZnCl.$$

4° Les métaux alcalins décomposent le zinc-éthyle et en déplacent le zinc, avec formation de radicaux correspondants, tels que C^4H^5Na.

5. *Réactions des chlorures.* — Les chlorures, et généralement les chlorures à réaction acide (phosphore, arsenic, silicium, etc.), décomposent le zinc-éthyle, avec production de chlorure de zinc et d'un radical composé, dérivé du nouveau métal, soit :

Le mercure-éthyle.......	$(C^4H^5Zn)^2 + 2\,HgCl = (C^4H^5Hg)^2 + 2\,ZnCl.$
Le silicium-éthyle.......	$2\,(C^4H^5Zn^2) + SiCl^4 = (C^4H^5)^4Si + 4\,ZnCl.$

Parfois, une partie du métal se sépare, le radical nouveau correspondant à un sous-chlorure. Tel est le plomb-éthyle :

$$2(C^4H^5Zn)^2 + 4\,PbCl = (C^4H^5)^4Pb^2 + 4\,ZnCl + Pb^2.$$

6. *Réactions de l'eau et des hydracides.* — Le zinc-éthyle est immédiatement décomposé par l'eau ou les hydracides, avec formation d'hydrure d'éthylène et d'oxyde de zinc ou de chlorure de zinc :

$$(C^4H^5Zn)^2 + H^2O^2 = 2\,C^4H^6 + 2\,ZnO.$$

7. Une réaction analogue s'exerce sur beaucoup de substances organiques oxygénées, réaction en vertu de laquelle prennent naissance des composés nouveaux, dérivés des premiers par la substitution de 1 équivalent de zinc à 1 équivalent d'hydrogène. Ainsi :

Eau........................	H^2O^2	engendre	$HZnO^2$,
Alcool.....................	$C^4H^6O^2$	—	$C^4H^5ZnO^2$,
Ammoniaque................	AzH^3	—	AzH^2Zn,
Aniline.....................	$C^{12}H^7Az$	—	$C^{12}H^6ZnAz$,
Acétamide..................	$C^4H^5AzO^2$	—	$C^4H^4ZnAzO^2$, etc.

Tous ces corps zincés, mis en présence de l'eau, se décomposent immédiatement, en reproduisant l'oxyde de zinc et les générateurs hydrogénés primitifs.

§ 3. — Zinc-méthyle.

$(C^2H^3Zn)^2$.............................. $(CH^3)^2 = Zn$.

1. Le zinc-méthyle a été découvert par M. Frankland. Il présente, avec le zinc-éthyle, les plus grandes analogies. Sa préparation se fait comme celle du zinc-éthyle.

2. C'est un liquide incolore, bouillant à 46°, doué d'une odeur irritante, s'enflammant spontanément à l'air. Sa densité à 10° est 1,386.

§ 4. — Stannéthyles.

1. On connaît un certain nombre de composés éthyliques de l'étain. Le premier a été préparé par M. Frankland, les autres ont été étudiés principalement par MM. Cahours et Riche. Nous citerons les suivants :

Stannéthyle......................	$(C^4H^5)^2Sn^2$,
Stannotriéthyle..................	$(C^4H^5)^3Sn^2$,
Stannotétréthyle.................	$(C^4H^5)^4Sn^2$, etc.

2. *Stannéthyle* (1) : $(C^4H^5)^2Sn^2$ ou $(C^4H^5Sn)^2$. — On prépare l'*iodure de stannéthyle* $(C^4H^5Sn)^2I^2$, en chauffant pendant vingt heures, vers 170°, l'éther iodhydrique avec l'étain dans un tube scellé.

L'iodure, recristallisé dans l'alcool, se présente sous forme d'aiguilles jaune-paille, fusibles à 42°, solubles dans l'éther, l'alcool et l'eau, volatils vers 240°, non sans un commencement de décomposition.

Traité par un alcali dissous, cet iodure fournit l'*oxyde de stannéthyle* $(C^4H^5Sn)^2O^2$, poudre blanche, amorphe, insoluble dans l'eau et l'alcool, mais soluble, soit dans les alcalis, soit dans les acides, en formant des sels analogues aux sels stanneux.

La dissolution de ces sels, traitée par le zinc métallique, précipite le stannéthyle $(C^4H^5Sn)^2$, ou *stannodiéthyle* $(C^4H^5)^2Sn^2$, sous la forme d'un liquide oléagineux.

Ce radical s'unit directement à l'oxygène, au chlore, au brome, etc.

Soumis à l'action de la chaleur, il se décompose au-dessus de 150° en étain métallique et *stannotétréthyle*.

3. *Stannotétréthyle* (2) $(C^4H^5)^4Sn^2$. — Ce radical est un liquide

(1) $(C^2H^5)^2 = Sn$.
(2) $(C^2H^5)^4 \equiv Sn$.

bouillant à 181°; il représente le terme de la saturation. En effet, ce corps ne s'unit intégralement ni au chlore ni aux hydracides.

L'iode le transforme d'abord en *iodure de stannotriéthyle*, $(C^4H^5)^3Sn^2I$, et *éther iodhydrique :*

$$(C^4H^5)^4Sn^2 + I^2 = C^4H^5I + (C^4H^5)^3Sn^2I;$$

puis en *iodure de stannodiéthyle*, $(C^4H^5)^2Sn^2I^2$, et *éther iodhydrique :*

$$(C^4H^5)^3Sn^2I + I^2 = C^4H^5I + (C^4H^5)^2Sn^2I^2;$$

et enfin en *éther iodhydrique* et *iodure d'étain :*

$$(C^4H^5)^2Sn^2I^2 + 2\,I^2 = 2\,C^4H^5I + Sn^2I^4.$$

L'acide chlorhydrique fournit de même de l'*hydrure d'éthylène* et du *chlorure de stannotriéthyle :*

$$(C^4H^5)^4Sn^2 + HCl = C^4H^6 + (C^4H^5)^3Sn^2Cl;$$

puis du *chlorure de stannéthyle*, $(C^4H^5)^2Sn^2Cl^2$, et de l'*hydrure d'éthylène :*

$$(C^4H^5)^3Sn^2Cl + HCl = C^4H^6 + (C^4H^5)^2Sn^2Cl^2.$$

§ 5. — **Arsénidiméthyle ou cacodyle.**

$[(C^2H^3)^2As]^2$........................ $[(\mathcal{C}H^3)^2 = As]^2$.

1. En 1760, Cadet, en distillant un mélange d'acide arsénieux et d'acétate de potasse, obtint un liquide fumant, arsenical, qu'on nomma d'abord *liqueur fumante de Cadet* et plus tard *alkarsine*. En 1842, M. Bunsen montra que ce liquide est un mélange de cacodyle et d'oxyde de cacodyle, et étudia ces deux composés.

2. *Préparation.* — On peut obtenir le cacodyle en faisant agir l'éther méthyliodhydrique sur l'arséniure de sodium, réaction qui montre son analogie avec les radicaux précédents; elle le fournit mélangé avec l'arsénitriméthyle et l'iodure de tétraméthylarsénium.

Pour le préparer, il vaut mieux distiller au bain de sable, dans une cornue de verre, un mélange à parties égales d'acétate de potasse sec et d'acide arsénieux. On refroidit le récipient et l'on opère sous une bonne cheminée, pour garantir l'opérateur contre l'action vénéneuse des gaz arsenicaux.

Le liquide obtenu est, comme il a été dit, un mélange de cacodyle et d'oxyde de cacodyle. On le lave à l'eau, on le rectifie sur la potasse solide et on le traite par l'acide chlorhydrique concentré; ce qui le change en *chlorure de cacodyle*, $(C^2H^3)^2AsCl$, liquide oléagineux, bouillant vers 100°, peu soluble dans l'eau et fort oxydable. Ce chlorure, chauffé avec du zinc dans un tube scellé, fournit du chlorure de zinc et du cacodyle libre, que l'on rectifie dans un courant d'hydrogène.

3. *Propriétés.* — Le cacodyle est un liquide transparent, plus dense que l'eau, doué d'une odeur propre et désagréable, très vénéneux. Il est spontanément inflammable au contact de l'air. Il est soluble dans l'alcool et dans l'éther, il bout à 170° et cristallise à — 6°.

4. *Oxygène.* — L'action très ménagée de l'oxygène change le cacodyle en *oxyde de cacodyle*, $(C^2H^3)^2AsO$, liquide oléagineux, bouillant à 120° et qui prend aussi naissance par l'action de la potasse sur le chlorure de cacodyle.

Les hydracides changent cet oxyde en *chlorure*, *bromure* ou *iodure de cacodyle :*

$$(C^2H^3)^2AsCl; \quad (C^2H^3)^2AsBr; \quad (C^2H^3)^2AsI.$$

Le cacodyle et son oxyde absorbent lentement l'oxygène humide et se transforment en *acide cacodylique :*

$$(C^2H^3)^2AsO^3, HO.$$

Celui-ci est un acide fort soluble dans l'eau; il cristallise par évaporation de sa dissolution en gros prismes inodores déliquescents, *non vénéneux*.

Cet acide forme des sels assez bien définis.

5. *Chlore.* — Le perchlorure de phosphore le change en *trichlorure de cacodyle*, $(C^2H^3)^2AsCl^3$, corps cristallisé qui se forme aussi par l'action du chlore sur le protochlorure $(C^2H^3)^2AsCl$. L'eau décompose le trichlorure de cacodyle en reproduisant l'acide cacodylique.

Ce même trichlorure, chauffé vers 40° ou 50°, se dédouble en *éther méthylchlorhydrique* et *chlorure d'arsénimonométhyle*, $C^2H^3AsCl^2$:

$$(C^2H^3)^2AsCl^3 = C^2H^3Cl + C^2H^3AsCl^2.$$

Le dernier chlorure, traité par le chlore à — 10° et en présence du sulfure de carbone, fournit un perchlorure, $C^2H^3AsCl^4$, qui se décompose à son tour dès 0° en *trichlorure d'arsenic* et *éther méthylchlorhydrique :*

$$C^2H^3AsCl^4 = C^2H^3Cl + AsCl^3.$$

Tout le carbone du cacodyle se trouve ainsi transformé en éther méthylchlorhydrique (M. Baeyer).

§ 6. — Triéthylphosphine.

$(C^4H^5)^3P$ .... $(\mathcal{C}^2H^5)^3P$.

1. Les premières données relatives à ce composé sont dues à M. P. Thénard ; mais son étude a été faite surtout par MM. Cahours et W. Hofmann.

2. *Préparation.* — On prépare ce radical en faisant tomber goutte à goutte du trichlorure de phosphore dans une solution éthérée de zinc-éthyle ; on opère dans une atmosphère d'acide carbonique. Il se forme ainsi une combinaison amorphe et épaisse de chlorure de zinc et de triéthylphosphine. On la sépare par décantation et on la distille sur de la potasse caustique. La triéthylphosphine passe avec la vapeur d'eau et se rassemble en couche huileuse à la surface de l'eau, dans le récipient (MM. Cahours et W. Hofmann).

On l'obtient plus facilement en chauffant une molécule d'*iodhydrate d'hydrogène phosphoré*, PH^4I, avec 3 molécules d'alcool, pendant 8 heures à 180°, ce qui donne de l'iodhydrate de triéthylphosphine et de l'iodure de tétréthylphosphonium :

$$PH^4I + 3\,C^4H^6O^2 = (C^4H^5)^3P,HI + 3\,H^2O^2;$$
$$PH^4I + 4\,C^4H^6O^2 = (C^4H^5)^4PI \quad + 4\,H^2O^2.$$

On reprend le produit par l'eau et on ajoute de la soude qui précipite la triéthylphosphine seule, sous forme huileuse (M. W. Hofmann).

3. *Propriétés.* — La triéthylphosphine est un liquide incolore, d'une densité égale à 0,812 à 15°,5. Elle bout à 127°,5 ; elle est insoluble dans l'eau, soluble dans l'alcool et dans l'éther.

4. *Réactions.* — Ce radical absorbe vivement l'oxygène de l'air et peut même s'enflammer spontanément, surtout dans l'oxygène pur. Il forme directement un *oxyde*, un *sulfure*, un *chlorure :*

$$(C^4H^5)^3PO^2; \quad (C^4H^5)^3PS^2; \quad (C^4H^5)^3PCl^2.$$

L'*oxyde de triéthylphosphine* est cristallisé, déliquescent, miscible à l'eau et à l'alcool. Il bout à 240°. La triéthylphosphine joue donc le rôle d'un radical.

5. Cependant la triéthylphosphine s'unit aussi aux acides, à la façon de l'ammoniaque, en formant des sels :

$$(C^4H^5)^3P,HCl; \quad (C^4H^5)^3P,HI.$$

Elle se combine de même avec l'éther iodhydrique en formant l'*iodure de tétréthylphosphonium* $(C^4H^5)^4PI$. Ce dernier est l'iodure d'un radical, fonctionnant comme un métal, et dont l'oxyde hydraté $(C^4H^5)^4PO,HO$, possède les propriétés d'un alcali très énergique, comparable à l'hydrate d'oxyde de potassium.

6. La *triéthylarsine* $(C^4H^5)^3As$, et la *triéthylstibine* $(C^4H^5)^3Sb$, ou *stibiotriéthyle* sont des corps analogues à la triéthylphosphine; mais ils jouent le rôle de radical plutôt que celui d'alcali. On les prépare par la réaction de l'éther iodhydrique sur les alliages de sodium et d'arsenic ou d'antimoine. Ils engendrent aussi des dérivés tétréthylés, doués de propriétés basiques énergiques, et qui sont analogues aux composés azotés que nous étudierons dans le livre suivant sous le nom d'alcalis de la 4e espèce (t. II, p. 293).

§ 7. — Phénylphosphine.

$C^{12}H^7P$.................................. *C^6H^5 - PH^2.*

1. La phénylphosphine a été découverte par M. Michaelis.

2. *Préparation.* — Elle s'obtient au moyen du *chlorure de phosphényle*, $C^{12}H^5PCl^2$, liquide bouillant à 222°. Ce dernier se prépare en dirigeant un mélange de vapeurs de benzine et de protochlorure de phosphore sur de la pierre ponce chauffée au rouge.

Pour produire la phénylphosphine, on fait passer du gaz iodhydrique dans le chlorure de phosphényle; il se forme de l'*iodhydrate d'iodure de phosphényle :* $C^{12}H^5PI^2,HI$:

$$C^{12}H^5PCl^2 + 3HI = 2HCl + C^{12}H^5PI^2, HI;$$

cet iodhydrate, décomposé par l'alcool, donne la phénylphosphine.

3. *Propriétés.* — La phénylphosphine est un liquide dont l'odeur est repoussante. Elle bout à 160° ; sa densité est 1,001 à 15°.

Elle se combine à l'acide iodhydrique pour donner l'*iodure de phénylphosphonium*, $C^{12}H^8PI$ ou $C^{12}H^7P,HI$.

Elle s'oxyde rapidement à l'air, en produisant un oxyde cristallisé. Elle s'enflamme spontanément au contact de l'oxygène pur.

LIVRE VII

CHAPITRE PREMIER

ALCALIS ORGANIQUES EN GÉNÉRAL

§ 1er. — Alcalis et amides.

1. Jusqu'ici nous avons exposé l'histoire des composés formés de carbone, d'hydrogène et d'oxygène ; il nous reste à parler des composés azotés. Ceux-ci dérivent de la réaction directe ou indirecte des combinaisons oxygénées ou hydrogénées de l'azote sur les carbures d'hydrogène, les alcools, les aldéhydes et les acides. Parmi ces composés, les plus intéressants sont les dérivés ammoniacaux, substances d'une importance capitale, soit comme produits artificiels, soit comme principes naturels.

2. Ils se rangent dans deux groupes fondamentaux, d'après leur fonction chimique, savoir :

1° Les *alcalis*, composés analogues à l'ammoniaque et aux bases minérales, susceptibles de neutraliser les acides et de donner naissance à des sels définis ;

2° Les *amides*, composés neutres, alcalins ou même acides, peu étudiés en chimie minérale, mais des plus répandus en chimie organique.

3. *Alcalis.* — Les alcalis résultent de la substitution de l'hydrogène par l'ammoniaque, à volumes gazeux égaux, dans les carbures d'hydrogène. Telle est la relation entre la benzine et l'aniline :

$$C^{12}H^4(H^2) + AzH^3 = C^{12}H^4(AzH^3) + H^2.$$

Les alcalis résultent encore de la substitution des éléments de l'eau par l'ammoniaque dans les alcools, toujours à volumes gazeux égaux. Telle est la relation entre l'alcool et l'éthylamine :

$$C^4H^4(H^2O^2) + AzH^3 = C^4H^4(AzH^3) + H^2O^2.$$

Ce sont donc les *éthers ammoniacaux des alcools :* définition qui suffit pour construire toute la théorie.

Leur étude fait l'objet du présent livre.

4. *Amides.* — Les amides résultent de la déshydratation des sels ammoniacaux. Telle est l'acétamide :

$$C^4H^4O^4,AzH^3 - H^2O^2 = C^4H^5AzO^2.$$

On peut dire encore que les amides résultent de la substitution des éléments de l'eau par l'ammoniaque dans les acides :

$$C^4H^2O^2(H^2O^2) + AzH^3 = C^4H^2O^2(AzH^3) + H^2O^2.$$

Nous les étudierons dans le livre suivant.

§ 2. — **Historique.**

1. La connaissance des alcalis organiques date du commencement de ce siècle : en 1816, Sertuerner montra que l'on peut extraire de l'opium une substance cristallisée, alcaline, la morphine, et, peu de temps après, Pelletier et Caventou isolèrent des strychnées, du *Veratrum album*, du quinquina, etc., certains principes azotés, alcalins, capables, comme la morphine, de s'unir aux acides pour former des sels véritables. Depuis, les découvertes de ce genre se sont multipliées.

2. En 1826, Unverdorben reconnut dans l'*huile animale de Dippel* la présence d'alcalis organiques, alcalis qui s'étaient formés, par conséquent, dans la distillation sèche des matières animales. Peu après, Runge isola des alcalis artificiels analogues dans le goudron de houille, et, en 1840, Fritzsche obtint l'un de ces alcalis, l'aniline, en traitant l'indigo par la potasse. Deux ans après, Zinin fit connaître la première méthode générale et régulière de préparation des alcalis, en partant des carbures d'hydrogène, méthode applicable surtout aux composés aromatiques. En 1848, Wurtz institua une seconde méthode qui lui permit de préparer les alcalis dérivés des

alcools de la série grasse et de montrer les relations des alcalis avec les alcools. M. W. Hofmann développa ensuite cet ordre de relations; reprenant une réaction appliquée en 1847 par P. Thénard à la production des alcalis phosphorés, il obtint les alcalis secondaires, tertiaires et quaternaires, tous dérivés de l'ammoniaque.

3. La découverte des alcools polyatomiques donna à l'histoire des alcalis un nouveau développement et conduisit à la connaissance des polyamines, étudiées d'abord par M. W. Hofmann, et à celle des alcalis à fonction mixte.

Ajoutons enfin que la production d'un grand nombre de matières colorantes, utilisées par l'industrie et obtenues d'abord par M. Perkin et par M. Verguin (*fuchsine*), n'a pas peu contribué à multiplier les recherches sur les alcalis artificiels.

4. Jusqu'ici, peu d'alcalis naturels ont été reproduits synthétiquement. Nous citerons cependant la bétaïne, obtenue en 1870 par M. Liebreich, avant même d'avoir été trouvée dans la betterave, et la muscarine, alcali toxique des champignons, reproduit en 1879 par MM. Schmiedeberg et Hartnack. D'autre part, M. Volhard, en 1862, et Wurtz, en 1867, ont réussi à obtenir, par des synthèses totales, le premier, la sarcosine, le second, la névrine, alcalis d'origine animale.

Dans le présent chapitre, nous allons retracer la théorie générale des alcalis.

1re DIVISION. — ALCALIS DÉRIVÉS DES ALCOOLS MONOATOMIQUES.

§ 3. — Alcalis primaires.

1. En général, tout alcool peut être uni à l'ammoniaque suivant plusieurs proportions, qui dépendent à la fois des propriétés de l'ammoniaque et du caractère de l'alcool.

2. Pour simplifier, nous parlerons d'abord des *alcools monoatomiques* à fonction simple : $C^{2m}H^{2n}(H^2O^2)$. La substitution de l'ammoniaque aux éléments de l'eau dans un tel alcool engendre d'abord les alcalis $C^{2m}H^{2n}(AzH^3)$, ou $C^{2m}H^{2n+1}(AzH^2)$, que nous appellerons *alcalis primaires*. Leur formule peut encore s'écrire :

$$\left.\begin{matrix} C^{2m}H^{2n+1} \\ H \\ H \end{matrix}\right\} Az.$$

C'est ce dernier mode de formuler que l'on adopte dans la notation atomique :

$$C^2H^5 - AzH^2 ; \quad CH^3 - AzH^2.$$

3. *Classification.* — La classification des alcalis primaires répond à celle des alcools générateurs.

I. — 1re FAMILLE : $C^{2n}H^{2n+3}Az$.

Méthylamine	C^2H^5Az,
Éthylamine	C^4H^7Az,
Propylamine	C^6H^9Az,
Butylamine	$C^8H^{11}Az$,
Amylamine	$C^{10}H^{13}Az$,
....	....
Caprylamine	$C^{16}H^{19}Az$,
....	....
Éthalamine	$C^{32}H^{35}Az$, etc.

Les divers alcools monoatomiques isomères, dits primaires, secondaires, tertiaires, engendrent des alcalis isomères. Observons d'ailleurs que le caractère primaire, secondaire, etc., des alcalis, n'a aucune relation avec le caractère de l'alcool défini par les mêmes mots.

II. — 2e FAMILLE : $C^{2n}H^{2n+1}Az$.

Acétylamine	C^4H^5Az,
Allylamine	C^6H^7Az, etc.

III. — 3e FAMILLE : $C^{2n}H^{2n-1}Az$.

IV. — 4e FAMILLE : $C^{2n}H^{2n-3}Az$.

V. — 5e FAMILLE : $C^{2n}H^{2n-5}Az$.

Phénylamine ou aniline	$C^{12}H^7Az$,
Benzylamine, toluidine et isomères	$C^{14}H^9Az$,
Xylidamine et isomères	$C^{16}H^{11}Az$,
Cumolamine et isomères	$C^{18}H^{13}Az$, etc.

Les phénols et les alcools isomériques fournissent des alcalis isomères. Il existe aussi des alcalis de même composition, dérivés d'un même carbure complexe, suivant que la substitution de l'ammoniaque a lieu dans l'un ou l'autre des carbures simples générateurs (t. I, p. 173 et 176).

De même, les alcalis dérivés de la benzine par deux réactions successives offrent les trois genres d'isomérie de position, définies par les mots ortho, méta, para (t. I, p. 152).

VI. — 6e FAMILLE : $C^{2n}H^{2n-7}Az$.

Phtalidamine	$C^{16}H^9Az$.

VII. — 7e FAMILLE : $C^{2n}H^{2n-9}Az$.

VIII. — 8e FAMILLE : $C^{2n}H^{2n-11}Az$.

Naphtalamine.................................... $C^{20}H^{9}Az$.

Tous ces alcalis produisent des sels comparables aux sels ammoniacaux, par leur union intégrale, soit avec les hydracides, soit avec les oxacides, toujours sans séparation d'eau :

AzH^3, HCl............ C^4H^7Az, HCl;
$AzH^3, C^4H^4O^4$......... $C^4H^7Az, C^4H^4O^4$.

4. *Formation.* — On forme ces alcalis :

1° En traitant par l'ammoniaque à froid, ou mieux à 100°, les éthers chlorhydriques, bromhydriques, iodhydriques des alcools (M. W. Hofmann) :

$$C^4H^4(HCl) + AzH^3 = C^4H^4(AzH^3), HCl;$$

ou bien les acides éthylsulfuriques (M. Berthelot) et analogues, ou bien encore les éthers nitriques (M. Juncadella) :

$$C^4H^4(AzHO^6) + AzH^3 = C^4H^4(AzH^3), AzHO^6.$$

Ces réactions sont différentes de celles fournies dans les mêmes conditions pour les éthers à acides organiques (t. I, p. 274) ;]

2° En chauffant à une haute température l'alcool avec le chlorhydrate d'ammoniaque, ou les sels analogues (M. Berthelot) :

$$C^4H^4(H^2O^2) + AzH^3, HCl = C^4H^4(AzH^3), HCl + H^2O^2.$$

3° En décomposant par la potasse un éther isocyanique, c'est-à-dire l'éther d'un dérivé amidé de l'acide carbonique (Wurtz) :

$$C^4H^4(C^2AzHO^2) + 2(KO, HO) = C^4H^4(AzH^3) + C^2O^4, 2KO.$$

Remarquons, en effet, que l'acide cyanique diffère du bicarbonate d'ammoniaque par les éléments de l'eau :

$$C^2AzHO^2 + 2H^2O^2 = C^2O^4, H^2O^2, AzH^3,$$

4° En traitant un nitrile par l'hydrogène naissant; l'acétonitrile est changé ainsi en éthylamine (M. Mendius):

$$C^4H^3Az + 2\,H^2 = C^4H^7Az;$$

5° En transformant un carbure d'hydrogène en un dérivé chloré qui soit identique avec un éther chlorhydrique (t. I, p. 85 et 97), puis en traitant ce dernier par l'ammoniaque:

Formène............................	$C^2H^2(H^2)$,
Dérivé chloré......................	$C^2H^2(HCl)$,
Alcali.............................	$C^2H^2(AzH^3)$.

6° En transformant un carbure en dérivé nitré, puis en traitant ce dernier par l'hydrogène naissant (t. I, p. 165), de façon à changer les éléments nitreux dans ceux de l'ammoniaque (Zinin):

Benzine............................	$C^{12}H^4(H^2)$,
Nitrobenzine.......................	$C^{12}H^4(AzHO^4)$,
Aniline............................	$C^{12}H^4(AzH^3)$.

5. *Décompositions inverses.* — Un alcali primaire étant donné, on revient au carbure générateur et à l'ammoniaque en traitant cet alcali par l'acide iodhydrique, en solution aqueuse saturée et chauffée à 280° (M. Berthelot):

$$C^2H^2(AzH^3) + H^2 = C^2H^2(H^2) + AzH^3,$$
$$C^{12}H^4(AzH^3) + H^2 = C^{12}H^4(H^2) + AzH^3.$$

On peut aussi reproduire, quoique avec moins de netteté, l'alcool générateur, sous forme d'éther nitreux, en traitant un alcali par l'acide nitreux (M. W. Hofmann):

$$C^4H^4(AzH^3) + 2\,AzHO^4 = C^4H^4(AzHO^4) + Az^2 + 2\,H^2O^2.$$

§ 4. — **Alcalis secondaires.**

1. La réaction qui engendre les alcalis primaires au moyen de l'ammoniaque peut être réitérée, c'est-à-dire que l'on peut remplacer dans un alcool les éléments de l'eau par un alcali primaire, au lieu d'opérer cette substitution par l'ammoniaque:

Alcool.............................	$C^4H^4(H^2O^2)$;
Monoéthylamine.....................	$C^4H^4(AzH^3)$ ou C^4H^7Az;
Diéthylamine.......................	$C^4H^4(C^4H^7Az)$.

On obtient ainsi un *alcali secondaire*, dérivé de deux molécules d'alcool :

$$\left.\begin{matrix} C^4H^4(H^2O^2) \\ C^4H^4(H^2O^2) \end{matrix}\right\} + AzH^3 = \left.\begin{matrix} C^4H^4 \\ C^4H^4 \end{matrix}\right\} AzH^3 + 2\,H^2O^2.$$

Ces deux molécules alcooliques peuvent être identiques, comme dans l'exemple ci-dessus ; mais elles peuvent aussi être dissemblables :

Méthyléthylamine......... $C^4H^4(C^2H^5Az)$ ou $\left.\begin{matrix} C^4H^4 \\ C^2H^2 \end{matrix}\right\} AzH^3$.

On écrit encore :

$$\left.\begin{matrix} C^4H^5 \\ C^2H^3 \\ H \end{matrix}\right\} Az,$$

ou en notation atomique :

$$\begin{matrix} \mathit{C}^2H^5 \\ \mathit{C}\,H^3 \end{matrix} > AzH.$$

2. Les alcalis secondaires donnent naissance à des sels comparables aux sels ammoniacaux :

$$C^4H^4(C^2H^5Az), HCl; \quad C^4H^4(C^4H^7Az), C^4H^4O^4.$$

3. *Formation.* — On forme les sels des alcalis secondaires en attaquant les éthers à hydracides (chlorhydrique, iodhydrique, bromhydrique), par les alcalis primaires (M. W. Hofmann) :

$$C^4H^4(HI) + C^4H^7Az = C^4H^4(C^4H^7Az), HI.$$

Ou bien en traitant les alcools par les chlorhydrates des alcalis primaires :

$$C^4H^4(H^2O^2) + C^4H^7Az, HCl = C^4H^4(C^4H^7Az), HCl + H^2O^2.$$

4. *Décomposition.* — Chauffés à 280° avec l'acide iodhydrique concentré, les alcalis secondaires reproduisent les deux carbures correspondants aux générateurs (M. Berthelot) ; soit la méthylaniline :

$$C^2H^2(C^{12}H^7Az) + 2\,H^2 = C^2H^4 + C^{12}H^6 + AzH^3.$$

§ 5. — **Alcalis tertiaires.**

1. En répétant une troisième fois la réaction fondamentale, c'est-à-dire en remplaçant dans un alcool les éléments de l'eau par ceux d'un alcali secondaire, on obtient un *alcali tertiaire :*

Alcool.................... $C^4H^4(H^2O^2)$;
Diéthylamine............ . $C^4H^4(C^4H^7Az)$ ou $C^8H^{11}Az$;
Triéthylamine............ $C^4H^4(C^8H^{11}Az)$ ou $C^4H^4[C^4H^4(C^4H^7Az)]$.

Un alcali tertiaire dérive ainsi de 3 molécules d'alcool :

$$\left.\begin{matrix} C^4H^4(H^2O^2) \\ C^4H^4(H^2O^2) \\ C^4H^4(H^2O^2) \end{matrix}\right\} + AzH^3 = \left.\begin{matrix} C^4H^4 \\ C^4H^4 \\ C^4H^4 \end{matrix}\right\} AzH^3 + 3\,H^2O^2.$$

2. Les 3 molécules alcooliques, combinées à l'ammoniaque, identiques dans le cas précédent, peuvent être dissemblables :

Méthyldiéthylamine........................ $\left.\begin{matrix} C^2H^2 \\ C^4H^4 \\ C^4H^4 \end{matrix}\right\} AzH^3$,

Éthylméthylpropylamine.................. $\left.\begin{matrix} C^4H^4 \\ C^2H^2 \\ C^6H^6 \end{matrix}\right\} AzH^3$.

On écrit aussi :

$$\left.\begin{matrix} C^4H^5 \\ C^2H^3 \\ C^6H^7 \end{matrix}\right\} Az,$$

ou en notation atomique :

$$\left.\begin{matrix} \mathit{C}^2H^5 \\ \mathit{C}\,H^3 \\ \mathit{C}^3H^7 \end{matrix}\right\rangle Az.$$

3. *Formations.* — Les alcalis tertiaires prennent encore naissance dans la décomposition par la chaleur des alcalis de la 4e espèce (M. W. Hofmann) :

$$(C^4H^4)^4AzH^4O, HO = (C^4H^4)^3AzH^3 + C^4H^4 + H^2O^2;$$

ainsi que par l'action d'un alcool sodé sur un éther cyanique (M. W. Hofmann) :

$$C^4H^4(C^2AzHO^2) + 2\,C^4H^5NaO^2 = (C^4H^4)^3AzH^3 + C^2O^4, 2\,NaO.$$

4. *Décomposition.* — Traités par l'acide iodhydrique à 280°, ces alcalis reproduisent les trois carbures correspondants aux alcools générateurs (M. Berthelot).

§ 6. — Alcalis de la 4e espèce.

1. La réaction fondamentale répétée une 4e fois réussit encore; mais les caractères des alcalis de la 4e espèce sont fort différents de ceux des alcalis précédents. Le composé obtenu ainsi, par l'action d'un éther à hydracide sur une base tertiaire,

$$(C^4H^4)^3AzH^3 + C^4H^4(HI) = C^{16}H^{20}AzI,$$

n'est plus l'iodhydrate d'une base volatile et exempte d'oxygène, mais le sel d'un alcali fixe et oxygéné. En effet, cet iodure n'est pas décomposé par la potasse, comme les 3 iodhydrates formés dans les premières réactions. Pour en séparer l'iode, il faut avoir recours à l'oxyde d'argent; on obtient ainsi une base oxygénée, l'*oxyde de tétréthylammonium :*

$$C^{16}H^{20}AzI + AgO + HO = AgI + C^{16}H^{21}AzO^2.$$

Cette base ne dérive pas de l'*ammoniaque*, comme les trois premières, mais de l'*hydrate d'oxyde d'ammonium*, AzH^4O,HO, cet oxyde étant combiné avec 4 molécules d'alcool :

$$4\,C^4H^4(H^2O^2) + AzH^4O,HO = (C^4H^4)^4AzH^4O,HO + 4\,H^2O^2\,;$$

c'est-à-dire :

$$\left.\begin{matrix}C^4H^4\\C^4H^4\\C^4H^4\\C^4H^4\end{matrix}\right\}AzH^4O,\,HO \text{ ou bien } Az\left\{\begin{matrix}C^4H^5\\C^4H^5\\C^4H^5\\C^4H^5\end{matrix}\right\}O,\,HO.$$

On la représente encore par la formule atomique :

$$(\mathit{C}^2H^5)^4 \equiv Az - \Theta H.$$

2. Au lieu de 4 molécules alcooliques identiques, on peut former ces alcalis avec 2, 3 ou même 4 alcools différents, ce qui donne naissance à une multitude de composés distincts.

3. *Propriétés.* — L'hydrate d'oxyde de tétréthylammonium et les corps congénères rappellent l'hydrate de potasse, plutôt que l'ammoniaque, par leurs propriétés. Cet oxyde, en effet, est une base fixe, déliquescente, très soluble dans l'eau, caustique comme la potasse, attirant l'acide carbonique de l'air.

En s'unissant aux acides, il perd les éléments de l'eau, comme l'hydrate de potasse :

$$C^{16}H^{21}AzO^{2} + HCl = C^{16}H^{20}AzCl + H^{2}O^{2}.$$

Mais, lorsqu'on le soumet à l'action de la chaleur, il se décompose, en produisant de la triéthylamine, de l'éthylène et de l'eau (t. II, p. 292).

L'iodhydrate de cette base se décompose de même par la chaleur en triéthylamine et éther iodhydrique :

$$C^{16}H^{20}AzI = C^{12}H^{15}Az + C^{4}H^{5}I.$$

4. Les alcalis de la 4e espèce, mis en présence des éthers iodhydriques, les décomposent encore ; mais ils agissent à la façon de la potasse, en formant de l'alcool et un iodure, sans fixer une 5e molécule alcoolique. Ils représentent donc le terme de la réaction.

Tels sont les alcalis dérivés des alcools monoatomiques.

§ 7. — Alcalis phosphorés, arséniés, etc.

1. Ce n'est pas tout : les composés hydrogénés analogues à l'ammoniaque, tels que l'hydrogène phosphoré, PH^{3}, l'hydrogène arsénié, AsH^{3}, l'hydrogène antimonié, SbH^{3}, engendrent chacun quatre séries d'alcalis, correspondant aux alcalis ammoniacaux. Voici les formules de quelques-uns de ces corps :

ALCALIS PHOSPHORÉS :

Méthylphosphine .... $C^{2}H^{5}P$ ou $(C^{2}H^{2})PH^{3}$,
Diméthylphosphine .... $C^{4}H^{7}P$ ou $(C^{2}H^{2})^{2}PH^{3}$,
Triméthylphosphine .... $C^{6}H^{9}P$ ou $(C^{2}H^{2})^{3}PH^{3}$,
Hydrate d'oxyde de tétraméthylphosphonium. $C^{8}H^{12}PO, HO$ ou $(C^{2}H^{2})^{4}PH^{4}O, HO$.

ALCALIS ARSÉNIÉS :

Triéthylarsine .... $C^{12}H^{15}As$ ou $(C^{4}H^{4})^{3}AsH^{3}$,
Hydrate d'oxyde de tétréthylarsénium........ $C^{6}H^{20}AsO, HO$ ou $(C^{4}H^{4})^{4}AsH^{4}O, HO$.

ALCALIS ANTIMONIÉS :

Triéthylostibine .... $C^{12}H^{15}Sb$ ou $(C^{4}H^{4})^{3}SbH^{3}$,
Hydrate d'oxyde de tétréthylostibium .... $C^{16}H^{20}SbO, HO$ ou $(C^{4}H^{4})^{4}SbH^{4}O, HO$.

2. Ce qui rend surtout les alcalis de ce genre intéressants, c'est que plusieurs d'entre eux peuvent jouer, suivant les circonstances, tantôt le rôle d'alcalis comparables à l'éthylamine, tantôt celui de radicaux composés, aptes à former des oxydes, des acides, etc., c'est-à-dire comparables aux oxydes et aux sels minéraux; on a insisté plus haut sur ce dernier point de vue (t. II, p. 275).

3. *Formation.* — Disons seulement que les alcalis phosphorés, arséniés, antimoniés, se préparent par deux méthodes générales :

1° En traitant les phosphures, arséniures, antimoniures de potassium ou de sodium, par les éthers iodhydriques, ou analogues (P. Thénard) :

$$AsK^3 + 3\,C^4H^5I = 3\,KI + (C^4H^5)^3As;$$

2° En traitant les chlorures de phosphore, d'arsenic, d'antimoine par le zinc-éthyle (MM. Cahours et W. Hofmann) :

$$PCl^3 + 3\,C^4H^5Zn = 3\,ZnCl + (C^4H^5)^3P.$$

2e DIVISION. — ALCALIS DÉRIVÉS DES ALCOOLS POLYATOMIQUES.

§ 8. — Alcalis à fonction simple, dérivés des alcools diatomiques.

1. Une molécule d'alcool polyatomique reproduit plusieurs fois chaque réaction d'un alcool monoatomique; elle peut aussi éprouver à la fois plusieurs réactions différentes (t. I, p. 348). Appliquons ces principes à la génération des alcalis.

2. *Combinaisons biammoniacales.* — Soit un alcool diatomique. Il faudra employer 2 molécules d'ammoniaque pour épuiser la réaction génératrice. Ces deux molécules d'ammoniaque pourront être unies :

1° Soit avec 1 molécule d'alcool diatomique :

$$C^4H^2(H^2O^2)(H^2O^2) + 2\,AzH^3 = C^4H^2(AzH^3)(AzH^3) + 2\,H^2O^2,$$

ce qui engendre les *alcalis primaires biammoniacaux*, ou *diamines primaires*, tels que le précédent, $C^4H^8Az^2$, que l'on peut rapporter à 2 molécules d'ammoniaque et écrire :

$$Az^2\left\{\begin{matrix}H^2\\H^2\\H^2\end{matrix}\right. \qquad Az^2\left\{\begin{matrix}C^4H^4\\H^2\\H^2\end{matrix}\right.$$

ou, en notation atomique,

$$C^2H^4 = (AzH^2)^2.$$

2° Soit avec 2 molécules d'alcool diatomique :

$$\left.\begin{matrix} C^4H^2(H^2O^2)(H^2O^2) \\ C^4H^2(H^2O^2)(H^2O^2) \end{matrix}\right\} + 2\,AzH^3 = \left.\begin{matrix} C^4H^2 \\ C^4H^2 \end{matrix}\right\} (AzH^3)(AzH^3) + 4\,H^2O^2,$$

Ce qui engendre les *alcalis secondaires biammoniacaux*, ou *diamines secondaires*, tels que $C^8H^{10}Az^2$, que l'on peut écrire :

$$Az^2\left\{\begin{matrix} C^4H^4 \\ C^4H^4, \\ H^2 \end{matrix}\right.$$

ou, en notation atomique,

$$(\mathcal{E}^2H^4)^2 = (AzH^2)^2.$$

3° Soit avec 3 molécules d'alcool diatomique :

$$\left.\begin{matrix} C^4H^2(H^2O^2)(H^2O^2) \\ C^4H^2(H^2O^2)(H^2O^2) \\ C^4H^2(H^2O^2)(H^2O^2) \end{matrix}\right\} + 2\,AzH^3 = \left\{\begin{matrix} C^4H^2 \\ C^4H^2 \\ C^4H^2 \end{matrix}\right\} (AzH^3)(AzH^3) + 6\,H^2O^2,$$

ce qui engendre les *alcalis tertiaires biammoniacaux*, ou *diamines tertiaires*, soit $C^{12}H^{12}Az^2$, que l'on peut écrire :

$$Az^2\left\{\begin{matrix} C^4H^4 \\ C^4H^4, \\ C^4H^4 \end{matrix}\right.$$

ou, en notation atomique,

$$(\mathcal{E}^2H^4)^3 \equiv Az^2.$$

4° Soit avec 4 molécules d'alcool diatomique :

$$\left.\begin{matrix} C^4H^2(H^2O^2)(H^2O^2) \\ C^4H^2(H^2O^2)(H^2O^2) \\ C^4H^2(H^2O^2)(H^2O^2) \\ C^4H^2(H^2O^2)(H^2O^2) \end{matrix}\right\} + 2(AzH^4O, HO) = \left\{\begin{matrix} C^4H^2 \\ C^4H^2 \\ C^4H^2 \\ C^4H^2 \end{matrix}\right\} (AzH^4O, HO)(AzH^4O, HO) + 8\,H^2O^2,$$

ce qui engendre les *alcalis de la 4e espèce biammoniacaux*, ou *oxydes de diammoniums composés*, que l'on peut rapporter à 2 molécules d'hydrate d'oxyde d'ammonium et écrire :

$$Az^2\left\{\begin{matrix} H^2 \\ H^2 \\ H^2 \\ H^2 \end{matrix}\right\} O^2, H^2O^2, \qquad Az^2\left\{\begin{matrix} C^4H^4 \\ C^4H^4 \\ C^4H^4 \\ C^4H^4 \end{matrix}\right\} O^2, H^2O^2.$$

Mais les composés de cette forme n'ont été qu'entrevus jusqu'ici.

On prépare tous ces alcalis par les mêmes méthodes générales signalées pour les alcalis dérivés des alcools monoatomiques, et spécialement au moyen des éthers à hydracides tels que le bromure d'éthylène, $C^4H^2(HBBr)(HBr)$; ou bien encore par réduction des carbures binitrés.

3. Il y a plus : 2 alcools diatomiques différents peuvent concourir à la formation des alcalis secondaires biammoniacaux, conformément à la théorie des alcalis dérivés d'un alcool monoatomique.

4. On peut encore unir un alcali primaire monoammoniacal avec 1 molécule d'un alcool diatomique, c'est-à-dire faire agir le bromure d'éthylène, par exemple, sur un alcali primaire dérivé d'un alcool monoatomique ; ce qui engendre un alcali secondaire biammoniacal, dérivé de 1 molécule d'alcool diatomique et de 2 molécules d'alcool monoatomique :

$$C^4H^2(HBr)(HBr) + 2\,C^2H^5Az = C^4H^2(C^2H^5Az)(C^2H^5Az), 2\,HBr,$$

c'est-à-dire :

$$C^4H^2(H^2O^2)(H^2O^2) + 2\,C^2H^2(H^2O^2) + 2\,AzH^3 = \left.\begin{matrix} C^4H^2 \\ (C^2H^2)^2 \end{matrix}\right\} (AzH^3)(AzH^3) + 3\,H^2O^2.$$

Le même alcali, ou plutôt un isomère, résulterait de l'attaque inverse de l'éther méthyliodhydrique par l'alcali primaire biammoniacal, $C^4H^2(AzH^3)(AzH^3)$:

$$2\,C^2H^2(HI) + C^4H^2(AzH^3)^2 = \left.\begin{matrix} C^2H^2 \\ C^2H^2 \end{matrix}\right\} C^4H^2(AzH^3)^2, 2\,HI.$$

Mêmes complications avec les alcalis biammoniacaux tertiaires et avec ceux de la 4e espèce.

5. *Combinaisons monoammoniacales.* — Au lieu de combiner 2 molécules d'ammoniaque avec 1 molécule d'alcool diatomique, on pourra n'en combiner qu'une seule. Suivant les conditions, on conçoit ainsi la génération de deux combinaisons différentes :

1° Une combinaison comparable aux alcalis secondaires, dérivés des alcools monoatomiques, combinaison dans laquelle l'alcool diatomique jouera le même rôle que les 2 molécules d'alcool monoatomique dans l'alcali secondaire proprement dit. Les corps de ce genre, bien que dérivés d'une seule molécule alcoolique, ne pourront plus dès lors subir que deux fois la réaction des éthers iodhydriques des alcools monoatomiques. En réalité, de tels alcalis n'ont pas encore été préparés artificiellement; mais on connaît des alcalis d'origine végétale, la pipéridine, par exemple, qui peuvent être des alcalis secondaires de cet ordre;

2° Une combinaison comparable aux alcalis primaires, mais dans laquelle l'alcool diatomique, n'intervenant que par une de ses atomicités, ne sera pas saturé : l'alcali ainsi obtenu sera dès lors un corps à fonction mixte.

§ 9. — **Alcalis à fonction mixte, dérivés des alcools diatomiques.**

1. Ces alcalis dérivent des alcools diatomiques, lorsque ces derniers ne sont pas saturés par leur combinaison avec l'ammoniaque.

Si l'on unit un alcool diatomique à une seule molécule d'ammoniaque avec élimination d'une molécule d'eau, le produit de la réaction est, ainsi qu'il vient d'être dit, un alcali à fonction mixte :

$$C^4H^2(H^2O^2)(H^2O^2) + AzH^3 = C^4H^2(H^2O^2)(AzH^3) + H^2O^2.$$

Un tel composé joue à la fois le rôle d'*alcali primaire* et d'*alcool monoatomique*. Il s'obtient en traitant un éther monochlorhydrique par l'ammoniaque (Wurtz) :

$$C^4H^2(H^2O^2)(HCl) + AzH^3 = C^4H^2(H^2O^2)(AzH^3), HCl;$$

ou bien encore au moyen de l'ammoniaque et d'un éther simple, tel que l'oxyde d'éthylène, par exemple (Wurtz) :

$$C^4H^2(H^2O^2)(—) + AzH^3 = C^4H^2(H^2O^2)(AzH^3).$$

2. Il s'obtiendra également en remplaçant dans les réactions précédentes l'ammoniaque ordinaire par des ammoniaques composées. On engendre alors des alcalis secondaires, tertiaires, etc., tous monoammoniacaux, et qui répondent à cette fonction complexe d'alcool-alcali.

3. Si l'on fait subir aux alcalis-alcools les diverses réactions susceptibles de transformer leur fonction alcoolique en d'autres fonctions; ou bien encore, si l'on combine à l'ammoniaque les différents composés diatomiques possédant une seule fonction alcoolique en même temps que toute autre fonction, on obtient des *alcalis monoammo-*

niacaux, jouant simultanément les rôles d'*éther*, d'*aldéhyde*, ou d'*acide :*

Alcali-éther .... $C^4H^2(HCl)(AzH^3)$,
Alcali-éther mixte.................. $C^4H^2(C^4H^6O^2)(AzH^3)$,
Alcali-acide (glycollamine)............ $C^4H^2(AzH^3)(O^4)$.

Les alcalis-acides sont très importants. Ils se rattachent directement aux alcools-acides qui renferment 6 équivalents d'oxygène; ils en représentent les dérivés alcalins normaux.

§ 10. — Alcalis dérivés des autres alcools polyatomiques.

1. Nous avons parlé jusqu'ici des alcools diatomiques. Mais il est facile de voir que les alcalis triatomiques engendrent :

1° Des alcalis triammoniacaux à fonction simple;

2° Des alcalis biammoniacaux à fonction complexe;

3° Des alcalis monoammoniacaux plus complexes encore, puisqu'ils représentent en même temps des alcools diatomiques, etc.

2. On voit combien sont variés les dérivés qui résultent du concours de la théorie des alcalis avec celle des alcools polyatomiques. Nous ne pouvons les exposer tous; mais les développements précédents suffisent pour en montrer le nombre et l'importance. Ajoutons que la synthèse des alcalis naturels ne peut être entreprise avec fruit que conformément aux principes qui résultent de ces théories, conçues dans toute leur étendue.

§ 11. — Alcalis dérivés des aldéhydes.

L'union de l'ammoniaque avec les aldéhydes engendre des composés divers : les uns comparables aux amides dérivés des acides; les autres comparables aux alcalis dérivés des alcools. Les faits connus jusqu'à présent tendent à assimiler la classification des alcalis dérivés des aldéhydes à celle des alcalis dérivés des alcools.

Retraçons maintenant l'histoire individuelle des alcalis les plus intéressants.

CHAPITRE II

ALCALIS ARTIFICIELS A FONCTION SIMPLE

1re DIVISION. — ALCALIS DÉRIVÉS DES ALCOOLS MONOATOMIQUES.

§ 1er. — Méthylamine.

$(C^2H^2)AzH^3$ .... $CH^3 - Az = H^2$.

1. La méthylamine a été découverte par Wurtz. C'est un alcali monoammoniacal primaire.

2. *Formation.* — La méthylamine se forme :

1° En décomposant l'*éther méthylisocyanique* par la potasse (Wurtz) :

$$C^2H^2(C^2AzHO^2) + 2\,KHO^2 = C^2H^2(AzH^3) + C^2O^4, 2\,KO\;;$$

2° Au moyen des *éthers méthyliques à acides minéraux* et de l'ammoniaque, d'après les méthodes générales exposées plus haut (t. II, p. 289);

3° Par l'action du chlorhydrate d'ammoniaque sur l'*esprit de bois* à 300° (M. Berthelot);

4° Par l'hydrogénation de l'*acide cyanhydrique* (M. Mendius) :

$$C^2AzH + H^4 = (C^2H^2)AzH^3\;;$$

5° Par l'action de l'hydrogène naissant sur le *nitrométhane*, $C^2H^3(AzO^4)$ (M. V. Meyer) (t. I, p. 107) et sur son dérivé trichloré, autrement dit *chloropicrine*, $C^2(AzO^4)Cl^3$ (t. I, p. 108) :

$$C^2H^3(AzO^4) + 3\,H^2 = C^2H^2(AzH^3) + 2\,H^2O^2,$$
$$C^2(AzO^4)Cl^3 + 6\,H^2 = C^2H^2(AzH^3) + 3\,HCl + 2\,H^2O^2\;;$$

6° Par la fixation de l'eau sur le *nitrile méthylamiformique*, autrement dit *isocyanure de méthyle* (M. A. Gauthier) :

$$C^2H^2(C^2AzH) + 2\,H^2O^2 = C^2H^2O^4 + C^2H^2(AzH^3)\;;$$

7° En décomposant par la chaleur le *chlorhydrate de triméthylamine* (M. Vincent) :

$$3\,(C^2H^2)^3AzH^4Cl = 2\,(C^2H^2)^3AzH^3 + (C^2H^2)AzH^4Cl + 2\,C^2H^3Cl\,;$$

8° Par un dédoublement régulier, opéré dans la distillation sèche de la *glycollamine* (Dessaignes) :

$$C^4H^5AzO^4 = C^2H^5Az + C^2O^4,$$

alcali-acide dérivé d'un alcool diatomique, le glycol ordinaire.

Tous ces procédés présentent un caractère de généralité ; les suivants sont plus spéciaux.

9° Par l'oxydation ménagée de la *méthylglycollamine* ou *sarcosine*, $C^2H^2,C^4H^5AzO^4$ (Dessaignes).

10° La méthylamine prend naissance par des réactions plus compliquées dans la distillation de la caféine, de la morphine, etc. Elle fait partie de l'huile animale de Dippel, laquelle provient de la distillation sèche des matières animales et renferme en même temps les alcalis homologues, ainsi que l'aniline et ses homologues, etc.

Elle se rencontre également dans l'acide pyroligneux brut. Elle se trouve dans les produits de certaines fermentations des matières albuminoïdes, dans la saumure de hareng, par exemple.

11° La méthylamine existe dans certaines mercuriales.

3. *Préparation.* — 1° On prépare la méthylamine en distillant 2 parties de méthylsulfate de potasse sec et 1 partie de cyanate de potasse sec. Le produit est constitué par un mélange d'*éther méthylcyanique* et d'*éther méthylcyanurique*. On le décompose dans un ballon par la potasse bouillante, et on condense les vapeurs en les dirigeant dans de l'acide chlorhydrique étendu. On évapore la solution à sec, ce qui fournit le chlorhydrate de méthylamine, que l'on reprend par l'alcool absolu pour le purifier, le chlorhydrate d'ammoniaque à éliminer étant insoluble dans ce dissolvant. Le chlorhydrate de méthylamine, obtenu par distillation de la solution alcoolique, est enfin traité par la chaux caustique. On recueille le gaz méthylamique sur la cuve à mercure ; ou bien on le condense, sous forme liquide, dans un mélange réfrigérant (Wurtz).

2° On peut aussi traiter à 100°, par l'ammoniaque, dans des tubes scellés, l'éther méthylnitrique ou l'éther méthyliodhydrique. Il se forme ainsi un sel de méthylamine. Mais, dans ce cas, la base est mélangée avec la diméthylamine, la triméthylamine et même l'oxyde de tétraméthylammonium (M. W. Hofmann). Quand on laisse réagir lentement et à basse température l'ammoniaque aqueuse saturée sur les éthers nitrique ou iodhydrique, la proportion des amines autres que la monométhylamine est très amoindrie.

Pour séparer ces bases les unes des autres, on distille doucement la masse avec de la potasse étendue, jusqu'à ce qu'il ne passe plus de vapeur alcaline; la 4e base, étant fixe, demeure dans la cornue. Les produits volatils sont condensés dans l'acide chlorhydrique. On évapore la solution chlorhydrique à sec et on reprend par l'alcool absolu, pour séparer le chlorhydrate d'ammoniaque, presque insoluble, des autres chlorhydrates, fort solubles dans ce menstrue. Les chlorhydrates, desséchés de nouveau, sont décomposés par la potasse solide, et les alcalis mis en liberté sont condensés dans un mélange réfrigérant. On les fait digérer avec de la potasse, pour mieux les dessécher, et on les redistille.

On traite alors leur mélange par l'éther oxalique, en léger excès. La méthylamine forme le *méthylamide oxalique*, corps fixe, cristallisé, très peu soluble; la diméthylamine forme de son côté l'éther de l'*acide diméthylamoxalique*, éther soluble dans l'eau et qui distille vers 240° ou 250°. Enfin, la triméthylamine demeure inattaquée et peut être volatilisée bien avant 100° (M. W. Hofmann).

Les alcalis méthyliques étant ainsi séparés sous diverses formes, on redistille chaque composé avec de la potasse, qui isole les bases. Cette méthode s'applique aussi aux alcalis éthyliques et analogues.

3° La méthylamine s'obtient facilement en chauffant à 285° le chlorhydrate de triméthylamine. Il se dégage de l'éther méthylchlorhydrique et de la triméthylamine :

$$3\,(C^2H^2)^3AzH^4Cl = 2\,(C^2H^2)^3AzH^3 + 2\,C^2H^3Cl + (C^2H^2)AzH^4Cl.$$

Lorsque le dégagement gazeux est arrêté, le résidu est du chlorhydrate de monométhylamine, souillé d'un peu de chlorhydrate d'ammoniaque. On le reprend par l'alcool absolu, qui ne dissout que le premier sel et l'abandonne ensuite par distillation (M. Vincent).

4. *Propriétés.* — La méthylamine est un gaz doué d'une odeur ammoniacale, qui rappelle aussi la marée. Elle se condense un peu au-dessous de 0°. Elle bleuit le papier de tournesol rouge, et fume au contact d'une baguette trempée dans l'acide chlorhydrique; elle se combine avec cet acide gazeux, à volumes égaux, en formant un composé solide; elle se dissout dans la moindre trace d'eau (1 volume d'eau en dissout 1150 volumes à 12°,5); bref, elle rappelle presque de tous points l'ammoniaque. La méthylamine s'en distingue cepen-

dant parce qu'elle est inflammable et brûle avec une flamme livide (Wurtz).

5. *Réactions.* — La méthylamine, traitée par l'acide iodhydrique à 280°, reproduit du *formène* et de l'*ammoniaque* (M. Berthelot) :

$$C^2H^5Az + H^2 = C^2H^4 + AzH^3.$$

6. La solution aqueuse de méthylamine est odorante, caustique, très alcaline. A la façon de l'ammoniaque, elle précipite, de leurs sels dissous dans l'eau, les oxydes métalliques : oxydes de plomb, de fer, de zinc, de cuivre. Un excès de méthylamine redissout, comme l'ammoniaque, les oxydes de zinc et de cuivre, ce dernier en formant une belle liqueur bleue.

7. *Sels.* — Le *chlorhydrate de méthylamine*, C^2H^5Az,HCl, est soluble dans l'alcool absolu, déliquescent, fusible un peu au-dessous de 100°. Il forme, avec le bichlorure de platine, un précipité jaune et cristallin, soluble dans l'eau bouillante : $C^2H^5Az,HCl,PtCl^2$.

Le *sulfate de méthylamine* cristallise en aiguilles ; il est très soluble dans l'eau, insoluble dans l'alcool.

§ 2. — Diméthylamine.

C^4H^7Az ou $(C^2H^2)^2AzH^3$.................. $(CH^3)^2 = Az - H$.

1. La diméthylamine est un alcali monoammoniacal secondaire. Elle a été découverte par M. W. Hofmann.

2. *Préparation.* — Elle se forme en même temps que les autres alcalis méthylés, dans l'action de l'ammoniaque sur l'éther méthyliodhydrique, et plus particulièrement dans l'action de la monométhylamine sur l'éther méthyliodhydrique :

$$(C^2H^2)AzH^3 + C^2H^3I = (C^2H^2)^2AzH^3, HI.$$

On l'isole par la méthode indiquée plus haut.

Elle se produit en quantités considérables dans la distillation en vases clos des vinasses de betterave, lorsque celles-ci ont été fortement évaporées (M. Vincent).

Elle se forme encore régulièrement, en même temps que du *nitrosophénol*, $C^{12}H^5(AzO^2)O^2$, lorsqu'on fait bouillir le *chlorhydrate de nitrosodiméthylaniline* avec la soude diluée (MM. Baeyer et Caro) :

$$\underset{\text{Nitrosodiméthylaniline.}}{C^{12}H^2(C^2H^4)^2(AzO^2)Az} + H^2O^2 = \underset{\text{Diméthylamine.}}{(C^2H^2)^2AzH^3} + \underset{\text{Nitrosophénol.}}{C^{12}H^5(AzO^2)O^2}.$$

3. *Propriétés.* — C'est un gaz combustible, liquéfiable à $+ 8°$, très alcalin.

§ 3. — Triméthylamine.

C^6H^9Az ou $(C^2H^2)^3AzH^3$ .... $(CH^3)^3 \equiv Az$.

1. La triméthylamine, alcali monoammoniacal tertiaire, a été découverte par M. W. Hofmann.

2. *Formation.* — Elle se forme dans de nombreuses circonstances :

1° Dans l'action de l'éther méthyliodhydrique sur la diméthylamine, ou même sur l'ammoniaque (M. W. Hofmann) :

$$(C^2H^2)^2AzH^3 + C^2H^3I = (C^2H^2)^3AzH^3, HI;$$

2° Dans la destruction par la chaleur de l'hydrate d'oxyde de tétraméthylammonium :

$$(C^2H^2)^4AzH^5O, HO = C^2H^2(H^2O^2) + (C^2H^2)^3AzH^3;$$

3° Dans l'action de la potasse sur diverses substances azotées : la *narcotine*, la *codéine*, la *lécithine*, la *névrine*, etc.

4° Dans la distillation des vinasses de betterave. Elle se trouve également dans d'autres produits pyrogénés, tels que l'huile animale de Dippel ou l'acide pyroligneux brut.

5° Dans diverses fermentations. C'est ainsi qu'on l'a rencontrée dans la saumure de harengs, le guano, la levure putréfiée, etc. Elle existe dans certains produits végétaux : le seigle ergoté, l'*Arnica montana*, le *Chenopodium vulvaria*, les fleurs de *Cratœgus oxyacantha*, de *C. monogyna*, de *Pyrus aucuparia* et de *P. communis*. On l'a trouvée dans le sang de veau.

3. *Préparation.* — On l'obtient par quantités considérables en distillant en vases clos les vinasses provenant de la fabrication de l'alcool avec les mélasses de betterave (t. I, p. 247), ces vinasses ayant été préalablement concentrées jusqu'à la densité de 1,34. Il se forme, entre autres produits, des eaux ammoniacales riches en triméthylamine. On les neutralise par l'acide sulfurique, on les évapore et on en retire du sulfate d'ammoniaque par cristallisation. Les eaux mères contiennent encore du sulfate d'ammoniaque et le sulfate de triméthylamine : on les traite par la chaux et on recueille les gaz alcalins dans l'acide chlorhydrique. La solution de chlorhydrates ainsi obtenue est concentrée jusqu'à ce qu'elle bouille à 140°; elle dépose ensuite par refroidissement du chlorhydrate d'ammoniaque, corps à peu près complètement insoluble dans l'eau mère très chargée de chlorhydrate

de triméthylamine. Celle-ci, évaporée et chauffée jusqu'à 200°, donne le sel solide dont on peut dégager l'alcali (M. Vincent).

4. *Propriétés*. — La triméthylamine est fort alcaline et douée d'une odeur repoussante. Liquéfiée, elle bout à + 9°. Elle est fort soluble dans l'eau.

Sa dissolution dans l'eau dégage + 12,9 Calories; sa combustion, + 592 Calories. La dilution des dissolutions concentrées de triméthylamine dégage des quantités de chaleur comparables à celles de la potasse ou de la soude: indice de la formation de certains hydrates de triméthylamine. La potasse la déplace dans ses sels dissous; mais la triméthylamine partage les acides avec l'ammoniaque (M. Berthelot).

5. *Sels*. — Les sels de triméthylamine cristallisent facilement; ils sont très solubles et déliquescents.

On a vu plus haut (t. I, p. 98, et t. II, p. 302) la décomposition que subit le *chlorhydrate de triméthylamine*, sous l'influence de la chaleur.

6. La triméthylamine, alcali tertiaire, a été souvent confondue avec son isomère la *propylamine*, $(C^6H^6)AzH^3$, laquelle est un alcali primaire. Elle a été employée en médecine.

§ 4. — Hydrate d'oxyde de tétraméthylammonium.

$C^8H^{13}AzO^2$ ou $(C^2H^2)^4AzH^4O,HO$ .... $(CH^3)^4 \equiv Az - OH$.

1. *Préparation*. — Quand on mélange l'éther méthyliodhydrique avec une solution aqueuse concentrée de triméthylamine, la masse s'échauffe et il se précipite de l'*iodure de tétraméthylammonium* (M. W. Hofmann) :

$$(C^2H^2)^3AzH^3 + C^2H^3I = (C^2H^2)^4AzH^4I.$$

Ce sel cristallise facilement. Il est décomposé par l'oxyde d'argent, en présence de l'eau, en donnant l'hydrate d'oxyde de tétraméthylammonium :

$$(C^2H^2)^4AzH^4I + AgO + HO = AgI + (C^2H^2)^4AzH^4O, HO.$$

2. *Propriétés*. — La liqueur séparée de l'iodure d'argent, étant évaporée dans le vide, se dessèche en une masse cristalline, très avide d'eau, caustique, absorbant le gaz carbonique de l'air, fort analogue par ses propriétés aux hydrates alcalins.

3. L'hydrate d'oxyde de tétraméthylammonium n'est pas volatil sans décomposition. La chaleur le détruit en donnant de l'alcool méhylique et de la triméthylamine (t. II, p. 304).

§ 5. — Éthylamine.

$(C^4H^4)AzH^3$ .... $C^2H^5 - Az = H^2$.

1. L'éthylamine a été découverte par Wurtz.

2. *Préparation.* — Elle se prépare par les mêmes procédés que la méthylamine et particulièrement en mettant en contact à froid l'éther éthyliodhydrique ou l'éther éthylbromhydrique avec l'ammoniaque.

On la sépare des polyéthylamines, qui se forment en même temps qu'elle, par la méthode employée pour les méthylamines (t. II, p. 302).

En transformant en sulfates les bases éthylées formées simultanément, en dissolvant les sulfates dans l'alcool, et en ajoutant à la liqueur une quantité de potasse correspondant seulement aux 9/10 de l'acide sulfurique qu'elle contient sous forme de sel, l'éthylamine se dégage seule par l'ébullition, les autres bases restant dans le mélange (MM. Wanklyn et Chapmann).

3. *Propriétés.* — C'est un liquide léger (D = 0,696 à 8°), alcalin, inflammable, qui bout à 18°,5. Il se mêle avec l'eau, l'alcool, l'éther. Sa dissolution dans une grande quantité d'eau dégage + 12,9 Calories; sa combustion, + 409,7 Calories; son union avec l'acide chlorhydrique dans l'état dissous, + 13,2 Calories, c'est-à-dire un peu plus que l'ammoniaque (M. Berthelot).

4. *Réactions.* — L'acide iodhydrique à 280° change l'éthylamine en *hydrure d'éthylène* et *ammoniaque* (M. Berthelot) :

$$C^4H^7Az + H^2 = C^4H^6 + AzH^3.$$

L'éthylamine agit comme l'ammoniaque sur la plupart des solutions métalliques; elle précipite, par exemple, les sels de cuivre et redissout le précipité, avec formation d'une liqueur bleue, d'une coloration moins intense cependant que le bleu céleste.

L'éthylamine précipite les sels de nickel, mais sans redissoudre le précipité. Elle précipite l'alumine de ses dissolutions; mais un excès d'éthylamine redissout le précipité. Ces derniers caractères la distinguent de l'ammoniaque.

Elle déplace l'ammoniaque de ses sels par évaporation.

5. *Sels.* — Le *chlorhydrate d'éthylamine*, C^4H^7Az,HCl, est déliquescent, soluble dans l'alcool absolu, fusible vers 80°. Il forme un sel double, peu soluble, avec le bichlorure de platine : $C^4H^7Az,HCl,PtCl^2$.

Le *sulfate d'éthylamine* est déliquescent et soluble dans l'alcool absolu ; ce qui permet de le séparer du sel de méthylamine. Il forme avec le sulfate d'alumine un *alun* véritable :

$$C^4H^7Az, HO, SO^3 + Al^2O^3, 3\,SO^3 + 24\,HO,$$

isomorphe avec l'alun d'ammoniaque.

§ 6. — Diéthylamine.

$(C^4H^4)^2AzH^3$ .... $(C^2H^5)^2 = Az - H.$

La diéthylamine, découverte par M. W. Hofmann, est un liquide facilement inflammable, miscible à l'eau, bouillant à 57°,5. C'est une base énergique.

§ 7. — Triéthylamine.

$(C^4H^4)^3AzH^3$ .... $(C^2H^5)^3 \equiv Az.$

La triéthylamine est un liquide incolore, combustible, peu soluble dans l'eau, bouillant à 89° (M. W. Hofmann).

§ 8. — Hydrate d'oxyde de tétréthylammonium.

$(C^4H^4)^4AzH^4O, HO$ .... $(C^2H^5)^4 \equiv Az - \theta H.$

Cet alcali est fort analogue à la base méthylique correspondante. La chaleur le décompose facilement en éthylène, eau et triéthylamine (M. W. Hofmann) :

$$(C^4H^4)^4AzH^4O, HO = C^4H^4 + H^2O^2 + (C^4H^4)^3AzH^3.$$

Il se combine avec l'éther éthyliodhydrique, mais pour former son iodure et de l'alcool :

$$(C^4H^4)^4AzH^4O, HO + C^4H^4(HI) = (C^4H^4)^4AzH^4I + C^4H^4(H^2O^2).$$

§ 9. — Aniline.

$C^{12}H^7Az$ ou $(C^{12}H^4)AzH^3$ .... $C^6H^5 - AzH^2.$

1. L'aniline appelée aussi *amidobenzol*, *benzidam*, *kyanol* ou *phénylamine*, a été découverte par Unverdorben en 1826 et étudiée par Fritzsche, Zinin, M. W. Hofmann, ainsi que par beaucoup d'autres chimistes. La transformation de cet alcali en matières colorantes artificielles a contribué puissamment au développement de son histoire.

2. *Formation.* — L'aniline se forme :

1° Dans l'action des réducteurs les plus divers sur la nitrobenzine (Zinin) :

$$C^{12}H^5(AzO^4) + 3H^2 = C^{12}H^7Az + 2H^2O^2;$$

2° Dans l'action de l'ammoniaque sur la benzine au rouge, en petite quantité (M. Berthelot) :

$$C^{12}H^6 + AzH^3 = C^{12}H^7Az + H^2;$$

3° Dans la distillation sèche de l'*acide anthranilique*, $C^{14}H^7AzO^4$ (Fritzsche) :

$$C^{14}H^7AzO^4 = C^{12}H^7Az + C^2O^4;$$

4° Dans la distillation sèche de l'*acide orthoamidobenzoïque*, $C^{14}H^4(AzH^3)(O^4)$, isomère de l'acide anthranilique (M. W. Hofmann).

5° Par l'action de la chaleur sur l'*azoxybenzol*, $C^{24}H^{10}Az^2O^2$, composé résultant de l'action de la potasse sur la nitrobenzine ; ou bien encore, avec de l'azobenzol, $C^{24}H^{10}Az^2$, par l'action de la chaleur sur l'*hydrazobenzol*, $C^{24}H^{12}Az^2$, produit de réduction de l'azoxybenzol :

$$2C^{24}H^{12}Az^2 = 2C^{12}H^7Az + C^{24}H^{10}Az^2;$$

6° Dans la distillation de l'*indigo*, surtout en présence de la potasse (Unverdorben); ou dans celle de l'*isatine*, $C^{16}H^5AzO^4$, qui dérive de l'indigo (M. W. Hofmann);

7° Dans la distillation de la houille (Runge), de la tourbe et des matières animales azotées (Unverdorben).

3. *Préparation.* — M. Zinin a obtenu l'aniline en faisant agir le sulfhydrate d'ammoniaque sur la nitrobenzine : la réduction était opérée par l'hydrogène de l'acide sulfhydrique, et du soufre était mis en liberté :

$$C^{12}H^5(AzO^4) + 3H^2S^2 = C^{12}H^7Az + 2H^2O^2 + 3S^2.$$

Aujourd'hui on se sert d'habitude, comme réducteur, d'un mélange de fer métallique et d'acide acétique (M. Béchamp).

A cet effet, on introduit dans une cornue tubulée un mélange d'acide acétique à 8° (10 p.) et de nitrobenzine (10 p.), puis de la limaille de fer (12 p.). Une réaction tumultueuse se déclare d'elle-même au bout de quelques minutes, et une certaine quantité d'aniline distille. On cohobe, lorsque la réaction s'est calmée, et l'on distille en chauffant modérément. Il passe dans le récipient un mélange d'eau et d'aniline.

L'industrie se sert également de cette réaction ; mais elle opère dans de vastes chaudières en fonte (fig. 95) munies d'agitateurs EE'BAG; de plus, elle remplace l'acide acétique par l'acide chlorhydrique, ce qui force à modifier la conduite de l'opération. Les chaudières contenant la nitrobenzine avec l'acide étendu d'eau sont chauffées par de la vapeur, pénétrant en V et se rendant au fond de l'appareil par un

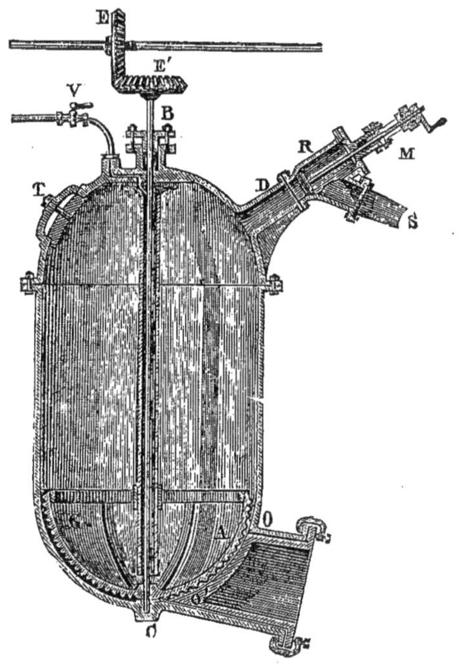

FIG. 95. — Chaudière employée pour la fabrication de l'aniline.

tube central. On ajoute peu à peu de la limaille de fonte, et on met en mouvement l'agitateur BAG. Lorsque la réduction est opérée, on sursature par la chaux le sel d'aniline formé et on décante ensuite l'aniline qui surnage. Les petites portions d'alcali restées dans l'appareil sont distillées en dirigeant à travers la masse un courant de vapeur d'eau.

4. *Propriétés.* — L'aniline se présente sous la forme d'un liquide huileux, incolore, doué d'une odeur propre, vineuse et désagréable. Sa densité est à peu près la même que celle de l'eau, vers 42°; elle est moindre au-dessus de cette température, mais plus grande au-dessous

(D = 1,038 à 0°), la base étant plus dilatable que l'eau. Elle bout à 183°,7 et cristallise par le froid en une masse fusible à — 8°. Elle est peu soluble dans l'eau (dans 31 parties d'eau à 12°), miscible à l'alcool, l'éther, l'acétone, etc. Elle est toxique. Elle s'altère à l'air et à la lumière.

5. *Chaleur*. — Portée au rouge, l'aniline se détruit en donnant de l'ammoniaque, de l'acide cyanhydrique, C^2AzH, de la benzine, $C^{12}H^6$, et du benzonitrile, $C^{14}H^5Az$ (M. W. Hofmann), ainsi que du *carbazol*, $C^{24}H^9Az$ (M. Graebe).

6. *Oxygène*. — Une solution de permanganate de potasse oxyde l'aniline en donnant, avec de l'ammoniaque et de l'acide oxalique, de l'*azobenzol*, $C^{24}H^{10}Az^2$ (M. Glaser) :

$$2\,C^{12}H^7Az + 2\,O^2 = C^{24}H^{10}Az^2 + 2\,H^2O^2.$$

La même réaction s'effectue directement quand on ajoute de l'eau oxygénée à une solution d'acétate d'aniline (M. Leeds).

Un mélange de bioxyde de manganèse et d'acide sulfurique détruit l'aniline en formant du *quinon*, $C^{12}H^4O^4$ (M. W. Hofmann). Ce dernier composé se forme plus abondamment avec de l'*hydroquinon*, $C^{12}H^6O^4$, quand on emploie pour oxyder l'aniline le bichromate de potasse et l'acide sulfurique (voy. t. I, p. 559 et t. II, p. 79). Dans la première phase de l'opération, il se forme d'abord des matières colorantes vertes, bleues, violettes ou noires, suivant les conditions de l'expérience. Ainsi qu'on le verra plus loin, ces matières sont utilisées par l'industrie.

7. *Hydrogène*. — Traitée par l'acide iodhydrique à 280°, l'aniline reproduit la benzine et l'ammoniaque (M. Berthelot) :

$$C^{12}H^7Az + H^2 = C^{12}H^6 + AzH^3.$$

8. *Chlore, brome, iode*. — Le chlore transforme l'aniline en *anilines chlorées* (M. W. Hofmann). Celles-ci peuvent être obtenues plus facilement par réduction des benzines chloronitrées (M. Jungfleisch) :

$$C^{12}H^4Cl(AzO^4) + 3\,H^2 = C^{12}H^6ClAz + 2\,H^2O^2.$$

Les benzines chlorées sont susceptibles de s'unir aux acides, mais en formant des sels peu stables. La substitution du chlore à l'hydrogène dans l'aniline donne lieu, comme pour tous les dérivés benzéniques, à de nombreuses isomériés.

Le brome et l'iode fournissent également des *anilines bromées* et des *anilines iodées*.

Les dérivés substitués de l'aniline se produisent régulièrement et abondamment quand on fait réagir les éléments halogènes, ou tout autre réactif produisant la substitution, sur l'*acétanilide*, $C^4H^2O^2(C^{12}H^7Az)$, amide acétique de l'aniline ; il se forme un acétanilide substitué que l'on décompose ensuite par un alcali.

9. *Acide nitrique.* — L'action de l'acide nitrique sur l'aniline s'exerce avec une trop grande énergie pour former régulièrement des dérivés nitrés de cette base ; même à froid, l'acide concentré colore l'aniline en bleu, puis, à chaud, la réaction devenant très vive, il se forme des phénols nitrés. Toutefois les anilines nitrées peuvent s'obtenir par voie indirecte, par exemple en agissant sur l'acétanilide ainsi qu'il vient d'être dit, ou bien par réduction incomplète des benzines binitrées. On connaît trois *anilines mononitrées*, $C^{12}H^6(AzO^4)Az$, appartenant aux séries ortho, méta et para (1). Elles sont cristallisées et fondent à 71°,5, à 110° et à 147°.

On connaît également deux *anilines binitrées* (2), $C^{12}H^5(AzO^2)^2Az$, et une *aniline trinitrée* (3), $C^{12}H^4(AzO^4)^3Az$, toutes obtenues indirectement et cristallisées.

Enfin dans l'aniline, de même que dans la benzine dont cette base dérive, les substitutions nitrées peuvent porter sur une même molécule en même temps que des substitutions chlorées, bromées, etc. Des anilines chloronitrées nombreuses ont été décrites par M. Jungfleisch et par MM. Beilstein et Kurbatow.

10. *Acide nitreux.* — L'acide nitreux donne avec l'aniline des produits différents suivant les conditions dans lesquelles s'exerce son action.

Dirigé en vapeurs dans une solution d'azotate d'aniline, il donne du phénol (S. Hunt) :

$$C^{12}H^7Az + AzHO^4 = C^{12}H^6O^2 + Az^2 + H^2O^2.$$

Employé de même, mais avec une solution alcoolique et froide d'aniline maintenue en excès, il produit le *diazoamidobenzol* $C^{24}H^{11}Az^3$ (M. Griess) :

$$2\,C^{12}H^7Az + AzHO^4 = C^{24}H^{11}Az^3 + 2\,H^2O^2.$$

Dans les mêmes conditions, mais à chaud, il forme l'*amidoazobenzol*, isomère du diazoamidobenzol (M. Griess).

(1) $C^6H^4(Az\Theta^2)_{(2)}-AzH^2_{(1)}$; $C^6H^4(Az\Theta^2)_{(3)}-AzH^2_{(1)}$; $C^6H^4(Az\Theta^2)_{(4)}-AzH^2_{(1)}$.
(2) $C^6H^3(Az\Theta^2)^2_{(2.4)}-AzH^2_{(1)}$; $C^6H^3(Az\Theta^2)^2_{(2.6)}-AzH^2_{(1)}$.
(3) $C^6H^2(Az\Theta^2)^3_{(2.4.6)}-AzH^2_{(1)}$.

Enfin, à froid et en liqueur alcoolique, mais l'acide nitreux étant pris en excès, il se forme du *diazobenzol*, $C^{12}H^4Az^2$ (MM. Martius et Griess) :

$$C^{12}H^7Az + AzHO^4 = C^{12}H^4Az^2 + 2\,H^2O^2.$$

11. *Acide sulfurique.* — Chauffée modérément avec deux fois son poids d'acide sulfurique fumant, l'aniline se change en dérivé sulfoné, l'*acide parasulfanilique* (1) ou *acide paranilinesulfonique*, appelé souvent par abréviation *acide sulfanilique*, $C^{12}H^7Az,S^2O^6$ (M. Buckton). Le même composé prend naissance dans de nombreuses réactions et notamment quand on décompose par la chaleur le *paraphénolsulfate d'aniline* (M. Pratesi) :

$$C^{12}H^6O^2, S^2O^6, C^{12}H^7Az = C^{12}H^7Az, S^2O^6 + C^{12}H^6O^2.$$

Il cristallise en tables rhomboïdales, très déliquescentes.

Par réduction des trois dérivés sulfonés de la nitrobenzine, $C^{12}H^5(AzO^4),S^2O^6$, on obtient en outre du composé précédent, ses isomères, l'*acide orthosulfanilique* et l'*acide métasulfanilique*.

Par l'action prolongée de l'acide sulfurique fumant, pris en grand excès, ou par des méthodes indirectes, on transforme l'aniline en trois dérivés disulfuriques isomères, les *acides anilinedisulfonés* ou *acides anilinedisulfuriques*, $C^{12}H^7Az,2\,S^2O^6$, tous cristallisables.

Des composés analogues dérivent des anilines substituées.

12. *Dérivés cyaniques.* — L'aniline s'unit directement au cyanogène pour former la *cyaniline*, $C^{28}H^{14}Az^4$ (M. W. Hofmann) :

$$2\,C^{12}H^7Az + C^4Az^2 = C^{28}H^{14}Az^4.$$

Le chlorure de cyanogène sec la change en chlorhydrate d'une triamine, la *diphénylguanidine* ou *mélaniline*, $C^{26}H^{13}Az^3$ (M. W. Hofmann) :

$$2\,C^{12}H^7Az + C^2AzCl = C^{26}H^{13}Az^3, HCl;$$

En présence de l'eau, il se fait de la *phénylurée*, $C^2H^2(C^{12}H^6)Az^2O^2$ (M. W. Hofmann) :

$$2\,C^{12}H^7Az + C^2AzCl + H^2O^2 = C^2H^2(C^{12}H^6)Az^2O^2 + C^{12}H^7Az, HCl.$$

13. *Sels.* — L'aniline agit peu sur les réactifs colorés ; elle se conduit cependant comme un alcali assez énergique, bien qu'elle soit déplacée

(1) $SO^3H_{(4)}\text{-}C^6H^4\text{-}AzH^2_{(1)}$

à chaud par l'ammoniaque ou les bases méthylées et éthylées. Elle forme avec les acides des sels cristallisés, analogues aux sels ammoniacaux. Toutefois son union avec l'acide chlorhydrique étendu, tous les corps étant dissous, dégage bien moins de chaleur, + 7,4 Calories, que celle de l'ammoniaque (M. Louguinine).

Le *chlorhydrate d'aniline*, $C^{12}H^7Az,HCl$, constitue des aiguilles incolores, très solubles dans l'eau. Il fond à 192° et bout à 244°.

Le *chloroplatinate d'aniline*, $C^{12}H\ Az,HCl,PtCl^2$, cristallise en aiguilles jaunes par refroidissement de sa solution chaude.

L'*azotate d'aniline*, $C^{12}H^7Az,AzHO^6$, peut former des cristaux volumineux. Il est assez altérable à la lumière. A 190°, il donne de la *nitraniline* et de l'eau.

Le *sulfate d'aniline* $(C^{12}H^7Az)^2,S^2H^2O^8$, cristallise facilement, surtout dans l'alcool, qui le dissout peu à froid.

L'*oxalate neutre d'aniline* $(C^{12}H^7Az)^2,C^4H^2O^8$, est soluble dans l'eau, surtout à chaud, insoluble dans l'éther. Sous l'action de la chaleur, il donne facilement l'amide correspondant, l'*oxanilide*, $C^{24}H^{12}Az^2O^4$.

L'aniline se combine aux sels des métaux proprement dits, pour former de nombreux composés cristallisables.

14. *Réactions diverses*. — La solution aqueuse d'aniline précipite les sels de fer, de zinc, d'aluminium, mais non ceux d'argent.

Elle se colore en violet pourpre par l'hypochlorite de chaux en solution aqueuse (Runge); par agitation, l'éther enlève une matière colorante rouge à la liqueur, qui prend ensuite une belle coloration bleue. En additionnant une solution très diluée d'aniline, d'abord de chlorure de chaux, puis de quelques gouttes de sulfhydrate d'ammoniaque très étendu, il se développe une coloration rose très sensible.

Par addition de bichromate de potasse, le sulfate d'aniline dissous dans l'acide sulfurique concentré devient rouge, puis violacé, et enfin bleu.

15. *Mauvéine*. — La réaction colorée observée par Runge entre l'aniline et le chlorure de chaux agissant comme oxydant, a été le point de départ de l'industrie des matières colorantes dérivées du goudron de houille. En 1856, M. W. Perkin a étudié le beau composé violet qu'elle engendre, a fait connaître un autre procédé pour le produire, et a proposé de l'employer en teinture. Cette matière colorante, a été alors désignée sous les noms de *violet de Perkin*, *aniléine*, *indisine*, *rosolane* ou *mauvéine*.

M. Perkin obtenait la mauvéine en oxydant à froid le sulfate d'aniline commercial par une solution de bichromate de potasse; il se formait en même temps divers produits colorés, dont il a été question plus haut (t. II, p. 310). On peut encore la préparer en oxydant l'aniline par le chlorure cuivrique.

La mauvéine est un alcali auquel on attribue la formule $C^{54}H^{24}Az^{4}$. Sa nature n'est pas encore bien déterminée ; elle doit cependant être voisine de celle de la rosaniline.

Elle se présente en petits cristaux, solubles dans l'eau et dans l'alcool, en donnant des liquides d'un beau violet. Elle forme des sels cristallisables, dont les solutions sont pourpres. En présence de l'acide tartrique, la mauvéine se fixe facilement sur la soie.

16. *Noir d'aniline.* — De tous les produits d'oxydation de l'aniline, le plus important par ses applications industrielles est le noir d'aniline (M. Lightfoot, 1863).

Ce noir s'obtient soit sous la forme d'une matière pulvérulente, que l'on peut appliquer sur les tissus, comme toute autre poudre, avec l'albumine par exemple, soit en la développant sur la fibre elle-même par réaction, en teinture ou en impression. Ce second moyen est presque exclusivement usité, en utilisant des méthodes d'oxydation très variées.

C'est ainsi qu'il suffit d'agiter 100 grammes de coton, pendant 30 minutes, dans 2 litres d'eau froide, tenant en dissolution 10 grammes d'aniline, 22 grammes de bichromate de potasse, 10 centimètres cubes d'acide sulfurique, 12 centimètres cubes d'acide chlorhydrique, puis de porter peu à peu à l'ébullition que l'on maintient pendant 15 minutes, pour que le coton soit teint en noir très intense et très solide (M. Grawitz).

C'est ainsi encore qu'un noir analogue, mais moins solide, se développe quand on expose à l'action simultanée de la vapeur d'eau et de l'oxygène de l'air, un tissu de coton imprimé avec un mélange de chlorhydrate d'aniline (8 grammes), chlorhydrate d'ammoniaque (3 grammes), sulfure de cuivre (3 grammes), chlorate de potasse (3,5 grammes) et empois d'amidon (100 grammes). L'empois épaissit la couleur à imprimer. Le cuivre qui s'oxyde et se réduit facilement, sert d'intermédiaire dans l'oxydation de la matière organique (M. Lauth).

§ 10. — **Phénylaniline.**

$(C^{12}H^{4})^{2}AzH^{3}$ .... $(\mathcal{C}^{6}H^{5})^{2}=AzH$.

1. Cet alcali secondaire, appelé aussi *diphénylamine*, a été découvert par M. W. Hofmann.

2. *Préparation.* — On le prépare en chauffant sous pression de

l'aniline avec un sel d'aniline jusque vers 260° (MM. Girard, de Laire et Chapoteaut)

$$(C^{12}H^4)AzH^3 + (C^{12}H^4)AzH^3, HCl = (C^{12}H^4)^2AzH^3 + AzH^4Cl.$$

3. *Propriétés.* — La diphénylamine forme des lamelles rhomboïdales obliques, incolores ; elle est fusible à 54° et bout à 310°. Par oxydation, elle produit des matières colorantes bleues et violettes : une goutte d'acide azotique ajoutée à sa solution chlorhydrique y développe une coloration indigo.

4. *Bleu de diphénylamine.* — La plus belle des couleurs engendrées ainsi par oxydation est le bleu de diphénylamine, découvert par MM. Girard et de Laire. Ce bleu se prépare par divers procédés, notamment en faisant agir le sesquichlorure de carbone sur la diphénylamine vers 160°. On reprend la masse par l'alcool et on précipite la matière colorante par l'acide chlorhydrique. Le sesquichlorure de carbone agit en se transformant en protochlorure ; l'acide oxalique peut le remplacer dans la préparation.

Ce bleu semble identique avec le *bleu de fuchsine* (t. II, p. 341).

§ 11. — Diphénylaniline.

$(C^{12}H^4)^3AzH^3$ .... $(C^6H^5)^3 \equiv Az$.

Cet alcali tertiaire, appelé aussi *triphénylamine*, est cristallisé ; il fond à 127° et distille à une très haute température.

§ 12. — Méthylaniline.

$(C^2H^2)(C^{12}H^4)AzH^3$ .... $C^6H^5 - AzH - CH^3$.

1. *Formation.* — Cet alcali secondaire est appelé aussi *méthylphénylamine* ; il s'obtient par l'action des éthers iodhydrique, azotique ou chlorhydrique de l'alcool méthylique sur l'aniline : la réaction est énergique.

On le produit aussi en chauffant à 280° le chlorhydrate d'aniline avec l'alcool méthylique.

2. *Propriétés.* — C'est un liquide incolore, bouillant à 191°, de densité 0,976 à 15°.

3. *Réactions.* — L'acide iodhydrique, à 280°, transforme la méthylaniline en benzine, formène et ammoniaque (M. Berthelot).

§ 13. — Diméthylaniline.

$(C^2H^2)^2(C^{12}H^4)AzH^3$ .... $C^6H^5\text{-}Az=(CH^3)^2$.

1. La diméthylaniline ou *diméthylphénylamine* est un alcali tertiaire. Elle se prépare par les mêmes méthodes que les alcalis précédents. Elle bout à 192° et se solidifie vers 0°.

2. Oxydée, elle donne une belle matière colorante, le *violet de diméthylaniline* (t. II, p. 339).

3. *Vert malachite.* — Chauffée avec 2 molécules de *chlorure de benzyle bichloré*, $C^{12}H^4,C^2HCl^3$, et la moitié de son poids de chlorure de zinc, la diméthylaniline donne un sel double de zinc et d'une base particulière; on précipite ce sel double en ajoutant du sel marin à la dissolution aqueuse du produit de la réaction; il constitue une très belle matière colorante verte, fort usitée aujourd'hui sous les noms de *vert malachite* et de *vert à l'essence d'amandes amères* (M. Dœbner). La base complexe qui forme ce sel double, $3(C^{46}H^{24}Az^2,HCl)+4\ ZnCl+2\ H^2O^2$, est le *tétraméthyl-diamido-triphénylcarbinol*, $C^{46}H^{26}Az^2O^2$; elle a été obtenue par MM. E. et O. Fischer en oxydant une base incolore dérivée du triphénylméthane, $C^{38}H^{16}$, le *tétraméthyl-diamido-triphénylméthane* (voy. *Triphénylcarbinol*, t. I, p. 346); cette dernière s'obtient en traitant par le chlorure de zinc un mélange d'aldéhyde benzoïque et de diméthylaniline (M. O. Fischer).

On remarquera que les formules précédentes font dériver le vert malachite d'un éther chlorhydrique de l'alcool-alcali, le tétraméthyl-diamido-triphénylcarbinol, et non d'un chlorhydrate de ce composé, H^2O^2 étant éliminé dans la réaction.

4. *Bleu de méthylène.* — L'acide nitreux transforme la diméthylaniline en *nitrosodiméthylaniline*, $C^{16}H^{10}(AzO^2)Az$; quand on sature d'hydrogène sulfuré une solution de cette dernière et qu'on ajoute du perchlorure de fer, il se développe une couleur bleue, que l'on précipite par le sel marin et qui est sulfurée : $C^{32}H^{18}Az^4S^2$. Cette matière est employée en teinture sous le nom de *bleu de méthylène.*

§ 14. — Méthyl-diphénylamine.

$(C^2H^2)(C^{12}H^4)^2AzH^3$ .... $(C^6H^5)^2=Az\text{-}CH^3$.

Ce corps, que l'on désigne aussi sous le nom de *méthylphénylaniline*, est un liquide huileux, bouillant vers 282° ; il est employé dans la fabrication de diverses couleurs bleues et violettes.

§ 15. — Toluidines.

$(C^{14}H^{6})AzH^{3}$ .... $ЄH^{3}\text{-}Є^{6}H^{4}\text{-}AzH^{2}$.

1. On connaît trois toluidines isomères, dérivées des trois nitrotoluènes isomères (t. I, p. 172). Elles sont de plus isomères avec la *méthylaniline* et avec la *benzylamine*.

Les trois toluidines, aussi bien que la benzylamine, traitées par l'acide iodhydrique à 280°, régénèrent un seul et même toluène; tandis que la méthylaniline se dédouble en formène et benzine (M. Berthelot).

Les toluidines se préparent par les mêmes procédés que l'aniline, au moyen du nitrotoluène qui correspond à chacune d'elles. Leurs réactions sont analogues, d'une façon générale, à celles de l'aniline.

2. *Orthotoluidine.* — Cet alcali (1), que l'on a appelé aussi *pseudotoluidine*, correspond au toluène nitré liquide, à l'*orthonitrotoluène*. Il a été découvert par M. Rosentiehl. Il constitue, par son mélange avec une grande proportion de paratoluidine, la toluidine du commerce, laquelle est obtenue par réduction du produit brut de l'action de l'acide nitrique sur le toluène, c'est-à-dire par réduction d'un mélange d'orthonitrotoluène et de paranitrotoluène.

L'orthotoluidine est un liquide incolore, huileux, bouillant à 198°, de même densité que l'eau à 16°.

On l'isole en séparant d'abord autant que possible, par cristallisation, la paratoluidine de la toluidine liquide du commerce; on chauffe ensuite 1 partie de base liquide avec 2,3 parties d'acide picrique et 200 grammes d'alcool. Après dissolution, on laisse refroidir et le picrate d'orthotoluidine cristallise seul. On l'égoutte, on le lave à l'alcool froid, puis on le fait cristalliser de nouveau dans l'alcool bouillant. On isole la base en traitant par un alcali le picrate purifié (M. Monnet).

3. *Métatoluidine.* — Cette toluidine (2) a été découverte par MM. Beilstein et Kuhlberg. Elle est liquide et correspond au *métanitrotoluène* fusible à 16°. Elle bout à 197°; sa densité est 0,988 à 25°.

4. *Paratoluidine.* — Ce troisième isomère (3) a été découvert, en 1845, par MM. Muspratt et W. Hofmann. Il constitue la plus grande partie de la toluidine du commerce. C'est le plus important. Il correspond au *paranitrotoluène* fusible à 54°.

(1) $ЄH^{3}{}_{(1)}\text{-}Є^{6}H^{4}\text{-}AzH^{2}{}_{(2)}$.
(2) $ЄH^{3}{}_{(1)}\text{-}Є^{6}H^{4}\text{-}AzH^{2}{}_{(3)}$.
(3) $ЄH^{3}{}_{(1)}\text{-}Є^{6}H^{4}\text{-}AzH^{3}{}_{(4)}$.

La paratoluidine cristallise en grandes tables dont la densité est 1,046. Elle fond à 45° et bout à 200°; la vapeur d'eau l'entraîne facilement. Elle est très peu soluble dans l'eau, mais fort soluble dans l'alcool, l'éther, etc.

Elle ne donne pas de réaction colorée avec le chlorure de chaux. Ses sels cristallisent facilement.

§ 16. — Benzylamine.

$(C^{14}H^{6})AzH^{3}$.................. $C^{6}H^{5}-CH^{2}-AzH^{2}$.

1. La benzylamine présente, avec les toluidines, les mêmes relations que le chlorure de benzyle avec les toluènes chlorés (t. I, p. 169). C'est l'ammoniaque composée qui correspond à l'alcool benzylique. Elle constitue une base plus forte que les toluidines.

2. Elle se produit dans les mêmes conditions que les alcalis dérivés des alcools; par exemple :

1° En décomposant par la potasse l'*éther benzylcyanique* (M. Cannizzaro);

2° En chauffant l'éther benzylchlorhydrique avec l'ammoniaque (M. Cannizzaro); etc.

3. Elle constitue un liquide fluide, miscible à l'eau, bouillant à 183°.

Il existe aussi une *dibenzylamine*, une *tribenzylamine*, etc.

§ 17. — Naphtalamine.

$(C^{20}H^{6})AzH^{3}$.................... $C^{10}H^{7}-AzH^{2}$.

1. *Formation.* — En appliquant à la *nitronaphtaline*, $C^{20}H^{7}(AzO^{4})$, la réaction réductrice découverte par lui sur la nitrobenzine, M. Zinin a préparé la naphtylamine, appelée aussi *naphtylamine* ou *amidonaphtaline*.

On obtient le plus facilement cet alcali en réduisant la nitronaphtaline par un mélange d'étain et d'acide chlorhydrique (M. Roussin).

2. *Propriétés.* — La naphtylamine constitue des prismes incolores, déliés, fusibles à 50°, facilement sublimables. Elle bout à 300°. Presque insoluble dans l'eau, elle est très soluble dans l'alcool. Son odeur est repoussante.

Ses sels sont généralement très solubles dans l'eau. Oxydés, ils donnent une matière colorante, le *violet de naphtylamine* ou *naphtaméine* (Piria), qui est assez solide. Cette substance tinctoriale s'obtient par des procédés analogues à ceux qui fournissent le noir d'aniline (t. II, p. 314).

On distingue cette naphtylamine par la lettre α d'un isomère, la *naphtylamine* β, fusible à 112°, qui dérive du naphtol β, alors que la première naphtylamine peut être rattachée au naphtol α.

2e DIVISION. — ALCALIS DÉRIVÉS DES ALCOOLS POLYATOMIQUES.

§ 18. — **Éthylène-diamine.**

$C^4H^2(AzH^3)(AzH^3)$.............. $\mathit{C}^2H^3 = (AzH^2)^2$.

1. L'éthylène-diamine est une diamine primaire. Elle fut préparée pour la première fois en 1853 par Cloez, mais sa constitution a été établie et son histoire développée surtout par M. W. Hofmann.

2. *Formation.* — Elle résulte de l'action du chlorure d'éthylène ou du bromure d'éthylène sur l'ammoniaque; il se produit ainsi un bibromure de la base diammoniacale :

$$C^4H^2(HBr)(HBr) + 2\,AzH^3 = C^4H^2(AzH^3)(AzH^3), 2\,HBr.$$

3. *Propriétés.* — L'alcali libre est un liquide sirupeux, incolore, très soluble dans l'eau, avec laquelle il forme un hydrate très stable, $C^4H^8Az^2 + H^2O^2$, très alcalin. Il bout à 117°.

4. *Réactions.* — Base diacide, l'éthylène-diamine s'unit à deux équivalents des acides monobasiques pour former des sels neutres.

L'éthylène-diamine, accumulant en quelque sorte les propriétés de deux molécules d'alcalis monoammoniacaux primaires, peut fixer jusqu'à six molécules alcooliques pour former des alcalis divers : le terme ultime de l'action de l'éther iodhydrique sur cet alcali est donc l'*iodure d'éthylène-hexéthyl-diammonium* :

$$C^4H^2(C^4H^4)^6(AzH^4)(AzH^4)I^2,$$

que l'on peut écrire aussi :

$$\left.\begin{array}{l} C^4H^4 \\ (C^4H^5)^2 \\ (C^4H^5)^2 \\ (C^4H^5)^2 \end{array}\right\} Az^2I^2.$$

On voit immédiatement combien sont nombreux les composés que ce genre de combinaisons permet de prévoir : mais nous ne pouvons nous y arrêter davantage.

§ 19. — Phénylène-diamines.

$C^{12}H^8Az^2$ ou $C^{12}H^2(AzH^3)(AzH^3)$ ...... $C^6H^4=(AzH^2)^2$.

1. On en connaît trois isomères, dérivés par réduction des trois *anilines mononitrées* connues (t. II, p. 311). Les mêmes composés sont de plus isomères avec la *phénylhydrazine*.

2. Le plus anciennement étudié de ces alcalis est la *métaphénylène-diamine* (1), appelée aussi *phénylène-diamine* β ou *benzidine;* elle a été obtenue par M. Zinin en 1844, dans la réduction de la *binitrobenzine* :

$$C^{12}H^4(AzO^4)^2 + 6H^2 = C^{12}H^8Az^2 + 4H^2O^2.$$

On la prépare en faisant agir l'étain et l'acide chlorhydrique sur la binitrobenzine.

3. Elle forme des cristaux incolores, fusibles à 63°; elle bout à 287°. Elle est fortement alcaline.

Quand à la solution diluée et neutre d'un de ses sels, on ajoute un nitrite alcalin, il se forme un précipité brun, cristallin, contenant surtout du *triamidoazobenzol*, $C^{24}H^{13}Az^5$ (MM. Caro et Griess). Ce corps est employé en teinture sous les noms de *brun de phénylène*, *brun de phénylène-diamine*, *brun de Manchester*, *vésuvine*, *brun Bismarck;* il produit des teintes dites *havanes*.

La même réaction étant pratiquée avec une solution acide de phénylène-diamine, la liqueur se colore en jaune par l'addition de la plus faible trace d'un nitrite; elle est alors caractéristique pour ce genre de sels et présente une extrême sensibilité.

La phénylène-diamine ajoutée à une solution aqueuse de *nitrate de diazobenzol*, $C^{12}H^5Az^2,AzO^6$, forme un précipité cristallin de *nitrate de diamidoazobenzol*, $C^{24}H^{12}Az^4,AzHO^6$ (M. Witt) :

$$C^{12}H^5Az^2,AzO^6 + C^{12}H^8Az^2 = C^{24}H^{12}Az^4,AzHO^6;$$

or le *chlorhydrate de diamidoazobenzol* (M. Caro) est employé sous le nom de *chrysoïdine* pour teindre en orangé (voy. *Chrysoïdine*).

§ 20. — Triamido-triphénylméthane.

$C^{38}H^{19}Az^3$ ou $C^{12}H^5Az(C^{12}H^5Az[C^{12}H^5Az(C^2H^4)])$ ..... $CH\equiv(C^6H^4-AzH^2)^3$.

1. Cette base, que l'on a appelée aussi *paraleucaniline*, est une

(1) $C^6H^4=(AzH^2)^2_{(1.3)}$.

triamine dérivée du *triphénylméthane*, $C^{38}H^{16}$ (t. I. p, 179). Elle a été découverte par MM. E. et O. Fischer.

2. *Formation.* — Elle prend naissance dans la réduction, par le zinc en poussière et l'acide acétique, du *triphénylméthane trinitré*, $C^{38}H^{13}(AzO^4)^3$:

$$C^{12}H^3AzO^4(C^{12}H^3AzO^4[C^{12}H^3AzO^4(C^2H^4)]).$$

Elle se forme également par réduction de la *pararosaniline*, $C^{38}H^{19}Az^3O^2$, ou *triamido-triphénylcarbinol*, qui est l'alcali-alcool correspondant (M. W. Hofmann).

3. *Propriétés.* — La paraleucaniline forme une poudre blanche, fusible vers 100°, insoluble dans l'eau, soluble dans l'alcool et l'éther. Elle prend lentement à l'air une coloration rouge.

C'est, en effet, un corps fort oxydable, qui sous l'influence des agents oxydants peu énergiques, tels que le bichlorure d'étain ou l'acide arsénique, fixe O^2 et se change en un alcali-alcool, le *triamido-triphénylcarbinol :*

$$C^{12}H^5Az(C^{12}H^5Az[C^{12}H^5Az(C^2H^4)]) + O^2 = C^{12}H^5Az(C^{12}H^5Az[C^{12}H^5Az(C^2H^2, H^2O^2)]).$$

§ 21. — **Triamido-diphényltolylméthane.**

$$C^{40}H^{21}Az^3 \text{ ou } C^{12}H^5Az(C^{12}H^5Az[C^{14}H^7Az(C^2H^4)]) \ldots (\mathit{C}^6H^4\text{-}AzH^2)^2{=}\mathit{C}H\text{-}(\mathit{C}H^3\text{-}\mathit{C}^6H^3\text{-}AzH^2).$$

1. Le triamido-diphényltolylméthane ou *leucaniline*, est une base triacide qui présente avec le *diphényltolylméthane* d'une part, et le *triamido-diphényltolylcarbinol* d'autre part, les mêmes relations que la paraleucaniline ou triamido-triphénylméthane avec le triphénylméthane d'une part, et le triamido-triphénylcarbinol d'autre part (voy. ci-dessus). Cette base a été découverte par M. W. Hofmann.

2. *Formation.* — On l'obtient surtout en réduisant le *triamido-diphényltolylcarbinol*, $C^{40}H^{21}Az^3O^2$, par le sulfhydrate d'ammoniaque :

$$C^{40}H^{21}Az^3O^2 + H^2 = C^{40}H^{21}Az^3 + H^2O^2.$$

3. *Propriétés.*— La leucaniline cristallise en fines aiguilles fusibles à 100°. Les agents oxydants, spécialement l'acide arsénique, la changent en carbinol correspondant.

4. Ce dernier, le triamido-diphényltolylcarbinol, existe sous plusieurs états isomériques dans la *rosaniline* commerciale; il est dès lors vraisemblable que le produit de réduction de chacun de ces isomères engendre une leucaniline particulière.

3e DIVISION. — ALCALIS DÉRIVÉS DES ALDÉHYDES.

§ 22. — Pyridine.

$C^{10}H^5Az$ ou $C^2(C^4[C^4H^2])AzH^3$....... $\mathcal{C}^5H^5Az$.

1. La pyridine a été découverte par M. Anderson dans l'*huile animale de Dippel*, liquide fétide qui se produit dans la distillation sèche des os.

Elle existe également dans les huiles pyrogénées de la houille, de la tourbe et des schistes. Certains alcaloïdes naturels, la nicotine, par exemple, sont des dérivés de la pyridine.

2. *Formations.* — 1° Sa constitution résulte d'une synthèse remarquable de M. Ramsay, qui a obtenu la pyridine au moyen de l'acétylène et de l'acide cyanhydrique, dirigés dans un tube rouge :

$$2\,C^4H^2 + C^2HAz = C^{10}H^5Az.$$

La pyridine résulte ainsi de la substitution de l'acétylène à l'hydrogène, à volumes gazeux égaux, dans la méthylamine :

Méthylamine... $C^2H(H^2)(H^2)Az$. Pyridine... $C^2H(C^4H^2)(C^4H^2)Az$.

La formule suivante explique son caractère de base tertiaire :

$$C^2(C^4[C^4H^2])AzH^3.$$

Elle la fait dériver des aldéhydes méthylique, $C^2H^2O^2$, acétylique, $C^4H^2O^2$, et éthylique, $C^4H^4O^2$:

$$C^2H^2O^2 + C^4H^2O^2 + C^4H^4O^2 + AzH^3 - 3\,H^2O^2 = C^{10}H^5Az,$$

ces aldéhydes simples pouvant être combinés au préalable deux à deux, comme dans la synthèse de l'aldéhyde crotonique et de l'aldéhyde cinnamique (t. II, p. 18 et 32).

La pyridine ou ses isomères se forment également :

2° Dans l'action déshydratante de l'anhydride phosphorique sur l'*éther amylnitrique*, $C^{10}H^{10},AzHO^6$ (MM. Chapmann et Smith) :

$$C^{10}H^{10}(AzHO^6) = C^{10}H^5Az + 3\,H^2O^2;$$

3° Quand on dirige des vapeurs d'*éthylallylamine*, C^4H^4,C^6H^4,AzH^3, sur de l'oxyde de plomb chauffé entre 400° et 500° (M. Kœnigs) :

$$C^4H^4,C^6H^4,AzH^3 + 3\,O^2 = C^{10}H^5Az + 3\,H^2O^2\,;$$

4° Dans la distillation, en présence de la chaux, d'un acide obtenu en oxydant la nicotine, l'acide *pyridinocarbonique*, $C^{12}H^5AzO^4$ (M. Laiblin) :

$$C^{12}H^5AzO^4 = C^{10}H^5Az + C^2O^4\,;$$

5° Quand on chauffe vers 300° la *pipéridine*, $C^{10}H^{11}Az$, avec un excès d'acide sulfurique (M. Kœnigs) :

$$C^{10}H^{11}Az = C^{10}H^5Az + 6\,H\,;$$

6° Dans l'action de l'hydrogène naissant sur l'*azodinaphtyldiamine*, $C^{40}H^{15}Az^3$, produit azoïque résultant de l'action de l'acide azoteux sur la naphtylamine (M. Perkin) ;

7° Lorsqu'on distille avec un grand excès de zinc en poussière les matières sirupeuses que l'on obtient en oxydant la cinchonine par l'acide chromique (MM. Weidel et Hasura);

8° Dans l'action de la chaleur sur les combinaisons ammoniacales de l'acroléine (MM. Baeyer et Ador) et de l'aldéhyde crotonique. C'est la première de ces décompositions qui engendre la pyridine dans la distillation des os, ces derniers contenant à la fois des corps gras, fournissant de l'acroléine, et des matières azotées, produisant de l'ammoniaque, des méthylamines, etc.

3. *Préparation.* — On agite l'huile animale de Dippel avec l'acide sulfurique dilué, qui s'empare de toutes les bases, et on fait bouillir la liqueur acide, pour entraîner certains produits volatils qu'elle a dissous. On la décompose ensuite par la soude, qui met les bases en liberté. On distille avec de l'eau, puis on ajoute à la liqueur distillée de la potasse caustique : la pyridine et ses homologues se précipitent sous forme huileuse. On sépare ces alcalis les uns des autres par distillation fractionnée, la pyridine passant vers 115°.

4. *Propriétés.* — Elle constitue un liquide incolore, très mobile, doué d'une odeur forte et caractéristique, bouillant à 115°, de densité 0,980 à 0°. Elle est miscible à l'eau. La pyridine bleuit le tournesol et se conduit comme une base énergique.

5. *Réactions.* — La pyridine est une base tertiaire : elle forme directement, avec les éthers iodhydriques, des iodures d'ammonium composés (M. Anderson).

Elle est très stable sous l'influence de la chaleur et ne s'oxyde que fort difficilement.

Soumise à l'action de l'acide iodhydrique à haute température, la pyridine se change en ammoniaque et *hydrure d'amylène normal*, $C^{10}H^{12}$ (M. W. Hofmann) :

$$C^{10}H^5Az + 5\,H^2 = AzH^3 + C^{10}H^{12}.$$

Hydrogénée par l'étain et l'acide chlorhydrique, la pyridine se change en *pipéridine*, $C^{10}H^{11}Az$ (M. Kœnigs) :

$$C^{10}H^5Az + 3\,H^2 = C^{10}H^{11}Az.$$

Chauffée avec du sodium, elle se transforme en *dipyridine*, $C^{20}H^{10}Az^2$ ou $(C^{10}H^5Az)^2$, base cristallisée en aiguilles, fusible à 108°, facilement sublimable, et surtout en *dipyridyle*, $C^{20}H^8Az^2$ ou $(C^{10}H^4Az)^2$, autre base cristallisée, fusible à 114°, bouillant à 305°, transformable par l'hydrogène naissant en un isomère de la nicotine, l'*isonicotine*, $C^{20}H^{14}Az^2$ (MM. Weidel et Russo).

La pyridine forme des sels très solubles dans l'eau. Ses vapeurs donnent, au contact des vapeurs chlorhydriques, des fumées blanches épaisses. Sa solution précipite un grand nombre de sels métalliques; elle redissout l'oxyde de cuivre précipité, en formant une liqueur bleue.

Le *chloroplatinate de pyridine* est décomposé par l'eau bouillante; il perd de l'acide chlorhydrique (Anderson).

6. *Bases pyridiques*. — Dans la plupart des produits pyrogénés qui la contiennent, la pyridine est accompagnée d'une série de bases homologues, isomères avec l'aniline et ses homologues :

La pyridine....................	$C^{10}H^5Az$,
Les picolines..................	$C^{12}H^7Az$,
Les lutidines..................	$C^{14}H^9Az$,
Les collidines.................	$C^{16}H^{11}Az$, etc.

Ces bases se distinguent de leurs isomères précités par leur caractère de bases tertiaires.

Les bases pyridiques dérivent en principe des aldéhydes, ou, si l'on aime mieux, de l'*allylène*, C^6H^4, et des carbures homologues, substitués à l'acétylène dans la pyridine. On conçoit ainsi l'existence d'un grand nombre de corps métamères.

§ 23. — **Picolines.**

$C^{12}H^7Az$ ou $C^2(C^6H^2[C^4H^2])AzH^3$.... $\mathit{C}H^3\text{-}\mathit{C}^5H^4Az$.

1. On connaît 3 picolines, isomères de l'aniline. Elles accompagnent souvent la pyridine, avec laquelle elles présentent les plus grandes analogies. Elles dérivent probablement de l'acétylène et de l'allylène, comme l'expriment les formules suivantes :

$$C^2H(C^4H^2)(C^6H^4)Az, \text{ ou } C^2(C^6H^2[C^4H^2])AzH^3;$$

c'est-à-dire

$$C^2H^2O^2 + C^6H^4O^2 + C^4H^4O^2 + AzH^3 - 3\,H^2O^2 = C^{12}H^7Az,$$

les deux aldéhydes méthylique et éthylique pouvant être combinés préalablement.

2. *Picoline* α *et picoline* β.— Les deux premières picolines se trouvent mélangées dans le goudron de houille. Elles peuvent être séparées en précipitant par fractions leur solution chlorhydrique avec le chlorure de platine, le chloroplatinate de picoline α étant moins soluble que son isomère.

Il existe dans l'huile animale de Dippel un mélange de picolines qui semblent identiques aux précédentes (Anderson, M. Ramsay), mais qui, cependant, présentent quelques particularités.

La *picoline* α est liquide, bout à 134°, a pour densité 0,923 à 10°; elle est miscible à l'eau, l'alcool et l'éther, optiquement inactive, très alcaline. Oxydée par le permanganate de potasse, elle fournit l'*acide picolinique*, $C^{12}H^5AzO^4$.

La *picoline* β bout à 140°. Elle est moins soluble dans l'eau que son isomère α, et légèrement lévogyre. Oxydée par le permanganate de potasse, elle est changée en *acide nicotianique*, $C^{12}H^5AzO^4$, isomère de l'acide picolinique.

3. *Picoline* γ. — Ce troisième isomère se produit quand on chauffe la combinaison de l'acroléine avec l'ammoniaque (M. Baeyer) :

$$2\,C^6H^4O^2 + AzH^3 = C^{12}H^7Az + 2\,H^2O^2.$$

On l'obtient encore en chauffant à 250° la tribromhydrine de la glycérine avec l'ammoniaque en solution alcoolique (M. Baeyer) :

$$2\,C^6H^2(HBr)^3 + 7\,AzH^3 = 6\,AzH^4Br + C^{12}H^7Az.$$

C'est un liquide incolore, bouillant à 135°. Les propriétés de son chloroplatinate le différencient nettement des deux autres picolines (M. Weidel).

§ 24. — Lutidines.

$C^{14}H^9Az$ ou $C^4H^2(C^6H^2[C^4H^2])AzH^3$...... $(\mathit{C}H^3)^2{=}\mathit{C}^5H^3Az$.

1. On connaît 2 lutidines bien déterminées, mais il semble en exister d'autres dans les divers produits pyrogénés qui contiennent des bases pyridiques.

2. *Lutidine* α. — Elle existe dans l'huile de Dippel (Anderson) et dans les goudrons provenant de la distillation des schistes ou de la tourbe.

Elle est liquide, bout à 154°, se dissout dans 3 à 4 volumes d'eau froide et dans une plus grande quantité d'eau chaude.

3. *Lutidine* β. — Cette base se rencontre surtout, avec la quinoléine, dans les produits de la distillation de la cinchonine (M. G. Williams).

Elle bout à 167°; sa densité à 0° est 0,959.

Oxydée par le permanganate de potasse, elle donne l'*acide nicotianique*, $C^{12}H^5AzO^4$, et de l'*acide formique*, $C^2H^2O^4$.

4. Le mélange de lutidines, que fournit le goudron de houille, paraît être un mélange des lutidines précédentes; il fournit par oxydation deux acides pyridinodicarboniques isomères, $C^{14}H^5AzO^8$, l'*acide lutidique* et l'*acide isocinchoméronique*, ainsi que deux acides pyridinomonocarboniques, $C^{12}H^5AzO^4$, l'*acide nicotianique* et l'*acide picolinique* (MM. Weidel et Herzig).

§ 25. — Collidines.

$C^{16}H^{11}Az$ ou $C^4H^2(C^8H^4[C^4H^2])AzH^3$..... $(\mathit{C}H^3)^3{\equiv}\mathit{C}^5H^2Az$.

1. *Collidine* α. — Cette base, découverte par Anderson, existe dans l'huile de Dippel ainsi que dans les goudrons des schistes et des tourbes. Elle constitue un liquide bouillant à 170°, de densité 0,929 à 0°, insoluble dans l'eau.

2. *Collidine* β. — Une seconde collidine se rencontre dans les produits de la distillation de la cinchonine avec la potasse (M. G. Williams). Ses propriétés diffèrent peu de celles de la collidine α, mais son chloroplatinate est soluble dans l'eau, tandis que le sel double correspondant formé par son isomère est insoluble.

3. *Aldéhydine*.— On connaît sous ce nom une troisième collidine, qui existe à l'état d'acétate dans certains alcools bruts.

L'aldéhydine se forme quand on chauffe à 130° une solution alcoolique d'*aldéhydate d'ammoniaque* (M. Baeyer); ou lorsqu'on chauffe à 160° une solution alcoolique d'ammoniaque avec l'*éther chlorhydrique monochloré*, C^4H^3Cl,HCl.

Elle se trouve en quantité notable dans la fumée de tabac.

C'est un liquide incolore, peu soluble dans l'eau, bouillant à 181°, de densité 0,944 à 0°.

Elle dérive des aldéhydes éthylique et crotonique :

$$C^4H^4O^2 + C^8H^6O^2 + C^4H^4O^2 + AzH^3 - 3\,H^2O^2 = C^{16}H^{11}Az.$$

Par oxydation, elle donne l'*acide picolinodicarbonique*, $C^{16}H^7AzO^8$.

§ 26. — Quinoléine.

$$C^{18}H^7Az \text{ ou } C^2(C^4[C^{12}H^4])AzH^3 \ldots\ldots \quad C^9H^7Az.$$

1. La quinoléine ou *quinoline* a été découverte par Gerhardt et caractérisée surtout par M. Greville Williams. Elle a été obtenue synthétiquement par M. Kœnigs.

Elle dérive du phénol et des aldéhydes méthylique et acétylique :

$$C^2H^2O^2 + C^4H^2O^2 + C^{12}H^6O^2 + AzH^3 - 3\,H^2O^2 = C^{18}H^7Az.$$

2. *Formations*. — La quinoléine prend naissance :

1° En faisant passer des vapeurs d'*allylaniline*, $(C^{12}H^4)(C^6H^4)AzH^3$, sur l'oxyde de plomb chauffé au rouge sombre (M. Kœnigs) :

$$(C^{12}H^4)(C^6H^4)AzH^3 + 2\,O^2 = C^{18}H^7Az + 2\,H^2O^2.$$

2° En décomposant par la chaleur l'*acroléinaniline*, $C^6H^4O^2,C^{12}H^7Az$, combinaison d'acroléine et d'aniline, ou bien, ce qui est équivalent, en chauffant un mélange de glycérine, d'aniline et d'acide sulfurique (M. Kœnigs) :

$$C^6H^4O^2,C^{12}H^7Az = C^{18}H^7Az + H^2O^2 + H^2.$$

La même réaction s'effectue mieux encore quand on ajoute au mélange de la *nitrobenzine*, $C^{12}H^5(AzO^4)$, ou de l'*acide métanitroben-*

zoïque, $C^{14}H^5(AzO^4)O^4$, sur lesquels l'hydrogène engendré exerce son action réductrice (M. Skraup) :

$$3C^6H^8O^6 + 2C^{12}H^7Az + C^{12}H^5(AzO^4) = 3C^{18}H^7Az + 11H^2O^2.$$

3° En distillant la quinine, la cinchonine, la strychnine, la brucine et quelques autres alcaloïdes (Gerhardt). Elle est alors accompagnée d'autres alcalis, ses homologues (M. Greville Williams), tels que :

La lépidine......................	$C^{20}H^9Az$,
La dispoline.....................	$C^{22}H^{11}Az$, etc.,

et aussi de bases pyridiques.

3. *Préparation.* — On projette par petites portions de la cinchonine dans une cornue en fer, contenant de la potasse caustique chauffée vers le rouge sombre; il passe à la distillation de la quinoléine impure, que l'on soumet à la distillation fractionnée, en recueillant ce qui passe entre 235° et 240°. Pour l'avoir tout à fait pure, il est nécessaire de la transformer en chloroplatinate, que l'on fait cristalliser plusieurs fois.

Il vaut mieux mélanger 24 grammes de nitrobenzine, 38 grammes d'aniline, 120 grammes de glycérine et 100 grammes d'acide sulfurique concentré, dans un grand ballon muni d'un réfrigérant à reflux. On chauffe doucement. Une réaction extrêmement vive se produit, avec boursouflement; lorsqu'elle est calmée, on la termine en chauffant doucement pendant trois ou quatre heures. On ajoute à la masse refroidie six fois son volume d'eau, et on distille dans un courant de vapeur d'eau. La nitrobenzine non altérée se volatilise. On ajoute alors au résidu un excès de soude caustique et on distille de nouveau comme précédemment. La quinoléine passe avec l'eau et un peu d'aniline. On la sépare, on la sèche et on la rectifie, en recueillant ce qui bout entre 230° et 240° (M. Skraup). On la purifie en la transformant en tartrate acide, qu'on fait cristalliser plusieurs fois dans l'eau.

4. *Propriétés.* — Elle forme un liquide incolore, très réfringent, dont l'odeur est désagréable, mais rappelle cependant celle des amandes amères, bouillant à 238° et de densité 1,1081 à 0°. La quinoléine est à peu près insoluble dans l'eau, avec laquelle elle forme un hydrate $C^{18}H^7Az + 3HO$. Elle est soluble dans l'alcool et l'éther.

5. *Réactions.* — La quinoléine est fort stable et n'est pas décomposée à la température du rouge sombre. Elle est peu facilement oxydable. Toutefois le permanganate de potasse la change lentement en *acide quinoléique*, $C^{18}H^9AzO^6$.

L'hydrogène naissant, que fournit à chaud la poussière de zinc avec l'ammoniaque, la transforme en *hydroquinoléine*, $C^{36}H^{18}Az^{2}$, et en *tétrahydroquinoléine*, $C^{18}H^{11}Az$ (M. Kœnigs).

L'amalgame de sodium la change en *diquinoléine*, $C^{36}H^{14}Az^{2}$.

Elle se combine aux acides pour former des sels qui, en général, cristallisent facilement.

La quinoléine est une base tertiaire : elle donne avec les éthers iodhydriques des iodures d'ammoniums composés.

L'un de ces derniers, l'*iodure d'amylquinoléinammonium*, $(C^{18}H^{4})(C^{10}H^{10})AzH^{4}I$, chauffé avec de la potasse, se transforme en une belle matière colorante iodée, le *bleu de quinoléine* ou *cyanine*. La cyanine, $C^{56}H^{35}Az^{2}I$, est engendrée par la condensation de deux molécules d'amylquinoléine. La lépidine donne dans les mêmes circonstances une couleur bleue analogue. Ces matières colorantes sont rapidement détruites par la lumière.

6. L'acide sulfurique fumant transforme la quinoléine en deux acides sulfoconjugués isomériques, l'*acide orthoquinoléine-sulfurique* et l'*acide métaquinoléine-sulfurique*, $C^{18}H^{7}Az,S^{2}O^{6}$; le second se produit plus abondamment quand on opère à chaud. On les sépare en profitant de la moindre solubilité du premier dans l'eau.

7. *Oxyquinoléines*. — Les sels des deux acides sulfoquinoléiques, traités par les hydrates alcalins en fusion, donnent respectivement, suivant une réaction très générale, deux produits d'oxydation, l'*orthoxyquinoléine* et la *métaoxyquinoléine*, $C^{18}H^{7}AzO^{2}$. L'orthoxyquinoléine distille avec la vapeur d'eau, qui n'entraîne pas son isomère, ce qui permet de les séparer facilement (MM. Bedall et O. Fischer).

La métaoxyquinoléine est cristallisée, fusible à 238°, et présente moins d'intérêt que son isomère.

8. L'orthoxyquinoléine, en effet, fournit un dérivé qui a été employé en thérapeutique. Elle a été appelée aussi *quinophénol*.

Elle cristallise en longues aiguilles prismatiques, fond à 75°, et bout à 258°.

Traitée par le protochlorure d'étain, elle fixe $2H^{2}$, comme la quinoléine elle-même, et se change en *orthoxyhydroquinoléine*, $C^{18}H^{11}AzO^{2}$, corps cristallisable en lamelles brillantes, fusibles à 121°. Cette nouvelle base étant d'ailleurs un alcali primaire, on peut, en la chauffant avec l'éther méthyliodhydrique, la changer en iodhydrate d'un alcali secondaire, une *oxyhydrométhylquinoléine*, $C^{18}H^{9}(C^{2}H^{4})AzO^{2}$:

$$C^{18}H^{11}AzO^{2} + C^{2}H^{3}I = C^{18}H^{9}(C^{2}H^{4})AzO^{2},HI.$$

La base secondaire, mise en liberté par la soude, se précipite ;

purifiée par cristallisation dans l'éther, elle forme des prismes rhomboïdaux droits, fusibles à 114°. C'est un alcali énergique. Son chlorhydrate, qui est soluble dans l'eau et cristallise avec une molécule d'eau, $C^{18}H^{9}(C^{2}H^{4})AzO^{2},HCl + H^{2}O^{2}$, est employé en médecine sous le nom de *kairine;* son action est analogue à celle de la quinine : c'est un antipyrétique.

9. *Homologues.* — En dehors des bases homologues de la quinoléine, qui accompagnent cette dernière dans les produits de l'action des alcalis sur divers alcaloïdes naturels, les réactions de MM. Kœnigs et Skraup permettent de concevoir l'existence de nombreuses bases homologues. Il suffira, en effet, de faire agir la glycérine et l'acide sulfurique sur les homologues de l'aniline et de la nitrobenzine, sur un mélange de toluidine et de nitrotoluène, par exemple, pour obtenir une *toluquinoléine*, $C^{20}H^{9}Az$; de plus, avec les trois toluidines et les trois nitrotoluènes, on aura trois toluquinoléines isomères, etc.

D'ailleurs, la même méthode s'applique également à la production de bases du même genre, mais non homologues de la quinoléine. Telles sont les *naphtoquinoléines*, $C^{26}H^{9}Az$, obtenues avec la nitrobenzine et les naphtylamines; etc.

§ 27. — Leucoline.

$C^{18}H^{7}Az$ .... $C^{9}H^{7}Az$.

1. Runge a extrait du goudron de houille, en 1843, une substance alcaline, qu'il considéra comme une espèce unique, mais qui est en réalité un mélange formé par une série d'homologues, isomères avec les bases quinoléiques :

La leucoline.......... $C^{18}H^{7}Az$,
L'iridoline............ $C^{20}H^{9}Az$,
La cryptidine......... $C^{22}H^{11}Az$, etc.

La constitution de ces corps n'est pas exactement connue; mais elle se rattache aux mêmes théories que celles des bases précédentes.

2. La leucoline ou *quinoléine β* semble être elle-même un mélange de 2 isomères (M. Dewar). Elle se rapproche beaucoup de la quinoléine par ses propriétés. Toutefois, elle ne produit pas de cyanine.

CHAPITRE III

ALCALIS ARTIFICIELS A FONCTION MIXTE

1re SECTION : ALCALIS-ALCOOLS.

§ 1er. — Névrine.

$$C^{10}H^{15}AzO^4 \text{ ou } \left.\begin{matrix}(C^2H^2)^3\\ C^4H^2(H^2O^2)\end{matrix}\right\} AzH^4O,HO \ldots\ldots \quad \begin{matrix}(\mathit{CH^3})^3\\ \mathit{C^2H^4\text{-}\Theta H}\end{matrix} \geqslant Az\text{-}\Theta H.$$

1. La névrine, appelée aussi *choline, sincaline, bilineurine* ou *amanitine*, a été découverte en 1849 par Strecker, dans la bile du porc et du bœuf. Elle a été étudiée surtout par MM. Liebreich et Baeyer. Sa synthèse a été faite par Wurtz. On la rencontre dans certains champignons.

2. *Synthèse.* — La névrine est un alcali-alcool de la quatrième espèce, qui dérive du glycol et de la triméthylamine.

En effet, la triméthylamine est un alcali tertiaire, dont l'union avec un nouvel alcool monoatomique engendre un alcali de la quatrième espèce. L'alcool méthylique fournit ainsi l'*hydrate de tétraméthylammonium :*

$$(C^2H^2)^3AzH^3 + C^2H^4O^2 = C^8H^{13}AzO^2 = (C^2H^2)^4AzH^4O,HO.$$

Supposons que ce 4e équivalent alcoolique provienne de l'une des deux fonctions alcooliques du glycol ordinaire, c'est-à-dire faisons agir la triméthylamine sur l'*éther monochlorhydrique du glycol :*

$$(C^2H^2)^3AzH^3 + C^4H^2(H^2O^2)(HCl) = C^{10}H^{14}AzO^2, Cl;$$

le corps obtenu sera le chlorure d'un ammonium composé particulier :

$$\left.\begin{matrix}(C^2H^2)^3\\ C^4H^2(H^2O^2)\end{matrix}\right\} AzH^4, Cl.$$

Traité par l'oxyde d'argent humide, il donne l'hydrate d'oxyde d'ammonium correspondant, la névrine :

$$C^{10}H^{15}AzO^{4}, \text{ ou } \left.\begin{matrix}(C^{2}H^{2})^{3}\\ C^{4}H^{2}(H^{2}O^{2})\end{matrix}\right\} AzH^{4}O,HO, \text{ ou encore } C^{4}H^{2}(H^{2}O^{2})[(C^{2}H^{2})^{3}AzH^{4}O,HO].$$

Nous obtenons donc un alcali de la quatrième espèce ; mais ce corps joue en même temps le rôle d'un alcool monoatomique, la 2e fonction alcoolique du glycol n'étant pas intervenue dans les réactions.

Telle est la formation synthétique de la névrine (Wurtz).

3. *Formations.* — On peut aussi l'obtenir en dédoublant par l'eau de baryte un principe particulier, la *lécithine*, substance qui n'est autre chose qu'un éther de la névrine (M. Liebreich).

La névrine se forme également dans le dédoublement, par les alcalis minéraux, d'un alcaloïde existant dans la graine de moutarde blanche, la *sinapine*, $C^{32}H^{23}AzO^{10}$: il se produit de l'*acide sinapique*, $C^{22}H^{12}O^{10}$, et de la névrine (MM. von Babo et Hirschbrunn) :

$$C^{32}H^{23}AzO^{10} + 2\,H^{2}O^{2} = C^{22}H^{12}O^{10} + C^{10}H^{15}AzO^{4}.$$

4. *Propriétés.* — La névrine est incolore, sirupeuse, très soluble dans l'eau, très alcaline. Ses sels cristallisent très nettement. Sa solution aqueuse s'altère à l'ébullition.

5. *Oxygène.* — Oxydée par l'acide nitrique, la névrine se transforme en *muscarine*, $C^{10}H^{15}AzO^{6}$ (MM. Schmiedeberg et Harnack) :

$$C^{10}H^{15}AzO^{4} + O^{2} = C^{10}H^{15}AzO^{6}.$$

La muscarine a été appelée aussi *oxynévérine*, nom que l'on donne plus généralement à un autre dérivé d'oxydation, la bétaïne. C'est un alcali énergique, cristallisable, volatil, très déliquescent, soluble dans l'alcool. Elle a été découverte dans un champignon, l'*Agaricus muscarius*, par MM. Schmiedeberg et Koppe. Elle se forme dans la putréfaction des matières albuminoïdes. Elle est extrêmement toxique.

Une oxydation plus avancée fournit la *bétaïne*, $C^{10}H^{13}AzO^{6}$, alcali-acide dont il sera parlé plus loin.

6. *Lécithines.* — On désigne sous ce nom, ou sous celui de *protagon*, des principes existant dans le cerveau, dans les nerfs, dans le blanc d'œuf, dans la laitance, dans le sang, etc., ainsi que dans certains végétaux, tels que le maïs, les haricots ou la levure de la bière. Ce sont des composés très complexes, formés par l'association des corps sui-

vants : la glycérine, alcool triatomique; divers acides des graisses (stéarique, palmitique, oléique); l'acide phosphorique, acide tribasique; enfin la névrine, alcali-alcool; le tout conformément aux lois de combinaison des alcools polyatomiques. Développons cette génération :

1° La glycérine, par son union avec 2 équivalents d'acide stéarique monobasique, par exemple, et 1 équivalent d'acide phosphorique tribasique, engendre un dérivé tertiaire, acide bibasique, éther phosphorique de la distéarine :

$$C^6H^2(H^2O^2)(H^2O^2)(H^2O^2) + 2\,C^{36}H^{36}O^4 + PH^3O^8 - 3\,H^2O^2 =$$
$$C^6H^2(C^{36}H^{36}O^4)(C^{36}H^{36}O^4)(PH^3O^8).$$

La capacité de saturation de cet acide complexe dérive de celle de l'acide phosphorique incomplètement saturé.

2° Ce dérivé se substitue à son tour, en sa qualité d'acide, à l'eau alcoolique de la névrine :

$$C^6H^2(C^{36}H^{36}O^4)(C^{36}H^{36}O^4)(PH^3O^8) + C^{10}H^{13}AzO^2(H^2O^2) =$$
$$C^{10}H^{13}AzO^2[C^6H^2(C^{36}H^{36}O^4)(C^{36}H^{36}O^4)(PH^3O^8)] + H^2O^2\,;$$

c'est-à-dire sous une forme plus sommaire :

$$[C^6H^8O^6 + 2\,C^{36}H^{36}O^4 + PH^3O^8 - 3\,H^2O^2] + C^{10}H^{15}AzO^4 - H^2O^2 = C^{88}H^{90}AzPO^{18}.$$
Ac. glycéridistéarinophosphorique. Névrine. Lécithine stéarique.

La lécithine stéarique est donc un éther fourni par la névrine, fonctionnant comme alcool, et un acide bibasique, l'*acide glycéridistéarinophosphorique*.

Par ébullition avec l'eau de baryte, elle se dédouble en acide stéarique, acide glycériphosphorique et névrine :

$$C^{88}H^{90}AzPO^{18} + 3\,H^2O^2 = 2\,C^{36}H^{36}O^4 + C^6H^2(H^2O^2)^2(PH^3O^8) + C^{10}H^{15}AzO^4.$$
Lécithine stéarique. Ac. stéarique. Ac. glycériphosphorique. Névrine.

7. On peut concevoir de même d'autres lécithines, dérivées de l'*acide glycéridipalmitinophosphorique*, ou de l'*acide glycéridioléinophosphorique*, ou bien encore de l'*acide glycéri-oléinostéarinophosphorique*, etc. Tous ces composés sont des éthers, qui jouent à la fois le rôle d'un acide à cause du caractère tribasique de l'acide phosphorique incomplètement saturé, et le rôle d'une base, à cause du caractère alcalin de la névrine : ils se combinent aux bases et aux acides.

On obtient ces lécithines en traitant le jaune d'œuf par l'éther, évaporant, épuisant le résidu par l'alcool concentré. La matière dissoute est un mélange de deux ou trois des lécithines ci-dessus.

C'est une substance amorphe, d'apparence circuse, très hygroscopique, formant avec l'eau une liqueur visqueuse, soluble dans l'alcool, l'éther et les huiles grasses.

La *lécithine oléo-palmitique*, la première connue, a été découverte par Gobley.

§ 2. — Pararosaniline.

$C^{38}H^{19}Az^{3}O^{2}$ ou $C^{12}H^{5}Az(C^{12}H^{5}Az[C^{12}H^{5}Az(C^{2}H^{2},H^{2}O^{2})])$.. $(AzH^{2}-C^{6}H^{4})^{3}\equiv C-OH$.

1. Ce composé, auquel on donne encore les noms de *triamidophénylcarbinol* ou de *rosaniline* α, a été découvert par M. Rosenstiehl. Il constitue une base triacide et un alcool tertiaire.

2. *Formations*. — Il se produit :

1° Quand on réduit par le zinc en poussière et l'acide acétique le *trinitrotriphénylcarbinol* (t. I, p. 347) (MM. E. et O. Fischer) :

$$\underset{\text{Trinitrotriphénylcarbinol.}}{[C^{12}H^{3}(AzO^{4})]^{3}C^{2}H^{2}(H^{2}O^{2})} + 9\,H^{2} = \underset{\text{Pararosaniline.}}{C^{38}H^{19}Az^{3}O^{2}} + 6\,H^{2}O^{2};$$

2° Quand on oxyde par le bichlorure d'étain ou l'acide arsénique, le *triamido-triphénylméthane* ou *paraleucaniline* (t. II, p. 320) (MM. E. et O. Fischer) ;

3° Quand on oxyde par l'acide arsénique un mélange de 2 molécules d'aniline et de 1 molécule de paratoluidine (M. Rosenstiehl) :

$$2\,C^{12}H^{7}Az + C^{14}H^{9}Az + 3\,O^{2} = C^{38}H^{19}Az^{3}O^{2} + 2\,H^{2}O^{2}.$$

On voit par ces faits que l'*aurine*, produit d'oxydation du triphénylméthane, est le phénol-alcool correspondant à l'alcali-alcool qui nous occupe (t. I, p. 573).

3. *Propriétés*. — La pararosaniline est précipitée de ses sels par la soude, sous forme de flocons incolores, devenant peu à peu cristallins, fusibles vers 148°. Elle est incolore, mais devient rouge à l'air. Elle est peu soluble dans l'eau, qu'elle teinte de jaune ; elle est soluble dans l'alcool.

C'est une base énergique, donnant des sels monoacides rouges et des sels triacides jaunes. Toutefois, si la pararosaniline isolée renferme de l'oxygène qu'on ne peut lui enlever sous forme d'eau sans la détruire, les combinaisons qu'elle forme avec les acides ne sont plus oxygénées. Son chlorhydrate monoacide, par exemple, a pour formule $C^{38}H^{17}Az^3,HCl$; il a donc été formé avec élimination d'eau. D'après M. Rosenstiehl, ces combinaisons seraient, non pas des sels, mais des éthers de la rosaniline fonctionnant comme alcool.

L'acide iodhydrique la réduit à 180°, et la dédouble en *aniline* et *paratoluidine*. Le zinc en poussière, en présence de l'acide chlorhydrique, la change en *triamido-triphénylméthane* ou paraleucaniline (t. II, p. 321).

4. *Pentaméthylpararosaniline*. — Un dérivé pentaméthylé de la pararosaniline, $C^{38}H^9(C^2H^4)^5Az^3O^2$, s'obtient quand on oxyde la *diméthylaniline* (t. II, p. 316). Il a été découvert en 1861 par M. Lauth, et constitue une très belle matière colorante, employée en teinture sous le nom de *violet de Paris* ou de *violet de diméthylaniline*.

On l'obtient aujourd'hui en traitant à 40° environ la diméthylaniline par un mélange de nitrate de cuivre, de sel marin et d'acide acétique, lequel mélange oxyde surtout par le chlorure cuivrique qu'il fournit.

Il prend encore naissance, en même temps que l'aldéhyde formique, quand on oxyde, par le bioxyde de manganèse et l'acide sulfurique, l'*hexaméthyl-triamido-triphénylméthane*, $[C^{12}H(C^2H^4)^2Az]^3C^2H^4$ (MM. E. et O. Fischer) :

$$[C^{12}H(C^2H^4)^2Az]^3C^2H^4 + 2\,O^2 = C^{38}H^9(C^2H^4)^5Az^3O^2 + C^2H^2O^2,$$

réaction qui le rattache à la pararosaniline.

Il constitue une poudre d'un brun rouge, insoluble dans l'eau, soluble dans les acides.

5. Quand la diméthylaniline employée contient de la monométhylaniline, il se forme en même temps des corps voisins, et la teinte du produit est plus rouge. Au contraire, on obtient une couleur d'un violet-bleu, le *violet de diméthylaniline benzylé*, en faisant agir le chlorure de benzyle sur le violet de Paris : il se forme ainsi le chlorhydrate d'une pararosaniline méthylée et benzylée.

6. *Isomères*. — Il doit exister deux composés isomères de la pararosaniline, engendrés par l'oxydation simultanée de 1 molécule d'orthotoluidine ou de métatoluidine et de 2 molécules d'aniline.

7. *Mauvaniline*. — Quand on traite par l'acide arsénique 2 parties d'aniline additionnées de 1 partie de toluidines, il se forme, en même temps que la rosaniline, une belle matière colorante que l'on a nommée mauvaniline, et qui serait isomère de la pararosaniline (MM. Girard et de Laire).

Ce composé doit présenter avec la pararosaniline des relations étroites. Il forme des cristaux brun clair, insolubles dans l'eau, solubles dans l'alcool. Ses sels, solubles dans l'eau, donnent à celle-ci une teinte d'un beau violet rougeâtre, qu'ils communiquent à la soie et à la laine.

8. *Violaniline.* — En même temps que la mauvaniline, prend naissance une autre base qui offre avec elle les plus grandes analogies, c'est la violaniline, $C^{36}H^{17}Az^{3}O^{2}$ (MM. Girard et de Laire). Les sels qu'elle fournit teignent en violet bleuâtre.

La violaniline paraît constituer, au moins pour une grande partie, la substance usitée en teinture sous le nom de *bleu Coupier;* celle-ci est obtenue par l'action de l'acide chlorhydrique et du fer sur un mélange d'aniline et de nitrobenzine.

§ 3. — Rosanilines.

1. Par analogie avec ce qui a été observé pour la génération de la pararosaniline, on conçoit aisément que, si l'on oxyde un mélange de 1 molécule d'aniline avec 2 molécules de paratoluidine, il se produira un *triamido-diphényltolylcarbinol* (1), $C^{40}H^{21}Az^{3}O^{2}$, ou $C^{12}H^{5}Az(C^{12}H^{5}Az[C^{14}H^{7}Az(C^{2}H^{2},H^{2}O^{2})])$, présentant avec le diphényltolylméthane (t. I, p. 179) les mêmes relations que la pararosaniline avec le triphénylméthane.

De plus, la paratoluidine pouvant être remplacée dans le mélange précité par ses isomères, l'orthotoluidine ou la métatoluidine, on prévoit l'existence d'isomères de ce *triamido-diphényltolylcarbinol*, isomères dont le nombre sera encore accru si l'on fait intervenir simultanément dans une même réaction deux des trois toluidines.

Enfin, l'oxydation portant sur les toluidines isolées ou mélangées entre elles, mais sans intervention de l'aniline, il peut en résulter des *triamido-phénylditolylcarbinols* (2) isomères, $C^{12}H^{5}Az(C^{14}H^{7}Az[C^{14}H^{7}Az(C^{2}H^{2},H^{2}O^{2})])$, ou $C^{42}H^{23}Az^{3}O^{2}$.

Tel est l'ensemble des réactions prévues, en se bornant aux analogies immédiates avec la formation de la pararosaline.

2. Si l'on exclut de cet ensemble l'intervention de la métatoluidine dont les dérivés ont été peu étudiés, on voit que les différents composés qui restent peuvent, avec la pararosaniline elle-même, prendre naissance dans l'oxydation des anilines et toluidines industrielles,

(1) $\left.\begin{matrix}(AzH^{2}-C^{6}H^{4})^{2}\\(AzH^{2}-C^{6}H^{3}-CH^{3})\end{matrix}\right\rangle C-OH.$

(2) $\left.\begin{matrix}(AzH^{2}-C^{6}H^{4})\\(AzH^{2}-C^{6}H^{3}-CH^{3})^{2}\end{matrix}\right\rangle C-OH.$

celles-ci étant des mélanges en proportions variables d'aniline, d'orthotoluidine et de paratoluidine. Or, c'est précisément cette oxydation qui fournit le *rouge d'aniline*, l'une des matières colorantes artificielles les plus importantes.

3. En fait, on n'a isolé jusqu'ici dans le rouge d'aniline industriel qu'un nombre limité de produits définis.

Avec la pararosaniline, on y a trouvé (M. Rosenstiehl) une *rosaniline* β, résultant de l'oxydation d'un mélange d'aniline (1 molécule) et d'orthotoluidine (2 molécules), ou de celle de l'orthotoluidine isolée; ce corps a la composition d'un triamido-diphényltolylcarbinol et se rattache au diphényltolylméthane, ainsi qu'il a été dit plus haut. On y a trouvé surtout, comme produit principal, une *rosaniline* αβ, isomérique avec la précédente et dérivant des deux toluidines ortho et para. Ces bases complexes se rattachent à l'acide rosolique (t. I, p. 575), qui est le phénol correspondant; elles engendrent par réduction des leucanilines ou triamido-diphényltolylméthanes, homologues supérieurs de la paraleucaniline (t. II, p. 320).

D'ailleurs, la composition de la fuchsine industrielle varie nécessairement avec les circonstances de sa production.

Ce qui vient d'être dit suffit pour indiquer la nature du rouge d'aniline. Donnons maintenant quelques indications sur ce produit commercial et sur les dérivés qu'il fournit.

I. — Rouge d'aniline.

1. *Historique.* — La belle matière colorante connue sous les noms de *fuchsine*, *rouge d'aniline*, *roséine*, *aniléine rouge*, *magenta*, *solférino*, *azaléine*, entrevue par Natanson et par M. W. Hofmann, a été découverte par Verguin en 1859. Elle a été étudiée surtout par M. W. Hofmann, qui l'a caractérisée d'abord comme le sel d'une base particulière, la *rosaniline*. Un peu plus tard, la présence de plusieurs rosanilines y a été reconnue par M. Rosenstiehl. Enfin la constitution des rosanilines, fort controversée, a été particulièrement éclairée par les travaux récents de M. Rosenstiehl, de MM. E. et O. Fischer et de MM. Graebe et Caro.

2. *Préparation.* — Verguin obtenait à l'origine le rouge d'aniline en oxydant l'aniline mélangée de toluidines par le bichlorure d'étain. A ce dernier on a substitué depuis un très grand nombre d'oxydants, les sels mercuriques, l'acide nitrique, certains nitrates métalliques, la nitrobenzine, l'eau régale, etc. Aujourd'hui, on emploie surtout l'acide arsénique, qui agit en se réduisant à l'état d'acide arsénieux (MM. Girard et de Laire).

On mélange 100 parties d'aniline commerciale, de densité comprise entre 1,006 et 1,010 et bouillant entre 183° et 205°, avec 140 parties d'acide arsénique, dans un appareil analogue à celui qui sert pour la fabrication de l'aniline (fig. 95, t. II, p. 309). On chauffe le tout, en agitant soigneusement et en recueillant l'aniline qui distille, jusqu'à ce que le résidu ait pris un aspect métallique et soit devenu cassant après refroidissement. On lave plusieurs fois ce résidu à l'eau bouillante, additionnée de carbonate de soude; cette eau entraîne l'arséniate et l'arsénite de soude, et on obtient une pâte formée d'arséniate de rosaniline impur. On transforme ce sel en chlorhydrate, qui est le sel commercial; pour cela on le fait bouillir avec une solution de sel marin, acidulée par un peu d'acide chlorhydrique. Il se forme de l'arséniate de soude, qui reste dans la liqueur, tandis que le chlorhydrate de rosaniline cristallise par le refroidissement, l'eau salée ne le dissolvant pas à froid.

Cette méthode a l'inconvénient de mettre en jeu une matière dangereuse pour les ouvriers, telle que l'acide arsénique, laquelle peut d'ailleurs souiller la fuchsine et la rendre toxique. Elle est cependant le plus généralement usitée. Il en est une autre, qui est employée dans quelques fabriques, et ne présente pas le même inconvénient : elle consiste à traiter l'aniline par la nitrobenzine, en présence d'un réducteur, tel que le chlorure stanneux (M. Lauth) ou un mélange de fer et d'acide chlorhydrique (M. Coupier).

Étant donné le chlorhydrate de rosaniline du commerce, on obtient facilement les bases elles-mêmes, en ajoutant de la soude caustique à la dissolution bouillante du sel. La rosaniline mixte se dépose cristalline par le refroidissement.

3. *Propriétés.* — Cette rosaniline se conduit comme un alcali triammoniacal, une base triacide; elle forme des sels cristallisables. Pure, elle est incolore, mais elle se teinte de rose en s'altérant.

Chauffée, elle se détruit à 130°, en dégageant de l'aniline, mais sans perdre d'eau préalablement. Elle est fort peu soluble dans l'eau, insoluble dans l'éther, légèrement soluble dans l'alcool.

Les agents réducteurs la transforment en *leucanilines*, $C^{40}H^{21}Az^3$, par l'élimination de O^2. Les leucanilines prennent d'ailleurs naissance en petite quantité dans la préparation de la fuchsine, à laquelle elles communiquent une teinte jaune.

4. *Sels.* — Les sels monoacides de la rosaniline industrielle sont bien cristallisés et doués d'un éclat verdâtre; ils colorent l'eau et les fibres animales en beau rouge cramoisi. Les sels triacides sont jaunes, ainsi que leur dissolution.

Le *chlorhydrate de rosaniline*, $C^{40}H^{19}Az^3$, HCl, est, ainsi qu'il a été dit, la fuchsine du commerce. Il se combine à l'acide chlorhydrique en excès pour former le sel triacide, $C^{40}H^{19}Az^3,3\,HCl$; celui-ci cristallise facilement, mais est décomposé par l'eau.

Le *monoacétate* de rosaniline forme de magnifiques cristaux octaédriques, très solubles dans l'eau.

Le *nitrate* de rosaniline possède une teinte rouge particulière; il est employé sous le nom d'*azaléine*.

Les sels de rosaniline teignent directement la soie et la laine.

5. *Chrysaniline.* — En même temps que la rosaniline, il se produit, dans le traitement précédemment indiqué, une base puissante, la chrysaniline, $C^{40}H^{19}Az^3O^2$, laquelle diffère de la rosaniline par 2 équivalents d'hydrogène en moins. Son chlorhydrate, qui est soluble dans l'eau salée, reste dans les eaux mères de la préparation de la fuchsine. Son nitrate est extrêmement soluble dans l'eau. Ses sels teignent en jaune très brillant.

6. *Rouge de toluène.* — On a vu plus haut (t. II, p. 337) que l'orthotoluidine, traitée seule par l'acide arsénique, donne de la *rosaniline* β, une partie de cette toluidine s'altérant sous l'influence prolongée du réactif pour former de l'aniline qui entre ensuite en réaction. La rosaniline β ainsi obtenue est dès lors accompagnée de produits secondaires particuliers, d'une nuance spéciale, et c'est le mélange des chlorhydrates qu'elle fournit dans ces circonstances qui est usité en teinture sous le nom de *rouge de toluène.*

7. *Chrysotoluidine.* — En chauffant la paratoluidine avec l'acide arsénique, il se forme une matière colorante jaune, la chrysotoluidine, $C^{42}H^{23}Az^3O^2$, qui est un homologue de la rosaniline (MM. Girard et de Laire). Le même composé se produit aussi dans la préparation de la mauvaniline (t. II, p. 335). On regarde la chrysotoluidine comme dérivée du *phénylditolylméthane*, $C^{12}H^4(C^{14}H^6)^2C^2H^4$.

La chrysotoluidine fournit en teinture de belles nuances jaunes.

Traitée par les éthers méthyliques, éthyliques, etc., elle donne des dérivés de nuance *aurore*. Chauffée avec l'aniline, elle fournit des produits marron.

II. — Matières colorantes dérivées des rosanilines.

1. *Violets de méthylrosanilines et d'éthylrosanilines.* — Comme les autres alcalis organiques du même ordre, les rosanilines, chauffées avec les éthers à acides minéraux des alcools, engendrent des bases méthylées, éthylées, etc.; celles-ci possèdent des teintes de plus en plus bleues à mesure que le nombre des molécules alcooliques qui interviennent est plus considérable. On obtient par là de belles ma-

tières tinctoriales, indiquées pour la première fois par E. Kopp, et connues surtout sous le nom de *violet Hofmann*.

On prépare les sels des rosanilines méthylées ou éthylées en chauffant à 100° la rosaniline avec un éther iodhydrique, chlorhydrique, etc., et l'alcool ou l'esprit de bois; on prolonge ou on réitère l'action jusqu'à production de la teinte violette voulue, ce qui correspond sensiblement aux sels de rosanilines triméthylées ou triéthylées (M. W. Hofmann) :

$$C^{40}H^{15}(C^2H^4)^3Az^3O^2 \text{ ou } C^{40}H^{15}(C^4H^6)^3Az^3O^2.$$

2. *Verts de méthylrosanilines et d'éthylrosanilines.* — En poussant plus loin la substitution, on arrive finalement à des matières d'un beau *vert-lumière*, c'est-à-dire paraissant vertes à la lumière artificielle. Ce sont les verts d'éthylrosaniline et de méthylrosaniline. On les prépare d'ordinaire en chauffant à 110° les violets Hofmann avec de l'éther méthylchlorhydrique ou éthylchlorhydrique, et de l'esprit de bois ou de l'alcool; on réitère au besoin la réaction. Le vert de méthylrosaniline se produit encore quand on traite de la même manière le *violet de méthylaniline* (t. II, p. 316), ce qui établit un rapprochement entre ce violet et celui de méthylrosaniline.

3. Quand on emploie l'éther méthyliodhydrique pour effectuer la substitution dans la rosaniline, il se forme, en même temps que le violet Hofmann, le diiodure d'un ammonium composé, ayant pour formule $C^{40}H^{13}(C^2H^4)^3Az^3,2C^2H^3I$; cet iodure constitue le *vert à l'iode*, matière colorante ainsi nommée parce qu'elle contient de l'iode.

On prépare ce vert en chauffant l'acétate de rosaniline avec de l'éther méthyliodhydrique et de l'alcool méthylique.

A une température encore peu élevée, il se détruit en donnant un sel de rosaniline triméthylé et par suite devient violet. Son picrate possède une belle teinte, mais il est insoluble dans l'eau. Le vert à l'iode forme avec le chlorure de zinc une combinaison soluble.

En opérant les mêmes réactions avec l'éther méthychlorhydrique, on obtient un dichlorure correspondant; ce corps, combiné au chlorure de zinc, $C^{40}H^{13}(C^2H^4)^3Az^3,2C^2H^3Cl+2ZnCl$, produit une autre matière colorante verte, très brillante et plus solide que la précédente, mais qui a pris irrégulièrement de celle-ci le nom de *vert à l'iode*, sous lequel on la désigne dans l'industrie.

4. *Violets et bleus de rosanilines phénylées.* — Le fait remarquable découvert par M. E. Kopp se reproduit également quand on introduit des groupes benzéniques dans la molécule de la rosaniline; le phénomène de modification de la couleur est plus marqué encore que

pour les rosanilines méthylées ou éthylées, et la teinte des produits arrive jusqu'au bleu pur.

Il suffit, en effet, de chauffer la fuchsine avec l'aniline à 160°, pour qu'elle perde de l'hydrogène; celui-ci se trouve remplacé par de la vapeur de benzine (MM. Girard et de Laire), et on obtient des *chlorhydrates de rosanilines phénylées :*

Rosaniline................	$C^{40}H^{21}Az^3O^2$,
— monophénylée..	$C^{40}H^{19}(C^{12}H^6)Az^3O^2$ (base du violet impérial rouge),
— diphénylée.....	$C^{40}H^{17}(C^{12}H^6)^2Az^3O^2$ (base du violet impérial bleu),
— triphénylée.....	$C^{40}H^{15}(C^{12}H^6)^3Az^3O^2$ (base du bleu de Lyon).

Le *violet impérial* (MM. Girard et de Laire) est brillant et de teintes variées. C'est un mélange de chlorhydrates de rosanilines monophénylées et diphénylées. On emploie pour teindre sa solution alcoolique, l'eau ne le dissolvant pas.

Le *bleu de Lyon*, appelé aussi *bleu de Paris* ou *bleu de fuchsine* (MM. Girard et de Laire), se prépare en chauffant la fuchsine avec un grand excès d'aniline; on remplace parfois dans sa fabrication la fuchsine par les réactifs capables de l'engendrer. Ce bleu est insoluble dans l'eau et ne peut être employé en teinture que dissous dans l'alcool : toutefois, il forme avec l'acide sulfurique concentré un dérivé monosulfoconjugué, insoluble dans l'eau comme le bleu lui-même, mais formant des sels alcalins solubles qui sont les produits commerciaux. On précipite à chaud l'acide sulfoconjugué sur les tissus par l'addition ménagée d'un acide à la solution alcaline ; c'est le *bleu soluble* (M. Nicholson). Un bleu de ce genre, le bleu C4B de M. Poirier, est employé aujourd'hui comme réactif coloré des acides et des bases.

Le bleu de fuchsine paraît être identique au corps que l'on obtient par oxydation de la diphénylamine (t. II, p. 315).

Le mode de génération de ces bleus est tel qu'ils sont toujours accompagnés de composés violets, lesquels altèrent plus ou moins la teinte bleue. On sépare les produits violets au moyen de précipitations fractionnées, et on obtient alors un bleu pur, dit *bleu-lumière*, parce qu'il conserve sa teinte à la lumière artificielle.

En chauffant la fuchsine avec la toluidine, on obtient des *chlorhydrates de rosanilines toluylées*, qui sont également violets et bleus.

5. *Violet à l'aldéhyde.* — Quand on traite la fuchsine en solution alcoolique par l'aldéhyde ordinaire, en présence d'un acide minéral, la solution devient bleue; par neutralisation, il se précipite du violet à l'aldéhyde. Ce corps résulte de la combinaison de la rosaniline avec l'aldéhyde, de l'eau étant éliminée (M. Lauth). C'est un composé peu stable.

Si, au lieu de neutraliser la liqueur bleue provenant de l'action de l'aldéhyde sur la fuchsine, on la verse dans une solution d'hyposulfite de soude ou de polysulfure alcalin, il se forme une matière colorante verte, que l'on peut précipiter de sa solution au moyen du tanin ou de l'acétate de soude. C'est le *vert à l'aldéhyde* (M. Cherpin).

Ce vert se forme toutes les fois que l'on met une solution acide de violet à l'aldéhyde en contact avec du soufre à l'état naissant (M. Lauth). Il renferme du soufre. Pour l'appliquer, on chauffe les étoffes dans une solution acide de son tannate.

Le vert à l'aldéhyde est *vert-lumière*, c'est-à-dire qu'il conserve sa teinte verte à la lumière artificielle.

6. *Brun d'aniline.* — Cette matière résulte de l'action à 240° du chlorhydrate de rosaniline sur le chlorhydrate d'aniline; la réaction se fait brusquement (MM. Girard et de Laire). Le brun d'aniline est soluble dans l'eau, d'où il est précipité par les alcalis.

2e SECTION : ALCALIS-ACIDES.

§ 4. — Glycollamine.

$C^4H^5AzO^4$ ou $C^4H^2(AzH^3)(O^4)$...... $(CH^2-AzH^2)-CO^2H$.

1. La glycollamine, autrement dite *acide amido-acétique, sucre de gélatine, glycocolle, glycine*, etc., a été découverte en 1820 par Braconnot. Elle a été obtenue synthétiquement par MM. Perkin et Duppa.

C'est un acide-alcali, dérivé du *glycol éthylénique*, $C^4H^2(H^2O^2)(H^2O^2)$, par deux substitutions : celle de O^4 à H^2O^2 (réaction génératrice d'acide), et celle de AzH^3 à H^2O^2 (réaction génératrice d'alcali).

2. *Formation.* — 1° On forme la glycollamine en traitant par l'ammoniaque l'*acide acétique bromé* ou son éther (MM. Perkin et Duppa) :

$$C^4H^3BrO^4 + AzH^3 = C^4H^5AzO^4,HBr;$$

réaction semblable à la décomposition d'un éther chlorhydrique par l'ammoniaque.

2° En réduisant l'*acide nitracétique*, $C^4H^2(AzO^4H)O^4$ (M. de Forcrand) :

$$C^4H^2(AzO^4H)O^4 + 3H^2 = C^4H^2(AzH^3)(O^4) + 2H^2O^2.$$

3° En dirigeant un courant de *cyanogène*, C^4Az^2, dans l'acide iodhydrique bouillant (M. Emmerling) :

$$C^4Az^2 + 5HI + 2H^2O^2 = C^4H^5AzO^4 + AzH^4I + 4I.$$

La glycollamine prend naissance par le dédoublement de divers principes animaux, tels que les suivants :

4° L'*acide hippurique*, $C^{18}H^9AzO^6$, amide-acide dérivé du *benzoate de glycollamine*, la reproduit par hydratation, en même temps que l'acide benzoïque (Dessaignes) :

$$C^{18}H^9AzO^6 + H^2O^2 = C^{14}H^6O^4 + C^4H^5AzO^4 ;$$

5° L'*acide glycocholique*, $C^{52}H^{43}AzO^{12}$, principe de la bile, se sépare en glycollamine et *acide cholalique*, $C^{48}H^{40}O^{10}$ (Strecker) :

$$C^{52}H^{43}AzO^{12} + H^2O^2 = C^4H^5AzO^4 + C^{48}H^{40}O^{10}.$$

6° La *gélatine* fournit de la glycollamine, lorsqu'on la traite par l'acide sulfurique ou par les alcalis (Braconnot). Il en est de même de différentes matières protéiques.

7° Enfin l'*acide urique*, $C^{10}H^4Az^4O^6$, soumis à l'action de l'acide iodhydrique, donne de la glycollamine, de l'acide carbonique et de l'ammoniaque (Strecker) :

$$C^{10}H^4Az^4O^6 + 5\,H^2O^2 = C^4H^5AzO^4 + 3\,C^2O^4 + 3\,AzH^3.$$

8° La glycollamine existe dans le tissu musculaire de certains mollusques (*Pecten irradians*), et elle se rencontre dans divers produits de l'organisme.

3. *Préparation.* — 1° La glycollamine se prépare en mélangeant la gélatine avec 2 fois son poids d'acide sulfurique concentré. Après vingt-quatre heures de contact, on ajoute 10 parties d'eau, on fait bouillir pendant quelques heures; on sature par la craie, on filtre, on évapore en sirop et l'on abandonne dans un lieu frais. Au bout de quelques semaines, il se forme des cristaux grenus de glycollamine. On les fait recristalliser dans l'eau.

2° Il vaut mieux faire bouillir l'acide hippurique avec l'acide chlorhydrique concentré, filtrer après refroidissement pour séparer l'acide benzoïque, évaporer au bain-marie, ajouter de l'ammoniaque au résidu desséché, pour mettre en liberté la glycollamine, et enfin épuiser à chaud par l'alcool, qui dissout le chlorhydrate d'ammoniaque et laisse la glycollamine à l'état de poudre cristalline insoluble.

4. *Propriétés.* — La glycollamine cristallise en gros prismes rhomboïdaux obliques, durs et croquants, sucrés, fusibles vers 170°.

en s'altérant. Elle se dissout dans environ 4 parties d'eau froide; elle est presque insoluble dans l'alcool et dans l'éther. Sa solution aqueuse rougit le tournesol.

5. *Chaleur.* — Distillée, la glycollamine fournit, entre autres produits, de la *méthylamine* (M. Cahours) :

$$C^4H^5AzO^4 = C^2O^4 + C^2H^5Az.$$

6. *Oxygène.* — Chauffée avec un mélange d'acide sulfurique dilué et de bioxyde de manganèse, elle produit de l'acide carbonique, de l'acide cyanhydrique et de l'eau :

$$C^4H^5AzO^4 + O^4 = C^2O^4 + C^2AzH + 2\,H^2O^2.$$

Traitée par l'acide nitreux, elle reproduit l'*acide glycollique* (Dessaignes) :

$$C^4H^2(AzH^3)(O^4) + AzO^3,HO = C^4H^2(H^2O^2)(O^4) + Az^2 + H^2O^2.$$

7. *Dérivés.* — 1° La glycollamine se combine aux acides pour former des sels, dérivés de sa fonction alcaline :

Chlorhydrate .... $C^4H^5AzO^4,HCl$,
Nitrate .... $C^4H^5AzO^4,AzHO^6$.

2° Elle s'unit aux bases et attaque les métaux, en formant encore des sels, mais dérivés de sa fonction acide :

Sel de potasse .... $C^4H^4KAzO^4$,
— de zinc .... $C^4H^4ZnAzO^4$,
— de plomb .... $C^4H^4PbAzO^4$, etc.

Elle engendre également des éthers, par son union avec les alcools; elle joue alors le rôle d'acide.

3° Elle se combine intégralement avec beaucoup de sels, à la façon de l'eau dite de cristallisation :

Glycollamine et chlorure .... $C^4H^5AzO^4,BaCl$,
— et nitrate .... $C^4H^5AzO^4,AzO^6K$.

8. *Amides.* — En raison de son caractère alcalin, la glycollamine engendre aussi des amides :

$$\text{Acide} + C^4H^5AzO^4 - H^2O^2.$$

Tels sont : l'acide hippurique, dérivé de l'acide benzoïque, l'acide glycocholique, dérivé de l'acide cholalique, etc.

Elle forme de plus un amide, par élimination d'eau de son sel ammoniacal (Heintz) :

$$C^4H^5AzO^4,AzH^3 - H^2O^2 = C^4H^6Az^2O^2.$$

9. *Homologues.*—A la suite de la glycollamine viennent se ranger divers corps homologues :

La glycollamine..................	$C^4H^5AzO^4$	ou $C^4H^2(AzH^3)(O^4)$,
La lactamine ou alanine............	$C^6H^7AzO^4$	ou $C^6H^4(AzH^3)(O^4)$,
L'oxybutyramine..................	$C^8H^9AzO^4$	ou $C^8H^6(AzH^3)(O^4)$,
L'oxyvaléramine..................	$C^{10}H^{11}AzO^4$	ou $C^{10}H^8(AzH^3)(O^4)$,
L'oxycaproamine ou leucine........	$C^{12}H^{13}AzO^4$	ou $C^{12}H^{10}(AzH^3)(O^4)$, etc.

Ces alcalis-acides présentent avec les homologues de l'acide glycollique et avec les homologues du glycol, les mêmes relations que la glycollamine avec l'acide glycollique et le glycol.

Quelques-uns de ces composés tirent une certaine importance de leur formation dans le dédoublement des matières albuminoïdes (M. Schützenberger).

§ 5. — **Alanine.**

$C^6H^7AzO^4$ ou $C^6H^4(AzH^3)(O^4)$....... $\mathit{CH^3\text{-}(CH\text{-}AzH^2)\text{-}CO^2H}$.

1. L'alanine est un alcali-acide, dérivé de l'*acide lactique*, $C^6H^4(H^2O^2)(O^4)$, et du *glycol propylique*, $C^6H^4(H^2O^2)(H^2O^2)$. Elle est appelée aussi *lactamine* ou *acide amido-propionique*.

2. *Synthèse.* — 1° Elle a été formée synthétiquement par la réaction de l'*acide cyanhydrique* sur l'*aldéhyde ordinaire* en présence de l'eau (Strecker) :

$$C^4H^4O^2 + C^2AzH + H^2O^2 = C^6H^7AzO^4.$$

2° Elle se forme également quand on fait agir l'ammoniaque alcoolique sur les acides propioniques chlorés ou bromés α (Kolbe; M. Kékulé) :

$$C^6H^5BrO^4 + 2\,AzH^3 = C^6H^7AzO^4 + AzH^4Br.$$

3. *Propriétés.* — L'alanine constitue des prismes rhomboïdaux obliques, durs, solubles dans 4, 6 parties d'eau à 16°. Elle est sans action sur les réactifs colorés et possède une saveur sucrée.

§ 6. — **Leucine.**

$C^{12}H^{13}AzO^4$ ou $C^{12}H^{10}(AzH^3)(O^4)$...... CH^3-$(CH^2)^3$-$(CH$-$AzH^2)$-CO^2H.

1. La leucine, autrement dite *oxycaproamine* ou *acide amido-caproïque*, est l'alcali-acide dérivant du *glycol hexylique normal* et, plus immédiatement, de l'*acide oxycaproïque normal*, $C^{12}H^{10}(H^2O^2)(O^4)$. Elle a été découverte par Proust.

Elle existe dans les tissus du foie, de la rate, des poumons, dans le pus, ainsi que dans certains végétaux : *Chenopodium album*, *Vicia sativa*, *Agaricus muscarius*.

2. *Formations.*—Elle se forme dans l'action hydratante des alcalis et des acides sur les matières albuminoïdes, la corne, la gélatine, etc., ainsi que dans la putréfaction des mêmes substances.

3. *Synthèse.* — On la forme synthétiquement :

1° Par la réaction de l'acide chlorhydrique sur un mélange de *valéral*, $C^{10}H^{10}O^2$, et d'acide cyanhydrique, C^2AzH (M. Limpricht) :

$$C^{10}H^{10}O^2 + C^2AzH + H^2O^2 = C^{12}H^{13}AzO^4.$$

2° En traitant par l'ammoniaque l'*acide bromocaproïque* α (M. Hüfner) :

$$C^{12}H^{11}BrO^4 + 2\,AzH^3 = C^{12}H^{13}AzO^4 + AzH^4Br.$$

4. *Préparation.*— On la prépare en faisant bouillir pendant vingt-quatre heures 2 parties de rognures de corne avec 5 parties d'acide sulfurique et 13 parties d'eau. On sature la liqueur encore chaude par la chaux, on filtre, on élimine la chaux en dissolution par l'acide oxalique, on filtre de nouveau et on évapore. La leucine se dépose par refroidissement avec un peu de tyrosine; celle-ci étant moins soluble, on les sépare au moyen de cristallisations répétées.

On l'obtient encore en chauffant l'albumine en vase clos, avec de l'hydrate de baryte, vers 150°, pendant quelques heures (M. Schützenberger).

5. *Propriétés.* — La leucine cristallise en lamelles blanches et onctueuses, solubles dans 49 parties d'eau à 12°, peu solubles dans l'alcool, insolubles dans l'éther, fusibles à 170° et sublimables.

La distillation la décompose en *amylamine*, $(C^{10}H^{10})AzH^3$, et acide carbonique :

$$C^{12}H^{13}AzO^4 = C^{10}H^{13}Az + C^2O^4.$$

L'acide nitreux la change en *acide oxycaproïque* ou *acide leucique*, $C^{12}H^{12}O^6$.

6. Des leucines diverses correspondent aux divers glycols hexyliques.

§ 7. — Oxybenzamines.

$C^{14}H^7AzO^4$ ou $C^{14}H^4(\underline{AzH^3})(O^4)$....... AzH^2-C^6H^4-CO^2H.

Dans la série aromatique, il existe aussi des alcalis-acides, analogues à la glycollamine. C'est ainsi que les trois acides oxybenzoïques, $C^{14}H^4(\underline{H^2O^2})(O^4)$, peuvent fournir des composés de ce genre, les oxybenzamines ou *acides amidobenzoïques*. Nous nous bornerons à dire que leur production est basée sur des réactions différentes de celles citées plus haut pour les corps analogues de la série grasse; on les obtient surtout par réduction des *acides benzoïques nitrés* $C^{14}H^5(AzO^4)O^4$:

$$C^{14}H^5(AzO^4)O^4 + 3\,H^2 = C^{14}H^7AzO^4 + 2\,H^2O^2.$$

§ 8. — Tyrosine.

$C^{18}H^{11}AzO^6$................ $C^9H^{11}AzO^3$.

1. On peut rapprocher des corps précédents la tyrosine, composé qui se forme en même temps que la leucine, dans la décomposition de la plupart des principes azotés d'origine animale. Elle existe à l'état normal dans le corps humain, ainsi que dans certains produits pathologiques. Elle a été découverte par Liebig.

2. Sa nature n'est pas encore bien fixée, mais elle semble dériver d'un acide-phénol, l'*acide hydroparacoumarique* (t. II, p. 242), $C^{18}H^8(\underline{H^2O^2})(O^4)$, par substitution de AzH^3 à H^2; elle constituerait l'*acide amidohydroparacoumarique*, $C^{18}H^6(AzH^3)(\underline{H^2O^2})(O^4)$.

3. La tyrosine se présente sous la forme de fines aiguilles entrelacées, blanches et soyeuses, insipides, très peu solubles dans l'eau froide, dans l'alcool ou l'éther, solubles dans les acides et les alcalis.

§ 9. — Sarcosine.

$C^6H^7AzO^4$ ou $C^4H^2[(C^2H^2)AzH^3](O^4)$..... $Az(CH^3)H$-CH^2-CO^2H.

1. La sarcosine ou *méthylglycollamine* a été découverte par Liebig. Elle résulte de la substitution de la méthylamine à l'ammoniaque dans la glycollamine.

Étant donnée, en effet, la réaction génératrice de la glycollamine au moyen de l'acide glycollique :

$$C^4H^2(H^2O^2)(O^4) + AzH^3 = C^4H^2(AzH^3)(O^4) + H^2O^2,$$

on peut remplacer l'ammoniaque par un alcali quelconque, A ; de là résultent une multitude d'alcalis complexes : $C^4H^2(A)(O^4)$.

Soit en particulier la méthylamine, C^2H^5Az ; elle fournit ainsi la *sarcosine :*

$$C^4H^2(C^2H^5Az)(O^4) \text{ ou } C^6H^7AzO^4.$$

La sarcosine est donc à la fois acide monobasique et monoamine secondaire.

2. *Formation.* — Elle se forme par l'action de la méthylamine sur l'*acide chloracétique*, $C^4H^3ClO^4$, qui est l'éther chlorhydroglycollique (M. Volhard) :

$$C^4H^2(HCl)(O^4) + 2\,C^2H^2(AzH^3) = C^4H^2[(C^2H^2)AzH^3](O^4) + C^2H^2(AzH^3)HCl.$$

Elle se produit également dans l'action de l'hydrate de baryte sur la *caféine* et sur la *créatine*.

3. *Préparation.* — On l'obtient en faisant agir l'eau de baryte bouillante sur la créatine ; celle-ci se dédouble en sarcosine et *urée* (Liebig) :

$$\underset{\text{Créatine.}}{C^8H^9Az^3O^4} + H^2O^2 = \underset{\text{Sarcosine.}}{C^6H^7AzO^4} + \underset{\text{Urée.}}{C^2H^4Az^2O^2}.$$

4. *Propriétés.* — La sarcosine cristallise en gros prismes rhomboïdaux droits, incolores, très solubles dans l'eau, peu solubles dans l'alcool, fusibles au-dessus de 100°. Elle a une saveur sucrée.

5. *Sels.* — Elle forme, en vertu de sa fonction d'alcali, un *chlorhydrate :*

$$C^6H^7AzO^4,HCl ;$$

et un *chloroplatinate :*

$$C^6H^7AzO^4,HCl,PtCl^2 ; \text{ etc.}$$

En raison de sa nature complexe, elle joue aussi le rôle d'acide, et forme ainsi avec les bases des sels véritables.

6. *Amides.* — Elle doit également fournir des amides :

$$C^6H^7AzO^4 + AzH^3 - H^2O^2 ;$$

la créatine (voy. ce mot) est précisément un amide particulier de la sarcosine.

§ 10. — Oxynévrine.

$(C^{10}H^{12}AzO^4)O,HO$ ou $C^4H^2(O^4)[(C^2H^2)^3AzH^4]O,HO$.. $CO^2H-CH^2-Az(CH^3)^3-OH$.

1. L'oxynévrine, autrement dite *bétaïne* ou *lycine*, a été découverte par M. Liebreich. C'est la *triméthylglycollamine.*

2. *Formation.* — Elle a été obtenue synthétiquement par l'action de la triméthylamine sur l'acide chloracétique (M. Liebreich) :

$$C^4H^3ClO^4 + (C^2H^2)^3AzH^3 = C^4H^2[(C^2H^2)^3AzH^3](O^4)AzH^3](O^4),HCl.$$

On l'obtient encore en oxydant la *névrine* (M. Liebreich). Celle-ci, alcool-alcali, devient acide-alcali :

$$C^4H^2(H^2O^2)[(C^2H^2)^3AzH^4]O,HO + O^4 = C^4H^2(O^4)[(C^2H^2)^3AzH^4]O,HO + H^2O^2.$$

3. *États naturels.* — La bétaïne a été extraite de la betterave; on l'isole facilement dans les mélasses (M. Scheibler). Il ne semble pas cependant qu'elle se trouve toute formée dans la racine; elle résulterait d'un dédoublement opéré pendant l'extraction aux dépens d'un principe plus complexe (M. Liebreich). On l'a rencontrée également dans les feuilles du *Lycium barbarum*. Elle existe dans l'urine humaine normale.

4. *Propriétés.* — Elle forme de gros cristaux brillants, déliquescents. Son chlorure se présente également en cristaux volumineux.

§ 11. — Acide aspartique.

$C^8H^7AzO^8$ ou $C^8H^4(AzH^3)(O^4)(O^4)$.... $CO^2H-CH^2-(CH-AzH^2)-CO^2H$.

1. L'acide aspartique est nommé aussi, mais improprement, *acide amidosuccinique;* il a été découvert par Plisson.

C'est un alcali primaire et un acide bibasique; il dérive d'un alcool triatomique :

Alcool....................	$C^8H^4(H^2O^2)(H^2O^2)(H^2O^2)$,
Acide-alcool..............	$C^8H^4(H^2O^2)(O^4)(O^4)$,
Acide-alcali..............	$C^8H^4(AzH^3)(O^4)(O^4)$.

L'alcool n'est pas connu, mais l'acide-alcool est l'acide malique (t. II, p. 212).

2. *Préparation.* — L'acide aspartique s'obtient :

1° En chauffant à 200° le *bimalate d'ammoniaque*, et faisant bouillir le produit pendant quelques heures avec l'acide chlorhydrique (Dessaignes).

2° En traitant par les agents d'hydratation, un principe naturel, l'*asparagine*, $C^8H^8Az^2O^6$, lequel n'est autre chose que l'*amide aspartique* (Plisson) :

$$\underset{\text{Asparagine.}}{C^8H^8Az^2O^6} + H^2O^2 = \underset{\text{Aspartate d'ammoniaque.}}{AzH^3,C^8H^4(AzH^3)(O^4)(O^4)};$$

3° D'autres principes naturels, la caséine et l'albumine, par exemple, fournissent aussi de l'acide aspartique dans leurs dédoublements par hydratation.

3. *Propriétés.* — L'acide aspartique dérivé de l'asparagine droite est dextrogyre, et celui que fournit dans les mêmes conditions l'asparagine gauche est lévogyre. Au contraire, l'acide aspartique qui résulte de l'action de la chaleur sur le bimalate d'ammoniaque est optiquement inactif.

Le premier cristallise en lames minces, orthorhombiques, solubles dans 364 parties d'eau froide. Le second est fort analogue.

Le troisième forme des cristaux dérivés d'un prisme rhomboïdal oblique, solubles dans 208 parties d'eau froide.

Tous trois ont des réactions semblables.

4. *Réactions.* — En raison de sa double fonction, l'acide aspartique se combine à la fois avec les acides et avec les bases.

Traité en solution azotique par l'acide azoteux, il donne de l'*acide malique*, $C^8H^6O^{10}$ (Piria) :

$$C^8H^4(AzH^3)(O^4)(O^4) + AzO^3,HO = Az^2 + H^2O^2 + C^8H^4(H^2O^2)(O^4)(O^4).$$

§ 12. — Acides pyridinocarboniques.

Les homologues de la pyridine ont la propriété de se détruire sous l'influence des agents oxydants, en produisant des acides-alcalis qui diffèrent de la pyridine par une ou plusieurs fois les éléments de l'anhydride carbonique; ces derniers sont fournis par la destruction des groupes organiques qui concourent, avec le groupe pyridique, à former l'homologue de la pyridine oxydé.

Il y a donc entre les acides pyridinocarboniques et la pyridine des relations analogues à celles qui s'observent entre l'acide benzoïque ou les acides phtaliques d'une part et la benzine d'autre part. Ce qui complète l'analogie, c'est que les acides pyridinocarboniques distillés avec un excès de chaux fournissent du carbonate de chaux et de la pyridine, dans des circonstances identiques à celles où les acides benzinocarboniques donnent de l'acide carbonique et de la benzine.

Les acides pyridinopolycarboniques se détruisent même sous la seule influence de la chaleur en fournissant du gaz carbonique et les acides pyridinomonocarboniques.

Les plus simples parmi les acides alcalis de ce genre, les acides pyridinomonocarboniques, se combinent à la fois aux bases et aux acides forts, manifestant ainsi leur double fonction; cette dernière cesse d'être évidente avec les acides polycarboniques, qui ne donnent plus de combinaisons avec les acides forts.

La formation des acides pyridinocarboniques par l'oxydation des alcaloïdes naturels, donne à la connaissance de ces acides un intérêt particulier. Leur étude n'a cependant été abordée que dans ces derniers temps et demeure incomplète.

Ils existent sous des états isomériques assez nombreux; nous ne citerons que les plus étudiés.

I. — Acides pyridinomonocarboniques.

$C^{12}H^5AzO^4$ ou $C^{12}H^2(AzH^3)(O^4)$....... $\mathit{C^5H^4Az\text{-}CO^2H}$.

1. *Acide picolinique.* — Ce premier isomère, appelé aussi *acide parapyridinocarbonique*, se forme dans l'oxydation de la *picoline* α, par le permanganate de potasse (M. Weidel).

Il constitue de fines aiguilles, fusibles à 135°, sublimables, solubles dans l'eau.

Les sels qu'il forme avec les bases sont cristallisables; il en est de même de son chlorhydrate.

2. *Acide nicotianique.* — Cet acide, désigné parfois sous le nom d'*acide métapyridinocarbonique*, se forme :

1° Dans l'oxydation de la *picoline* β par le permanganate de potasse (M. Weidel);

2° Dans l'oxydation de la *nicotine* par différents réactifs (M. Weidel);

3° Dans l'oxydation de diverses *lutidines*, $C^{14}H^9Az$ (t. II, p. 326);

4° Dans l'action de la chaleur sur plusieurs acides pyridinodicarboniques, $C^{14}H^5AzO^8$, l'*acide cinchoméronique*, l'*acide isocinchoméronique*, l'*acide quinolique*, etc. :

$$C^{14}H^5AzO^8 = C^{12}H^5AzO^4 + C^2O^4.$$

Il cristallise en fines aiguilles, fusibles à 228°, peu solubles dans l'eau froide, sublimables sans altération. Ses combinaisons, tant avec les acides qu'avec les bases, sont cristallisables.

3. *Acide isonicotianique.* — Ce composé, qui porte aussi le nom d'*acide pyridinocarbonique* γ, se produit dans l'oxydation de la *lutidine* de l'huile animale de Dippel (M. Weidel). Il se forme également, en même temps que du gaz carbonique, dans l'action de la chaleur sur quelques acides pyridinodicarboniques, $C^{14}H^{5}AzO^{8}$, tels que l'*acide cinchoméronique* et l'*acide lutidique*, ou sur l'*acide pyridinotricarbonique* α, $C^{16}H^{5}AzO^{12}$ (M. Skraup).

Il est cristallisé, se sublime avant de fondre et se dissout peu dans l'eau froide.

II. — Acides pyridinodicarboniques.

$$C^{14}H^{5}AzO^{8} \text{ ou } C^{14}H^{2}(AzH^{3})(O^{4})(O^{4}) \ldots\ldots \quad \mathcal{C}^{5}H^{3}Az=(\mathcal{C}O^{2}H)^{2}.$$

1. *Acide cinchoméronique.* — Il a été découvert par M. Weidel.

Il prend naissance :

1° En même temps que d'autres acides, dans l'oxydation de la *cinchonine* et de son isomère, la *cinchonidine*, par l'acide azotique (M. Weidel);

2° Seul, dans l'oxydation de la *quinine* par le même réactif (M. Weidel);

3° Dans la décomposition ménagée de l'*acide pyridinotricarbonique*, $C^{16}H^{5}AzO^{12}$, par la chaleur (MM. Hoogewerff et van Dorp) :

$$C^{16}H^{5}AzO^{12} = C^{14}H^{5}AzO^{8} + C^{2}O^{4}.$$

L'acide cinchoméronique est cristallisé. Il fond vers 258°, mais en dégageant déjà du gaz carbonique; il forme ainsi de l'*acide isonicotianique*, avec un peu d'*acide nicotianique*.

2. Par l'oxydation de la *cotarnine*, $C^{24}H^{13}AzO^{6}$, alcali résultant lui-même de l'oxydation de l'un des alcaloïdes de l'opium, il se forme un *acide apophyllénique*, $C^{16}H^{7}AzO^{8}$, qui n'est autre chose qu'un dérivé méthylé de l'acide cinchoméronique, $C^{14}H^{3}(C^{2}H^{4})AzO^{8}$; il fournit l'acide cinchoméronique avec de l'éther méthylchlorhydrique, quand on le chauffe à 240° avec l'acide chlorhydrique (M. von Gerichten) :

$$C^{16}H^{7}AzO^{8} + HCl = C^{14}H^{5}AzO^{8} + C^{2}H^{3}Cl.$$

3. *Acide isocinchoméronique.* — Cet isomère se produit quand on oxyde la *lutidine* du goudron de houille (M. Dewar), ou la *quinine* (MM. Ramsay et Doby), par le permanganate de potasse.

Il est pulvérulent, cristallise avec une molécule d'eau par refroidissement de sa solution aqueuse chaude, fond à 236°, ne se sublime qu'en s'altérant profondément avec formation d'*acide nicotianique*, $C^{12}H^5AzO^4$, et de gaz carbonique.

4. *Acide lutidique*. — Il prend naissance dans l'oxydation de la lutidine du goudron de houille (MM. Weidel et Herzig). Il est pulvérulent, fusible à 219° et soluble dans l'eau froide.

Deux autres isomères, l'*acide lutidique* β et l'*acide lutidique* γ, se forment simultanément, aux dépens des lutidines isomériques existant dans la matière première.

5. *Acide quinoléique*. — Cet isomère se rencontre dans les produits d'oxydation de la cinchonine par le permanganate de potasse (MM. Hoogewerff et van Dorp). Il se produit aussi dans l'oxydation de certaines quinoléines.

Il forme des prismes courts, brillants, fusibles à 223°, insolubles dans l'eau froide. La chaleur le change en acide nicotianique.

III. — Acides pyridinotricarboniques.

$C^{16}H^5AzO^{12}$ ou $C^{16}H^2(AzH^3)(O^4)(O^4)(O^4)$..... $\mathcal{C}^5H^2Az \equiv (\mathcal{C}\Theta^2H)^3$.

1. *Acide pyridinotricarbonique* α. — Appelé aussi *acide carbocinchoméronique*, cet acide a été découvert par M. Skraup.

Il se produit :

1° Dans l'oxydation par le permanganate de potasse de la quinine, de la quinidine, de la cinchonine et de la cinchonidine;

2° Dans celle de l'*acide cinchoninique*, $C^{20}H^7AzO^4$, et de l'*acide oxycinchoninique* α, $C^{20}H^7AzO^6$;

3° Dans celle de la *lépidine*, $C^{20}H^9Az$, homologue de la quinoléine.

Il cristallise en tables rhomboïdales, contenant 3 équivalents d'eau; lorsqu'il est anhydre, il fond à 249°, en s'altérant.

Chauffé avec l'acide acétique, à l'ébullition, il se dédouble en *acide cinchoméronique*, $C^{14}H^5AzO^8$, et gaz carbonique (MM. Hoogewerff et van Dorp) :

$$C^{16}H^5AzO^{12} = C^{14}H^5AzO^8 + C^2O^4.$$

2. *Acide berbéronique*. — Cet isomère se produit dans l'oxydation d'un alcaloïde naturel, la *berbérine*, par l'acide nitrique (M. Weidel).

§ 13. — Acides quinoléinocarboniques.

1. Les homologues de la quinoléine engendrent, quand on les oxyde, des acides-alcalis qui dérivent de la quinoléine par fixation d'une ou

plusieurs fois C^2O^4. Ces acides présentent avec la quinoléine des relations analogues à celles signalées entre les acides pyridinocarboniques et la pyridine. Ils présentent en outre avec les acides pyridinocarboniques de grandes analogies de propriétés.

2. *Acide quinoléinocarbonique* α : $C^{20}H^7AzO^4$ ou $C^{20}H^4(AzH^3)(O^4)$. — Cet acide, nommé aussi *acide cinchoninique* (1), a été découvert par M. Weidel.

Il se produit dans l'oxydation, par divers réactifs, de la *cinchonine*, de la *cinchonidine* et de plusieurs alcalis artificiels dérivés de ces derniers.

Il cristallise en fines aiguilles avec 2 équivalents d'eau ; il devient anhydre à 100°, et fond ensuite à 253°. Il est peu soluble dans l'eau et dans l'alcool.

Chauffé avec la chaux, il se dédouble en *quinoléine*, $C^{18}H^7Az$, et acide carbonique :

$$C^{20}H^7AzO^4 = C^{18}H^7Az + C^2O^4.$$

Oxydé fortement par le permanganate de potasse, il se change en *acide pyridinotricarbonique* α ou *acide carbocinchoméronique*, $C^{16}H^6AzO^{12}$.

La potasse fondante le change en *acide oxycinchoninique* β, $C^{20}H^7AzO^6$.

L'acide quinoléinocarbonique α est un acide puissant; il manifeste cependant sa fonction d'alcali en se combinant aux acides minéraux pour former des sels.

L'hydrogène naissant que dégage l'acide chlorhydrique en agissant sur l'étain le change en *acide tétrahydroquinoléinocarbonique*, $C^{20}H^{11}AzO^4$, par fixation de H^4 (M. Weidel).

3. *Acide quinoléinocarbonique* β. — Cet acide, isomère du précédent, se forme en décomposant par la chaleur l'*acide quinoléinodicarbonique*, $C^{22}H^7AzO^8$ (MM. Graebe et Caro) :

$$C^{22}H^7AzO^8 = C^{20}H^7AzO^4 + C^2O^4.$$

Il forme des tables cristallines, fusibles à 275° en s'altérant. Comme son isomère, il donne de la quinoléine quand on le chauffe avec la chaux.

4. *Acide quinoléinodicarbonique :* $C^{22}H^7AzO^8$ ou $C^{22}H^4(AzH^3)(O^4)(O^4)$. — Appelé aussi *acide acridinique*, cet acide se forme par l'oxydation

(1) $C^9H^6Az\text{-}CO^2H$.

d'une base particulière, l'*acridine*, $C^{24}H^9Az$, qui existe dans l'anthracène brut (MM. Graebe et Caro).

Il cristallise en fines aiguilles avec une molécule d'eau, et se détruit, comme il a été dit plus haut, dès 120° ou 130°, en donnant l'*acide quinoléinocarbonique* β.

§ 14. — Sérine.

$$C^6H^7AzO^6 \text{ ou } C^6H^2(AzH^3)(H^2O^2)(O^4) \ldots\ldots \quad {AzH^2 \atop \Theta H}>C^2H^3\text{-}C\Theta^2H.$$

1. La sérine ou *acide glycéramique* a été découverte et étudiée par M. Cramer.

C'est un acide-alcali-alcool, dérivé de l'acide glycérique et de la glycérine :

Glycérine...........	$C^6H^2(H^2O^2)(H^2O^2)(H^2O^2)$,
Acide glycérique.....	$C^6H^2(H^2O^2)(H^2O^2)(O^4)$,
Sérine.............	$C^6H^2(AzH^3)(H^2O^2)(O^4)$.

2. *Préparation.* — On obtient la sérine en faisant agir l'acide sulfurique étendu et bouillant sur la *séricine*. Cette dernière est une substance gélatineuse, que la soie brute abandonne à l'eau par une longue ébullition.

3. *Propriétés.* — La sérine forme des cristaux assez gros, durs et cassants, dérivés d'un prisme rhomboïdal oblique. Elle est soluble dans 32 parties d'eau à 10°, insoluble dans l'alcool et l'éther. Elle se combine aux alcalis et aux acides.

Traitée par l'acide azoteux, elle donne de l'*acide glycérique* :

$$C^6H^2(AzH^3)(H^2O^2)(O^4) + AzO^3,HO = Az^2 + H^2O^2 + C^6H^2(H^2O^2)(H^2O^2)(O^4).$$

4. *Cystine.* — Au composé précédent semble se rattacher la cystine, $C^6H^7AzO^4S^2$. Celle-ci, en effet, a la même composition que l'*éther sulfhydrique de la sérine* (M. Cramer) :

$$C^6H^2(AzH^3)(H^2S^2)(O^4) ;$$

de plus, elle fournit de l'acide glycérique par oxydation.

La cystine est un principe découvert par Wollaston. Elle existe dans l'urine et constitue certains calculs vésicaux de l'homme. Elle

FIG. 96. — Cystine vue au microscope.

cristallise en lames hexagonales (fig. 96), insolubles dans l'eau, l'alcool et l'éther. Elle se combine aux acides et aux bases.

CHAPITRE IV

ALCALIS NATURELS VÉGÉTAUX

§ 1er. — Leur constitution.

1. Après avoir exposé la théorie générale des alcalis organiques artificiels, il nous resterait à montrer l'application de cette théorie aux alcalis naturels, tels que la morphine, la quinine, etc., qui jouent un si grand rôle dans la matière médicale. Malheureusement, la science n'est pas assez avancée pour nous permettre d'exposer l'étude de ces corps d'après les méthodes fondées sur la synthèse.

A la vérité, les alcalis naturels renferment tous de l'azote parmi leurs éléments, et cet azote s'y trouve dans un état tel que, lors de la décomposition des alcalis par la chaleur, par les agents réducteurs, par les acides ou par les alcalis, il finit par reparaître sous forme d'ammoniaque. Cela suffit pour faire admettre que les alcalis naturels résultent, aussi bien que les alcalis artificiels, de l'union de l'ammoniaque avec certains principes oxygénés, et spécialement de l'union de l'ammoniaque avec les alcools.

Pour contrôler cette hypothèse et pour pouvoir l'appliquer strictement à l'étude des alcalis naturels, il faudrait savoir réaliser la synthèse de ces derniers. C'est en effet ce que la science a effectué pour quelques alcalis d'origine animale : la névrine, la glycollamine, la sarcosine, citées dans le chapitre précédent. C'est également ce qui a pu être fait pour la bétaïne, alcaloïde de la betterave ; pour la muscarine, alcaloïde retiré de l'*Agaricus muscarius*, et plus récemment pour l'atropine, alcaloïde de la belladone. Mais il en est autrement pour la plupart des alcalis naturels.

En effet, toute synthèse suppose une analyse préalable ; pour former un alcali déterminé, il faudrait savoir d'abord quels sont les principes oxygénés ou les carbures générateurs, corps déterminés par l'étude de la décomposition des alcalis naturels.

Or cette étude est à peine ébauchée pour les alcalis naturels les plus importants. Malgré diverses tentatives, souvent très remarquables, nous sommes à peine plus avancés qu'il y a soixante ans, au moment où la découverte des alcalis organiques a été faite. Cette branche de la science, après avoir pris un développement subit en quelques années, est demeurée jusqu'à ces derniers temps en arrière de toutes les autres; et ce n'est que très récemment que son étude méthodique a été reprise.

Les nouveaux résultats, dus surtout à MM. Skraup, Weidel, Hoogewerff et van Dorp, Ramsay, Ladenburg, présentent cependant un réel intérêt, puisqu'ils ont rattaché un grand nombre d'alcaloïdes naturels aux *bases pyridiques* et aux *bases quinoléiques;* par oxydation, ces alcaloïdes fournissent, en effet, les *acides pyridinocarboniques* et *quinoléinocarboniques*.

2. La première application générale de la théorie que nous devions faire est la suivante: détermination du genre auquel appartient un alcali naturel. Est-ce un alcali primaire, analogue à l'éthylamine? un alcali secondaire, comparable à la diéthylamine? un alcali tertiaire, tel que la triéthylamine? est-ce enfin un alcali du quatrième genre, assimilable à l'hydrate d'oxyde d'ammonium?

Pour résoudre ce problème, il suffit d'employer les mêmes réactions que nous avons développées dans l'étude des alcalis artificiels, c'est-à-dire de faire agir l'alcali naturel que l'on étudie sur l'éther iodhydrique, employé à une, deux, trois reprises successives. L'alcali naturel peut, en effet :

1° Décomposer l'éther iodhydrique à la façon de la potasse : c'est alors un alcali de la quatrième espèce, un oxyde d'ammonium composé ;

2° Fixer 1 équivalent d'alcool, qui s'ajoute à ses éléments en produisant un alcali du quatrième ordre, incapable lui-même d'éprouver une nouvelle addition. Le principe naturel est alors un alcali tertiaire : telles sont la morphine, la quinine, la cinchonine, la nicotine, etc. ;

3° Fixer successivement 2 équivalents d'alcool et pas davantage. C'est alors un alcali secondaire : telles sont la conine et la pipéridine ;

4° Enfin, fixer successivement 3 équivalents d'alcool : c'est un alcali primaire. Mais aucun alcali naturel ne rentre dans cette catégorie.

On voit que l'on peut, par de telles épreuves, déterminer le nombre des principes générateurs d'un alcali naturel.

3. Tout ceci se rapporte aux alcalis dérivés d'un seul équivalent d'ammoniaque. Les alcalis diazotés donnent lieu à des réactions analogues, mais plus compliquées, comme la théorie l'indique.

4. Pour compléter ces notions générales et définir le caractère véritable d'un alcali déterminé, il faut en outre faire intervenir la notion des fonctions complexes, déduites de la théorie des alcools polyatomiques, et les réactions qui en sont la conséquence.

§ 2. — Leurs réactifs généraux.

Certains réactifs donnent, avec les alcaloïdes, les uns des réactions colorées caractéristiques, les autres des précipités insolubles. Ces réactifs permettant, soit de distinguer les alcaloïdes les uns des autres, soit de les isoler dans les mélanges complexes, nous allons énumérer les plus importants.

L'*acide molybdique*, ou plutôt la solution de molybdate de soude dans l'acide sulfurique concentré, à 5 milligrammes par centimètre cube, donne des réactions colorées avec un certain nombre d'alcaloïdes (M. Froehde).

L'*acide picrique*, en solution aqueuse saturée, précipite la plupart des alcaloïdes (M. Hager), et le précipité traité par la soude régénère l'alcaloïde.

Le *tannin* se conduit d'une manière analogue.

Les *charbons poreux*, et plus spécialement le *noir animal*, fixent les alcaloïdes et les enlèvent à leurs dissolutions aqueuses (Rabourdin), pour les céder ensuite à l'alcool ou à tout autre réactif approprié.

L'*iodure de potassium ioduré* précipite les solutions acides d'alcaloïdes en brun marron.

L'*iodure de bismuth et de potassium*, en solution acide, forme avec les sels d'alcaloïdes un iodure double de bismuth et d'alcaloïde, insoluble, décomposable par l'eau en excès, mais non par l'alcool, régénérant l'alcaloïde libre quand on le traite par la soude, puis par un dissolvant approprié (M. Dragendorff).

L'*iodure de mercure et de potassium*, obtenu en laissant en contact 10 grammes d'iodure de potassium et un excès d'iodure mercurique dans 100 centimètres cubes d'eau et filtrant, est un réactif très sensible (M. Valser) : il précipite tous les alcaloïdes, même dans leurs solutions très diluées. Le précipité, additionné de potasse et agité avec un dissolvant approprié, cède l'alcaloïde à celui-ci.

L'*acide phospho-antimonique*, ou plus exactement la liqueur obtenue en dissolvant le perchlorure d'antimoine dans l'acide phosphorique, précipite la plupart des alcaloïdes (M. Schulze). Les précipités obtenus, quoique fort peu solubles, le sont plus cependant que ceux fournis par le réactif suivant :

Celui-ci, le *phospho-molybdate de soude* (M. de Vrij, M. Sonnenschein), a l'inconvénient de précipiter jusqu'aux sels ammoniacaux. Les composés insolubles qu'il fournit sont détruits à chaud par l'hydrate de baryte, qui met l'alcaloïde en liberté.

Le *phospho-tungstate de soude* agit comme le phospho-molybdate (M. Scheibler), mais il a moins de sensibilité.

Le *sulfocyanate de zinc*, ou simplement un mélange de sulfocyanate de potasse et de sulfate de zinc, donne, avec beaucoup de sels d'alcaloïdes, un précipité très peu soluble, formé d'un sulfocyanate double de zinc et d'alcaloïde.

§ 3. — Liste des alcalis végétaux.

Voici la liste des alcalis végétaux les plus importants, classés d'après leur origine botanique :

ALCALIS NATURELS

I. — ALCALIS DES PAPAVÉRACÉES.

Papaver somniferum (Opium),	Morphine..........	$C^{34}H^{19}AzO^{6}$,
—	Codéine...........	$C^{36}H^{21}AzO^{6}$,
—	Thébaïne..........	$C^{38}H^{21}AzO^{6}$,
—	Papavérine........	$C^{40}H^{21}AzO^{8}$,
—	Narcotine.........	$C^{44}H^{23}AzO^{14}$,
—	Narcéine..........	$C^{46}H^{29}AzO^{18}$,
—	Codamine..........	$C^{40}H^{25}\ zO^{8}$,
—	Méconidine........	$C^{42}H^{23}AzO^{8}$,
—	Pseudomorphine ..	$C^{34}H^{19}AzO^{8}$,
—	Laudanine.........	$C^{40}H^{25}AzO^{8}$,
—	Lanthopine........	$C^{46}H^{25}AzO^{8}$,
—	Cryptopine........	$C^{42}H^{23}AzO^{10}$,
—	Protopine.........	$C^{40}H^{19}AzO^{10}$,
—	Laudanosine.......	$C^{42}H^{27}AzO^{8}$,
—	Hydrocotarnine.....	$C^{24}H^{15}AzO^{6}$,
—	Gnoscopine........	$C^{68}H^{36}Az^{2}O^{22}$;
Papaver rhœas,	Rhœadine.........	$C^{42}H^{21}AzO^{12}$;
Chelidonium majus,	Chélérythrine......	$C^{34}H^{15}AzO^{8}$,
—	Chélidonine........	$C^{38}H^{17}Az^{3}O^{6}$.

II. — Alcalis des rubiacées.

Cinchona divers,	Quinine	
—	Quinidine........	$C^{40}H^{24}Az^{2}O^{4}$, (Quinine, Quinidine, Quinicine)
—	Quinicine........	
—	Cinchonine......	
—	Cinchonidine.....	$C^{38}H^{22}Az^{2}O^{2}$, (Cinchonine, Cinchonidine, Cinchonicine)
—	Cinchonicine.....	
—	Aricine...........	$C^{46}H^{26}Az^{2}O^{8}$,
—	Quinamine	$C^{38}H^{24}Az^{2}O^{4}$, (Quinamine, Conquinamine)
—	Conquinamine ...	
—	Homoquinine	$C^{38}H^{22}Az^{2}O^{4}$,
—	Hydroquinine......	$C^{40}H^{26}Az^{2}O^{4}$,
—	Homocinchonidine..	$C^{38}H^{22}Az^{2}O^{2}$,
—	Cusconine	$C^{46}H^{26}Az^{2}O^{8}$,
—	Hydroquinidine	$C^{40}H^{26}Az^{2}O^{4}$,
—	Cinchamidine......	$C^{40}H^{26}Az^{2}O^{2}$,
—	Cinchotine	$C^{38}H^{24}Az^{2}O^{2}$,
—	Dicinchonine.......	$C^{76}H^{44}Az^{4}O^{8}$,
—	Diquinidine........	$C^{80}H^{46}Az^{4}O^{6}$,
—	Paricine...........	$C^{32}H^{18}Az^{2}O^{2}$,
—	Dihomocinchonine..	$C^{76}H^{44}Az^{4}O^{4}$;
Remigia purdieana,	Cinchonamine	$C^{38}H^{24}Az^{2}O^{2}$;
Cephœlis ipecacuanha,	Émétine...........	$C^{56}H^{40}Az^{12}O^{10}$;
Coffea arabica,	Caféine...........	$C^{16}H^{10}Az^{4}O^{4}$.

III. — Alcalis des strychnées.

Strychnos divers,	Strychnine.........	$C^{42}H^{22}Az^{2}O^{4}$,
—	Brucine...........	$C^{46}H^{26}Az^{2}O^{8}$.

IV. — Alcalis des solanées.

Atropa belladona,	Atropine...........	$C^{34}H^{23}AzO^{6}$;
Hyoscyamus niger,	Hyoscyamine.......	$C^{34}H^{23}AzO^{6}$,
—	Hyoscine...........	$C^{34}H^{23}AzO^{6}$;
Nicotiana tabacum,	Nicotine...........	$C^{20}H^{14}Az^{2}$;
Solanum tuberosum,	Solanine...........	$C^{86}H^{71}Az^{2}O^{32}$.

V. — Alcalis divers.

Aconitum divers,	Aconitine..........	$C^{66}H^{43}AzO^{24}$,
—	Pseudo-aconitine...	$C^{72}H^{49}AzO^{24}$,
—	Japaconitine	$C^{132}H^{88}Az^{2}O^{42}$;
Alstonia constricta,	Alstonine..........	$C^{42}H^{20}Az^{2}O^{8}$;
Aspidosperma quebracho,	Aspidospermine	$C^{44}H^{30}Az^{2}O^{4}$,
—	Quebrachine.......	$C^{42}H^{26}Az^{2}O^{6}$;
Berberis vulgaris,	Berbérine..........	$C^{40}H^{17}AzO^{8}$;
Conium maculatum,	Conine	$C^{16}H^{17}Az$,
—	Conhydrine........	$C^{16}H^{17}AzO^{2}$;

Corydalis tuberosa,	Corydaline.........	$C^{36}H^{19}AzO^{8}$;
Ergot de seigle,	Ergotinine.........	$C^{70}H^{40}Az^{4}O^{12}$;
Erythroxylon coca,	Cocaïne	$C^{34}H^{21}AzO^{8}$;
Gelsemium sempervirens,	Gelsémine.........	$C^{22}H^{19}AzO^{4}$;
Peganum harmala,	Harmaline.........	$C^{26}H^{14}Az^{2}O^{2}$,
—	Harmine...........	$C^{26}H^{12}Az^{2}O^{2}$;
Physostigma venenosum,	Ésérine............	$C^{30}H^{21}Az^{3}O^{4}$;
Pilocarpus pinnatus,	Pilocarpine	$C^{22}H^{16}Az^{2}O^{4}$;
Piper nigrum,	Pipérin.............	$C^{34}H^{19}AzO^{6}$;
Punica granatum,	Pelletiérine........	$C^{16}H^{13}AzO^{2}$;
Sinapis alba,	Sinapine...........	$C^{32}H^{23}AzO^{10}$;
Spartium scoparium,	Spartéine..........	$C^{30}H^{26}Az^{2}$;
Theobroma cacao,	Théobromine	$C^{14}H^{8}Az^{4}O^{4}$;
Veratrum sabadilla,	Vératrine..........	$C^{64}H^{19}AzO^{18}$,
—	Cévadine..........	$C^{64}H^{49}AzO^{18}$,
—	Jervine............	$C^{52}H^{13}AzO^{4}$.

1re SECTION. — ALCALIS DE L'OPIUM.

§ 1. — Morphine.

$C^{34}H^{19}AzO^{6}$ .... *$C^{17}H^{19}AzO^{3}$.*

1. En 1803, Seguin, Derosne et Sertuerner, à peu près simultanément, retirèrent de l'opium des composés cristallisés, mais ils en méconnurent la nature alcaline. Sertuerner, en 1817, établit l'alcalinité de la morphine, premier alcaloïde organique caractérisé comme tel. Depuis, la morphine a été étudiée par de nombreux chimistes, notamment par Robiquet, Pelletier, Liebig et Matthiessen.

La morphine constitue le principe le plus important de l'opium. Elle existe aussi dans l'*Argemone mexicana* (M. Charbonnier).

C'est un alcali tertiaire, possédant en même temps une fonction phénolique.

2. *Préparation.* — On prépare la morphine au moyen de l'extrait aqueux d'opium. On dissout cet extrait dans l'eau froide, on filtre pour séparer certains principes insolubles, on concentre la liqueur jusqu'à ce qu'elle ait une densité égale à 1,036 environ, et après refroidissement on l'additionne d'ammoniaque ou de carbonate de soude qui précipitent la morphine. La potasse ou la soude agiraient de même ; mais un excès de ces réactifs redissout la morphine, ce qui n'arrive pas avec le carbonate de soude ou l'ammoniaque, pourvu que l'on n'emploie pas un très grand excès de ces substances (Robiquet ; Pelletier ; M. Merck).

On peut encore ajouter à une solution d'extrait d'opium de densité 1,075 environ, du chlorure de calcium (120 grammes par kilogramme d'opium), puis son volume d'eau froide. On sépare le sulfate de chaux et le méconate de chaux précipités, et on évapore. Après concentration et filtration, il se dépose au bout de quelques jours du chlorhydrate de morphine, mélangé de chlorhydrate de codéine. Les cristaux obtenus sont d'abord essorés, puis mis en dissolution dans l'eau ; on précipite enfin la morphine par l'ammoniaque, tandis que la codéine reste dans la liqueur (Robertson et Grégory; Robiquet).

La morphine obtenue par les méthodes précédentes est toujours pulvérulente et colorée. Elle est mêlée avec une matière résineuse et avec de la narcotine. Pour la purifier, on recueille le précipité et on le fait bouillir dans l'alcool. La morphine est peu soluble à froid dans ce liquide; mais elle se dissout bien à l'ébullition. Par le refroidissement de la solution filtrée, elle se précipite à l'état cristallisé. On la purifie par des cristallisations successives. La décoloration de sa solution alcoolique par le noir animal ne doit se faire qu'avec ménagement, le noir retenant cet alcali.

On peut encore séparer la narcotine, en profitant de la faible solubilité de ce dernier alcaloïde dans l'acide acétique, lequel dissout bien plus facilement la morphine. En lavant à la benzine la morphine brute pulvérisée, on lui enlève également la plus grande partie des alcaloïdes qui l'accompagnent. L'alcool amylique convient particulièrement comme dissolvant, pour la purifier par cristallisation.

Quand on veut purifier parfaitement la morphine, on l'engage dans un sel; par exemple, on prépare le chlorhydrate de morphine que l'on fait cristalliser et que l'on décompose ensuite.

3. *Propriétés.* — La morphine est incolore; elle cristallise en prismes rhomboïdaux droits, hémièdres, contenant une molécule d'eau de cristallisation. Après dessiccation, elle fond à 120°. Sa saveur est amère. Elle est lévogyre ; son pouvoir rotatoire, rapporté aux cristaux hydratés et mesuré en solution à 2 pour 100 dans l'eau additionnée de soude caustique, est $\alpha_D = -70°,23$; il est plus considérable dans les solutions des sels de morphine.

La morphine peut être fondue sans décomposition.

Une partie de morphine se dissout dans 460 parties d'eau bouillante et 5000 parties d'eau froide; dans 24 parties d'alcool absolu bouillant et dans 40 parties d'alcool froid. Elle est soluble dans l'éther acétique. Une fois cristallisée, la morphine est presque insoluble dans l'éther, le chloroforme, la benzine et les huiles essentielles.

Elle se dissout dans les solutions alcalines. Aussi a-t-on proposé, pour purifier la morphine, de la dissoudre dans une solution de potasse, puis de la précipiter en saturant la potasse; mais cette méthode n'est pas bonne, l'hydrate alcalin altérant la morphine.

La morphine est un poison violent. Elle agit comme stupéfiant sur le système nerveux.

4. *Réactions.* — La morphine étant un alcali tertiaire, quand on la chauffe avec l'éther iodhydrique, elle donne un sel bien cristallisé et stable, l'*iodhydrate d'éthylmorphine*, $(C^4H^4)C^{34}H^{19}AzO^6,HI + HO$, lequel se conduit comme un iodure d'ammonium composé (M. How).

5. *Chaleur.* — Chauffée, la morphine perd d'abord son eau de cristallisation; puis, vers 200°, elle se détruit en laissant un résidu charbonneux.

6. *Oxygène.* — Sous l'influence de l'acide azoteux, par exemple, en ajoutant du chlorhydrate de morphine à une solution d'azotite d'argent, la morphine est oxydée et transformée en *oxydimorphine*, $C^{68}H^{36}Az^2O^6 + 3\,H^2O^2$. Celle-ci forme des lamelles nacrées, insolubles dans l'eau; elle donne avec les acides des sels cristallisés (M. Schützenberger).

L'oxydimorphine, appelée aussi *pseudomorphine*, existe parfois dans l'opium. Elle prend naissance quand on traite la morphine par un grand nombre d'oxydants : l'acide azotique, le cyanoferride de potassium alcalin, le permanganate de potasse, etc. Elle se forme même quand on expose à l'air une solution ammoniacale de morphine.

La morphine est, en effet, très oxydable; de là diverses réactions caractérisques. Par exemple, elle réduit l'acide iodique et l'acide periodique : l'iode est précipité.

Le chlorure d'or est réduit par la morphine : l'or se précipite à l'état métallique. La même réduction s'opère sur le nitrate d'argent ammoniacal. Les persels de fer sont également réduits; ils passent à l'état de protoxyde et la liqueur prend une belle coloration bleue caractéristique, passant au vert par un excès de sel ferrique.

L'acide nitrique très concentré colore la morphine en rouge.

7. *Réducteurs.* —Chauffée avec 10 fois son poids de zinc en poussière, la morphine donne du *phénanthrène*, $C^{28}H^{10}$, de l'ammoniaque, de la triméthylamine, du pyrrol, C^8H^5Az, de la pyridine, etc. (MM. von Gerichten et Schrœtter).

8. *Iode.* — Chauffée en présence de l'eau avec son poids d'iode, la morphine se dissout, et, par refroidissement, la liqueur abandonne de l'*iodomorphine*, sous forme d'une poudre brune (Pelletier).

Quand on ajoute de l'iodure de potassium ioduré à une solution d'un sel de morphine, il se précipite un composé cristallin, de formule $C^{34}H^{19}AzO^6,HI,I^3$ (M. Jœrgensen).

9. *Alcalis.* — Chauffée à 200° avec la potasse, la morphine dégage de la *méthylamine.*

La morphine doit à sa fonction phénolique de se combiner aux alcalis; c'est pourquoi ces derniers la dissolvent aisément. Les combinaisons avec la chaux, la baryte et la potasse sont cristallisées : le *morphinate de potasse* a pour composition $C^{34}H^{18}KAzO^{6} + 3H^{2}O^{2}$, et le *morphinate de baryte*, $C^{34}H^{18}BaAzO^{6} + 3HO$ (M. Chastaing).

10. *Acides.* — La morphine, chauffée en vases clos avec un excès d'acide chlorhydrique entre 140° et 150°, perd les éléments de l'eau et se transforme en *apomorphine*, $C^{34}H^{17}AzO^{4}$ (MM. Matthiessen et Wright).

L'acide sulfurique concentré se combine à la morphine pour donner le *sulfomorphide*, $C^{68}H^{36}Az^{2}O^{16}S^{2}$ (Gerhardt) :

$$2C^{34}H^{19}AzO^{6} + S^{2}H^{2}O^{8} = C^{68}H^{36}Az^{2}O^{16}S^{2} + 2H^{2}O^{2}.$$

Dans d'autres conditions il donne de la *trimorphine* et de la *tétramorphine* (voy. plus loin).

L'anhydride acétique transforme à chaud la morphine en *acétylmorphine*, $C^{34}H^{17}(C^{4}H^{4}O^{4})AzO^{6}$. En même temps, il se forme des dérivés acétiques de divers polymères de la morphine (MM. Wright et Beckett).

11. *Sels.* — La morphine possède une réaction alcaline. Elle se dissout dans les acides, en produisant des sels solubles, du même ordre que les sels ammoniacaux, c'est-à-dire formés sans séparation des éléments de l'eau.

Les sels de morphine sont solubles dans l'eau et l'alcool, mais insolubles dans l'éther. L'ammoniaque, le tanin et le bichlorure de mercure les précipitent de leurs dissolutions aqueuses.

Le *chlorhydrate de morphine :* $C^{34}H^{19}AzO^{6},HCl + 3H^{2}O^{2}$, contient 75,9 pour 100 de morphine. Il cristallise en aiguilles soyeuses, solubles dans 20 parties d'eau froide, 1 partie d'eau bouillante, 6 parties d'alcool froid et 10 parties d'alcool bouillant. On l'obtient d'ordinaire en dissolvant la morphine dans l'acide chlorhydrique. Sa solution aqueuse, chaude et concentrée, se prend par le refroidissement en une masse cristalline feutrée et solide, que les fabricants égouttent et découpent en pains prismatiques.

L'*acétate de morphine :* $C^{34}H^{19}AzO^{6},C^{4}H^{4}O^{4} + 2H^{2}O^{2}$, est soluble dans 17 parties d'eau froide et dans 1 partie d'eau bouillante. On l'obtient en triturant 2 parties de morphine avec 1 partie d'acide acétique; après quelques heures, le tout se prend en masse. Ce sel est peu stable et perd facilement son acide acétique.

Le *sulfate de morphine* : $(C^{34}H^{19}AzO^{6})^{2}S^{2}H^{2}O^{8} + 5\,H^{2}O^{2}$, cristallise en aiguilles et se dissout dans 2 parties d'eau froide.

12. *Analyse.* — Le procédé le plus généralement suivi pour le dosage de la morphine dans l'opium consiste à faire digérer, entre 35° et 40°, 50 grammes d'opium dans 150 grammes d'alcool à 70 centièmes. Après 12 heures, on filtre et on traite de la même manière le résidu par 50 grammes d'alcool à 70 centièmes, on filtre de nouveau et on continue à épuiser ainsi le marc par l'alcool. Les liqueurs alcooliques réunies et formant au plus 500 centimètres cubes, sont additionnées d'ammoniaque en quantité suffisante pour leur donner faiblement l'odeur de ce réactif, mais en évitant avec soin un excès notable que dissoudrait de la morphine ; on mélange exactement et on laisse déposer. La morphine se précipite peu à peu à l'état cristallin entraînant de la narcotine. Au bout de 24 heures, on recueille les cristaux sur un petit filtre sans plis ; on les lave avec le moins possible d'alcool à 40 centièmes, et on les sèche. On les sépare complètement du papier, on les écrase dans un mortier de verre et on les délaye dans 25 grammes de chloroforme, puis on verse le tout sur un petit filtre taré ; on lave le mortier avec du chloroforme et on réunit sur le filtre la totalité du produit solide. Le chloroforme enlève la narcotine sans dissoudre la morphine. Finalement on sèche le filtre avec son contenu et on le pèse.

13. *Polymères de la morphine.* — Quand on chauffe la morphine en présence du chlorure de zinc, de l'acide sulfurique, de l'acide phosphorique, etc., il se forme des polymères de la morphine (MM. Mayer et Wright). La *trimorphine* $(C^{34}H^{19}AzO^{6})^{3}$, est amorphe, soluble dans l'éther et forme des sels inscristallisables. La *tétramorphine*, $(C^{34}H^{19}AzO^{6})^{4}$, se distingue du polymère inférieur par sa très grande oxydabilité à l'air.

§ 5. — Codéine.

$C^{36}H^{21}AzO^{6}$ ou $C^{34}H^{17}(C^{2}H^{4})AzO^{6}$ .... $C^{18}H^{21}AzO^{3}$.

1. La codéine a été découverte par Robiquet en 1832. Elle a été surtout étudiée par M. Wright et par M. Grimaux. Elle constitue un éther méthylphénolique de la morphine ; c'est la *méthylmorphine*.

2. *Formation.* — La morphine étant dissoute dans la soude alcoolique, ce qui forme un morphinate alcalin, $C^{32}H^{18}NaAzO^{6}$, si l'on ajoute à la liqueur de l'éther méthyliodhydrique, et si l'on fait bouillir pendant quelque temps, il se produit de la codéine (M. Grimaux) :

$$C^{34}H^{18}NaAzO^{6} + C^{2}H^{3}I = C^{34}H^{17}(C^{2}H^{4})AzO^{6} + NaI.$$

La morphine présente avec la codéine les mêmes relations que l'anisol avec le phénol (t. I, p. 548).

3. *Préparation* — Lorsqu'on extrait la morphine de l'opium par la méthode de Robertson et Grégory (t. II, p. 363), le chlorhydrate de codéine cristallise en même temps que le chlorhydrate de morphine. Quand on précipite la morphine par l'ammoniaque dans la solution des deux chlorhydrates, la codéine, qui plus soluble que la morphine, reste dans l'eau mère. On concentre cette eau mère au bain-marie, elle donne ainsi encore un peu de morphine par refroidissement; puis, on l'additionne d'un excès de potasse caustique qui dissout la morphine et précipite la codéine. On purifie le produit, en le transformant en chlorhydrate, qu'on décolore par le noir animal et qu'on décompose de nouveau par un alcali. On fait cristalliser facilement la codéine en abandonnant à l'évaporation spontanée sa solution dans l'éther aqueux (M. Anderson).

On peut encore séparer le chlorhydrate de codéine du chlorhydrate de morphine, par cristallisation dans l'eau bouillante.

4. *Propriétés.* — Obtenue par cristallisation dans l'éther anhydre, la codéine forme des petits cristaux brillants, privés d'eau de cristallisation et fusibles à 150°. Cristallisée dans l'eau ou l'éther aqueux, elle constitue des octaèdres orthorhombiques, volumineux, contenant 2 équivalents d'eau, H^2O^2.

La codéine est soluble dans 80 parties d'eau à 15°, fort soluble dans l'alcool, l'éther, la benzine et le chloroforme. Elle est soluble dans l'ammoniaque, mais insoluble dans la potasse.

La codéine est lévogyre : son pouvoir rotatoire, observé à 15° et dans l'alcool à 97 centièmes, est $\alpha_D = -135°,8$.

La codéine a une saveur amère. Elle est très toxique.

5. *Réactions.* — La codéine est un alcali tertiaire : elle s'unit à l'éther iodhydrique et produit un iodure d'ammonium composé, $C^{36}H^{21}AzO^6,C^4H^5I$; l'hydrate d'oxyde correspondant à ce dernier est peu stable.

6. *Chlore, brome, iode.* — Le chlore et le brome transforment la codéine en dérivés de substitution. En mélangeant des solutions alcooliques d'iode et de codéine, on obtient de magnifiques cristaux d'*iodure de codéine*, $(C^{36}H^{21}AzO^6)^2(I^2)^3$.

7. *Polymères.* — La codéine a une grande tendance à se polymériser.

Quand on la chauffe avec l'acide sulfurique concentré, ou avec l'acide phosphorique, elle se transforme en *dicodéine* $(C^{36}H^{21}AzO^6)^2$, en *tricodéine* $(C^{36}H^{21}AzO^6)^3$, en *tétracodéine* $(C^{36}H^{21}AzO^6)^4$; ces polymères possèdent des réactions alcalines (M. Anderson ; M. Wright).

8. *Acides*. — La codéine se conduit comme un alcali-alcool : elle peut en effet se combiner avec les acides pour former des éthers.

Ainsi, l'acide nitrique donne la *nitrocodéine* :

$$C^{36}H^{19}AzO^4(H^2O^2) + AzHO^6 = C^{36}H^{19}AzO^4(AzHO^6) + H^2O^2.$$

L'acide chlorhydrique concentré produit à chaud un éther chlorhydrique, la *chlorocodide*, $C^{36}H^{19}AzO^4(HCl)$ ou $C^{36}H^{20}ClAzO^4$. Ce composé, chauffé avec de l'eau vers 140°, régénère la codéine et l'acide chlorhydrique :

$$C^{36}H^{19}AzO^4(HCl) + H^2O^2 = C^{36}H^{21}AzO^6 + HCl.$$

Chauffé avec un grand excès d'acide chlorhydrique concentré, la chlorocodide se dédouble en éther méthylchlorhydrique et *apomorphine*, $C^{34}H^{17}AzO^4$ (MM. Matthiessen et Wright) :

$$C^{36}H^{19}AzO^4(HCl) = C^2H^3Cl + C^{34}H^{17}AzO^4.$$

C'est cette réaction qui a fait considérer en premier lieu la codéine comme un dérivé méthylé de la morphine.

Les acides gras donnent également des éthers avec la codéine.

9. Soumis à l'action du chlorure de zinc à 170°, le chlorhydrate de codéine se déshydrate et se transforme en *chlorhydrate d'apocodéine*, $C^{36}H^{19}AzO^4,HCl$, cristallisable en aiguilles soyeuses.

10. *Potasse*. — La potasse détruit à chaud la codéine, en donnant de la méthylamine et d'autres produits.

11. *Sels*. — La codéine est un alcali énergique, elle bleuit le tournesol, neutralise les acides forts et précipite plusieurs oxydes métalliques de leurs sels.

Le *chlorhydrate de codéine*, $C^{36}H^{21}AzO^6,HCl + 2\,H^2O^2$, se présente en aiguilles courtes, solubles dans 20 parties d'eau froide.

Le *sulfate de codéine*, $(C^{36}H^{21}AzO^6)^2S^2H^2O^8 + 5\,H^2O^2$, cristallise en longs prismes rhomboïdaux, solubles dans 30 parties d'eau froide.

§ 6. — Apomorphine.

$C^{34}H^{17}AzO^4$ .... $C^{17}H^{17}Az\Theta^2$.

1. L'apomorphine est un alcali artificiel, dérivé de la morphine et de la codéine. Elle a été découverte par Matthiessen.

On a vu plus haut comment elle résulte de la morphine par déshydratation, et de la codéine, par déshydratation et élimination d'une molécule forménique.

2. *Préparation.* — On obtient son chlorhydrate en chauffant en vases clos, à 150°, la morphine ou la codéine avec un excès d'acide chlorhydrique contenant au plus 25 pour 100 de HCl.

On peut encore chauffer à 120° le chlorhydrate de morphine avec une solution concentrée de chlorure de zinc.

On précipite la base de ses sels par le bicarbonate de soude, et on l'extrait au moyen de l'éther.

3. *Propriétés.* — L'apomorphine est amorphe, incolore, peu soluble dans l'eau, plus soluble dans l'alcool, l'éther, le chloroforme. Elle se colore en vert sous l'influence de l'air. Elle est douée de propriétés émétiques énergiques.

4. *Sels.* — Le *chlorhydrate d'apomorphine*, $C^{34}H^{17}AzO^{4},HCl$, forme des cristaux incolores, qui deviennent verts, sous l'influence de l'air et de la lumière.

§ 7. — **Narcotine.**

$C^{44}H^{23}AzO^{14}$ .... $\mathit{C}^{22}H^{23}Az\theta^{7}$.

1. La narcotine ou *opianine* a été isolée en 1803 par Derosne; mais, sa nature véritable étant alors méconnue, on la désigna sous le nom de *sel de Derosne*. Elle a été étudiée par Robiquet et Pelletier. Ses dédoublements et sa composition sont connus surtout depuis les travaux de Wœhler et ceux de MM. Matthiessen et Foster.

2. *Préparation.* — La narcotine s'obtient en traitant par l'acide chlorhydrique étendu le marc d'opium épuisé à l'eau froide; on précipite la solution par le carbonate de soude et l'on fait recristalliser la narcotine dans l'alcool, en présence d'un peu de noir animal.

3. *Propriétés.* — La narcotine se présente en belles aiguilles cristallines, dérivées d'un prisme rhomboïdal droit, insolubles dans l'eau, peu solubles dans l'alcool froid, solubles dans 33 parties d'éther à 15°. Ses cristaux sont anhydres et fondent à 176°. En solution éthérée ou alcoolique, elle est lévogyre : $\alpha_D = -207°,35$; ses solutions salines sont dextrogyres.

4. *Chaleur.* — Sous l'influence de la chaleur, la narcotine se décompose vers 220°, en dégageant de la *triméthylamine;* elle laisse un résidu d'*acide hémipinique*, $C^{20}H^{10}O^{12}$ (t. II, p. 259).

Chauffée seule au-dessous de 200°, ou à 100° avec de l'eau, elle se dédouble en *méconine*, $C^{20}H^{10}O^{8}$, et en *cotarnine*, $C^{24}H^{13}AzO^{6}$ (MM. Matthiessen et Foster) :

$$C^{44}H^{23}AzO^{14} = C^{20}H^{10}O^{8} + C^{24}H^{13}AzO^{6}.$$

La cotarnine elle-même est un dérivé amidé de l'*acide cotarnique*, $C^{22}H^{12}O^{10}$, et de la *méthylamine*, $C^{2}H^{5}Az$.

5. *Oxygène.* — Sous l'influence des agents oxydants, tels que l'acide nitrique (M. Anderson) ou un mélange d'acide sulfurique et de bioxyde de manganèse (Wœhler), la narcotine se dédouble en *acide opianique*, $C^{20}H^{10}O^{10}$ (t. II, p. 269), et en *cotarnine*, $C^{24}H^{13}AzO^{6}$:

$$C^{44}H^{23}AzO^{14} + O^{2} = C^{20}H^{10}O^{10} + C^{24}H^{13}AzO^{6}.$$

Une oxydation plus avancée engendre les produits de décomposition de la cotarnine et de l'acide opianique.

6. *Hydracides.* — Chauffée avec un excès d'acide iodhydrique, la narcotine se conduit comme un dérivé triméthylé ; elle fournit successivement 3 équivalents d'*éther méthyliodhydrique*, et engendre ainsi une série d'alcalis homologues (Matthiessen) :

$C^{44}H^{23}AzO^{14}$.....	Narcotine ou nornarcotine triméthylée,
$C^{42}H^{21}AzO^{14}$.....	Nornarcotine diméthylée,
$C^{40}H^{19}AzO^{14}$.....	Nornarcotine monométhylée,
$C^{38}H^{17}AzO^{14}$.....	Nornarcotine.

La *nornarcotine*, produit final de la réaction, donne, sous l'influence de l'eau, la *norméconine*, $C^{16}H^{6}O^{8}$, homologue inférieur de la méconine, et la *cotarnimide*, $C^{22}H^{11}AzO^{6}$, homologue de la cotarnine (MM. Matthiessen et Foster) :

$$C^{38}H^{17}AzO^{14} = C^{16}H^{6}O^{8} + C^{22}H^{11}AzO^{6}.$$

7. La solution de la narcotine dans l'acide sulfurique est colorée en jaune ; par l'acide nitrique, elle passe au rouge ; elle devient rouge foncé par le perchlorure de fer. Le sulfocyanate de potasse précipite en rose foncé les solutions acides de narcotine.

8. *Sels.* — La narcotine est une base faible ; les sels qu'elle forme se détruisent par l'eau.

§ 8. — **Thébaïne.**

$C^{38}H^{21}AzO^{6}$ .... *$C^{19}H^{21}AzO^{3}$.*

1. La thébaïne ou *paramorphine* a été découverte dans l'opium par Thiboumery en 1835, et étudiée par Pelletier.

2. *Propriétés.* — Elle cristallise en lamelles fusibles à 193°, insolubles dans l'eau froide et l'éther, très solubles dans l'alcool, surtout à chaud, ainsi que dans le chloroforme et la benzine.

3. *Réactions.* — L'acide chlorhydrique concentré la transforme en un isomère, la *thébénine*, dont les sels sont facilement cristallisables (M. Hesse).

Par son action sur l'économie, la thébaïne est le plus énergique des alcalis de l'opium (Claude Bernard).

4. *Sels.* — Le *chlorhydrate de thébaïne* forme des prismes rhomboïdaux très volumineux ; il renferme une molécule d'eau.

§ 9. — **Papavérine.**

$C^{40}H^{21}AzO^{8}$ .... $\mathcal{C}^{20}H^{21}Az\Theta^{4}$.

La papavérine a été découverte par M. Merck et étudiée par M. Anderson. Elle cristallise en aiguilles incolores, fusibles à 147°.

§ 10. — **Narcéine.**

$C^{46}H^{29}AzO^{18}$ .... $\mathcal{C}^{23}H^{29}Az\Theta^{9}$.

1. La narcéine a été découverte par Pelletier.

2. *Propriétés.* — Elle cristallise en aiguilles soyeuses, contenant 4 équivalents d'eau, qu'elle perd à 100°; elle fond ensuite à 145°. Elle est peu soluble dans l'eau froide, soluble dans l'eau bouillante et dans l'alcool, insoluble dans l'éther.

3. *Réactions.* — L'iode colore la narcéine en bleu, comme l'amidon. L'acide sulfurique la dissout en se colorant en rouge; à chaud, la liqueur devient verte.

Oxydée, elle donne de l'*acide hémipinique*, $C^{20}H^{10}O^{12}$ (t. II, p. 259).

4. *Sels.* — Le *chlorhydrate de narcéine*, $C^{46}H^{29}AzO^{18},HCl$, est un sel à réaction acide; il cristallise en aiguilles très solubles dans l'eau.

2e SECTION. — ALCALIS DES QUINQUINAS.

§ 11. — **Quinine.**

$C^{40}H^{24}Az^{2}O^{4}$ .... $\mathcal{C}^{20}H^{24}Az^{2}\Theta^{2}$.

1. La quinine a été découverte en 1820, par Pelletier et Caventou. Sa composition a été établie par Liebig et par Regnault. Elle est

contenue dans les écorces des *Cinchona* et dans celles de certains *Remigia*. Les quinquinas jaunes renferment principalement de la quinine, de la quinidine et de la cinchonidine; les quinquinas rouges, de la quinine, de la cinchonidine et de la cinchonine; les quinquinas gris, surtout de la cinchonine; et enfin les quinquinas blancs, de l'aricine, et presque pas de quinine ni de cinchonine.

Les écorces les plus riches (*Cinchona calissaya*, *C. pitayo*) contiennent 3 et 4 pour 100 de quinine; les fabricants de quinine peuvent traiter encore des écorces qui en renferment seulement 1 pour 100.

2. *Préparation.* — On obtient la quinine en précipitant par l'ammoniaque un sel de quinine, principalement le sulfate (voy. plus loin).

3. *Propriétés.* — Obtenue par précipitation, comme il vient d'être dit, la quinine forme d'abord une masse caséeuse; au contact de la liqueur ammoniacale, elle devient peu à peu cristalline et se transforme en un hydrate, $C^{40}H^{24}Az^2O^4 + 3\,H^2O^2$.

La *quinine anhydre* peut être obtenue cristallisée, quand on maintient à 30° une solution de l'hydrate cristallisé pur dans de l'alcool dilué (M. Hesse). Elle fond à 177°. Elle se dissout dans son poids d'éther, dans le chloroforme, les hydrocarbures et les huiles grasses, ainsi que dans 1960 parties d'eau à 15°. La base anhydre étant en solution dans le chloroforme à 2 centièmes, son pouvoir rotatoire est $\alpha_D = -116°$; en solution dans l'alcool absolu, à 1,64 pour 100, ce pouvoir est $\alpha_D = -167°,5$.

4. L'*hydrate de quinine*, $C^{40}H^{24}Az^2O^4 + 3\,H^2O^2$, constitue des cristaux très petits, incolores, fusibles à 57°, en perdant de l'eau. Il fond dans l'eau bouillante avant de se dissoudre. Il est soluble dans 1670 parties d'eau à 15°, très soluble dans l'éther. Son pouvoir rotatoire, mesuré en solution alcoolique (80°) à 3 centièmes, est $\alpha_D = -149°,54$.

La quinine est douée de propriétés antiseptiques très prononcées.

5. *Chaleur.* — Chauffée jusqu'à fusion, soit avec un très léger excès d'acide sulfurique, soit en présence de la glycérine, la quinine se transforme en *quinicine*, son isomère (M. Pasteur).

6. *Oxygène.* — Les produits fournis par la quinine à l'oxydation, varient avec la nature de l'oxydant et son mode d'emploi.

En traitant à basse température le sulfate de quinine par le permanganate de potasse, il se produit de l'acide formique et une base, la *quiténine*, $C^{38}H^{22}Az^2O^8$ (M. Kerner). A chaud, il se forme de l'ammoniaque, de l'acide oxalique et de l'*acide pyridinotricarbonique* α, $C^{16}H^5AzO^{12}$ (MM. Hoogewerff et van Dorp). Le même oxydant, agissant à chaud sur la quinine libre, donne surtout l'*acide isocinchoméronique*, $C^{14}H^5AzO^8$ (MM. Ramsay et Dobie).

En liqueur acidulée à l'acide azotique, la quinine fixe les éléments de l'eau en même temps que de l'oxygène, et se change en *dihydroxylquinine*, $C^{40}H^{26}Az^2O^8 + 3H^2O^2$ (M. Kerner).

L'acide chromique détruit la quinine en formant l'*acide quininique*, $C^{22}H^9AzO^6$, et quelques autres produits (M. Skraup).

L'acide azotique la transforme presque exclusivement en *acide cinchoméronique*, $C^{14}H^5AzO^8$ (MM. Weidel et Schmidt).

L'acide azoteux oxyde la quinine et la change en un alcali fusible à 200°, l'*oxyquinine*, $C^{40}H^{24}Az^2O^6$ (M. Schützenberger).

7. *Alcalis.* — Chauffée avec l'hydrate de potasse, elle se détruit en donnant de la *quinoléine* et des bases quinoléiques, en même temps que de l'acide formique (Wertheim).

8. *Acides.* — A 140°, l'acide chlorhydrique attaque la quinine en formant de l'*éther méthylchlorhydrique*, de l'*apoquinine*, $C^{38}H^{22}Az^2O^4$, et un dérivé chlorhydrique de cette dernière (M. Hesse).

L'acide sulfurique fumant produit un dérivé sulfoné, l'*acide sulfoquinique*, $(C^{40}H^{24}Az^2O^4)^2S^2O^6$, que l'ammoniaque ne précipite pas (M. Schützenberger).

L'anhydride acétique s'unit, dès 60°, à la quinine pour former l'*acétylquinine*, $C^{40}H^{22}Az^2O^2(C^4H^4O^4)$, cristallisable, fusible à 108°.

9. *Phénols.* — Les phénols se combinent à la quinine et aux sels de quinine.

La *phénol-quinine*, $C^{40}H^{24}Az^2O^4,C^{12}H^6O^2$, par exemple, s'obtient en précipitant le phénol sodé par le sulfate de quinine. Elle cristallise facilement dans l'eau.

Le *sulfate de phénol-quinine*, $C^{12}H^6O^2(C^{40}H^{24}Az^2O^4)^2S^2H^2O^8 + H^2O^2$, cristallise quand on met simultanément en solution dans l'eau chaude des quantités équivalentes de sulfate de quinine et de phénol; il est peu soluble dans l'eau.

Les phénols polyatomiques tels que la résorcine, l'orcine, la phloroglucine, etc., fournissent des dérivés analogues.

10. *Réactions diverses.* — La quinine est un alcali diammoniacal tertiaire. Chauffée avec l'éther iodhydrique, elle donne l'*iodure d'éthylquinium*, $C^{40}H^{24}Az^2O^4,C^4H^5I$; ce dernier est changé par l'oxyde d'argent en un oxyde d'ammonium composé, lequel est un alcali très énergique et cristallisable.

La quinine, étant une diamine, devrait pouvoir s'unir à un second équivalent d'éther iodhydrique; cependant une semblable combinaison n'a pu être réalisée (Strecker).

Sous l'influence du zinc et de l'acide sulfurique, la quinine fixe les éléments de l'eau et donne l'*hydroquinine*, $C^{40}H^{26}Az^2O^6$ (M. Schützenberger).

11. *Caractères analytiques.* — La quinine n'est pas sensiblement colorée par l'acide nitrique. Elle n'est pas colorée davantage par l'acide sulfurique concentré et froid.

Le chlore donne une coloration rosée, qui devient bientôt d'un rouge plus foncé. Si l'on prend une dissolution de sulfate de quinine et qu'on y ajoute successivement de l'eau de chlore et de l'ammoniaque, on obtient une colorat on verte très caractéristique (Brandes). En remplaçant l'eau chlorée par l'eau bromée, la réaction est plus sensible (M. Zeller). En additionnant la quinine d'une solution de chlorure de chaux, puis d'acide chlorhydrique, et enfin d'ammoniaque, il se produit un précipité vert (Vogel). Un sel de quinine mélangé d'eau de chlore récente, puis additionné de prussiate jaune de potasse devient rouge intense (Vogel).

12. *Sels.* — La quinine est un alcali énergique.

La plupart des sels qu'elle forme sont remarquables par leur fluorescence : leur solution, vue sous une incidence rasante, présente une belle coloration bleuâtre et caractéristique. Certains d'entre eux, notamment les chlorhydrates et les bromhydrates, ne présentent pas cette propriété.

La quinine étant un alcali diacide, donne deux séries de sels :

Chlorhydrates	$C^{40}H^{24}Az^2O^4, HCl$, $C^{40}H^{24}Az^2O^4, 2\,HCl$,
Sulfates	$C^{40}H^{24}Az^2O^4, SO^3, HO$ ou $(C^{40}H^{24}Az^2O^4)^2S^2O^6, H^2O^2$, $C^{40}H^{24}Az^2O^4, S^2O^6, H^2O^2$.

Les sels de quinine sont précipités par les carbonates alcalins, les alcalis et le tanin.

13. *Sulfate de quinine neutre*, $C^{40}H^{24}Az^2O^4, S^2H^2O^8 + 8\,H^2O^2$. — Ce sel est acide aux réactifs colorés et, pour cette raison, reçoit souvent le nom de *sulfate acide de quinine.*

Il cristallise facilement en prismes orthorhombiques, volumineux ; il est très soluble dans l'eau.

Son pouvoir rotatoire, mesuré sur une solution aqueuse à 2,66 pour 100, est $\alpha_D = -213°,7$.

14. *Sulfate basique de quinine*, $(C^{40}H^{24}Az^2O^4)^2, S^2H^2O^8 + 7\,H^2O^2$. — Ce composé n'est que très faiblement alcalin au tournesol ; aussi l'appelle-t-on souvent *sulfate neutre*. C'est le plus important des sels de quinine et le plus employé en médecine.

On le prépare le plus ordinairement au moyen du quinquina jaune. Dans le quinquina, la quinine se trouve sous forme insoluble, unie à des acides analogues au tanin : ceux-ci cèdent facilement la base à un acide minéral, à l'acide chlorhydrique étendu par exemple ; il se forme du chlorhydrate de quinine soluble, mélangé avec un grand nombre de matières étrangères. La solution ainsi obtenue fournit ensuite la quinine, que l'on change en sulfate. Tel est le principe de la méthode classique de préparation due à Pelletier et à Caventou.

On réduit l'écorce en poudre grossière et on en épuise 100 parties par 1200 parties d'eau et 6 parties d'acide chlorhydrique. On filtre la liqueur acide sur une toile, et on y ajoute peu à peu un lait de chaux, jusqu'à ce que la masse soit devenue franchement alcaline. On filtre et on recueille le précipité, qui est un mélange de quinine, des autres bases devenues libres, de matière colorante, de chaux en excès, etc. On épuise le précipité par l'alcool à 90 centièmes, qui dissout les alcaloïdes. Ces derniers sont recueillis, après distillation de l'alcool. On les redissout dans 100 parties d'eau additionnée de la quantité d'acide sulfurique strictement nécessaire pour effectuer la dissolution. On décolore la solution par le noir animal, puis on la neutralise à l'ébullition et on laisse cristalliser. Le sulfate de quinine se dépose, tandis que les sulfates de cinchonine, de quinidine, de cinchonidine, etc., tous sels plus solubles, restent dans les eaux mères.

Dans les fabriques, on suit généralement un procédé fondé sur un principe différent (Thibomery). On broie sous des meules le quinquina que l'on arrose avec un lait de chaux ou une solution de carbonate de soude. Le produit ainsi imprégné d'un excès d'alcali est ensuite agité, mécaniquement et pendant longtemps, avec de l'huile de schiste, du pétrole lourd ou même des carbures peu volatils du goudron de houille. Les alcaloïdes mis en liberté entrent en dissolution dans l'hydrocarbure. Celui-ci est ensuite séparé, puis agité avec de l'eau additionnée d'acide sulfurique : il cède à cette dernière les alcalis et peut dès lors servir de nouveau comme dissolvant pour traiter une nouvelle quantité d'écorce alcalinisée. La solution acide contient tous les alcaloïdes solubles dans l'hydrocarbure employé; elle est soumise à des traitements qui varient avec les diverses fabriques.

Le plus souvent, on les neutralise à l'ébullition par le carbonate de soude; en refroidissant, elles abandonnent du sulfate basique de quinine plus ou moins impur, mélangé surtout de sulfate de cinchonidine. On purifie ce sel brut par des décolorations au noir animal et des cristallisations répétées. Les eaux mères sont dépouillées de quinine par l'addition d'un excès de tartrate alcalin : il cristallise un mélange de tartrate de quinine et de tartrate de cinchonidine, sels peu solubles à froid, dont on extrait ensuite la quinine.

Une autre méthode consiste à agiter le sulfate brut, provenant d'une première cristallisation, avec de la soude en léger excès et de l'éther, dans des appareils exactement clos. La quinine précipitée se dissout dans l'éther avec une forte proportion de cinchonidine; mais, après vingt-quatre heures, la plus grande partie de cette dernière s'est séparée en cristallisant; l'éther décanté et distillé laisse de la quinine que l'on transforme en sulfate basique cristallisé.

On peut encore neutraliser à l'ébullition la liqueur acide primitive, convenablement concentrée, et l'additionner d'un excès de tartrate alcalin : la quinine et la cinchonidine, à peu près seules, se séparent pendant le refroidissement sous forme de tartrates. La quinine est ensuite séparée de la plus grande partie de la cinchonidine par un traitement à la soude et à l'éther, puis changée en sulfate.

Par tous ces procédés, on n'obtient que du sulfate de quinine plus ou moins souillé de sulfate de cinchonidine, les deux sels se mélangeant dans les cristaux et ne se séparant dès lors que très lentement par cristallisation; il est en aiguilles très fines, fort léger et d'un aspect cotonneux (*sulfate de quinine léger*).

Le moyen le plus simple et le plus assuré, pour préparer du *sulfate de quinine officinal* suffisamment pur, consiste à transformer le sel brut en sulfate neutre, que l'on fait cristalliser, que l'on clairce et que l'on essore avec soin. Le sulfate de cinchonidine reste dans l'eau mère à réaction acide. On dissout les cristaux dans 35 fois leur poids d'eau bouillante, on alcalinise très faiblement la liqueur par du carbonate de soude et on la laisse refroidir. Le sulfate de quinine basique qui cristallise est, après clairçage, presque pur. Il constitue des aiguilles beaucoup moins fines et plus brillantes (*sulfate de quinine lourd*) que le sel léger et cotonneux dont il a été parlé plus haut.

15. Le sulfate basique de quinine cristallise en aiguilles dérivées d'un prisme rhomboïdal oblique. Ce sel devient phosphorescent par le frottement. Il se dissout dans 755 parties d'eau à 15° et dans 30 parties d'eau bouillante, dans 80 parties d'alcool froid à 80 centièmes, dans 60 parties d'alcool absolu; il est insoluble dans l'éther et le chloroforme. Il s'effleurit à l'air, en perdant 5 molécules d'eau de cristallisation, et devient anhydre à 100°. Ses solutions sont amères et fluorescentes; cette dernière propriété disparaît par une addition d'acide chlorhydrique ou de chlorure soluble.

Le sulfate de quinine est fortement lévogyre; le pouvoir rotatoire du sel à $7H^2O^2$, mesuré sur une solution à 4,25 pour 100, dans l'alcool absolu, est $\alpha_D = -154°,4$. Ce résultat rapporté à la base contenue dans le sulfate devient $\alpha_D = -214°,9$.

En ajoutant goutte à goutte une solution alcoolique d'iode à une solution chaude de sulfate de quinine, la liqueur dépose en se refroidissant un composé formé de larges lames minces, à reflets mordorés, de formule $(C^{40}H^{24}Az^{2}O^{4})^{4},3S^{2}H^{2}O^{8},2HI,I^{4}+6H^{2}O^{2}$; c'est le *sulfate d'iodoquinine* ou *hérapathite*. Les cristaux de ce composé polarisent la lumière à la manière de la tourmaline (M. Herapath).

16. Le sulfate de quinine est souvent purifié d'une manière insuffisante. Parfois même il est sophistiqué : on le laisse mouillé ; on le mélange à de la salicine, à de l'acide borique, à du sulfate de chaux, à du sucre, à de l'acide stéarique, aux sels des autres alcaloïdes du quinquina, etc. Voici comment on reconnaît, les impuretés et les falsifications :

1° Par dessiccation complète à 100°, 1 gramme de sulfate de quinine officinal doit, s'il ne contient pas d'*eau en excès*, laisser un résidu ne pesant pas moins de 0gr,85.

2° Le sel pur est combustible sans résidu (*matières minérales fixes*). Il ne se colore pas sensiblement au contact de l'acide sulfurique pur et concentré, lequel colore la *salicine*, les *matières sucrées*, les *glucosides*, etc. Il se dissout complètement dans l'acide sulfurique dilué et froid, qui laisse insolubles les *acides gras*, l'*amidon*, etc., ainsi que dans un mélange de 5 volumes d'alcool à 95 centièmes avec 10 volumes de chloroforme; ce dernier laisse les *sels minéraux* insolubles. Sa solution aqueuse ne se trouble pas par l'azotate d'argent (*chlorures*); elle ne dégage pas d'ammoniaque quand on l'additionne d'un peu de soude et qu'on chauffe (*sels ammoniacaux*). Traité par un excès d'eau de baryte, laquelle précipite la quinine et l'acide sulfurique, il donne une liqueur qui devient volatile sans résidu, après qu'on en a éliminé l'excès de baryte par le gaz carbonique (*matières solubles*, *mannite*, *sucre*, etc.).

3° Pour constater la présence de la *cinchonine*, on prend 1 gramme de sulfate de quinine, on le met dans un tube à essais, avec 20 centimètres cubes d'éther lavé à l'eau et, par suite, exempt d'alcool; on ajoute 2 centimètres cubes d'ammoniaque, qui précipite la quinine. Celle-ci se dissolvant dans l'éther, la cinchonine, insoluble dans le même liquide, apparaît entre la couche éthérée et la couche ammoniacale, sous forme floconneuse. Ce mode d'essai est très sensible pour la cinchonine, mais il manque de sensibilité pour rechercher les autres alcaloïdes du quinquina.

Le mode d'essai suivant est préférable : il permet de reconnaître dans le sulfate de quinine la présence de la plupart des autres alcalis des quinquinas. On mélange dans un tube bouché 1 gramme de sulfate de quinine pulvérisé avec 10 grammes d'eau distillée; on agite énergiquement de manière à mettre le sel en suspension, et on maintient le tube plongé pendant une demi-heure dans un bain-marie chauffé à 60°, en le secouant fréquemment. On refroidit ensuite le tube en le plongeant dans un bain d'eau à la température de 15° et on conserve le mélange à cette température pendant une demi-heure, en l'agitant avec soin. On filtre rapidement sur un tampon de coton, en aspirant. A 5 centimètres cubes de liqueur limpide, on ajoute 7 centimètres cubes d'ammoniaque ($D = 0,96$ exactement) : le mélange reste limpide quand le sulfate est suffisamment pur pour les besoins médicaux : 5 centimètres cubes de liqueur ammoniacale suffisent quand le sel est tout à fait pur. Toutefois, cette méthode, qui est basée sur l'insolubilité relative du sulfate de quinine et la solubilité plus grande des autres sulfates dans l'eau froide, ne permet pas de déceler moins de 3 à 4 centièmes de sulfate de cinchonidine. Elle est suffisante dans la pratique (M. Kerner).

En mesurant encore 5 centimètres cubes d'une liqueur préparée comme il vient d'être dit, et en les évaporant jusqu'à siccité à 100°, dans une capsule tarée, le résidu ne doit pas peser plus de 0gr,015, si le sel essayé ne contient pas d'autre sel d'alcaloïde plus soluble que le sulfate de quinine.

Le pouvoir rotatoire de la quinine étant plus considérable que celui des autres alcalis dextrogyres des quinquinas, la mesure de ce pouvoir rotatoire permet de constater la pureté du sulfate de quinine, mais non de déterminer la nature et la proportion des alcaloïdes qui peuvent lui être mélangés, ce dernier problème restant indéterminé.

17. Pour doser la quinine dans un sulfate de quinine donné, on commence par déterminer, par dessiccation à 100°, la proportion d'eau qu'il contient. On en pèse ensuite 5 grammes, on les dissout à l'ébullition dans 200 grammes d'eau préalablement saturée, à la température du laboratoire, de tartrate de quinine et de tartrate de cinchonidine, et on ajoute un poids de tartrate neutre de soude très légèrement supérieur à celui qui transformerait en tartrate la totalité de la quinine du sel analysé supposé pur. On opère dans un vase taré et, après avoir remplacé l'eau évaporée pendant l'opération, on ferme le vase par une lame de verre, puis on laisse refroidir. Le tartrate de quinine et le tartrate de cinchonidine cristallisent. Le lendemain on recueille la totalité du produit dans un entonnoir garni d'un tampon de coton et taré ; on le lave à la trompe avec de l'eau froide, saturée des deux tartrates d'alcaloïdes, on l'essore très soigneusement par une aspiration prolongée, puis on sèche à 100° l'entonnoir avec son contenu et on le pèse. Soit P le poids des tartrates trouvé. On prélève 0gr,40 du mélange, on dissout dans l'eau additionnée de 3 centimètres cubes d'acide chlorhydrique normal, on complète 20 centimètres cubes de liqueur et on détermine le pouvoir rotatoire spécifique α du tartrate mixte ainsi dissous. La formule suivante (M. Oudemans) :

$$215{,}8\,x + 131{,}3(100 - x) = 100\,\alpha,$$

donnant x, c'est-à-dire le poids de tartrate de quinine contenu dans 100 parties du mélange des deux tartrates, il est dès lors possible de calculer la proportion de quinine contenue dans $(20 \times P)$ grammes du mélange de tartrates, soit dans 100 grammes du sulfate de quinine analysé (M. de Vrij; M. Jungfleisch).

18. On connaît un troisième *sulfate de quinine à excès d'acide*, $C^{40}H^{24}Az^{2}O^{4}, 2\,S^{2}H^{2}O^{8} + 7\,H^{2}O^{2}$. On l'obtient en évaporant à basse température une solution de sulfate de quinine contenant de l'acide sulfurique libre. Il est nettement cristallisé (M. Hesse).

19. *Chlorhydrate de quinine neutre*, $C^{40}H^{24}Az^{2}O^{4}, 2\,HCl$. — Ce sel est peu stable.

Chlorhydrate de quinine basique, $C^{40}H^{24}Az^{2}O^{4}, HCl + 4\,HO$. — C'est le chlorhydrate du commerce. Il s'obtient en dissolvant la quinine dans l'acide chlorhydrique. Il cristallise en longues aiguilles soyeuses, assez solubles dans l'eau. Il est fort employé comme fébrifuge dans certains pays.

20. *Acétate de quinine*, $C^{40}H^{24}Az^{2}O^{4}, 2\,C^{4}H^{4}O^{4} + 4\,H^{2}O^{2}$. — Il cristallise en longues aiguilles. Il est peu stable.

21. *Valérianate de quinine*, $C^{40}H^{24}Az^{2}O^{4}, 2\,C^{10}H^{10}O^{4}$. — Ce sel varie avec la nature de l'acide valérianique qui le forme. L'acide valérianique ordinaire donne un sel en cristaux volumineux.

22. *Lactate de quinine*. — Il s'obtient par double décomposition, en opérant à basse température. C'est un beau corps cristallisé.

23. *Tannate de quinine*. — Ce composé est obtenu en précipitant l'acétate de quinine par le tanin. C'est un corps mal défini.

24. *Dosage de la quinine*. — Étant donné un quinquina, on peut déterminer de diverses manières la quantité de quinine qu'il contient.

1° On pulvérise un échantillon moyen d'écorce, on en prélève 20 grammes et on les mélange avec 8 grammes de chaux éteinte et 35 grammes d'eau. Ce mélange, étendu sur une assiette et desséché à l'étuve, est pulvérisé, introduit dans une allonge et épuisé par le chloroforme. La solution chloroformique étant distillée, on traite le résidu par 10 ou 12 centimètres cubes d'acide sulfurique dilué au dixième et froid. La solution, filtrée et portée à l'ébullition, est neutralisée partiellement par l'ammoniaque, de manière à lui laisser une réaction *à peine acide* au tournesol. Par refroidissement, la quinine cristallise à l'état de sulfate basique ; on essore ce dernier, on le lave avec quelques gouttes d'eau froide, on le sèche et on le pèse. Les autres alcalis restent dans l'eau mère (M. Carles).

La présence, très fréquente d'ailleurs, d'une grande quantité de quinidine et surtout de cinchonidine fausse le résultat.

Il est préférable d'épuiser à chaud un poids donné d'écorce, par l'eau aiguisée d'acide chlorhydrique, de concentrer les liqueurs, de les filtrer, de les neutraliser exactement et de les additionner d'un grand excès de tartrate neutre de soude. La quinine et la cinchonidine se précipitent peu à peu sous forme de tartrates. Après 24 heures, on recueille le précipité, on le lave, on le sèche et on le pèse; on détermine ensuite la proportion de quinine qu'il contient, en opérant comme il a été dit plus haut pour le dosage de cet alcali dans le sulfate de quinine commercial (t. II, p. 378). Le résultat est toujours un peu faible, le tartrate de quinine étant sensiblement soluble dans l'eau, même chargée de tartrates alcalins en excès (M. Oudemans).

§ 12. — Quinidine.

$C^{40}H^{24}Az^{2}O^{4}$ .... $C^{20}H^{24}Az^{2}O^{2}$.

1. La quinidine est isomère avec la quinine. Elle a été découverte par Henry et Delondre en 1833 et étudiée surtout par M. Pasteur. Elle a été récemment désignée sous le nom de *conquinine* et ne doit pas être confondue avec la cinchonidine, qui porte parfois, en Allemagne notamment, le nom de quinidine. Elle existe en quantité importante dans le *Cinchona calissaya* cultivé aux Indes.

2. *Préparation.* — On l'extrait du mélange d'alcaloïdes connu dans le commerce sous le nom de *quinoïdine;* celui-ci est obtenu comme résidu dans la fabrication de la quinine. On l'isole en précipitant par l'iodure de potassium la solution de quinoïdine dans un acide (M. de Vrij) : l'iodhydrate de quinidine, étant insoluble dans l'eau, se sépare. Ce sel fournit ensuite la quinidine.

3. *Propriétés.* — La quinidine cristallise en octaèdres dérivés d'un prisme rhomboïdal droit, volumineux, brillants et contenant 5 équivalents d'eau de cristallisation. Ses cristaux s'effleurissent à l'air en perdant 1 équivalent d'eau ; elle devient anhydre à 120°.

Elle se dissout dans 2000 parties d'eau à 15° et dans 750 parties d'eau bouillante, qui la dépose cristallisée par le refroidissement; l'éther, l'alcool, le chloroforme la dissolvent facilement. Tandis que son isomère, la quinine, est lévogyre, la quinidine est dextrogyre ; les cristaux hydratés, mis en solution alcoolique au 100e, ont un pouvoir rotatoire considérable : $\alpha_D = +233°,6$. La quinidine est fébrifuge. La solution de son sulfate est fluorescente.

4. *Réactions.* — La quinidine, diamine tertiaire, forme avec les éthers iodhydriques des iodures d'ammoniums composés.

Elle donne, avec le chlore et l'ammoniaque, la même réaction que la quinine.

La chaleur la transforme en *quinicine* (M. Pasteur).

5. *Sels.* — La quinidine est une base biacide, comme la quinine.

Le *sulfâte basique de quinidine*, 2 ($C^{40}H^{24}Az^2O^4$), $S^2H^2O^8 + 4HO$, se trouve dans le commerce avec la même apparence que le sulfate de quinine. Il est plus soluble dans l'eau que ce dernier.

Le *sulfate neutre de quinidine*, $C^{40}H^{24}Az^2O^4, S^2H^2O^8 + 8HO$, cristallise en beaux prismes incolores, très solubles dans l'eau.

L'*iodhydrate basique de quinidine*, $C^{40}H^{24}Az^2O^4$,HI et le *tartrate neutre de quinidine*, $C^{40}H^{24}Az^2O^4, C^8H^6O^{12} + 6HO$, sont remarquables, surtout le premier, par leur faible solubilité dans l'eau froide.

§ 13. — Quinicine.

$C^{40}H^{24}Az^2O^4$ .... $C^{20}H^{24}Az^2O^2$.

1. La quinicine, isomère de la quinine et de la quinidine, a été découverte par M. Pasteur. Elle se forme quand on ajoute un peu d'eau et d'acide sulfurique à du sulfate de quinine ou de quinidine et qu'on chauffe le tout à 130° pendant quelque temps; ou simplement quand on fond les sulfates neutres de quinine ou de quinidine : le produit est du sulfate de quinicine. On le décompose par un alcali.

2. La base constitue un liquide huileux, se solidifiant lentement en une masse fusible vers 60°. Peu soluble dans l'eau froide, plus soluble dans l'eau chaude, elle se dissout bien dans l'éther, l'acétone et le chloroforme. En solution dans ce dernier liquide, son pouvoir rotatoire à 15° est $\alpha_D = +44°,1$.

Comme ses isomères, elle se colore en vert par le chlore et l'ammoniaque.

Son oxalate neutre et son tartrate acide sont facilement cristallisables.

§ 14. — Cinchonine.

$C^{38}H^{22}Az^2O^2$ .... $C^{19}H^{22}Az^2O$.

1. La cinchonine, entrevue en 1803 par Duncan et obtenue cristallisée en 1811 par Gomez, a été caractérisée par Pelletier et Caventou.

La formule $C^{40}H^{24}Az^{2}O^{2}$, par laquelle on l'a représentée jusqu'à ces derniers temps, a été, depuis les travaux de M. Skraup, remplacée par la précédente, qui avait été proposée autrefois par Laurent.

2. *Préparation.* — La cinchonine, ou plutôt son sulfate, se rencontre dans les eaux mères du sulfate de quinine. On la précipite par la soude et on la fait cristalliser dans l'alcool. Pour la purifier entièrement, on la change en sulfate que l'on fait cristalliser dans l'eau.

3. *Propriétés.* — La cinchonine cristallise en beaux prismes rhomboïdaux droits, ne contenant pas d'eau de cristallisation, fusibles à 268°,8 et commençant à se sublimer dès 220°. Elle se dissout à 10° dans 3810 parties d'eau, dans 371 parties d'éther, et dans 140 parties d'alcool (D=0,852). Elle est soluble dans le chloroforme. Elle est fortement dextrogyre : $\alpha_D = +213°$, en solution chloroformique à 4 ou 5 millièmes. Ses solutions ne sont pas fluorescentes.

4. *Réactions.* — La cinchonine est une diamine tertiaire. Elle donne l'*iodure de méthylcinchonine*, $C^{38}H^{22}Az^{2}O^{2},C^{2}H^{3}I$, composé bien cristallisé. Cet iodure, traité par l'oxyde d'argent, fournit l'*hydrate d'oxyde de méthylcinchonine*, $(C^{2}H^{3})(C^{38}H^{21}Az^{2}O^{2})O,HO$. Ce dernier corps est une base énergique, cristallisable, mais peu stable.

La cinchonine chauffée en présence d'un excès d'acide sulfurique se transforme en un isomère, la *cinchonicine* (M. Pasteur).

L'acide nitrique bouillant l'oxyde en donnant toute une série d'acides organiques azotés, dérivés des bases pyridiques et quinoléiques : l'*acide quinoléinocarbonique* α, $C^{20}H^{7}AzO^{4}$; l'*acide cinchoméronique*, $C^{14}H^{5}AzO^{8}$; l'*acide quinoléique*, isomère du précédent; et l'*acide pyridinotricarbonique* α, $C^{16}H^{5}AzO^{12}$ (M. Weidel).

Le permanganate de potasse la transforme en *cinchoténine*, $C^{36}H^{20}Az^{2}O^{6}+3H^{2}O^{2}$ (MM. E. Caventou et Willm), et en *acide quinoléinocarbonique* α.

L'acide azoteux fixe O^{2} sur la cinchonine, en produisant l'*oxycinchonine*, $C^{38}H^{22}Az^{2}O^{4}$ (M. Schützenberger).

L'acide chlorhydrique, à 150°, la change en un isomère, l'*apocinchonine*, et en un polymère de cette dernière, la *diapocinchonine*, $C^{76}H^{44}Az^{4}O^{4}$ (M. Hesse).

Chauffée avec la potasse, la cinchonine se détruit en donnant, avec de l'acide acétique et de l'acide butyrique, de la *quinoléine*, 2 *lutidines*, 2 *collidines*, de la *parvoline* et de la *méthylamine*.

Le brome, à 150°, fournit avec la cinchonine divers produits, parmi lesquels le *perbromanthracène*, $C^{28}Br^{10}$ (M. Fileti).

Quand on traite le chlorhydrate de cinchonine par le perchlorure de phosphore, on obtient un dérivé chloré, cristallin, de formule $C^{38}H^{21}Az^{2}Cl$ (M. Kœnigs).

Ses solutions salines ne se colorent pas en vert par le chlore et l'ammoniaque. Chauffée avec le bichlorure de mercure, la cinchonine libre se colore en rouge violacé.

5. *Sels.* — La cinchonine possède une réaction basique. Elle forme deux séries de sels, analogues aux sels de la quinine, mais généralement plus solubles dans l'eau que ces derniers, et plus facilement cristallisables.

Le *chlorhydrate neutre de cinchonine*, $C^{38}H^{22}Az^2O^2,2HCl$, forme de beaux prismes rhomboïdaux droits.

Le *chlorhydrate basique de cinchonine*, $C^{38}H^{22}Az^2O^2,HCl+2H^2O^2$, cristallise en prismes rhomboïdaux ou en longues aiguilles inaltérables à l'air, perdant leur eau de cristallisation à 100°, solubles dans 24 parties d'eau à 10°.

Le *sulfate neutre de cinchonine*, $C^{38}H^{22}Az^2O^2,S^2H^2O^8+4H^2O^2$, cristallise en octaèdres rhomboïdaux droits.

Le *sulfate basique de cinchonine*, $2(C^{38}H^{22}Az^2O^2),S^2H^2O^8+2H^2O^2$, est le sel du commerce : il forme des prismes rhomboïdaux, inaltérables à l'air, solubles dans 157 parties d'eau à 16°.

§ 15. — Cinchonidine.

$C^{38}H^{22}Az^2O^2$ .... $\mathit{C^{19}H^{22}Az^2O}$.

1. La cinchonidine, isomère de la cinchonine, a été découverte par Winckler en 1844. On la nomme parfois à tort *quinidine*, ce qui a entraîné de nombreuses confusions. Elle accompagne la quinine dans les quinquinas et est fort abondante dans certains quinquinas cultivés aux Indes (*Cinchona succirubra*, *C. officinalis*).

2. *Préparation.* — Elle se rencontre en quantité notable dans les eaux mères du sulfate de quinine, ainsi que dans certaines quinoïdines. On l'extrait de ces dernières par des cristallisations dans l'alcool ; elle se dépose avec la quinidine, dont elle se distingue facilement, ses cristaux n'étant pas efflorescents. On la purifie par des lavages à l'éther et par des cristallisations sous la forme de chlorhydrate basique.

3. *Propriétés.* — La cinchonidine se dépose dans l'alcool en prismes rhomboïdaux obliques, volumineux, incolores et éclatants, ne contenant pas d'eau de cristallisation, fusibles à 210°. Elle se dissout dans 1680 parties d'eau à 10°. Elle est très soluble dans l'alcool, soluble dans le chloroforme, moins soluble dans l'éther. Elle est assez fortement lévogyre : $\alpha_D = -70°$, en solution à 4 pour 100 dans du chloroforme mélangé de la moitié de son volume d'alcool.

4. *Réactions.* — La cinchonidine se conduit comme un alcali tertiaire. La chaleur la transforme en *cinchonicine*.

5. *Sels.* — C'est un alcali énergique. Les sels de cinchonidine sont généralement les plus beaux de ceux que forment les alcalis des quinquinas ; ils sont d'ordinaire plus solubles dans l'eau que les sels de quinine.

Le *sulfate basique de cinchonidine*, $2(C^{38}H^{22}Az^{2}O^{2}),S^{2}H^{2}O^{8}+2H^{2}O^{2}$, forme des prismes minces, très analogues aux cristaux de sulfate de quinine du commerce, auxquels on le trouve fréquemment mélangé. Il est un peu plus soluble dans l'eau froide que le sulfate de quinine.

Son pouvoir rotatoire varie beaucoup avec le dissolvant et la concentration de la dissolution ; le sel étant en solution à 4,3 pour 100 dans l'alcool absolu, ce pouvoir est $\alpha_D = -118^\circ,7$.

Le *sulfate neutre*, $C^{38}H^{22}Az^{2}O^{2},S^{2}H^{2}O^{8}+5H^{2}O^{2}$, peut donner des cristaux très volumineux.

Le *tartrate neutre*, est, on l'a vu plus haut, très peu soluble dans l'eau froide.

§ 16. — Cinchonicine.

$C^{38}H^{22}Az^{2}O^{2}$ .... $C^{19}H^{22}Az^{2}O$.

1. Cet alcali, isomère de la cinchonine et de la cinchonidine, a été découvert par M. Pasteur. Il présente avec ses deux isomères les mêmes relations que la quinicine avec la quinine et la quinidine. On l'obtient comme la quinicine, mais en partant de la cinchonine et de la cinchonidine.

2. La cinchonicine constitue une masse résineuse, fusible vers 50°, s'altérant déjà à 80°. Elle est très soluble dans l'alcool, l'éther et le chloroforme. Elle est dextrogyre : $\alpha_D = +46^\circ,5$, en solution chloroformique à 15°.

C'est une base énergique. Ses sels, sauf l'oxalate, sont très solubles dans l'eau.

§ 17. — Aricine.

$C^{46}H^{26}Az^{2}O^{8}$ .... $C^{23}H^{26}Az^{2}O^{4}$.

L'aricine ou *cinchovatine* a été découverte par Pelletier et Corriol dans un quinquina blanc.

Elle forme des cristaux prismatiques, fusibles à 188°. Elle est lévogyre.

L'acide azotique concentré la colore en vert.

3e SECTION. — ALCALIS DES STRYCHNÉES

§ 18. — Strychnine.

$C^{42}H^{22}Az^{2}O^{4}$ .... $\mathcal{C}^{21}H^{22}Az\Theta^{2}$.

1. La strychnine a été découverte en 1818 par Pelletier et Caventou. Elle existe dans la noix vomique, la fausse angusture, la fève de Saint-Ignace, le bois de couleuvre et l'*upas tieuté*, poison sagittaire extrait de divers *Strychnos;* de toutes ces substances, la fève Saint-Ignace est la plus chargée de strychnine.

2. *Préparation.* — On la retire ordinairement de la fève de Saint-Ignace ou de la noix vomique; elle s'y trouve accompagnée d'une forte proportion de brucine.

La préparation de la strychnine est comparable à celle de la quinine. On râpe la noix vomique, ou on pulvérise la fève de Saint-Ignace, on mélange la poudre avec de l'hydrate de chaux et de l'eau. Après dessiccation, on traite la masse par les huiles lourdes de schiste et de pétrole, ou mieux par l'alcool amylique brut. On agite ensuite ces huiles avec l'acide sulfurique étendu; on fait concentrer la liqueur aqueuse décantée : le sulfate de strychnine cristallise par refroidissement, tandis que la brucine reste dans les eaux mères. Le sulfate, décomposé par l'ammoniaque, fournit la strychnine. On purifie la base par des cristallisations dans l'alcool à 80 centièmes bouillant.

On peut encore l'obtenir en épuisant la poudre par de l'eau chargée de 1/2 centième d'acide sulfurique; on concentre l'extrait, on le mélange avec 6 fois son volume d'alcool et un peu d'acétate de plomb, on filtre, puis on distille l'alcool. On précipite ensuite, dans le résidu, les alcaloïdes par la magnésie ou la chaux et on reprend le produit par l'alcool, dans lequel la strychnine cristallise, mais qui retient la brucine.

3. *Propriétés.* — La strychnine cristallise en octaèdres rectangulaires droits, fusibles à 284°. Elle est presque insoluble dans l'eau (7000 parties à 19°) et peu soluble dans l'alcool absolu froid (1200 parties). Elle donne à l'eau une amertume extrême; il suffit d'une dose de 1 à 2 milligrammes dans un litre d'eau pour que cette amertume soit sensible. Elle dévie à gauche le plan de polarisation; elle est soluble dans les essences et dans les huiles essentielles, insoluble dans l'éther.

L'amertume extraordinaire de la strychnine a été utilisée pour remplacer le houblon dans la fabrication de la bière; mais cette falsification a été la cause d'accidents graves, car la strychnine est un des poisons les plus violents que l'on connaisse.

4. *Réactions.* — La strychnine est un alcali tertiaire ; elle donne des iodures d'ammoniums composés (M. How) :

Iodure de méthyl-strychnine..............	$C^{42}H^{22}Az^{2}O^{4},C^{2}H^{3}I$,
Iodure d'éthyl-strychnine.................	$C^{42}H^{22}Az^{2}O^{4},C^{4}H^{5}I$.

L'acide azoteux oxyde la strychnine, en fixant de l'eau, et la transforme en *oxystrychnine*, $C^{42}H^{28}Az^{2}O^{12}$, et en *bioxystrychnine*, $C^{42}H^{28}Az^{2}O^{14}$ (M. Schützenberger).

Le permanganate de potasse la transforme en un acide de formule $C^{22}H^{11}AzO^{6}$ (M. Hanriot).

L'acide nitrique la change en *dinitrostrychnine* $C^{44}H^{20}(AzO^{4})^{2}Az^{2}O^{4}$, fusible à 202°. Cette dernière, réduite par l'étain et l'acide chlorhydrique, fournit la *diamidostrychnine*, $C^{40}H^{18}(AzH^{3})^{2}Az^{2}O^{4}$ (M. Hanriot).

Sous l'influence des agents oxydants, la strychnine prend une couleur bleu violacé ; l'expérience se fait avec le bioxyde de plomb ou celui de manganèse et l'acide sulfurique, ou bien avec ce dernier acide et le bichromate de potasse. Emploie-t-on un excès de réactif, la coloration passe au rouge (Marchand et Otto).

L'acide nitrique colore la strychnine en jaune ; mais il est probable que cette faible coloration est due à la présence de quantités pour ainsi dire impondérables de brucine. Celle-ci, en effet, se colore en rouge intense par le même réactif.

Le chlore donne avec une solution d'un sel de strychnine un précipité insoluble de *strychnine trichlorée;* cette réaction permet de reconnaître des traces de strychnine.

Le brome produit une réaction analogue.

La strychnine forme avec l'iode un iodure, $3\,C^{42}H^{22}Az^{2}O^{4}, 3\,I^{2}$, qui se présente en beaux cristaux (Pelletier).

5. *Sels.* — Les sels de strychnine cristallisent facilement.

Le *sulfate neutre de strychnine*, $2\,(C^{42}H^{22}Az^{2}O^{4}),S^{2}H^{2}O^{8}$, cristallise dans l'alcool avec $5\,H^{2}O^{2}$; dans l'eau, il donne des cristaux dont l'hydratation varie suivant les circonstances de la cristallisation (M. Lextreit). Avec 5 molécules d'eau, il constitue des cristaux clinorhombiques et hémiédriques, solubles dans moins de 10 parties d'eau froide, très solubles dans l'eau bouillante. Dissous dans l'acide sulfurique en excès, il donne un *sulfate acide de strychnine*, $C^{40}H^{22}Az^{2}O^{4},S^{2}H^{2}O^{8}$, cristallisé en longues aiguilles.

Le *chlorhydrate de strychnine*, $C^{42}H^{22}Az^{2}O^{4},HCl + 3\,HO$, est neutre au papier de tournesol et plus soluble encore que le sulfate.

Le *nitrate de strychnine*, $C^{42}H^{22}Az^2O^4,AzHO^6$, cristallise en belles aiguilles. L'acide nitrique concentré le transforme en *nitrate de nitrostrychnine*.

Le tanin précipite les sels de strychnine. Il en est de même du sulfocyanate de potasse.

§ 19. — **Brucine.**

$C^{46}H^{26}Az^2O^8$....................... $\mathrm{C}^{23}H^{26}Az^2\mathrm{O}^4$.

1. La brucine a été découverte par Pelletier et Caventou. Elle accompagne généralement la strychnine dans les *Strychnos*.

2. *Préparation.* — La brucine s'extrait des eaux mères de la préparation de la strychnine.

Les liqueurs alcooliques dans lesquelles la strychnine s'est déposée sont saturées par l'acide oxalique et évaporées. L'oxalate de brucine cristallise. On lave ce sel à l'alcool absolu froid, qui entraîne l'oxalate de strychnine. On précipite ensuite la brucine de la solution de son oxalate, par la magnésie, et l'on reprend enfin la masse par l'alcool, qui laisse l'oxalate de magnésie insoluble et dissout la brucine. Celle-ci se dépose en cristaux par l'évaporation spontanée de la solution.

3. *Propriétés.* — La brucine forme des prismes rhomboïdaux obliques, contenant 8 équivalents d'eau de cristallisation. Elle s'effleurit à l'air. Desséchée, elle fond à 178°. Ses cristaux se dissolvent dans 850 parties d'eau froide et dans 500 parties d'eau bouillante. Elle est soluble dans l'alcool, insoluble dans l'éther. Elle est lévogyre. Elle est fortement toxique, moins cependant que la strychnine.

4. *Réactions.* — La brucine est un dérivé méthylique. Elle donne, en effet, l'alcool méthylique ou ses dérivés, dans de nombreuses circonstances.

C'est ainsi que, distillée avec l'acide nitrique, elle fournit de l'*éther méthylnitreux* (Laurent et Gerhardt).

C'est ainsi encore que, chauffée avec l'acide sulfurique et le bioxyde de manganèse, elle produit, entre autres composés, de l'*acide formique* et de l'*alcool méthylique* (M. Baumert).

Elle est caractérisée par la belle coloration rouge qu'elle donne avec l'acide nitrique; coloration qui passe au violet par l'addition de chlorure stanneux.

L'acide azotique, par une action prolongée, donne avec elle, en même temps que l'éther méthylnitreux, un alcali nitré, la *cacothéline*, $C^{40}H^{22}(AzO^4)^2Az^2O^{10}$ (Laurent).

La brucine est un alcali tertiaire. Ses sels sont généralement bien cristallisés.

4e SECTION. — ALCALIS DES SOLANÉES.

§ 20. — Nicotine.

$C^{20}H^{14}Az^2$ .... $C^{10}H^{14}Az^2$.

1. La nicotine a été découverte dans le tabac (*Nicotiana tabacum*) par Reimann et Posselt en 1828. La plante en contient des proportions très variables. Elle existe également dans le pituri.

2. *Formation.* — La nicotine peut être produite artificiellement en partant d'un glucoside naturel, la *solanine* (t. I, p. 466), ou d'une base dérivée de ce glucoside, la *solanidine* (t. II, p. 392). Elle prend naissance, en même temps que l'acide butyrique, dans l'action de l'hydrogène sur ce composé (M. Kletzinski).

3. *Préparation.* — On prépare la nicotine en épuisant le tabac par l'eau. On évapore jusqu'à consistance d'extrait, et l'on reprend par l'alcool. On ajoute ensuite de la potasse et on agite avec de l'éther : la nicotine reste dissoute dans l'éther, tandis que la potasse et divers corps étrangers demeurent dans l'eau. On décante l'éther et on l'agite avec de l'acide oxalique en poudre : on forme ainsi de l'oxalate de nicotine, lequel est insoluble dans l'éther et se sépare. On agite de nouveau l'oxalate avec la potasse et l'éther; celui-ci redissout la nicotine rendue libre. On distille alors la solution éthérée dans un courant d'hydrogène, et l'on maintient le résidu à 140° au bain d'huile, en continuant le courant gazeux, et en évitant tout accès de l'air qui altérerait la nicotine; on porte enfin la température jusqu'à 250° : la nicotine distille.

On peut encore l'extraire avantageusement des liquides qui s'écoulent pendant certains traitements de la fabrication du tabac.

4. *Propriétés.* — La nicotine se présente sous forme huileuse; elle est incolore quand elle est récemment préparée, mais presque toujours colorée en brun, par suite d'une altération qu'elle subit à l'air et à la lumière.

Elle bout vers 245°, et commence à se décomposer un peu au-dessus de cette température : c'est pourquoi il est nécessaire de la distiller sous faible pression et dans un courant d'hydrogène.

Elle est plus dense que l'eau : D = 1,011 à 20°. Elle est très soluble dans l'eau, l'alcool, l'éther, etc.

La nicotine est lévogyre : $\alpha_D = -161°,55$ à 20°. Ses sels sont dextrogyres.

Elle est fortement alcaline. Sa saveur et son odeur sont fortes et vireuses. La nicotine est un caustique très puissant et un poison violent.

5. *Réactions.* — La nicotine est une base tertiaire : elle donne avec les éthers iodhydriques des iodures d'ammoniums composés (M. Stahlsmidt).

Très stable sous l'influence de la chaleur, la nicotine se détruit cependant au rouge-cerise en donnant de la *collidine*, puis de la *pyridine*, de la *picoline*, de l'acide cyanhydrique et de l'ammoniaque (MM. Cahours et Étard).

Le permanganate de potasse et l'acide chromique transforment la nicotine en *acide nicotianique* ou *acide pyridinocarbonique*, $C^{12}H^5AzO^4$. (M. Laiblin).

Oxydée par le ferricyanure de potassium, la nicotine se change en *isodipyridine*, $C^{20}H^{10}Az^2$, alcali isomère avec la dipyridine (t. II, p. 324), bouillant à 274° et ayant une densité égale à 1,124 à 13° (MM. Cahours et Étard) :

$$C^{20}H^{14}Az^2 + 4\,Fe^2Cy^6K^3 + 4\,KHO^2 = 8\,FeCy^3K^2 + 4\,H^2O^2 + C^{20}H^{10}Az^2;$$

c'est-à-dire :

$$C^{20}H^{14}Az^2 - 2\,H^2 = C^{20}H^{10}Az^2.$$

Ces réactions rattachent nettement la nicotine à la pyridine. Il en est de même de la suivante.

La nicotine, chauffée vers 170° avec le soufre, produit une base sulfurée, provenant de la condensation de quatre molécules de nicotine, la *thiotétrapyridine*, $C^{80}H^{18}Az^4S^4$. Cette dernière, distillée avec du cuivre, ou chauffée vers 180° avec une solution alcoolique de potasse, donne l'*isodipyridine* (MM. Cahours et Étard).

6. *Sels.* — La nicotine forme des sels analogues aux sels ammoniacaux, très solubles et cristallisant difficilement.

Le *chlorhydrate de nicotine*, $C^{20}H^{14}Az^2,HCl$, forme de longues aiguilles déliquescentes. Avec le bichlorure de platine, il donne un *chlorure double de platine et de nicotine* cristallisé.

La nicotine produit, avec les sels de cuivre, un précipité verdâtre, qui se redissout dans un excès de nicotine, mais beaucoup moins facilement que dans un excès d'ammoniaque. Avec les sels de zinc, elle forme un précipité blanc, soluble dans un excès de réactif ; avec les sels de plomb, un précipité blanc.

§ 21. — Atropine.

$C^{34}H^{23}AzO^{6}$........................ $C^{17}H^{23}AzO^{3}$.

1. L'atropine a été découverte par Mein dans la belladone (*Atropa belladona*). Elle existe aussi dans le *Datura stramonium*. Elle a été étudiée par M. Kraut et par M. W. Lossen, qui ont fait connaître ses dédoublements, ainsi que par M. Ladenburg. C'est une base tertiaire.

2. *Formation.*—L'atropine dérive de la substitution des éléments de l'eau dans un acide-alcool, l'*acide tropique*, $C^{18}H^{8}(H^{2}O^{2})(O^{4})$, par une base plus simple, la *tropine*, $C^{16}H^{15}AzO^{2}$:

$$C^{18}H^{8}(H^{2}O^{2})(O^{4}) + C^{16}H^{15}AzO^{2} = C^{18}H^{8}(C^{16}H^{15}AzO^{2})(O^{4}) + H^{2}O^{2}.$$

En effet, M. Ladenburg a réussi à reproduire l'atropine, en partant des produits de son dédoublement, la tropine et l'acide tropique. La combinaison de ces deux corps produit un sel, le *tropate de tropine;* et ce sel, chauffé longtemps avec l'acide chlorhydrique dilué, se transforme en atropine, en perdant les éléments de l'eau.

On a vu plus haut (t. II, p. 207) que l'acide tropique peut être obtenu en partant de l'acétophénone. Quant à la tropine, sa constitution n'est pas connue.

3. *Préparation.* — L'atropine existe dans les diverses parties de la belladone. Pour la préparer, on réduit en poudre la racine sèche et on la fait digérer avec de l'alcool; on exprime, on passe, on ajoute de la chaux éteinte; on filtre, on acidule légèrement la liqueur par l'acide sulfurique, on filtre de nouveau, on évapore au tiers à une douce chaleur, puis on ajoute du carbonate de potasse, à peu près jusqu'à cessation de réaction acide; on filtre encore et l'on ajoute une nouvelle dose de carbonate de potassse, pour précipiter l'atropine.

Le dépôt est séché et repris par l'alcool très fort; après décoloration par le noir animal, la liqueur, mêlée avec 5 à 6 volumes d'eau, laisse déposer peu à peu l'atropine cristallisée (Mein).

4. *Propriétés.* — L'atropine forme des cristaux aiguillés, incolores, anhydres, fusibles à 115°,5, inodores, de saveur amère. Elle se dissout dans 300 parties d'eau froide, dans 8 parties d'alcool froid à 90 centièmes, dans 3 parties de chloroforme. Elle est facilement altérable. C'est une base puissante, très toxique, mydriatique, c'est-à-

dire douée de la propriété de dilater la pupille. Elle est faiblement lévogyre.

5. *Réactions.* — Sous l'influence des agents d'oxydation, l'atropine donne de l'*aldéhyde benzoïque* et de l'*acide benzoïque.*

Chauffée avec l'acide chlorhydrique concentré vers 100°, elle fixe les éléments de l'eau et se change en acide tropique et en tropine (MM. Kraut et Lossen) :

$$C^{34}H^{23}AzO^{6} + H^{2}O^{2} = C^{18}H^{10}O^{6} + C^{16}H^{15}AzO^{2}.$$

Par l'action prolongée de l'acide chlorhydrique, il se forme en même temps des produits de déshydratation de l'acide tropique (t. II, p. 207), l'*acide atropique* et l'*acide isatropique*, $C^{18}H^{8}O^{4}$ (M. W. Lossen).

Les alcalis, la baryte ou la soude par exemple, déterminent le même dédoublement que l'acide chlorhydrique.

6. La solution d'atropine dans l'acide sulfurique concentré se colore bientôt en rose, puis en noir. Cette solution chauffée exhale une odeur intense rappelant celle de la fleur d'oranger (M. Gulialmo).

7. *Sels.* — Le *sulfate neutre d'atropine*, $(C^{34}H^{23}AzO^{6})^{2},S^{2}H^{2}O^{8}$, est fort usité, à cause de ses propriétés mydriatiques. On le prépare en mélangeant, en proportions équivalentes, des solutions d'acide sulfurique dilué et d'atropine, et en évaporant. Il est très soluble dans l'eau.

Le *chloro-aurate* fond dans l'eau bouillante.

8. *Tropine :* $C^{16}H^{15}AzO^{2}$. — La tropine, l'un des générateurs de l'atropine, est un alcali cristallisé, fusible à 62°, bouillant à 229°.

Elle perd $H^{2}O^{2}$, quand on la chauffe à 180° avec un mélange d'acide chlorhydrique fumant et d'acide acétique cristallisable; elle se transforme alors en une nouvelle base tertiaire, la *tropidine*, $C^{16}H^{13}Az$ (M. Ladenburg).

Cette dernière se forme de même avec l'atropine (M. Ladenburg).

La tropine, de même qu'elle s'unit à l'acide tropique, avec élimination d'eau pour former l'atropine, peut s'unir d'une manière analogue à d'autres acides, et former ainsi des composés nombreux, les *tropéines*.

9. *Hyoscyamine.* — L'hyoscyamine ou *duboisine*, qui se rencontre dans la jusquiame ou le *Duboisia myoporoides*, est isomère de l'atropine, mais présente avec elle les plus grandes analogies. Elle fond à 108°,5, et se distingue surtout par les propriétés de son chloro-aurate, qui ne fond pas dans l'eau bouillante.

§ 22. — Solanidine.

$C^{50}H^{41}AzO^{2}$........................ $\mathcal{C}^{25}H^{41}Az\Theta$.

1. La solanidine n'est pas, à proprement parler, un alcali naturel, mais l'un des produits de dédoublement d'un glucoside alcalin, la *solanine* (t. I, p. 465). Elle a été découverte par MM. Zwenger et Kind.

2. *Préparation.* — Elle s'obtient en faisant bouillir la solanine, $C^{86}H^{71}AzO^{32}$, avec l'acide sulfurique dilué ; il se forme de la solanidine et de la glucose :

$$C^{86}H^{71}AzO^{32} + 3\,H^{2}O^{2} = C^{50}H^{41}AzO^{2} + 3\,C^{12}H^{12}O^{12}.$$

Le sulfate de solanidine cristallise par le refroidissement. On le décompose en solution alcoolique chaude par du carbonate de baryte ; la liqueur filtrée donne, par refroidissement, des cristaux de solanidine.

3. *Propriétés.* — Cette base constitue de fines aiguilles, fusibles audessus de 200° et sublimables à une température plus élevée. Elle est insoluble dans l'eau, même à chaud. Elle se dissout facilement dans l'alcool chaud et dans l'éther.

4. *Réactions.* — La solanidine se colore en rouge sous l'influence de l'acide sulfurique concentré.

Par l'action de l'hydrogène naissant, elle donne de l'*acide butyrique* et de la *nicotine* (M. Kletzinski).

C'est un alcali plus fort que la solanine ; elle donne des sels neutres et acides, généralement peu solubles dans l'eau.

5ᵉ SECTION. — ALCALIS DIVERS

§ 23. — Aconitine.

$C^{66}H^{43}AzO^{24}$........................ $\mathcal{C}^{33}H^{43}Az\Theta^{12}$.

1. L'aconitine a été découverte par M. Hesse en 1833, et obtenue pure plus récemment par M. Groves et par M. Duquesnel. Elle est surtout connue par les travaux de M. A. Wright. Elle existe dans l'*Aconitum napellus*.

2. *Préparation.* — On épuise la racine d'*Aconitum napellus* par

l'alcool aiguisé d'acide chlorhydrique, on concentre l'extrait, on l'agite avec l'éther qui enlève certains principes, et, dans la liqueur aqueuse, on précipite les alcalis par le bicarbonate de soude. Le précipité étant repris par de l'éther pur, en agitant, la solution éthérée laisse déposer par évaporation spontanée des cristaux d'aconitine, tandis qu'un autre alcali qui l'accompagne, la *picroaconitine*, reste dans la liqueur.

On purifie l'aconitine, en la transformant en bromhydrate, qui cristallise facilement; la base est régénérée de ce sel, puis purifiée par cristallisation dans l'éther additionné de son volume de pétrole léger (M. Duquesnel; M. Wright).

3. *Propriétés.* — L'aconitine cristallisée fond à 183°. Elle se dissout sensiblement dans l'eau froide, et facilement dans l'eau chaude, l'alcool, l'éther et le chloroforme. Elle est fort altérable.

4. *Réactions.* — L'aconitine, chauffée à 100° avec la soude en solution alcoolique, se dédouble en *acide benzoïque* et *aconine*, $C^{52}H^{29}AzO^{22}$, base incristallisable (MM. Wright et Luft) :

$$C^{66}H^{43}AzO^{24} + H^2O^2 = C^{14}H^6O^4 + C^{52}H^{39}AzO^{22}.$$

5. L'*Aconitum ferox* renferme la *pseudo-aconitine*, $C^{72}H^{49}AzO^{24}$, et la racine d'*Aconit du Japon*, la *japaconitine*, $C^{132}H^{88}Az^2O^{42}$; ces deux bases sont cristallisables (M. Wright).

§ 24. — Cocaïne.

$C^{34}H^{21}AzO^8$ .... $\mathit{C}^{17}H^{21}Az\Theta^4$.

1. La cocaïne a été découverte par M. Niemann dans les feuilles de l'*Erythroxylon Coca*. Elle a été étudiée surtout par M. W. Lossen.

2. *Préparation.* — Les feuilles de coca sont épuisées avec de l'eau à 60° ou 80°, et l'extrait précipité par l'acétate de plomb; la liqueur, dépouillée du plomb en excès par le sulfate de soude, est ensuite évaporée, puis additionnée de carbonate de soude, et enfin agitée avec de l'éther qui enlève la cocaïne. On purifie celle-ci par des cristallisations dans l'alcool.

3. *Propriétés.* — La cocaïne forme des prismes rhomboïdaux obliques, fusibles à 98°, solubles à 12° dans 704 parties d'eau, plus solubles dans l'alcool et l'éther. C'est un anesthésique local assez actif.

4. *Réactions.* — Chauffée avec l'acide chlorhydrique ou l'acide sulfurique dilué, elle fixe les éléments de l'eau et se dédouble en *acide benzoïque*, $C^{14}H^6O^4$, *alcool méthylique* et *ecgonine*, $C^{18}H^{15}AzO^6$:

$$C^{34}H^{21}AzO^8 + 2\,H^2O^2 = C^{14}H^6O^4 + C^2H^4O^2 + C^{18}H^{15}AzO^6.$$

5. *Sels.* — Le *chlorhydrate de cocaïne*, $C^{34}H^{21}AzO^8,HCl$, cristallise dans l'alcool en prismes courts, dépourvus d'eau de cristallisation. Le *chloroplatinate de cocaïne*, $C^{34}H^{21}AzO^8,HCl + PtCl^2$, est cristallisable.

6. *Ecgonine.* — L'ecgonine, $C^{18}H^{15}AzO^6$, alcali engendré dans le dédoublement de la cocaïne, cristallise avec une molécule d'eau, en prismes incolores et vitreux. Elle fond à 198°.

§ 25. — Conine.

$C^{16}H^{17}Az$.................................. $\mathit{C}^8H^{17}Az$.

1. La conine, appelée aussi *conicine* et *cicutine*, a été découverte par Giesecke en 1827, et étudiée depuis par Geiger, Wertheim, MM. Kékulé et Planta, M. W. Hoffmann. Elle existe dans la ciguë (*Conium maculatum*), et dans les semences de l'*Æthusa Cynapium*. Dans la première de ces plantes, elle est accompagnée d'homologues et d'une autre base, la *conhydrine*, $C^{16}H^{17}AzO^2$, laquelle est cristallisée, fond à 120° et bout à 226°.

2. *Préparation.* — Pour obtenir la conine, on distille les fruits de ciguë écrasés, avec une solution étendue de soude; on neutralise la liqueur distillée par l'acide sulfurique étendu, on évapore jusqu'à consistance sirupeuse, et l'on reprend par un mélange d'alcool et d'éther, qui dissout le sulfate de conine et laisse le sulfate d'ammoniaque. On filtre, on chasse l'éther et l'alcool, puis on traite le sulfate de conine, qui constitue le résidu, par une solution concentrée de soude et l'on distille. La conine passe avec l'eau, dans laquelle elle est peu soluble; on la sépare, on la sèche sur la chaux caustique et on la rectifie dans une atmosphère d'hydrogène.

3. *Propriétés.* — La conine est un liquide limpide, incolore, oléagineux, nauséabond, d'une densité de 0,85. Elle bout à 169°. Elle dissout à froid le tiers de son poids d'eau, et se dissout elle-même dans 100 parties d'eau. Elle se mêle avec l'alcool, l'éther, etc. La conine est dextrogyre : $\alpha_D = +10°,53$. L'air la résinifie rapidement, surtout à chaud. Elle est douée de propriétés toxiques énergiques.

4. *Réactions.* — La conine est un alcali secondaire : par l'éther iodhydrique on la transforme en *éthylconine*, $(C^4H^4)C^{16}H^{17}Az$, et en *hydrate d'oxyde de diéthylconium*, $(C^4H^4)^2C^{16}H^{17}AzO,HO$ (MM. Kékulé et Planta).

La *méthylconine*, $(C^2H^2)C^{16}H^{17}Az$, existe en petite quantité dans la ciguë.

5. Traitée par l'acide nitreux, la conine forme un dérivé, l'*azocon-*

hydrine, $C^{16}H^{16}Az^2O^2$, que l'acide phosphorique anhydre détruit avec production de *conylène*, $C^{16}H^{14}$, carbure bouillant à 126°.

6. *Sels*. — La conine est une base puissante, monoacide; les sels qu'elle forme sont cristallisables, mais ne s'altèrent pas à l'ébullition.

Le *chlorhydrate de conine*, $C^{16}H^{17}Az,HCl$, est en cristaux rhomboïdaux.

Le *bromhydrate de conine*, $C^{16}H^{17}Az,HBr$, cristallise en beaux prismes volumineux, par l'évaporation spontanée de sa solution : c'est le sel de conine le plus employé en pharmacie.

§ 26. — Ésérine.

$C^{30}H^{21}Az^3O^4$........................ $C^{15}H^{21}Az^3O^2$.

1. L'ésérine, ou *physostygmine*, est contenue dans les fèves de Calabar (*Physostygma venenosum*). Obtenue impure par MM. Jobst et Hesse, elle a été préparée à l'état cristallisé par MM. Vée et Leven. Son bromhydrate est bien cristallisé.

2. C'est un poison violent. Elle exerce sur la pupille une action contraire à celle de l'atropine et s'oppose à la mydriase produite par cette dernière.

§ 27. — Pelletiérine.

$C^{16}H^{13}AzO^2$.......................... $C^8H^{13}AzO$.

1. La pelletiérine a été découverte par M. Tanret dans l'écorce de racine de grenadier (*Punica granatum*), où elle coexiste avec plusieurs alcalis analogues.

2. *Préparation*. — Elle se prépare en épuisant par l'eau l'écorce pulvérisée et mélangée de chaux, agitant la liqueur avec du chloroforme, puis ce dernier avec de l'eau acidulée, qui enlève l'alcaloïde. On ajoute à la solution acide un excès de bicarbonate de soude et on l'agite ensuite avec du chloroforme. Ce dernier contient alors la pelletiérine avec un autre alcaloïde cristallisable et optiquement inactif. On purifie la pelletiérine en la distillant dans un courant d'hydrogène.

3. *Propriétés*. — La pelletiérine constitue un liquide incolore, altérable à l'air, de densité 0,999 à 0°, très soluble dans l'eau, dextrogyre : $\alpha_D = +8°$, en solution aqueuse. Elle possède les propriétés anthelminthiques de la plante dont elle provient.

Le sulfate et le chlorhydrate sont cristallisables.

§ 28. — Pilocarpine.

$C^{22}H^{16}Az^{2}O^{4}$................ $C^{11}H^{16}Az^{2}O^{2}$.

1. La pilocarpine a été découverte par M. Gerrard et par M. Hardy, dans les feuilles de jaborandi (*Pilocarpus pinnatus*), qui lui doivent leurs propriétés sialagogues.

2. *Préparation*. — On précipite par l'acétate de plomb ammoniacal la solution aqueuse de l'extrait hydro-alcoolique de jaborandi, on filtre, on enlève par l'hydrogène sulfuré le plomb de la liqueur, on filtre de nouveau et on évapore; par refroidissement, il cristallise de l'acétate de pilocarpine. On dissout ce dernier dans l'eau aiguisée d'acide chlorhydrique, on agite la liqueur avec du chloroforme, qui dissout certains principes et que l'on sépare; on alcalinise la solution aqueuse par l'ammoniaque et on l'agite avec une nouvelle quantité de chloroforme, qui enlève la pilocarpine mise en liberté et l'abandonne ensuite par évaporation (M. Hardy).

3. *Propriétés*. — La pilocarpine constitue une matière très difficilement cristallisable, ordinairement visqueuse, incolore, soluble dans l'eau, dans le chloroforme et dans l'alcool. Elle est dextrogyre : $\alpha_D = + 127°$ en solution chloroformique.

C'est une base tertiaire.

Sous des influences variées, et notamment quand on la chauffe seule ou en présence de l'acide chlorhydrique, elle se change en une base isomère, la *jaborine*. Celle-ci se trouve dans les eaux mères de la préparation de la pilocarpine. On l'a rencontrée aussi dans le *Piper reticulatum*.

La chaleur détruit la pilocarpine en donnant des *bases pyridiques*, de l'*acide butyrique* et de la *méthylamine* (M. Chastaing).

Traitée par l'acide nitrique fumant, elle s'oxyde et se transforme en *jaborandine*, $C^{20}H^{12}Az^{2}O^{6}$ (M. Chastaing). Ce dernier alcali a été découvert par M. Parodi, en traitant le *Piper jaborandi villosa*.

4. *Sels*. — Le *chlorhydrate de pilocarpine* cristallise anhydre, en aiguilles. Il forme un chloroplatinate cristallisant en lamelles jaunes.

L'*azotate de pilocarpine* et le *phosphate de pilocarpine* cristallisent nettement.

§ 29. — Pipéridine.

$C^{10}H^{11}Az$.............. $CH^2 < \begin{matrix} CH^2-CH^2 \\ CH^2-CH^2 \end{matrix} > AzH$.

1. La pipéridine n'est pas, à proprement parler, un alcaloïde na-

turel, mais l'un des produits de dédoublement d'un principe cristallisé, le *pipérin* ou la *piperine*, $C^{34}H^{19}AzO^{6}$, qui est doué lui-même de propriétés alcalines. Ce dernier a été découvert par Œrstedt et existe dans un grand nombre de poivres (*Piper nigrum*, *P. longum*, *P. caudatum*); on l'obtient en traitant par l'alcool le poivre mélangé de chaux, concentrant la liqueur alcoolique et faisant cristalliser. Il fond à 129°.

La pipéridine a été découverte par M. Cahours.

2. *Formation.* — La pipéridine se forme synthétiquement quand on traite la *pyridine*, $C^{10}H^{5}Az$, par l'*hydrogène* naissant que fournit un mélange d'étain et d'acide chlorhydrique (M. Kœnigs) :

$$C^{10}H^{5}Az + 3\,H^{2} = C^{10}H^{11}Az.$$

3. *Préparation.* — Le pipérin, chauffé avec la potasse, donne de la *pipéridine* et de l'*acide pipérique*, $C^{24}H^{10}O^{8}$ (t. II, p. 258) :

$$C^{34}H^{19}AzO^{6} + KHO^{2} = C^{10}H^{11}Az + C^{24}H^{9}KO^{8};$$

la pipéridine, étant volatile, passe avec l'eau à la distillation. On recueille le liquide, on y ajoute de la potasse caustique, qui détermine la séparation de l'alcaloïde sous forme huileuse. On sépare ce dernier et on le rectifie.

4. *Propriétés.* — La pipéridine est un liquide incolore, dont l'odeur est à la fois poivrée et ammoniacale; elle bout à 106°. Elle est miscible à l'eau, fortement alcaline, et donne des sels bien cristallisés. C'est un alcali secondaire.

Quand on la fait réagir en excès, au sein d'une solution dans la benzine, sur le chlorure acide qui dérive de l'acide pipérique, $C^{24}H^{9}ClO^{6}$, on régénère le *pipérin*, $C^{34}H^{19}AzO^{6}$, c'est-à-dire le principe alcalin et cristallisé du poivre (M. Ruegheimer) :

$$C^{24}H^{9}ClO^{6} + C^{10}H^{11}Az = C^{34}H^{19}AzO^{6} + HCl.$$

L'acide nitreux réagit à froid sur la pipéridine pour former la *nitrosopipéridine*, $C^{10}H^{10}(AzO^{2})Az$, liquide bouillant à 218° (Wertheim).

§ 30. — **Vératrine.**

$C^{64}H^{49}AzO^{18}$ (?)...................... $\mathit{C}^{32}H^{49}Az\theta^{9}$.

1. Cet alcaloïde a été découvert par Meissner dans la cévadille (*Ve-*

ratrum sabadilla); il existe aussi dans l'ellébore blanc (*Veratrum album*) et dans d'autres *Veratrum*.

2. *Propriétés*. — La vératrine cristallise en prismes rhomboïdaux, efflorescents, presque insolubles dans l'eau, peu solubles dans l'éther, solubles dans l'alcool et le chloroforme.

Elle bleuit le tournesol et forme des sels, dont quelques-uns sont cristallisés. Sa poussière est sternutatoire.

3. Elle est accompagnée dans les *Veratrum* par d'autres alcaloïdes, notamment par la *jervine*, $C^{52}H^{43}AzO^4$ (?).

§ 31. — Théobromine.

$$C^{14}H^8Az^4O^4 \text{ ou } C^{10}(C^2H^4)^2Az^4O^4 \ldots\ldots\ldots\ldots \mathit{C^7H^8Az^4O^2}.$$

1. Cet alcaloïde n'est autre chose que la *diméthylxanthine* (voy. *Xanthine*). Il existe dans le cacao (*Theobroma cacao*). Découvert par M. Woskresensky, il a été étudié surtout par Strecker et par M. E. Fischer, qui a réalisé sa synthèse.

2. *Synthèse*. — On le produit au moyen de la *xanthine*, $C^{10}H^4Az^4O^4$, en traitant à 100° le dérivé plombique de celle-ci, $C^{10}H^2Pb^2Az^4O^4$, par l'éther méthyliodhydrique (M. E. Fischer) :

$$C^{10}H^2Pb^2Az^4O^4 + 2\,C^2H^3I = C^{10}(C^2H^4)^2Az^4O^4 + 2\,PbI.$$

3. *Préparation*. — Pour l'obtenir, on précipite l'extrait aqueux de cacao par l'acétate de plomb, ce qui sépare divers corps étrangers; la liqueur filtrée, débarrassée du plomb par l'hydrogène sulfuré, est évaporée; le résidu étant ensuite repris par l'alcool bouillant, la théobromine cristallise par refroidissement.

4. *Propriétés*. — Ce corps cristallise en fines aiguilles rhombiques; il se sublime sans altération à 290°. Il est soluble dans 1600 parties d'eau froide, dans 148 parties d'eau chaude, dans 1400 parties d'alcool froid; il est presque insoluble dans l'éther. Il forme des sels peu stables.

La solution ammoniacale de théobromine, maintenue en ébullition avec l'azotate d'argent, laisse déposer peu à peu un dépôt cristallin de *théobromine argentique*, $C^{14}H^7AgAz^4O^4$ (Strecker).

Ses réactions, de même que sa synthèse, la rattachent nettement à la série urique.

§ 32. — Caféine.

$C^{16}H^{10}Az^4O^4$........................ $C^8H^{10}Az^4O^2$.

1. La caféine, appelée aussi *théine* ou *guaranine*, est un alcaloïde homologue de la théobromine; elle constitue la *méthylthéobromine*, ou autrement dit la *triméthylxanthine*. Elle a été découverte par Robiquet et Boutron. Elle existe dans le thé, le café, l'*Ilex paraguayensis*, le *Paullinia sorbilis*, dans les noix du *Cola acuminata*, etc.

2. *Synthèse*. — La caféine peut être obtenue synthétiquement en partant de la *théobromine argentique* (voy. plus haut). Cette dernière, chauffée à 100° avec l'éther méthyliodhydrique, donne de l'iodure d'argent et de la caféine (Strecker) :

$$C^{14}H^7AgAz^4O^4 + C^2H^3I = AgI + C^{16}H^{10}Az^4O^4.$$

3. *Préparation*. — Pour préparer la caféine, on mélange 2 parties de chaux éteinte avec 10 parties de café en poudre, et l'on épuise par l'alcool. On distille la solution obtenue et on ajoute de l'eau au résidu, ce qui sépare une huile. La liqueur aqueuse concentrée fournit par refroidissement la caféine, que l'on fait recristalliser en décolorant la solution par le noir animal.

On l'obtient encore facilement au moyen du thé, qui en renferme une plus forte proportion que le café. On épuise le thé par l'eau bouillante, on ajoute de la litharge à la liqueur, on évapore en consistance de sirop, et on ajoute du carbonate de potasse ainsi que de l'alcool. On filtre, on distille l'alcool et on fait cristalliser le résidu dans l'eau bouillante.

4. *Propriétés*. — La caféine forme de belles aiguilles, brillantes et légères, contenant 1 molécule d'eau de cristallisation. Elle devient anhydre à 100°, fond ensuite à 234°, puis se sublime. Elle se dissout dans 93 parties d'eau à 12°, dans 25 parties d'alcool ordinaire à 20°, dans 300 parties d'éther à 12°, dans 8 parties de chloroforme froid, etc. Elle forme des sels définis, mais que l'eau détruit.

La potasse en fusion en dégage de la méthylamine, C^2H^5Az.

§ 33. — Émétine.

$C^{56}H^{40}Az^2O^{10}$........................ $C^{28}H^{40}Az\Theta^5$.

1. L'émétine est le principe émétique des divers *Ipecacuanha*. Dé-

couverte par Pelletier et Magendie, elle a été obtenue pure et cristallisée par MM. Lefort et F. Wurtz.

2. Elle constitue une poudre cristalline, presque insoluble dans l'eau, fusible vers 70°.

3. Elle possède une faible réaction alcaline. Son nitrate est cristallisé et à peu près insoluble dans l'eau.

LIVRE VIII

AMIDES

CHAPITRE PREMIER

AMIDES EN GÉNÉRAL

§ 1er. — Les composés organiques dérivés des combinaisons fondamentales de l'azote.

1. En théorie, il convient de dériver les combinaisons organiques complexes des composés minéraux simples, envisagés comme leurs générateurs. Traçons donc le tableau des combinaisons fondamentales de l'azote, en nous bornant à celles qui forment des dérivés salins réguliers : ce qui exclut le bioxyde d'azote et l'acide hypoazotique ; nous montrerons ensuite qu'elles s'associent aux composés organiques, en produisant des dérivés par substitution.

Ces combinaisons sont les suivantes :

L'acide azotique...........................	AzO^6H ;
L'acide azoteux...........................	AzO^4H ;
L'oxyammoniaque...........................	AzH, H^2O^2 ou AzH^3O^2 ;
L'ammoniaque...........................	AzH^3.

2. Deux ordres de dérivés résultent de la substitution de l'un de ces composés azotés fondamentaux à l'hydrogène, H^2, ou aux éléments de l'eau, H^2O^2, au sein d'un principe hydrocarboné. Les uns reproduisent leurs deux générateurs, sous l'influence des acides, des alcalis et de la plupart des réactifs ; tandis que les autres ne se scindent pas ainsi, mais éprouvent, par oxydation ou réduction, des transformations parallèles à celles de leurs générateurs azotés, en fournissant de nouveaux principes également azotés. Ainsi les dérivés azotiques de cette nature, réagissant sur H^2, se changent en dérivés azoteux ; fixant plus d'hydrogène, ils se changent en dérivés oxyammoniacaux et ammoniacaux. Réciproquement, la fixation de l'oxygène sur les dérivés ammoniacaux de ce genre, les transforme en dérivés oxyammoniacaux, azoteux, azotiques.

Énumérons ces divers groupes de dérivés.

3. *Éthers nitriques et dérivés nitrés.* — L'acide nitrique agissant sur les composés organiques, donne des éthers nitriques, en se substituant à H^2O^2 dans les alcools, et des dérivés nitrés, en s'unissant aux carbures, aux phénols, aux acides, etc., avec séparation de H^2O^2. L'équation génératrice semble pareille; mais les deux classes de corps se distinguent facilement.

Les éthers reproduisent, en général, l'acide nitrique et l'alcool par fixation de H^2O^2, sous l'influence de l'eau, des acides ou des alcalis; de plus, ils se scindent en deux corps correspondants, sous l'influence des agents réducteurs ou oxydants.

Au contraire, les corps nitrés sont des composés stables, formés à partir de l'acide azotique avec un dégagement de chaleur bien plus considérable que les éthers azotiques (M. Berthelot). L'accroissement de la densité, l'élévation du point d'ébullition sont aussi plus considérables. Les agents d'hydratation ne les dédoublent point; mais les actions hydrogénantes les transforment en dérivés azotés moins riches en oxygène, et spécialement en alcalis, par suite de la métamorphose des éléments azotiques inclus dans le composé :

Dérivé nitré............ $R + AzO^6H - H^2O^2$;
Dérivé ammoniacal..... $R + AzH^3 - H^2$ ou $RO^2 + AzH^3 - H^2O^2$.

Telle est la *nitrobenzine*, $C^{12}H^5AzO^4$:

$$C^{12}H^6 + AzO^6H = C^{12}H^5AzO^4 + H^2O^2,$$

transformable en *aniline*, $C^{12}H^7Az$; tel est encore l'acide *nitrobenzoïque*, $C^{14}H^5AzO^8$:

$$C^{14}H^6O^4 + AzO^6H = C^{14}H^5AzO^8 + H^2O^2,$$

transformable en *oxybenzamine*, $C^{14}H^7AzO^4$; etc.

On écrit souvent la formule des composés nitrés, en les envisageant comme produits par la substitution de la vapeur nitreuse, AzO^4, à l'hydrogène, H :

Benzine.......	$C^{12}H^5(H)$.........	$C^{12}H^5(AzO^4)$.....	Nitrobenzine;
Ac. benzoïque.	$C^{14}H^5(H)O^4$.......	$C^{14}H^5(AzO^4)O^4$...	Ac. nitrobenzoïque.

En général, tout composé nitré, dérivé d'un corps organique donné, est isomérique avec l'éther azoteux d'un générateur qui diffère du précédent par la substitution de H^2O^2 à H^2. Le *nitréthane* (t. I, p. 115), par exemple, dérivé de l'hydrure d'éthylène, $C^4H^4(H^2)$,

$$C^4H^4(H^2) + AzO^6H - H^2O^2 \text{ ou } C^4H^5(AzO^4),$$

est isomère avec *l'éther méthylnitreux*, corps dérivé de l'hydrate d'éthylène, $C^4H^4(H^2O^2)$:

$$C^4H^4(H^2O^2) + AzO^4H - H^2O^2 \text{ ou } C^4H^4(AzO^4H).$$

4. *Éthers nitreux et dérivés nitrosés.* — L'acide nitreux engendre des éthers nitreux, en se substituant à H^2O^2 dans les alcools, et des dérivés nitrosés, en s'unissant aux carbures, aux phénols, aux acides, etc., avec séparation de H^2O^2. Ces deux groupes de corps se distinguent par les mêmes caractères généraux que les deux groupes de dérivés azotiques.

La formule des dérivés nitrosés peut être écrite aussi en substituant AzO^2 à H dans les composés organiques.

Tels sont le *nitrosophénol*, $C^{12}H^5(AzO^2)O^2$:

$$C^{12}H^6O^2 + AzO^4H = C^{12}H^5(AzO^2)O^2 + H^2O^2;$$

et la *nitrosoaniline*, $C^{12}H^6(AzO^2)Az$:

$$C^{12}H^7Az + AzO^4H = C^{12}H^6(AzO^2)Az + H^2O^2.$$

Telle est encore la *nitrosopipéridine*, $C^{10}H^{10}(AzO^2)Az$, formée par l'union de la pipéridine avec l'acide nitreux, 1 molécule d'eau étant éliminée :

$$C^{10}H^{11}Az + AzO^4H = C^{10}H^{10}(AzO^2)Az + H^2O^2.$$

5. *Dérivés oxyammoniacaux.* — L'oxyammoniaque, AzH^3O^2, produit des amides, comparables aux amides de l'ammoniaque, en s'unissant aux acides avec élimination des éléments de l'eau; en d'autres

termes, l'oxyammoniaque se substitue à H^2O^2 dans les acides. Tel est le *benzhydroxamide* ou *acide benzhydroxamique*, $C^{14}H^7AzO^4$:

$$C^{14}H^6O^4 + AzH^3O^2 = H^2O^2 + C^{14}H^7AzO^4,$$

c'est-à-dire :

$$C^{14}H^4O^2(AzH^3O^2).$$

L'oxyammoniaque doit former aussi des oxyammoniaques composées, en se substituant à H^2 dans les carbures d'hydrogène, ou, ce qui revient au même, à H^2O^2 dans les alcools.

Elle s'unit directement aux aldéhydes, dès la température ordinaire, avec élimination d'une molécule d'eau, H^2O^2, pour former les *aldoximes*. Tels sont l'*éthylaldoxime*, $C^4H^5AzO^2$, et le *propylaldoxime*, $C^6H^7AzO^2$, dérivés des aldéhydes de la série éthylique et de la série propylique :

$$C^4H^4O^2 + AzH^3O^2 = C^4H^5AzO^2 + H^2O^2;$$
$$C^6H^6O^2 + AzH^3O^2 = C^6H^7AzO^2 + H^2O^2.$$

Avec les aldéhydes secondaires ou acétones, elle produit de même les *acétoximes*, soit l'*acétoxime ordinaire*, $C^6H^7AzO^2$, engendré par l'acétone ordinaire :

$$C^6H^6O^2 + AzH^3O^2 = C^6H^7AzO^2 + H^2O^2.$$

6. *Dérivés ammoniacaux*. — L'ammoniaque forme des amides ou des alcalis, suivant qu'elle se combine aux acides ou aux alcools, avec élimination d'eau. En d'autres termes, elle se substitue à l'eau dans les composés oxygénés. Remarquons que les alcalis peuvent aussi être regardés comme engendrés par substitution de AzH^3 à H^2 dans les carbures d'hydrogène :

Hydrure d'éthylène.... $C^4H^4(H^2)$, Éthylamine........ $C^4H^4(AzH^3)$.

Avec les aldéhydes, l'ammoniaque produit des composés intermédiaires, c'est-à-dire dont la fonction est tantôt celle d'un alcali, tantôt celle d'un amide, suivant le caractère de la substitution. La théorie complète de ce groupe de dérivés n'est pas encore faite; cependant il comprend des dérivés pyrogénés très importants, tels que la pyridine, la quinoléine, etc. (t. II, p. 322).

7. *Dérivés diazoïques*. — Tels sont les types des dérivés azotés qui se présentent tout d'abord à nous; mais ces types ne comprennent pas tout. En effet, les dérivés azotés que nous venons d'énumérer peuvent

aussi être associés deux à deux. Ils forment ainsi des corps à fonction mixte, les *dérivés azoïques* ou plutôt *diazoïques*.

Par exemple, l'acide azotique ou l'acide azoteux peuvent être unis aux alcalis avec séparation d'eau, H^2O^2 et $2\ H^2O^2$.

Des composés de ce genre se produisent également par la réduction ménagée des composés azotiques, le dérivé azoteux ou ammoniacal, qui prend naissance aux dépens d'une portion du produit, s'unissant avec l'autre portion non encore désoxydée ou partiellement désoxydée. La variété des composés complexes qui peuvent prendre ainsi naissance est indéfinie.

Le premier dérivé azoïque qui ait été connu, l'*azobenzide*, a été découvert par Mitscherlich ; mais ces corps ont été surtout étudiés par M. Griess, qui a exécuté dans cet ordre de questions une multitude d'études et de découvertes très remarquables. Dans ces dernières années, M. V. Meyer est venu y joindre la famille du *nitréthane*, des *acides nitroliques* et de leurs dérivés, et M. E. Fischer celle des *hydrazines*.

8. Soit d'abord les dérivés de l'acide azoteux et de l'ammoniaque, ou des amines jouant le rôle de cette dernière.

Citons comme type le *diazobenzol*, $C^{12}H^4Az^2$, qui résulte de l'action de l'acide azoteux sur l'aniline, c'est-à-dire sur un corps engendré aux dépens de l'ammoniaque avec élimination d'eau :

$$C^{12}H^7Az + AzO^4H = C^{12}H^4Az^2 + 2\ H^2O^2.$$

Un tel corps est comparable à l'azotite d'ammoniaque : il se décompose de même, avec explosion, avec mise à nu d'azote, Az^2, par suite de la réaction interne du résidu azoteux sur le résidu ammoniacal.

En tant que dérivés d'un corps incomplet, l'acide azoteux, ces composés peuvent fixer : soit de l'hydrogène, H^2, $2\ H^2$, etc., ce qui fournit plusieurs groupes nouveaux ; soit les éléments des acides, ce qui forme une série de sels comparables à ceux des alcalis :

$C^{12}H^4Az^2, AzO^6H$.................. Nitrate de diazobenzol ;

soit enfin des bases, ce qui forme une autre série de sels, comparables à ceux des acides :

$C^{12}H^4Az^2, KHO^2$.................. Diazobenzol potassique.

9. L'oxyammoniaque peut, à la façon de l'ammoniaque et des amines, engendrer des composés diazoïques, en s'associant :

1° Avec les dérivés azotiques;

2° Avec les dérivés azoteux. Tels sont probablement les *acides nitroliques*, réputés à l'origine comme dérivés binitrés des carbures forméniques; soit l'*acide éthylnitrolique*, $C^4H^4Az^2O^6$ (M. V. Meyer) :

$$C^4H^4O^4 + AzO^4H + AzH^3O^2 = C^4H^4Az^2O^6 + 2\,H^2O^2;$$

3° Enfin, avec les dérivés ammoniacaux : cette dernière réaction équivaut à la substitution de H^2O^2 de l'oxyammoniaque par un alcali; elle engendre un groupe spécial de corps appelés *hydrazines* (M. E. Fischer). Soit la *phénylhydrazine*, $C^{12}H^8Az^2$, qui dérive ainsi de l'aniline :

$$AzH^3O^2 + C^{12}H^7Az = C^{12}H^8Az^2 + H^2O^2.$$

De même, on conçoit les dérivés diazoïques de l'acide azotique et de l'acide azoteux simultanément (*corps nitrosonitrés*). Etc.

10. Les composés dont nous venons de tracer le tableau théorique comprennent plusieurs groupes de corps déjà étudiés dans les livres précédents, tels que les éthers azotiques et azoteux, les alcalis proprement dits, les dérivés nitrés et nitrosés. Nous ne reviendrons donc pas sur ces composés; mais nous allons traiter des dérivés ammoniacaux, qui constituent les amides proprement dits; nous nous occuperons ensuite des composés amidés mixtes ou diazoïques, dérivés de l'ammoniaque ou de l'oxyammoniaque et d'un autre générateur azoté.

§ 2. — **Définition des amides.**

1. D'après ce qui précède, les *amides* sont formés par l'union de l'ammoniaque et des acides, avec séparation des éléments de l'eau. Ils diffèrent donc des sels ammoniacaux par les éléments de l'eau :

$$\underset{\text{Acétate d'ammoniaque.}}{C^4H^4O^4,AzH^3} - H^2O^2 = \underset{\text{Acétamide.}}{C^4H^5AzO^2}.$$

2. Réciproquement, les amides peuvent fixer les éléments de l'eau et reproduire l'ammoniaque et l'acide générateur. Mais d'ordinaire cette reproduction n'est pas immédiate, contrairement à ce qui arrive pour les sels ammoniacaux. Sous ce rapport, les amides peuvent être comparés à juste titre avec les éthers.

Ajoutons que leur hydratation s'effectue avec dégagement de chaleur : circonstance fort importante dans l'étude de la chaleur animale (M. Berthelot).

3. Par extension, on a donné aussi le nom d'amides à divers corps qui résultent de l'action de l'ammoniaque sur les aldéhydes ; ou bien encore de l'action de l'oxyammoniaque, des alcalis hydrogénés, ou même des amides plus simples sur les acides et sur les aldéhydes.

§ 3. — **Historique des découvertes relatives aux amides.**

Dès la fin du siècle dernier, on avait observé que certains principes naturels azotés, soumis à l'influence des alcalis, perdent leur azote à l'état d'ammoniaque beaucoup plus difficilement que les sels ammoniacaux, et on en avait conclu que ces principes contiennent l'azote à un autre état. Tels étaient l'urée, les composés du cyanogène, l'albumine, etc. Mais c'est seulement en 1830 que Dumas, dans un travail classique sur l'oxamide, apporta une lumière nouvelle sur la nature des composés de ce genre, et montra par des expériences directes les relations qui existent entre les amides et les sels ammoniacaux.

Liebig et Wœhler généralisèrent ces idées quelques années après, en les étendant au benzamide, et Balard fit connaître en 1842 le premier *acide amidé* artificiel.

Fehling obtint, en 1844, le premier *nitrile*, le benzonitrile, engendré par élimination de 2 molécules d'eau aux dépens d'un sel ammoniacal monobasique. Dumas, Malaguti et Le Blanc ne tardèrent pas à établir, en 1847, l'identité des nitriles avec les éthers cyanhydriques. MM. Frankland et Kolbe arrivèrent de leur côté au même résultat.

Dès 1846, Gerhardt avait montré que les alcalis organiques, l'aniline en particulier, peuvent, comme l'ammoniaque, engendrer des amides spéciaux, autrement dits *alcalamides*.

Le même chimiste, en commun avec M. Chiozza, a fait connaître les *amides complexes*, dérivés de plusieurs acides simultanément.

Les nitriles formiques des alcalis organiques, réputés d'abord impossibles, ont été découverts en 1867 par M. A. Gautier (*carbylamines*).

Ajoutons encore les amides dérivés des aldéhydes, spécialement étudiés par M. H. Schiff.

Cependant, le cadre chaque jour agrandi des amides artificiels a fini par embrasser l'ensemble des composés organiques azotés ; les efforts des chimistes de notre époque tendent à y rattacher maintenant les matières albuminoïdes, principes immédiats fondamentaux de la chimie physiologique dans les animaux. Quelques vues générales, émises à cet égard il y a vingt-cinq ans par M. Berthelot, ont marqué l'origine de ces nouveaux progrès. Mais ce sont principalement les longs et importants travaux de M. Schützenberger, accomplis depuis quinze ans sur les dédoublements méthodiques de l'albumine et des corps congénères, qui ont démontré la constitution de ces corps et mis sur la voie de leur synthèse future.

§ 1. — Classification.

Dans les corps possédant une fonction amide, nous distinguerons d'abord les *amides proprement dits*, ou plus simplement les *amides*, et les *nitriles :* la fonction amide résulte de l'élimination de H^2O^2 dans le produit résultant de la saturation d'une fonction acide par une molécule d'ammoniaque; la fonction nitrile est engendrée par élimination d'une quantité d'eau double, soit $2H^2O^2$, dans le même produit.

Les amides et les nitriles seront partagés respectivement en *2 classes : 1° les amides proprement dits, ou les nitriles, dérivés des acides à fonction simple ; 2° les amides proprement dits, ou les nitriles, dérivés des acides à fonction complexe.*

Chaque classe sera divisée en *ordres*, d'après la *basicité de l'acide ;* chaque ordre en *sections*, suivant le *nombre de molécules ammoniacales combinées ;* enfin chaque section comprendra des *amides primaires, secondaires*, etc., d'après le *nombre de molécules acides* unies à une même molécule ammoniacale, par analogie avec la classification adoptée pour les ammoniaques composées (t. II, p. 287, 290, 291 et 293).

Un second groupe d'amides, parallèle en quelque sorte à celui des amides ammoniacaux dont il vient d'être parlé, sera formé des amides et des nitriles engendrés par les ammoniaques composées. On en désignera les termes sous les noms d'*alcalamides* et d'*alcalonitriles*, d'après le nombre de molécules d'eau éliminées lors de leur formation à partir des sels d'alcalis organiques. La classification des *alcalamides* et des *alcalonitriles* sera d'ailleurs calquée sur celle des amides et des nitriles ammoniacaux. Les alcalamides et les alcalonitriles formeront respectivement la 3e classe des amides et des nitriles.

1re CLASSE : AMIDES ET NITRILES DÉRIVÉS DES ACIDES A FONCTION SIMPLE.

§ 5. — 1er ordre des amides proprement dits : Amides dérivés des acides monobasiques simples.

1. Ces amides sont nécessairement monoammoniacaux. Ils se distinguent suivant le nombre d'équivalents d'acides combinés, lequel peut s'élever à 1, 2, 3, 4, d'après la théorie déjà exposée à l'occasion des alcalis (t. II, p. 287 et suivantes).

2. *Amides primaires.* — Ces amides sont les plus simples; ils dérivent d'un seul équivalent des acides à fonction simple, monobasiques, renfermant 4 équivalents d'oxygène, tels que l'acide acétique, $C^4H^4O^4$.

L'acétate d'ammoniaque, par exemple, répond à la formule : $C^4H^4O^4,AzH^3$; en lui enlevant les éléments de 2 équivalents d'eau, c'est-à-dire une molécule d'eau, H^2O^2 :

$$C^4H^4O^4,AzH^3 - H^2O^2 = C^4H^5AzO^2,$$

on forme l'*amide acétique* ou *acétamide*, $C^4H^5AzO^2$. Celui-ci est un *amide proprement dit.*

3. La *formation* d'un *amide primaire proprement dit* se réalise de diverses manières :

1° Par l'action de la chaleur sur le sel ammoniacal correspondant, soumis à la distillation sèche (Dumas) ;

2° Par l'action de l'ammoniaque sur l'acide anhydre (Gerhardt) :

$$C^4H^2O^2(C^4H^4O^4) + 2\,AzH^3 = C^4H^5AzO^2 + C^4H^4O^4,\,AzH^3;$$

3° Par l'action de l'ammoniaque sur le chlorure acide (Liebig et Wœhler) :

$$C^4H^2O^2(HCl) + 2\,AzH^3 = C^4H^5AzO^2 + AzH^3,\,HCl;$$

4° Par l'action de l'ammoniaque sur les éthers à acides organiques :

$$C^4H^4(C^4H^4O^4) + AzH^3 = C^4H^4(H^2O^2) + C^4H^5AzO^2;$$

5° Par l'action à chaud sur l'acide organique libre, soit du sulfocyanate de potasse seul (M. Leets) :

$$2\,C^4H^4O^4 + C^2AzKS^2 = C^4H^5AzO^2 + C^4H^3KO^4 + C^2O^2S^2,$$

soit du même sel en présence de l'acide sulfurique, ce qui transforme la totalité de l'acide organique en amide (M. Hemilian) :

$$2\,C^4H^4O^4 + 2\,C^2AzKS^2 + S^2H^2O^8 = 2\,C^4H^5AzO^2 + S^2K^2O^8 + 2\,C^2O^2S^2.$$

Ces méthodes sont générales.

4. Les *réactions* des amides primaires résultent de leur mode de formation. Les amides reproduisent, en effet, l'acide et l'ammoniaque, leurs générateurs (Dumas) :

1° Sous l'influence prolongée de l'eau, surtout vers 150°. A froid, cette reproduction est en général très lente et difficile, de même que celle de l'acide et de l'alcool aux dépens des éthers :

$$C^4H^5AzO^2 + H^2O^2 = AzH^3,\ C^4H^4O^4;$$

2° Sous l'influence d'une base énergique, avec le concours de l'eau, à 100° et même au-dessous :

$$C^4H^5AzO^2 + KHO^2 = C^4H^3KO^4 + AzH^3;$$

3° Sous l'influence d'un acide énergique, avec le concours de l'eau, à 100° et même au-dessous :

$$C^4H^5AzO^2 + HCl + H^2O^2 = C^4H^4O^4 + AzH^4Cl;$$

4° Par oxydation au moyen de l'acide nitreux, conformément à la méthode déjà exposée (t. I, p. 241) pour les alcalis (Piria) :

$$C^4H^5AzO^2 + AzO^4H = C^4H^4O^4 + Az^2 + H^2O^2.$$

5° Inversement, on peut réduire un amide par l'acide iodhydrique, ce qui régénère à la fois l'ammoniaque et le carbure correspondant à l'acide (M. Berthelot) :

$$C^4H^5AzO^2 + 3\,H^2 = C^4H^6 + AzH^3 + H^2O^2.$$

Les amides se combinent aux acides en donnant des combinaisons peu stables. Ils s'unissent aussi aux oxydes métalliques.

5. *Amides secondaires et tertiaires.* — Les amides précédents sont, avons-nous dit, des *amides primaires* proprement dits. Mais l'ammoniaque est un composé capable de s'unir avec plusieurs équivalents d'alcool, ainsi que nous l'avons exposé en retraçant l'histoire des

alcalis (t. II, p. 290 et suivantes). Or, les mêmes types de combinaisons se retrouvent dans l'histoire des amides. Il existe en effet des *amides secondaires* et des *amides tertiaires*, formés par l'association de 1 équivalent d'ammoniaque avec 1, 2 ou 3 équivalents d'acide monobasique. Des amides du quatrième genre peuvent être prévus; ils n'ont pas encore été isolés.

Parlons d'abord des amides secondaires. Ils sont formés par 2 molécules acides avec séparation de 2 H^2O^2 ; les deux acides générateurs peuvent être identiques ou différents.

Soient A et B ces deux acides; la formule générale des *amides secondaires proprement dits* sera :

$$AzH^3 + A + A' - 2\,H^2O^2.$$

On les obtient par la réaction des chlorures acides sur les amides primaires (MM. Gerhardt et Chiozza).

De même, nous obtiendrons les *amides tertiaires proprement dits*, dérivés de 3 acides monobasiques, identiques ou différents :

$$AzH^3 + A + A' + A'' - 3\,H^2O^2.$$

6. En *notation atomique*, les amides sont formulés en remplaçant dans le groupe *carboxyle*, $ЄΘ^2H$, caractéristique de la fonction acide, $ΘH$ par le groupe *amide*, AzH^2. L'acide acétique étant écrit $ЄH^3\text{-}ЄΘ^2H$, l'acétamide se représente par $ЄH^3\text{-}ЄΘ\text{-}AzH^2$.

§ 6. — 1er ordre des nitriles : Nitriles dérivés des acides monobasiques simples.

1. Ces nitriles sont forcément monoammoniacaux. On les distingue en nitriles primaires, secondaires et tertiaires, d'après le nombre des molécules acides combinées à la molécule ammoniacale.

2. *Nitriles primaires.* — Ce sont les plus simples de tous les nitriles. Ils dérivent des mêmes sels ammoniacaux que les amides primaires correspondants : en enlevant 2 H^2O^2 à l'acétate d'ammoniaque par exemple :

$$C^4H^4O^4, AzH^3 - 2\,H^2O^2 = C^4H^3Az,$$

on forme le *nitrile acétique* ou *acétonitrile*, C^4H^3Az.

Il résulte de là que les nitriles primaires dérivent aussi de l'amide primaire correspondant par élimination de 1 seule molécule d'eau. C'est ainsi que le nitrile acétique dérive de l'amide acétique :

$$C^4H^5AzO^2 - H^2O^2 = C^4H^3Az.$$

3. La *formation* des nitriles s'effectue :

1° En déshydratant l'amide correspondant, soit par l'anhydride phosphorique, soit même par la baryte (Dumas, Malaguti et Le Blanc).

La chaleur suffit pour changer en nitriles un certain nombre d'amides et de sels ammoniacaux, tels que le benzoate (Fehling);

2° En réalisant les réactions propres à engendrer l'éther cyanhydrique de l'alcool inférieur (t. I, p. 287). On sait, en effet, que l'union de l'acide cyanhydrique avec l'alcool méthylique, H^2O^2 étant éliminé, forme, non pas un véritable éther méthylcyanhydrique, mais l'acétonitrile (Dumas, Malaguti et Le Blanc; MM. Frankland et Kolbe) :

$$C^2H^2(C^2AzH) = C^4H^3Az.$$

3° En détruisant par la chaleur certains principes azotés d'origine animale ou végétale. C'est ainsi que la série des nitriles des acides gras existe dans l'huile animale de Dippel (MM. Weidel et Ciamician), ou dans les produits de la distillation sèche des vinasses de betterave (M. Vincent).

4. Les *réactions* principales des nitriles sont réciproques de leurs modes de formation.

Comme les amides, ils reproduisent l'acide et l'ammoniaque, leurs générateurs, en fixant de l'eau sous l'influence simultanée de la chaleur et d'un acide fort ou d'une base forte :

$$C^4H^3Az + HCl + 2H^2O^2 = C^4H^4O^4 + AzH^4Cl;$$
$$C^4H^3Az + KHO^2 + H^2O^2 = C^4H^3KO^4 + AzH^3.$$

Réduits par l'acide iodhydrique, à haute température, ils produisent à la fois l'ammoniaque et le carbure saturé correspondant à l'acide (M. Berthelot) :

$$C^6H^5Az + 3H^2 = C^6H^8 + AzH^3.$$

5. Les nitriles présentent à un haut degré le caractère de *composés incomplets*. A ce titre, les nitriles primaires, dérivés des acides monobasiques, peuvent fixer : soit H^2O^2, pour reproduire l'amide correspondant; soit $2H^2O^2$, pour reproduire le sel ammoniacal correspon-

dant; ils peuvent également fixer tout autre corps simple ou composé, sous un volume de vapeur équivalent, tel que H^2, Br^2, H^2S^2, HCl, AzH^3, etc.; et dans certains cas 2 H^2, 2 Br^2, 2 HCl, etc.

Voici la liste des principaux dérivés d'un nitrile primaire:

Hydrate ou amide normal..........	$C^4H^3Az(H^2O^2)$,
Sulfhydrate..........................	$C^4H^3Az(H^2S^2)$,
Chlorhydrate........................	$C^4H^3Az(HCl)$,
Bromure.............................	$C^4H^3Az(Br^2)$,
Nitrile ammoniacal................	$C^4H^3Az(AzH^3)$,
Alcali..................................	$C^4H^3Az(H^2)(H^2)$, etc.

Les nitriles se combinent également aux oxydes métalliques.

6. *Nitriles secondaires et tertiaires.* — Ces nitriles, faciles à concevoir en théorie, sont encore peu connus.

7. En *notation atomique*, on représente les nitriles comme étant les cyanures des radicaux alcooliques : le nitrile acétique, par exemple, est formulé comme étant du cyanure de méthyle, $\mathit{CH}^3\text{-}Az{=}\mathit{C}$.

§ 7. — 2e ordre des amides proprement dits : Amides dérivés des acides bibasiques simples.

1. La théorie des *amides dérivés des acides bibasiques à fonction simple* est une conséquence de celle des amides dérivés des acides monobasiques : attendu que tout acide bibasique peut être regardé comme représentant deux équivalents d'acide monobasique intimement unis (t. II, p. 97). A ce titre, un acide bibasique engendre des amides appartenant à deux sections, savoir : 1° les amides biammoniacaux, et 2° les amides monoammoniacaux.

2. 1re *section : Amides biammoniacaux.* — Ces composés, appelés aussi *diamides*, sont comparables aux amides des acides monobasiques, dont on doublerait la formule, chacune des fonctions acides de l'acide bibasique donnant lieu, pour engendrer une fonction amide, aux phénomènes indiqués pour la production d'un amide du 1er ordre. Les amides biammoniacaux sont également des corps neutres, et nous les partagerons pareillement en amides primaires, secondaires, tertiaires, suivant le nombre des molécules acides combinées.

Soit l'oxamide :

$$C^4H^2O^8, 2\,AzH^3 - 2\,H^2O^2 = C^4H^4Az^2O^4;$$

lequel est un amide normal du 2e ordre, engendré avec élimination de 2 H^2O^2 en partant d'un sel biammoniacal :

$$B + 2\,AzH^3 - 2\,H^2O^2.$$

La préparation et les transformations des diamides primaires sont analogues à celles des amides monobasiques.

3. Il existe également des *amides biammoniacaux secondaires* et des *amides biammoniacaux tertiaires*, autrement dits *diamides secondaires* et *diamides tertiaires*, dérivés de deux et trois molécules bibasiques :

Diamide secondaire..... $2\,AzH^3 + B + B' - 4\,H^2O^2$;
Diamide tertiaire....... $2\,AzH^3 + B + B' + B'' - 6\,H^2O^2$.

A côté de ceux-ci nous rangerons les *amides intermédiaires*, dans lesquels les acides monobasiques sont associés par équivalents doublés avec les acides bibasiques :

$$2\,AzH^3 + B + 2\,A - 4\,H^2O^2,$$
$$2\,AzH^3 + B + B' + 2\,A - 6\,H^2O^2.$$

4. *2e section : Amides monoammoniacaux.* — Ces *monoamides* sont dérivés des acides bibasiques. Ils représentent les amides primaires d'un acide monobasique, qui seraient associés avec un deuxième équivalent d'acide monobasique, conservant toutes ses propriétés. A ce titre, ils jouent eux-mêmes le rôle d'acides monobasiques. Ce sont donc des amides à fonction mixte, des *acides amidés :*

$$B + AzH^3 - H^2O^2.$$

Tel est l'*acide oxamique*, $C^4H^3AzO^6$:

$$C^4H^2O^8 + AzH^3 - H^2O^2 = C^4H^3AzO^6,$$

dérivé de l'oxalate acide d'ammoniaque ; il présente les propriétés d'un amide proprement dit du 1er ordre, en même temps que celles d'un acide monobasique, puisqu'il conserve intacte la deuxième fonction acide de l'acide bibasique générateur.

Il doit exister aussi des *acides amidés secondaires* et *acides amidés tertiaires*, c'est-à-dire dérivés de 2 et 3 acides, etc.

§ 8. — **2e ordre des nitriles : Nitriles dérivés des acides bibasiques simples.**

1. La théorie de ces nitriles n'est qu'un développement de celle des nitriles dérivés des acides monobasiques ou nitriles du 1er ordre. De même qu'il a été dit pour les amides du 2e ordre, tout acide bibasique, fonctionnant comme 2 molécules d'acide monobasique réunies, engendre des nitriles appartenant à 2 sections : 1° les nitriles biammoniacaux, et 2° les nitriles monoammoniacaux.

2. 1re *section : Nitriles biammoniacaux.* — Ces nitriles dérivent des sels ammoniacaux neutres des acides bibasiques, par élimination de $4H^2O^2$:

$$B + 2\,AzH^3 - 4\,H^2O^2.$$

Ils dérivent aussi des diamides par élimination de $2H^2O^2$, et peuvent être, comme ces diamides, primaires, secondaires ou tertiaires.

Le *nitrile oxalique*, par exemple, qui n'est autre chose que le *cyanogène*, C^4Az^2 :

$$C^4H^2O^8, 2\,AzH^3 - 4\,H^2O^2 = C^4Az^2,$$

est un nitrile biammoniacal primaire, dérivé de l'oxalate neutre d'ammoniaque ou, ce qui est équivalent, dérivé de l'oxamide par élimination d'une quantité d'eau moindre :

$$C^4H^4Az^2O^4 - 2\,H^2O^2 = C^4Az^2.$$

Le *nitrile succinique*, $C^8H^4Az^2$, qui constitue le *dérivé dicyanhydrique du glycol*, $C^4H^2(C^2AzH)(C^2AzH)$, est encore un nitrile de la même section :

$$C^8H^6O^8, 2\,AzH^3 - 4\,H^2O^2 = C^8H^4Az^2.$$

Les modes de formation et les dédoublements de ces nitriles ne diffèrent pas en principe de ceux des nitriles des acides monobasiques.

3. 2e *section : Nitriles monoammoniacaux.* — Ils dérivent, comme les amides monoammoniacaux correspondants, des sels monoammoniacaux des acides bibasiques, mais avec élimination d'une quantité d'eau double, soit $2H^2O^2$:

$$B + AzH^3 - 2\,H^2O^2.$$

Ils jouent le rôle d'acides monobasiques. Ce sont des amides à fonction mixte, des *acides nitrilés*, des *nitriles acides*. On les désigne aussi sous les noms d'*imides* ou d'*acides imidés*.

Tel est l'*imide succinique*, $C^8H^5AzO^4$:

$$C^8H^6O^8 + AzH^3 = 2\,H^2O^2 + C^8H^5AzO^4,$$

lequel possède à la fois les réactions d'un nitrile monoammoniacal et celles d'un acide monobasique.

4. On peut d'ailleurs concevoir l'existence de nitriles biammoniacaux et de nitriles acides *secondaires* et *tertiaires*. Etc.

§ 9. — **Amides et nitriles dérivés des acides tribasiques.**

La théorie des *amides* et des *nitriles* engendrés par les acides tribasiques résulte pareillement de celle des acides monobasiques, en envisageant un acide tribasique comme formé par la juxtaposition de 3 équivalents monobasiques. De là résulte, dans cet ordre, l'existence des *amides neutres triammoniacaux primaires, secondaires* et *tertiaires :*

$$3\,AzH^4 + T - 3\,H^2O^2,$$
$$3\,AzH^3 + T + T' - 6\,H^2O^2,$$
$$3\,AzH^3 + T + T' + T'' - 9\,H^2O^2;$$

Celle des *amides biammoniacaux*, jouant le rôle d'*acides monobasiques ;*

Celle des *amides monoammoniacaux*, jouant le rôle d'*acides bibasiques;* etc.

Chaque équivalent tribasique T peut être remplacé par 3 équivalents monobasiques, 3A; ou par 1 équivalent bibasique et 1 monobasique, B+A. On peut encore remplacer 2T par 3 équivalents bibasiques 3B, dans la génération de divers amides, ce qui y introduit une variété indéfinie.

Toute cette théorie est facile à construire en principe.

2e CLASSE : AMIDES ET NITRILES DÉRIVÉS DES ACIDES A FONCTION COMPLEXE.

§ 10. — **Amides et nitriles dérivés des acides à fonction complexe.**

La théorie des *amides qui dérivent des acides à fonction complexe* résulte de la théorie des amides à fonction simple, cumulée avec les théories spéciales qui répondent aux autres fonctions desdits acides complexes (t. I, p. 352, et t. II, p. 103).

On obtient ainsi des *amides-alcools*, des *amides-éthers*, des *amides-alcalis*, etc., dont le caractère dépend à la fois de la fonction surajoutée à la fonction acide et des lois génératrices des amides simples:

la constitution fort compliquée de ces composés mérite d'être signalée avec soin, parce qu'elle se retrouve souvent dans l'étude des principes naturels, tels que les uréides.

3e CLASSE : AMIDES DES ALCALIS ORGANIQUES.

§ 11. — **Alcalamides.**

1. Ainsi qu'on a vu plus haut (t. II, p. 408), au lieu d'envisager uniquement l'association de l'ammoniaque avec des molécules acides, à fonction simple ou complexe, on peut envisager l'association d'une molécule d'ammoniaque : soit avec une molécule acide et une molécule alcoolique simultanément, ce qui constitue les *alcalamides;* soit avec une molécule acide et une molécule aldéhydique simultanément, ce qui engendre des amides et des *alcalamides;*

Et plus géneralement l'association d'une molécule d'ammoniaque avec 1, 2, 3 molécules oxygénées, conformément aux théories développées ci-dessus (t. II, p. 410) ; ces 1, 2, 3 molécules oxygénées pouvant appartenir à des fonctions identiques ou différentes.

De même l'association de 2 molécules d'ammoniaque avec un système de 1, 2, 3 molécules biatomiques, etc.

Envisageons seulement ici les *alcalamides*, c'est-à-dire les amides dérivés d'un acide et d'un alcool, ce dernier ayant été combiné le premier avec l'ammoniaque. Tels sont les alcalamides dérivés de l'éthylamine, C^4H^7Az, de l'aniline, $C^{12}H^7Az$, et des alcalis hydrogénés en général. La théorie des amides ammoniacaux s'applique aux alcalamides, sauf quelques restrictions, qui correspondent au caractère spécial (secondaire, tertiaire, etc.) de chacun de ces alcalis.

2. Pour concevoir nettement la génération et les propriétés de ce groupe d'amides, il faut remplacer l'alcali organique par l'ammoniaque et le générateur oxygéné (alcool ou aldéhyde) dont cet alcali dérive : on fait alors la somme des divers générateurs oxygénés, tant acides qu'alcools, de façon à déterminer si l'amide est secondaire, tertiaire, etc.

On voit dès lors que le nombre maximum d'équivalonts d'acides et autres corps oxygénés, combinés avec un seul équivalent d'alcali, ne saurait être aussi grand avec les alcalis organiques qu'avec l'ammoniaque. En effet, ces alcalis dérivent déjà de l'ammoniaque, et l'aptitude de cette base à entrer en combinaison s'y trouve en partie satisfaite. Sa tendance à former des composés plus compliqués est diminuée en proportion précise du nombre d'équivalents de principes organiques auxquels elle est déjà unie. Il est facile de concevoir le principe théorique de cette génération et de l'exprimer par des relations algébriques. Mais le cadre du présent ouvrage ne nous permet pas de développer davantage ces points de vue subtils. Disons seulement que, dans la pratique, les nombreux amides qui résultent de ces théories peuvent être préparés d'ordinaire sans difficulté par les méthodes générales.

3. *Métamères.* — Observons encore que, suivant l'ordre des combinaisons successives, on obtiendra une foule de composés métamères, distincts par leur mode de formation, et aussi par leurs décompositions : car les générateurs successifs se reproduisent dans un ordre inverse, par le fait de ces décompositions.

Par exemple, on peut combiner l'ammoniaque avec l'alcool et l'acide oxalique suivant deux ordres différents, tout en observant les mêmes rapports, et les composés résultants ne seront pas identiques.

D'une part, en unissant d'abord l'ammoniaque avec l'acide oxalique, à équivalents égaux, on obtiendra l'acide oxamique :

$$AzH^3 + C^4H^2O^8 - H^2O^2 = C^4H^3AzO^6;$$

puis en faisant agir l'alcool sur cet acide, on formera l'éther oxamique, qui est un composé neutre :

$$C^4H^3AzO^6 + C^4H^6O^2 - H^2O^2 = C^8H^7AzO^6.$$

Au contraire, on peut unir d'abord l'ammoniaque avec l'alcool, ce qui formera l'éthylamine :

$$AzH^3 + C^4H^6O^2 - H^2O^2 = C^4H^7Az;$$

puis on fera agir l'éthylamine sur l'acide oxalique, de façon à préparer l'acide oxaléthylamique, $C^8H^7AzO^6$, qui est un acide monobasique :

$$C^4H^7Az + C^4H^2O^8 - H^2O^2 = C^8H^7AzO^6.$$

Or l'éther oxamique et l'acide oxaléthylamique offrent la même composition et les mêmes générateurs primitifs : alcool, ammoniaque et acide oxalique. Cependant ce sont des corps tout à fait distincts par leurs propriétés. Leur décomposition par les alcalis met en pleine lumière leur constitution : car l'éther oxamique reproduit d'abord l'alcool et l'acide oxamique ; tandis que l'acide oxaléthylamique reproduit l'éthylamine et l'acide oxalique.

§ 12. — **Ordre adopté.**

Nous partagerons l'histoire des amides et corps azotés du même groupe en six chapitres distincts :

1° *Amides dérivés des acides à fonction simple*, tels que l'acétamide, l'acétonitrile, l'amide succinique.

2° *Amides dérivés des mêmes acides et d'un alcool ou d'un aldéhyde*, c'est-à-dire *alcalamides*.

3° *Amides à fonction complexe*, tels que l'acide hippurique, l'asparagine, l'acide glycocholique.

4° *Dérivés diazoïques*, c'est-à-dire amides dérivés de l'ammoniaque et d'un autre composé de l'azote, tels que le diazobenzol et les hydrazines.

5° *Série cyanique*, série capitale qui mérite d'être étudiée à part, quoique ses principaux termes soient en réalité des amides dérivés des acides les plus simples, et fassent ainsi partie des deux premières classes.

6° *Principes albuminoïdes*, tels que l'albumine, la gélatine, la caséine, le gluten, etc. Ces principes naturels, qui jouent un rôle capital dans la physiologie de tous les êtres vivants, et dont l'intérêt est par là si grand, se rattachent encore à la fonction amide; mais leur constitution n'est pas exactement connue.

CHAPITRE II

AMIDES DÉRIVÉS DES ACIDES A FONCTION SIMPLE

1er ORDRE : AMIDES DÉRIVÉS DES ACIDES MONOBASIQUES.

§ 1er. — Généralités sur les amides des acides monobasiques.

Ces amides sont tous monoammoniacaux. Leur théorie, leurs modes généraux de formation et leurs réactions ont été indiqués plus haut, soit pour les *amides proprement dits* (t. II, p. 400), soit pour les *nitriles* (t. II, p. 411).

§ 2. — Formamide.

$C^2H^3AzO^2$ ou $C^2O^2(AzH^3)$............. *H-CO-AzH*^{2}.

1. Le formamide, ou *formiamide*, a été découvert par M. W. Hofmann.

2. *Préparation.* — On l'obtient :

1° Par l'action de l'ammoniaque sur l'*éther formique* (M. W. Hofmann) :

$$C^4H^4(C^2H^2O^4) + AzH^3 = C^2H^3AzO^2 + C^4H^6O^2;$$

2° Par la distillation sèche du *formiate d'ammoniaque*. Il constitue les produits passant dans cette distillation entre 160° et 200° (M. Lorin) :

$$AzH^3, C^2H^2O^4 = C^2H^3AzO^2 + H^2O^2;$$

3° En chauffant à 140° un mélange de formiate d'ammoniaque et d'urée, tant qu'il se dégage du carbonate d'ammoniaque (M. Berend) :

$$2\,C^2H^2O^4, AzH^3 + C^2H^4Az^2O^2 = 2\,C^2H^3AzO^2 + C^2O^4, 2\,AzH^4O.$$

3. *Propriétés.* — C'est un liquide incolore, très soluble dans l'eau,

insoluble dans l'éther, bouillant à 194°, en se décomposant en partie avec formation d'oxyde de carbone et d'ammoniaque :

$$C^2H^3AzO^2 = C^2O^2 + AzH^3.$$

Les agents déshydratants, l'acide phosphorique, par exemple, le transforment en *nitrile formique*, C^2AzH, ou acide cyanhydrique :

$$C^2H^3AzO^2 = C^2AzH + H^2O^2.$$

§ 3. — Formonitrile.

C^2AzH.................................... *H-CAz.*

Ce nitrile est identique avec l'acide cyanhydrique (voy. *Série cyanique*).

§ 4. — Acétamide.

$C^4H^5AzO^2$ ou $C^4H^2O^2(AzH^3)$.......... *CH³-CO-AzH².*

1. L'acétamide a été préparé pour la première fois en 1847, par Dumas, Malaguti et Le Blanc.

2. *Formation.* — Il se forme :

1° Dans l'action de l'ammoniaque sur l'*éther acétique* :

$$C^4H^4(C^4H^4O^4) + AzH^3 = C^4H^5AzO^2 + C^4H^6O^2;$$

2° Dans la déshydratation de l'*acétate d'ammoniaque* par la chaleur :

$$AzH^3, C^4H^4O^4 = C^4H^5AzO^2 + H^2O^2;$$

3° Dans l'action de l'ammoniaque sur le *chlorure acétique*, $C^4H^3ClO^2$, ou sur l'*anhydride acétique*, $C^4H^2O^2(C^4H^4O^4)$:

$$C^4H^3ClO^2 + 2\,AzH^3 = C^4H^5AzO^2 + AzH^4Cl,$$
$$C^4H^2O^2(C^4H^4O^4) + 2\,AzH^3 = C^4H^5AzO^2 + C^4H^4O^4, AzH^3.$$

3. *Préparation.* — L'acétamide se prépare en saturant par le carbonate d'ammoniaque solide l'acide acétique cristallisable, chauffé au bain-marie. On distille ensuite dans une cornue munie d'un thermomètre, en chauffant à feu nu; il passe d'abord de l'eau mélangée d'acétate d'ammoniaque. Vers 180° on change le récipient : l'acétamide distille à son tour et cristallise dans le col de la cornue et dans le récipient. On le distille une seconde fois, en recueillant ce qui passe entre 215° et 222°.

4. *Propriétés.* — L'acétamide est un corps solide, incolore, cristallisé; il fond à 78° et bout à 221°. Sa saveur est fraîche et légèrement sucrée. Il est soluble dans l'eau, l'alcool et l'éther. Il cristallise très bien par fusion.

5. *Réactions.* — Chauffé avec de l'eau, il régénère l'acétate d'ammoniaque.

Il donne, par l'action d'une base à 100°, de l'acide acétique et de l'ammoniaque :

$$C^4H^5AzO^2 + KO, HO = C^4H^3O^3, KO + AzH^3.$$

Traité par l'acide phosphorique anhydre, il se change en *acétonitrile*, C^4H^3Az.

L'acétamide se combine aux acides et particulièrement à l'acide chlorhydrique (Strecker).

§ 5. — **Acétonitrile.**

C^4H^3Az ou C^2H^2,C^2AzH .... $CH^3 - CAz$.

1. L'acétonitrile ou *cyanure de méthyle* a été découvert par MM. Dumas et Péligot, en 1835.

2. *Formation.* — Il se produit :

1° Quand on chauffe l'*acétate d'ammoniaque* ou l'*acétamide*, soit isolément, soit avec l'anhydride phosphorique (Dumas), soit avec divers autres réactifs avides d'eau :

$$C^4H^4O^4, AzH^3 = C^4H^3Az + 2\,H^2O^2;$$
$$C^4H^5AzO^2 = C^4H^3Az + H^2O^2;$$

2° Par la distillation d'un mélange sec de *cyanure de potassium* et de *méthylsulfate de potasse*, C^2H^2,S^2HKO^8 (Dumas, Malaguti et Le Blanc) :

$$C^2H^2, S^2HKO^8 + C^2AzK = C^2H^2, C^2AzH + S^2K^2O^8;$$

3° Par l'action du sulfure de phosphore sur l'*acétamide* (M. Henry) :

$$5\,C^4H^5AzO^2 + 2\,PS^5 = 5\,C^4H^3Az + 2\,PO^5 + 5\,H^2S^2;$$

4° Dans la distillation de la houille. Il s'accumule dans les benzines brutes) MM. Vincent et Delachanal).

3. *Préparation.* — On ajoute peu à peu à de l'acide phosphorique

chauffé entre 280° et 300°, un poids égal d'acétamide fondu, et on distille; on neutralise le produit distillé par le carbonate de soude; on ajoute du chlorure de calcium pour déterminer la séparation d'un liquide huileux, qui surnage et que l'on rectifie.

L'acétonitrile brut est toujours accompagné d'une certaine proportion de son isomère le *nitrile méthylamiformique*, qui lui communique son odeur repoussante et ses propriétés toxiques.

4. *Propriétés.* — L'acétonitrile est un liquide mobile, à odeur éthérée, de densité 0,805 à 0°, bouillant à 82°, miscible à l'eau et à l'alcool.

5. *Réactions.* — Il se combine aux hydracides et à un certain nombre de chlorures métalliques.

L'hydrogène naissant, dégagé par le zinc en présence de l'acide sulfurique, le change en *éthylamine* (M. Mendius):

$$C^4H^3Az + 2\,H^2 = C^4H^7Az.$$

A 100°, il se combine à l'eau pour former de l'acétamide. Sous l'influence des acides ou des bases, il donne de l'acide acétique et de l'ammoniaque :

$$C^4H^3Az + 2\,H^2O^2 = C^4H^4O^4 + AzH^3,$$

suivant une réaction générale souvent utilisée pour la synthèse des acides organiques.

Les éléments halogènes forment avec l'acétonitrile des dérivés de substitution.

Lorsqu'on le chauffe avec l'acide acétique cristallisable, le même composé se change peu à peu en un amide secondaire, le *diacétamide*, $(C^4H^2O^2)^2AzH^3$ (M. Gautier):

$$C^4H^3Az + C^4H^4O^4 = (C^4H^2O^2)^2AzH^3.$$

Avec l'anhydride acétique, l'acétonitrile donne un amide tertiaire, le *triacétamide*, $(C^4H^2O^2)^3AzH^3$ (M. Wichelhaus) :

$$C^4H^3Az + C^4H^2O^2(C^4H^4O^4) = (C^4H^2O^2)^3AzH^3.$$

§ 6. — **Propionamide.**

$C^6H^7AzO^2$ ou $C^6H^4O^2(AzH^3)$.......... $C^2H^5 - CO - AzH^2$.

Le propionamide, découvert par Dumas, Malaguti et Le Blanc, est un composé cristallisé en lamelles, fusible à 76°; il s'obtient comme les amides précédents.

§ 7. — Propionitrile.

C^6H^5Az ou C^4H^4, C^2AzH .... C^2H^5-CAz.

1. Le nitrile propionique, appelé aussi *éther cyanhydrique* ou *cyanure d'éthyle*, a été découvert par Pelouze en 1834.

2. *Formations.* — Il se forme, en même temps qu'une certaine proportion de son isomère, le *nitrile éthylamiformique:*

1° Quand on distille un mélange de *propionate d'ammoniaque* et d'anhydride phosphorique (Dumas, Malaguti et Le Blanc):

$$C^6H^6O^4, AzH^3 = C^6H^5Az + 2\,H^2O^2;$$

2° Quand on distille un mélange sec d'*éthylsulfate de potasse* et de *cyanure de potassium* (Pelouze) :

$$C^4H^4, S^2HKO^8 + C^2AzK = C^6H^5Az + S^2K^2O^8;$$

3° Par la réaction du *chlorure de cyanogène* sur le *zinc-éthyle* (M. Gal) :

$$C^2AzCl + C^4H^5Zn = C^6H^5Az + ZnCl;$$

4° Dans l'action de l'*éther iodhydrique* sur le *cyanure de potassium* en solution alcoolique (M. Williamson) :

$$C^4H^5I + C^2AzK = C^6H^5Az + KI.$$

3. *Préparation.* — On le prépare au moyen de cette dernière réaction, en maintenant le mélange en ébullition dans un ballon muni d'un réfrigérant à reflux, jusqu'à disparition de l'éther iodhydrique. On distille le liquide alcoolique et on isole le nitrile qu'il contient, par distillation fractionnée.

4. *Propriétés.* — Le propionitrile constitue un liquide à odeur éthérée, de densité 0,7998 à 4°, bouillant à 97°. Il se dissout dans l'eau et s'en sépare ensuite par addition de chlorure de calcium.

Il se combine aux hydracides.

Le potassium l'attaque en donnant surtout naissance à un polymère, la *cyanéthine*, $(C^6H^5Az)^3$, qui est cristallisé (MM. Frankland et Kolbe).

L'eau le détruit, surtout en présence des acides ou des alcalis minéraux ; il se forme ainsi du propionate d'ammoniaque ou les produits de sa destruction par le réactif ajouté à l'eau (Dumas, Malaguti et Le Blanc) :

$$C^6H^5Az + 2\,H^2O^2 = C^6H^6O^4, AzH^3.$$

On a fait remarquer ailleurs l'importance de ce dédoublement (t. I, p. 288 et t. II, p. 92).

§ 8. — **Butyramide.**

$C^8H^9AzO^2$ ou $C^8H^6O^2(AzH^3)$ .... $C^3H^7 - CO - AzH^2$.

1. Le butyramide, découvert par M. Chancel, est un corps cristallisé en lamelles, fusible à 115°, distillant à 216°.

2. Par déshydratation, il donne le nitrile correspondant, c'est-à-dire le *butyronitrile*, C^8H^7Az ou $C^6H^6\,(C^2AzH)$, appelé aussi *cyanure de propyle;* celui-ci constitue un liquide bouillant à 118°,5.

3. Les *amides* et les *nitriles des acides gras*, c'est-à-dire des acides homologues de l'acide acétique, de l'acide propionique et de l'acide butyrique, prennent naissance dans des conditions analogues à celles indiquées pour les dérivés acétiques, propioniques et butyriques correspondants; ils possèdent aussi des propriétés très voisines de celles de ces derniers.

§ 9. — **Benzamide.**

$C^{14}H^7AzO^2$ ou $C^{14}H^4O^2(AzH^3)$ .... $C^6H^5 - CO - AzH^2$.

1. *Formation.* — Le benzamide a été découvert par Liebig et Wœhler. Ses modes de formation sont tout à fait analogues à ceux des amides des acides gras : il se prépare notamment en faisant agir l'ammoniaque sur le *chlorure benzoïque*, $C^{14}H^5O^2Cl$ (Liebig et Wœhler) :

$$C^{14}H^5O^2Cl + 2\,AzH^3 = C^{14}H^7AzO^2 + AzH^4Cl,$$

ou sur l'*éther benzoïque*, $C^4H^4, C^{14}H^6O^4$:

$$C^4H^4, C^{14}H^6O^4 + AzH^3 = C^{14}H^7AzO^2 + C^4H^6O^2.$$

2. *Propriétés.* — Le benzamide cristallise en prismes rhomboïdaux droits, fusibles à 128°. Il est sublimable sans décomposition, insoluble dans l'eau froide, soluble dans l'éther chaud et dans l'alcool.

§ 10. — Benzonitrile.

$C^{14}H^5Az$ ou $C^{12}H^4,C^2AzH$ .... $C^6H^5 - CAz$.

1. Le benzonitrile, *cyanure de phényle* ou *cyanobenzol*, a été obtenu en premier lieu par Fehling.

2. *Formation.* — Il prend naissance :

1° Dans l'action de la chaleur sur le *benzoate d'ammoniaque* sec (Fehling) :

$$C^{14}H^6O^4, AzH^3 = 2\,H^2O^2 + C^{14}H^5Az\,;$$

2° En enlevant les éléments de l'eau au *benzamide*, $C^{14}H^7AzO^2$, sous l'influence de l'acide phosphorique anhydre, par exemple (Liebig et Wœhler) :

$$C^{14}H^7AzO^2 = H^2O^2 + C^{14}H^5Az$$

3° Dans l'action du *benzamide*, $C^{14}H^7AzO^2$, sur le *chlorure benzoïque*, $C^{14}H^5O^2Cl$ (M. Sokoloff) :

$$C^{14}H^7AzO^2 + C^{14}H^5O^2Cl = C^{14}H^6O^4 + HCl + C^{14}H^5Az\,;$$

4° Dans l'action du *bromure de cyanogène*, C^2AzBr, sur le *benzoate de potasse* (M. Cahours) :

$$C^{14}H^5KO^4 + C^2AzBr = C^2O^4 + KBr + C^{14}H^5Az\,;$$

5° Dans la distillation sèche de l'*acide hippurique*, $C^{18}H^9AzO^6$ (MM. Limpricht et Von Uslar), et dans celle de divers autres composés azotés.

3. *Préparation.* — On le prépare ordinairement par la distillation sèche du benzoate d'ammoniaque.

4. *Propriétés.* — C'est un liquide incolore, très réfringent, doué d'une forte odeur d'amandes amères. Sa densité à 0° est 1,023. Il bout à 191°. Il est peu soluble dans l'eau, mais miscible à l'alcool et à l'éther.

Il se combine, directement et par simple addition, au brome et aux hydracides.

Chauffé avec la potasse aqueuse, il fixe les éléments de l'eau et se résout en ammoniaque et en acide benzoïque.

2e ORDRE : AMIDES DÉRIVÉS DES ACIDES BIBASIQUES.

§ 11. — Généralités sur les amides des acides bibasiques.

La théorie de ces composés a été indiquée plus haut ainsi que leurs modes généraux de formation et leurs réactions, aussi bien pour les *amides proprement dits* (t. II, p. 413), que pour les *nitriles* (t. II, p. 414).

§ 12. — Oxamide.

$C^4H^4Az^2O^4$.......................... $\mathcal{C}^2\Theta^2 = (AzH^2)^2$.

1. L'oxamide, préparé pour la première fois par Bauhof en 1817, n'a été bien connu qu'à la suite des travaux de Dumas en 1830.

2. *Formation.* — Il se produit :

1° Dans l'action de la chaleur sur l'*oxalate neutre d'ammoniaque* (Dumas) :

$$C^4H^2O^8, 2\,AzH^3 = C^4H^4Az^2O^4 + 2\,H^2O^2,$$

laquelle entraîne un dégagement de 2,4 Calories ;

2° Dans l'action de l'*ammoniaque* sur l'*éther oxalique* (Bauhof) :

$$(C^4H^4)^2C^4H^2O^8 + 2\,AzH^3 = 2\,C^4H^6O^2 + C^4H^4Az^2O^4 ;$$

3° Lorsqu'on laisse en contact l'*acide cyanhydrique* et l'*eau oxygénée* (M. Attfield) :

$$2\,C^2AzH + H^2O^4 = C^4H^4Az^2O^4 ;$$

4° Dans l'oxydation du cyanure de potassium par un mélange d'acide sulfurique et de bioxyde de manganèse (M. Attfield) :

$$2C^2AzH + H^2O^2 + O^2 = C^4H^4Az^2O^4,$$

réaction équivalente à la précédente ;

5° Par l'hydratation du *cyanogène* au contact des solutions chlorhydriques ou iodhydriques (Liebig) :

$$C^4Az^2 + 2\,H^2O^2 = C^4H^4Az^2O^4 ;\ \text{etc.}$$

3. *Préparation.* — On dissout l'éther oxalique dans son volume d'alcool, et l'on mêle la liqueur avec un volume égal d'une solution aqueuse et concentrée d'ammoniaque. Il se forme presque aus-

sitôt un abondant dépôt cristallin d'oxamide, lequel augmente rapidement, jusqu'à transformation totale. On lave à l'eau froide.

4. *Propriétés.* — L'oxamide est une poudre blanche, cristalline, de densité 1,667, insoluble dans l'eau froide, l'alcool et l'éther, un peu soluble dans l'eau bouillante.

Soumis à l'action brusque de la chaleur, il se sublime en partie et se décompose partiellement, en fournissant, entre autres produits, le *nitrile oxalique*, ou cyanogène :

$$C^4H^4Az^2O^4 - 2\,H^2O^2 = C^4Az^2.$$

Les acides et les alcalis concentrés décomposent l'oxamide à l'ébullition, avec régénération d'acide oxalique et d'ammoniaque.

Quand on le fait bouillir avec l'ammoniaque en dissolution dans l'eau, l'oxamide se change en *oxamate d'ammoniaque* (Toussaint) :

$$\underset{\text{Oxamide.}}{C^4H^4Az^2O^4} + H^2O^2 = \underset{\text{Oxamate d'ammoniaque.}}{C^4H^3AzO^6, AzH^3}.$$

§ 13. — Oxalonitrile.

C^4Az^2 ou $(C^2Az)^2$ .... $(CAz)^2$.

Le nitrile oxalique est identique avec le cyanogène (voy. *Série cyanique*).

§ 14. — Acide oxamique.

$C^4H^3AzO^6$ .... $AzH^2-C^2O^2-OH$.

1. L'acide oxamique dérive de l'acide oxalique bibasique et d'une seule molécule d'ammoniaque. C'est le premier acide amidé qui ait été connu : il a été découvert par Balard en 1842.

2. *Préparation.* — On le prépare d'ordinaire en chauffant l'oxalate acide d'ammoniaque au bain d'huile, vers 220°, pendant deux à trois heures. Il reste dans la cornue une masse jaunâtre que l'on traite par l'eau tiède : l'acide oxamique, qui est un peu soluble, se dissout et cristallise pendant le refroidissement. On le purifie en préparant l'oxamate de baryte.

Il est préférable cependant de faire bouillir l'oxamide dans l'ammoniaque aqueuse, jusqu'à dissolution complète après refroidissement, d'évaporer à sec, de sursaturer par l'acide chlorhydrique et d'abandonner le tout à basse température. Après 12 heures, on recueille l'acide oxamique qui s'est séparé, et on le fait recristalliser.

3. *Propriétés.* — L'acide oxamique constitue une poudre cristalline, fusible à 173°. La chaleur le décompose en eau, oxamide, acide carbonique et acide formique (Toussaint). L'eau bouillante le décompose peu à peu.

C'est, conformément à la théorie, un acide monobasique.

4. On obtient l'*éther oxamique* ou *oxaméthane*, $C^4H^4(C^4H^3AzO^6)$, en traitant par le gaz ammoniac sec l'éther oxalique dissous dans l'alcool : la liqueur évaporée abandonne l'éther oxamique en belles lamelles cristallisées, fusibles à 114° (Dumas et Boullay).

§ 15. — Succinamide.

$C^8H^8Az^2O^4$ ou $C^8H^2O^4(AzH^3)^2$ .... $AzH^2\text{-}CO\text{-}CH^2\text{-}CH^2\text{-}CO\text{-}AzH^2$.

Le succinamide, découvert par Fehling, prend naissance dans les mêmes conditions que l'oxamide. Il cristallise en aiguilles incolores, insolubles dans l'alcool et l'éther, solubles dans 220 parties d'eau froide et dans 9 parties d'eau bouillante.

Chauffé lentement vers 200°, il se détruit en produisant de l'ammoniaque et du *succinimide*, $C^8H^5AzO^4$ (t. II, p. 430).

§ 16. — Succinonitrile.

$C^8H^4Az^2$ ou $C^4H^2(C^2AzH)^2$ .... $C^2H^4 = (CAz)^2$.

1. Ce corps est un amide biammoniacal de la 4e espèce : il est identique avec l'*éther dicyanhydrique du glycol* (t. I, p. 406). Il a été découvert par M. Maxwel Simpson en 1860. On l'appelle encore *dicyanure d'éthylène*.

2. *Préparation.* — On le prépare en chauffant à 100° une solution alcoolique étendue, renfermant 1 molécule de bromure d'éthylène et 2 molécules de cyanure de potassium ; il se forme du bromure de potassium et du succinonitrile :

$$C^4H^4Br^2 + 2\,C^2AzK = C^4H^4(C^2Az)^2 + 2\,KBr.$$

On sépare le bromure de potassium par filtration, on distille l'alcool et on termine l'évaporation du résidu dans le vide.

3. *Propriétés.* — C'est une substance amorphe, fusible à 54°,5, décomposable avant de distiller, même dans le vide, très soluble dans l'eau et l'alcool, peu soluble dans l'éther.

4. Les alcalis hydratés et les acides concentrés transforment le succinonitrile en acide succinique et ammoniaque (t. II, p. 180).

§ 17. — Acide succinamique.

$C^8H^7AzO^6$ ou $C^8H^4O^2(AzH^3)(O^4)$... $CO^2H-CH^2-CH^2-CO-AzH^2$.

1. Cet acide amidé, découvert par Fehling, dérive du succinate acide d'ammoniaque.

2. Il cristallise en gros prismes solubles dans l'eau, insolubles dans l'alcool, fusibles vers 300°. Il est peu stable.

3. Les succinamates ont été mieux étudiés que l'acide lui-même. On les obtient par l'action des bases sur le *succinimide*, $C^8H^5AzO^4$:

$$C^8H^5AzO^4 + BaO, HO = C^8H^6BaAzO^6.$$

§ 18. — Succinimide.

$C^8H^5AzO^4$ ou $C^8H^2O^4(AzH^3)$......... $\begin{matrix} CH^2-CO \\ CH^2-CO \end{matrix} > AzH$.

1. Le succinimide est un amide engendré par 1 molécule d'ammoniaque et 1 molécule d'acide succinique bibasique, avec élimination de 2 molécules d'eau :

$$C^8H^6O^8 + AzH^3 = C^8H^5AzO^4 + 2\ H^2O^2.$$

Il a été découvert par Darcet. On le considère comme une sorte d'amide secondaire engendré par l'acide bibasique et une seule molécule d'ammoniaque.

2. *Préparation.* — Il se prépare en distillant le succinate d'ammoniaque ou le *succinamide*, $C^8H^8Az^2O^4$ (Fehling) :

$$C^8H^8Az^2O^4 = C^8H^5AzO^4 + AzH^3,$$

ou bien encore en traitant l'*anhydride succinique*, $C^8H^4O^6$, par l'ammoniaque (d'Arcet) :

$$C^8H^4O^6 + AzH^3 = C^8H^5AzO^4 + H^2O^2.$$

3. *Propriétés.* — Le succinimide cristallise en belles tables rhomboïdales, renfermant H^2O^2 de cristallisation. Il est très soluble dans l'eau et dans l'alcool, peu soluble dans l'éther. Il fond à 126° et se sublime sans altération vers 288°.

Il précipite le nitrate d'argent ammoniacal.

Les alcalis, par une action prolongée à chaud, le transforment par hydratation, d'abord en succinamate alcalin, puis en acide succinique et ammoniaque.

4. *Isomère*. — Cet amide est isomère avec le dérivé cyanhydrique de l'acide oxypropionique : $C^6H^4(C^2AzH)O^4$, composé que l'on prépare en traitant par le cyanure de potassium le dérivé chlorhydrique correspondant, l'*acide propionique chloré* : $C^6H^4(HCl)(O^4)$. Le dérivé cyanhydrique susdit, traité par la potasse, se change en ammoniaque et acide succinique, comme son isomère. C'est un nitrile-acide.

CHAPITRE III

ALCALAMIDES DÉRIVÉS DES ACIDES A FONCTION SIMPLE

§ 1er. — Généralités.

On a vu plus haut (t. II, p. 408 et 417) que les alcalamides sont les amides dérivés des sels d'alcalis organiques; leur classification est en quelque sorte calquée sur celle des amides ammoniacaux.

ALCALAMIDES DÉRIVÉS DES ACIDES MONOBASIQUES.

§ 2. — Acétanilide.

$C^{16}H^{9}AzO^{2}$ ou $C^{4}H^{2}O^{2}(C^{12}H^{7}Az)$..... $CH^{3}\text{-}CO\text{-}AzH\text{-}C^{6}H^{5}$.

1. L'acétanilide dérive de l'acétate d'aniline. Il a été découvert par Gerhardt.

Sa génération immédiate répond à la formule suivante :

$$C^{4}H^{4}O^{4} + C^{12}H^{7}Az - H^{2}O^{2} = C^{16}H^{9}AzO^{2}.$$

2. *Préparation.* — Ce corps se forme par l'action du *chlorure acétique*, ou de l'*anhydride acétique*, sur l'*aniline* (Gerhardt) :

$$C^{4}H^{2}O^{2}(C^{4}H^{4}O^{4}) + 2\,C^{12}H^{7}Az = C^{4}H^{2}O^{2}(C^{12}H^{7}Az) + C^{4}H^{4}O^{4},\,C^{12}H^{7}Az.$$

On le prépare le plus facilement en faisant bouillir pendant vingt-quatre heures un mélange à équivalents égaux d'aniline et d'acide acétique cristallisable : l'acétanilide se dépose par refroidissement (Williams).

3. *Propriétés.* — L'acétanilide cristallise en lamelles rhomboïdales, fusibles à 112°, peu solubles dans l'eau froide, plus solubles dans l'eau bouillante, l'alcool et l'éther. Il bout à 295°.

La potasse bouillante le décompose en aniline et acétate de potasse.

4. Le nitrile correspondant, $C^{16}H^7Az$, n'a pas été isolé, mais on connaît sa combinaison avec l'aniline, $C^{16}H^7Az(C^{12}H^7Az)$.

§ 3. — **Nitrile méthylamiformique.**

C^4H^3Az................................ CH^3-CAz.

1. Ce composé, isomère de l'acétonitrile (t. II, p. 422), a été découvert par M. Gautier. On l'a désigné sous les noms de *méthylcarbylamine*, d'*isoacétonitrile* et d'*isocyanure de méthyle*.

2. *Formations.* — Il se forme en même temps que l'acétonitrile dans un certain nombre de réactions analogues à celles qui donnent naissance aux éthers. Il prédomine dans les suivantes :

1° Action du cyanure d'argent sur l'éther méthyliodhydrique à 140°, ce qui donne une combinaison du nitrile avec le cyanure d'argent :

$$2\,C^2AzAg + C^2H^3I = C^4H^3Az,\,C^2AzAg + AgI,$$

laquelle se décompose par ébullition avec le cyanure de potassium en mettant le nitrile en liberté (M. Gautier).

2° Action du chloroforme sur la méthylamine en présence de la potasse alcoolique (M. W. Hofmann) :

$$C^2HCl^3 + C^2H^5Az + 3\,KHO^2 = C^4H^3Az + 3\,KCl + 3\,H^2O^2.$$

3. *Propriétés.* — C'est un liquide incolore, à odeur forte et désagréable, de densité 0,735 à 14° ; ses vapeurs sont toxiques. Il bout à 59°, et se dissout peu dans l'eau.

Il possède une faible réaction alcaline et se combine aux acides, en formant des composés cristallisés, que l'eau détruit.

Sa réaction la plus caractéristique est celle qu'il fournit en fixant les éléments de l'eau, soit directement à 180°, soit plus facilement en présence des acides ou des bases. Il donne alors du *formiate de méthylamine :*

$$C^4H^3Az + 2\,H^2O^2 = C^2H^2O^4,\,C^2H^5Az,$$

sel dont il dérive par déshydratation. Ce fait le distingue nettement de son isomère, l'acétonitrile, lequel est dérivé de l'acétate d'ammoniaque.

§ 4. — Nitrile éthylamiformique.

C^6H^5Az ou $C^4H^4(C^2AzH)$ .... *C^2H-C^2Az.*

1. Ce corps, homologue supérieur du précédent et isomère du propionitrile, est le nitrile formique de l'éthylamine. Il a été appelé encore *éthylcarbylamine, isopropionitrile* et *isocyanure d'éthyle.* Il a été découvert par M. Gautier.

2. *Formation.* — Il se produit dans les mêmes réactions que son isomère, le nitrile propionique de l'ammoniaque, mais en proportions variables avec les circonstances (t. I, p. 288).

3. *Préparation.* — Il s'obtient plus spécialement par la même méthode que le nitrile méthylamiformique, en employant l'éther iodhydrique de l'alcool ordinaire et le cyanure d'argent; ou bien encore en faisant agir l'éthylamine sur le chloroforme, en présence de la potasse (t. II, p. 433).

4. *Propriétés.* — C'est un liquide bouillant à 78°, doué d'une odeur alliacée insupportable. Sa densité à 4° est 0,759. Il est dangereux à respirer.

Ses réactions rappellent celles de son homologue.

Il se combine aux hydracides et à certains oxydes métalliques. Par hydratation, il donne du formiate d'éthylamine:

$$C^6H^5Az + 2\,H^2O^2 = C^2H^2O^4,\ C^4H^7Az.$$

§ 5. — Nitrile phénylamiformique.

$C^{14}H^5Az$ .... *C^6H^5-CAz.*

1. Cet alcalonitrile, dérivé du formiate d'aniline, a été appelé aussi *isocyanure de phényle* et *phénylcarbylamine;* il a été découvert par M. W. Hofmann.

2. *Préparation.* — On l'obtient en distillant un mélange d'aniline, de chloroforme et de potasse alcoolique :

$$C^{12}H^7Az + C^2HCl^3 + 3\,KHO^2 = C^{14}H^5Az + 3\,KCl + 3\,H^2O^2.$$

3. *Propriétés.* — C'est un liquide verdâtre, à odeur pénétrante, bouillant à 167°.

En présence des acides, l'eau le dédouble en aniline et acide formique :

$$C^{14}H^5Az + 2\,H^2O^2 = C^{12}H^7Az + C^2H^2O^4.$$

ALCALAMIDES DÉRIVÉS DES ACIDES BIBASIQUES.

§ 6. — **Oxanilide.**

$C^{28}H^{12}Az^{2}O^{4}$...................... $C^{2}\Theta^{2}=(AzH\text{-}C^{6}H^{5})^{2}$.

1. Le *dianilide oxalique* se forme en chauffant l'oxalate d'aniline vers 160° ou 180° :

$$(C^{12}H^{7}Az)^{2}C^{4}H^{2}O^{8} = C^{28}H^{12}Az^{2}O^{4} + 2\,H^{2}O^{2}.$$

2. Il est constitué par de belles écailles brillantes, insolubles dans l'eau et dans l'éther, solubles dans l'alcool absolu bouillant. Il fond à 245° et distille partiellement vers 320°.

§ 7. — **Acide oxanilique.**

$C^{16}H^{7}AzO^{6}$ ou $C^{4}O^{6}(C^{12}H^{7}Az)$.... $C\Theta^{2}H - C\Theta - AzH - C^{6}H^{5}$.

Cet acide, appelé aussi *acide phényloxamique*, a été découvert par Laurent et Gerhardt. C'est un dérivé ammoniacal secondaire, un *acide alcalamidé*.

Il résulte de l'action de la chaleur sur un mélange d'aniline et d'acide oxalique en excès.

CHAPITRE IV

AMIDES A FONCTION COMPLEXE

§ 1er. — Généralités.

Ces amides sont formés suivant les mêmes lois que les amides dérivés de l'ammoniaque et des acides à fonction simple; mais ils conservent la fonction supplémentaire ou les fonctions supplémentaires de l'acide et de l'alcali qui les a engendrés, c'est-à-dire qu'ils sont susceptibles de toute une catégorie propre de réactions. Observons seulement que l'élimination de l'eau aux dépens de certains d'entre eux, tels que les amides-alcools, tantôt les réduit aux caractères simplifiés des amides normaux, tantôt fournit des anhydrides d'un caractère spécial, comparables aux carbures et aux éthers simples dérivés des alcools.

Ceci posé, nous distinguerons les *amides-alcools*, les *amides-phénols*, les *amides-aldéhydes*, les *amides-acides*, suivant la nature de la fonction autre que la fonction amide, provenant de l'acide ou de l'alcali générateur.

§ 2. — 1re section : Amides-alcools.

Les amides-alcools peuvent être engendrés : soit par l'ammoniaque, unie avec les acides-alcools ; soit par les alcalis-alcools, unis avec les acides à fonction simple.

§ 3. — Glycollamide.

$C^4H^5AzO^4$ ou $C^4H^3AzO^2(H^2O^2)$..... OH - $\mathit{CH^2}$ - CO - $\mathit{AzH^2}$.

1. Cet amide-alcool est isomère avec le glycocolle ou glycollamine (t. II, p. 342); il a été découvert par Dessaignes. C'est l'amide de l'acide glycollique (t. II, p. 195).

2. *Formations.* — Il prend naissance :

1° En traitant l'*éther glycollique* par l'ammoniaque (Heintz) :

$$C^4H^4(C^4H^4O^6) + AzH^3 = C^4H^5AzO^4 + C^4H^6O^2;$$

2° En traitant le *glycollide* ou *anhydride glycollique*, $C^4H^2O^4$, par l'ammoniaque (Dessaignes) :

$$C^4H^2O^4 + AzH^3 = C^4H^5AzO^4;$$

3° En décomposant par la chaleur le *tartronate d'ammoniaque*, $C^6H^4O^{10},AzH^3$ (Dessaignes) :

$$C^6H^4O^{10}, AzH^3 = C^4H^5AzO^4 + H^2O^2 + C^2O^4.$$

3. *Propriétés.* — Le glycollamide est cristallisé, fusible à 120°.

La potasse et les acides fixent sur lui les éléments de l'eau, en donnant de l'ammoniaque et de l'acide glycollique.

Le glycollamide ne peut pas, comme le fait la glycollamine, son isomère, se combiner aux bases pour former des sels. Mais il a la propriété de s'unir à l'acide chlorhydrique pour former un éther, $C^4H^3AzO^2(HCl)$, qui est cristallisable (Heintz).

§ 4. — **Taurine et iséthionamide.**

$C^4H^7AzS^2O^6$ .... $S\theta^3H\text{-}CH^2\text{-}CH^2\text{-}AzH^2$.

1. Nous rangerons ici la taurine et l'iséthionamide.

La taurine est un amide particulier, dérivé de l'acide iséthionique (t. I, p. 294). Elle a été découverte par Gmelin. Elle n'est pas identique, mais isomère, avec le véritable amide iséthionique, c'est-à-dire avec le composé qui s'obtient par l'action de la chaleur sur l'iséthionate d'ammoniaque.

La taurine existe dans les muscles des mollusques, dans le tissu pulmonaire du bœuf, dans le foie, la rate et les reins de la raie, etc. Elle se forme dans le dédoublement de certains acides de la bile, tels que les acides taurocholique, hyotaurocholique, chénotaurocholique. Sa synthèse a été réalisée par Kolbe.

2. *Formation.* — Elle se forme :

1° Au moyen de l'*acide iséthionique*, $C^4H^6S^2O^8$. Celui-ci, traité par le perchlorure de phosphore, fournit un chlorure acide, $C^4H^5ClS^2O^6$, que l'ammoniaque change en taurine (Kolbe) :

$$C^4H^5ClS^2O^6 + 2\,AzH^3 = AzH^3, HCl + C^4H^7AzS^2O^6;$$

2° Dans l'action de l'acide chlorhydrique sur l'*acide taurocholique*, $C^{52}H^{45}AzS^{2}O^{14}$, lequel fixe les éléments de l'eau en donnant de la taurine et de l'*acide cholalique*, $C^{48}H^{40}O^{10}$ (Gmelin) :

$$C^{52}H^{45}AzS^{2}O^{14} + H^{2}O^{2} = C^{48}H^{40}O^{10} + C^{4}H^{7}AzS^{2}O^{6}.$$

3. *Préparation.* — Pour obtenir la taurine, on fait bouillir la bile pendant quelque temps avec l'acide chlorhydrique. On filtre pour séparer les matières résineuses ; on concentre au bain-marie et l'on décante le sel marin qui se dépose. On ajoute de l'alcool, la taurine se sépare.

4. *Propriétés.* — Elle se présente en beaux prismes rhomboïdaux obliques, transparents, solubles dans 15,5 parties d'eau à 12° et dans 500 parties d'alcool ordinaire froid, insolubles dans l'éther.

Elle est fort stable et résiste aux acides minéraux. La potasse fondante la décompose en ammoniaque, acétate, sulfite, eau et hydrogène :

$$C^{4}H^{7}AzS^{2}O^{6} + 3\,KHO^{2} = AzH^{3} + C^{4}H^{3}KO^{4} + S^{2}K^{2}O^{6} + H^{2}O^{2} + H^{2}.$$

5. *Sels.* — La taurine se combine aux oxydes métalliques pour former des sels, comme la glycollamine et les corps analogues. Elle se combine également aux acides.

6. Quelques-unes de ses propriétés tendent à la faire envisager comme engendrée par substitution de l'ammoniaque à l'eau dans l'acide iséthionique, ce dernier corps étant lui-même envisagé comme un acide-alcool, $C^{4}H^{4}(H^{2}O^{2})S^{2}O^{6}$, dérivé de l'*acide hydréthylsulfurique*, $C^{4}H^{4}(H^{2})S^{2}O^{6}$ (t. I, p. 295), tandis que l'amide normal, l'*iséthionamide*, dériverait de la fonction acide. A ce titre, la taurine devrait être rangée parmi les alcalis, plutôt que parmi les amides.

§ 5. — 2° section : Amides-phénols.

Les amides-phénols, comme les amides-alcools, peuvent être engendrés de deux manières différentes : soit par l'ammoniaque et les acides-phénols, soit par les alcalis-phénols et les acides à fonction simple. On citera un seul exemple.

§ 6. — Salicylamide.

$C^{14}H^{7}AzO^{4}$ ou $C^{14}H^{5}AzO^{2}(\underline{H^{2}O^{2}})$.... $\theta H - \mathcal{C}^{6}H^{4} - \mathcal{C}\theta - AzH^{2}$.

1. Cet amide-phénol, dérivé de l'acide salicylique, se forme par l'action de l'ammoniaque sur l'éther méthylsalicylique (M. Cahours).

2. Ce composé se présente en paillettes jaunes, fusibles à 142°; il est sublimable sans décomposition et peu soluble dans l'eau.

§ 7. — 3e section : Amides-aldéhydes.

Les amides-aldéhydes sont engendrés par l'oxydation des amides-alcools. Ces corps ont été jusqu'ici peu étudiés. Nous les citons pour mémoire.

§ 8. — 4e section : Amides-acides.

On distingue deux groupes d'amides-acides, lesquels sont produits :

1° Par la combinaison des acides polybasiques avec l'ammoniaque, cas qui a été examiné plus haut en parlant des *acides amidés;*

2° Par la combinaison des alcalis-acides avec les acides, de l'eau étant éliminée.

Ces derniers corps ont une grande importance en physiologie animale.

§ 9. — Amides de la glycollamine.

La glycollamine (t. II, p. 342), étant un alcali-acide, peut fournir deux classes d'amides :

1° Des amides dérivés de la fonction acide, c'est-à-dire qui résultent de l'union de l'ammoniaque ou d'un autre alcali avec la glycollamine, envisagée comme *acide oxyacétamique :*

Amide.......... $C^4H^2(AzH^3)(O^4) + AzH^3 - H^2O^2 = C^4H^6Az^2O^2$,
Nitrile.......... $C^4H^2(AzH^3)(O^4) + AzH^3 - 2\,H^2O^2 = C^4H^4Az^2(-)$.

Le dérivé ammoniacal du nitrile répond à la formule : $C^4H^4Az^2(AzH^3)$ ou $C^4H^7Az^3$; etc.

2° Des amides dérivés de la fonction alcali, c'est-à-dire qui résultent de l'union d'un acide avec la glycollamine, envisagée comme corps analogue à l'ammoniaque. Cette classe de composés est fort nombreuse. On citera seulement ici l'*acide hippurique* et l'*acide glycocholique*, composés formés par l'acide benzoïque et l'acide cholalique.

I. — Acide hippurique.

$C^{18}H^9AzO^6$ ou $C^{14}H^4O^2[C^4H^2(AzH^3)(O^4)]$..... $C^7H^5O - AzH - CH^2 - CO^2H$.

1. L'acide hippurique est à la fois un amide, en tant que dérivé de

l'acide benzoïque, et un acide monobasique, en tant que dérivé de la glycollamine :

$$C^4H^2(AzH^3)(O^4) + C^{14}H^6O^4 - H^2O^2 = C^{14}H^4O^2[C^4H^2(AzH^3)(O^4)].$$

Il a été découvert au siècle dernier par Rouelle et étudié par Liebig, ainsi que par MM. Dumas et Péligot.

Il existe à l'état de sel dans l'urine des herbivores. Il se trouve également, mais en petite quantité, dans l'urine humaine.

2. *Formation.* — Il peut être obtenu synthétiquement :

1° En traitant à 120° la *glycollamine zincée* ou *glycocollate de zinc*, $C^4H^4ZnAzO^4$, par le *chlorure benzoïque*, $C^{14}H^5O^2Cl$ (Dessaignes) :

$$C^4H^4ZnAzO^4 + C^{14}H^5O^2Cl = C^{18}H^9AzO^6 + ZnCl;$$

ou même en chauffant à 160° la glycollamine avec l'acide benzoïque (Dessaignes);

2° En traitant l'*acide chloracétique*, $C^4H^3ClO^4$, par le *benzamide*, $C^{14}H^7AzO^2$ (M. Jazukowitsch) :

$$C^4H^3ClO^4 + C^{14}H^7AzO^2 = C^{18}H^9AzO^6 + HCl.$$

3. *Préparation.* — Pour préparer l'acide hippurique, on évapore l'urine de vache récente au sixième de son volume, et on la mêle après refroidissement avec 2 à 3 volumes d'acide chlorhydrique concentré. L'acide hippurique se dépose et cristallise. Au bout de douze heures, on recueille le dépôt, on le dissout dans la soude, on filtre, on décolore par le chlorure de chaux; on précipite de nouveau par l'acide chlorhydrique, et l'on fait recristalliser l'acide hippurique dans l'eau bouillante, avec traitement au noir animal.

4. *Propriétés.* — L'acide hippurique forme de longs prismes incolores, du système rhombique. Sa densité est 1,308. Il se dissout dans 600 parties d'eau à 0°, beaucoup plus abondamment dans l'eau chaude et dans l'alcool, peu dans l'éther.

Il fond à 188°; puis, vers 240°, il se décompose, avec formation d'acide benzoïque, de benzonitrile, d'acide cyanhydrique, etc.

L'acide hippurique forme des sels monobasiques.

Sous l'influence prolongée des alcalis, comme des acides, il fixe les éléments de l'eau et reproduit la glycollamine et l'acide benzoïque. Le même changement a lieu dans l'urine des herbivores pendant la putréfaction; c'est sur cette réaction qu'est fondée l'une des préparations de l'acide benzoïque (t. II, p. 167).

II. — Acide glycocholique.

$C^{52}H^{43}AzO^{12}$ .... $C^{26}H^{43}Az\Theta^{6}$.

1. L'acide glycocholique ou *acide cholique*, découvert par Tiedemann et Gmelin, a été étudié surtout par Strecker.

C'est l'amide formé par l'*acide cholalique*, $C^{48}H^{40}O^{10}$, et la *glycollamine :*

$$C^{52}H^{43}AzO^{12} + H^{2}O^{2} = C^{48}H^{40}O^{10} + C^{4}H^{5}AzO^{4}.$$

Il existe à l'état de sel de soude dans la bile de bœuf et, en moindre quantité, dans celle de l'homme; mais il manque dans la bile des carnivores.

2. *Préparation.* — Pour l'obtenir, on évapore la bile de bœuf en consistance sirupeuse. On la traite par l'alcool fort, on décolore par le noir animal, et l'on évapore à sec au bain-marie. On redissout dans une petite quantité d'alcool absolu, puis on ajoute de l'éther. Il se forme peu à peu un précipité de glycocholate de soude (*bile cristallisée*), que l'on reprend par l'eau; on verse goutte à goutte dans la solution de l'acide sulfurique étendu, jusqu'à apparition d'un trouble persistant. Après quelques heures, la liqueur s'est remplie d'aiguilles brillantes, que l'on fait recristalliser dans l'alcool : c'est l'acide glycocholique.

3. *Propriétés.* — Ce corps est peu soluble dans l'eau froide, un peu plus soluble dans l'eau chaude, très soluble dans l'alcool, fort peu soluble dans l'éther; ses sels sont généralement solubles dans l'eau. Il est dextrogyre : $\alpha_D = +29°$.

Les acides ou les alcalis étendus, par une action prolongée, le dédoublent en acide cholalique et glycollamine. Avec l'acide sulfurique concentré, on obtient d'abord l'*acide cholonique*, $C^{52}H^{41}AzO^{10}$.

Un liquide chargé d'acide glycocholique, ou des acides analogues qui l'accompagnent dans la bile, étant mélangé avec deux tiers de son volume d'acide sulfurique concentré, puis additionné d'une goutte de solution de sucre au dixième, et porté à 70°, prend une coloration rouge violacé (M. Pettenkofer).

4. On connaît encore l'*acide hyoglycocholique*, $C^{54}H^{43}AzO^{10}$, dérivé de la glycollamine et de l'*acide hyocholalique*, $C^{50}H^{40}O^{8}$; il est extrait de la bile de porc.

§ 10. — **Acide taurocholique.**

$C^{52}H^{45}AzS^{2}O^{14}$ .... $C^{26}H^{45}AzS\Theta^{7}$.

1. Cet acide, appelé aussi *acide choléique*, est un amide formé,

comme le précédent, par l'*acide cholalique*, mais avec la *taurine;* il fournit ces deux composés par hydratation :

$$C^{52}H^{45}AzS^{2}O^{14} + H^{2}O^{2} = C^{48}H^{40}O^{10} + C^{4}H^{7}AzS^{2}O^{6}.$$

Ac. taurocholique. Ac. cholalique. Taurine.

Il a été découvert par Strecker. Il existe seul, combiné à la soude, dans la bile des chiens; mais il fait aussi partie de la bile d'homme, de bœuf, de serpent, etc., où il est mélangé avec des acides analogues.

2. *Préparation.* — On le sépare de l'acide glycocholique, auquel il est d'ordinaire associé, en précipitant celui-ci par l'acétate de plomb; on filtre et l'on précipite l'acide taurocholique à son tour par l'acétate de plomb ammoniacal.

3. *Propriétés.* — Cet acide est amorphe, dextrogyre; son sel de soude est cristallisé.

4. L'*acide chénotaurocholique*, $C^{58}H^{49}AzS^{2}O^{12}$, qui existe dans la bile d'oie, est un amide de la taurine et de l'*acide chénocholalique*, $C^{54}H^{44}O^{8}$.

§ 11. — 5e section : Amides-alcalis.

Ces corps dérivent d'un acide-alcali combiné avec un deuxième équivalent d'ammoniaque, de l'eau étant éliminée. On citera un seul exemple.

§ 12. — Asparagine.

$C^{8}H^{8}Az^{2}O^{6}$ ou $C^{8}H^{5}AzO^{2}(O^{4})(AzH^{3})$.................. $C^{4}H^{8}Az^{2}O^{3}$.

1. L'asparagine a été découverte par Vauquelin et Robiquet. Elle existe toute formée dans l'asperge, dans les racines de betterave, de réglisse et de guimauve, dans les jeunes pousses d'un grand nombre de végétaux.

2. L'asparagine est un amide-alcali qui dérive de l'*acide aspartique;* elle est en même temps douée d'une fonction acide. L'acide aspartique, en effet, est un alcali-acide bibasique, dérivé de l'acide malique, acide-alcool bibasique (t. II, p. 349); il peut, en s'unissant avec une nouvelle molécule d'ammoniaque, former, par élimination d'eau, un amide, lequel n'est autre chose que l'asparagine :

$$C^{8}H^{4}(H^{2}O^{2})(O^{4})(O^{4})\ldots \quad C^{8}H^{4}(AzH^{3})(O^{4})(O^{4}) \text{ ou } C^{8}H^{7}AzO^{8}\ldots \quad C^{8}H^{5}AzO^{2}(O^{4})(AzH^{3}).$$

Ac. malique. Ac. aspartique. Asparagine.

L'expérience se réalise en chauffant avec l'ammoniaque l'*acide éthylaspartique*, $C^4H^4,C^8H^7AzO^8$ (M. Schaal) :

$$C^4H^4, C^8H^7AzO^8 + AzH^3 = C^8H^8Az^2O^6 + C^4H^6O^2.$$

3. *Préparation.* — On l'obtient facilement en évaporant convenablement le suc exprimé des tiges étiolées des vesces (*Vicia sativa*) cultivées dans un endroit obscur. Elle cristallise par refroidissement.

4. *Propriétés.* — Elle se présente en gros cristaux rhomboïdaux droits, de densité 1,552, durs, cassants, d'une saveur fraîche, solubles dans 11 parties d'eau froide, presque insolubles dans l'alcool absolu et dans l'éther. Ces cristaux contiennent 2 équivalents d'eau.

L'asparagine ordinaire est lévogyre : $\alpha_D = -6°,23$; par addition d'un acide minéral, ses solutions deviennent dextrogyres. Elle est accompagnée dans le suc de *Vicia sativa* d'une petite quantité d'*asparagine droite*, qui se concentre dans les eaux-mères; cette asparagine droite présente avec elle les mêmes relations de propriétés que l'acide tartrique droit avec l'acide tartrique gauche.

L'asparagine forme des composés définis, soit avec les acides, soit avec les alcalis étendus. Sous une influence plus énergique des uns et des autres, ou même sous l'influence de l'eau à haute température, elle se change en *acide aspartique*, $C^8H^7AzO^8$, et en ammoniaque :

$$C^8H^8Az^2O^6 + H^2O^2 = C^8H^7AzO^8 + AzH^3.$$

L'acide azoteux transforme l'asparagine en *acide malique* (Piria) :

$$C^8H^8Az^2O^6 + 2\,AzHO^4 = C^8H^6O^{10} + 4\,Az + 2\,H^2O^2.$$

§ 13. — 6ᵉ section : Amides divers.

Nous rapprocherons des amides à fonction complexe un groupe d'amides dont la constitution n'a pas encore été complètement établie.

§ 14. — Série de l'indol.

Indol	$C^{16}H^7Az$,
Oxindol	$C^{16}H^7AzO^2$,
Dioxindol	$C^{16}H^7AzO^4$,
Trioxindol (acide isatique)	$C^{16}H^7AzO^6$,
Trioxindol déshydraté (isatine)	$C^{16}H^5AzO^4$,
Indigotine	$C^{16}H^5AzO^2$.

On connaît sous le nom d'*indigo* une belle matière tinctoriale, employée de temps immémorial et originaire de l'Inde. Son étude scientifique a donné lieu à beaucoup de recherches, parmi lesquelles nous citerons celles de Dumas, celles de Laurent, qui a découvert l'isatine et ses dérivés, et enfin les travaux récents de M. Baeyer, qui a établi, par une belle série de découvertes, les relations d'analyse et de synthèse entre l'indigotine, principe colorant de l'indigo, l'indol et les dérivés des séries benzoïque, toluique et cinnamique.

La constitution de l'indol et de l'indigotine n'étant pas définitivement fixée, il serait prématuré de les rattacher par des équations plus précises à la théorie des amides.

I. — Indol.

$$C^{16}H^{7}Az \ldots\ldots\ldots\ldots \quad \mathit{C}^{6}H^{4} < {}^{\mathit{C}H}_{AzH} \gg \mathit{C}H.$$

1. L'indol est le terme ultime de la réduction de tous les corps de la série, soit que l'on parte de l'indigotine, soit que l'on parte de l'oxindol, du dioxindol ou du trioxindol.

La constitution chimique de l'indol n'est pas parfaitement éclaircie. Ce corps se rattache probablement au *styrolène*, $C^{16}H^{8}$.

2. *Formations.* — 1° On l'obtient, en effet, en distillant l'*oxindol*, $C^{16}H^{7}AzO^{2}$, avec du zinc en poudre :

$$C^{16}H^{7}AzO^{2} = C^{16}H^{7}Az + O^{2}.$$

2° L'*acide nitrocinnamique*, $C^{18}H^{7}(AzO^{4})O^{4}$, distillé avec l'hydrate de potasse, en forme également une petite quantité.

3° On produit encore l'indol en dirigeant dans un tube de porcelaine chauffé au rouge, des vapeurs d'*éthylaniline*, $C^{16}H^{11}Az$, ou de *diéthylorthotoluidine*, $C^{22}H^{17}Az$ (MM. Baeyer et Caro).

4° L'indol est aussi un dérivé des corps albuminoïdes : il se forme pendant leur putréfaction et surtout pendant leur dédoublement sous l'influence du suc pancréatique. Cette production explique la présence de l'indol dans les matières fécales.

3. *Préparation.* — C'est la dernière réaction qui permet de préparer le plus facilement l'indol. On maintient à 40° ou 45° pendant 3 jours, 300 grammes d'albumine dissoute dans 4,5 litres d'eau et additionnée de 350 grammes de pancréas de bœuf haché; on filtre, on acidifie par l'acide acétique, et on distille 1 litre 1/2 environ de liquide. Ce dernier, neutralisé par la chaux et agité avec de l'éther,

cède à celui-ci l'indol, qu'on purifie ensuite par cristallisation dans l'eau (M. Nencki).

4. *Propriétés.* — L'indol cristallise en grandes lamelles incolores et brillantes, fusibles à 52°. Il s'altère avant de distiller vers 245°, mais il est entraîné par la vapeur d'eau. Son odeur est désagréable.

Il est très faiblement basique.

L'acide nitrique fumant le colore en rouge-sang et produit un dérivé rouge, le *nitroso-oxindol*, $C^{16}H^{6}(AzO^{2})AzO^{2}$.

L'indol, traité par l'ozone, fournit des traces d'indigotine (M. Nencki) :

$$C^{16}H^{7}Az + 2O^{2} = C^{16}H^{5}AzO^{2} + H^{2}O^{2}.$$

II. — Oxindol.

$$C^{16}H^{7}AzO^{2} \ldots\ldots\ldots\ldots\ldots\ldots \quad C^{6}H^{4} < {CH^{2} \atop AzH} > CO.$$

1. *Synthèse.* — L'oxindol a été obtenu synthétiquement au moyen de l'*acide phénylacétique*, $C^{16}H^{8}O^{4}$ (M. Baeyer). Cet acide (t. II, p. 170), traité par l'acide nitrique, produit plusieurs dérivés nitrés, entre autres l'*acide phénylacétique orthonitré*, $C^{16}H^{7}(AzO^{4})O^{4}$. Celui-ci, sous l'influence des agents réducteurs, se transforme en un acide-alcali correspondant, l'*acide orthophényl-oxyacétamique*, dit aussi *acide orthoamido-phénylacétique*, $C^{16}H^{6}(AzH^{3})(O^{4})$, lequel se change en un *anhydride*, $C^{16}H^{7}AzO^{2}$, quand on le précipite par un acide de ses sels en solution aqueuse. Or cet anhydride est précisément l'oxindol :

$$C^{16}H^{6}(AzH^{3})(O^{4}) = C^{16}H^{7}AzO^{2} + H^{2}O^{2}.$$

2. *Préparation.* — On le prépare en réduisant le *dioxindol*, $C^{16}H^{7}AzO^{4}$, par l'hydrogène que dégage l'amalgame de sodium en liqueur acide (MM. Baeyer et Knop) :

$$C^{16}H^{7}AzO^{4} + H^{2} = C^{16}H^{7}AzO^{2} + H^{2}O^{2}.$$

3. *Propriétés.* — L'oxindol se présente sous forme d'aiguilles incolores, fusibles à 120°; il distille à une température élevée. Il fond dans l'eau bouillante et s'y dissout; par refroidissement, il cristallise.

4. *Réactions.* — Traité par le zinc en poussière, au rouge sombre, l'oxindol se change en *indol*, $C^{16}H^{7}Az$.

Inversement, l'indol, traité par l'acide nitrique, donne le *nitroso-oxindol*, $C^{16}H^{6}(AzO^{2})AzO^{2}$, qui est changé par les agents réducteurs en *amido-oxindol*, $C^{16}H^8Az^2O^2$ ou $C^{16}H^5(AzH^3)AzO^2$. Ce dernier, oxydé par le perchlorure de fer ou l'acide azoteux, donne l'*isatine*, $C^{16}H^5AzO^4$ (M. Baeyer), c'est-à-dire l'*anhydride du trioxindol :*

$$C^{16}H^8Az^2O^2 + O^2 = C^{16}H^5AzO^4 + AzH^3.$$

Enfin la réduction de l'isatine permet de revenir au dioxindol et à l'oxindol.

Exposé à l'air humide, l'oxindol s'oxyde peu à peu en donnant directement le dioxindol.

III. — Dioxindol.

$$C^{16}H^7AzO^4 \ldots\ldots\ldots\ldots\ldots\ldots \quad C^6H^4 < \begin{matrix} CH(OH) \\ AzH \end{matrix} > CO.$$

1. Ce corps, connu aussi sous le nom d'*acide hydrindique*, est le produit de l'action ménagée de l'amalgame de sodium ou du zinc en poussière sur l'*isatine*, $C^{16}H^5AzO^4$, ou sur le *trioxindol*, $C^{16}H^7AzO^6$, en présence de l'eau (MM. Baeyer et Knop) :

$$C^{16}H^5AzO^4 + H^2 = C^{16}H^7AzO^4;$$
$$C^{16}H^7AzO^6 + H^2 = C^{16}H^7AzO^4 + H^2O^2.$$

2. *Propriétés:* — Il cristallise en prismes rhomboïdaux transparents, fusibles à 180°; il se décompose vers 195°, en donnant de l'aniline et d'autres produits.

3. En solution dans l'eau, il s'oxyde à l'air et forme de l'*isatine*, $C^{16}H^5AzO^4$:

$$C^{16}H^7AzO^4 + O^2 = C^{16}H^5AzO^4 + H^2O^2.$$

L'indigotine, $C^{16}H^5AzO^2$, pourrait être regardée comme un anhydride du dioxindol.

IV. — Trioxindol.

$$C^{16}H^7AzO^6 \ldots\ldots\ldots\ldots\ldots\ldots \quad AzH^2 - C^6H^4 - CO - CO^2H.$$

1. Le trioxindol, appelé aussi *acide isatique* (Laurent), n'est autre chose que l'*acide orthoamido-phénylglyoxylique* ou *acide orthophénylglyoxylamique*, $C^{16}H^4(AzH^3)(O^2)(O^4)$. C'est un acide-alcali-aldéhyde.

2. *Formations.* — Il se produit quand on réduit par le sulfate ferreux, en liqueur alcaline, l'*acide phénylglyoxylique orthonitré*, $C^{16}H^5(AzO^4)(O^2)(O^4)$ (MM. Claisen et Shadwell) :

$$C^{16}H^5(AzO^4)(O^2)(O^4) + 3\,H^2 = C^{16}H^4(AzH^3)(O^2)(O^4) + 2\,H^2O^2.$$

Cette réaction est intéressante au point de vue des relations à établir entre les corps du groupe de l'indigo et les composés définitivement classés.

Le trioxindol, en effet, est en outre un produit d'hydratation de l'*isatine*, $C^{16}H^5AzO^4$, qui semble être son anhydride :

$$C^{16}H^5AzO^4 + H^2O^2 = C^{16}H^7AzO^6.$$

En effet, la solution violette de l'isatine dans les alcalis devient jaune par l'ébullition, en se transformant en isatates alcalins.

3. *Propriétés.* — Le trioxindol, isolé à basse température en traitant son sel de plomb par l'hydrogène sulfuré et en évaporant dans le vide la liqueur filtrée, constitue une poudre à peine cristalline, soluble dans l'eau. Il est peu stable et se dédouble en isatine et en eau dès qu'on chauffe sa solution.

V. — Isatine.

$C^{16}H^5AzO^4$.............................. $\mathcal{C}^8H^5Az\Theta^2$.

1. L'isatine est, ainsi qu'on vient de le dire, l'anhydride de l'*acide orthophénylglyoxylamique* ou trioxindol.

L'isatine a été découverte simultanément par Laurent et par Erdmann en 1841.

2. *Formations.* — Nous avons exposé (t. II, p. 445 et 446) comment on la forme par oxydation avec l'*indol* ou l'*amido-oxindol.*

Elle se forme encore quand on fait bouillir l'*acide orthonitrophénylpropiolique* (1), $C^{18}H^5(AzO^4)O^4$, avec une solution alcaline (M. Baeyer) :

$$C^{18}H^5(AzO^4)(O)^4 = C^{16}H^5AzO^4 + C^2O^4.$$

L'*acide phénylpropiolique*, $C^{18}H^6O^4$, est un acide monobasique incomplet, appartenant à la série cinnamique. Il se forme notamment quand on enlève HBr aux *acides cinnamiques bromés*, $C^{18}H^7BrO^4$, par ébullition avec des lessives alcalines (M. Glaser) :

$$C^{18}H^7BrO^4 + KHO^2 = C^{18}H^6O^4 + KBr + H^2O^2.$$

3. *Préparation.* — On prépare l'isatine en ajoutant, jusqu'à décolo-

(1) $\mathcal{C}^6H^4 - Az\Theta^2 - \mathcal{C} \equiv \mathcal{C} - \mathcal{C}\Theta^2H$.

ration, de l'acide nitrique à de l'eau bouillante tenant de l'indigo en suspension; l'isatine cristallise par le refroidissement :

$$C^{16}H^5AzO^2 + O^2 = C^{16}H^5AzO^4.$$

4. *Propriétés.* — C'est un beau composé rouge orangé, cristallisé en prismes rhomboïdaux droits et brillants, fusible à 120°, soluble dans l'eau chaude et dans l'alcool.

L'isatine, soumise aux agents réducteurs, produit d'abord (par l'hydrogène sulfuré) de l'*isathyde*, $C^{32}H^{12}Az^2O^8$.

L'amalgame de sodium, en présence de l'eau, va plus loin : il change l'isatine en *dioxindol*, $C^{16}H^7AzO^4$; puis viennent l'*oxindol*, $C^{16}H^7AzO^2$, et l'*indol*, $C^{16}H^7Az$, par des éliminations d'oxygène successives.

Traitée par le perchlorure de phosphore, l'isatine se change en *chlorure isatique*, $C^{16}H^4AzO^2Cl$:

$$C^{16}H^5AzO^4 + HCl - H^2O^2 = C^{16}H^4AzO^2Cl.$$

Le chlorure isatique, sous l'influence des réducteurs, tels que le sulfhydrate d'ammoniaque, se change en *indigotine*, $C^{16}H^5AzO^2$ (MM. Baeyer et Emmerling) :

$$C^{16}H^4AzO^2Cl + H^2 = C^{16}H^5AzO^2 + HCl.$$

VI. — Indigotine.

$C^{16}H^5AzO^2$ .... *C^8H^5AzO.*

1. L'indigotine, appelée aussi *indigo bleu* ou plus simplement *indigo*, du nom du produit commercial qui lui doit ses propriétés, a été isolée par Dumas.

2. *Synthèses.* — La synthèse de l'indigotine vient d'être exposée à partir de l'isatine et de l'indol.

M. Baeyer a réalisé en outre cette même synthèse par d'autres voies, en partant de l'acide cinnamique ou de l'aldéhyde benzoïque. Voici comment :

1° L'acide cinnamique ou *acide phénylacrylique*, $C^{12}H^4(C^6H^4O^4)$, peut, comme on l'a vu plus haut (t. II, p. 447), être changé par perte d'hydrogène en *acide phénylpropiolique*, $C^{12}H^4(C^6H^2O^4)$ ou $C^{18}H^6O^4$. Le dérivé orthonitré de ce dernier, l'*acide orthonitro-phénylpropiolique*, $C^{18}H^5(AzO^4)O^4$, chauffé avec un alcali et un corps réducteur, la glucose par exemple, se change en indigo :

$$C^{18}H^5(AzO^4)O^4 + H^2 = C^{16}H^5AzO^2 + C^2O^4 + H^2O^2.$$

2° D'autre part, l'*aldéhyde benzoïque orthonitré*, $C^{14}H^5(AzO^4)O^2$ (t. II, p. 31), mis en contact avec l'*acétone ordinaire*, $C^6H^6O^2$, en présence d'une quantité limitée d'alcali, forme un produit de condensation, $C^{20}H^{11}(AzO^4)O^4$:

$$C^{14}H^5(AzO^4)O^2 + C^6H^6O^2 = C^{20}H^{11}(AzO^4)O^4,$$

lequel rappelle l'aldol (t. II, p. 60), par son mode de formation au moyen de deux groupes aldéhydiques, aussi bien que par sa fonction. Ce produit de condensation, mis en présence d'un excès d'alcali, se change en indigotine et acide acétique :

$$C^{20}H^{11}AzO^8 = C^{16}H^5AzO^2 + C^4H^4O^4 + H^2O^2.$$

Des acétones autres que l'acétone ordinaire peuvent être substitués à ce dernier dans la réaction.

Donnons quelques détails sur l'état naturel, la préparation et les réactions de l'indigo.

3. *États naturels*. — L'indigo est fourni par le suc de certaines plantes : *Indigofera tinctoria*, *I. argentea*, *Isatis tinctoria*, *Polygonum tinctorium*, etc. Il s'y trouve combiné avec un sucre spécial, l'*indiglucine*, $C^{12}H^{10}O^{12}$, sous la forme d'un principe immédiat particulier, l'*indican*, $C^{52}H^{31}AzO^{34}$ (M. Schunck) :

$$C^{52}H^{31}AzO^{34} + 2\,H^2O^2 = 3\,C^{12}H^{10}O^{12} + C^{16}H^5AzO^2.$$

On fabrique l'indigo en faisant fermenter, pendant quelques heures, les plantes mises en paquets et tenues immergées dans l'eau, en décantant la liqueur jaune qui s'est formée et en l'agitant à l'air pendant qu'elle reste encore tiédie par la fermentation ; l'indigotine se forme par oxydation de l'indigo blanc (voy. ci-dessous), qu'elle a fourni elle-même sous l'influence de la fermentation ; elle se sépare en flocons bleus. On laisse déposer ces derniers, on les recueille sur des toiles, on les égoutte, on découpe la pâte semi-solide en morceaux cubiques, que l'on sèche à l'air. En certains pays, pour accélérer le dépôt, on ajoute des matières étrangères, de la chaux éteinte le plus souvent ; ces matières souillent dès lors le produit. La teneur des indigos commerciaux les plus riches en indigo pur ou *indigotine*, atteint rarement 72 centièmes.

L'indigotine, ou une matière fort analogue, existe aussi en petite quantité dans l'urine de l'homme et du chien, spécialement dans les urines des malades atteints de certaines fièvres, de choléra, etc.

4. *Préparation*. — On prépare l'indigotine en épuisant l'indigo du

commerce par un acide étendu, puis par l'eau ou l'alcool ; ou mieux encore en le changeant par les agents réducteurs en une matière plus hydrogénée, soluble et incolore, l'*indigo blanc*, $C^{16}H^6AzO^2$ ou plutôt $C^{32}H^{12}Az^2O^4$, lequel, en s'oxydant à l'air, régénère l'indigo bleu.

A cet effet, on prend 1 partie d'indigo pulvérisé, 2 parties de sulfate de protoxyde de fer, 3 parties de chaux éteinte et 150 parties d'eau ; on introduit le tout dans un vase bouché. L'hydrate de protoxyde de fer, qui résulte de la réaction de la chaux sur le sulfate, s'oxyde aux dépens de l'eau, dont l'hydrogène se porte en même temps sur l'indigo et le change en indigo blanc :

$$2\,C^{16}H^5AzO^2 + 4\,FeO + H^2O^2 = C^{32}H^{12}Az^2O^4 + 2\,F^2O^3.$$

La liqueur, décantée et exposée ensuite au contact de l'air, dépose rapidement des flocons bleus d'indigo. Il ne reste plus qu'à laver ces derniers à l'eau acidulée, puis à l'eau pure.

Au lieu d'exposer la solution d'indigo blanc à l'air, si l'on y trempe des tissus et que l'on expose ensuite ces derniers à l'air, ils demeurent teints, c'est-à-dire couverts de la matière tinctoriale, qui s'est déposée sur les fibres et y adhère solidement. L'ensemble de ces opérations constitue ce qu'on appelle dans l'industrie la teinture par la *cuve à froid à la couperose*.

La même réduction peut être effectuée par d'autres agents.

La *cuve à l'orpiment* se compose avec du sulfure d'arsenic et de la potasse caustique ; dans la *cuve à l'oxyde d'étain*, la réduction est effectuée par une solution de protoxyde d'étain dans les alcalis. La *cuve au pastel* (*cuve à chaud*) se compose avec des feuilles de pastel (*Isatis tinctoria*) réduites en pâte, de l'eau, de la chaux éteinte, enfin un peu de son et de garance.

La *cuve au sucre* (Fritzsche) fournit l'indigo cristallisé : elle consiste à réduire l'indigo par un mélange de glucose et de soude caustique, en employant l'alcool comme dissolvant commun.

Enfin, l'hydrosulfite de soude réduit aussi l'indigo bleu en formant de l'indigo blanc (*cuve à l'hydrosulfite*), dans des conditions particulièrement favorables pour certaines teintures (MM. Schützenberger et De Lalande).

Presque toutes ces préparations usitées en teinture peuvent être utilisées pour la purification de l'indigotine.

5. *Propriétés*. — L'indigo pur, ou *indigotine*, possède une couleur bleu foncé, avec reflet pourpre. Il prend un éclat métallique sous le brunissoir. Inodore, insipide, neutre, sa densité est 1,35. Insoluble dans l'eau, l'alcool, l'éther, les acides dilués et les alcalis, il se dissout

dans le chloroforme et surtout dans l'aniline bouillante, d'où il se dépose en cristaux. Chauffé, il se volatilise en répandant des vapeurs pourpres, qui se condensent en aiguilles si l'on opère sur une petite quantité. Mais on ne peut le distiller en quantité notable sans décomposition.

6. *Réduction.* — Les agents réducteurs transforment l'indigotine d'abord en *indigo blanc*, puis en divers produits mal connus. Ces produits, chauffés avec du zinc en poudre vers le rouge sombre, se changent en *indol*, $C^{16}H^{7}Az$ (MM. Baeyer et Knop).

Sous des influences réductrices plus énergiques encore, telles que celle de l'acide iodhydrique à 275°, l'indigo se change en ammoniaque et *hydrure d'octylène*, $C^{16}H^{18}$ (M. Berthelot). Ce sont les termes extrêmes de sa réduction.

7. *Oxydation.* — Le premier terme de l'oxydation de l'indigo par les agents les plus divers est l'*isatine*, $C^{16}H^{5}AzO^{4}$ (Laurent) :

$$C^{16}H^{5}AzO^{2} + O^{2} = C^{16}H^{5}AzO^{4}.$$

En oxydant l'indigo plus énergiquement, l'acide azotique produit l'*acide nitrosalicylique*, $C^{14}H^{5}(AzO^{4})O^{6}$, puis le *phénol trinitré*, $C^{12}H^{3}(AzO^{4})^{3}O^{2}$.

Enfin, la potasse fondante le détruit, en produisant de l'*acide anthranilique* ou *acide orthoxybenzamique*, $C^{14}H^{7}AzO^{4}$, et de l'*aniline*, $C^{12}H^{7}Az$.

8. *Acide sulfurique.* — L'indigo est soluble dans l'acide sulfurique concentré; il forme ainsi une liqueur bleu foncé, le *sulfate d'indigo*, contenant deux dérivés sulfoconjugués de l'indigotine : l'*acide sulfopurpurique* ou *pourpre d'indigo* $(C^{16}H^{5}AzO^{2})^{2},S^{2}O^{6}$, et l'*acide sulfindigotique* ou *acide céruléosulfurique*, $C^{16}H^{5}AzO^{2},S^{2}O^{6}$. Ces deux acides sulfonés sont doués de la propriété de se fixer sur la laine, en présence de certains mordants, l'alumine, par exemple. Cette propriété est utilisée en teinture.

Les sels de soude de ces acides sulfonés sont solubles dans l'eau, mais se précipitent quand on ajoute certains sels, tels que le sulfate de soude, à leurs dissolutions; le précipité ainsi formé, constitue, après avoir été égoutté, le *carmin d'indigo* en pâte, par lequel les teinturiers remplacent fréquemment le sulfate d'indigo.

9. *Chlore.* — L'indigo est décoloré par le chlore. On utilise cette propriété pour l'essai de l'indigo comme matière colorante : après l'avoir dissous dans l'acide sulfurique, on détermine le volume d'une solution titrée de chlorure de chaux, nécessaire pour le décolorer. Il est également décoloré par l'acide azotique.

10. *Teinture.* — On a dit plus haut que les solutions d'indigo blanc (*cuves d'indigo*), en s'oxydant à l'air, donnent de l'indigo bleu insoluble, qui se fixe sur les fibres textiles. On a dit aussi que les dérivés sulfuriques de l'indigo teignent la laine sous l'influeuce de certains mordants. Ces deux faits sont ceux que l'on applique le plus souvent dans la teinture de l'indigo.

La transformation de l'acide orthonitrophén ylpropriolique en indigo (t. II, p. 448), c'est-à-dire la production synthétique de l'indigo, est aussi utilisée aujourd'hui dans la teinture des tissus par impression : on applique sur le coton un mélange incolore de cet acide, d'un excès de carbonate de potasse et de glucose, puis on expose l'étoffe à l'action de la vapeur d'eau; celle-ci provoque, par sa température élevée, la réduction par la glucose alcaline, et développe la matière colorante, qui apparaît fixée à la surface des fibres.

CHAPITRE V

DÉRIVÉS DIAZOÏQUES

§ 1er. — Théorie.

1. *Dérivés diazoïques.* — Les dérivés diazoïques, ou plus simplement *dérivés azoïques*, sont connus principalement par les travaux de Mitscherlich, de M. P. Griess, de M. V. Meyer et de M. E. Fischer. Nous en avons donné la théorie générale (t. II, p. 404). Attachons-nous spécialement aux dérivés diazoïques susceptibles d'être envisagés comme les alcalamides et les alcalonitriles dérivés de l'acide azoteux :

$$AzO^4H + B - H^2O^2 \quad \text{et} \quad AzO^4H + B - 2\,H^2O^2,$$

B étant un alcali quelconque.

Ainsi :

Nitrosodiéthylamine........ $(C^4H^4)^2AzH^3 + AzO^4H - H^2O^2$;
Diazobenzol............... $(C^{12}H^4)AzH^3 + AzO^4H - 2\,H^2O^2$.

2. *Préparation.* — On prépare les dérivés azoïques au moyen des alcalis ou des amides, par la réaction de l'acide nitreux :

$$\underset{\text{Aniline.}}{C^{12}H^7Az} + AzO^4H = \underset{\text{Diazobenzol.}}{C^{12}H^4Az^2} + 2\,H^2O^2.$$

3. *Réactions.* — Les dérivés diazoïques sont généralement peu stables : sous des influences diverses, ils perdent leur azote à l'état libre, fixent les éléments de l'eau et produisent des phénols. Ainsi, par exemple, les dérivés diazoïques de la série benzénique :

$$\underset{\text{Diazobenzol.}}{C^{12}H^4Az^2} + H^2O^2 = \underset{\text{Phénol.}}{C^{12}H^6O^2} + Az^2.$$

Les deux réactions précédentes, représentant, l'une leur génération, l'autre leur destruction, s'appliquent surtout aux composés aromatiques. Lorsque, comme l'a indiqué Piria, on fait agir l'acide azoteux sur les autres alcalis et sur les autres amides, il arrive d'ordinaire que les deux réactions s'effectuent simultanément : il y a alors formation d'azote libre et d'un alcool. C'est ce qui se passe, par exemple, avec la leucine (t. II, p. 346) et avec la glycollamine (t. II, p. 344).

4. En raison de leur mode de formation, les dérivés azoïques se conduisent comme des composés incomplets, capables de fixer 2 et 4 équivalents d'hydrogène, de brome, d'oxyde métallique, d'hydracide et même d'oxacide.

Dans ces derniers cas, il se produit des sels, peu stables d'ailleurs :

Diazobenzol potassique	$C^{12}H^4Az^2, KHO^2$,
Bromhydrate de diazobenzol.............	$C^{12}H^4Az^2, HBr$,
Bromure de bromhydrate de diazobenzol..	$C^{12}H^4Az^2, HBr, Br^2$,
Sulfate de diazobenzol..................	$C^{12}H^4Az^2, S^2H^2O^8$.

5. Les produits formés par fixation de $2\,H^2$, représentent en réalité des dérivés de l'ammoniaque et de l'oxyammoniaque, AzH^3O^2. Ce groupe de dérivés est désigné sous le nom d'*hydrazines*. Ce sont des alcalis :

Phénylhydrazine.............	$(C^{12}H^4)AzH^3 + AzH^3O^2 - H^2O^2 = C^{12}H^4(AzH^3),AzH$,
Hydrazine diéthylamique.....	$(C^4H^4)^2AzH^3 + AzH^3O^2 - H^2O^2 = (C^4H^4)^2AzH^3,AzH$.

Leur connaissance est due à M. E. Fischer.

6. Les dérivés diazoïques peuvent, dans certaines circonstances, jouer le rôle d'agents de déshydrogénation : c'est ce qui se produit, par exemple, dans l'action du sulfate de diazobenzol sur l'alcool, ce dernier étant transformé en aldéhyde ; il y a, en même temps, production de benzine et d'azote libre :

$$\underset{\text{Sulfate de diazobenzol.}}{C^{12}H^4Az^2,S^2H^2O^8} + \underset{\text{Alcool.}}{C^4H^6O^2} = \underset{\text{Benzine.}}{C^{12}H^6} + \underset{\text{Aldéhyde.}}{C^4H^4O^2} + S^2H^2O^8 + Az^2.$$

7. Parfois les hydracides, au lieu de s'unir simplement aux composés azoïques, comme il a été dit ci-dessus, font dégager l'azote et demeurent unis aux résidus, ce qui fournit un produit de substitution du carbure correspondant :

$$\underset{\text{Diazobenzol.}}{C^{12}H^4Az^2} + HI = \underset{\text{Benzine iodée.}}{C^{12}H^5I} + Az^2.$$

De même la décomposition du chloroplatinate de diazobenzol par la chaleur forme la benzine monochlorée :

$$C^{12}H^4Az^2, HCl, PtCl^2 = C^{12}H^5Cl + Pt + Cl^2 + Az^2.$$

De même encore, le bromure du bromhydrate de diazobenzol produit, en se détruisant par la chaleur, de la benzine monobromée :

$$C^{12}H^4Az^2, HBr, Br^2 = C^{12}H^5Br + Br^2 + Az^2.$$

Une réaction du même genre est produite par les éthers à hydracides agissant sur les combinaisons des dérivés azoïques avec les hydracides :

$C^{12}H^4Az^2, HBr$	+	C^2H^3I	=	$C^{12}H^5I$	+	Az^2	+	$C^2H^3Br.$
Bromhydrate de diazobenzol.		Éther iodhydrique.		Benzine iodée.				Éther bromhydrique.

8. *Dérivés diazoïques à fonction mixte.* — On connaît des dérivés diazoïques à fonction mixte : leur génération ainsi que leurs propriétés peuvent être prévues d'après ce qui précède. Tels sont :

1° Les corps formés au moyen d'un composé nitré :

Le diazonitrophénol..................	$C^{12}H^3(AzO^4)Az^2O^2$,
Le diazodinitrophénol.................	$C^{12}H^2(AzO^4)^2Az^2O^2$,
Le diazonitranisol....................	$C^{12}H^3(AzO^4)(C^2H^2)Az^2O^2$;

2° Les dérivés d'un alcali et d'un alcool associé à l'oxyammoniaque ; tels que l'hydrazobenzol, $C^{24}H^{12}Az^2$, dérivé de l'aniline et du phénol :

$$C^{12}H^7Az + (C^{12}H^6O^2 + AzH^3O^2 - H^2O^2) - H^2O^2 = C^{24}H^{12}Az^2;$$

et l'acide hydrazobenzoïque, $C^{28}H^{12}Az^2O^8$, lequel dérive de l'oxybenzamine ;

3° Les dérivés d'un alcali et d'un alcool associé à l'acide azoteux ; tel est l'azoxybenzol, $C^{24}H^{10}Az^2O^2$:

$$C^{12}H^7Az + (C^{12}H^6O^2 + AzO^4H - H^2O^2) - H^2O^2 = C^{24}H^{10}Az^2O^2.$$

En fixant H^2, avec perte de H^2O^2, il se change en azobenzol, $C^{24}H^{10}Az^2$; en fixant 2 H^2, il devient de l'hydrazobenzol ; etc., etc.

9. *Dérivés triazoïques.* — Parmi les classes de composés mixtes, citons encore les dérivés triazoïques, possédant parfois une ou plu-

sieurs fonctions d'alcalis. Tels sont les dérivés de l'azobenzol et de l'aniline ou de ses homologues :

Le diazoamidobenzol....................	$C^{12}H^{4}Az^{2}$, $C^{12}H^{7}Az$ ou $C^{24}H^{11}Az^{3}$,
L'amidoazobenzol, isomère du précédent..	$C^{24}H^{11}Az^{3}$,
Le diazoamidotoluol......................	$C^{28}H^{15}Az^{3}$,
Le diazoamidonaphtol	$C^{40}H^{15}Az^{3}$; etc.

Mais nous sortirions du cadre de cet ouvrage en poursuivant l'énumération presque indéfinie de ces dérivés.

§ 2. — Diazobenzol.

$C^{12}H^{4}Az^{2}$.................. .... $C^6H^4<^{Az}_{Az}$.

1. Le diazobenzol a été découvert et étudié par M. P. Griess. Il dérive de l'*aniline*, $C^{12}H^{7}Az$, et de l'*acide azoteux*, $AzO^{4}H$:

$$C^{12}H^{7}Az + AzO^{4}H - 2\,H^{2}O^{2} = C^{12}H^{4}Az^{2}.$$

2. *Préparation.* — On l'obtient en faisant passer un courant d'acide azoteux dans de l'azotate d'aniline délayé avec une quantité d'eau insuffisante pour le dissoudre, jusqu'à ce que la soude ajoutée au produit cesse d'en séparer de l'aniline ; il se forme ainsi de l'*azotate de diazobenzol :*

$$C^{12}H^{7}Az, AzO^{6}H + AzO^{4}H = C^{12}H^{4}Az^{2}, AzO^{6}H + 2\,H^{2}O^{2}.$$

On détermine la précipitation de ce dernier par une addition d'alcool et d'éther à la liqueur.

La solution d'azotate de diazobenzol, traitée par une lessive de potasse concentrée, forme du *diazobenzol potassique*, $C^{12}H^{4}Az^{2}, KHO^{2}$, lequel, traité lui-même par l'acide acétique, donne le diazobenzol qui se précipite (M. Griess).

3. *Propriétés.* — Le diazobenzol est un composé huileux, épais, jaune, fort instable. Il se combine aux acides et aux bases.

L'azotate et le sulfate de diazobenzol sont cristallisés ; il en est de même du dérivé potassique.

L'azotate de diazobenzol est une matière explosible, qui doit être maniée avec précaution. Sa chaleur de combustion sous pression constante est égale à 782,9 Calories ; sa détonation sous volume constant développe 114,8 Calories (MM. Berthelot et Vieille).

Par l'ébullition avec l'eau, les sels de diazobenzol se détruisent en donnant du phénol, de l'azote, et l'acide qui les formait :

$$C^{12}H^4Az^2, AzO^6H + H^2O^2 = C^{12}H^6O^2 + Az^2 + AzO^6H.$$

4. *Dérivés sulfuriques.* — Quand on fait agir l'acide azoteux, non pas sur l'aniline, mais sur ses dérivés sulfoconjugués, les *acides sulfaniliques* (voy. t. II, p. 312), on obtient les *dérivés sulfonés du diazobenzol*, c'est-à-dire les *dérivés azoïques des acides sulfaniliques :* $C^{12}H^4Az^2,S^2O^6$. Le dérivé azoïque de l'*acide parasulfanilique* a fourni quelques produits intéressants à l'industrie des matières colorantes (M. Roussin ; M. Witt).

5. Les premières sont obtenues avec les phénols.

Quand à la solution froide et diluée du dérivé azoïque de l'acide parasulfanilique, on ajoute une solution également froide et diluée de *naphtol* α, il se forme immédiatement un précipité jaune, qui est susceptible de remplacer à la fois en teinture l'orseille et le curcuma, et donne des teintes capucine. C'est l'*orangé* n° 1 ou *tropéoline* 000 n° 1 ; sa composition est $C^{32}H^{12}Az^2O^2,S^2O^6$:

$$C^{12}H^4Az^2, S^2O^6 + C^{20}H^8O^2 = C^{32}H^{12}Az^2O^2,S^2O^6.$$

D'ailleurs, en renversant les termes de la réaction, par exemple en faisant agir le dérivé sulfoné du naphtol α sur le diazobenzol, on obtient un isomère de l'orangé n° 1, la *tropéoline* 0000, qui présente une teinte un peu différente.

En faisant intervenir le *naphtol* β à la place du naphtol α, on produit un isomère d'un jaune plus vif ; c'est l'*orangé* n° 2 ou *tropéoline* 000 n° 2.

Avec le *phénol ordinaire*, on forme de même la *tropéoline* Y, $C^{24}H^{10}Az^2O^2,S^2O^6$; enfin avec la *résorcine*, on produit la *chrysoïne* ou *tropéoline* 0, $C^{24}H^{10}Az^2O^4,S^2O^6$.

6. Un autre groupe de produits tinctoriaux est fourni par le dérivé azoïque de l'acide sulfanilique et les alcalis organiques.

Quand on opère comme il a été dit pour combiner ce dérivé avec les phénols, mais en remplaçant ceux-ci par la *diméthylaniline* $(C^2H^2)^2C^{12}H^7Az$, il se précipite de l'*orangé* n° 3, qui est une couleur peu stable.

De même, avec la *diphénylamine*, $(C^{12}H^4)C^{12}H^7Az$, il se produit une belle matière d'un jaune intense, très solide ; c'est l'*orangé* n° 4 ou *tropéoline* 00.

Tous ces orangés changent de teinte par l'action des alcalis et des acides. Cette réaction présentant une certaine sensibilité, quelques-uns d'entre eux, les orangés n° 1 et n° 3 en particulier, sont employés comme indicateurs colorés des acides ou des bases.

§ 3. — Diazonaphtaline.

$C^{20}H^6Az^2$ .... $C^{10}H^6Az^2$.

1. *Préparation*. — La diazonaphtaline n'a été obtenue qu'à l'état de composés salins. Son azotate, $C^{20}H^6Az^2,AzO^6H$, s'obtient en faisant agir l'acide azoteux sur l'azotate de naphtylamine :

$$C^{20}H^9Az, AzO^6H + AzO^4H - 2\,H^2O^2 = C^{20}H^6Az^2, AzO^6H.$$

2. *Propriétés*. — Il constitue des aiguilles incolores, explosibles, décomposables par l'eau bouillante en donnant du naphtol et de l'azote (M. Griess).

3. Son dérivé sulfurique (*dérivé sulfoné de la diazonaphtaline*), $C^{20}H^6Az^2,S^2O^6$, s'obtient en traitant par l'acide nitreux le dérivé sulfo-conjugué de la naphtylamine ou *acide sulfonaphtylamique*. Il donne avec le *naphtylol* β, $C^{20}H^8O^2$, une belle matière colorante rouge, $C^{40}H^{14}Az^2O^2,S^2O^6$, connue sous le nom de *roccelline*. La roccelline, dont le mode de préparation est calqué sur celui des tropéolines, donne en teinture sur soie des nuances plus vives et plus solides que celles de l'orseille.

§ 4. — Azobenzol.

$C^{24}H^{10}Az^2$ .... $C^6H^5-Az=Az-C^6H^5$.

1. Ce composé est le dérivé diazoïque le plus anciennement connu ; il a été découvert en 1834 par Mitscherlich. On l'appelle aussi *azobenzide*.

2. *Formation*. — Il se forme régulièrement en désoxydant l'*azoxybenzol*, $C^{24}H^{10}Az^2O^2$, par l'hydrogène naissant (M. W. Hofmann) :

$$C^{24}H^{10}Az^2O^2 + H^2 = C^{24}H^{10}Az^2 + H^2O^2.$$

Il se forme également dans un certain nombre de réactions complexes :

1° Dans l'action réductrice de la potasse alcoolique sur la *nitrobenzine*, $C^{12}H^5(AzO^4)$ (Mitscherlich) :

$$2\,C^{12}H^5(AzO^4) + 4\,H^2 = C^{24}H^{10}Az^2 + 4\,H^2O^2\,;$$

ainsi que dans celle d'autres agents réducteurs, tels que l'amalgame de sodium ou le mélange d'acide acétique et de fer (MM. Alexeyeff et Verigo);

3° Dans la distillation sèche de l'*azoxybenzol*, $C^{24}H^{10}Az^2O^2$ (Zinin);

4° Dans la déshydrogénation du *chlorhydrate d'aniline* par le permanganate de potasse (M. Glaser), ou de l'*aniline* par l'hypochlorite de chaux (M. Schmitt) :

$$2\,C^{12}H^7Az + 2\,O^2 = C^{24}H^{10}Az^2 + 2\,H^2O^2.$$

3. *Préparation.* — On l'obtient le plus facilement en dissolvant l'aniline dans deux fois son volume de chloroforme et ajoutant peu à peu du chlorure de chaux (2 équivalents de chlore actif pour 1 molécule d'aniline), délayé dans du chloroforme. La réaction terminée, on distille le chloroforme et on entraîne par un courant de vapeur d'eau l'azobenzol formé. On purifie le produit par des cristallisations dans le pétrole léger.

4. *Propriétés.* — L'azobenzol cristallise en prismes rhomboïdaux obliques, rouges, de densité 1,203, fusibles à 68°; il bout à 293°.

5. *Réactions.* — Traité par le sulfhydrate d'ammoniaque, il se transforme en *hydrazobenzol*, $C^{24}H^{12}Az^2$ (M. W. Hofmann) :

$$C^{24}H^{10}Az^2 + H^2 = C^{24}H^{12}Az^2.$$

L'acide nitrique le change en *azobenzol nitré*, $C^{24}H^9(AzO^4)Az^2$, puis en produits de substitution plus avancée.

Oxydé par l'acide chromique, en solution acétique, il se change en *azoxybenzol*, $C^{24}H^{10}Az^2O^2$ (M. Petriew) :

$$C^{24}H^{10}Az^2 + O^2 = C^{24}H^{10}Az^2O^2.$$

§ 5. — **Azoxybenzol.**

$C^{24}H^{10}Az^2O^2$ .... $\mathit{C}^6H^5 - Az^2\Theta - \mathit{C}^6H^5$.

1. L'azoxybenzol, ou *azoxybenzide*, a été découvert par Zinin. On a indiqué plus haut sa constitution (t. II, p. 455).

C'est le produit immédiat de l'action de la potasse alcoolique sur la nitrobenzine.

On vient de voir qu'il résulte de l'oxydation de l'azobenzol.

2. *Propriétés.* — Il cristallise en longues aiguilles jaunes, fusibles à 36°, insolubles dans l'eau, solubles dans l'alcool.

Il est transformable par les réducteurs en *azobenzol*, $C^{24}H^{10}Az^{2}$, et en *hydrazobenzol*, $C^{24}H^{12}Az^{2}$ (M. W. Hofmann) :

$$C^{24}H^{10}Az^{2}O^{2} + H^{2} = C^{24}H^{10}Az^{2} + H^{2}O^{2};$$
$$C^{24}H^{10}Az^{2}O^{2} + 2\,H^{2} = C^{24}H^{12}Az^{2} + H^{2}O^{2}.$$

§ 6. — Hydrazobenzol.

$C^{24}H^{12}Az^{2}$.................... $C^{6}H^{5}-AzH-AzH-C^{6}H^{5}$.

1. C'est, comme on l'a vu plus haut, le produit de l'action de l'hydrogène naissant sur l'azoxybenzol et sur l'azobenzol (M. W. Hofmann).

2. Il cristallise en tables et possède une odeur camphrée; il est fusible à 131°.

La chaleur le détruit, en donnant de l'*azobenzol*, $C^{24}H^{10}Az^{2}$, et de l'*aniline*, $C^{12}H^{7}Az$:

$$2\,C^{24}H^{12}Az^{2} = C^{24}H^{10}Az^{2} + 2\,C^{12}H^{7}Az.$$

§ 7. — Diazoamidobenzol.

$C^{24}H^{11}Az^{3}$................. $C^{6}H^{5}-Az=Az-AzH-C^{6}H^{5}$.

1. *Formation.* — Ce composé a été obtenu par M. Griess, en dirigeant un courant d'acide azoteux dans de l'aniline en solution alcoolique :

$$2\,C^{12}H^{7}Az + AzO^{4}H = C^{24}H^{11}Az^{3} + 2\,H^{2}O^{2}.$$

Il se forme ainsi par l'intermédiaire du *nitrate de diazobenzol*, qui prend d'abord naissance dans l'action de l'acide nitreux sur l'aniline (t. II, p. 456), et qui le produit en réagissant sur cette dernière employée en excès :

$$C^{12}H^{4}Az^{2}, AzHO^{6} + 2\,C^{12}H^{7}Az = C^{12}H^{7}Az, AzHO^{6} + C^{24}H^{11}Az^{3}.$$

Il se forme, en effet, très facilement, quand on met en contact l'aniline avec les sels de diazobenzol.

2. *Préparation.* — On le prépare en laissant couler lentement une solution légèrement alcaline d'azotite de soude sur du chlorhydrate d'aniline bien neutre et sec, en refroidissant au-dessous de +5°. On recueille le diazoamidobenzol qui se précipite et on le lave à l'eau froide (M. Martius).

3. *Propriétés.* — Le diazoamidobenzol cristallise en lames jaune d'or, fusibles à 91°, détonant vers 200°.

4. *Réactions.* — Il ne se combine pas aux acides; il forme cependant certains sels doubles métalliques, notamment un chloroplatinate, $C^{24}H^{11}Az^{3},HCl,PtCl^{2}$.

Abandonné à lui-même en solution alcoolique, surtout en présence d'un sel d'aniline, il se transforme en son isomère, l'*amidoazobenzol* (t. II, p. 462).

5. Quand, au lieu de l'aniline, on fait agir les bases analogues sur les sels de diazobenzol, il se forme des composés semblables au diazoamidobenzol; tels sont :

Le diazobenzol-amidotoluol................ $C^{26}H^{13}Az^{3}$,
Le diazobenzol-amidonaphtaline........ ... $C^{32}H^{13}Az^{3}$; etc.

6. *Chrysoïdine.* — C'est à des réactions de ce genre qu'il faut rapporter la formation de tout un groupe de matières colorantes intéressantes.

En mélangeant à froid une solution aqueuse d'azotate de diazobenzol à une autre de *métaphénylène-diamine*, $C^{12}H^{2}(AzH^{3})^{2}$, il se précipite l'azotate d'une combinaison analogue aux précédentes, $C^{24}H^{12}Az^{4},AzHO^{6}$, que l'on nomme *azotate de métadiamidoazobenzol* (M. Witt) :

$$C^{12}H^{4}Az^{2},AzHO^{6} + C^{12}H^{2}(AzH^{3})^{2} = C^{24}H^{12}Az^{4},AzHO^{6}.$$

On obtient le même composé par l'action du *diazoamidobenzol* sur la *métaphénylène-diamine* (M. Caro).

Le métadiamidoazobenzol constitue des aiguilles jaune clair, fusibles à 110°, insolubles dans l'eau.

Son chlorhydrate $C^{24}H^{12}Az^{4},HCl$ est une magnifique matière tinctoriale orangée, connue sous le nom de *chrysoïdine*. Il cristallise en octaèdres d'un noir brillant, donnant une poudre rouge, et se dissout dans l'eau en formant une solution orangée.

Ses sels diacides sont rouges.

Sous l'action des éthers à hydracides (méthylique, éthylique, benzylique, etc.), la chrysoïdine fournit des chrysoïdines méthylées, éthylées, benzylées, etc., qui sont des matières colorantes violettes et bleues.

§ 8. — **Diazoamidotoluols.**

$C^{28}H^{15}Az^{3}$................ $C^{7}H^{7}-Az=Az-C^{7}H^{6}-AzH^{2}$.

1. Les trois toluidines traitées par l'acide azoteux donnent plusieurs diazoamidotoluols isomériques.

2. L'orthotoluidine produit ainsi l'*orthodiazoamidotoluol*. Ce dernier, chauffé entre 150° et 200° avec du chlorhydrate d'orthotoluidine, forme de la *toluylène-diamine*, $C^{14}H^{4}(AzH^{3})^{2}$, du chlorhydrate d'orthotoluidine qui se régénère, et un composé $C^{42}H^{20}Az^{4}$, qui est employé en teinture sous le nom de *safranine* (M. Witt) :

$$2\,C^{28}H^{15}Az^{3} + C^{14}H^{9}Az, HCl = C^{14}H^{9}Az, HCl + C^{14}H^{4}(AzH^{3})^{2} + C^{42}H^{20}Az^{4}.$$

La safranine teint en rouge-ponceau. Elle a été découverte par M. Willm et utilisée par M. Perkin. Elle est actuellement assez usitée.

On produit d'ordinaire la safranine en ajoutant peu à peu de l'acide chlorhydrique à un mélange d'azotite alcalin et de toluidine liquide. Il se forme ainsi le dérivé azoïque de la toluidine; on oxyde ensuite ce dernier par l'acide arsénique en présence d'un excès de toluidine. On reprend par l'eau et on précipite la safranine par le sel marin.

Par l'action de l'aniline à chaud, la safranine se change en *safranine phénylée*, qui est une matière colorante violette.

3. D'ailleurs, les diverses toluidines, soit seules, soit avec l'aniline, produisent de même des composés analogues, qui constituent des matières colorantes. La safranine obtenue avec la paratoluidine est plus jaune que la safranine ordinaire, dérivée de l'orthotoluidine; au contraire, la *phénosafranine*, substance analogue obtenue avec l'orthodiazoamidotoluol et l'aniline, donne des tons rouge violacé, qui sont très recherchés.

§ 9. — Amidoazobenzol.

$C^{24}H^{11}Az^{3}$ .... $C^{12}H^{11}Az^{3}$.

1. *Formation.* — Ce composé, appelé aussi *azodiphényldiamine*, est isomère du diazoamidobenzol (t. II, p. 460); il prend naissance par la transformation spontanée de celui-ci.

Il se forme encore dans l'action de certains oxydants sur l'aniline, et particulièrement quand on chauffe un mélange d'azotate d'aniline, de stannate de soude et d'eau (MM. Martius et Griess).

2. *Propriétés.* — C'est un très beau composé jaune, cristallisé en plaques rhomboïdales, fusible à 130°, bouillant sans altération vers 360°.

Le chlorhydrate, $C^{24}H^{11}Az^{3}$,HCl, cristallise en aiguilles bleues. En liqueur fortement acide, il teint la soie en un rouge magnifique que l'eau fait passer au jaune. Il en est de même de l'oxalate, qui est très employé en teinture sous le nom de *jaune d'aniline*.

3. Chauffé à 160° avec le chlorhydrate d'aniline, l'amidoazobenzol donne une base particulière, $C^{36}H^{15}Az^3$, qui est une matière colorante usitée sous les noms d'*induline*, de *bleu d'azodiphényle* ou de *bleu marin* (MM. Griess et Martius) :

$$C^{24}H^{11}Az^3 + C^{12}H^7Az,HCl = C^{36}H^{15}Az^3 + AzH^4Cl.$$

L'induline est insoluble dans l'eau, mais elle forme des dérivés sulfoconjugués, dont les sels alcalins solubles sont employés en teinture pour produire des nuances indigo.

En remplaçant dans la réaction précédente l'amidoazobenzol par un corps congénère et l'aniline par une autre amine, on obtient toute une série d'*indulines diverses*, de colorations variées (M. Witt).

§ 10. — **Amidoazonaphtaline.**

$C^{40}H^{15}Az^3$ .... $AzH^2 - C^{10}H^6 - Az^2 - C^{10}H^7$.

1. Ce corps, appelé aussi *azodinaphtyldiamine*, a été découvert par MM. Perkin et Church.

Il s'obtient en traitant le chlorhydrate de *naphtylamine* α par une solution d'azotite de soude additionnée de soude :

$$2(C^{20}H^9Az, HCl) + AzNaO^4 + NaHO^2 = C^{40}H^{15}Az^3 + 2\,NaCl + 3\,H^2O^2.$$

2. *Propriétés.* — Il forme des aiguilles mordorées, fusibles à 135°.

3. Chauffée avec l'acétate de naphtylamine, l'amidoazonaphtaline fournit un dérivé triammoniacal, la *rosanaphtylamine*, $C^{60}H^{21}Az^3$ (M. Schiendl) :

$$C^{40}H^{15}Az^3 + C^{20}H^9Az = C^{60}H^{21}Az^3 + AzH^3.$$

Le *chlorhydrate de rosanaphtylamine* est employé en teinture sous les noms de *rose de naphtaline* ou de *rose de Magdala :* il communique à la soie une couleur rose très vive, à reflets particuliers.

§ 11. — **Diazophénols.**

$C^{12}H^4Az^2O^2$ .... $OH - C^6H^4 - Az^2 - OH$.

Les phénols nitrés isomères, traités par les agents réducteurs, donnent des alcalis-phénols, les *amidophénols* ou plutôt les *oxyphé-*

nolamines, $C^{12}H^7AzO^2$, que l'on peut envisager comme dérivés des oxyphénols :

$$C^{12}H^6O^4 + AzH^3 - H^2O^2 = C^{12}H^7AzO^2.$$

Ces derniers réagissent sur l'acide azoteux comme l'aniline elle-même, pour donner des dérivés diazoïques, les diazophénols. Il doit exister trois isomères de ce genre correspondant aux trois nitrophénols isomères ; on en connaît deux.

§ 12. — Acides azobenzoïques.

$C^{28}H^{10}Az^2O^8$.............. $CO^2H - C^6H^4 - Az = Az - C^6H^4 - CO^2H$.

Les trois acides nitrobenzoïques (t. II, p. 168) engendrent trois acides azobenzoïques, qui ont été étudiés surtout par M. Griess.

Le mieux connu, l'*acide métazobenzoïque*, prend naissance par l'action de l'amalgame de sodium sur le métanitrobenzoate de soude : la réaction terminée, on précipite le nouveau corps par l'acide chlorhydrique. Il est pulvérulent et jaune. Il se décompose en fondant.

§ 13. — Hydrazines.

1. Les hydrazines ont été découvertes par M. E. Fischer qui les a représentées comme dérivant du groupe $(H^2Az)^2$ par substitution de radicaux alcooliques ou autres à l'hydrogène. On a vu (t. II, p. (454 comment elles se rattachent aux dérivés azoïques.

2. *Formations*. — On les obtient :

1° En hydrogénant par le zinc en poussière et l'acide acétique les dérivés nitrosés des ammoniaques composées (M. E. Fischer). C'est ainsi que la *nitrosodiméthylamine*, $C^4H^6(AzO^2)Az$, se change en *diméthylhydrazine*, $C^4H^8Az^2$:

$$C^4H^6(AzO^2)Az + H^4 = C^4H^8Az^2 + H^2O^2;$$

2° En hydrogénant les dérivés diazoïques par les mêmes réactifs (M. E. Fischer). Le *diazoamidobenzol*, $C^{24}H^{11}Az^3$, fournit ainsi la *phénylhydrazine*, $C^{12}H^8Az^2$, en même temps que de l'aniline :

$$C^{24}H^{11}Az^3 + H^4 = C^{12}H^7Az + C^{12}H^8Az^2.$$

La même réduction s'opère plus facilement encore par l'action de l'acide sulfureux.

3. *Propriétés.* — Les hydrazines se conduisent comme des bases biacides. Elles sont huileuses ou cristallisables, volatiles, solubles dans l'eau et dans l'alcool.

Elles sont facilement oxydables et même réductrices; c'est ainsi que les hydrazines de la série grasse réduisent la liqueur cupropotassique.

L'acide azoteux les détruit en dégageant de l'azote; toutefois, avec les hydrazines aromatiques il forme des dérivés nitrosés.

Les hydrazines se conduisent à l'égard des éthers à hydracides ou des chlorures acides comme les ammoniaques composées et donnent des hydrazines secondaires, ou des amides.

Nous allons décrire comme exemple la phénylhydrazine.

§ 14. — **Phénylhydrazine.**

$C^{12}H^8Az^2$ .... $C^6H^5\text{-}HAz\text{-}AzH^2$.

1. La phénylhydrazine a été découverte par M. E. Fischer.

2. *Préparation.* — On la prépare en réduisant le diazobenzol.

On dissout 10 grammes d'aniline dans 200 grammes d'acide chlorhydrique concentré, on refroidit avec soin et on ajoute peu à peu 75 grammes d'azotite de soude dissous dans 50 grammes d'eau; il se forme du chlorhydrate de diazobenzol, $C^{12}H^4Az^2,HCl$:

$$C^{12}H^7Az, HCl + AzHO^4 = C^{12}H^4Az^2, HCl + 2\,H^2O^2.$$

A la liqueur toujours refroidie on ajoute 45 grammes de protochlorure d'étain dissous dans un poids égal d'acide chlorhydrique concentré. Le mélange ne tarde pas à se solidifier par des cristaux de chlorhydrate de phénylhydrazine :

$$C^{12}H^4Az^2, HCl + 4\,HCl + 4\,SnCl = 4\,SnCl^2 + C^{12}H^8Az^2, HCl.$$

On essore le sel cristallisé, on le décompose par la potasse et on agite la masse avec l'éther, qui dissout la phénylhydrazine. On distille l'éther, et la phénylhydrazine reste comme résidu.

3. *Propriétés.* — La phénylhydrazine cristallise en tables. Elle fond à $+ 23°$ et bout à $233°$. Elle distille avec la vapeur d'eau.

L'oxyde de mercure transforme son sulfate en sulfate de diazobenzol, par une réaction inverse de celle qui lui donne naissance.

On a vu ailleurs (t. II, p. 5) que la phénylhydrazine constitue un réactif général des aldéhydes et des acétones, avec lesquels elle forme des combinaisons généralement très insolubles dans les liqueurs acétiques. Certains sucres manifestent dans cette réaction leurs propriétés aldéhydiques. Au même fait se rattache encore la réaction suivante.

4. *Antipyrine.* — La phénylhydrazine s'unit dès la température ordinaire à l'*éther diacétique*, $C^4H^4,C^8H^6O^6$, avec séparation d'eau; l'éther diacétique, qui possède une fonction acétonique, forme ainsi un produit de condensation huileux, $C^4H^4,C^{20}H^{12}Az^2O^4$, que l'on a appelé *éther phénylhydrazinediacétique* (M. Knorr) :

$$C^{12}H^8Az^2 + C^4H^4,C^8H^6O^6 = C^4H^4,C^{20}H^{12}Az^2O^4 + H^2O^2;$$

ce produit chauffé au bain-marie perd de l'alcool et donne l'*oxyméthylquinizine*, $C^{20}H^{10}Az^2O^2$, composé possédant à la fois des propriétés basiques et des propriétés acides :

$$C^4H^4,C^{20}H^{12}Az^2O^4 = C^4H^6O^2 + C^{20}H^{10}Az^2O^2.$$

L'oxyméthylquinizine, en tant que base ammoniacale secondaire, s'unit aux éthers à hydracides et aux chlorures acides, pour donner des alcalis d'ordre plus avancé ou des amides. Avec l'éther méthyliodhydrique, à 100° et en solution dans l'alcool méthylique, elle donne l'iodhydrate d'une base méthylée tertiaire, que l'on a appelée *diméthyloxyquinizine*, $C^{22}H^{12}Az^2O^2$ ou $C^{20}H^8(C^2H^4)Az^2O^2$ (M. Knorr).

Cette dernière base s'isole en décolorant le mélange bouillant par l'acide sulfureux et en le précipitant par la soude. On la purifie par cristallisation dans l'éther. Elle est plus connue sous le nom d'*antipyrine;* elle est en effet douée d'une action antipyrétique très marquée, qui l'a fait employer en thérapeutique.

L'antipyrine constitue une poudre cristalline incolore, à saveur faiblement amère; elle est fusible à 113°. Soluble dans l'eau froide, l'alcool et le chloroforme, elle ne se dissout que dans 50 parties d'éther. Sa solution aqueuse n'agit pas sur le tournesol.

L'acide nitreux colore en vert sa solution même très diluée; il donne dans la solution concentrée des cristaux verts d'*isonitrosoantipyrine.*

CHAPITRE VI

SÉRIE CYANIQUE

§ 1er. — Théorie.

1. Les amides et les nitriles des acides organiques les plus simples, c'est-à-dire ceux de l'acide formique et de l'acide carbonique, méritent une attention toute particulière; car ils comprennent l'acide cyanhydrique et ses dérivés, le cyanogène, l'acide cyanique, l'acide sulfocyanique, les urées, etc. La théorie de ces corps se présente sous un double point de vue, selon qu'on les envisage comme des amides ou comme des corps dérivés d'un radical composé spécial, le cyanogène. Nous allons exposer ces deux points de vue, en commençant par le premier, qui est le plus général.

1° L'acide formique engendre 2 amides principaux :

Amide formique.........	$C^2H^3AzO^2 = C^2H^2O^4, AzH^3 - H^2O^2$,
Nitrile formique.........	$C^2HAz \quad = C^2H^2O^4, AzH^3 - 2\,H^2O^2$.

Le nitrile formique n'est autre que l'acide cyanhydrique. En effet, ce dernier corps, sous l'influence prolongée des alcalis ou des acides énergiques, fixe de l'eau et reproduit l'acide formique et l'ammoniaque; ce qui est une réaction caractéristique des amides.

2° L'acide carbonique et ses sels répondent au type $C^2H^2O^6$, dérivé du formène, C^2H^4, par substitution successive de H^2 par O^4 et de H^2 encore par H^2O^2. L'acide carbonique, en raison de cette génération, doit offrir les propriétés d'un acide-alcool, $C^2(H^2O^2)(O^4)$. A ce titre, il fournira 3 séries de dérivés ammoniacaux, savoir :

I. Dérivés de la fonction acide (monobasique) :

Amide-alcool..........................	$C^2H^2O^6, AzH^3 - H^2O^2 \quad = C^2H^3AzO^4$,
Nitrile-alcool (acide cyanique isomérique).	$C^2H^2O^6, AzH^3 - 2\,H^2O^2 = C^2HAzO^2$.

II. Dérivés de la fonction alcool :

Alcali-acide (acide carbamique) .... $C^2(AzH^3)O^4$,
Acide cyanique ordinaire .... $C^2(AzH^3)O^4 - H^2O^2 = C^2HAzO^2$.

III. Dérivés mixtes :

Amide-alcali (urée) .... $C^2(AzH^3)O^4 + AzH^3 - H^2O^2 = C^2H^4Az^2O^2$,
Nitrile-alcali (cyanamide) .... $C^2(AzH^3)O^4 + AzH^3 - 2H^2O^2 = C^2H^2Az^2$.

Le dernier corps peut s'unir, tant comme alcali que comme corps incomplet, aux acides HCl, HBr, et même à l'ammoniaque :

Guanidine .... $C^2H^2Az^2 + AzH^3 = C^2H^5Az^3$.

IV. Ce n'est pas tout : ces composés peuvent s'unir deux à deux, tant à cause de l'antagonisme de leurs fonctions que du caractère incomplet des nitriles ; de là résultent une multitude de combinaisons nouvelles, telles que les suivantes :

Acide dicyanique .... $C^2HAzO^2(-)(-) + C^2HAzO^2$,
Acide tricyanique ou cyanurique. $C^2HAzO^2(-)(-) + C^2HAzO^2 + C^2HAzO^2$,
Acide allophanique .... $C^2H^2O^6 + C^2H^4Az^2O^2 - H^2O^2 = C^2(C^2H^4Az^2O^2)O^4$,
Biuret .... $C^2(C^2H^4Az^2O^2)O^4 + C^2H^4Az^2O^2 - H^2O^2$.

3° Enfin, les dérivés carboniques, associés aux dérivés formiques, engendrent des amides doubles très variés :

Cyanogène .... $C^2HAz + C^2HAzO^2 - H^2O^2 = C^4Az^2$.

Les amides oxaliques peuvent être rappelés ici, puisque l'acide oxalique se dédouble aisément en acide carbonique et acide formique. Cependant, les vrais amides secondaires, dérivés de l'acide formique et de l'acide carbonique, sont d'ordinaire distincts des amides oxaliques.

La complexité de ces amides doubles peut être très grande ; l'acide urique et divers autres principes azotés, qui se rencontrent dans l'économie animale, se rattachent à cette théorie.

2. La théorie qui précède offre cet avantage qu'elle rend un compte plus clair qu'aucune autre de la constitution des amides simples ou complexes, dérivés de l'acide carbonique. Cependant elle est moins simple et moins séduisante que la théorie du cyanogène, quand il

s'agit d'exposer l'histoire de l'acide cyanhydrique et de ses dérivés immédiats.

L'acide cyanhydrique, en effet, peut être comparé à l'acide chlorhydrique. A ce titre, il résulte de l'union de l'hydrogène avec un radical particulier, le *cyanogène* ($Cy = C^2Az$), formé de carbone et d'hydrogène :

$$(C^2Az)H; \qquad (Cl)H.$$

Le cyanogène a été d'ailleurs isolé en décomposant par la chaleur certains cyanures, conformément à ces analogies. On a également obtenu par voie directe les combinaisons du cyanogène avec les divers corps simples, tant avec le potassium (Gay-Lussac) qu'avec l'hydrogène, le zinc et la plupart des métaux (M. Berthelot) :

Cyanures métalliques.......	$(C^2Az)M$	comparable à	ClM,
Acide cyanique.............	$(C^2Az)O, HO$	—	ClO, HO,
Acide sulfocyanique........	$(C^2Az)S, HS$		
Chlorure cyanique..........	$(C^2Az)Cl$	—	ICl.

Cette élégante théorie, due à Gay-Lussac, constitue le point de départ de la théorie des radicaux composés. Elle va nous servir pour présenter l'histoire des principaux cyanures. Puis, nous parlerons des amides carboniques envisagés séparément, et nous terminerons par l'acide urique et ses congénères.

§ 2. — Cyanogène.

C^4Az^2 ou $(C^2Az)^2$ ou encore $(Cy)^2$.............. C^2Az^2.

1. Le cyanogène a été découvert par Gay-Lussac en 1815.

2. *Synthèse.* — Il peut être obtenu synthétiquement de diverses manières :

1° Le carbone et l'azote ne s'unissent pas directement; mais on peut combiner l'azote libre avec l'acétylène (t. I, p. 62) sous l'influence des étincelles ou de l'arc électriques (M. Berthelot) :

$$C^4H^2 + Az^2 = 2\,(C^2Az)H.$$

La combinaison s'effectue assez rapidement; elle devient complète, si l'on prévient la décomposition de l'acétylène au moyen d'un excès d'hydrogène, et si l'on absorbe à mesure l'acide cyanhydrique.

L'acide cyanhydrique formé peut être changé ensuite en cyanure de mercure au moyen de l'oxyde de ce métal; puis le cyanure chauffé se résout en mercure et cyanogène (Gay-Lussac). On réalise par cette voie là synthèse la plus directe des composés cyaniques.

2° On peut encore former un cyanure en faisant agir l'air atmosphérique sur un mélange de charbon et de potasse, ou de baryte : l'azote est absorbé et changé en cyanure (Desfosses). En raison de cette réaction sans doute, le cyanogène, ou plutôt l'acide cyanhydrique, se rencontre en petite quantité dans les gaz des hauts-fourneaux (MM. Bunsen et Playfair).

3° L'action de l'ammoniaque gazeuse sur le charbon incandescent produit de l'acide cyanhydrique, ou plutôt du cyanhydrate d'ammoniaque (Kuhlmann) :

$$C^2 + 2\,AzH^3 = C^2AzH, AzH^3 + H^2.$$

4° On peut aussi unir le sulfure de carbone et l'ammoniaque à la température ordinaire, puis changer le produit en sulfocyanate d'ammoniaque vers 100° (Gélis) :

$$C^2S^4 + 2\,AzH^3 - H^2S^2 = C^2Az(AzH^4)S^2,$$

et enfin transformer ce sel ammoniacal en sulfocyanate potassique, que l'on désulfure au rouge au moyen d'un métal, ce qui fournit en définitive un cyanure :

$$C^2AzKS^2 + 2\,M = C^2AzK + M^2S^2.$$

3. *Formation par analyse régulière.* — Le cyanogène se forme dans la distillation sèche de l'oxalate d'ammoniaque et de son dérivé, l'*oxamide*, $C^4H^4AzO^4$ (Malaguti) :

$$C^4H^2O^8, 2\,AzH^3 - 2\,H^2O^2 = C^4H^4Az^2O^4,$$
$$C^4H^4Az^2O^4 - 2\,H^2O^2 = C^4Az^2.$$

L'acide cyanhydrique, dérivé immédiat du cyanogène, se forme de même dans la déshydratation du formiate d'ammoniaque (Dœbereiner) :

$$C^2H^2O^4, AzH^3 - 2\,H^2O^2 = C^2AzH.$$

Le même corps prend naissance dans l'action du chloroforme sur l'ammoniaque (M. W. Hofmann) :

$$AzH^3 + C^2HCl^3 = 3\,HCl + C^2HAz.$$

Le dédoublement de l'amygdaline engendre aussi de l'acide cyanhydrique dès la température ordinaire (t. I, p. 461) ; et cette réaction se manifeste toutes les fois que les amandes amères, les fleurs et les feuilles de laurier-cerise, etc., sont broyées avec l'eau, de façon à rendre possible l'action du ferment sur l'amygdaline. Telle est la source de l'acide cyanhydrique contenu dans le kirsch, dans l'eau de laurier-cerise et dans diverses autres préparations.

4. *Formation par destruction complexe.* — En raison de la simplicité de leur composition, les cyanures font partie des produits ultimes de la destruction des substances organiques.

On les observe, par exemple :

1° Lorsqu'on fait passer dans un tube rouge une substance azotée volatile : il se forme de l'acide cyanhydrique et du cyanhydrate d'ammoniaque.

2° Lorsqu'on calcine des matières animales en présence d'un alcali libre, à l'abri de l'oxygène et de l'humidité : c'est la source la plus économique des cyanures dans l'industrie.

3° Lorsqu'on calcine une substance organique fixe en présence d'une quantité insuffisante d'azotate.

4° L'oxydation brusque des substances organiques par l'acide azoteux engendre d'ordinaire une petite quantité d'acide cyanhydrique.

5° Cette même formation a lieu dans la destruction brusque et explosive des composés dérivés de l'acide azotique, tels que la poudre-coton, le picrate de potasse, etc.

6° L'acide cyanhydrique et le cyanhydrate d'ammoniaque apparaissent en petite quantité dans la décomposition putride des matières animales.

La multiplicité de ces origines montre toute l'importance du cyanogène et de ses dérivés.

5. *Préparation.* — 1° On prépare le cyanogène en chauffant du cyanure de mercure, préalablement desséché, dans une petite cornue munie d'un tube à dégagement (fig. 97). Le sel se décompose en mercure, qui se condense dans le col, et en cyanogène, que l'on recueille sur la cuve à mercure (Gay-Lussac) :

$$2(C^2Az)Hg = (C^2Az)^2 + 2\,Hg.$$

2° On peut encore chauffer au bain-marie 2 parties de sulfate de cuivre cristallisé et 4 parties d'eau ; puis faire arriver peu à peu dans la liqueur, au moyen d'un entonnoir à robinet, une solution concentrée de cyanure de potassium. Le cyanure cuivrique qui se forme d'abord est instable ; il se détruit en donnant du cyanure cuivreux et du cyanogène. Si l'on verse ensuite dans le mélange du perchlorure de fer, le cyanure cuivreux se change en chlorure, et le reste du cyanogène se dégage (M. G. Jacquemin).

6. *Propriétés.* — Le cyanogène est un gaz incolore, d'une odeur propre et pénétrante, fort vénéneux. Il brûle avec une flamme pourpre, en formant de l'acide carbonique et de l'azote :

$$\begin{array}{cccc} C^4Az^2 + & 4\,O^2 = & 2\,C^2O^4 + & Az^2. \\ 4\text{ v.} & 8\text{ v.} & 8\text{ v.} & 4\text{ v.} \end{array}$$

La même combustion effectuée dans un eudiomètre à mercure, par l'oxygène pur, n'est complète que si l'on ajoute du mélange détonant

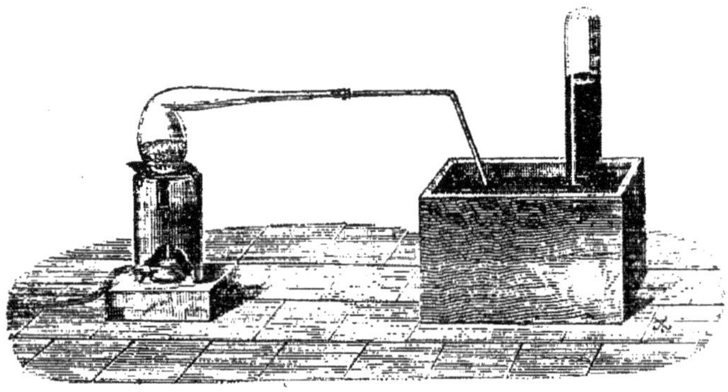

Fig. 97. — Préparation du cyanogène.

d'oxygène et d'hydrogène. On trouve alors que, conformément à la formule précédente, 2 volumes d'oxygène transforment 1 volume de cyanogène en 2 volumes de gaz carbonique et 1 volume d'azote. Ce fait établit la composition du cyanogène.

Sa densité est égale à 26 fois celle de l'hydrogène : soit 1,806 par rapport à l'air; d'où il suit que le poids $26 \times 2 = 52^{gr}$, exprimé par C^4Az^2, occupe un volume quadruple du volume occupé par un équivalent d'oxygène, $O = 8^{gr}$, selon la convention adoptée pour les formules des substances organiques.

Soumis à l'action du froid, le cyanogène se liquéfie et même se solidifie; il fond à $-34°$, bout à $-20°,7$ et présente une tension de 5 atmosphères à $+20°$. L'eau absorbe 4 volumes 1/2 de gaz à 20°; l'alcool, 23 volumes; l'essence de térébenthine, 5 volumes. La solution aqueuse s'altère à la lumière en produisant un précipité brun.

Le cyanogène est formé depuis les éléments avec une absorption de chaleur égale à $-75,5$ Calories pour $C^4Az^2 = 52^{gr}$: réserve d'énergie qui explique la grande activité chimique du cyanogène et son rôle de radical (M. Berthelot).

7. *Action de la chaleur.* — Le cyanogène traversé par une série d'étincelles électriques se décompose complètement en carbone et azote.

L'influence prolongée d'une température voisine de 400° change en partie le cyanogène en un polymère solide et brun, le *paracyanogène.* La production de ce composé s'observe dans la préparation du cyanogène par la décomposition à chaud du cyanure de mercure; elle est plus abondante quand on chauffe doucement.

Le paracyanogène se dissocie et se change inversement en cyanogène gazeux aux mêmes températures où il a pris naissance. Les conditions de cette transformation réciproque sont semblables à celles observées pour le phosphore blanc et le phosphore rouge (MM. Troost et Hautefeuille).

8. *Action de l'hydrogène.* — Le cyanogène se combine lentement à l'hydrogène, sous l'influence du rouge sombre (M. Berthelot):

$$C^4Az^2 + H^2 = 2\,C^2AzH.$$

Cette combinaison s'effectue avec dégagement de + 7,8 Calories pour la formation de 1 équivalent ou 27 grammes de C^2AzH.

La même combinaison a lieu sous l'influence de l'étincelle ou de l'arc électrique (M. Berthelot); mais dans ce dernier cas elle n'est pas complète, une portion de cyanogène se changeant en acétylène et en azote :

$$C^4Az^2 + H^2 = C^4H^2 + Az^2.$$

L'action de l'hydrogène naissant peut aller plus loin et jusqu'à élimination de l'azote, auquel il se substitue; c'est ce qui arrive en faisant agir le cyanogène sur l'acide iodhydrique vers 280° : il se forme ainsi de l'*hydrure d'éthylène* et de l'*ammoniaque* (M. Berthelot) :

$$C^4Az^2 + 6\,H^2 = C^4H^6 + 2\,AzH^3.$$

9. *Oxygène.* — L'oxydation du cyanogène par l'oxygène libre produit au rouge de l'acide carbonique et de l'azote. A froid, il n'y a pas d'action.

Pour fixer de l'oxygène sur le cyanogène, c'est-à-dire pour obtenir l'*acide cyanique*, $(C^2Az)O,HO$, il faut recourir aux procédés indirects : par exemple, faire agir un oxyde métallique (Gay-Lussac), ou même l'oxygène libre, sur le cyanure de potassium chauffé au rouge, ce qui produit du cyanate de potasse :

$$(C^2Az)K + 2\,PbO = C^2AzKO^2 + 2\,Pb.$$

On peut encore faire absorber le cyanogène par la potasse dissoute, ce qui produit du cyanure et du cyanate :

$$C^4Az^2 + 2\,KHO^2 = C^2AzK + C^2AzKO^2 + H^2O^2;$$

mais la réaction n'est pas très nette, à cause de la présence de l'eau, qui détermine la formation de matières brunes. On réussit mieux en faisant agir le cyanogène sur le carbonate de potasse sec et chauffé.

10. *Soufre.* — La sulfuration du cyanogène, c'est-à-dire la formation de l'*acide sulfocyanique*, $(C^2Az)S,HS$, s'effectue, comme l'oxydation, en chauffant le cyanure de potassium avec du soufre (Porrett) :

$$C^2AzK + S^2 = C^2AzKS^2 = C^2AzS,\,KS.$$

11. *Chlore.* — Le chlore forme avec le cyanogène un chlorure gazeux, $(C^2Az)Cl$; mais ce corps ne se produit pas par réaction directe ; il faut opérer par double décomposition, par exemple au moyen d'un cyanure métallique et du chlore :

$$(C^2Az)Hg + Cl^2 = (C^2Az)Cl + HgCl.$$

De même pour le bromure et l'iodure de cyanogène.

12. *Métaux.* — Le cyanogène forme, avec tous les métaux, des cyanures :

$$(C^2Az)M = CyM.$$

La combinaison a lieu directement avec le potassium (Gay-Lussac) et la plupart des métaux (M. Berthelot) vers le rouge sombre, et même parfois dès 100°.

Elle s'effectue avec dégagement de chaleur : + 67,5 Calories pour le cyanure de potassium.

Les cyanures sont isomorphes des chlorures, bromures et iodures.

13. *Eau et acides.* — Le cyanogène, ou nitrile oxalique, étant soumis à l'action de l'acide chlorhydrique concentré, fixe les éléments de l'eau et se change d'abord en oxamide :

$$C^4Az^2 + 2\,H^2O^2 = C^4H^4Az^2O^4,$$

puis en acide oxalique et ammoniaque :

$$C^4Az^2 + 4\,H^2O^2 = C^4H^2O^8 + 2\,AzH^3.$$

Ces réactions sont en harmonie avec la théorie des amides.

Elles se produisent partiellement dans les solutions aqueuses de cyanogène abandonnées à elles-mêmes (M. Wœhler).

§ 3. — Acide cyanhydrique.

C^2AzH ou CyH............................... $C \equiv Az - H$.

1. L'acide cyanhydrique semble avoir été connu des prêtres égyptiens. Il a été décrit par Scheele, en 1782; Berthollet en a établi la composition d'une manière générale; mais c'est en 1811 qu'il a été isolé à l'état de pureté et nettement défini par Gay-Lussac.

Les méthodes propres à former l'acide cyanhydrique par synthèse, soit au moyen de l'acétylène et de l'azote libre (t. I, p. 62), soit au moyen de l'hydrogène et du cyanogène libres (t. II, p. 473), ont été signalées antérieurement; nous parlerons seulement de sa préparation.

2. *Préparation.* — 1° On obtient ce corps en distillant 10 parties de ferrocyanure de potassium avec 8 parties d'acide sulfurique, étendu à l'avance de 150 parties d'eau. On place les substances dans un ballon muni d'un réfrigérant disposé à reflux et garni d'eau tiède. Les vapeurs dégagées sont dirigées dans un flacon laveur contenant une solution saturée de chlorure de calcium, puis dans un tube à dessécher rempli de chlorure de calcium sec; ces deux derniers vases sont maintenus dans un bain chauffé entre 50° et 60°. Enfin les vapeurs non arrêtées par ces appareils tièdes sont conduites dans un matras entouré d'un mélange réfrigérant : l'acide cyanhydrique anhydre s'y condense.

Si on veut l'obtenir dissous, on opère dans un simple appareil distillatoire, et on entoure seulement d'eau froide le ballon où se fait la condensation.

2° On peut l'obtenir encore en traitant par 90 parties d'acide chlorhydrique concentré un mélange de 100 parties de cyanure de mercure et de 45 parties de chlorhydrate d'ammoniaque. On arrête l'acide chlorhydrique par des fragments de marbre et l'on dessèche la vapeur cyanhydrique sur du chlorure de calcium (Bussy et Buignet). L'addition de chlorhydrate d'ammoniaque a pour effet de donner un chlorure double de mercure et d'ammonium, dont la chaleur de formation est notable et concourt à déterminer le phénomène en s'ajoutant à l'effet thermique de la réaction principale.

3. *Propriétés.* — L'acide cyanhydrique, appelé jadis *acide prussique*, est un liquide incolore, limpide, mobile, doué d'une odeur d'amandes amères. Sa densité est 0,697 à 18°. Il cristallise à — 14°. Il bout à 26°,1. Sa vapeur pèse 13,5 fois autant que l'hydrogène. Il brûle avec une flamme blanche violacée, en donnant du gaz carbonique, de l'eau et de l'azote :

$$2\,C^2AzH + 5\,O^2 = 2\,C^2O^4 + H^2O^2 + 2\,Az.$$

C'est un poison terrible, sous forme liquide ou gazeuse.

L'acide cyanhydrique se conserve indéfiniment lorsqu'il est pur, ou mieux encore en présence d'une trace d'acide. Mais il suffit de la moindre quantité d'ammoniaque pour déterminer une décomposition spontanée : celle-ci se produit sur presque tous les échantillons. L'action du soleil détermine aussi cette altération. L'acide jaunit, brunit et se change lentement en une matière noire, solide, insoluble, mêlée avec un peu de gaz ammoniac condensé.

L'acide cyanhydrique se mélange avec l'eau, en toutes proportions. Ses dissolutions sont plus stables que l'acide anhydre ; elles se conservent indéfiniment dans des vases fermés.

4. *Action de la chaleur.* — L'acide cyanhydrique gazeux, soumis à une série d'étincelles électriques, se décompose en partie en acétylène et azote :

$$2\,C^2HAz = C^4H^2 + Az^2.$$

mais l'action ne dépasse pas un certain terme, les deux produits se recombinant en sens inverse sous l'influence des mêmes étincelles (M. Berthelot).

5. *Hydrogène.* — L'hydrogène naissant exerce deux actions successives sur l'acide cyanhydrique ; il forme d'abord, en employant de l'amalgame de sodium par exemple, de la *méthylamine*, C^2H^5Az (M. Mendius) :

$$C^2HAz + 2\,H^2 = C^2H^5Az\,;$$

Il peut aussi produire du *formène* et de l'*ammoniaque* par l'action de l'acide iodhydrique gazeux, vers 300° (M. Berthelot).

$$C^2HAz + 3\,H^2 = C^2H^4 + AzH^3.$$

6. *Oxygène.* — L'oxygène n'agit pas à froid sur l'acide cyanhydrique lui-même. Mais on a vu plus haut (t. II, p. 473) que les cyanures alcalins, chauffés avec les oxydes métalliques réductibles, se changent en *cyanates* et métaux réduits :

$$C^2AzK + O^2 = C^2AzKO^2.$$

Les mêmes cyanures alcalins, chauffés avec le soufre, deviennent des *sulfocyanates* (Porrett) :

$$C^2AzK + S^2 = C^2AzKS^2.$$

7. *Chlore.* — Le chlore attaque l'acide cyanhydrique, pur ou dissous, en formant du *chlorure de cyanogène*, C^2AzCl (Gay-Lussac) :

$$C^2AzH + Cl^2 = C^2AzCl + HCl.$$

De même le brome forme du *bromure de cyanogène*, C^2AzBr.

8. *Potassium et métaux.* — Le potassium, chauffé dans le gaz cyanhydrique, forme du *cyanure de potassium* et de l'hydrogène :

$$C^2AzH + K = C^2AzK + H.$$

Les autres *cyanures métalliques* se préparent, soit au moyen de l'acide cyanhydrique et des oxydes métalliques :

$$C^2AzH + HgO = C^2AzHg + HO,$$

soit par double décomposition, au moyen des sels métalliques et du cyanure de potassium employés en proportions équivalentes :

$$2\,C^2AzK + S^2Zn^2O^8 = 2\,C^2AzZn + S^2K^2O^8.$$

9. *Eau.* — Sous l'influence de l'eau, et plus rapidement en présence des acides minéraux, l'acide cyanhydrique se change en *acide formique*, $C^2H^2O^4$, et *ammoniaque;* la réaction est surtout nette en présence de l'acide chlorhydrique concentré (Pelouze) :

$$C^2AzH + 2\,H^2O^2 + HCl = C^2H^2O^4 + AzH^3, HCl.$$

10. *Acides.* — En l'absence de l'eau, l'acide cyanhydrique s'unit aux hydracides sans se décomposer, en donnant les combinaisons suivantes (M. Gal ; M. Gautier) :

$$C^2AzH, HCl,$$
$$2\,C^2AzH, 3\,HBr,$$
$$C^2AzH, HI.$$

11. *Recherche analytique de l'acide cyanhydrique.* — Cet acide, à l'état pur ou étendu d'eau, possède une odeur spéciale.

Il précipite en blanc l'azotate d'argent, même dans les liqueurs faiblement acides : le précipité est soluble dans l'ammoniaque ; il ne se dissout dans l'acide azotique concentré que sous l'influence d'une ébullition prolongée. Ces circonstances exposent à le confondre avec le chlorure d'argent. Recueilli et traité à l'état humide par le zinc et l'acide sulfurique étendu, le cyanure d'argent dégage de nouveau l'acide cyanhydrique; il peut donc être employé pour recueillir et concentrer cet acide. Ce même cyanure d'argent, une fois desséché, se décompose par la chaleur en argent et cyanogène gazeux, que l'on peut recueillir, enflammer, etc. Traité par une parcelle d'iode, il fournit de jolies aiguilles blanches d'*iodure de cyanogène*, C^2AzI, non moins caractéristiques.

Un caractère très sensible de l'acide cyanhydrique consiste à ajouter à la solution qui le renferme quelques gouttes de sulfate ferreux pur et de sulfate ferrique, dissous récemment et séparément, puis une goutte de potasse; on redissout le précipité dans l'acide chlorhydrique très dilué, ajouté goutte à goutte, et l'on voit apparaître la teinte foncée du bleu de Prusse.

On peut encore ajouter dans la solution cyanhydrique une goutte de sulfhydrate d'ammoniaque bien jaune, chauffer jusqu'à décoloration, puis ajouter une goutte de chlorure ferrique, qui produit la coloration rouge caractéristique des sulfocyanates.

Enfin l'acide picrique, chauffé avec l'acide cyanhydrique préalablement saturé par un alcali, produit une coloration rouge intense, due à un *isopurpurate* alcalin (t. I, p. 546).

Ces procédés sont applicables à la recherche de l'acide cyanhydrique dans les cas d'empoisonnement. En effet, il suffit d'aciduler les matières et de les distiller avec précaution pour obtenir un produit renfermant l'acide cyanhydrique, reconnaissable à l'odeur et aux réactions ci-dessus. Seulement, il faudra éviter de confondre le chlorure d'argent avec le cyanure.

Cette recherche est moins sûre dans le cas d'une putréfaction avancée des organes, parce qu'il peut s'être formé du cyanhydrate d'ammoniaque.

12. *Dosage*. — L'acide cyanhydrique peut être dosé par liqueur titrée sous diverses formes :

1° Par le cyanure d'argent. On rend la solution cyanhydrique alcaline par la potasse; puis on y verse goutte à goutte une solution normale d'azotate d'argent, jusqu'à apparition d'un précipité permanent. Ce procédé est fondé sur la solubilité du cyanure double d'argent et de potassium (Liebig).

Chaque équivalent d'argent employé répond à 2 équivalents d'acide cyanhydrique. Toutefois la quantité d'alcali en présence fait varier le résultat; aussi le procédé suivant est-il plus exact.

2° Par l'iodure de cyanogène. On étend la solution du cyanure alcalin avec un grand volume d'eau; on la rend acide par l'acide carbonique (eau de Seltz); puis on y ajoute goutte à goutte une solution alcoolique titrée d'iode, jusqu'à coloration permanente. Il se forme d'abord un iodure alcalin et de l'iodure de cyanogène (Fordos et Gélis) :

$$C^2AzK + I^2 = C^2AzI + KI;$$

puis, au moment où tout le cyanogène est entré en combinaison, la teinte de l'iode libre apparaît.

§ 4. — **Cyanures simples.**

1. Tous les métaux forment des cyanures, par leur union avec le cyanogène. Cette combinaison a lieu directement avec les métaux alcalins, le fer, le zinc, le plomb; et seulement par voie indirecte avec le mercure, l'argent, l'or et les métaux analogues.

On obtient encore les cyanures par la réaction des bases sur l'acide cyanhydrique.

Les cyanures, dont l'importance est très grande dans la science comme dans l'industrie, appartiennent à deux groupes, savoir : les *cyanures simples* et les *cyanures doubles*.

Signalons les plus importants, en commençant par les cyanures simples.

2. *Cyanure de potassium :* CyK ou C^2AzK. — On le prépare en chauffant au rouge, dans un creuset de fer, le *ferrocyanure de potassium* desséché avec soin. Après refroidissement, on détache le produit et on l'épuise par l'alcool bouillant; le cyanure se dépose par refroidissement ou évaporation de la liqueur alcoolique filtrée. Il est généralement mêlé de cyanate et de carbonate. On évite la formation du premier en ajoutant au mélange un peu de charbon en poudre (Liebig).

On l'obtient plus pur en faisant agir l'acide anhydre sur la potasse alcoolique, aussi concentrée que possible. Le cyanure se dépose; on le lave à l'alcool fort, on l'exprime et on le dessèche rapidement (Wiggers).

Le cyanure de potassium est cubique, déliquescent, caustique, très vénéneux, doué d'une faible odeur d'amandes amères, ce qui est l'indice d'un commencement de décomposition produit par l'acide carbonique de l'air. Il fond aisément. Sa densité est égale à 1,52. Il est presque insoluble dans l'alcool absolu, mais très soluble dans l'eau. Cette dissolution s'altère assez rapidement, avec production de formiate et parfois de substances brunes.

Nous avons signalé plus haut l'action exercée sur le cyanure de potassium par l'oxygène, le soufre, l'iode, etc.

Les acides, même les plus faibles, déplacent aisément l'acide cyanhydrique dans les dissolutions des cyanures alcalins : ce qui s'explique parce que l'union de l'acide cyanhydrique étendu avec la potasse étendue, par exemple, dégage seulement $+3$ Calories; et que le cyanure de potassium, de même que les sels des acides faibles (t. II, p. 87), est en partie décomposé par l'eau.

Le cyanure de potassium dissout le zinc, le fer, le cuivre, avec dégagement d'hydrogène et formation de cyanures doubles, solubles, et de potasse caustique :

$$2\,CyK + Zn + H^2O^2 = CyK, CyZn + KO, HO + H.$$

Le cyanure de potassium précipite les sels de zinc, de plomb, d'argent, etc., en formant des cyanures correspondants, qui se dissolvent dans un excès du réactif, parce qu'ils produisent des sels doubles solubles.

3. Le *cyanure de potassium et d'argent* et le *cyanure de potassium et d'or* sont employés dans l'argenture et la dorure ; on les prépare en général dans la liqueur même, au moyen du cyanure de potassium et d'un sel d'argent ou d'or. La photographie emploie également le cyanure de potassium comme dissolvant des sels d'argent; ce corps dissout jusqu'au chlorure d'argent. La dissolution est due, dans tous les cas, à la production des sels doubles.

4. *Cyanure de mercure :* $CyHg$ ou C^2AzHg. — Ce corps se prépare en faisant agir l'oxyde rouge de mercure sur une solution étendue d'acide cyanhydrique, employée en léger excès (Scheele). On évapore et l'on fait cristalliser.

On peut aussi faire bouillir pendant un quart d'heure 1 partie de ferrocyanure de potassium et 2 parties de sulfate mercurique dans 8 à 10 parties d'eau. On filtre : le cyanure cristallise (Desfosses).

Un troisième procédé consiste à faire bouillir 20 parties d'oxyde de mercure et 27 parties de bleu de Prusse finement pulvérisé, avec 270 parties d'eau. On décante lorsque la masse a pris une teinte brune; on fait bouillir encore quelque temps le résidu avec 100 parties d'eau, on filtre et on évapore les liqueurs (Scheele).

Le cyanure de mercure constitue de beaux prismes à base carrée, incolores, anhydres, inaltérables. Il est soluble dans 8 parties d'eau à 19° et dans 2 parties d'eau à 100°; il se dissout dans 20 parties d'alcool à la température ordinaire. Sa densité est 3,77. La chaleur le décompose en cyanogène et mercure métallique, avec formation d'un peu de paracyanogène (t. II, p. 473). Il est très vénéneux.

Il dissout l'oxyde de mercure en formant un *oxycyanure de mercure* : HgCy,HgO; ce corps est très soluble et séparable en écailles cristallisées.

Le cyanure de mercure forme des composés doubles avec la plupart des cyanures, chlorures, bromures, iodures, alcalins et métalliques; ces composés sont généralement solubles et cristallisables.

L'union de l'acide cyanhydrique avec l'oxyde de mercure, pour former le cyanure de mercure dissous, dégage + 15,5 Calories; ce chiffre est fort supérieur à la chaleur dégagée par l'union de la potasse avec le même acide (+ 3,0 Calories), ce qui explique le déplacement de la potasse par l'oxyde de mercure dans le cyanure de potassium. Le chiffre de + 15,5 Calories l'emporte, d'autre part, sur la chaleur dégagée par l'union de l'acide chlorhydrique étendu avec l'oxyde de mercure (+ 9,45 Calories) : aussi l'acide cyanhydrique décompose-t-il le chlorure de mercure en dissolution étendue. Mais, à l'état anhydre, la réaction est inverse, parce que l'acide chlorhydrique gazeux dégage au contraire plus de chaleur que l'acide cyanhydrique gazeux en s'unissant à l'oxyde de mercure : + 28,4 Calories au lieu de + 23,2 Calories; il en est sensiblement de même dans les dissolutions concentrées, celles-ci contenant les acides à l'état d'hydrates peu riches en eau (M. Berthelot). Toutes ces réactions, singulières en apparence, s'expliquent donc par la thermochimie.

§ 5. — **Cyanures doubles.**

1. Il existe une série de composés du cyanogène dans lesquels certains cyanures, ceux du fer notamment, constituent un groupement spécial qui s'unit avec un cyanure alcalin ou métallique pour former un sel proprement dit, comparable aux sels halogènes par sa stabilité et par le dégagement de chaleur qui en accompagne la formation. Ces composés ne possèdent pas les réactions des cyanures simples, non plus que celles du métal qui constitue le groupement spécial; mais ils conservent les réactions de l'autre métal formant la combinaison saline. Certains sels de ce genre sont fort importants par leurs applications.

Ils sont connus depuis la fin du siècle dernier. Gay-Lussac et Gmelin, principalement, en ont établi la véritable composition. M. Berthelot a montré que leur stabilité s'explique en raison du dégagement de chaleur considérable qui en accompagne la formation.

Par exemple, l'union de 1 équivalent de protoxyde de fer avec 3 équivalents d'acide cyanhydrique pour constituer l'acide ferrocyanhydrique :

$$FeO + 3HCy + Eau = Cy^3FeH^2 \text{ dissous} + HO,$$

dégage + 12,3 Calories : quantité de chaleur quadruple de celle qui résulte de la combinaison de 1 équivalent de potasse avec 1 équivalent d'acide cyanhydrique (+3,0 Calories). L'union ultérieure de 2 équivalents de potasse avec l'acide ferrocyanhydrique, pour constituer le ferrocyanure dissous, dégage une nouvelle quantité de chaleur égale à + 27,0 Calories ; ce qui fait en tout + 39,3 Calories pour les 3 équivalents d'oxyde de fer et d'oxyde de potassium combinés avec les 3 équivalents d'acide cyanhydrique, au lieu de + 9,0 Calories dégagées par 3 équivalents de potasse. On conçoit dès lors que l'oxyde de fer déplace la potasse dans le cyanure de potassium.

Remarquons encore que chaque équivalent de potasse uni à l'acide ferrocyanhydrique dégage + 13,5 Calories, soit à peu près le même chiffre que pour l'acide chlorhydrique : ce qui explique pourquoi l'acide ferrocyanhydrique est comparable aux hydracides et possède une plus grande énergie que l'acide cyanhydrique lui-même.

2. *Ferrocyanure de potassium* : $Cy^3FeK^2 + 3HO$. — Ce sel est appelé aussi *prussiate jaune de potassium*, *cyanoferrure de potassium*, *cyanure jaune*.

Pour le préparer, on calcine en vase clos le carbonate de potasse avec des matières animales azotées : sang, corne, débris de cuir, etc. On lessive par l'eau bouillante, pour dissoudre le cyanure de potassium formé ; on ajoute à la liqueur du sulfate ferreux et l'on évapore à cristallisation. On peut encore faire bouillir la liqueur avec du fer, qui s'y dissout en dégageant de l'hydrogène. Le fer pourrait aussi être ajouté à l'avance, avant la calcination.

Dans tous les cas, la liqueur évaporée dépose du ferrocyanure, que l'on fait recristalliser.

Le ferrocyanure de potassium cristallise sous une forme tabulaire, dérivée d'un prisme rhomboïdal oblique. Il est jaune-citron, transparent ; sa densité est 1,833. Il se dissout à 15° dans 4 parties d'eau, et à 100° dans 2 parties. A 100°, il perd son eau de cristallisation et blanchit.

La chaleur rouge le détruit, avec formation de cyanure de potassium, d'azote et de carbure de fer.

Traité par le chlore ou les agents oxydants en solution aqueuse, il se change en ferricyanure (voy. plus loin).

3. *Acide ferrocyanhydrique*. — Le ferrocyanure de potassium se

comporte comme un sel bibasique, dérivé d'un acide complexe, l'acide ferrocyanhydrique, $Cy^4Fe(H^2)$ (Gay-Lussac). En effet, la solution de ce sel, récemment bouillie pour la priver d'air, puis mêlée avec l'acide chlorhydrique et agitée avec de l'éther, laisse déposer cet acide sous la forme d'un précipité blanc et cristallin, que l'oxygène altère et bleuit aisément (Posselt).

4. *Ferrocyanures divers.* — Le ferrocyanure de potassium échange son potassium contre la plupart des métaux, en fournissant des précipités caractéristiques, renfermant presque tous 3HO, de même que le ferrocyanure primitif :

$Cy^3Fe(Zn^2) + 3\,HO$,	blanc,
$Cy^3Fe(Cu^2) + 3\,HO$,	marron ; très sensible,
$Cy^3Fe(Pb^2) + 3\,HO$,	blanc,
$Cy^3Fe(Ag^2)$	blanc ; anhydre.

Parfois la moitié seulement du potassium est déplacée : c'est ce qui arrive avec le baryum et le calcium, qui forment ainsi des composés cristallins peu solubles : $Cy^3Fe(BaK)+3\,HO$, et $Cy^3Fe(CaK)+3\,HO$.

On connaît également le composé $Cy^3Fe(FeK)$, lequel constitue un précipité blanc bleuâtre, très altérable à l'air, que l'on obtient, soit par double décomposition avec les sels ferreux, soit en chauffant le ferrocyanure de potassium avec l'acide sulfurique étendu (Everitt).

5. Signalons encore parmi les ferrocyanures le *bleu de Prusse*, obtenu par la réaction d'un sel ferrique :

$$Cy^3Fe(fe)^2 + 6\,HO, \text{ c'est-à-dire } 3\,(Cy^3Fe), 2\,Fe^2 \text{ ou } Cy^9Fe^7 + 18\,HO ;$$

(*fe*) désigne ici 2/3 Fe, de façon à exprimer l'équivalence des sels ferriques neutres avec les sels des bases ordinaires.

Dans les arts, on prépare le bleu de Prusse en mêlant des solutions de cyanure jaune et de sulfate ferreux; on obtient un cyanoferrure de fer et de potassium, que l'on traite par l'acide chlorhydrique pour extraire le potassium, puis par le chlorure de chaux pour l'oxyder.

Le bleu de Prusse est insoluble dans l'eau, l'alcool, les acides faibles ; il se dissout dans l'acide oxalique (*encre bleue, bleu de Prusse soluble*); l'acide chlorhydrique concentré le détruit; la potasse le décompose également en régénérant du ferrocyanure jaune. L'oxyde de mercure le transforme en cyanure de mercure, sous l'influence de l'eau.

6. *Ferricyanure de potassium :* $Cy^6Fe^2K^3$. — Ce sel est appelé aussi *prussiate rouge de potasse, cyanoferride de potassium, cyanure rouge de potassium*. Il a été découvert par Gmelin. On le prépare en traitant

une solution étendue de ferrocyanure de potassium par un courant de chlore, jusqu'à ce qu'elle ne produise plus de précipité bleu avec les sels de peroxyde de fer :

$$2\,Cy^3FeK^2 + Cl = Cy^6Fe^2K^3 + KCl.$$

On concentre, on fait cristalliser et recristalliser.

On obtient un beau sel rouge de sang, en prismes rhomboïdaux obliques, anhydres, transparents. Sa densité est 1,84. A 15°, 100 parties d'eau en dissolvent 40 parties; à 100°, 83 parties. Sa solution aqueuse est altérable. Il est insoluble dans l'alcool.

L'acide chlorhydrique décompose à chaud la solution de ce sel, avec formation de bleu de Prusse.

La solution du même sel se conduit comme un oxydant : bouillie avec la potasse et un corps oxydable, elle régénère du ferrocyanure (M. Boudault).

Le ferricyanure de potassium se comporte comme un sel bibasique, dérivé de l'*acide ferricyanhydrique*, $Cy^6Fe^2(H^3)$. Une solution de ferricyanure forme des précipités caractéristiques avec divers sels métalliques, $Cy^6Fe^2(M^3)$. Elle ne précipite pas les sels ferriques. Avec les sels ferreux, elle fournit un précipité bleu spécial, le *ferricyanure ferreux*, $Cy^6Fe^2(Fe^3)$, appelé aussi *bleu de Turnbull*.

7. *Nitroprussiates*. — Ce sont des sels particuliers, obtenus par M. Playfair dans la réaction de l'acide azotique sur les ferrocyanures. Ils développent une belle couleur pourpre avec les sulfures alcalins.

Tel est le *nitroprussiate de sodium*, $Cy^3Fe^2, AzO^2, Cy^2Na^2 + 4\,HO$, sel rouge, en gros prismes rhomboïdaux droits. On le prépare cristallisé en traitant 1 équivalent de ferrocyanure de potassium en poudre par 5 équivalents d'acide azotique étendu de son volume d'eau. On chauffe au bain-marie, jusqu'à ce que la liqueur ne forme plus de précipité bleu avec le sulfate ferreux; puis on fait cristalliser. Il se dépose d'abord du nitrate de potasse. On neutralise l'eau mère par du carbonate de soude, on fait bouillir, on filtre et l'on concentre ; il cristallise enfin du nitroprussiate de soude, mêlé d'azotate; on sépare les deux sels par des cristallisations répétées.

8. Le fer n'est pas, nous l'avons dit, le seul métal qui puisse fournir des cyanures complexes d'un caractère particulier. On connaît aussi des *manganocyanures*, des *cobalticyanures*, des *chromicyanures*, des *platicyanures*, etc.

§ 6. — Chlorure de cyanogène.

C^2AzCl ou $CyCl$........................ $\mathcal{C}=Az-Cl$.

1. Le chlorure de cyanogène ou *chlorure cyanique* a été découvert par Sérullas.

2. *Préparation.* — Il se prépare en faisant arriver un courant de chlore dans une solution saturée de cyanure de mercure, à laquelle on a ajouté un excès de ce sel pulvérisé. On sature de chlore et on laisse réagir à l'obscurité, en agitant le vase maintenu fermé. Il se forme du chlorure de cyanogène et du chlorure de mercure :

$$C^2AzHg + Cl^2 = C^2AzCl + HgCl.$$

On enlève l'excès de chlore, en agitant avec du mercure ; puis on chauffe légèrement la liqueur. Le chlorure cyanique se dégage sous forme gazeuse ; on le sèche sur du chlorure de calcium et on le condense dans un ballon à long col, entouré d'un mélange réfrigérant.

3. *Propriétés.* — Le chlorure de cyanogène est liquide et cristallise en aiguilles vers — 6° ; il bout à + 15°,5 ; il est gazeux à la température ordinaire.

L'eau en dissout 25 volumes et l'alcool davantage ; mais ces solutions se décomposent bientôt.

Ce gaz est très vénéneux, suffocant et excite le larmoiement.

Il est formé depuis ses éléments, carbone, chlore et azote, avec absorption de chaleur : — 35,7 Calories ; depuis le cyanogène et le chlore, — 1,6 Calorie seulement (M. Berthelot).

4. *Réactions.* — La potasse le décompose avec formation de chlorure de potassium et d'un *cyanate de potasse*, isomérique avec le cyanate ordinaire, dans lequel il se transforme sous l'influence de la chaleur :

$$C^2AzCl + 2\,KHO^2 = C^2AzKO^2 + KCl + H^2O^2.$$

5. Le chlorure de cyanogène, mêlé avec une trace de chlore libre, éprouve peu à peu une transformation polymérique et se change en *chlorure cyanurique* : Cy^3Cl^3 (Sérullas).

Ce dernier forme des aiguilles jaunes, brillantes ; il est fusible à 140°, et bout à 190°. L'eau chaude le change en acide chlorhydrique et acide cyanurique :

$$Cy^3Cl^3 + 3\,H^2O^2 = Cy^3H^3O^6 + 3\,HCl.$$

6. *Bromure de cyanogène* : C^2AzBr. — L'action du brome sur l'acide

cyanhydrique, ainsi que sur les cyanures de mercure et de potassium dissous, produit du bromure de cyanogène en beaux cristaux blancs, d'apparence cubique, fusibles à 16°, volatils vers 45° (Sérullas).

7. *Iodure de cyanogène :* C^2AzI. — Ce composé a été découvert par Davy ; il se prépare par la réaction de l'iode sur les cyanures de mercure ou de potassium. Il se sublime en longues aiguilles blanches et brillantes, douées d'une odeur pénétrante. La potasse le décompose en cyanure, iodure et iodate.

§ 7. — Acide cyanique.

C^2AzO, HO ou C^2AzHO^2.................. $CO{=}Az{-}H$.

1. Entrevu par Vauquelin en 1818 l'acide cyanique a été surtout étudié par Wœhler et par Liebig. On l'a nommé aussi *carbimide*.

2. *Formation.* — Il se forme :

1° Quand on traite le cyanate de potasse par l'acide oxalique sec ;

2° Quand on distille l'urée en présence de l'anhydride phosphorique (Weltzien) ;

3° Quand on soumet à l'action de la chaleur ses polymères, l'*acide cyanurique*, $(C^2AzHO^2)^3$, et la *cyamélide*, $(C^2AzHO^2)^n$.

3. *Préparation.* — L'acide cyanique peut être obtenu en soumettant la cyamélide à la distillation sèche. Mais on le prépare d'ordinaire avec l'acide cyanurique sec, $(C^2AzHO^2)^3$. On distille ce dernier corps dans une petite cornue, après l'avoir parfaitement desséché ; on opère rapidement et l'on condense les parties les plus volatiles du produit dans un mélange réfrigérant :

$$(C^2Az)^3H^3O^6 = 3\,C^2AzHO^2.$$

4. *Propriétés.* — L'acide cyanique est liquide, incolore, doué d'une odeur irritante, qui rappelle celle de l'acide acétique, et d'une action caustique sur la peau. Il se dissout dans l'eau, puis se décompose rapidement en acide carbonique et ammoniaque :

$$C^2AzHO^2 + H^2O^2 = C^2O^4 + AzH^3.$$

Il ne peut être conservé, même à 0°, si ce n'est en solution éthérée. Pur, il se transforme presque immédiatement en un polymère, la *cyamélide*, $(C^2AzHO^2)^n$.

5. *Cyanates.* — On obtient le *cyanate de potasse* en oxydant le cyanure de potassium sec, à une haute température, par les oxydes métalliques :

$$C^2AzK + O^2 = C^2AzKO^2.$$

Cette réaction dégage + 72 Calories, à partir de l'oxygène libre (M. Berthelot).

La préparation s'exécute en mêlant 200 grammes de ferrocyanure de potassium bien sec et légèrement grillé, avec 100 grammes de bioxyde de manganèse sec et pulvérisé. On chauffe le mélange sur une pelle, puis on l'allume avec un charbon. Il brûle peu à peu comme de l'amadou. Après refroidissement, on traite la masse par l'alcool fort et bouillant. Le cyanate de potasse se dépose en cristaux lamelleux, pendant le refroidissement de la liqueur alcoolique filtrée.

La préparation réussit plus aisément en fondant le ferrocyanure de potassium sec (8 parties), mélangé de potasse (3 parties), et en incorporant dans la masse en refroidissement, mais encore liquide, 15 parties de minium, ajoutées peu à peu.

Le cyanate de potasse est fusible, très soluble dans l'eau, qui le transforme assez vite en bicarbonate de potasse et ammoniaque :

$$C^2AzKO^2 + 2\,H^2O^2 = C^2O^4, KO, HO + AzH^3.$$

L'acide chlorhydrique étendu le décompose à l'instant en acide carbonique et chlorhydrate d'ammoniaque.

Le cyanate de potasse forme avec l'azotate d'argent un précipité blanc de *cyanate d'argent*, C^2AzAgO^2. Ce dernier corps, traité par une solution de chlorhydrate d'ammoniaque, fournit d'abord du chlorure d'argent et du cyanate d'ammoniaque dissous. Mais l'évaporation transforme ce dernier en un corps isomère, l'*urée :*

$$C^2AzHO^2, AzH^3 = C^2H^4Az^2O^2.$$

Le *cyanate d'ammoniaque* s'obtient en dirigeant des vapeurs d'acide cyanique dans du gaz ammoniac sec (Liebig et Wœhler). Ce sel, sous l'influence de la chaleur ou même spontanément, se transforme en son isomère, l'*urée* (Wœhler).

6. *Acide cyanurique :* $(C^2AzHO^2)^3$ ou $C^6Az^3H^3O^6$. — L'acide cyanurique, appelé aussi *tricarbimide*, a été découvert par Scheele. Il résulte de la condensation moléculaire de l'acide cyanique. On le prépare en général en chauffant l'urée à feu nu dans une petite capsule. L'urée fond, perd de l'ammoniaque et se change en une masse sèche et grise. On arrête alors l'opération (Wœhler) :

$$3\,C^2H^4Az^2O^2 = C^6Az^3H^3O^6 + 3\,AzH^3.$$

On peut aussi faire agir le chlore sur l'urée fondue (Wurtz).

L'acide cyanurique brut est purifié par plusieurs cristallisations dans l'eau bouillante.

Il se présente en petits prismes rhomboïdaux obliques, renfermant 4 équivalents d'eau et efflorescents. Il est soluble dans 40 parties d'eau froide. Il se dissout dans les acides chlorhydrique et azotique chauds; par refroidissement, il cristallise à l'état anhydre.

La distillation sèche le change en acide cyanique.

La potasse fondante, ou l'acide sulfurique concentré, le transforme en acide carbonique et ammoniaque :

$$C^6Az^3H^3O^6 + 3\,H^2O^2 = 3\,C^2O^4 + 3\,AzH^3.$$

L'acide cyanurique se dissout dans la potasse étendue, avec formation de cyanurate de potasse.

Les *cyanurates* sont assez stables et forment 3 séries de sels, tribasiques, bibasiques et monobasiques :

$$C^6Az^3M^3O^6; \quad C^6Az^3M^2HO^6; \quad C^6Az^3MH^2O^6.$$

7. *Cyamélide* : $(C^2AzHO^2)^n$. — Ce composé résulte d'une polymérisation plus avancée de l'acide cyanique. Il constitue une masse blanche, porcellanée, insoluble dans les dissolvants.

La cyamélide, traitée par une solution de potasse, produit du cyanurate de potasse. La chaleur la détruit en donnant de l'acide cyanique.

8. *Cyanamide* : $C^2Az^2H^2$ (1). — Au cyanate d'ammoniaque et aux cyanates d'alcalis organiques correspondent les amides cyaniques, formés par élimination d'eau :

$$C^2AzHO^2, AzH^3 - H^2O^2 = C^2Az^2H^2.$$

L'*amide cyanique* proprement dit a été découvert par Bineau ; il s'obtient en faisant agir le chlorure de cyanogène gazeux sur l'ammoniaque en solution éthérée (MM. Cloez et Cannizzaro).

Le cyanamide se présente en petits cristaux incolores, fusibles à 40°, solubles dans l'eau.

Conservé longtemps, il se transforme peu à peu en un polymère, $(C^2Az^2H^2)^n$, le *param*. Chauffé à 100°, il se change en un autre polymère, l'amide de l'acide cyanurique ou *cyanuramide* $(C^2Az^2H^2)^3$, appelé aussi *mélamine*.

(1) $\mathcal{C} \equiv Az - Az = H^2$.

Sous l'influence de l'acide nitrique, le cyanamide fixe les éléments de l'eau et se change en *urée*, $C^2H^4Az^2O^2$ (MM. Cloez et Cannizzaro) :

$$C^2Az^2H^2 + H^2O^2 = C^2H^4Az^2O^2.$$

L'amide cyanique peut, en s'unissant à l'ammoniaque, engendrer une base particulière, la *guanidine*, $C^2H^5Az^3$. C'est ainsi que le chlorhydrate de guanidine prend naissance quand on chauffe le cyanamide avec du chlorhydrate d'ammoniaque (M. Erlenmeyer) :

$$C^2H^2Az^2 + AzH^3, HCl = C^2H^5Az^3, HCl.$$

En remplaçant, dans la réaction précédente, l'ammoniaque par l'oxyammoniaque, on obtient l'*oxyguanidine*, $C^2H^5Az^3O^2$, et par les alcalis organiques, les *guanidines substituées*.

§ 8. — Acide sulfocyanique.

C^2AzS, HS ou C^2AzHS^2...................... *ЄAz-SH.*

1. Porett a étudié le premier les sels de l'acide sulfocyanique, appelé souvent aussi *sulfocarbimide*, *acide sulfocyanhydrique* ou *acide rhodanhydrique*.

2. *Préparation.* — Cet acide s'obtient en dirigeant du gaz sulfhydrique ou chlorhydrique sec sur du sulfocyanate de mercure.

3. *Propriétés.* — C'est un liquide incolore, oléagineux, cristallisable à — 12°,5, bouillant à 102°. L'ébullition le décompose.

Un excès d'hydrogène sulfuré le dédouble en sulfure de carbone et ammoniaque :

$$C^2AzHS^2 + H^2S^2 = AzH^3 + C^2S^4.$$

4. *Sels.* — Le *sulfocyanate de potasse* ou *sulfocyanure de potassium*, C^2AzKS^2, se prépare en chauffant au rouge sombre, dans un creuset couvert, 200 grammes de ferrocyanure de potassium et 100 grammes de fleur de soufre. Après refroidissement, on dissout dans l'eau et on précipite les sels ferreux par le carbonate de potasse. On filtre, on évapore à sec, on reprend par l'alcool et l'on concentre à basse température.

Le sulfocyanate potassique cristallise en longs prismes striés, pareils au nitrate de potasse, doués d'une saveur fraîche, très solubles dans l'eau et dans l'alcool. Il est vénéneux.

Il produit avec les sels ferriques une coloration rouge de sang.

Il précipite en blanc les sels d'argent, de plomb, les sels mercureux, les sels de cuivre additionnés d'un réducteur comme le sulfate ferreux, par exemple.

Le *sulfocyanate d'ammoniaque*, C^2AzHS^2,AzH^3, se produit dans la réaction du sulfure de carbone sur l'ammoniaque (Millon). Il se rencontre aussi dans les liqueurs condensées pendant la fabrication du gaz de l'éclairage. C'est un beau sel, cristallisé en longues aiguilles, très déliquescent.

Maintenu en fusion pendant quelques heures, vers 145°, le sulfocyanate d'ammoniaque se transforme en *urée sulfurée*, $C^2H^4Az^2S^2$ (M. Reynolds), par une réaction comparable à celle qui change le cyanate d'ammoniaque en urée.

Chauffé pendant 20 heures à 180° ou 190°, il se change en *sulfocyanate de guanidine* (M. Volhard; M. Delitsch), par une série de réactions dont la résultante peut être exprimée de la manière suivante :

$5\,C^2AzHS^2, AzH^3$	=	$C^2S^4, (AzH^4S)^2$	+	$2\,C^2AzHS^2, C^2H^5Az^3$.
Sulfocyanate d'ammoniaque.		Sulfocarbonate d'ammoniaque.		Sulfocyanate de guanidine.

Le *sulfocyanate mercurique*, C^2AzHgS^2, s'obtient par double décomposition lorsqu'on mélange du chlorure mercurique avec une solution de sulfocyanate de potasse. Il constitue de fines aiguilles incolores. Il brûle lorsqu'on l'allume, en dégageant un mélange gazeux, qui contient de la vapeur de mercure, et en formant un résidu solide, extrêmement boursouflé et affectant des formes singulières. Ce résidu contient du *mellon*, $C^{18}Az^{13}H^3$.

§ 9. — **Urée.**

$C^2H^4Az^2O^2$.............................. *$CO=(AzH^2)^2$*.

1. L'urée, appelée aussi *carbamine* ou *carbamide*, a été découverte par Rouelle le jeune en 1773. Étudiée par Vauquelin, qui la transforma en carbonate d'ammoniaque, elle fut assimilée aux amides par Dumas. Sa synthèse a été réalisée par Wœhler en 1828.

2. *Formation*. — L'urée est un composé biammoniacal, représentant une double fonction, celle d'amine ou alcali, dérivée de la fonction alcoolique de l'acide carbonique, et celle d'amide, dérivée de la fonction acide (t. II, p. 467) :

$$C^2(H^2O^2)(O^4) + 2\,AzH^3 - 2\,H^2O^2 = C^2H^4Az^2O^2.$$

1° Elle a été d'abord obtenue synthétiquement par l'union de l'acide cyanique et de l'ammoniaque. Il se produit ainsi du cyanate d'ammoniaque, qui, sous l'influence de l'ébullition en présence de l'eau, sous celle de la chaleur, ou même par transformation lente à la température ordinaire, se change en urée (Wœhler) :

$$C^2AzHO^2 + AzH^3 = C^2AzHO^2, AzH^3 = C^2H^4Az^2O^2.$$

2° Une autre synthèse très directe de l'urée a été réalisée en électrolysant avec des électrodes de charbon l'eau chargée d'ammoniaque (M. Millot) :

$$2\,C + 2\,AzH^3 + H^2O^2 = C^2H^4Az^2O^2 + 2\,H^2.$$

De l'*ammélide*, $C^{12}H^9Az^9O^6$, du *biuret*, $C^4H^5Az^3O^4$, de la *guanidine* $C^2H^5Az^3$, et des matières noires azotées, prennent naissance en même temps.

3° L'urée se forme dans les principales réactions qui engendrent les amides; par exemple, par la réaction de l'ammoniaque sur l'*oxychlorure carbonique*, $C^2O^2Cl^2$ (M. Natanson) :

$$C^2O^2Cl^2 + 4\,AzH^3 = C^2H^4Az^2O^2 + 2\,AzH^4Cl.$$

4° Par la réaction successive de l'ammoniaque sur l'oxysulfure carbonique, $C^2O^2S^2$, il se produit un *oxysulfocarbamate d'ammoniaque :*

$$C^2O^2S^2 + 2\,AzH^3 = C^2O^2S^2AzH^3, AzH^3,$$

lequel se décompose, soit sous l'influence de l'oxyde de plomb, soit même par l'action prolongée de l'eau chaude, en perdant de l'hydrogène sulfuré et en donnant de l'urée (M. Berthelot) :

$$C^2O^2S^2AzH^3, AzH^3 - H^2S^2 = C^2H^4Az^2O^2;$$

5° Par la réaction de l'ammoniaque sur l'*éther carbonique* (M. Natanson) :

$$\left.\begin{matrix} C^4H^4 \\ C^4H^4 \end{matrix}\right\} C^2H^2O^6 + 2\,AzH^3 = 2\,C^4H^6O^2 + C^2H^4Az^2O^2;$$

6° Dans la destruction du *carbamate d'ammoniaque*, $C^2H^3AzO^4, AzH^3$, entre 130° et 140° (M. Basarow) :

$$C^2H^3AzO^4, AzH^3 = C^2H^4Az^2O^2 + H^2O^2;$$

7° Par l'hydratation du *cyanamide*, $C^2Az^2H^2$ (t. II, p. 488) ;

$$C^2Az^2H^2 + H^2O^2 = C^2H^4Az^2O^2.$$

8° L'urée prend aussi naissance par l'oxydation de divers amides plus carbonés, tels que l'*oxamide*, $C^4H^4Az^2O^4$, traité par l'oxyde de mercure (M. Williamson) :

$$C^4H^4Az^2O^4 + 2\,HgO = C^2H^4Az^2O^2 + C^2O^4 + 2\,Hg;$$

9° Par le dédoublement des dérivés uriques (voy. plus loin).

10° Enfin, l'urée se rencontre en grande quantité dans l'urine de l'homme et des animaux (25 à 30 grammes par litre dans l'urine humaine), et à l'état de traces dans le sang et la plupart des liquides de l'économie. Elle y représente l'un des produits ultimes de l'oxydation et du dédoublement des principes azotés.

3. *Préparation.* — 1° On prépare l'urée artificiellement, en formant d'abord le cyanate de potasse par l'oxydation du cyanure ou du ferrocyanure de potassium (t. II, p. 487). Au lieu d'extraire le cyanate par l'alcool, on l'extrait par l'eau froide, employée en quantité aussi ménagée que possible. On ajoute ensuite du sulfate d'ammoniaque finement pulvérisé, en quantité équivalente au ferrocyanure ou au cyanure primitif. On agite, on laisse déposer; il se sépare du sulfate de potasse; puis on évapore le liquide à sec au bain-marie, et l'on épuise le résidu par l'alcool froid. Celui-ci dissout l'urée et laisse le sulfate de potasse. On évapore à cristallisation et l'on fait ensuite recristalliser le produit déposé (Liebig).

2° On extrait souvent l'urée de l'urine. A cette fin, on évapore l'urine d'abord à feu nu, puis au bain-marie, jusqu'à réduction au douzième ou au quinzième. On laisse refroidir et on ajoute au liquide un volume égal d'acide azotique froid et privé de vapeurs nitreuses; la liqueur se prend en une masse de cristaux d'azotate d'urée. On égoutte ceux-ci sur un entonnoir, et on les fait recristalliser dans l'eau chaude, avec addition de noir animal. Après purification, on dissout le nitrate d'urée dans l'eau tiède et on le décompose par le carbonate de baryte précipité. On filtre, on évapore à sec et l'on sépare l'urée de l'azotate de baryte au moyen de l'alcool.

4. *Propriétés.* — L'urée se présente en longs prismes droits à base carrée, incolores et striés, d'une densité égale à 1,30, d'une saveur fraîche. Elle est soluble dans 1 partie d'eau à 19°, dans 5 parties d'alcool froid ; l'éther en dissout des traces.

Elle fond à 132°, puis se décompose, avec formation de divers amides plus complexes.

5. *Réactions.* — Le chlore en présence de l'eau ou les hypochlorites, le brome en présence de l'eau ou les hypobromites, ainsi que l'acide azotique chargé d'acide azoteux et l'azotate mercureux, décom-

posent l'urée en eau, acide carbonique et azote, ces derniers à volumes égaux :

$$C^2H^4Az^2O^2 + 6O = C^2O^4 + Az^2 + 2H^2O^2.$$

Ces diverses réactions, et surtout celle de l'hypobromite, sont employées pour doser l'urée dans l'urine. A cet effet, on se sert de tubes gradués ou d'appareils auxquels on donne, d'ailleurs, des formes assez variées (fig. 98), et dans lesquels, après avoir introduit un volume donné d'urine, puis le réactif, on mesure l'azote mis en liberté. Ce dernier est débarrassé ou non du gaz carbonique, suivant que le réactif employé est ou non alcalin. Toutefois, l'expérience a montré que l'hypobromite de soude, par exemple, ne dégage ainsi que 34 centimètres cubes d'azote par décigramme d'urée, alors que la théorie indique 37,3 centimètres cubes.

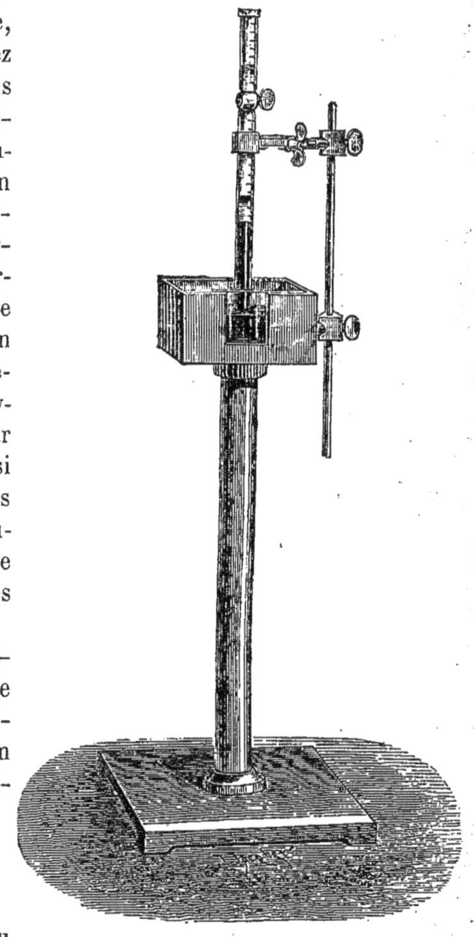

FIG. 98. — Uréomètre.

L'urée chauffée à l'ébullition avec l'eau additionnée de potasse ou d'acide sulfurique se décompose en acide carbonique et ammoniaque :

$$C^2H^4Az^2O^2 + H^2O^2 = C^2O^4 + 2AzH^3.$$

En vase clos, à 140°, l'eau pure effectue le même dédoublement.

Chauffée avec les alcools, dans les mêmes conditions, l'urée donne les *éthers carbamiques* (M. Bunte) :

$$\underset{\text{Urée.}}{C^2H^4Az^2O^2} + \underset{\text{Alcool ordin.}}{C^4H^6O^2} = \underset{\text{Éther éthylcarbamique.}}{C^4H^4, C^2H^3AzO^4} + H^2O^2.$$

A 110°, le sulfure de carbone la transforme en oxysulfure de carbone et sulfocyanate d'ammoniaque (M. Ladenburg) :

$$C^2H^4Az^2O^2 + C^2S^4 = C^2O^2S^2 + C^2AzHS^2, AzH^3.$$

Sa dissolution, évaporée avec l'azotate d'argent, reproduit du cyanate d'argent et de l'azotate d'ammoniaque, réaction inverse de sa formation synthéthique.

6. *Sels d'urée.* — L'urée, en sa qualité d'alcali, forme avec les acides des composés définis et cristallisables, mais pour la plupart décomposables par l'eau. Cependant, on peut signaler :

L'azotate .... $C^2H^4Az^2O^2, AzO^6H$,
Et l'oxalate .... $(C^2H^4Az^2O^2)^2, C^4H^2O^8$,

sels cristallisés, peu solubles et assez stables, qui s'obtiennent par l'union directe de l'urée avec les acides correspondants.

7. *Combinaisons avec les oxydes et les sels.* — L'urée forme des composés définis avec la plupart des oxydes métalliques, spécialement avec l'oxyde de mercure (Liebig) :

$$C^2H^4Az^2O^2 + HgO;\ C^2H^4Az^2O^2 + 2\,HgO;\ C^2H^4Az^2O^2 + 3\,HgO;\ C^2H^4Az^2O^2 + 4\,HgO.$$

Aussi l'azotate mercurique précipite-t-il l'urée de ses solutions neutres ; réaction qui a été utilisée pour doser l'urée.

L'urée se combine avec l'azotate d'argent :

$$C^2H^4Az^2O^2 + AzAgO^6;\ C^2H^4Az^2O^2 + 2\,AzAgO^6;$$

avec le chlorure de sodium :

$$C^2H^4Az^2O^2 + NaCl + 2\,HO;\ \text{etc.}$$

§ 10. — Urée sulfurée.

$C^2H^4Az^2S^2$ .... $CS = (AzH^2)^2$.

1. Les relations observées entre le cyanate d'ammoniaque et l'urée existent également entre le sulfocyanate d'ammoniaque et l'urée sulfurée ou *sulfo-urée*. Ce dernier composé diffère de l'urée en ce que le soufre y remplace l'oxygène ; c'est la *sulfocarbamine* ou *sulfocarbamide*.

L'urée sulfurée a été découverte par M. Reynolds.

2. *Formations.* — Elle prend naissance dans les mêmes conditions

que l'urée ordinaire, mais en partant de composés sulfurés, et notamment par la transformation de son isomère le sulfocyanate d'ammoniaque.

L'*oxysulfure de carbone* et le *gaz ammoniac* forment, par leur combinaison, de l'*oxysulfocarbamate d'ammoniaque*, $C^2O^2S^2AzH^3,AzH^3$; en évaporant à chaud la solution de ce sel, il se déshydrate en donnant de l'urée sulfurée (M. Berthelot) :

$$C^2O^2S^2AzH^3, AzH^3 - H^2O^2 = C^2H^4Az^2S^2,$$

laquelle est accompagnée d'urée (t. II, p. 491).

3. *Préparation.* — On la prépare en chauffant à sa température de fusion, c'est-à-dire à 145° ou 150°, pendant quelques heures, le sulfocyanate d'ammoniaque sec. Le produit, dissous dans son poids d'eau à 80°, abandonne l'urée sulfurée par le refroidissement. On purifie celle-ci par des cristallisations répétées (M. Claus).

4. *Propriétés.* — L'urée sulfurée forme de gros prismes rhomboïdaux fusibles à 149°.

La chaleur (170°) la transforme inversement en sulfocyanate d'ammoniaque, ce qui détermine un équilibre entre les deux composés. A une température plus élevée (185°), l'urée sulfurée et le sulfocyanate d'ammoniaque s'altèrent tous deux, en donnant, entre autres produits, du *sulfocyanate de guanidine*, $C^2H^5Az^3,C^2AzHS^2$ (t. II, p. 490).

Chauffée avec de l'eau à 140°, elle régénère le sulfocyanate d'ammoniaque.

Comme l'urée, elle se combine avec les acides, les oxydes et les sels.

§ 11. — **Urées composées.**

1. Au lieu d'unir 1 molécule d'acide carbonique et 2 équivalents d'ammoniaque, avec séparation de $2H^2O^2$, ce qui fournit l'amine-amide de l'acide carbonique, c'est-à-dire l'urée, on peut unir le même acide avec 1 équivalent d'ammoniaque et 1 équivalent d'une base organique, voire même 2 équivalents d'une base organique, toujours avec séparation de $2H^2O^2$: on obtient ainsi les *urées composées.* La première urée composée, la *phénylurée*, $C^2H(C^{12}H^7Az)AzO^2$, a été préparée par M. W. Hofmann; mais ce groupe de corps a é é surtout étudié par Wurtz.

Les urées dérivées de l'ammoniaque et d'une autre base se préparent par la réaction de l'acide cyanique sur ladite base, primaire ou secondaire, précisément comme l'urée normale (M. W. Hofmann) :

Urée .... $C^2HAzO^2 + AzH^3 = C^2H(AzH^3)AzO^2$,
Éthylurée .... $C^2HAzO^2 + C^4H^7Az = C^2H(C^4H^7Az)AzO^2$,

ou par l'action de l'ammoniaque sur un éther cyanique (Wurtz) :

Méthylurée .... $C^2H^2(C^2HAzO^2) + AzH^3 = C^2H(C^2H^5Az)AzO^2$.

Nous en citerons quelques exemples.

2. *Éthylurée :* $C^2H(C^4H^7Az)AzO^2$ (1). — L'éthylurée a été découverte par Wurtz. Elle s'obtient en faisant réagir l'ammoniaque sur l'*éther éthylisocyanique*, C^4H^4,C^2AzHO^2 :

$$C^4H^4, C^2AzHO^2 + AzH^3 = C^2H(C^4H^7Az)AzO^2.$$

Elle constitue des prismes rhomboïdaux obliques, de densité 1,213 à 18°, fusibles à 92°, très solubles dans l'eau et dans l'alcool.

Chauffée, elle dégage de l'ammoniaque et laisse un résidu d'*éther diéthylcyanurique*, $(C^4H^4)^2C^6H^3Az^3O^6$.

3. *Diéthylurée :* $C^2H[(C^4H^4)^2AzH^3]AzO^2$. — On en connaît 2 isomères.

Le premier, appelé *diéthylurée symétrique* (2), s'obtient en faisant agir l'*éthylamine*, $C^4H^4(AzH^3)$, sur l'*éther éthylisocyanique*, C^4H^4,C^2AzHO^2 (Wurtz) :

$$C^4H^4(AzH^3) + C^4H^4, C^2AzHO^2 = C^2H[(C^4H^4)^2AzH^3]AzO^2.$$

C'est un corps cristallisable en prismes fusibles à 112°, bouillant à 263°.

Les alcalis hydratés le dédoublent en gaz carbonique et éthylamine.

Le second, nommé *diéthylurée dissymétrique* (3), a été obtenu dans la réaction d'un sel de *diéthylamine*, $(C^4H^4)^2AzH^3$, sur le cyanate de potasse (M. Volhard) :

$$C^2AzKO^2 + (C^4H^4)^2AzH^3, HCl = KCl + C^2H[(C^4H^4)^2AzH^3]AzO^2.$$

Il se dédouble par les alcalis en gaz carbonique, ammoniaque et diéthylamine.

(1) *AzH^2-CO-$AzH(C^2H^5)$.*
(2) *C^2H^5-AzH-CO-AzH-C^2H^5.*
(3) *AzH^2-CO-$Az(C^2H^5)^2$.*

4. *Triéthylurée :* $C^2H[(C^4H^4)^3AzH^3]AzO^2$ (1).— Cette urée composée résulte de l'action de la *diéthylamine,* $(C^4H^4)^2AzH^3$, sur l'*éther éthylisocyanique,* C^4H^4,C^2AzHO^2 (Wurtz) :

$$(C^4H^4)^2AzH^3 + C^4H^4,C^2AzHO^2 = C^2H[(C^4H^4)^3AzH^3]AzO^2.$$

Elle est cristallisée, fond à 63° et bout à 223°.

5. *Diallylurée:* $C^2H[(C^6H^4)^2AzH^3]AzO^2$ (2). — Ce composé, souvent désigné sous le nom de *sinapoline,* a été découvert par Simon. Il se produit dans l'action de l'oxyde de plomb sur l'essence de moutarde, ou lorsqu'on chauffe l'*éther allylisocyanique* C^6H^4,C^2AzHO^2, avec de l'eau (MM. Cahours et Hofmann) :

$$2\,C^6H^4,C^2AzHO^2 + H^2O^2 = C^2H[(C^6H^4)^2AzH^3]AzO^2 + C^2O^4.$$

C'est un corps cristallisable en lamelles fusibles à 100°.

§ 12. — Uréides.

1. *Amides uréiques.* — Les sels d'urée peuvent perdre les éléments de l'eau H^2O^2, et engendrer des amides correspondants, les *uréides.*

Ces amides se préparent par la réaction de l'urée sur les chlorures acides (Zinin) :

Uréide acétique...... $C^4H^3O^2Cl + C^2H^4Az^2O^2 = C^4H^2O^2(C^2H^4Az^2O^2) + HCl.$

2. Des corps de ce genre peuvent encore résulter de l'union d'acides à fonction complexe avec l'urée, de l'eau étant éliminée :

Diuréide oxyglycollique..... $C^4H^2O^6 + 2\,C^2H^4Az^2O^2 = C^8H^6Az^4O^6 + 2\,H^2O^2.$

3. L'étude des uréides a été faite d'abord par Liebig et Wœhler, par Strecker, puis par M. Baeyer, et récemment par M. Grimaux.

Les uréides tirent un intérêt particulier du rôle que quelques-uns d'entre eux jouent dans l'économie animale. D'autres, en assez grand nombre, résultent des transformations des précédents, de l'acide urique spécialement. Nous nous arrêterons aux plus importants.

(1) $Az(C^2H^5)^2-CO-AzH(C^2H^5)$.
(2) $CO=(AzH-C^3H^5)^2$.

I. — Uréides oxaliques.

1. L'acide oxalique, acide bibasique à fonction simple, engendre une série d'uréides, parallèle aux séries d'amides oxaliques ou succiniques (t. II, p. 427). Nous citerons :

1° L'*acide oxalurique*, uréide acide, dérivé de l'oxalate acide d'urée par élimination de H^2O^2 :

$$C^4H^2O^8 + C^2H^4Az^2O^2 = C^6H^4Az^2O^8 + H^2O^2;$$

2° L'*acide parabanique*, uréide acide (imide), dérivé comme le précédent de l'oxalate acide d'urée, mais par élimination de 2 H^2O^2 :

$$C^4H^2O^8 + C^2H^4Az^2O^2 = C^6H^2Az^2O^6 + 2\,H^2O^2.$$

2. *Acide oxalurique :* $C^6H^4Az^2O^8$. — Cet acide (1), découvert par Liebig et Wœhler, se forme en fixant H^2O^2, par l'action des alcalis et de l'ammoniaque, sur l'acide parabanique :

$$\underset{\text{Ac. parabanique.}}{C^6H^2Az^2O^6} + CaO,HO = \underset{\text{Oxalurate de chaux.}}{C^6H^3CaAz^2O^8.}$$

L'acide oxalurique constitue une poudre cristalline, incolore, peu soluble dans l'eau; il forme des sels cristallisés.

3. *Acide parabanique :* $C^6H^2Az^2O^6$. — Ce composé (2), appelé aussi *oxalylurée*, a été découvert par Liebig et Wœhler.

L'acide parabanique a été obtenu synthétiquement : en effet, lorsqu'on distille, en présence du brome, le *mono-uréide pyruvique nitré*, $C^8H^3(AzO^4)Az^2O^4$, il se forme en même temps que de la *bromopicrine*, $C^2Br^3AzO^4$ (M. Grimaux) :

$$C^8H^3(AzO^4)Az^2O^4 + Br^6 + H^2O^2 = C^2Br^3(AzO^4) + C^6H^2Az^2O^6 + 3\,HBr.$$

On l'obtient, d'ordinaire, en faisant agir l'acide nitrique sur l'acide urique (t. II, p. 503) et plus directement sur l'*alloxane*, $C^8H^2Az^2O^8$, dérivé d'oxydation de l'acide urique (t. II, p. 501) :

$$C^8H^2Az^2O^8 + O^2 = C^2O^4 + C^6H^2Az^2O^6.$$

(1) $AzH^2\text{-}CO\text{-}AzH\text{-}C^2O^2\text{-}OH.$

(2) $CO < \begin{matrix} AzH\text{-}CO \\ AzH\text{-}CO \end{matrix}$.

Il se forme aussi lorsqu'on déshydrate l'*acide oxalurique*, $C^6H^4Az^2O^8$, par l'oxychlorure de phosphore (M. Grimaux).

L'acide parabanique constitue des cristaux clinorhombiques, incolores, transparents, très solubles dans l'eau.

On vient de voir que les alcalis le transforment en acide oxalurique.

II. — Uréides oxyglycolliques.

1. L'acide glyoxylique ou oxgylycollique, $C^4H^2O^6$ (t. II, p. 261), peut engendrer, entre autres uréides :

1° L'*acide allanturique*, uréide oxyglycollique de la 1re espèce (M. Baeyer) :

$$C^4H^2O^6 + C^2H^4Az^2O^2 = C^6H^4Az^2O^6 + H^2O^2;$$

2° L'*allantoïne*, diuréide oxyglycollique de la 1re espèce (M. Baeyer) :

$$C^4H^2O^6 + 2\,C^2H^4Az^2O^2 = C^8H^6Az^4O^6 + 2\,H^2O^2.$$

2. *Acide allanturique :* $C^6H^4Az^2O^6$. — Ce corps (1), découvert par Liebig et Wœhler, résulte de la fixation des éléments de l'eau sur l'*allantoïne*, $C^8H^6Az^4O^6$:

$$\underset{\text{Allantoïne.}}{C^8H^6Az^4O^6} + H^2O^2 = \underset{\text{Urée.}}{C^2H^4Az^2O^2} + \underset{\text{Ac. allanturique.}}{C^6H^4Az^2O^6}.$$

Cette fixation se produit directement à 140°, ou à plus basse température sous l'influence de la potasse.

L'acide allanturique est déliquescent.

3. *Allantoïne :* $C^8H^6Az^4O^6$. — L'allantoïne (2) a été découverte par Vauquelin et Buniva dans l'eau de l'amnios de la vache. Elle existe dans l'urine du veau (Wœhler).

Elle a été obtenue synthétiquement par M. Grimaux, en chauffant pendant quelques heures, au bain-marie, un mélange d'urée et d'acide oxyglycollique.

Elle se prépare en oxydant l'acide urique délayé dans l'eau bouil-

(1) $C\theta < \begin{matrix} AzH\text{-}CH(\theta H) \\ AzH\text{-}C\theta \end{matrix}$.

(2) $C\theta < \begin{matrix} AzH\text{-}CH\text{-}AzH\text{-}C\theta\text{-}AzH^2 \\ AzH\text{-}C\theta \end{matrix}$.

lante, par le bioxyde de plomb ajouté peu à peu : on filtre ; l'allantoïne cristallise (Liebig et Wœhler) :

$$\underset{\text{Acide urique.}}{C^{10}H^4Az^4O^6} + H^2O^2 + 2\,PbO^2 = C^2O^4, Pb^2O^2 + \underset{\text{Allantoïne.}}{C^8H^6Az^4O^6}.$$

L'allantoïne cristallise en prismes clinorhombiques brillants, incolores, peu solubles dans l'eau froide, plus solubles à chaud. Elle s'altère avant de fondre.

L'eau de baryte bouillante la décompose, en produisant de l'ammoniaque et de l'oxalate de baryte :

$$C^8H^6Az^4O^6 + 4\,BaO, HO + H^2O^2 = 4\,AzH^3 + 2\,C^4Ba^2O^8.$$

III. — Uréides maloniques.

1. *Acide barbiturique :* $C^8H^4Az^2O^6$. — L'acide malonique, $C^6H^4O^8$, forme des uréides dont le plus connu est l'acide barbiturique ou *malonylurée*, uréide acide de la 2ᵉ espèce, dérivé du malonate acide d'urée (M. Baeyer) :

$$\underset{\text{Ac. malonique.}}{C^6H^4O^8} + \underset{\text{Urée.}}{C^2H^4Az^2O^2} = \underset{\text{Ac. barbiturique.}}{C^8H^4Az^2O^6} + 2\,H^2O^2.$$

L'acide barbiturique (1) peut, en effet, être obtenu synthétiquement en faisant agir l'oxychlorure de phosphore sur un mélange d'urée et d'acide malonique (M. Grimaux).

L'acide barbiturique dérive de l'alloxane, par élimination de O^2 et fixation de H^2 :

$$\underset{\text{Alloxane.}}{C^8H^2Az^2O^8} - O^2 + H^2 = \underset{\text{Ac. barbiturique.}}{C^8H^4Az^2O^6}.$$

Il peut donc être obtenu en partant de l'acide urique, l'alloxane étant un dérivé d'oxydation de l'acide urique.

Il cristallise avec 4 molécules d'eau.

Les alcalis déterminent son hydratation et régénèrent l'acide malonique.

2. La *xanthine* (t. II, p. 508) répond à la formule d'un diuréide malonique (M. Berthelot) :

$$C^{10}H^4Az^4O^4 = C^6H^4O^8 + 2\,C^2H^4Az^2O^2 - 4\,H^2O^2;$$

(1) $\mathit{CO}=(AzH-\mathit{CO})^2=\mathit{CH}^2$.

IV. — Uréides mésoxaliques.

1. L'*acide mésoxalique*, $C^6H^2O^{10}$, est un acide bibasique. On peut regarder comme engendrés par lui (M. Berthelot, 1860) certains uréides qui dérivent de l'acide urique, savoir :

1° L'*acide alloxanique*, uréide acide de la 1re espèce, dérivé du mésoxalate acide d'urée, par élimination de H^2O^2 :

$$\underset{\text{Ac. mésoxalique.}}{C^6H^2O^{10}} + \underset{\text{Urée.}}{C^2H^4Az^2O^2} = \underset{\text{Ac. alloxanique.}}{C^8H^4Az^2O^{10}} + H^2O^2;$$

2° L'*alloxane*, uréide acide de la 2e espèce (imide), dérivé comme le précédent du mésoxalate acide d'urée, mais par élimination de $2\,H^2O^2$:

$$\underset{\text{Ac. mésoxalique.}}{C^6H^2O^{10}} + \underset{\text{Urée.}}{C^2H^4Az^2O^2} = \underset{\text{Alloxane.}}{C^8H^2Az^2O^8} + 2\,H^2O^2.$$

2. *Acide alloxanique :* $C^8H^4Az^2O^{10}$. — Ce composé (1), découvert par Liebig et Wœhler, s'obtient par l'hydratation de l'*alloxane*, $C^8H^2Az^2O^8$, sous l'influence des alcalis :

$$C^8H^2Az^2O^8 + H^2O^2 = C^8H^4Az^2O^{10}.$$

Il cristallise difficilement. Il est soluble dans l'eau et dans l'alcool. Il possède une réaction acide marquée.

Oxydé par l'acide nitrique, il donne du gaz carbonique et de l'*acide parabanique*, $C^6H^2Az^2O^6$ (t. II, p. 498) :

$$\underset{\text{Ac. alloxanique.}}{C^8H^4Az^2O^{10}} + O^2 = \underset{\text{Ac. parabanique.}}{C^6H^2Az^2O^6} + C^2O^4 + H^2O^2.$$

3. *Alloxane :* $C^8H^2Az^2O^8$. — Découverte en 1817 par Brugnatelli, l'alloxane (2) a été étudiée surtout par Liebig et Wœhler. C'est l'un des dérivés uriques les plus importants.

Elle se prépare en oxydant l'*acide urique*, $C^{10}H^4Az^4O^6$ (t. II, p. 503) :

$$\underset{\text{Ac. urique.}}{C^{10}H^4Az^4O^6} + H^2O^2 + O^2 = \underset{\text{Alloxane.}}{C^8H^2Az^2O^8} + \underset{\text{Urée.}}{C^2H^4Az^2O^2}.$$

(1) $AzH^2\text{-}\mathrm{C}\Theta\text{-}AzH\text{-}\mathrm{C}^3\Theta^3(\Theta H)$.
(2) $\mathrm{C}\Theta=(AzH)^2=\mathrm{C}^3\Theta^3$.

On chauffe vers 60° ou 70° un mélange de 1 partie d'acide nitrique concentré (D = 1,42) et de 10 parties d'eau, et on y introduit peu à peu de l'acide urique, tant que celui-ci se dissout dans la liqueur; on fait bouillir et on filtre. On ajoute au mélange du protochlorure d'étain en solution chlorhydrique, jusqu'à ce qu'il ne se sépare plus d'*alloxantine* sous forme de précipité pulvérulent. On recueille cette alloxantine et on la traite à froid pendant quelques jours par l'acide nitrique concentré, mélangé de 2 fois son poids d'acide nitrique fumant; on obtient une masse pâteuse d'alloxane, que l'on essore et que l'on purifie par cristallisation dans l'eau (Liebig).

L'alloxane cristallise avec 1 ou 4 molécules d'eau, en formant dans les deux cas des cristaux volumineux; les seconds sont efflorescents. Elle est soluble dans l'eau et l'alcool. Sous l'influence de la chaleur, elle s'altère en fondant.

Oxydée par l'acide nitrique dilué, l'alloxane donne de l'*acide parabanique*, $C^6H^2Az^2O^6$:

$$\underset{\text{Alloxane.}}{C^8H^2Az^2O^8} + O^2 = C^2O^4 + \underset{\text{Ac. parabanique.}}{C^6H^2Az^2O^6}.$$

Les agents réducteurs, le protochlorure d'étain ou l'hydrogène sulfuré par exemple, lui enlèvent de l'oxygène et la transforment, d'abord en *alloxantine* (voy. plus loin) :

$$2\,\underset{\text{Alloxane.}}{C^8H^2Az^2O^8} + H^2 = H^2O^2 + \underset{\text{Alloxantine.}}{C^{16}H^4Az^4O^{14}},$$

puis en *acide dialurique :*

$$2\,\underset{\text{Alloxantine.}}{C^{16}H^4Az^4O^{14}} + 2\,H^2 + 2\,H^2O^2 = 4\,\underset{\text{Ac. dialurique.}}{C^8H^4Az^2O^8}.$$

4. *Alloxantine :* $C^{16}H^4Az^4O^{14}$. — L'alloxantine (Liebig et Wœhler), corps dont on a indiqué plus haut la préparation au moyen de l'acide urique et la formation par réduction de l'alloxane, est une combinaison d'alloxane (uréide mésoxalique) et d'acide dialurique (uréide tartronique) :

$$\underset{\text{Alloxane.}}{C^8H^2Az^2O^8} + \underset{\text{Ac. dialurique.}}{C^8H^4Az^2O^8} = \underset{\text{Alloxantine.}}{C^{16}H^4Az^4O^{14}} + H^2O^2;$$

autrement dit, c'est un *diuréide mésoxalique et tartronique.* Elle se forme en effet par l'union directe de l'alloxane et de l'acide dialurique.

Elle peut être obtenue encore au moyen de l'*uréide malonique bibromé*, $C^8H^2Br^2Az^2O^6$, réduit par l'hydrogène sulfuré (M. Grimaux) :

$$2\,C^8H^2Br^2Az^2O^6 + H^2S^2 + H^2O^2 = C^{16}H^4Az^4O^{14} + 4\,HBr + S^2.$$

Elle cristallise avec 3 molécules d'eau, en petits prismes durs et incolores.

5. *Murexide.* — Traitée par l'ammoniaque, l'alloxantine se transforme en une belle matière pourpre, la *murexide* ou *purpurate d'ammoniaque*, $C^{16}H^8Az^6O^{12}$ (Scheele ; Liebig et Wœhler) :

$$\underset{\text{Alloxantine.}}{C^{16}H^4Az^4O^{14}} + 2\,AzH^3 = \underset{\text{Murexide.}}{C^{16}H^8Az^6O^{12}} + H^2O^2.$$

La murexide cristallise en aiguilles mordorées, contenant une molécule d'eau. Elle a été employée en teinture, mais elle donne des couleurs peu stables.

V. — Uréides tartroniques.

1. Parmi les uréides que peut former l'*acide tartronique*, $C^6H^4O^{10}$, l'acide dialurique et surtout l'acide urique présentent un intérêt particulier.

2. *Acide dialurique :* $C^8H^4Az^2O^8$. — On peut le regarder comme un uréide acide de la 2e espèce (imide), dérivé du tartronate acide d'urée (1) :

$$\underset{\text{Ac. tartronique.}}{C^6H^4O^{10}} + \underset{\text{Urée.}}{C^2H^4Az^2O^2} = \underset{\text{Ac. dialurique.}}{C^8H^4Az^2O^8} + 2\,H^2O^2.$$

On l'obtient, comme il a été dit plus haut, en réduisant l'alloxane ou l'alloxantine par l'hydrogène sulfuré.

C'est un corps cristallisé, soluble dans l'eau chaude. Il forme des sels cristallisés.

Il dérive de l'*acide barbiturique* ou uréide malonique, $C^8H^4Az^2O^6$ (t. II, p. 500), par substitution de H^2O^2 à H^2.

VI. — Acide urique.

$C^{10}H^4Az^4O^6$............................ $\mathit{C^5H^4Az^4O^3}$.

1. L'acide urique a été découvert par Scheele et étudié par beau-

(1) $CO=(AzH-CO)^2=CH(OH)$.

coup de savants, à la tête desquels il convient de citer Liebig et Wœhler.

L'acide urique n'a pas été obtenu artificiellement jusqu'à présent, mais ses réactions le classent parmi les amides de l'urée.

La plupart des métamorphoses de l'acide urique peuvent être expliquées, en effet, en le regardant comme un amide diuréique dérivé de l'acide tartronique (M. Berthelot, 1860) :

$$C^6H^4O^{10} + 2\,C^2H^4Az^2O^2 - 4\,H^2O^2 = C^{10}H^4Az^4O^6.$$

2. *États naturels.* — Cet acide se rencontre libre ou combiné dans les excréments des oiseaux, des serpents, des insectes; dans le guano; dans l'urine de l'homme et des carnivores; il constitue certains calculs vésicaux. Enfin, il existe en très petite quantité dans la plupart des tissus et liquides de l'économie.

Dans l'urine de l'homme, il se trouve contenu sous la proportion de 0gr,6 par litre à l'état normal; proportion qui peut monter jusqu'à 1gr,7 dans les phlegmasies. Il n'est pas libre, mais à l'état d'urate acide de soude, attendu que l'acide urique décompose le phosphate neutre de soude existant à l'état normal dans l'économie et le change en phosphate acide : ce sont ces deux sels qui communiquent à l'urine sa réaction acide. Les urates se déposent pendant le refroidissement de l'urine, en entraînant une matière colorante rouge.

3. *Préparation.* — On prépare l'acide urique avec les excréments des serpents (Vauquelin). On les pulvérise, on les fait bouillir avec leur poids de potasse caustique, dissoute dans 10 à 12 parties d'eau, tant qu'il se dégage une odeur ammoniacale; on filtre ensuite la solution chaude et on la laisse s'écouler dans un mélange de 2 parties d'acide sulfurique et de 8 parties d'eau, en agitant sans cesse. L'acide urique se précipite; on le lave par décantation.

On peut encore extraire l'acide urique du guano. On épuise ce dernier par l'acide chlorhydrique, qui enlève différents sels et laisse l'acide urique insoluble. Le résidu, repris par une lessive alcaline diluée, est porté à l'ébullition et additionné de chaux éteinte, qui sépare diverses substances. Enfin on précipite l'acide urique lui-même par l'acide chlorhydrique. On le décolore en traitant sa solution chlorhydrique par une quantité convenable de chromate de potasse.

4. *Propriétés.* — L'acide urique se présente d'ordinaire en petits cristaux anhydres, dont la forme, examinée au microscope, est assez caractéristique (fig. 99). Lorsque sa précipitation est lente, il forme de gros cristaux contenant 4 équivalents d'eau. Une partie se dissout

dans 15 000 parties d'eau froide et 1800 parties d'eau bouillante; l'alcool et l'éther ne le dissolvent pas.

Les urates acides sont très peu solubles, spécialement l'urate de soude. Les sels neutres sont beaucoup plus solubles.

Soumis à l'action de la chaleur, l'acide urique se décompose avec formation d'acides cyanhydrique, cyanurique, carbonique et de leurs sels ammoniacaux.

L'une des réactions les plus caractéristiques de l'acide urique, est sa transformation en *murexide* (t. II, p. 503). On chauffe une très petite quantité d'acide urique avec quelques gouttes d'acide azotique,

FIG. 99. — Cristaux d'acide urique vus au microscope.

on évapore à sec, et sur le résidu encore chaud on laisse tomber une goutte d'ammoniaque ou mieux de carbonate d'ammoniaque. Il se développe aussitôt la magnifique couleur pourpre de la murexide. Cette réaction se produit aussi avec la xanthine et la sarcine.

5. *Hydrogène.* — L'hydrogène naissant, fourni par l'amalgame de sodium, transforme l'acide urique d'abord en *xanthine*, $C^{10}H^4Az^4O^4$, puis en *sarcine*, $C^{10}H^4Az^4O^2$ (Strecker et Reinecke). Ces deux substances existent dans l'économie animale.

6. *Oxygène.* — L'oxydation fournit des dérivés uriques appartenant à deux groupes distincts, cités dans les pages précédentes et que nous allons rappeler brièvement.

1er *groupe :* Mono-uréides des acides exempts d'azote renfermant 6 équivalents de carbone, tels que :

Les uréides mésoxaliques, l'*alloxane* et l'*acide alloxanique* (t. II, p. 501); l'*acide dialurique*, qui est un uréide tartronique (t. II, p. 503); l'*acide barbiturique*, qui est un uréide malonique (t. II,

p. 500) ; enfin l'*alloxantine*, combinaison d'alloxane et d'acide dialurique (t. II, p. 502).

2e *groupe :* L'oxydation de l'acide urique et de ses dérivés va-t-elle plus loin, on obtient à la place des composés formés par les acides générateurs à 6 équivalents de carbone ceux des acides qui en renferment 4, tels que :

Les uréides oxaliques, l'*acide oxalurique* et l'*acide parabanique* (t. II, p. 498); l'*acide allanturique*, uréide oxyglycollique (t. II, p. 499); l'*allantoïne*, diuréide oxyglycollique (t. II, p. 499); enfin l'*acide hydantoïque*, $C^6H^6Az^2O^6$, et l'*hydantoïne*, $C^6H^4Az^2O^4$, corps qui semblent être les uréides de la 1re et de la 2e espèce de l'acide glycollique :

$$\underset{\text{Ac. glycollique.}}{C^4H^4O^6} + \underset{\text{Urée.}}{C^2H^4Az^2O^2} - H^2O^2 = \underset{\text{Ac. hydantoïque.}}{C^6H^6Az^2O^6}.$$

7. L'acide urique, chauffé à 160° avec l'acide iodhydrique fournit de l'ammoniaque, de l'acide carbonique et de la *glycollamine*, $C^4H^5AzO^4$ (Strecker) :

$$C^{10}H^4Az^4O^6 + 5\,H^2O^2 = C^4H^5AzO^4 + 3\,C^2O^4 + 3\,AzH^3.$$

VII. — Créatine.

$C^8H^9Az^3O^4$ .... $AzH{=}\mathcal{C}(AzH^2){-}Az(\mathcal{C}H^3){-}\mathcal{C}H^2{-}\mathcal{C}\Theta^2H.$

1. La créatine a été découverte en 1835, par M. Chevreul; elle existe dans les muscles de la plupart des animaux. Elle se trouve également dans le cerveau et dans le sang.

Elle peut être considérée comme un uréide de la première espèce, dérivé d'un acide-alcali, la *sarcosine*, $C^6H^7AzO^4$ (t. II, p. 347).

2. *Synthèse.* — Elle a été obtenue synthétiquement par la combinaison directe de la *sarcosine* et du *cyanamide*, $C^2H^2Az^2$ (t. II, p. 488), lequel diffère de l'urée par les éléments de l'eau (M. Volhard) :

$$\underset{\text{Sarcosine.}}{C^6H^7AzO^4} + \underset{\text{Cyanamide.}}{C^2H^2Az^2} = \underset{\text{Créatine.}}{C^8H^9Az^3O^4}.$$

3. *Formation.* — La créatine prend naissance par l'hydratation de la *créatinine*, $C^8H^7Az^3O^2$, sous l'influence des alcalis :

$$C^8H^7Az^3O^2 + H^2O^2 = C^8H^9Az^3O^4.$$

4. *Préparation.* — On la retire de l'extrait de viande, en dissol-

vant 1 partie de celui-ci dans 20 parties d'eau, précipitant par le sous-acétate de plomb, filtrant, enlevant le plomb de la liqueur par l'hydrogène sulfuré et ramenant par évaporation au volume de l'extrait employé. La créatine se dépose lentement.

5. *Propriétés.* — La créatine cristallise en lamelles nacrées. Soluble à froid dans 75 parties d'eau, elle est très soluble dans l'eau bouillante, peu soluble dans l'alcool fort, insoluble dans l'éther.

6. *Réactions.* — Par l'ébullition prolongée de ses solutions, et mieux encore par l'action des acides, elle perd de l'eau et se change en créatinine.

L'eau de baryte bouillante la dédouble en *sarcosine*, $C^6H^7AzO^4$, et *urée* (Liebig) :

$$\underset{\text{Créatine.}}{C^8H^9Az^3O^4} + H^2O^2 = \underset{\text{Sarcosine.}}{C^6H^7AzO^4} + \underset{\text{Urée.}}{C^2H^4Az^2O^2}.$$

Ce dédoublement et la synthèse rapportée plus haut établissent la constitution de la créatine.

La sarcosine conservant intacte sa fonction d'alcali, dans sa combinaison avec le cyanamide, la créatine est susceptible de se combiner aux acides pour former des sels. Toutefois, elle est neutre au tournesol.

7. *Créatinine :* $C^8H^7Az^3O^2$. — La créatinine (Liebig) est un amide de la deuxième espèce, correspondant à la créatine. Cette dernière l'engendre, en effet, par élimination de H^2O^2.

Elle se rencontre dans l'urine.

On peut l'extraire de ce liquide en l'évaporant au huitième de son volume, précipitant par du chlorure de calcium et par un peu de lait de chaux, filtrant et ajoutant à la liqueur du chlorure de zinc bien neutre. Après quelques jours, il se sépare une combinaison cristalline de chlorure de zinc et de créatinine, $C^8H^7Az^3O^2 + ZnCl$. Cette dernière est décomposée à l'ébullition par l'hydrate d'oxyde de plomb et traitée par l'alcool, qui dissout la créatinine.

C'est un corps bien cristallisé en prismes clinorhombiques, soluble dans 11,5 parties d'eau froide, possédant une réaction alcaline et formant des sels.

Les oxydants, et notamment l'oxyde de mercure, la transforment en *méthylguanidine*, $C^2H^2(C^2H^5Az^3)$ (Dessaignes).

8. La créatinine est accompagnée dans la chair musculaire de divers composés basiques très voisins, et notamment de la *xanthocréatinine*, $C^{10}H^{10}Az^4O^2$, qui forme des cristaux jaunes de soufre, ainsi que de la *crusocréatinine*, $C^{10}H^8Az^4O^2$, etc. Ces composés de formation

physiologique ont été désignés sous le nom générique de *leucomaïnes* (M. Gauthier).

VIII. — XANTHINE.

$C^{10}H^4Az^4O^4$ .... $C^5H^4Az^4O^2$.

1. La xanthine est une base faible, découverte par Marcet dans un calcul urinaire, analysée par Liebig et Wœhler, et retrouvée par Scherer dans la plupart des tissus de l'économie. Elle a été produite artificiellement par Strecker. Elle paraît être un diuréide malonique de la 2e espèce.

Sa formule est homologue de celles de la *caféine*, $C^{16}H^{10}Az^4O^4$, et de la *théobromine*, $C^{14}H^8Az^4O^4$ (t. II, p. 398 et 399).

2. *Synthèse.* — Elle se produit, avec un peu de *méthylxanthine*, $C^{12}H^6Az^4O^4$, quand on chauffe vers 150° un mélange d'acide cyanhydrique, d'acide acétique et d'eau (M. A. Gautier).

3. *Formations.* — La xanthine se forme en réduisant l'*acide urique*, $C^{10}H^4Az^4O^6$, par l'amalgame de sodium (Strecker et Reinecke) :

$$C^{10}H^4Az^4O^6 + H^2 = C^{10}H^4Az^4O^4 + H^2O^2.$$

On l'obtient encore en traitant par l'acide nitreux (Strecker) la *guanine*, $C^{10}H^5Az^5O^2$, alcali particulier, extrait du guano et représentant un amide de la xanthine :

$$\underset{\text{Guanine.}}{C^{10}H^5Az^5O^2} = \underset{\text{Xanthine.}}{C^{10}H^4Az^4O^4} + AzH^3 - H^2O^2.$$

$$\underset{\text{Guanine.}}{C^{10}H^5Az^5O^2} + AzO^3,HO = \underset{\text{Xanthine.}}{C^{10}H^4Az^4O^4} + Az^2 + H^2O^2.$$

4. *Propriétés.* — La xanthine constitue une poudre incolore, amorphe, insoluble dans l'alcool, très peu soluble dans l'eau froide.

La chaleur la détruit, avec sublimation de cyanhydrate d'ammoniaque.

La solution aqueuse est précipitée par le bichlorure de mercure et par l'azotate d'argent.

La xanthine forme des sels cristallisables.

5. *Sarcine.* — L'amalgame de sodium change la xanthine en *sarcine* ou *hypoxanthine*, $C^{10}H^4Az^4O^2$, principe analogue (diuréide pyruvique), également répandu dans l'économie. La sarcine se rattache à son tour à la *carnine*, $C^{14}H^8Az^4O^6$, base retirée de l'extrait de viande, et à l'*acide inosique*, $C^{10}H^8Az^2O^{12}$ (uréide tartrique), substance de même origine.

Tous les corps du groupe urique paraissent dériver, par voie d'oxydation successive, des principes albuminoïdes.

§ 13. — Guanidine.

$C^2H^5Az^3$ .... $AzH=C=(AzH^2)^2$.

1. La guanidine ou *carbotriamine* a été découverte par Strecker.

C'est un amide à fonction complexe, une diamine-amide, dérivée de l'urée :

$$C^2H^4Az^2O^2 + AzH^3 - H^2O^2 = C^2H^5Az^3.$$

2. *Formation.* — Elle se forme :

1° En même temps que d'autres composés (t. II, p. 491), quand on électrolyse une solution d'ammoniaque avec des électrodes de charbon (M. Millot) ;

2° Par l'action du *cyanamide*, $C^2H^2Az^2$, sur le chlorhydrate d'ammoniaque (t. II, p. 489) :

$$C^2H^2Az^2 + AzH^4Cl = C^2H^5Az^3,HCl ;$$

3° Par la réaction du *gaz chloroxycarbonique* sur le gaz ammoniac (M. G. Bouchardat), ce qui engendre en même temps de l'urée, de l'acide cyanurique, etc.;

4° Par celle de l'ammoniaque sur l'*éther carbonique tétralcoolique :* $C^2O^4,4\,C^4H^5O$ (M. W. Hofmann) :

$$C^2O^4, 4\,C^4H^5O + 3\,AzH^3 = C^2H^5Az^3 + 4\,C^4H^6O^2 ;$$

5° Par la décomposition du *sulfocyanate d'ammoniaque* sous l'influence de la chaleur (M. Volhard) :

$5\,C^2AzHS^2, AzH^3$	=	$C^2S^4(AzH^4S)^2$	+	$2\,C^2AzHS^2, C^2H^5Az^3$.
Sulfocyanate d'ammoniaque.		Sulfocarbonate d'ammoniaque.		Sulfocyanate de guanidine.

6° Elle a été obtenue d'abord en oxydant la *guanine*, $C^{10}H^5Az^5O^2$, principe retiré du guano (t. II, p. 508).

3. *Préparation.* — On chauffe dans une cornue du sulfocyanate d'ammoniaque à 190°, pendant une vingtaine d'heures. Il distille du sulfocarbonate d'ammoniaque, et il reste un résidu de sulfocyanate de guanidine. On dissout ce dernier sel dans l'eau, on décolore par le noir animal, on filtre et on fait cristalliser. La solution de sulfo-

cyanate de guanidine, additionnée de sulfate de cuivre, donne du sulfocyanate de cuivre insoluble et du sulfate de guanidine. On décompose exactement ce dernier sel, dans sa dissolution filtrée, par l'hydrate de baryte, on filtre et on évapore.

4. *Propriétés.* — La guanidine est cristalline, caustique, déliquescente. C'est une base assez énergique ; elle attire l'acide carbonique de l'air.

Elle forme un *chlorhydrate de guanidine* : $C^2H^5Az^3,HCl$, cristallisé en fines aiguilles ; un *carbonate de guanidine* : $C^2H^5Az^3,HO,C^2O^4$, en octaèdres ou en prismes à base carrée, très soluble dans l'eau, et dont les réactions rappellent les carbonates alcalins ; un *azotate de guanidine*, $C^2H^5Az^3,AzHO^6$, cristallisé et peu soluble dans l'eau froide ; etc.

5. La guanidine est le type d'une série de bases triammoniacales, les *guanidines substituées*, qui sont formées en remplaçant dans son équation génératrice :

D'une part, l'ammoniaque par un alcali quelconque ;

D'autre part, l'urée ordinaire par une urée composée.

CHAPITRE VII

PRINCIPES ALBUMINOÏDES

§ 1er. — Constitution des matières albuminoïdes.

1. La masse principale des tissus animaux est constituée par certains principes azotés, qui jouent aussi un rôle essentiel dans le développement des tissus végétaux. Ce sont des composés très compliqués, fixes, presque toujours incristallisables, fort altérables par les réactifs; les uns sont insolubles, les autres solubles; mais beaucoup de ces derniers deviennent insolubles en se coagulant dans l'eau, par l'action de la chaleur ou des acides. Telles sont l'albumine, la fibrine, la caséine, la syntonine, l'osséine, la chondrine, la glutine, la chitine, etc., corps désignés sous les noms de *principes albuminoïdes* et de *matières protéiques*.

2. *Composition.* — Leur composition est analogue : ils renferment pour la plupart 52 à 54 centièmes de carbone, 6 à 7 d'hydrogène, 15 à 16 d'azote (sauf la chondrine et la chitine, qui en contiennent moitié moins), 22 à 23 d'oxygène, et en outre de petites quantités de soufre, de phosphore et de matières minérales.

Ce rapprochement entre la composition des matières albuminoïdes rappelle celui qui existe entre les corps gras naturels. Comme ces derniers, les matières albuminoïdes sont des mélanges de divers principes immédiats, fort voisins; lesquels sont susceptibles de se dédoubler, sous certaines influences, en différents composés plus simples et présentant entre eux des analogies étroites, qui rappellent celles des acides gras les uns avec les autres.

3. Malgré de nombreuses recherches, l'histoire des matières protéiques est restée fort obscure jusqu'à ces derniers temps.

M. Berthelot avait montré dès 1862 que ces composés rentraient, à titre d'amides complexes, dans la classification générale des composés organiques, qu'il avait partagés en 8 types ou fonctions chimiques. Mais ce sont surtout les recherches récentes et les expériences de dédoublement effectuées par M. Schützenberger qui ont fixé nos idées sur la constitution des principes albuminoïdes.

4. *Dédoublements.* — En effet, les matières albuminoïdes sont des amides complexes, dérivés principalement d'acides-amides et d'acides-alcalis. Ce fait capital a été établi, nous le répétons, par M. Schützenberger, en étudiant l'action exercée sur les matières albuminoïdes par l'hydrate de baryte à haute température. D'une part elles se rattachent aux amides oxaliques, carboniques et acétiques, car elles régénèrent en se dédoublant de l'acide oxalique, de l'acide carbonique et de l'acide acétique, à côté de l'ammoniaque et de certaines amines complexes. D'autre part elles fournissent les produits divers de l'altération de ces mêmes amines. Assemblés entre eux et avec les amines complexes, en vertu du principe générateur des amides dérivés de plusieurs acides (t. II, p. 410 et 416), les acides oxalique, carbonique et acétique, et peut-être l'acide malonique, qui peut fournir les deux derniers par sa destruction (t. II, p. 179), forment donc leurs noyaux fondamentaux.

Quant aux réactions résultant de la présence des amines complexes, on peut les caractériser, en remarquant que ces amines complexes sont presque exclusivement des acides-alcalis, dérivés de divers groupes d'acides-alcools, et que de tels acides-alcalis peuvent, en s'unissant soit avec eux-mêmes, soit avec d'autres principes analogues, engendrer des composés dont la molécule va en se compliquant indéfiniment.

Le glycocolle ou ses homologues, par exemple, sont des alcalis-acides, $C^{2n}H^{2n-2}(AzH^3)(O^4)$, dérivés des acides-alcools $C^{2n}H^{2n-2}(H^2O^2)(O^4)$; en s'unissant par leur fonction acide à une autre molécule semblable, intervenant par sa fonction alcaline, ils engendrent, avec élimination de H^2O^2, un dérivé amidé :

$$C^{2n}H^{2n-2}(AzH^3)(O^4) + C^{2n'}H^{2n'-2}(AzH^3)(O^4) - H^2O^2 =$$
$$C^{2(n+n')}H^{2(n+n')-3}AzO^2(AzH^3)(O^4).$$

Ce dernier étant, comme ses générateurs eux-mêmes, un alcali-acide, peut produire un nouveau composé semblable, par le même mécanisme; et ainsi de suite; de telle sorte que la complexité des molécules que l'on peut engendrer ainsi est illimitée.

Si, au lieu de corps réunissant la double fonction d'alcali monoacide et d'acide monobasique, ce sont des principes possédant à la fois plusieurs fonctions alcooliques ou acides qui s'unissent en formant des amides, les molécules de ces derniers seront susceptibles de complications plus grandes encore.

Tels sont les alcalis complexes dérivés des acides homologues de l'acide glycérique, $C^{2n}H^{2n-4}(H^2O^2)(H^2O^2)(O^4)$, et appartenant à l'ordre des amides proprement dits, ou même à celui des nitriles.

Ainsi encore une seule molécule d'un acide-alcali, jouant à la fois le rôle d'une base mono-acide et d'un acide bibasique, tel que l'acide aspartique, $C^8H^4(AzH^3)(O^4)(O^4)$, peut s'unir directement à 3 autres molécules analogues : dans 2 réactions, elle intervient comme acide en formant des amides, la 3e réaction résultant de sa fonction d'alcali. Et le nouveau corps formé, c'est-à-dire la molécule quadruple, possédera encore intactes $12-3=9$ fonctions alcalines ou acides. Etc.

Ce n'est pas tout encore. Les fonctions acides ou alcalines, demeurées intactes dans un premier ordre de combinaisons, peuvent entrer en réaction pour former tout dérivé, autre qu'un amide ou un nitrile. On peut ainsi concevoir l'introduction des groupes organiques les plus divers dans les amides complexes dont nous venons d'indiquer la génération.

Inversement, de tels amides complexes, en présence des alcalis ou des acides, fixeront les éléments de l'eau et se scinderont en composés de plus en plus simples, à mesure que l'action hydratante aura été plus énergique ; une première action modérée opérant l'hydratation et le dédoublement des amides proprement dits, tandis que les amines, dérivées de la fonction alcoolique, exigent des influences plus puissantes pour se détruire.

De même les matières protéiques, fixant progressivement les éléments de l'eau, se transforment en acides amidés de moins en moins complexes; puis elles engendrent les produits du dédoublement de ces derniers, les acides-alcalis. Seulement, chaque matière albuminoïde naturelle étant un mélange de plusieurs principes analogues, on obtient à la fois les produits du dédoublement de tous ces principes, ce qui complique beaucoup les résultats.

La même difficulté, d'ailleurs, s'est déjà présentée dans la décomposition des corps gras naturels, mélange de plusieurs glycérides analogues : stéarine, palmitine, oléine, butyrine, etc. Leur saponification fournit, non les produits simples du dédoublement d'un principe unique, mais la somme des produits similaires du dédoublement simultané de plusieurs combinaisons analogues, mélangées entre elles.

Ce qui précède rend compte des faits qui dominent la constitution des substances albuminoïdes. Il en est d'autres par lesquels ces substances se rattachent aux uréides et aux dérivés oxaliques; mais la règle générale, qui permet de concevoir l'union de l'urée et des dérivés amidés ou nitrilés de l'acide oxalique avec les combinaisons à fonction complexe dont nous venons de parler, a été indiquée ailleurs (t. II, p. 413 et 497).

5. En fait, les résultats les plus nets ont été obtenus avec l'hydrate de baryte, en opérant de la manière suivante (M. Schutzenberger) :

On chauffe au bain d'huile, dans une chaudière d'acier (fig. 100), dont le couvercle est solidement maintenu par une vis de pression, la matière à étudier avec de l'hydrate de baryte et de l'eau. On opère dans différentes conditions, en faisant varier la température et la proportion du réactif.

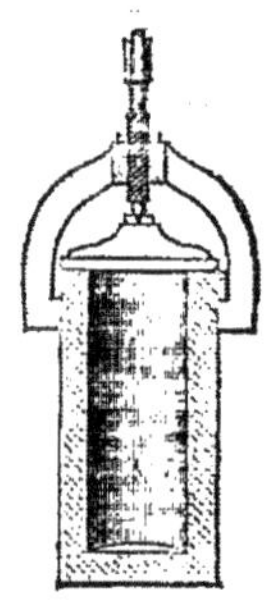

Fig. 100. — Chaudière pour le dédoublement des principes albuminoïdes.

Dans toutes ces conditions, à partir de 100°, et avec toutes les matières albuminoïdes, on observe que la liqueur tient en suspension un mélange de carbonate et d'oxalate de baryte, et que, de plus, elle est chargée d'ammoniaque libre. L'ammoniaque, l'acide carbonique et l'acide oxalique s'y trouvent, avec de l'acide acétique, à peu près dans les proportions qui correspondent au dédoublement par l'eau de l'oxamide, ajouté à celui de l'*acétylurée*, ou de son isomère le *malonamide* :

$$\underset{\text{Oxamide.}}{C^4H^4Az^2O^4} + 2\,H^2O^2 = \underset{\text{Ac. oxalique.}}{C^4H^2O^8} + 2\,AzH^3\,;$$

$$\underset{\text{Acétylurée.}}{C^6H^6Az^2O^4} + 2\,H^2O^2 = C^2O^4 + 2\,AzH^3 + \underset{\text{Ac. acétique.}}{C^4H^4O^4}.$$

Quant aux autres produits de la réaction, ils diffèrent avec les circonstances.

1° Si l'action du réactif est modérée, il se produit d'abord des *glucoprotéines*, acides amidés, encore très complexes, correspondant à la formule générale $C^{2n}H^{2n}Az^2O^8$, dans laquelle la valeur de n varie entre 11 et 7.

Les glucoprotéines sont incolores, cristallisables, douées d'une saveur sucrée, d'autant plus solubles dans l'eau et d'autant moins solubles dans l'alcool absolu que leur poids moléculaire est plus élevé.

Elles sont accompagnées, mais en faible proportion, de *tyrosine*, $C^{18}H^{11}AzO^6$ (t. II, p. 347), de *leucinimide*, $C^{12}H^{11}AzO^2$, ainsi que de composés difficilement cristallisables et répondant à la formule générale $C^{2n}H^{2n-2}Az^2O^8$.

Si, au contraire, l'action du réactif est poussée plus loin, les glucoprotéines elles-mêmes sont détruites avec production de composés azotés plus simples qu'elles, généralement acides, ou plutôt doués de la double fonction d'acide et d'alcali. Ces nouveaux composés appartiennent à 2 groupes principaux, dérivés chacun d'un seul équivalent d'ammoniaque. Tels sont :

2° Les *leucines*, alcalis-acides homologues de la glycollamine. Ce groupe est formé surtout par la *leucine* proprement dite, ou *oxycaproamine*, $C^{12}H^{13}AzO^4$ (t. II, p. 346), la *butalanine* ou *oxyvaléramine*, $C^{10}H^{11}AzO^4$ (t. II, p. 345), l'*acide amidobutyrique* ou *oxybutyramine*, $C^8H^9AzO^4$ (t. II, p. 345), tous composés homologues de la glycollamine, représentés par la formule générale $C^{2n}H^{2n+1}AzO^4$, et dérivés des acides-alcools $C^{2n}H^{2n-2}(H^2O^2)(O^4)$. Ces corps sont remarquables par la facilité avec laquelle ils cristallisent.

3° Les *acides hydroprotéiques*, acides amidés complexes, de formule $C^{2n}H^{2n}Az^2O^{10}$, pour lesquels les valeurs de n varient de 8 à 10; ce sont des composés très solubles dans l'eau et dans l'alcool, déliquescents, difficilement cristallisables, et qui paraissent être des dérivés imidés.

4° Les *leucéines*, qui résultent de la déshydratation des acides hydroprotéiques.

5° Les *acides protéiques*, corps homologues entre eux, de formule $C^{2n}H^{2n-2}Az^2O^{10}$, cristallisant plus facilement que les acides hydroprotéiques, dont ils sont voisins par leur constitution.

6° Enfin, on obtient encore des alcalis-acides, plus oxygénés que les précédents; les uns monoazotés et bibasiques, tels que :

l'acide aspartique	$C^8H^7AzO^8$,
ou son homologue l'acide glutamique............	$C^{10}H^9AzO^8$;

les autres diazotés et correspondant à des formules variées, mais se attachant aux mêmes théories.

7° Tous les corps précédents sont accompagnés des *glucoprotéines* β, composés analogues aux glucoprotéines, mais non dédoublables par l'hydrate de baryte, même à 200°, ce qui montre que l'eau éliminée lors de leur formation correspond, non pas à une fonction d'amide, mais à une fonction d'amine.

6. Les produits engendrés par le dédoublement des matières albuminoïdes rentrent tous dans le cadre qui vient d'être indiqué; mais leur proportion relative varie avec la nature de la substance dédoublée, probablement parce que cette substance elle-même est un mélange. La proportion relative des produits du dédoublement serait l'indice de celle des générateurs correspondants. C'est ainsi que les amines complexes dérivées de l'albumine du blanc d'œuf ont des formules dans lesquelles n est généralement plus élevé que pour les amines dérivées des tissus cellulaire et épidermique. C'est ainsi encore que l'albumine produit surtout la leucine ordinaire, la leucine valérique et la leucine

butyrique; tandis que la soie donne l'alanine, et que la gélatine fournit la glycollamine.

Les acides, les ferments, la chaleur, les agents oxydants, etc., tout corps dont l'action est moins générale et moins nette que celle de l'hydrate de baryte, détruisent les matières protéiques, en engendrant des dérivés correspondants.

7. Ajoutons enfin que la chitine et la chondrine, principes analogues aux matières albuminoïdes, développent en outre de la glucose, sous l'action de divers réactifs; ce qui les différencie nettement des autres principes de ce groupe. Ces corps semblent donc être des glucosides, produits par l'union des substances albuminoïdes proprement dites, soit avec les glucoses, soit avec les principes ligneux qui dérivent des glucoses condensées (M. Berthelot).

§ 2. — **Propriétés et réactions générales.**

1. *Propriétés physiques.* — Les matières protéiques sont en général solides et amorphes. Quelques-unes cependant ont été observées à l'état cristallisé : telles sont l'hématocristalline, l'hémoglobine, la caséine de la noix du *Bertholletia excelsa*. Mais ce sont là des exceptions.

D'ordinaire, elles se présentent sous l'aspect de masses cornées, élastiques, demi-transparentes; elles se gonflent dans l'eau en donnant parfois des liquides plus ou moins visqueux (*pseudo-solution*), précipitables par la présence des sels ou de l'alcool. Certaines manifestent une solubilité véritable en présence des acides, des alcalis ou de différents sels.

Les matières albuminoïdes sont peu diffusibles et peuvent être prises comme type des ***substances colloïdes***. Cette circonstance permet de les séparer par dialyse des principes cristallisables. Elles agissent sur la lumière polarisée et sont généralement lévogyres.

2. *Réactions.*—La *chaleur* les décompose à partir de 150° ou 200°, avec production de substances caraméliques, puis charbonneuses. On obtient par là des alcalis volatils (*huile animale de Dippel*), appartenant à trois séries distinctes : les uns correspondent à la formule $C^{2n}H^{2n+3}Az$, et se rattachent à la même série que les alcools dont dérivent les acides gras; les autres appartiennent à la formule $C^{2n}H^{2n-5}Az$, et à quelques autres analogues, c'est-à-dire qu'ils se rattachent aux dérivés de la série aromatique; les derniers font partie de la série des ***bases pyridiques***, $C^{2n}H^{2n-5}Az$. Citons parmi les premiers la méthylamine, la propylamine, la butylamine; parmi les seconds l'aniline; et parmi les troisièmes la picoline et la pyridine.

Les ***oxydants*** énergiques, tels que l'acide chromique ou le permanganate de potasse, donnent avec les matières albuminoïdes des réactions complexes : ils forment les acides gras volatils jusqu'à l'acide caproïque inclusivement, les nitriles et les aldéhydes de ces acides, l'acide et l'aldéhyde benzoïques, etc.

Le *chlore* et le *brome* agissent comme les agents d'oxydation; c'est ainsi que le brome donne le bromoforme, l'acide bromacétique, les acides oxalique et aspartique, la leucine, etc.

Les *acides* et les *alcalis* étendus détruisent les matières albuminoïdes, en formant par hydratation les composés amidés cités plus haut ou leurs dérivés.

Le même résultat s'obtient partiellement par l'*action de l'eau* à haute température.

Lorsque les acides sont très étendus, l'altération est peu prononcée, et il se forme transitoirement des corps très voisins des albuminoïdes eux-mêmes, tels que l'*hémiprotéine*, l'*hémialbumine* et l'*hémiprotéidine* (M. Schützenberger).

Les *hydrates alcalins* en fusion donnent des produits d'oxydation, dérivés des alcalis-acides fournis par le dédoublement, ainsi que des alcalis volatils et des dérivés azotés tels que l'*indol*, $C^{16}H^7Az$, et son homologue, le *scatol*, $C^{18}H^9Az$ (M. Nencki).

Les *ferments solubles* de l'économie animale, particulièrement la pepsine, que sécrète l'estomac, et la pancréatine, que sécrète le pancréas, exercent sur les matières albuminoïdes une action fort importante en raison du rôle qu'elle joue dans la digestion. La pepsine et la pancréatine les transforment en effet, la première en présence d'une très petite quantité d'acide, en *peptones*, matières définitivement solubles et qui présentent, à l'eau près, sensiblement la même composition que les principes originels (M. R. Maly).

Les *ferments figurés*, et spécialement les agents de la putréfaction (*Bacillus subtilis*, etc.), détruisent les substances protéiques de diverses manières, mais en donnant, entre autres produits, les peptones, les dérivés des acides gras, et en outre de l'indol, du scatol et du phénol. C'est une réaction complexe de ce genre qui s'effectue dans la fermentation de la caséine, pendant la fabrication du fromage.

Dans d'autres circonstances, on voit apparaître des alcaloïdes volatils, les *ptomaïnes*, alcalis toxiques encore mal connus, mais assez analogues à la conine (M. Gautier). C'est ce qui s'observerait, par exemple, dans la putréfaction des cadavres (Selmi).

Parmi les alcalis variés résultant des putréfactions diverses des matières animales, on a isolé la *parvoline*, $C^{18}H^{13}Az$, l'*hydrocollidine*, $C^{16}H^{13}Az$, la *collidine*, $C^{16}H^{11}Az$, etc. Les composés hydropyridiques sont produits d'une manière à peu près constante (MM. Gautier et Etard).

3. *Caractères analytiques.* — Les matières albuminoïdes dégagent de l'ammoniaque à la distillation. Elles développent, quand on les chauffe, une odeur de corne brûlée. Leur fixité, la coagulabilité de certaines d'entre elles, enfin leur pouvoir rotatoire, permettent de les reconnaître.

Diverses réactions spéciales peuvent êtr employées pour caractériser les matières albuminoïdes. Ainsi, l'acide chlorhydrique fumant les dissout, en se colorant en bleu violacé, surtout au contact de l'air. L'acide nitrique concentré les colore en jaune, et la teinte passe à l'orangé sous l'influence de l'ammoniaque. L'acide sulfurique concentré, en présence d'une solution sucrée, leur donne une coloration rouge, passant bientôt au pourpre.

Touchées avec une solution de sulfate de cuivre, puis avec une goutte de potasse, et lavées à l'eau, elles restent colorées en violet; la même réaction s'observe dans les dissolutions.

Le *réactif de Millon* est un des plus sensibles pour reconnaître des petites quantités de matières albuminoïdes : il s'obtient en dissolvant 1 partie de mercure dans son poids d'acide nitrique concentré, étendant le produit de deux fois son volume d'eau et décantant la liqueur claire après vingt-quatre heures : cette solution colore en rouge les liqueurs chargées de substances protéiques, lentement à froid, rapidement à l'ébullition.

§ 3. — Classification.

Les matières albuminoïdes d'origine animale ou végétale ont été divisées en plusieurs groupes, par des caractères tout à fait empiriques.

Par exemple, on distingue :

1° Les *albumines*, solubles dans l'eau, mais coagulables par la chaleur ou les acides, et redissolubles par les alcalis;

2° Les *caséines*, insolubles dans l'eau pure, solubles à la faveur des alcalis ou des phosphates et carbonates alcalins, précipitables par une petite quantité d'acide acétique, mais redissolubles dans un excès. L'évaporation à chaud des dissolutions faiblement alcalines laisse séparer peu à peu les caséines sous forme de pellicule (oxydée par l'air?) ;

3° Les *fibrines*, insolubles ou pseudo-solubles dans l'eau, que les acides et les alcalis dissolvent, en formant des corps analogues aux caséines (*syntonines*, etc.);

4° Les *peptones*, solubles dans l'eau même alcoolisée, mais non coagulables, et qui paraissent résulter de l'hydratation des corps précédents;

5° Les *gélatines* ou *matières collagènes*, insolubles dans l'eau froide, mais solubles dans l'eau chaude en formant des composés susceptibles de se prendre en gelée après refroidissement. Tels sont le tissu cellulaire, l'osséine, le tissu élastique, etc.;

6° Enfin, les *matières mucilagineuses*, telles que la mucine, la paralbumine, la colloïdine, qui se gonflent dans l'eau froide, etc.

Cette classification purement empirique laisse beaucoup à désirer; elle est donnée ici au point de vue pratique, en raison de l'état encore imparfait de nos connaissances des matières protéiques. Au point de vue chimique, elle ne saurait être que provisoire et subordonnée au progrès des théories relatives à la constitution de ces produits physiologiques.

Abordons maintenant l'histoire individuelle des plus importants de ces corps : nous y ajouterons comme appendice celle des matières colorantes du sang et de la bile.

§ 4. — **Albumine.**

1. L'albumine se rencontre dans le blanc d'œuf, associée avec de l'eau et quelques sels; elle existe aussi dans le sérum du sang et dans la lymphe.

Elle renferme du soufre au nombre de ses éléments; on peut admettre qu'il y tient lieu d'une certaine proportion d'oxygène dans les dérivés amidés générateurs.

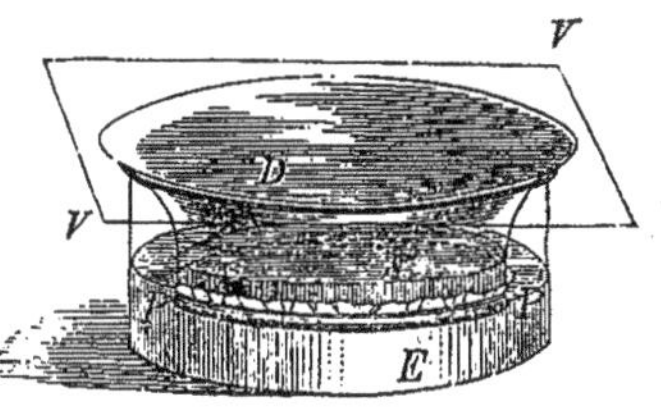

Fig. 101. — Dialyseur.

2. *Préparation.* — On la prépare :

1° En filtrant le blanc d'œuf dans une atmosphère d'acide carbonique, après l'avoir étendu d'eau, puis en évaporant dans le vide, ou même à l'air libre, à une température qui ne surpasse pas 30° à 40°;

2° En plaçant sur le dialyseur (fig. 101) le sérum étendu d'eau, et additionné d'un peu d'acide acétique : les sels et les matières solubles passent dans l'eau extérieure, renouvelée de temps en temps. Quand l'albumine reste seule, on évapore sa solution dans le vide ou au bain-marie, au-dessous de 40° (Graham).

3. *Propriétés.* — L'albumine est d'un blanc jaunâtre, d'un aspect corné. Sa densité est 1,26.

Elle donne avec l'eau une liqueur visqueuse et filante.

4. *Réactions.* — Sa dissolution se coagule partiellement à 63°, totalement à 74°. L'albumine coagulée constitue une masse blanche, élastique, douée d'une certaine résistance, et que l'eau froide ne redissout plus. C'est elle qui, dans la cuisson de la viande dans l'eau, forme les écumes. L'alcool précipite l'albumine dissoute; mais les acides étendus, les carbonates alcalins, le chlorure de sodium ne la précipitent pas. Cependant la température de la coagulation de l'albumine est abaissée en général par la présence des sels.

L'action de l'hydrate de baryte sur l'albumine donne surtout de la *leucine ordinaire*, $C^{12}H^{13}AzO^{4}$, de la *leucine valérique*, $C^{10}H^{11}AzO^{4}$, et de la *leucine butyrique*, $C^{8}H^{9}AzO^{4}$ (M. Schützenberger).

L'acide chlorhydrique dissout l'albumine et la change en *syntonine*.

L'acide nitrique concentré la précipite sans qu'elle puisse ensuite se redissoudre dans l'eau.

L'albumine insoluble peut être redissoute dans la potasse; celle-ci étant ensuite éliminée par la dialyse, on retrouve l'albumine soluble. Les alcalis concentrés forment, en effet, des *albuminates solubles*. Ces derniers s'obtiennent en traitant le blanc d'œuf filtré par une solution concentrée et froide de soude versée goutte à goutte; il se forme une masse solide, qu'on lave à l'eau distillée, jusqu'à élimination de l'alcali libre, et que l'on redissout dans l'eau tiède; c'est l'*albuminate de soude :*

$$C^{144}H^{112}Na^{2}Az^{18}O^{22}S.$$

On peut remplacer Na^{2} par Ba^{2}, Pb^{2}, Ag^{2}.

Le précipité formé par les acides dans un albuminate alcalin constitue la *protéine*, substance appelée aussi *albuminate* ou *albuminoïde*, et résultant de la substitution de H^{2} à Na^{2} dans l'albuminate alcalin.

Le bichlorure de mercure coagule l'albumine. Le sous-acétate de plomb précipite aussi l'albumine, mais ce dernier précipité, traité par l'hydrogène sulfuré à froid, régénère l'albumine soluble.

L'albumine solide ou dissoute présente les réactions générales indiquées plus haut comme étant communes à toutes les matières albuminoïdes.

5. On distingue par quelques propriétés l'*albumine du sérum* de l'*albumine de l'œuf :*

1° L'albumine de l'œuf est douée du pouvoir rotatoire à gauche : $\alpha_D = -35°$. La portion coagulable à 63° a pour pouvoir rotatoire $\alpha_D = -43°$, et la portion coagulable à 74°, $\alpha_D = -26°$. Elle est donc constituée par un mélange d'au moins deux principes différents (M. A. Gautier). L'agitation de sa dissolution avec l'éther la coagule. L'acide chlorhydrique concentré la dissout difficilement, et l'eau forme avec cette dernière solution un précipité peu soluble dans un excès.

2° L'albumine du sérum a un pouvoir rotatoire plus considérable : $\alpha_D = -56°$. L'éther ne la coagule pas; elle se dissout aisément dans l'acide chlorhydrique concentré, et l'eau forme avec cette solution un précipité redissoluble dans un grand excès d'eau.

6. *Albumine végétale.* — Liebig a montré les grandes analogies qui existent entre les albumines fournies par l'organisme animal et l'albumine que l'on rencontre dans les végétaux. Les sucs et les extraits aqueux de la plupart des plantes, et notamment ceux qui proviennent des semences de céréales et des semences oléagineuses, contiennent des substances protéiques, non précipitables par les acides étendus, et coagulables par la chaleur seule. Les composés de ce genre se distinguent suivant leur origine par différents caractères, et notamment par leur teneur en azote ; celle-ci varie de 15,5 dans le maïs, par exemple, à 17,5 dans le blé. Les diverses albumines végétales sont, comme l'albumine de l'œuf, des mélanges de substances voisines les unes des autres.

§ 5. — Caséine et protéine.

1. La caséine se rencontre dans le lait des mammifères.

Les propriétés de la caséine sont tellement semblables à celles de la protéine, substance qui résulte de la transformation de l'albumine par les alcalis (voy. plus haut), qu'on pourrait croire à leur identité. Toutefois, la caséine du lait se distingue des diverses protéines provenant des albumines animales par un pouvoir rotatoire à gauche beaucoup plus considérable. A cette exception près, les propriétés de la caséine et celles des protéines sont identiques.

2. *Préparation.* — On prépare la caséine en précipitant le lait par une solution concentrée de sulfate de magnésie ; on lave le précipité avec l'eau chargée de ce sel, on le redissout dans l'eau pure, on filtre pour séparer les corps gras, et on précipite la liqueur par l'acide acétique étendu.

3. *Propriétés.* — La caséine forme une masse d'un blanc jaunâtre, insoluble dans l'eau, qui la gonfle, mais soluble dans les alcalis et les sels à réaction alcaline.

4. *Réactions.* — Ses dissolutions ne sont pas coagulées par la chaleur ; mais elles s'oxydent au contact de l'air et forment pendant l'évaporation une pellicule, bien connue de toute personne qui a évaporé du lait.

La caséine dissoute est précipitée immédiatement par l'acide acétique ; ou bien encore par la *présure*, substance extraite de l'estomac des veaux, et qui agit par la *pepsine* qu'elle renferme.

5. Cette coagulation, produite sur le lait, donne naissance au *fromage*, lequel, constitué d'abord par la caséine mêlée de matières grasses, ne tarde pas à éprouver par fermentation une série de changements (t. II, p. 517), qui lui communiquent ses diverses propriétés alimentaires.

6. *Caséine du sérum.* — Le sang renferme en petite quantité une substance très voisine de la caséine.

7. *Caséines végétales.* — On distingue trois espèces de caséines végétales :

1° La *fibrine végétale*, appelée aussi *gluten-caséine* ou *caséine végétale;* elle constitue la partie du gluten frais qui est insoluble dans l'alcool. L'acide sulfurique la transforme en tyrosine, leucine, acides glutamique et aspartique, etc.

2° La *légumine*, matière analogue à la caséine, qui se trouve dans les semences de légumineuses.

3° La *conglutine*, qui ne diffère de la légumine que par quelques propriétés, et se rencontre dans les amandes.

§ 6. — Globulines.

1. On désigne souvent sous le nom générique de *globulines* un certain nombre de matières albuminoïdes très voisines des caséines, dont elles se distinguent cependant par quelques caractères, notamment par leur solubilité dans les acides très étendus. Comme les caséines, elles sont insolubles dans l'eau pure, mais se dissolvent sans altération à la faveur des sels neutres, des alcalis ou des acides; elles sont précipitées par de l'eau que l'on ajoute à ces dissolutions Citons les plus nettement caractérisées.

2. La *myosine*, principe contenu dans le plasma musculaire, s'obtient en broyant la viande avec de l'eau légèrement salée, et en précipitant par l'eau pure la liqueur filtrée. Cette solution se coagule à 60°. Elle décompose l'eau oxygénée.

La myosine précipitée par l'eau est une substance gélatineuse, amorphe, soluble dans les alcalis, dans les acides étendus, dans les solutions contenant moins de 10 pour 100 de sel marin. Un excès de sel, comme un excès d'eau, la précipite. Les acides étendus la changent en *syntonine*.

3. La *vitelline* est contenue dans le jaune d'œuf. On l'obtient en épuisant celui-ci par l'éther, traitant le résidu par une solution de

sel marin, et précipitant la liqueur par l'eau pure. La vitelline n'est pas précipitée de ses dissolutions par un excès de chlorure de sodium. Les alcalis concentrés la changent en albuminates.

4. Le sang renferme une ou plusieurs matières analogues à la myosine (*globuline, paraglobuline*, etc.), lesquelles paraissent engendrer la fibrine par leur métamorphose.

On peut les obtenir en précipitant par l'acide carbonique le sérum neutralisé et étendu d'eau; le premier précipité floconneux constitue la *substance fibrino-plastique*, soluble dans l'eau aérée, mais non dans l'eau privée d'air. Au bout d'un temps plus long, le *fibrinogène* se précipite à son tour. On admet que l'action réciproque du fibrinogène et de la substance fibrino-plastique, solubles séparément, engendre la fibrine.

§ 7. — **Fibrine.**

1. Le sang, extrait des vaisseaux, se coagule rapidement et se sépare en *sérum*, liquide à peine coloré, et en *caillot*, masse molle, formée par les globules et la *fibrine*. Les éléments de la fibrine étaient auparavant dissous dans le sang; ils deviennent insolubles sous l'influence de conditions connues, mais encore mal expliquées.

2. *Préparation.* — On peut extraire la fibrine du sang en battant le sang frais à l'aide d'une baguette de verre ou d'un petit balai; elle s'attache à l'agitateur, sous la forme de longs filaments. On la lave à l'eau pure jusqu'à décoloration, puis à l'alcool et à l'éther. Elle contient des traces de phosphates et de sels minéraux.

3. *Propriétés.* — C'est une matière blanche, cornée lorsqu'elle est sèche, élastique à l'état frais, insoluble dans l'eau; soluble dans l'acide acétique et les alcalis, dans une solution tiède d'azotate de potasse, de sulfate de soude ou de sel marin. Ces dissolutions ne sont pas coagulées par la chaleur; mais les acides en précipitent de la syntonine.

La fibrine décompose l'eau oxygénée, propriété qu'elle perd lorsqu'elle a été chauffée à 60°; après le chauffage, elle ne peut plus guère être distinguée de l'albumine coagulée.

4. Les fibrines de diverses origines n'ont pas des propriétés constantes : c'est ainsi que la fibrine du cheval se dissout presque complètement à 30° dans l'eau additionnée d'un peu d'acide cyanhydrique, tandis que la fibrine du bœuf est insoluble dans les mêmes conditions.

§ 8. — Gluten.

1. *Préparation.* — Le *gluten* existe dans le blé ; il y est associé à l'amidon. On l'isole en malaxant la farine sous un filet d'eau (t. I, p. 513); les granules d'amidon sont entraînés, tandis que le gluten s'agglomère en masses élastiques; par la dessiccation à basse température, il prend un aspect corné.

2. *Propriétés.* — L'acide chlorhydrique étendu le gonfle, puis le dissout. Les alcalis le dissolvent; ils le laissent précipiter par neutralisation. L'eau bouillante le transforme en produits solubles et non coagulables.

3. Le gluten peut être séparé en quatre principes distincts (M. Ritthausen) :

1° La *gluten-caséine*, dont il a été question plus haut, et qui est caractérisée par son insolubilité dans l'alcool ;

2° La *gluten-fibrine*, la *gliadine* et la *mucédine*, principes solubles dans l'alcool et peu différents les uns des autres.

4. Le gluten se distingue des autres substances albuminoïdes, parce que, sous l'influence de l'hydrate de baryte, il donne des produits très riches en acide glutamique et en acide aspartique. Il forme aussi plus d'ammoniaque libre que toutes les autres matières albuminoïdes (M. Schützenberger).

5. Diverses semences contiennent des matières très analogues au gluten, mais qui en diffèrent cependant par diverses propriétés. On a vu par exemple que les glutens du riz et du maïs ne sont pas putrescibles comme le gluten de blé (t. I, p. 514).

§ 9. — Syntonines.

1. En 1842, A. Bouchardat a observé que le blanc d'œuf cuit, le gluten, la fibrine, deviennent solubles sous l'influence des acides dilués, en se transformant en certains composés que l'on a désignés sous le nom de *syntonines*. On sait maintenant que toutes les matières albuminoïdes subissent des modifications du même genre. Toutes les syntonines sont très analogues entre elles, et aussi très voisines de la protéine. La syntonine musculaire nous servira de type.

2. *Préparation.* — 1° On hache finement la viande, on la lave sur une toile jusqu'à décoloration, et on la broie avec de l'eau contenant 1 pour 100 d'acide chlorhydrique : elle se dissout presque entièrement. On filtre et l'on neutralise : il se précipite des flocons trans-

lucides, gélatineux, qui se prennent sur le filtre en masses élastiques.

2° On peut aussi dissoudre le blanc d'œuf coagulé, ou la fibrine pure, dans l'acide chlorhydrique fumant : on précipite la solution par l'eau distillée ; on exprime la matière insoluble, on la dissout dans l'eau acidulée et l'on reprécipite par le carbonate de soude.

3. *Propriétés et réactions.* — Les solutions acides de syntonine ne sont pas coagulées par l'ébullition. Divers sels les précipitent à froid, et mieux à chaud.

La syntonine se dissout dans les alcalis étendus, mais ces solutions sont précipitées par la neutralisation, même en présence des phosphates alcalins; ce caractère distingue les syntonines des albuminates.

La solution chlorhydrique de syntonine musculaire possède un pouvoir rotatoire supérieur à celui de l'albumine : $\alpha_D = -72°$.

§ 10. — **Peptones.**

1. Le suc gastrique renferme une matière spéciale, la *pepsine*, associée à de petites quantités d'acides libres. Ce mélange transforme la viande, la caséine, le gluten, les albuminates coagulés ou non, la fibrine, en substances solubles que l'on désigne sous le nom de *peptones* ou *albuminoses :* ce fait est fondamental dans la digestion.

La formation des peptones correspond à une hydratation des principes albuminoïdes (M. Maly).

2. On a distingué :

1° La *parapeptone*, insoluble dans l'eau, soluble dans les acides étendus ; l'alcool ne la précipite pas ; mais elle est précipitée par les sels terreux et métalliques, le ferrocyanure de potassium, le tanin, etc. Ce corps est très analogue à la syntonine.

2° La *métapeptone*, qui s'obtient en neutralisant exactement les liquides digestifs, afin de précipiter la parapeptone ; on filtre et l'on précipite la métapeptone par un léger excès d'acide. Un excès plus grand la redissout. Les acides minéraux la rendent insoluble définitivement.

3° Les *peptones proprement dites*. Celles-ci ne sont pas précipitées par les acides étendus ; mais les unes le sont par l'acide azotique concentré, par l'acide acétique et par le ferrocyanure de potassium ; d'autres, par les deux derniers réactifs seulement ; d'autres enfin ne précipitent point par les deux derniers réactifs, mais par l'acide azotique ; elles représentent le produit définitif de la digestion stomacale.

3. Les différences de composition observées entre les albuminoïdes transformables en peptone portent à penser que les peptones doivent présenter entre elles des différences correspondantes, chaque albuminoïde spécial donnant naissance à une peptone spéciale. C'est ainsi que l'on distingue l'*albumine-peptone* de la *fibrine-peptone*, etc.

4. La *pancréatine* ou *trypsine*, que sécrète le pancréas, agit sur les subtances albuminoïdes d'une façon analogue à la pepsine, mais en liqueurs alcalines.

La fermentation pancréatique de l'albumine fournit en quantités notables l'*indol* (t. II, p. 444), et son érivé méthylé, le *scatol*, $C^{18}H^{9}Az$ (M. Nencki).

5. On peut encore rapprocher des peptones les produits qui résultent de l'action qu'exercent sur les matières protéiques certains principes d'origine végétale, tels que la *papaïne*, contenue dans la sève du *Carica papaïa* (Wurtz et Bouchut), ou les matières analogues sécrétées par les plantes dites carnivores. Toutefois, les réactions de dédoublement effectuées par ces composés semblent assez notablement différentes de celles dues à la pepsine ou à la pancréatine.

§ 11. — Mucine.

1. La *mucine* se produit par l'action de l'eau sur le tissu muqueux ou réticulé : elle se rencontre dans la bile, la synovie, l'urine, les crachats, etc. Elle est fort abondante chez les mollusques gastéropodes.

Elle n'est pas coagulée à l'ébullition ; l'alcool et l'acide acétique la précipitent, l'eau de chaux la dissout. Ces propriétés permettent de l'isoler.

2. *Propriétés.* — C'est une matière floconneuse, blanchâtre, insoluble dans l'eau, qui la gonfle beaucoup et finit par la mettre en suspension. Les solutions neutres ou faiblement alcalines de mucine ne sont pas troublées par les sels métalliques, sauf par l'acétate basique de plomb.

§ 12. — Substance amyloïde.

1. On désigne ainsi une substance azotée, colorable par l'iode en brun rouge ou en violet, qui se développe dans les organes glanduaires et autres, sous l'influence de certaines cachexies.

2. C'est une matière lanchâtre, hyaline, insoluble dans l'eau, l'alcool, l'éther, les acides étendus, les carbonates alcalins, ainsi que dans le suc gastrique. Elle se gonfle dans l'acide acétique concentré et disparaît dans les solutions alcalines. Après avoir subi l'action de l'iode, elle bleuit par l'acide sulfurique. Aucun agent connu ne la change en glucose.

§ 13. — Principe corné; fibroïne; matière épithéliale.

Les épithéliums, la corne, les ongles, les cheveux, la laine, les plumes, la soie, épuisés par l'eau, l'alcool et l'éther, laissent comme résidus des substances insolubles, fort stables, présentant des compositions très voisines de celle de l'albumine. Sous l'influence de l'hydrate de baryte, ces substances subissent des dédoublements très analogues : toutefois la fibroïne de la soie fournit principalement dans ces conditions de l'*alanine* et de la *glycollamine* (M. Schützenberger).

§ 14. — Osséine; principes du tissu conjonctif et du tissu dermique; gélatine.

1. L'osséine et les principes du tissu conjonctif et du tissu dermique se rattachent les uns aux autres par une propriété commune : sous l'influence simultanée de l'eau et de la chaleur, ils se transforment facilement en un principe particulier, la *gélatine*. De plus, sous l'influence de l'hydrate de baryte, ils donnent, ainsi que la gélatine, des produits de dédoublement, dans lesquels dominent la *glycollamine* et l'*alanine*.

2. *Osséine*. — Lorsqu'on met un os en digestion dans de l'acide chlorhydrique étendu de 10 parties d'eau et froid, la matière terreuse, formée principalement de phosphate et de carbonate de chaux, se dissout; on enlève le liquide après quelques jours, on le remplace par un acide plus étendu, et on continue jusqu'à ce qu'il reste une substance molle, transparente, élastique. On lave à l'eau froide, à l'alcool, à l'éther. Le produit est l'osséine, qui est appelée aussi *collagène*.

La matière terreuse est logée dans la trame de l'osséine; celle-ci existe presque à l'état de pureté dans es os, lorsque les animaux sont très jeunes; mais, avec l'âge, elle s'incruste peu à peu de la matière calcaire. Cette incrustation est corrélative de la rigidité acquise par l'os.

En brûlant l'os au contact de l'air, l'osséine est détruite, et la matière minérale reste seule, en conservant la forme de l'os. Par calcination en vase clos, le résidu de charbon laissé par l'osséine se trouve très divisé par la masse calcaire; il constitue le *noir animal*.

3. *Peau*. — Le tissu dermique, qui forme la peau des animaux, semble très voisin de l'osséine; toutefois, sa transformation en gélatine est considérablement facilitée quand le cuir est resté quelque temps en contact avec les a calis, et notammen avec la chaux hydratée. Il en est de même des tendons.

4. *Gélatine*. — L'osséine ou les p aux raîches, purifiées par des

lavages répétés et maintenues ensuite pendant quelque temps au contact de l'eau à une température voisine de 100°, se dissolvent en donnant de la gélatine; la solution est à peu près incolore, si les matières employées étaient pures. Il suffit de laisser refroidir la liqueur filtrée, pour que celle-ci se prenne peu à peu en une masse tremblante; on découpe en lames minces cette matière à demi solide, et on la sèche à l'air. On obtient ainsi la gélatine incolore ou *grenétine*.

Les os non dépouillés de leur partie terreuse peuvent, lorsqu'on les chauffe dans une marmite de Papin, à une température supérieure à 100°, donner de la gélatine par transformation de leur osséine. On fabrique ainsi de la gélatine impure et colorée, qui constitue la *colle forte*. Cette dernière s'obtient également en dissolvant de même les rognures de cuir non tanné et divers tissus animaux préalablement traités à l'hydrate de chaux et lavés.

5. La gélatine pure est solide, incolore, transparente. Elle est neutre, plus dense que l'eau; son pouvoir rotatoire est $\alpha_D = -138°$; il diminue d'un septième par les alcalis et l'acide acétique.

La gélatine se gonfle dans l'eau froide et se dissout dans l'eau chaude; la liqueur se prend par refroidissement en une gelée transparente, de consistance croissante avec la richesse en gélatine. L'alcool, le tanin et le bichlorure de mercure la précipitent; mais non les acides.

Imprégnée d'un chromate soluble, puis exposée à la lumière, la gélatine devient insoluble dans l'eau. Cette transformation est utilisée en photographie et pour diverses applications industrielles.

Les propriétés de la gélatine varient un peu avec la nature des substances employées à sa préparation.

6. La vessie natatoire de l'esturgeon, lavée à l'eau, privée de sa membrane extérieure, et desséchée, constitue l'*ichthyocolle*, qui renferme jusqu'à 90 pour 100 de son poids de gélatine.

7. Dans les os fossiles, une portion plus ou moins grande de l'osséine est changée en un principe azoté, soluble dans l'eau froide, analogue à celui que la gélatine engendre par l'action prolongée de l'eau bouillante.

§ 15. — **Chondrine.**

1. Les tissus cartilagineux renferment une substance blanche hyaline, insoluble, que l'eau bouillante transforme en *chondrine* par une action prolongée (Müller).

2. *Propriétés*. — La chondrine est soluble dans l'eau chaude. Ses solutions se prennent en gelée par le refroidissement; elles sont pré-

cipitées par l'alun, le sulfate de cuivre et l'acétate de plomb, par les acides étendus : ce dernier caractère distingue la chondrine de la gélatine. Inversement, le bichlorure de mercure, qui précipite la gélatine, n'agit pas sur la chondrine. La chondrine est lévogyre.

3. Les alcalis la dissolvent. L'ébullition prolongée de la chondrine avec les acides ou les alcalis, fournit de la *leucine* et non de la glycollamine.

Bouillie avec l'acide chlorhydrique, elle fournit une *glucose* lévogyre, difficilement cristallisable.

§ 16. — Chitine.

1. *Préparation.* — La chitine compose les élytres et les téguments des insectes, ainsi que la carapace des crustacés. Pour la préparer, on traite à froid les différentes parties du squelette tégumentaire d'un crustacé, d'un homard, par exemple, par de l'acide chlorhydrique dilué, qui dissout les sels calcaires du test. On lave ensuite à l'eau, pour enlever l'acide chlorhydrique; puis à la potasse, pour dissoudre les matières albuminoïdes adhérentes au test (M. Schmitt).

2. *Propriétés.* — On obtient ainsi la chitine sous la forme d'une matière blanche, solide, conservant la disposition des organes de l'animal. Cette substance est fort différente des autres corps azotés. Elle renferme seulement 46 centièmes de carbone et 6 pour 100 d'azote. Inaltérable aux acides et aux alcalis étendus, elle est attaquée cependant par les acides très concentrés.

3. En délayant de la chitine dans l'acide sulfurique concentré et projetant le mélange dans l'eau bouillante, on la transforme en une *glucose*, réduisant le tartrate cupropotassique et fermentant avec production d'alcool et d'acide carbonique (M. Berthelot).

On peut opérer la même transformation avec la tunicine (t. I, p. 526); ce qui semble établir un lien nouveau entre les principes immédiats contenus dans l'enveloppe des invertébrés et ceux qui forment les tissus des végétaux. En effet, la tunicine offre la même composition que la cellulose, dont elle se distingue seulement par une grande stabilité; tandis que la chitine, étant azotée, peut être regardée comme une combinaison d'un principe non azoté, analogue ou identique à la tunicine, avec un principe azoté, analogue aux matières cornées.

Soumise à l'ébullition avec l'acide chlorhydrique concentré, la chitine se transforme en un beau sel, le *chlorhydrate de glucosamine*, $C^{12}H^{10}O^{10}(AzH^3)HCl$ (M. Lederhose).

§ 17. — Hémoglobine ; principes colorants du sang, de la bile, etc.

1. *Préparation.* — L'hémoglobine est la matière colorante du sang. Pour l'obtenir, on défibrine le sang frais par battage, on le passe sur une étoffe de laine, et on le mêle avec dix fois son volume d'une solution de sel marin saturée, étendue avec 10 parties d'eau. On agite et on laisse reposer le mélange au voisinage de 0°. Les globules se précipitent; on décante et on les lave avec la même solution de sel marin, à trois ou quatre reprises. On traite alors par l'eau pure, qui dissout l'hémoglobine, et l'on ajoute à la liqueur son volume d'éther. On agite, on laisse reposer, puis on sépare l'éther, qui a enlevé les matières grasses. Il se dépose parfois des cristaux à ce moment, dans la liqueur aqueuse; on les redissout, en chauffant au bain-marie vers 40°. Dans tous les cas, on filtre rapidement, vers 0°; on ajoute à la liqueur un quart de son volume d'alcool très froid, et on laisse reposer le mélange un peu au-dessous de 0°. L'hémoglobine cristallise.

On peut l'obtenir plus rapidement en prenant du sang de chien ou de cochon d'Inde, le mêlant avec un volume d'eau, puis avec un demi-volume d'alcool fort, et laissant reposer vers 0° pendant vingt-quatre heures. On recueille les cristaux sur un filtre, on les exprime, on les redissout dans l'eau à 30° et on les reprécipite par l'alcool vers 0°, comme ci-dessus.

2. *Propriétés.* — L'hémoglobine se présente sous la forme d'une poudre rouge, d'une densité de 1,2 à 1,3, constituée par des cristaux microscopiques, dont la forme varie suivant l'espèce des animaux desquels ils proviennent. Avec le sang d'oie, l'hémoglobine est amorphe.

Elle est soluble dans l'eau, la glycérine, les solutions alcalines, l'eau albumineuse; insoluble dans l'alcool absolu, l'éther, les huiles et les essences. Les acides la décomposent.

Elle renferme :

$$\begin{aligned} C &= 54,2, \\ H &= 7,6, \\ Az &= 16,3, \\ O &= 21,2, \\ S &= 0,5, \\ Fe &= 0,5. \end{aligned}$$

3. L'hémoglobine séchée est assez stable ; mais, sous l'influence de l'humidité, elle s'altère avec une extrême facilité.

Ses solutions étendues, portées vers 70° au contact de l'air, se transforment en *hématine* et matières albuminoïdes coagulables; la même transformation ne tarde pas à se produire sous l'influence de la plupart des réactifs.

4. *Oxygène.* — L'hémoglobine absorbe l'oxygène avec facilité : $1^{cc},8$ d'oxygène à 0° par gramme; elle forme ainsi un composé peu stable, l'*oxyhémoglobine*, lequel se produit également dans le sang, pendant la vie. Ce composé est détruit par l'action du vide. Il se détruit également dans le sang par suite de la disparition de l'oxygène, disparition qui change le sang artériel en sang veineux : la matière colorante de ce dernier constitue l'*hémoglobine réduite*.

5. L'*oxyde de carbone* chasse l'oxygène du sang à volumes égaux et forme avec l'hémoglobine un composé bleu rougeâtre, cristallisé, assez stable, peu soluble dans l'eau ou dans un mélange d'eau et d'alcool. Le vide sépare lentement l'oxyde de carbone de ce composé.

Le *bioxyde d'azote*, l'*acide cyanhydrique*, le *cyanogène*, l'*acétylène* se combinent également avec l'hémoglobine, en formant des composés analogues à celui qui dérive de l'oxyde de carbone : l'hémoglobine offre donc les caractères d'un composé incomplet.

6. *Caractères optiques.* — Les dissolutions étendues d'hémoglobine, soumises à l'analyse spectrale, fournissent deux raies d'absorption caractéristiques, entre la raie D et la raie E : la plus étroite près de D, la plus large près de E. Ces raies ont été constatées sur le sang en circulation. L'hémoglobine réduite produit seulement une large bande d'absorption entre D et E, débordant un peu D.

Le composé formé par l'hémoglobine et l'oxyde de carbone donne deux raies d'absorption entre D et E, mais à une autre place que l'oxyhémoglobine. L'hémoglobine altérée par les acides ou les alcalis offre également des bandes spéciales. Ces divers caractères spectraux peuvent être constatés aisément et sur des traces de matière.

7. *Hématine* : $C^{68}H^{34}Az^{4}Fe^{2}O^{10}$. — C'est un produit d'altération de l'hémoglobine. Elle se rencontre dans les anciens foyers apoplectiques.

Pour la préparer, on agite le sang défibriné avec l'éther, on ajoute de l'acide acétique et l'on filtre la solution éthérée. Celle-ci dépose un précipité qu'on lave à l'alcool et à l'éther.

L'hématine est incristallisable, d'un brun rouge, d'un éclat métallique. Elle peut être chauffée à 180° sans s'altérer. Elle est insoluble dans l'eau, l'alcool, le chloroforme; soluble dans les liqueurs alcalines et dans l'alcool acidulé. Ses solutions alcalines sont rouges par transmission, vertes par réflexion. Les agents réducteurs la transforment en hématine réduite. Elle renferme du fer.

Dans les anciens foyers hémorrhagiques, l'hématine se change en *hématoïdine*, principe rouge, cristallisé, insoluble dans l'eau, l'alcool, les acides étendus, soluble dans l'ammoniaque. Ce principe est exempt de fer et répond à la formule $C^{30}H^{16}Az^2O^6$.

8. *Hémine.* — Le sang, traité par un mélange d'acide acétique et de sel marin, fournit des cristaux d'hémine, gris violacé, d'un éclat métallique. On regarde l'hémine comme un chlorhydrate d'hématine : $C^{68}H^{34}Az^4Fe^2O^{10}$,HCl.

9. *Matières colorantes de la bile.* — On admet que ces matières colorantes dérivent de l'hémoglobine altérée.

La bile épuisée par l'éther, l'eau, les acides étendus, est traitée par le chloroforme, le sulfure de carbone ou la benzine, ce qui fournit un extrait ; on lave cet extrait sec avec un mélange d'alcool et d'éther, et on le dissout dans le chloroforme, puis on précipite la solution par l'alcool. On obtient finalement la *bilirubine*, $C^{32}H^{18}Az^2O^6$, principe cristallisé, semblable à l'hématoïdine. Ses solutions ammoniacales sont précipitées par divers sels terreux et métalliques. Traitées par l'acide nitrique contenant de l'acide nitreux, les solutions alcalines de bilirubine passent du jaune au vert, au bleu, au violet, au rouge, pour revenir au jaune. Cette série de changements caractérise la présence de la bile dans l'urine des ictériques.

La *biliverdine* résulte de l'oxydation de la bilirubine avec le concours des alcalis. Les solutions alcalines de bilirubine, traitées par l'acide chlorhydrique, laissent précipiter la biliverdine en flocons vert foncé. Elle cristallise dans l'acide acétique : l'alcool la dissout, mais non l'eau ou l'éther : sa formule est : $C^{32}H^{20}Az^2O^{10}$.

Sous l'influence du temps et des alcalis, elle fixe H^2O^2, et se change en *biliprasine*, $C^{32}H^{22}Az^2O^{12}$, substance dont la solution alcoolique est verte et brunit par un alcali, en se transformant peu à peu en matières humiques (*bilihumine*).

La *bilifuscine*, $C^{32}H^{20}Az^2O^8$, diffère de la bilirubine par H^2O^2 et se rencontre dans quelques calculs biliaires. Elle est soluble dans l'alcool absolu et un peu soluble dans le chloroforme ; ses solutions alcooliques sont rouge brun.

FIN

INDEX ALPHABÉTIQUE DES MATIÈRES

Les grands chiffres romains (I, II) indiquent les volumes; les petits chiffres romains (IX, X), les pages de la Préface; les chiffres arabes (59, 62), les pages des volumes; les chiffres gras (**83**, **122**), l'article principal.

A

B

C

D

E

F

G

I

J

K

L

M

N

O

P

X

Z

FIN DE L'INDEX ALPHABÉTIQUE DES MATIÈRES.

5802. — BOURLOTON. — Imprimeries réunies, A, rue Mignon, 2, Paris.

www.ingramcontent.com/pod-product-compliance
Ingram Content Group UK Ltd.
Pitfield, Milton Keynes, MK11 3LW, UK
UKHW012141240726
13966UKWH00001B/90